# 烤烟种植生态适应评价

陈宗瑜 王 毅 著

科学出版社

北京

# 内 容 简 介

本书以研究烤烟种植生理生态适应为主,重点论述低纬高原紫外辐射强度变化和烤烟稳定碳同位素($\delta^{13}C$)分布值与烤烟生理特征、品质及香气风格形成的关系。内容主要包括 UV-B 辐射对植物生长和品质形成的影响、低纬高原 UV-B 辐射强度变化的基本特征、自然环境及 UV-B 辐射强度模拟与烤烟种植、烤烟种植对减弱 UV-B 辐射的响应、滤减 UV-B 辐射对烟叶腺毛和蛋白质组变化的影响、滤减 UV-B 辐射植烟环境小气候特征研究、稳定碳同位素($\delta^{13}C$)分布与植物种植、不同生态区烤烟 $\delta^{13}C$ 组成、烤烟 $\delta^{13}C$ 对烟叶生理生化特征的响应、不同土壤和施氮水平对烤烟种植的影响、烤烟 $\delta^{13}C$ 对模拟降水和增强 UV-B 辐射的响应、气候环境和自然地理因素对烤烟种植的影响及不同生态条件对烤烟种植的影响等共 13 章。

本书可供从事植物生态、环境科学、烟草的研究人员参考使用,亦可作为大专院校相关专业的教学参考书。

**图书在版编目(CIP)数据**

烤烟种植生态适应评价 / 陈宗瑜,王毅著. —北京:科学出版社,2018.1
ISBN 978-7-03-055314-0

Ⅰ.①烤⋯ Ⅱ.①陈⋯ ②王⋯ Ⅲ.①烤烟-种植 Ⅳ.①S572

中国版本图书馆 CIP 数据核字(2017)第 276475 号

责任编辑:韩卫军 / 责任校对:陈书卿
责任印制:罗 科 / 封面设计:墨创文化

**科 学 出 版 社** 出版

北京东黄城根北街16号
邮政编码:100717
http://www.sciencep.com

四川煤田地质制图印刷厂印刷
科学出版社发行 各地新华书店经销

*

2018 年 1 月第 一 版  开本:787×1092 1/16
2018 年 1 月第一次印刷  印张:24 1/4
字数:572 千字

定价:335.00 元
(如有印装质量问题,我社负责调换)

# 前　言

环境生态条件对烤烟种植影响的研究一直受到烟草界的广泛关注。生态环境因素是烤烟品质特点和区域特色形成的基础，烤烟的生长需要适宜的气候环境和土壤肥力条件，众多生态因子对烤烟的生长、质量和风格形成具有重要作用。研究烤烟的生理机能与环境之间的关系及对环境的适应特征，可为烟草种植的生理生态适应提供机理性解释。烤烟的生态适应即为烤烟在形态和生理上对生态因子所表现出来的响应行为，其用于维持和增强自身利用环境资源的能力。由于烤烟品质易受生态因子影响，同一品种在不同的生态区种植，常表现出不同的品质和香气风格，因而在低纬高原地区研究诸如 UV-B 辐射这类特殊环境因子对烤烟生理代谢过程的影响，是决定烟草种植和品质区划的重要依据。烤烟生态适应研究通常以控制变量试验的研究结果为前提，但控制试验的研究结果需要结合野外观测，才能真实地反映自然条件下的状态或阈值。基于以上认识，UV-B辐射对烤烟种植的影响，就是利用人工控制减弱和模拟增强方式进行研究，明确试验条件下单一生态因子改变对烤烟生长产生何种影响后，通过测定自然环境中烤烟的形态及生理指标等，体现出烤烟对 UV-B 辐射的生理生态适应特征。此外，广泛应用于植物生理生态研究领域的碳同位素分布值($\delta^{13}$C)，可作为评价植物生长状况和环境综合效应的重要指标。本书首次在国内以烤烟 $\delta^{13}$C 为主线，对其品质特征、香气风格及不同生态烟区适生品种判定和时空变异规律等进行研究，获得了许多有意义的结果。

本书由 4 篇 13 章构成。第一篇低纬高原紫外辐射强度变化与烤烟种植，在讨论 UV-B 辐射对植物生长影响的基础上，对低纬高原和烤烟大田生长期 UV-B 辐射分布特征进行分析，从形态、光合生理及差异蛋白质组等方面入手，对自然环境、人工控制减弱和模拟增强 UV-B 辐射三类形式，尤其减弱 UV-B 辐射对烤烟种植可能产生的影响进行详尽研究。第二篇稳定碳同位素($\delta^{13}$C)分布值与烤烟种植，尝试对低纬高原地区烤烟 $\delta^{13}$C 与同一亚生态烟区不同品种、不同亚生态烟区同一品种生理和碳氮代谢等关系进行评价，并拓展到对国内典型浓香型、中间香型和清香型烟区品质及香气风格的判定。第三篇土壤环境和种植条件与烤烟生理生态适应，侧重对同一气候环境下不同土壤利用方式烤烟形态和光合生理的差异、烤烟 $\delta^{13}$C 与施氮效应的评定、烤烟 $\delta^{13}$C 对模拟降水和模拟增强 UV-B 辐射的响应进行初步研究，给该领域的研究提供了思路和方法。第四篇烤烟种植对环境变化的生理生态适应，其中第 12 章系统整理国内近年来人工控制光照条件、模拟不同气温和降水量、海拔和纬度对烤烟种植影响的重要文献及最新进展，并对三类不同香型烤烟在光、温、水需求上的差异进行比较及评述。第 13 章是对本项目多年来所获得工作成果结论的归纳总结和展望。本书采用涵盖多学科的分析方法，既强调系统性又具综合性，其原创性研究成果将丰富特色优质烟叶及其香型风格形成生态机理的理论构成。

在十余位研究生的鼎力相助下，本研究得以顺利完成。本工作由云南省自然科学基金"低纬高原地区臭氧与紫外辐射变化及其对农业环境的影响"（编号：2002C0038M）、国家自然科学基金"低纬高原地区臭氧与紫外辐射变化及其对生态环境的影响"（编号：40265001）、国家烟草专卖局"烟叶品牌导向的原料体系研究"（编号：110200801034)子课题"低纬高原生态环境对烤烟品牌原料影响的机理研究"、国家烟草专卖局"清香型特色优质烟叶开发"（编号：110201101003TS-03)子课题"云南烤烟清香型风格形成的生态适应性研究"、云南省烟草公司"'芙蓉王'品牌原料需求与昭通烟叶匹配性研究"（编号：2013YN31)子课题"昭通特色烟叶品质形成机理研究"项目资助完成。宋鹏飞参与"低纬高原生态环境对烤烟品牌原料影响的机理研究"和"云南烤烟清香型风格形成的生态适应性研究"，易克、倪霞、陶永萍参与"昭通特色烟叶品质形成机理研究"项目的组织实施工作。

  由于水平所限，书中肯定有不妥之处，敬请同行批评指正。

陈宗瑜

2016 年 11 月 23 日于昆明

# 目 录

## 第 一 篇 低纬高原紫外辐射强度变化与烤烟种植

第1章 UV-B辐射对植物生长和品质形成的影响 ······· 3
1.1 UV-B辐射基本分布特征 ······· 3
1.2 UV-B辐射对陆生植物的影响 ······· 4
1.2.1 UV-B辐射对植物形态和叶片解剖结构的影响 ······· 4
1.2.1.1 UV-B辐射对植物株型的影响 ······· 4
1.2.1.2 UV-B辐射对植物叶片的影响 ······· 5
1.2.1.3 气孔特征 ······· 6
1.2.2 UV-B辐射对植物光合作用的影响及植物的适应 ······· 6
1.2.2.1 UV-B辐射对植物光合作用的影响 ······· 7
1.2.2.2 植物光合作用对UV-B辐射的适应策略 ······· 8
1.2.3 UV-B辐射对植物影响的阈值（范围）研究 ······· 9
1.2.4 自然环境条件下UV-B辐射对植物影响的研究方法 ······· 10
1.2.4.1 沿纬度或海拔梯度的UV-B试验 ······· 10
1.2.4.2 降低UV-B辐射试验 ······· 10
1.2.4.3 增强UV-B辐射试验 ······· 11
1.2.5 减弱UV-B辐射对植物的影响 ······· 11
1.2.6 UV-B辐射增强对植物的生理效应 ······· 14
1.2.7 植物不同生长时期对UV-B辐射强度变化的响应 ······· 15
1.3 UV-B辐射对烤烟种植的影响 ······· 17
第2章 低纬高原UV-B辐射强度变化的基本特征 ······· 19
2.1 烤烟主要大田生长期紫外辐射分析与模拟 ······· 19
2.1.1 资料和方法 ······· 19
2.1.2 结果与分析 ······· 20
2.1.2.1 紫外辐射强度与海拔的关系 ······· 20
2.1.2.2 紫外辐射强度与气象因子的关系 ······· 21
2.1.2.3 紫外辐射强度的模拟估算 ······· 23
2.1.3 讨论 ······· 24
2.2 低纬高原紫外辐射强度变化的时空特征 ······· 25
2.2.1 UV-B辐射强度资料的获取 ······· 25
2.2.2 结果与分析 ······· 26

　　　2.2.2.1　紫外辐射强度随时间变化 ·········································· 26
　　　2.2.2.2　紫外辐射强度空间分布 ·············································· 28
　　2.2.3　结论 ···················································································· 29
第3章　自然环境及UV-B辐射强度模拟与烤烟种植 ······················· 30
　3.1　自然环境种植对烤烟形态及相关生理指标的影响 ·················· 30
　　3.1.1　材料与方法 ········································································· 30
　　　3.1.1.1　材料处理与试验地概况 ·············································· 30
　　　3.1.1.2　测定方法 ·································································· 32
　　　3.1.1.3　数据处理及分析 ························································ 33
　　3.1.2　结果与分析 ········································································· 33
　　　3.1.2.1　烤烟K326农艺性状 ··················································· 33
　　　3.1.2.2　烤烟K326类黄酮和丙二醛含量 ····································· 34
　　　3.1.2.3　烤烟K326光合色素和可溶性蛋白质 ······························· 34
　　　3.1.2.4　烤烟K326的光响应曲线 ·············································· 35
　　　3.1.2.5　形态及生理特征与生态因子的关系 ································· 38
　　3.1.3　讨论 ················································································· 38
　3.2　UV-B辐射强度变化对烤烟光合生理和化学品质的影响 ·········· 40
　　3.2.1　材料与方法 ········································································· 41
　　　3.2.1.1　试验概况 ·································································· 41
　　　3.2.1.2　处理设置 ·································································· 42
　　　3.2.1.3　项目测定 ·································································· 42
　　3.2.2　结果与分析 ········································································· 43
　　　3.2.2.1　UV-B辐射与烟叶光合气体交换参数 ······························· 43
　　　3.2.2.2　UV-B辐射与烟叶光合色素含量 ······································ 45
　　　3.2.2.3　UV-B辐射与烟叶类黄酮和丙二醛含量 ···························· 46
　　　3.2.2.4　UV-B辐射与烟叶主要化学成分 ······································ 47
　　3.2.3　讨论 ················································································· 47
第4章　烤烟种植对减弱UV-B辐射的响应 ···································· 50
　4.1　烟草(*Nicotiana tabacum* L.)形态和光合生理对减弱UV-B辐射的响应 ····· 50
　　4.1.1　材料与方法 ········································································· 51
　　　4.1.1.1　试验地概况与土壤特性 ·············································· 51
　　　4.1.1.2　试验材料与处理 ························································ 51
　　　4.1.1.3　测定项目和方法 ························································ 51
　　　4.1.1.4　数据处理 ·································································· 53
　　4.1.2　结果与分析 ········································································· 53
　　　4.1.2.1　UV-B辐射对烟草主要农艺性状的影响 ···························· 53
　　　4.1.2.2　UV-B辐射对烟草光合作用的影响 ··································· 53
　　　4.1.2.3　UV-B辐射对烟草光合色素含量的影响 ···························· 55
　　　4.1.2.4　UV-B辐射对烟草类黄酮含量和比叶重的影响 ··················· 56

4.1.3　讨论 ································································· 57

4.2　减弱 UV-B 辐射对烟草形态、光合及生理生化特性的影响 ········ 59

　　4.2.1　材料与方法 ················································· 59

　　　4.2.1.1　试验地概况和土壤特性 ······························· 59

　　　4.2.1.2　材料与处理方式 ······································· 60

　　　4.2.1.3　测定项目和方法 ······································· 60

　　　4.2.1.4　数据处理 ············································· 62

　　4.2.2　结果与分析 ················································· 63

　　　4.2.2.1　减弱 UV-B 辐射对烟草形态特征的影响 ·············· 63

　　　4.2.2.2　减弱 UV-B 辐射处理光合作用对光的响应 ············ 64

　　　4.2.2.3　减弱 UV-B 辐射对类黄酮和丙二醛的影响 ············ 66

　　　4.2.2.4　减弱 UV-B 辐射对光合色素含量的影响 ·············· 66

　　　4.2.2.5　减弱 UV-B 辐射对叶片水分的影响 ·················· 67

　　4.2.3　讨论 ······················································· 68

4.3　不同时期减弱 UV-B 辐射对烤烟部分生理生化特征的影响 ········ 70

　　4.3.1　材料与方法 ················································· 71

　　　4.3.1.1　试验材料及处理 ······································· 71

　　　4.3.1.2　测定项目和方法 ······································· 71

　　　4.3.1.3　数据处理 ············································· 73

　　4.3.2　结果与分析 ················································· 73

　　　4.3.2.1　烟叶含水量对 UV-B 辐射减弱的响应 ················ 73

　　　4.3.2.2　烟叶比叶重对 UV-B 辐射减弱的响应 ················ 74

　　　4.3.2.3　烟叶光合色素对 UV-B 辐射减弱的响应 ·············· 74

　　　4.3.2.4　烟叶类黄酮含量对 UV-B 辐射减弱的响应 ············ 75

　　　4.3.2.5　烟叶丙二醛含量对 UV-B 辐射减弱的响应 ············ 76

　　4.3.3　讨论 ······················································· 76

第 5 章　滤减 UV-B 辐射对烟叶腺毛和蛋白质组变化的影响 ············ 78

5.1　滤减 UV-B 辐射对烟叶腺毛发育和密度动态变化的影响 ·········· 78

　　5.1.1　材料与方法 ················································· 78

　　　5.1.1.1　试验材料与处理 ······································· 78

　　　5.1.1.2　样品处理 ············································· 79

　　　5.1.1.3　数据分析 ············································· 80

　　5.1.2　结果与分析 ················································· 80

　　　5.1.2.1　腺毛形态 ············································· 80

　　　5.1.2.2　减弱 UV-B 辐射对烟叶腺毛发育的影响 ·············· 81

　　　5.1.2.3　减弱 UV-B 辐射对不同时期烟叶腺毛总密度的影响 ···· 81

　　　5.1.2.4　UV-B 辐射对不同时期烟叶不同类型腺毛密度的影响 ·· 82

　　5.1.3　讨论 ······················································· 86

5.2　滤减 UV-B 辐射对烤烟蛋白质组变化的影响 ···················· 87

　　　5.2.1　材料和方法 ································································· 88

　　　　5.2.1.1　材料与处理 ························································ 88

　　　　5.2.1.2　方法 ································································ 90

　　　5.2.2　结果与分析 ····························································· 90

　　　　5.2.2.1　两类覆膜处理 K326 烟叶蛋白质电泳分析 ····················· 90

　　　　5.2.2.2　差异表达蛋白的鉴定 ················································ 91

　　　　5.2.2.3　UV-B 辐射对 K326 净光合速率($P_n$)的影响 ···················· 91

　　　　5.2.2.4　UV-B 辐射滤减对 K326 生育进程的影响 ······················ 92

　　　5.2.3　讨论 ··································································· 92

## 第6章　滤减 UV-B 辐射植烟环境小气候特征研究 ························· 95

　6.1　烤烟光合作用参数对滤减 UV-B 辐射强度的响应 ······················· 95

　　　6.1.1　材料和方法 ····························································· 95

　　　　6.1.1.1　试验材料与设计 ···················································· 95

　　　　6.1.1.2　UV-B 辐射滤减处理 ················································ 96

　　　　6.1.1.3　测定方法与资料获取 ················································ 96

　　　6.1.2　结果与分析 ····························································· 97

　　　　6.1.2.1　不同滤减处理 UV-B 辐射强度的变化 ··························· 97

　　　　6.1.2.2　不同滤减处理烤烟光合参数与 UV-B 辐射强度的关系 ·········· 98

　　　6.1.3　讨论 ·································································· 102

　6.2　UV-B 滤减处理下烟草光合作用参数对光照度的响应 ·················· 103

　　　6.2.1　材料和方法 ···························································· 104

　　　　6.2.1.1　试验材料与设计 ··················································· 104

　　　　6.2.1.2　UV-B 辐射滤减处理 ··············································· 104

　　　　6.2.1.3　测定方法与资料获取 ··············································· 105

　　　　6.2.1.4　数据处理 ························································· 105

　　　6.2.2　结果与分析 ···························································· 106

　　　　6.2.2.1　烟叶净光合速率与光照度的关系 ··································· 107

　　　　6.2.2.2　烟叶气孔导度与光照度的关系 ····································· 108

　　　　6.2.2.3　烟叶细胞间隙 $CO_2$ 浓度与光照度的关系 ······················· 108

　　　　6.2.2.4　烟叶蒸腾速率与光照度的关系 ····································· 109

　　　　6.2.2.5　烟叶瞬时水分利用效率与光照度的关系 ························· 109

　　　6.2.3　讨论 ·································································· 110

　6.3　滤减 UV-B 辐射强度对植烟环境小气候要素的影响 ···················· 111

　　　6.3.1　材料和方法 ···························································· 111

　　　　6.3.1.1　试验材料与处理 ··················································· 111

　　　　6.3.1.2　测定方法与资料获取 ··············································· 112

　　　　6.3.1.3　数据分析 ························································· 113

　　　6.3.2　结果与分析 ···························································· 113

　　　　6.3.2.1　环境 $CO_2$ 浓度对 UV-B 辐射强度的响应 ······················· 113

6.3.2.2　空气温度对 UV-B 辐射强度的响应 ················· 114

6.3.2.3　空气相对湿度对 UV-B 辐射强度的响应 ············· 114

6.3.2.4　光合有效辐射对 UV-B 辐射强度的响应 ············· 115

6.3.2.5　饱和水汽压亏缺对 UV-B 辐射强度的响应 ··········· 115

　6.3.3　讨论 ······················································· 116

# 第 二 篇　稳定碳同位素($\delta^{13}$C)分布值与烤烟种植

第7章　稳定碳同位素($\delta^{13}$C)分布与植物种植 ····················· 121

7.1　稳定碳同位素的组成及生态学意义 ····························· 121

　7.1.1　$\delta^{13}$C 分布的组成及分馏机制 ························· 121

　7.1.2　$\delta^{13}$C 分布值的生态学意义 ··························· 122

7.2　稳定碳同位素判定植物生长发育的生理生态学基础 ··········· 124

　7.2.1　$\delta^{13}$C 分布值与植物生理生态适应研究状况 ········· 124

　7.2.2　植物 $\delta^{13}$C 分布值与环境因子的关系 ················· 126

　　7.2.2.1　光照度对 $\delta^{13}$C 的影响 ····················· 126

　　7.2.2.2　温度对 $\delta^{13}$C 的影响 ······················· 127

　　7.2.2.3　降水量对 $\delta^{13}$C 的影响 ····················· 127

　　7.2.2.4　经、纬度对 $\delta^{13}$C 的影响 ··················· 128

　　7.2.2.5　海拔对 $\delta^{13}$C 的影响 ······················· 128

　7.2.3　烤烟种植与 $\delta^{13}$C 分布值 ······················ 129

第8章　不同生态区烤烟 $\delta^{13}$C 组成 ···························· 131

8.1　不同生态区烤烟叶片稳定碳同位素组成特征 ················· 131

　8.1.1　材料与方法 ············································ 132

　　8.1.1.1　试验材料及处理 ······························· 132

　　8.1.1.2　指标测定及方法 ······························· 132

　　8.1.1.3　数据处理 ····································· 133

　8.1.2　结果与分析 ············································ 133

　　8.1.2.1　不同叶位烟叶生理指标的差异 ··················· 133

　　8.1.2.2　不同生态区烟叶生理指标均值的差异 ············· 135

　8.1.3　讨论 ··················································· 136

　　8.1.3.1　不同生态区烟叶稳定碳同位素组成特征 ··········· 136

　　8.1.3.2　不同生态区烟叶 $\delta^{13}$C 与相关生理指标的联系 ········· 137

8.2　低纬高原两个亚生态区烤烟种植生态适应性 ················· 138

　8.2.1　材料与方法 ············································ 139

　　8.2.1.1　试验材料及处理 ······························· 139

　　8.2.1.2　形态特征测定方法 ····························· 139

　　8.2.1.3　生理指标测定方法 ····························· 139

　　8.2.1.4　烤烟叶片碳同位素组成的测定 ··················· 140

8.2.1.5　数据处理 ·············································· 140

8.2.2　结果与分析 ·············································· 140

8.2.2.1　K326 形态性状的差异 ······························ 140

8.2.2.2　K326 光合色素含量的差异 ·························· 140

8.2.2.3　K326 比叶重的差异 ································· 141

8.2.2.4　K326 叶片稳定碳同位素组成的差异 ················ 142

8.2.2.5　K326 总多酚和丙二醛含量的差异 ·················· 142

8.2.3　讨论 ···················································· 143

8.2.3.1　烤烟形态特征对生态条件的适应性 ················· 143

8.2.3.2　烤烟光合生理对生态条件的适应性 ················· 143

8.2.3.3　不同生态条件下烤烟抗逆及衰老特征 ··············· 144

8.2.3.4　$\delta^{13}C$ 与烤烟的生态适应性 ···················· 144

8.3　不同亚生态烟区烤烟对 $\delta^{13}C$ 变化的响应 ················· 146

8.3.1　材料与方法 ·············································· 146

8.3.1.1　试验时间、地点 ··································· 146

8.3.1.2　试验材料 ········································· 146

8.3.1.3　试验方法 ········································· 147

8.3.1.4　数据处理 ········································· 147

8.3.2　结果与分析 ·············································· 148

8.3.2.1　烤烟大田生长期气候因子变化特征 ················· 148

8.3.2.2　光合色素含量的差异 ······························ 150

8.3.2.3　比叶重、丙二醛和类黄酮含量的差异 ··············· 150

8.3.2.4　稳定碳同位素组成的差异 ·························· 150

8.3.2.5　$\delta^{13}C$ 与各气候因子及生理指标相关分析 ········ 151

8.3.2.6　主要化学成分比较 ································· 152

8.3.3　讨论 ···················································· 152

8.3.3.1　不同气候因子对烤烟生理指标的影响 ··············· 152

8.3.3.2　不同气候因子对烤烟 $\delta^{13}C$ 的影响 ·············· 153

8.3.3.3　不同气候因子对烤烟化学成分的影响 ··············· 154

8.3.3.4　不同气候因子对植烟土壤 $\delta^{13}C$ 的影响 ·········· 154

第 9 章　烤烟 $\delta^{13}C$ 对烟叶生理生化特征的响应 ·············· 156

9.1　不同生态烟区烤烟 $\delta^{13}C$ 与生理及品质特征的比较研究 ····· 156

9.1.1　材料和方法 ·············································· 156

9.1.1.1　研究区概况 ······································· 156

9.1.1.2　材料及处理 ······································· 157

9.1.1.3　测定指标及方法 ··································· 157

9.1.1.4　数据处理 ········································· 158

9.1.2　结果与分析 ·············································· 158

9.1.2.1　各生态烟区烟叶 $\delta^{13}C$ 比较 ···················· 158

9.1.2.2 各生态区烟叶生理指标比较 ················································· 158

9.1.2.3 各生态烟区烟叶光合色素含量比较 ····································· 160

9.1.2.4 各生态区烟叶 $\delta^{13}C$ 与其生理指标和化学成分相关性分析 ········· 162

9.1.2.5 三个生态区烟叶化学成分比较和感官质量评价 ···················· 163

9.1.3 讨论 ···································································································· 164

9.1.3.1 不同生态烟区气候环境对烟叶稳定碳同位素组成的影响 ········· 164

9.1.3.2 不同生态区烟叶 $\delta^{13}C$ 与碳氮代谢、比叶重的关系 ················· 165

9.1.3.3 不同生态区烟叶 $\delta^{13}C$ 与光合色素的关系 ···························· 165

9.1.3.4 三个生态区烟叶 $\delta^{13}C$ 与化学成分及品质的联系 ·················· 166

9.2 烤烟叶片 $\delta^{13}C$ 与生理指标的相关性 ··················································· 166

9.2.1 材料与方法 ························································································· 167

9.2.1.1 试验材料及处理 ······································································ 167

9.2.1.2 生理指标测定方法 ··································································· 167

9.2.1.3 数据处理方法 ········································································· 168

9.2.2 结果与分析 ························································································· 168

9.2.2.1 不同叶位烤烟叶片 $\delta^{13}C$ ····················································· 168

9.2.2.2 烤烟叶片光合色素含量及可溶性蛋白含量 ·························· 168

9.2.2.3 烤烟叶片比叶重 ····································································· 169

9.2.2.4 烤烟叶片 $\delta^{13}C$ 与生理指标的相关性 ································· 170

9.2.3 讨论 ···································································································· 170

9.2.3.1 烟叶 $\delta^{13}C$ 与叶位的关系 ··················································· 170

9.2.3.2 烟叶 $\delta^{13}C$ 与海拔的关系 ··················································· 171

9.2.3.3 烟叶 $\delta^{13}C$ 与生理指标的关系 ············································ 171

9.3 低纬高原气候带分布差异对不同烤烟品种 $\delta^{13}C$ 的影响 ···················· 172

9.3.1 材料与方法 ························································································· 173

9.3.1.1 试验材料及处理 ······································································ 173

9.3.1.2 UV-B 辐射和光照度的测定 ····················································· 173

9.3.1.3 烤烟叶片稳定碳同位素组成的测定 ········································· 173

9.3.2 结果与分析 ························································································· 173

9.3.2.1 光照度和 UV-B 辐射强度的差异 ·············································· 173

9.3.2.2 气候要素的差异 ····································································· 174

9.3.2.3 两地不同品种烤烟叶片稳定碳同位素组成的差异 ················· 175

9.3.3 讨论 ···································································································· 176

9.4 不同烤烟品种生理特征和化学成分与 $\delta^{13}C$ 的关系 ························· 179

9.4.1 材料与方法 ························································································· 180

9.4.1.1 试验材料及处理 ······································································ 180

9.4.1.2 生理指标测定方法 ··································································· 180

9.4.1.3 烤烟叶片碳同位素组成和化学成分的测定 ·························· 180

9.4.1.4 气象数据 ··············································································· 181

9.4.1.5 数据处理 ······················································· 181

9.4.2 结果与分析 ······················································· 181

9.4.2.1 不同烤烟品种比叶重的差异 ································· 181

9.4.2.2 不同烤烟品种丙二醛和类黄酮含量的差异 ··············· 181

9.4.2.3 不同烤烟品种碳同位素组成的差异 ························ 182

9.4.2.4 不同烤烟品种光合色素含量的差异 ························ 182

9.4.2.5 不同烤烟品种化学成分的差异 ···························· 183

9.4.2.6 不同烤烟品种 $\delta^{13}$C 与生理指标和化学成分相关性分析 ·········· 184

9.4.3 讨论 ····························································· 184

# 第 三 篇　土壤环境和种植条件与烤烟生理生态适应

第 10 章　不同土壤和施氮水平对烤烟种植的影响 ······················ 189

10.1 低纬高原不同利用方式土壤对烟草生长及光合生理的影响 ······· 189

10.1.1 材料与方法 ····················································· 190

10.1.1.1 试验材料和处理方法 ······································ 190

10.1.1.2 测定方法 ·················································· 190

10.1.1.3 数据统计与分析 ··········································· 191

10.1.2 结果与分析 ····················································· 191

10.1.2.1 K326 农艺性状特征 ········································ 191

10.1.2.2 K326 叶片气体交换参数 ···································· 192

10.1.2.3 K326 叶片光合色素和可溶性蛋白质含量 ·················· 192

10.1.2.4 K326 叶片水分状况和比叶重 ······························· 193

10.1.3 讨论 ··························································· 194

10.1.3.1 不同利用方式土壤对烟草生长的影响 ····················· 194

10.1.3.2 不同利用方式土壤对烟叶净光合速率的影响 ··············· 194

10.1.3.3 不同利用方式土壤对烟叶水分状况的影响 ················· 195

10.2 不同施氮水平对烤烟叶片 $\delta^{13}$C、生理特征及化学成分的影响 ······ 196

10.2.1 材料与方法 ····················································· 197

10.2.1.1 试验材料 ·················································· 197

10.2.1.2 测定项目及分析方法 ······································ 198

10.2.1.3 数据统计与分析 ··········································· 198

10.2.2 结果与分析 ····················································· 198

10.2.2.1 烟叶 $\delta^{13}$C 的动态变化 ······································ 198

10.2.2.2 烟叶比叶重的动态变化 ····································· 200

10.2.2.3 烟叶光合色素的动态变化 ·································· 201

10.2.2.4 烟叶化学成分的比较 ······································ 205

10.2.3 讨论 ··························································· 205

10.2.3.1 不同施氮水平下烟叶 $\delta^{13}$C 的变化特征 ···················· 205

10.2.3.2 不同施氮水平下光合色素、比叶重与烤烟生长发育及品质形成的
关系 ·········································································· 206
10.3 烤烟 $\delta^{13}$C 及生理特征对不同施氮水平的响应 ·················· 207
10.3.1 材料与方法 ·························································· 208
10.3.1.1 试验材料 ···················································· 208
10.3.1.2 试验方法 ···················································· 208
10.3.1.3 数据处理 ···················································· 209
10.3.2 结果与分析 ·························································· 209
10.3.2.1 烟叶色素的动态变化 ······································ 209
10.3.2.2 烟叶比叶重的动态变化 ···································· 211
10.3.2.3 烟叶 $\delta^{13}$C 的动态变化 ·································· 211
10.3.2.4 烟叶碳氮代谢的动态变化 ································ 212
10.3.2.5 不同施氮水平下 $\delta^{13}$C 与各项指标的相关性分析 ······ 214
10.3.3 讨论 ································································ 214
10.3.3.1 不同施氮水平烤烟色素含量及比叶重的变化特征 ······ 214
10.3.3.2 不同施氮水平烤烟碳氮代谢的变化特征 ················ 215
10.3.3.3 不同施氮水平烤烟 $\delta^{13}$C 的变化及其相关性分析 ········ 216
第 11 章 烤烟 $\delta^{13}$C 对模拟降水和增强 UV-B 辐射的响应 ················ 217
11.1 不同烟区降水量对烟叶 $\delta^{13}$C 及生理指标的影响 ················ 217
11.1.1 材料与方法 ························································ 217
11.1.1.1 试验材料 ···················································· 217
11.1.1.2 试验设计 ···················································· 218
11.1.1.3 测定方法 ···················································· 218
11.1.1.4 数据分析 ···················································· 219
11.1.2 结果与分析 ························································ 219
11.1.2.1 各处理在生理成熟期和工艺成熟期生理指标的比较 ······ 219
11.1.2.2 不同处理成熟期各生理指标 ······························ 220
11.1.2.3 烤烟 $\delta^{13}$C 与生理指标的相关性比较 ·················· 222
11.1.3 讨论 ································································ 223
11.1.3.1 模拟不同降水量对烤烟 $\delta^{13}$C 的影响 ················ 223
11.1.3.2 模拟降水量烟叶 $\delta^{13}$C 与相关生理指标的联系 ········ 223
11.1.3.3 模拟降水量对烟叶部分生理指标影响 ·················· 224
11.2 增强 UV-B 辐射对烟叶 $\delta^{13}$C 及生理特征的影响 ·············· 224
11.2.1 材料与方法 ························································ 225
11.2.1.1 试验材料 ···················································· 225
11.2.1.2 UV-B 增强处理 ·············································· 225
11.2.1.3 样品测定方法 ················································ 226
11.2.1.4 数据处理 ···················································· 226
11.2.2 结果与分析 ························································ 227

11.2.2.1 不同 UV-B 处理可溶性蛋白质含量的变化 ·············· 227

11.2.2.2 不同 UV-B 处理光合色素的变化 ·············· 227

11.2.2.3 不同 UV-B 处理对类黄酮、丙二醛的影响 ·············· 228

11.2.2.4 不同 UV-B 处理烟叶 $\delta^{13}C$ 与各生理指标的相关性 ·············· 229

11.2.3 讨论 ·············· 230

11.2.3.1 增强 UV-B 辐射对烟叶可溶性蛋白的影响 ·············· 230

11.2.3.2 增强 UV-B 辐射对烟叶光合色素的影响 ·············· 230

11.2.3.3 增强 UV-B 辐射对类黄酮、丙二醛的影响 ·············· 231

11.2.3.4 增强 UV-B 辐射对烟叶 $\delta^{13}C$ 的影响 ·············· 231

11.2.3.5 烤烟 $\delta^{13}C$ 与各生理指标的相关性 ·············· 232

# 第 四 篇　烤烟种植对环境变化的生理生态适应

第 12 章　气候环境和自然地理因素对烤烟种植的影响 ·············· 235

12.1 烤烟生长对光照的需求 ·············· 235

12.1.1 光因子环境效应的气象学解释 ·············· 235

12.1.1.1 太阳辐射 ·············· 235

12.1.1.2 光照度和光照时间 ·············· 236

12.1.2 光质对烤烟种植的影响 ·············· 237

12.1.2.1 滤膜处理不同光质对烤烟生长发育的影响 ·············· 237

12.1.2.2 LED 处理不同光质的影响 ·············· 243

12.1.3 光照度对烤烟种植的影响 ·············· 248

12.1.3.1 光照度对烤烟光合作用过程的影响 ·············· 248

12.1.3.2 光照度对烤烟形态建成的影响 ·············· 250

12.1.3.3 光照度对烤烟生理指标的影响 ·············· 253

12.1.3.4 光照度对烤烟品质的影响 ·············· 254

12.1.4 光照时间对烤烟种植的影响 ·············· 256

12.1.4.1 光照时间对烤烟种植影响的气候学分析 ·············· 256

12.1.4.2 增补光延长光照时间对烤烟种植的影响 ·············· 259

12.1.4.3 遮光减少光照时间对烤烟种植的影响 ·············· 264

12.2 人工模拟不同气温对烤烟种植的影响 ·············· 266

12.2.1 不同气温对烤烟形态和生理特征的影响 ·············· 267

12.2.2 不同气温对烤烟香型和质量特色的影响 ·············· 270

12.3 人工模拟不同降水量对烤烟种植的影响 ·············· 273

12.3.1 不同烟区降水量对烟叶 $\delta^{13}C$ 及生理指标的模拟研究 ·············· 273

12.3.2 不同烟区降水量对烤烟农艺性状及基因表达变化的模拟研究 ·············· 274

12.3.2.1 模拟不同降水量对烤烟农艺性状的影响 ·············· 274

12.3.2.2 模拟不同降水量对烤烟基因表达变化的影响 ·············· 275

12.4 浓香型和清香型烟产区大田期气候特征 ·············· 276

12.4.1 浓香型烟产区大田期气候特征 ·················· 276

12.4.2 清香型烟产区大田期气候特征 ·················· 280

12.5 三类香型烟产区大田期气候特征比较 ·················· 284

12.5.1 气温 ·················· 284

12.5.2 水分 ·················· 286

12.5.2.1 降水量 ·················· 286

12.5.2.2 空气湿度 ·················· 286

12.5.3 日照时数 ·················· 287

12.5.4 清香型、浓香型、中间香型区域气象因子比较 ·················· 287

12.6 纬度、海拔与烤烟种植 ·················· 288

12.6.1 纬度和海拔对气候要素变化的影响 ·················· 288

12.6.2 纬度分布对烤烟种植的影响 ·················· 290

12.6.3 海拔对烤烟种植的影响 ·················· 292

第13章 不同生态条件对烤烟种植的影响 ·················· 300

13.1 烤烟自然环境种植的生理生态适应 ·················· 300

13.1.1 UV-B 辐射对烤烟 PPO 活性、总多酚含量和抗氧化酶活性的影响 ····· 300

13.1.1.1 PPO 活性和总多酚含量 ·················· 300

13.1.1.2 抗氧化酶活性 ·················· 300

13.1.1.3 结论 ·················· 301

13.1.2 玉溪烟区不同生态条件与烤烟种植 ·················· 301

13.1.2.1 形态特征 ·················· 301

13.1.2.2 生理指标 ·················· 301

13.1.2.3 光合特性 ·················· 302

13.1.2.4 光合和生理特征比较 ·················· 302

13.1.2.5 结论 ·················· 302

13.1.3 不同烤烟品种光合作用比较 ·················· 303

13.1.4 昭通烟区不同生态条件与烤烟种植 ·················· 303

13.1.5 不同利用方式土壤与烤烟生长及光合生理 ·················· 304

13.1.5.1 形态特征 ·················· 304

13.1.5.2 净光合速率和色素变化 ·················· 304

13.1.5.3 水分状况 ·················· 305

13.1.5.4 结论 ·················· 305

13.2 滤减 UV-B 辐射烤烟种植生理生态适应（Ⅰ） ·················· 305

13.2.1 形态性状 ·················· 306

13.2.2 烟叶腺毛发育和密度动态变化 ·················· 306

13.2.3 光合特性差异 ·················· 307

13.2.4 光合色素 ·················· 307

13.2.5 可溶性蛋白和类黄酮 ·················· 308

13.2.6 抗氧化酶活性变化 ·················· 308

13.2.7　总多酚含量与 PPO 活性 ……………………………………………… 309

13.2.8　植烟小气候环境效应比较 …………………………………………… 310

13.3　滤减 UV-B 辐射烤烟种植生理生态适应（Ⅱ）…………………………… 310

13.3.1　烤烟对减弱 UV-B 辐射的响应 ……………………………………… 310

13.3.1.1　UV-B 辐射在烤烟生长发育中的作用 ………………………… 310

13.3.1.2　烤烟对 UV-B 辐射的伤害－保护平衡 ………………………… 311

13.3.1.3　烤烟叶片形态和结构对 UV-B 辐射的适应 …………………… 311

13.3.2　烤烟不同生育期生理指标与减弱 UV-B 辐射的关系 ……………… 317

13.3.2.1　水分的表现 …………………………………………………… 317

13.3.2.2　比叶重的差异 ………………………………………………… 317

13.3.2.3　光合色素的影响 ……………………………………………… 317

13.3.2.4　丙二醛、类黄酮和类胡萝卜素的变化 ………………………… 318

13.3.2.5　结论 …………………………………………………………… 318

13.4　模拟增强 UV-B 辐射强度与烤烟种植生理生态适应 …………………… 319

13.4.1　模拟增强 UV-B 辐射强度与烤烟光合生理和化学品质 …………… 319

13.4.1.1　适量的 UV-B 辐射可提高烟叶光合作用水平 ………………… 319

13.4.1.2　烟叶类黄酮、丙二醛含量和 LMA ……………………………… 319

13.4.1.3　UV-B 辐射增强对提高 WUE 有利 …………………………… 320

13.4.1.4　适量的 UV-B 辐射对提高烟叶化学品质有利 ………………… 320

13.4.1.5　结论 …………………………………………………………… 320

13.4.2　模拟增强 UV-B 辐射强度与烤烟生理特征及 $\delta^{13}C$ 分布 ………… 321

13.4.2.1　烤烟生理特征 ………………………………………………… 321

13.4.2.2　烟叶 $\delta^{13}C$ 及与生理指标的相关性 …………………………… 322

13.4.2.3　结论 …………………………………………………………… 323

13.5　亚生态烟区烤烟 $\delta^{13}C$ 分布的生理生态适应（Ⅰ）…………………… 323

13.5.1　同一亚生态烟区适生品种筛选 ……………………………………… 323

13.5.1.1　生理特征 ……………………………………………………… 323

13.5.1.2　品种分异与超微结构 ………………………………………… 324

13.5.1.3　烟叶化学成分 ………………………………………………… 324

13.5.1.4　$\delta^{13}C$ 与生理指标的关系 ……………………………………… 325

13.5.1.5　结论 …………………………………………………………… 325

13.5.2　同一亚生态烟区不同品种施氮水平效应评估 ……………………… 325

13.5.2.1　$\delta^{13}C$ 的变化特征 …………………………………………… 325

13.5.2.2　生理特征和化学成分 ………………………………………… 326

13.5.2.3　结论 …………………………………………………………… 326

13.5.3　同一亚生态烟区同一品种施氮水平效应评估 ……………………… 327

13.5.3.1　色素含量和比叶重 …………………………………………… 327

13.5.3.2　碳氮代谢 ……………………………………………………… 327

13.5.3.3　$\delta^{13}C$ 与生理指标的关系 ……………………………………… 328

　　　　13.5.3.4　结论 ……………………………………………………………… 328

13.6　亚生态烟区烤烟 $\delta^{13}C$ 分布的生理生态适应（Ⅱ）…………………………… 328

　　13.6.1　不同亚生态烟区同一品种比较（Ⅰ）…………………………………… 328

　　　　13.6.1.1　不同气候因子与烤烟 $\delta^{13}C$ ………………………………………… 329

　　　　13.6.1.2　不同气候因子与烤烟生理指标 …………………………………… 329

　　　　13.6.1.3　红大品种的生理生态适应 ………………………………………… 329

　　13.6.2　不同亚生态烟区同一品种比较（Ⅱ）…………………………………… 329

　　　　13.6.2.1　形态和生理特征 …………………………………………………… 330

　　　　13.6.2.2　$\delta^{13}C$ 与烤烟的生态适应 ………………………………………… 330

　　13.6.3　不同亚生态烟区同一品种比较（Ⅲ）…………………………………… 331

　　13.6.4　不同亚生态烟区不同品种比较 …………………………………………… 331

　　　　13.6.4.1　气候要素与烤烟 $\delta^{13}C$ …………………………………………… 331

　　　　13.6.4.2　不同品种 $\delta^{13}C$ 在不同生态环境下的比较 …………………… 332

　　　　13.6.4.3　结论 ………………………………………………………………… 332

13.7　不同香型生态烟区烤烟 $\delta^{13}C$ 分布与生理生态适应 ……………………… 333

　　13.7.1　典型浓香型和清香型烟区 ………………………………………………… 333

　　　　13.7.1.1　气候环境对烟叶 $\delta^{13}C$ 组成的影响 …………………………… 333

　　　　13.7.1.2　烟叶 $\delta^{13}C$ 与碳氮代谢、比叶重 ……………………………… 334

　　　　13.7.1.3　烟叶 $\delta^{13}C$ 与光合色素 ………………………………………… 335

　　　　13.7.1.4　烟叶 $\delta^{13}C$ 与化学成分及品质 ………………………………… 335

　　　　13.7.1.5　相同叶位与不同叶位 $\delta^{13}C$ 的差异性分析 …………………… 336

　　13.7.2　清香型和中间香型代表烟区 ……………………………………………… 336

　　　　13.7.2.1　气候环境对烟叶 $\delta^{13}C$ 组成的影响 …………………………… 337

　　　　13.7.2.2　烟叶 $\delta^{13}C$ 与碳氮代谢、比叶重与光合色素 ………………… 337

　　13.7.3　结论 ………………………………………………………………………… 337

　　　　13.7.3.1　烟叶 $\delta^{13}C$ 分布与气候环境 …………………………………… 337

　　　　13.7.3.2　烟叶 $\delta^{13}C$ 分布与生理特征和品质评价 ……………………… 338

　　　　13.7.3.3　相同叶位与不同叶位取样的代表性 …………………………… 338

参考文献 ……………………………………………………………………………… 339

第一篇

# 低纬高原紫外辐射强度变化与烤烟种植

# 第1章 UV-B辐射对植物生长和品质形成的影响

## 1.1 UV-B辐射基本分布特征

紫外辐射(UVR)是太阳辐射的一部分，其辐射能量占太阳总辐射的3%～5%，当穿过大气层到达地球表面时，紫外辐射总量大幅减少，而且波谱成分也发生变化。短波的UV-C辐射(200～280nm)可被大气层气体完全吸收，中波的UV-B辐射(280～320nm)可部分被平流层中臭氧吸收，因此在正常情况下只有很少部分的UV-B辐射到达地球表面，而长波的UV-A辐射(320～400nm)几乎不被臭氧吸收，该波段辐射对动植物的生长发育有重要作用。自20世纪70年代起，由于人为的污染物如氟利昂(CFC)等气体的排放，大气臭氧层被大量消耗。20世纪八九十年代，全球臭氧浓度就下降了10%(Solomon, 1999)，其直接后果就是到达地表的UV-B辐射增强。根据世界气象组织(WMO)评估公报(2011年)，1990年全球臭氧损耗达到最大，比1964～1980年全球平均臭氧减少5%(王锦旗等，2015a)。据估计，即使《蒙特利尔议定书》（又称《蒙特利尔公约》）在全球范围内得以严格执行，臭氧层的损耗和近地面UV-B辐射的增强效应所造成的影响仍将持续几十年(Madronich et al.，1995)。虽然目前大气层中导致臭氧衰减的主要物质含量有所下降，而且20世纪八九十年代以来，中纬度地区臭氧总量没有继续减少，但全球臭氧浓度仍低于20世纪70年代水平，而且在未来几十年里要恢复到当时的水平仍较困难，在较长时间内近地表UV-B辐射增强仍将持续(Mckenzie et al.，2006)。

臭氧衰减导致的近地表UV-B辐射增强是人类面临的全球变化问题之一。近几十年来，近地表UV-B辐射增强对作物产生的影响受到人们的普遍关注(郑有飞和吴荣军等，2009)。许多生物大分子如蛋白质、核酸等对这部分的波长具有强烈的吸收作用，因此UV-B辐射的增强容易使生物体受到损伤，而且UV-B辐射能量高，可通过诱导生物体内活性氧增加而进一步对机体造成伤害，UV-B辐射对植物的生长发育、形态和生理等的影响具有多效性。

影响近地表UV-B辐射的因子主要是臭氧总量，除此以外，还有太阳高度角、海拔、云量、气溶胶含量以及下垫面性质等。一个观测站上空总臭氧含量用臭氧厚度表示，即把垂直大气柱内所有臭氧压缩到标准条件下的等效厚度，以Dobson示之，在标准条件下等效厚度为$10^{-3}$cm的臭氧即相当于1D. U. (Dobson Unit)。观测表明，总臭氧含量随纬度和季节变化，各地的分布不同，大致从200D. U. 变化到450D. U.，在北半球，大部分地区臭氧层的厚度在春季最大，秋季最小，高纬地区的季节变化更明显，最大臭氧带靠近极地。若把气柱内全部臭氧在标准条件下压缩，也不足0.5cm厚(王永生，1987)。海拔是影响近地表太阳UV-B辐射分布的重要地理因素，随海拔的增加大气层厚度变薄，导致空气透明度增加，UV-B辐射也随之增强(Turunen and Latola，2005)。Cabrera等

(1995)在智利的研究表明，海拔每升高 1000m，UV-B 辐射年平均值升高 $10\% \sim 19\%$。中国地势呈东低西高的阶梯形式，自东部沿海平原地区至青藏高原，UV-B 辐射随海拔增加而逐渐增强，在海拔 1500m 以下变化平缓，而在此海拔以上，UV-B 辐射上升迅速（李英年等，2006）。云南地域环境属典型的低纬度高海拔地区，这样的地理特点造就了云南丰富多样的立体式气候（陈宗瑜，2001）。云南地区平均海拔 2000m，太阳紫外辐射强，且具有明显的时空分布特征，表现为南部大于北部，西部大于东部，随海拔的升高而增加，其垂直变化率为海拔每上升 100m，紫外辐射强度在干、雨季分别增加 $0.202\mathrm{W} \cdot \mathrm{m}^{-2}$、$0.090\mathrm{W} \cdot \mathrm{m}^{-2}$，并存在明显的干雨季特点（周平和陈宗瑜，2008）。颜侃等（2012a）选择云南省玉溪两个不同海拔烟区连续 3 年（2008~2010 年）烤烟主要大田生长期（5~8 月），利用逐日正午（11:30~12:30）紫外辐射强度和同期光照度、部分气候要素值的观测资料，分析紫外辐射强度变化与气候要素之间的关系，并选取光照度和云量两个要素对紫外辐射强度进行模拟预测。结果表明，烤烟大田生长期紫外辐射强度均值的年际变化不显著，同时期气象条件下，云量是影响烤烟生长期紫外辐射强度均值的主要因子。光照度、云量与紫外辐射强度变化的关系较密切，紫外辐射强度与光照度的比值较恒定，紫外辐射强度随云量的增加而降低。统计回归模型模拟表明，可用光照度和云量对紫外辐射强度进行估算，模拟值较准确。

## 1.2　UV-B 辐射对陆生植物的影响

### 1.2.1　UV-B 辐射对植物形态和叶片解剖结构的影响

植物在特定环境下的形态特征变化具有重要的生态学意义，生态型的改变可增强植物对环境的适应能力以及植物个体或群体的竞争能力。UV-B 辐射参与了植物的形态建成过程，较高强度的 UV-B 辐射对植物形态有强烈的修饰作用，其中株高和叶片对UV-B 辐射的变化较为敏感。

#### 1.2.1.1　UV-B 辐射对植物株型的影响

植物的株高在增强 UV-B 辐射下会降低，株型变小。王锦旗等（2015）认为，菹草植株的株高、节间距、叶面积都受到 UV-B 辐射的抑制，且随 UV-B 辐射剂量增加，各项指标明显下降。而增强或降低辐射强度都会抑制杨桐地径的生长，增强辐射会产生更显著的抑制，降低辐射强度会对杨桐幼苗的株高生长产生促进作用，但植物矮化程度随植物种类、品种、所处的生长阶段、强度及处理时间不同而有所区别（兰春剑等，2011）。二次饱和-D 最优设计模型解析表明，随 UV-B 辐射强度或时间的增加，番茄幼苗株高降低，而茎粗、根茎叶干物质量及壮苗指数则先升高后降低；辐射强度与时间存在显著的互作效应，UV-B 辐射强度对株高的影响大于辐射时间，而对茎粗及壮苗指数的效应则相反（侯丽丽等，2015）。

通常单子叶植物受 UV-B 辐射的影响相对双子叶植物来说更小，可能部分由于单子叶植物具有垂直的叶向排列，而 C4 植物中多为单子叶植物，其对 UV-B 辐射也表现出较C3 植物更大的抗性（Basiouny et al.，1978；Basiouny，1986）。大田作物对 UV-B 辐射的敏感性较低，而温室或生长室中的植物敏感性较高，这主要与大田和室内环境下 UV-B/光合有效辐射（PAR）的差异有关（张瑞桓等，2008；Pal et al.，1997；Ballaré，2003；Bassman et al.，2003；Kostina et al.，2001；）。陈建军等（2001）对 20 个小麦品种株高的测定结果表明，10 个品种株高增加，另 10 个则减小。株高的降低主要是节间距的缩短，而不是节数的减少（陈建军等，2004；侯扶江等，2001），说明 UV-B 辐射对植物株高产生的效应并不是简单地影响植物的生长速率，而是与植物某些内在生长特性和适应环境的能力有关。一般认为，植物矮化主要是 UV-B 辐射致使植物体内植物激素代谢紊乱所致。如具有调节植物生长作用的植物激素吲哚乙酸（IAA）在 UV-B 辐射波长范围内有强烈的吸收，并且在高 UV-B 辐射时会发生光解。乙烯可以使植物变粗而减少增高，在多种植物中已经发现其释放量在 UV-B 辐射照射后会有所增加（Nara and Takeuchi，2002；王弋博等，2007；Rakitin et al.，2008）。UV-B 辐射可促进过氧化氢酶（CAT）、过氧化物酶（POD）活性及丙二醛（MDA）含量升高，且随辐射剂量增加而逐渐升高，并可促进叶片可溶性蛋白质和可溶性糖的合成（王锦旗等，2015b）。另外，其他内源激素包括多胺（PA）、脱落酸（ABA）等在 UV-B 辐射照射下代谢的变化也会对植物生长发育产生影响（林文雄等，2002）。相比之下，一些植物所具有较小的株型及较短的节间距，可以增加叶片之间的遮蔽度，减少植株对 UV-B 辐射的吸收，是对 UV-B 辐射伤害的一种自我保护。

### 1.2.1.2　UV-B 辐射对植物叶片的影响

叶片是对环境胁迫，尤其是光胁迫最敏感的植物器官，是植物接收 UV-B 辐射的主要部位，也是对 UV-B 辐射特别敏感的光合作用进行的主要场所，因此其形态的变化将直接影响植物的生长甚至生存。对大多数植物而言，较强的 UV-B 辐射使植物叶片面积缩小，并伴随着叶表皮细胞变小或细胞的生长和分裂减缓（Nogués et al.，1998），而抗性较强的植物叶片形态不受 UV-B 辐射的影响（Niemi et al.，2002）。单个叶面积的缩小导致的直接后果是植物群体叶面积的下降，从而使叶面积指数也下降，导致产量的减少，但其他形态上的变化可以抵消叶面积下降而导致的总干重下降。如增强 UV-B 辐射降低了南极漆姑草（*Colobanthus quitensis*）叶面积，但对其叶片干重没有影响，其原因主要是比叶重（LMA）增加（Xiong et al.，2002）。

UV-B 辐射的作用还有使植物叶片长、宽及叶形发生不同的变化。Cai 等（2008）对南亚热带先锋树种马占相思（*Acacia mangium*）的研究表明，增强 UV-B 辐射提高了叶片宽度，但对其叶长没有显著影响。UV-B 辐射导致植物叶片卷曲的现象在多种植物中也有报道（Zuk-Golaszewska et al.，2003；Jansen.，2002）。通常情况下，幼叶对 UV-B 辐射响应的敏感性大于成熟叶片，节位高的大于节位低的叶片，直立型叶片的大于伸展型叶片的。叶片厚度是对 UV-B 辐射响应较为敏感的一个指标，叶片增厚可由多种因素引起。植物受到 UV-B 辐射后，叶肉海绵组织和栅栏组织层数增加，细胞变宽或变短，并会相应地增加表皮层和木栓层，使叶片增厚（何永美等，2004；Kakani et al.，2003a）。但 Kakani 等（2003b）对棉花（*Gossypium hirsutum* L.）叶片解剖结构观察后发现，在 $16kJ \cdot m^{-2} \cdot d^{-1}$ 的 UV-B 辐射下叶片厚度降低，主要是由于栅栏组织和整个叶肉组织厚度降低，表皮厚度却未受到显著的改变。叶片叶肉组织和表层组织增厚，可以作为形态解剖学上的屏障或过滤层，减少进入叶片敏感的深层区域。在 UV-B 辐射下，叶片表皮的蜡质层也会增厚(Kakani et al.，2003a)，同时 UV-B 辐射诱导植物表皮细胞合成和积累大量的类黄酮等酚类次生物质及木质素(Hilal et al.，2004)，使表皮细胞明显增厚，叶片表皮细胞角质化程度增加，从而增加叶片厚度。叶片结构的变化和叶片厚度的增加可以补偿增强 UV-B 辐射而导致的光合色素含量降低，可改善单位面积的光合速率，是植物对强 UV-B 辐射伤害的一种自我保护和适应机制(师生波等，2001)。UV-B 辐射照射下叶片厚度增加表现为 LMA 增加，而 LMA 对 UV-B 辐射的响应与处理环境及植物种类和品种有关。在室内环境下，UV-B 辐射使大豆 LMA 增加，而大田环境下 LMA 却不受影响(Sullivan and Teramura，1990)。水稻、越橘等不同品种用 UV-B 辐射处理后 LMA 或增加，或降低，或基本不受影响(Teramura et al.，1991；Johanson et al.，1995)。

### 1.2.1.3　气孔特征

气孔是植物与外界环境进行气体和水分交换的重要器官，由于其位于植物与外界环境的界面处，所以植物气孔的参数能反映植物生存环境的变化及植物对环境变化的适应能力。植物气孔对 UV-B 辐射的反应主要体现在气孔大小和密度的改变等方面。UV-B 辐射对植物气孔密度和大小的影响也因植物种类和种植环境而异。在生长室环境下，增加 $6kJ \cdot m^{-2} \cdot s^{-1}$ UV-B$_{BE}$(300nm 处)降低了拟南芥(*Arabidopsis thaliana* L. Heynh.)叶片近轴面的气孔密度(Boeger and Poulson，2006)，而在大田环境下增加 30％紫外辐射对桦木(*Betula pendula* Roth.)的研究结果则表明，UV-B 辐射显著提高了气孔密度，但对气孔大小影响甚微(Kostina et al.，2001)。莴苣(*Lactuca sativa* L. var. *buttercrunch*)在近环境 UV-B 辐射和增强 UV-B 辐射(模拟 30％臭氧衰减)下，气孔密度比减弱 UV-B 辐射下有显著增加(Rousseaux et al.，2004)。Cai 等(2008)在中国广东南亚热带森林中通过增强 UV-B 辐射对 3 个演替阶段的代表性树种进行研究，结果表明先锋树种马占相思(*Acacia mangium*)气孔宽度显著增加，中期演替中生植物香港楠(*Machilus chinensis*)气孔宽度则显著变小，与耐荫植物黄果厚壳桂(*Cryptocarya concinna*)一样，远轴面气孔密度也显著增加。同种植物不同品种之间气孔密度对 UV-B 辐射的响应敏感性也存在很大的差异。Gitz 等(2005)对大豆(*Glyicine max*)4 个品种 Essex、Williams、OX921 和 OX922 气孔密度的研究表明，Essex、OX921 和 OX922 品种的近轴面气孔密度在增强的 UV-B 辐射下降低，而只有 Wiliams 远轴面气孔密度降低。

关于植物气孔密度受 UV-B 辐射影响的机理，前人做过分析，认为主要与 UV-B 辐射影响了表皮细胞的分裂和气孔的分化有关。棉花(*Gossypium hirsutum* L.)叶片近轴面和远轴面在增强的 UV-B 辐射下气孔指数均增加，表明 UV-B 辐射具有提高棉花气孔分化的作用(Kakani et al.，2003b)。

### 1.2.2　UV-B 辐射对植物光合作用的影响及植物的适应

植物光合作用是对 UV-B 辐射最为敏感的生理过程之一，是动植物生存乃至整个生态系统正常发展的基础，因此光合作用也成为 UV-B 辐射对植物和生态系统影响研究的重点问题。国内外已经对此方面有过较为详细的总结(周党卫等，2002；钟楚等，2009；

Allen et al., 1998)。尽管对此研究的结果包括正、反两方面，但总体上来说，UV-B 辐射对大多数光合相关基因均有下调作用。

### 1.2.2.1 UV-B 辐射对植物光合作用的影响

UV-B 辐射抑制光合作用的机制是多因素、多层面的复杂"联动"过程。按照植物光合作用对 UV-B 辐射反应的强弱，可将植物分为敏感型、较敏感型和迟钝型三大类。一般而言，C4 植物对 UV-B 辐射不太敏感，而 C3 植物较为敏感。Basiouny（1986）用 UV-B 辐射处理油菜、燕麦、花生、大豆、高粱和玉米后发现，花生等 C3 植物的净光合速率显著降低，而 C4 植物的净光合速率与 Hill 反应均未受到显著影响。UV-B 辐射对光合机能的损伤作用于光合作用光、暗反应两个环节上。光系统 II（PSII）是对 UV-B 辐射最为敏感的部位，UV-B 辐射使 PSII 反应中心失活，电子传递链功能下降，电子传导速率的光饱和值降低，植物受到光抑制，光能利用率下降（孙谷畴等，2000）。C3 植物中主要的羧化酶 Rubisco 普遍表现出受 UV-B 辐射的下调作用，导致羧化速率下降、光合产物合成明显受抑制（Allen et al., 1998）。

UV-B 辐射对植物光合作用的影响是多方面的。兰春剑等（2011）对杨桐幼苗光响应曲线的分析表明，相对于自然光条件下的 UV-B 辐射，降低其强度对光合作用有显著的促进作用，反之则会抑制，不过抑制作用并不显著。而对光合特征参数的分析表明，增强或降低 UV-B 辐射会显著降低杨桐幼苗的光饱和点（LSP）和光补偿点（LCP），而对最大净光合速率（$A_{max}$）、表观光合量子效率（AQY）、暗呼吸速率（Rd）影响均不显著。从光化学反应到碳反应的整个过程都可能受 UV-B 辐射的抑制，并普遍认为 PSII 活性降低是光合作用下降的一个主要原因。PSII 是对 UV-B 辐射最为敏感的部位，UV-B 辐射对其 D1、D2 蛋白的下调影响在许多植物中已观察到（Chaturvedi et al., 1998）。Hill 反应和叶绿素荧光研究也表明，UV-B 辐射使大豆 Hill 活性下降，且 Hill 活性与净光合速率的相关性大于叶绿素与净光合速率的相关性（梁婵娟等，2006）。在许多木本植物中还观察到 UV-B 辐射使 $F_v/F_m$ 降低，表明 PSII 失活或被破坏，植物受到了光抑制，但不同植物种类对 UV-B 辐射的抗性存在较大的差异（Šprtová et al., 2008）。UV-B 辐射使光合作用的电子传递受到抑制已被许多实验所证实，电子传递受 UV-B 辐射抑制的原因多种多样，Vu 和 Allen（1984）认为环式磷酸化解偶联作用可能是导致光能转化效率降低的原因；Wilson 和 Greenberg（1993）及 Bubu 和 Jansen（1999）认为可能 D1、D2 受损是电子传递能力减小的直接原因；而 Strid 和 Chow（1990）则认为与 ATP 合成酶含量、活性降低及细胞色素 f 受影响有关。UV-B 辐射对水氧化复合体（放氧复合体，M）的伤害也会影响电子传递过程，Szilárd 等（2007）对水氧化复合体 S 状态的研究表明，S3 状态和 S2 状态对 UV 的敏感性高于 S1 和 S0 状态，UV-B 诱导的水氧化的抑制是由于 Mn 离子束对 UV-B 的直接吸收或 UV-B 对水氧化中间过程的伤害。叶绿素 a 荧光证据则显示，叶绿体 PQ 库变小，PSII 活性中心受损，其电子传递受阻，特别是 PSII 原初电子受体 QA 的光还原过程、电子由 PSII 反应中心向 QA、QB 及 PQ 的传递过程受到影响，使 PSII 潜在活性和原初光能转化效率下降（吴杏春等，2007）。White 和 Jahnke（2002）研究认为，UV-B 辐射抑制光合作用的主要原因不是 PSII 活性降低，而是与碳反应相关的酶活性受到影响。Allen 等（1998）综述了增强 UV-B 辐射对植物光合作用影响的机理，认为酶活性的下降或（和）含量的减少都有可能是光合作用下降的原因。C3 植物中的主要羧化酶 Rubisco 普遍表现出受 UV-B 辐射的下调作用，而 C4 植物中主要羧化酶 PEPC 则表现出比 Rubisco 更强的耐 UV-B 辐射能力。对 C4 途径中烟酰胺腺嘌呤二核苷酸－苹果酸酶（NADP-ME）的研究表明，NADP-ME 受 UV-B 辐射的上调作用，并参与了紫外吸收物质的生物合成（Pinto et al.，1999），对提高植物耐性有很大作用。光合速率的降低还与气孔因素有关（周新明等，2007），如气孔关闭或气孔阻力增大，但有的结果表明与气孔行为无关（Nogués et al.，1998；Ambasht and Agrawal，1995）。光合作用还受产物的反馈调节。孙谷畴等（2002）观察到，UV-B 辐射下焕镛木（*Woonyoungia septentrionalis*）光合作用降低的同时，三碳糖的利用率也下降。

UV-B 辐射对植物光合作用的抑制程度还与叶龄（叶位）和环境条件有关。幼叶较老叶对 UV-B 辐射敏感，幼叶光合作用受 UV-B 辐射的抑制作用也较强（侯扶江等，2001）。在大田环境下，植物光合作用受 UV-B 辐射的伤害要较室内环境下低，主要是大田环境下具有较高的 PAR/UV-B，有利于光修复过程。在有其他环境胁迫存在时（如干旱、低温或高温、$CO_2$ 浓度增加），UV-B 辐射对光合作用的抑制作用将被削弱（Duan et al.，2008；Gao et al.，2008；Cechin et al.，2008），可能其他胁迫条件掩盖了 UV-B 辐射的伤害作用，或诱导了植物防御 UV-B 辐射的途径。

### 1.2.2.2 植物光合作用对 UV-B 辐射的适应策略

尽管 UV-B 辐射对植物光合作用有伤害作用，但已有许多研究表明，植物对 UV-B 辐射的胁迫有一定的适应性。周党卫等（2002）从形态、生理生化机制、活性氧清除系统和 D1 蛋白周转（包括降解和重新合成）等 4 个方面对植物光合作用适应 UV-B 辐射的策略进行了分析。此外，叶黄素循环、非化学荧光猝灭和光呼吸也是植物光合作用适应 UV-B 辐射的重要对策。叶黄素循环是植物对强光抑制的一种保护机制，UV-B 辐射增强也可以导致叶黄素循环色素含量及叶黄素循环活性的增加（张琴等，2008）。叶黄素循环库的大小反映了植物对光抑制的保护能力，反映吸收光能热耗散的叶绿素荧光参数与叶黄素循环中玉米黄质的增加呈正比。角叉菜在 UV-B 辐射下最大量子产额和最大电子传递降低后能迅速恢复，与叶黄素、α-胡萝卜素和 β-胡萝卜素含量的增加有关（Kräbs and Wiencke，2005）。UV-B 辐射诱导的叶黄素循环可能是 UV-B 辐射的直接影响，或者是类黄酮物质变化的结果，也可能是二者共同作用的结果（Martz et al.，2007），或是活性氧的增加引起（Rijstenbil，2005）。

植物在逆境下 PSⅡ 天线色素吸收的过量光能如果不能及时耗散，将对光合机构造成失活或破坏，因此非光化学猝灭（qN）是植物的一种自我保护机制。非光化学猝灭与硅甲藻黄素向硅藻黄质的去环氧化作用呈正相关（Rijstenbil，2005）。在 UV-B 胁迫下（$0.15W \cdot m^{-2}$ 和 $0.45W \cdot m^{-2}$），大豆（*Glycine max*）光呼吸关键酶乙醇酸氧化酶（GO）和谷胺酰胺合成酶（Gs）活性显著提高，大豆幼苗的光呼吸速率（$P_r$）显著提高，净光合速率（$P_n$）显著降低，UV-B 胁迫通过对光呼吸关键酶的影响调控光呼吸速率的变化（Dai and Zhou，2008）。光呼吸对能量有较高要求，光呼吸不仅直接消耗过剩光能，还通过对乙醇酸的消耗促进无机磷的周转，缓解无机磷不足对光合作用的抑制，从这个角度说，光呼吸间接地保护了光合机构。

### 1.2.3　UV-B 辐射对植物影响的阈值(范围)研究

阈值是指某系统或物质状态发生剧烈改变的那一个点或区间(赵慧霞等，2007)。自然环境中通常对植物产生影响的因素不止一个，而且还存在多种因子的相互制约和促进。根据生态学的一般原理，植物对各生态因子的适应有一定范围，由于各种生态因子之间的相互作用，可能扩大或缩小植物对某类或某几类因子的适应范围，从而影响植物对生态环境的适应能力及分布，即产生阈值现象。由于不同的生态系统对于不同生态因子都存在此现象，其研究已经在森林、草原、湖泊、海洋等生态系统类型中广泛开展。和其他生态因子一样，UV-B 辐射对植物的作用也具有两面性，过低或过高的 UV-B 辐射强度可能不利于植物的正常生长和发育，甚至具有致死作用，而适当强度的 UV-B 辐射对植物生长则具有促进作用。王颖等(2012)在增补 UV-B 辐射处理后，窄叶野豌豆的株高、生物量、分配向果实的生物量、总花数和种子百粒重均显著下降。而相对于减弱 UV-B 辐射处理，近环境 UV-B 辐射使窄叶野豌豆的株高先降后升，分配向果实的生物量减少，花期、花数和种子产量无显著变化，种子百粒重减小。研究还表明，增强和近环境 UV-B 辐射对窄叶野豌豆的生长和繁殖有一定的抑制作用，且增强 UV-B 辐射的影响更大。人们对植物耐受的 UV-B 辐射阈值范围研究通常以对 UV-B 辐射敏感的目标作为研究对象。通常单纯的 UV-B 辐射处理对植物的伤害效应更明显，而在这种环境条件下，植物能忍受的 UV-B 辐射阈值范围也可能更小(Pandelova et al.，2006)。UV-B 辐射对植物的影响程度与 UV-B 辐射强度和时间有关，张晋豫等(2008)在增强 UV-B 辐射条件下，间隔一定的时间连续测定矮牵牛的生理生化指标，发现当处理时间超过 21d 后，类黄酮含量持续下降而 MDA 含量急剧增加，表明此时矮牵牛体内保护与伤害之间的平衡被打破，即在该强度下处理 21d 已达到了矮牵牛能忍受的 UV-B 辐射强度阈值。在研究增强 UV-B 辐射下生菜生理特性及品质变化时发现，随着 UV-B 辐射的增加，叶片中水的质量分数持续降低，而抗坏血酸、可溶性糖、可溶性蛋白质的质量分数均先增加后减小，据此认为存在一个使品质发生突变的 UV-B 辐射阈值范围(赵晓莉等，2006)。

自然环境中由于其他环境因子的存在以及与 UV-B 辐射的共同作用，可以减轻 UV-B 辐射对植物的伤害，在这种条件下研究 UV-B 辐射对植物影响的阈值范围变化更有意义。PSⅡ反应中心 D1 蛋白很容易被光合有效辐射(PAR)降解，Jansen 等(1996)将水生高等植物 *Spirodele* 暴露于 UV-B 辐射中，促进了 D2 蛋白的降解，D2 蛋白降解的半衰期与 D1 接近。在存在一定强度的 PAR 条件下，低强度的 UV-B 辐射就会促进 D2 蛋白的降解。Shinkle 等(2005)研究了暗红光和白光下生长的南瓜(*Cucumis sativus*)幼苗生长对不同紫外波长的响应阈值，在白光下生长的南瓜幼苗用较强的短波长 UV-B(37% UV-B，280~320nm)照射后，胚轴伸长受到抑制，其 UV-B 辐射阈值为 $0.5kJ \cdot m^{-2}$；但用较长波长紫外线(18% UV-B，290~320nm)照射后，胚轴伸长受抑制的 UV-B 辐射阈值为 $1.6kJ \cdot m^{-2}$。用 UV-C 照射后，在暗红光和白光下生长的南瓜幼苗胚轴伸长受抑制的 UV-C 阈值分别为 $<0.01kJ \cdot m^{-2}$ 和 $<0.03kJ \cdot m^{-2}$。在南极臭氧总量最低时期，UV-B 辐射对海洋细菌细胞[3H]-亮氨酸(Leu)和[3H]-胸苷(TdR)聚合的研究(Pakulski et al.，2008)表明，TdR 聚合程度最大的时间在下午，而 Leu 聚合程度最大的

时间在日出和傍晚，在恢复时期，Leu 和 TdR 聚合速率不同，以上结果暗示存在一个 UV-B 辐射阈值，而在此阈值以下，Leu 和 TdR 聚合速率较快。Furness 等（2005）研究了 UV-B 辐射对绿花椰菜（*Brassica oleracea*）和藜（*Chenopodium album*）种内和种间竞争的影响，由于存在种内竞争，绿花椰菜替代速率（用来衡量种内和种间竞争影响程度的相对值）在 $7kJ \cdot m^{-2}$ 下较 $4kJ \cdot m^{-2}$ 下的低，相反，藜由于种间竞争的下降和种内竞争的增加，$7kJ \cdot m^{-2}$ 下的替代速率较 $4kJ \cdot m^{-2}$ 下的高。

### 1.2.4　自然环境条件下 UV-B 辐射对植物影响的研究方法

较长时期以来，UV-B 辐射对植物的生物学效应研究，大多采用模拟大气臭氧层进一步衰减导致的地表 UV-B 辐射增强试验。然而，植物要进行光合作用吸收光能，就不可避免地要接受一定剂量的 UV-B 辐射。尤其在高海拔地区，植物常年接受较高强度的 UV-B 辐射，在长期的进化过程中必然会对太阳中高强度的 UV-B 辐射产生适应。研究表明，适量的 UV-B 辐射有利于激发植物的生理功能并促进生长（Kumari et al.，2009）。自然环境中 UV-B 辐射对植物影响的研究也逐渐受到人们的重视，目前研究自然环境中 UV-B 辐射的生理生态效应方法主要有沿纬度或海拔梯度的 UV-B 试验和降低 UV-B 辐射的试验。

#### 1.2.4.1　沿纬度或海拔梯度的 UV-B 试验

近地表太阳 UV-B 辐射具有明显的时空分布特征。太阳高度角是影响近地表面 UV-B 辐射强度的主要因素，它依赖于一天或一年中的时间变化以及纬度的变化。通常随纬度的增加，太阳光线所经历的大气层厚度增加，太阳 UV-B 辐射降低。随海拔增高，由于大气透明度的增大，光线在大气层中的射程减少，UV-B 辐射强度也明显增强。自然环境下 UV-B 辐射的纬度和海拔梯度变化为评价其对植物的影响提供了独特的条件，但其他环境因子的影响也不容忽视。如随纬度或海拔的增加伴随的温度降低，或随纬度变化引起的日照长度的改变等，在一定程度上影响了植物对 UV-B 辐射的响应程度（Spitaler et al.，2008；訾先能等，2006）。

#### 1.2.4.2　降低 UV-B 辐射试验

降低或去除 UV-B 辐射的试验设计在野外自然条件下应用较为广泛。这类试验通常采用聚酯薄膜（如 Mylar 膜）来选择性吸收太阳光中的 UV-B 成分，或采用聚乙烯或聚氯乙烯膜滤除部分 UV-B 辐射，来比较低于环境水平 UV-B 辐射时植物的响应与自然或近自然或 UV-B 辐射增强条件下的差异（Gaberščik et al.，2001；姚银安等，2008；Yao et al.，2006）。也可用石英玻璃容器装臭氧来滤减 UV-B 辐射，这种方法虽然更接近 UV-B 辐射的自然衰减过程，但价格昂贵，而且不宜大面积推广使用。薄膜可以用来提供低于环境 UV-B 辐射强度的不同 UV-B 辐射水平，比较在接近零 UV-B 辐射和自然 UV-B 辐射之间植物的响应差异。由于植物对 UV-B 辐射的响应是非线性的，在回答当前环境水平的 UV-B 辐射是否已经对植物构成胁迫，其影响程度如何，以及 UV-B 辐射在植物生长发育中的作用效应等问题时，这类试验就显得非常重要。

### 1.2.4.3　增强 UV-B 辐射试验

增强 UV-B 辐射的方法多以室内人工模拟增加 UV-B 辐射和大田人工模拟增加 UV-B 辐射为主,这类试验有的采用加挂紫外灯光源。发射的紫外线用 0.08mm 醋酸纤维膜过滤,用以消除紫外线 C 的影响,每天照射 7h(9:00~16:00),共处理 6d。处理期间通过调节灯管高度以保持其与幼苗顶端距离为 50cm 左右,并每天变换玉米幼苗位置,保持各盆的植株受光一致(张海静等,2013)。而洪森荣等(2013)以黄独微型块茎设置对照组(CK)和处理组,UV-B 辐射功率为 55J·s$^{-1}$,辐射时间为 1h,辐射剂量设置为 0.5kJ·m$^{-2}$、1kJ·m$^{-2}$、1.5kJ·m$^{-2}$、2kJ·m$^{-2}$、2.5kJ·m$^{-2}$,用 UV-B 辐射测定仪测 297nm 处的辐射强度。还有的设置 UV-B 辐射增强和自然光照(对照)2 个 UV-B 辐射环境。UV-B 辐射增强环境模拟采用方波处理方法,该方法因操作简便、成本较低而在同类研究中受到广泛应用(Flint et al.,2003)。用波长峰值为 313nm 的紫外灯管为光源,紫外灯用 125cm 厚的三醋酸纤维薄膜包裹,以滤除 UV-C 但透过 UV-B 和 UV-A。在宽 2m、长 4m 的灯架上装 12 支紫外灯管,沿灯架按照余弦分布设置灯管间距,并在每支灯管中心部位裹一条铝箔,以保证紫外辐射的均匀性。每天照射 7h(09:00~16:00),阴雨天除外。UV-B 辐射对照组同增强组类似,在灯架上装 12 支灯罩但不安装灯管,用于消除灯架本身遮蔽的影响。灯架下的辐照强度经 Caldwell(Caldwell,1971)公式转换为生物有效辐射(UV-BBE)(卢娟等,2013)。黄梅玲等(2010)则通过调节灯管与幼苗冠层的距离来调节 3 种木本植物幼苗接受的 UV-B 辐射强度,使之比对照组增强 10%。

## 1.2.5　减弱 UV-B 辐射对植物的影响

减弱 UV-B 辐射为研究自然环境中 UV-B 辐射的生物学效应提供了一种较为可靠和理想的研究方法(Kadur et al.,2007)。减弱 UV-B 辐射对植物最直观的表现就是形态和生长的变化。由于减弱 UV-B 辐射后,UV-B 辐射胁迫减轻或解除,植物生长加快,植株高度增加,叶面积也增大,物质积累增加。地上部分合成的有机物质增加,也促进地下部分的生长(Krizek et al.,1997;Chouhan et al.,2008)。UV-B 辐射对植物形态的影响,其中一个重要原因是 UV-B 辐射导致植物激素代谢异常。在减弱 UV-B 辐射条件下,植物生长素(IAA)、赤霉素(GA$_3$)、玉米素(Zeatin)等对植物生长密切相关的激素含量增加(董铭等,2006)。类黄酮也是对减弱 UV-B 辐射反应最敏感的一类物质,减弱 UV-B 辐射后,植物叶片中黄酮类物质含量降低(Smith et al.,2000;Albert et al.,2005)。减弱 UV-B 辐射条件下光合色素含量的变化则与植物的种类有关。小麦、豌豆、荞麦、水稻等的叶绿素或类胡萝卜素含量在减弱 UV-B 辐射下增加,而高原植物藜麦(*Chenopodium quinoa* Willd.)两个品种 Cristalina 和 Chucapaca 的幼苗,Cristalina 叶绿素含量最大值出现在近环境 UV-B 辐射处理中,Chucapaca 最大值则在减弱 UV-B 处理中(Pal et al.,2006;González et al.,2009),肺草(*Pulmonaria* L.)和大豆的光合色素(叶绿素含量)则变化较小(Kadur et al.,2007;Gaberščik et al.,2001)。

在减弱 UV-B 辐射下,植物光合作用多表现为促进作用。如滤除 UV-B 辐射,高山植物美丽风毛菊净光合速率、气孔导度等提高,PSⅡ反应中心活性增加(师生波等,2011)。近自然环境 UV-B 辐射处理(90% UV-B)的沼泽蓝莓(*Vaccinium uliginosum*)的净光合速率与减弱 60％UV-B 辐射处理相比降低了 23％（Albert et al.，2008）；减弱 UV-B 辐射条件下小麦和豌豆的净光合速率都增加，但豌豆增加较小麦明显（Pal et al.，2006），可能 C3 植物净光合速率反应较 C4 植物敏感。植物碳同化能力的提高，促进了干物质的积累增加，净累积速率增大，分蘖数和千粒重增加，最终提高产量（Mohammed et al.，2007）。

　　国内外学者在全球不同纬度和海拔地区采用减弱 UV-B 辐射方法进行了大量研究。Albert 等（2005）在北极格陵兰东北部的萨肯堡，通过减弱 UV-B 辐射对 *Salix arctica* 的研究也表明，减弱 60％UV-B 辐射使一些叶绿素 a 荧光参数上升，可溶性的类黄酮含量下降。结果暗示当前该地区 UV-B 辐射水平已经对 *Vaccinium uliginosum* 产生了负面影响。Ruhland 等（2005）在南极对禾本科植物 *Deschampsia antarctica* 和 *Colobanthus quitensis*（石竹）叶片伸长的研究结果表明，极地 UV-B 辐射对这两种植物的叶片表皮细胞大小及叶片的伸长影响较大。近环境 UV-B 辐射处理（87％UV-BBE）和自然环境处理下，前者的叶片比减弱 UV-B 辐射处理（22％UV-BBE）叶片短 16％～17％。尽管两种植物中对叶片伸长有重要作用的类苯丙醇在 UV-B 辐射处理下没有显著差异，但 *D. antarctica* 非可溶性的阿魏酸浓度在近环境 UV-B 辐射和自然环境中较高，甲醇提取的 UV-B 吸收物质含量也有类似的表现。Xiong 等（2002）通过减弱 UV-B 辐射（减弱 87％UV-BBE）对南极 *Colobanthus quitensis* 生长的影响进行了较细致的研究。近环境 UV-B 辐射（减弱 12％UV-BBE）下，植物的相对生长速率和净累积速率分别比减弱 UV-B 辐射处理降低了 30％和 20％，而植株的总生物量下降了 29％，仅地上部分生物量就降低了 54％。尽管在近环境 UV-B 辐射下叶片面积缩小了 19％，但由于比叶重增加，叶片总生物量没有显著变化。而叶面积缩小主要与单位根系和植株叶片数目减少、叶片寿命缩短和单个叶片面积变小等因素有关。但 Lud 等（2003）在南极洲半岛（67°35′S，68°20′W）对柳叶藓（*Sanionia uncinata* Hedw. Loeske）的研究则表明，该地目前夏季的 UV-B 辐射水平还未对其光合活性造成影响。

　　Searles 等（1999）对阿根廷火地岛两个沼泽生态系统水藓（*Sphagnum*）和薹草属（*Carex*）植物生长的研究表明，减弱或环境 UV-B 辐射对 Sphagnum 沼泽生态系统中的苔藓和维管植物生长的影响没有显著差异，*Carex* 沼泽生态系统中，处理间 *Carex decidua* 和 *C. curta* 叶长和穗状花序差异不大，但环境 UV-B 辐射下 *C. curta* 单个小穗长度较减弱 UV-B 辐射下的短。环境中的强 UV-B 辐射还可以对保护植物叶片免受昆虫的取食有一定作用。Rousseaux 等（2004）研究发现，在近环境 UV-B 辐射水平下，昆虫对 *Nothofagus antarctica* 叶片的取食面积比减弱 UV-B 辐射下少 30％，而且近环境 UV-B 辐射下叶片的没食子酸浓度较减弱 UV-B 辐射下低，但类黄酮苷元浓度较高。相关性分析表明，UV-B 辐射对昆虫取食的影响部分与没食子酸和类黄酮苷元有关。Pancotto 等（2003）研究了阿根廷火地岛一个自然的分解者群落中，UV-B 辐射对多年生草本植物香草（*Gunnera magellanica*）碎片分解的影响。他们发现，在环境 UV-B 辐射下，碎片减少的重量少于减弱 UV-B 辐射处理。UV-B 辐射对碎片的重量损失和养分组成没有影响，但真菌组成受到很大影响且各分解时期有很大不同，分解期间 UV-B 辐射对真菌繁殖的影响是制约 UV-B 处理后碎片分解程度的重要因素。据此认为，UV-B 辐射主要通过间接途径——改变群落分解者（真菌）组成来影响植物碎片的分解。Pancotto 等（2005）针对

UV-B 辐射影响大麦碎片分解的直接途径(碎片的光化学降解和分解者群落的改变)和间接途径(生长期间叶片化学组成的改变),进行了长达 29 个月的减弱 UV-B 辐射试验。研究发现,分解初期 UV-B 辐射处理降低了碎片的腐烂速率,可能是生长期间 UV-B 辐射改变了植物碎片化学组成的结果。环境 UV-B 辐射降低了植物氮、可溶性碳水化合物含量和 N/P,增加了磷、纤维素、UV-B 吸收物质和木质素与 N 的比值。因此,太阳 UV-B 辐射对大麦碎片的降解存在直接和间接作用,而间接作用在整个降解期间都是存在的。

　　在全球其他中低纬度地区对不同植物和品种的减弱 UV 辐射研究也获得了不一样的结果。Chouhan 等(2008)在印度热带地区(22.4°N)大田条件下研究了滤除 UV-B 和 UV-A+B 辐射对大豆(*Glycine max* var. MACS 330)根瘤和豆血红蛋白的影响。滤除 UV 辐射不仅提高了根和地上部分的生长,而且还促进了根瘤的生长,也大大提高了豆血红蛋白的含量,因此滤除 UV 辐射可能对提高大豆蛋白质/氮有利。Kadur 等(2007)的研究也表明,滤除 UV-B 和 UV-A+B 后,大豆的鲜重、干重、叶面积、比叶重等都增加,但叶绿素含量变化小,而类胡萝卜素含量大幅降低。$F_v/F_m$ 没有显著变化,但单位叶绿素的 I(P700+)略下降,可溶性蛋白质含量在滤除 UV-B 和 UV-A+B 后分别提高了18%和40%。UV 辐射可能通过光形态调控系统影响大豆的生长和净光合速率。董铭等(2006)在中国江西大田栽培条件人工模拟的 UV-B 辐射滤减环境下,对晚稻品种"协优432"的叶绿素含量、株高、内源激素含量等的影响研究结果表明,在正常日光处理组与 UV-A 滤光组之间叶绿素 a 含量变化显著,UV-A 滤光组叶绿素 a 含量较高;正常日光处理组与 UV-A 滤光组、UV-A+UV-B 滤光组之间株高无明显变化。UV-A+UV-B 滤光组 IAA、GA₃、Zeatin 含量分别比正常日光处理组降低了 40.42%、48.60%和36.21%;分别比 UV-A 滤光处理组降低了 36.52%、70.94%和54.54%。UV-A+UV-B 滤光组与正常日光处理组之间 IAA、GA3 含量差异显著,UV-A+UV-B 滤光组与 UV-A 滤光处理组之间 GA3、Zeatin 含量差异显著。UV-A+UV-B 滤光组 ABA 含量比正常日光处理组降低了 29.74%,比 UV-A 滤光处理组降低了 5.19%。Gaberščik 等(2001)在卢布尔雅那(46°04′N,14°31′E)对肺草(*Pulmonaria* L.)的研究表明,减弱 UV-B 辐射对光合色素和 PSⅡ 光化学效率没有显著影响,但降低了类黄酮含量。何都良等(2003)对小麦类黄酮的研究也得到一致的结果,在减弱南京地区近地面 15.3%UV-B 辐射强度的条件下,发现小麦类黄酮含量显著下降,在拔节—孕穗期最为敏感,小麦上部叶片类黄酮含量变化显著大于中、下部叶片,在单张叶片中,叶片基部类黄酮含量显著较叶尖和中部低。另外还发现 UV-B 辐射强度降低,小麦叶片叶绿素含量增加。

　　单子叶植物和双子叶植物对 UV-B 辐射减弱的响应敏感也不同,滤减 UV-B 辐射提高了豌豆和小麦芽长、叶面积、干重、叶面积比和比叶重,但豌豆表现得更明显。滤减 UV-B 辐射条件下豌豆净光合速率、叶绿素、硝酸还原酶(NR)活性和糖含量增加也较小麦明显(Pal et al.,2006)。小麦两个品种 Cocodrie 和 Clearfield 161(CL161)同时种于 0.4kJ·m⁻²·d⁻¹UV-B 辐射(减弱处理)和 8kJ·m⁻²·d⁻¹ UV-B 辐射(近环境处理)下,Cocodrie 仅在 8kJ·m⁻²·d⁻¹ UV-B 辐射下株高略有降低,而 CL161 在近环境 UV-B 辐射下分蘖减少 25%,花序总干重也减少 15%(Mohammed et al.,2007)。

　　高海拔地区具有较强的 UV-B 辐射,在全球变化背景下植物对高海拔地区 UV-B 辐射的适应性也逐渐被重视。González 等(2009)在南美安第斯山地区海拔 1965m 处，分别研究了减弱 UV-B 辐射和近环境 UV-B 辐射两种条件下，高原植物藜麦(*Chenopodium quinoa* Willd.)两个品种 *Cristalina* 和 *Chucapaca* 幼苗形态和生理响应的差异性。在减弱 UV-B 辐射条件下，*Cristalina* 子叶面积和苗高增加而叶数减少，*Chucapaca* 以上指标却不受 UV-B 辐射影响。两个品种幼苗鲜重、根长和叶片厚度不受 UV-B 辐射的影响，叶肉组织受 UV-B 辐射影响较小。UV-B 辐射对两个品种叶绿素含量的影响不同，*Cristalina* 叶绿素含量最大值出现在近环境 UV-B 辐射处理中，而 *Chucapaca* 最大值在减弱 UV-B 处理中，但二者叶绿素 a/b 和类胡萝卜素含量在 UV-B 辐射处理之间没有表现出显著的差异。*Chucapaca* 叶片 UV-B 吸收物质受 UV-B 辐射影响显著而 *Cristalina* 不受影响，UV-B 辐射对两个品种子叶中 UV-B 吸收物质含量都没有显著影响，但两种 UV-B 辐射环境下蔗糖、葡萄糖和果糖在叶片和子叶中的分布完全不同。这种短期的试验不能说明植物是否对太阳 UV-B 辐射敏感，因为 UV-B 辐射最终对植物的总干重或产量的影响程度如何尚不清楚，但对认识植物对太阳 UV-B 辐射适应的生理代谢途径有一定价值。姚银安等(2008)在低纬高原的海拔约 1900m 处对两种荞麦(甜荞和苦荞)的研究表明，当前太阳 UV-B 辐射显著抑制了荞麦的生长，降低了产量和生物量积累，但促进了荞麦发育使其开花期提前，叶片卢丁化合物和 UV 吸收化合物在近环境 UV-B 辐射下也显著增加。种子千粒重和光合色素含量在减弱 UV-B 辐射下也较高(Yao et al.，2006)。

### 1.2.6　UV-B 辐射增强对植物的生理效应

紫外辐射增强对植物的宏观生态效应，同样是它对植株微观生理作用的结果。增强 UV-B 辐射会降低杨桐幼苗的叶绿素含量，而降低辐射则会显著促进叶绿素的增加，且这种胁迫在时间上具有积累性(兰春剑等，2011)。此外，叶绿素含量下降与 Hill 反应活性降低(梁婵娟等，2006)，叶片气孔阻力增大或气孔关闭(Meng et al.，2005)，叶绿体膜上镁－腺苷三磷酸酶($Mg^{2+}$-ATPase)活性下降导致叶绿体基质 pH 降低(张美萍等，2009)，叶绿体膜组分改变，不饱和脂肪酸(亚麻酸)下降，饱和脂肪酸(棕榈酸、硬脂酸)含量上升，造成膜流动性降低(杨景宏等，2000)以及光合初产物的利用率降低(孙谷畴等，2002)等也是 UV-B 辐射抑制植物光合作用的重要原因。大量研究表明，UV-B 辐射增强能使环境中作物的光合速率下降，甚至能致其光合系统以及细胞的膜系统受到一定的伤害(Kakani et al.，2003b)。左园园等(2005)用 UV-B 处理 2 年生青榨槭幼苗 50d 后发现其每日净光合速率降低。郭爱华等(2010)研究表明增强 UV-B 辐射后，小麦叶片中的微管骨架发生了解聚，形成短棒状或点状结构，微管束呈弥散分布状态且荧光强度减弱。而在单独进行的 UV-B 处理后拟南芥叶片中微管大部分解聚，使得组织中微管蛋白单体含量增多(程娜娜和韩榕，2013)。罗南书等(2003)研究田间增加 UV-B 辐射对丝瓜光合作用日变化及水分利用效率的影响时发现，增加 UV-B 辐射处理后丝瓜的净光合速率和蒸腾速率比对照上升了 47% 和 13%，不但光合午休现象消失，丝瓜的光合作用未受到抑制，反而还有增强的趋势。

水分不但是植物的主要组成成分，还参与植物的生理过程，根系生长所需的有机物与叶片生长所需的矿物质等是靠水分运输实现的。植物吸水方式有主动吸水和被动吸水两种，前者与根系生理活性有关，而后者主要通过蒸腾拉力。在 UV-B 辐射增强胁迫下，植物叶片蒸腾速率和气孔传导率下降，使植物的蒸腾拉力减小，从而减少对水分的吸收（张君玮和周青，2009a）。因此，UV-B 辐射影响植物水分代谢的机制在于减小叶片气孔开度，增大气孔阻力。其深层原因是，抑制植物细胞内液胞膜上钾－腺苷三磷酸酶（K-ATPase）活性，促进钾离子从保卫细胞中流出；诱导细胞内源激素脱落酸（ABA）的生物合成（Rakitin et al.，2008），后者继而对气孔行使调节作用。着眼于植物地上、地下器官生长与代谢的相关性，UV-B 辐射胁迫下，植物地上部分合成的有机物质减少，对根系的养分供应不足，使根系生长受抑、活力降低，从而影响水分的吸收、代谢（张君玮和周青，2009b）。

类黄酮作为一类重要的植物次生代谢产物，在植物抗逆、他感作用等方面扮演着重要角色（彭祺和周青，2009）。很多研究表明，UV-B 辐射增强对植物最一致的影响是植物叶片中紫外吸收物含量的增加，包括酚类化合物如类黄酮、黄酮醇、花色素苷，以及烯萜类化合物如类胡萝卜素、树脂等，其中类黄酮是最主要的成分（Lindroth and Hofmann，2000）。类黄酮化合物累积在表皮层或叶、果实的角质层中，UV-B 辐射诱发类黄酮累积的基础性机理可能在于基因层面，因为 UV-B 辐射诱发类黄酮合成途径中的一些关键酶，如类黄酮合成途径中的苯丙氨酸裂解酶（PAL）和查耳酮合成酶（CHS）以及其他分支点的酶积累或活性加强，引起植物体内类黄酮及酚醛类化合物（丹宁、木质素等）的增加（Sävenstrand et al.，2004）。类黄酮是植物合成的一类次生代谢产物，它们能吸收 UV-B 辐射，在保护植物免受辐射伤害方面具有重要作用。叶片表皮吸收了大部分的 UV-B 辐射，表皮层具有吸收紫外线功能，化合物的积累增加，是对 UV-B 辐射起保护性响应的一种适应性变化。类黄酮化合物的 UV-B 辐射保护作用，目前认为可能有两种作用机制（Kostina et al.，2001）。一种观点认为 UV-B 照射后，生物体内保护性黄酮明显激增，类黄酮往往是自由基（如羟自由基、氧自由基）的清除剂（Scheidt et al.，2004）。另一种观点认为，类黄酮化合物在 UV-B 的波长范围内具有光吸收作用（Awda et al.，2001），从而可减少对核酸、蛋白质等大分子的破坏作用，保护生物体的正常功能。

UV-B 辐射增强胁迫对植物的伤害作用，其中重要的一条途径就是产生过量的活性氧，对细胞产生氧化胁迫，使膜脂过氧化程度上升，MDA 含量增加（黄少白等，1998）。UV-B 辐射诱导植物体内活性氧增加时，类胡萝卜素含量增加，由于类胡萝卜素具有脂溶性，对清除细胞膜系统中的活性氧起到重要作用（Carletti et al.，2003）。此外，活性氧增加还可作为一种信号，诱导抗氧化酶的表达增加，清除过量的活性氧以维持植物体内活性氧平衡（Ryter and Tyrrell，1998）。UV-B 辐射增强和臭氧浓度升高单一及复合作用使大豆叶片内源激素间的平衡改变，进而影响大豆叶片的代谢水平（赵天宏等，2015）。UV-B 辐射增强胁迫对植物伤害作用的另一条重要途径就是直接作用于能强烈吸收紫外线的大分子物质，如 DNA、蛋白质等，但植物可通过一系列的修复作用减轻 UV-B 辐射的伤害（钟楚等，2009）。

## 1.2.7　植物不同生长时期对 UV-B 辐射强度变化的响应

UV-B 辐射对植物的影响程度不仅与种类和品种有关，还因植物所处的生长阶段不同而有所差异。王锦旗等（2015c，2015d）对菹草进行不同剂量 UV-B 辐射的处理，并测定菹草叶片光合色素含量及生理生化指标，发现一定剂量辐射可促进叶绿素及类胡萝卜素含量增加，衰亡阶段起抑制作用，随剂量的增加，抑制作用增强。UV-B 辐射初期可促进 CAT、POD 活性及 MDA 含量升高，且随辐射剂量增加而逐渐升高，但随辐射时间延长，CAT、POD 活性，以及 MDA 含量均有所降低，超氧化物歧化酶(SOD)活性随辐射时间延长逐渐升高，且随辐射剂量增加而增加；短期辐射可促进叶片可溶性蛋白质和可溶性糖的合成，其含量随辐射剂量增加而升高，长期辐射起抑制作用，且随辐射剂量增加，抑制作用增强。菹草成株在遭遇 UV-B 辐射后，PSⅡ反应中心出现可逆性失活或出现不易逆转的破坏，致使原初光能转换效率、电子传递速率下降，实际光化学效率降低，最终加速菹草衰亡，因此，春末夏初野外强 UV-B 辐射可能是促进菹草大批衰亡的重要原因。王传海等(2004)通过增强和减弱 UV-B 辐射，比较研究了小麦不同生育时期形态特征对 UV-B 增加反应敏感性的差异。结果表明，UV-B 辐射强度较高的季节小麦对 UV-B 增加的敏感性较低，小麦的拔节—孕穗期是小麦对 UV-B 辐射增加的最敏感的时期，小麦对 UV-B 增加的敏感性大小顺序为：拔节期>孕穗期—开花期>灌浆期>播种—拔节期。尽管小麦各种指标对 UV-B 辐射的敏感性不同，但拔节—孕穗期小麦各指标对紫外线增加响应的敏感性最大(王传海等，2003)。全生育时期增强 UV-B 辐射对小麦产量及产量形成的研究则表明，紫外辐射增加导致生物产量下降的关键时期也是拔节—孕穗期，对拔节前的干物质生产影响较小(王传海等，2001)。但是，Calderini 等(2008)在智利对小麦的研究则表明，无论是开花期前还是开花期后增强 UV-B 辐射处理，小麦产量和产量构成要素都未受到显著的影响，处理的籽粒蛋白质含量与对照相比也没有明显变化。

任红玉等(2010)对大豆的研究表明，苗期弱紫外辐射使大豆品种东农 47 单株粒数、单株粒重和产量都增加，鼓粒前期的弱紫外辐射使百粒重增加最多，但开花期到成熟期的强紫外辐射对大豆产量及其构成因子的副作用最大。开花期弱紫外辐射使品种东农 42 百粒重增加最多，满粒期强紫外辐射使其单株粒数和单株粒重增加，且增产效果显著。对不同 UV-B 辐射强度对番茄幼苗的品质影响研究认为，适宜剂量的 UV-B 不仅可以抑制植物的徒长，还通过自身产生的保护物质使植物免于发生不可逆转的伤害，表明植物自身具备适应一定强度 UV-B 辐射的能力，这可能是中低剂量 UV-B 可以提高番茄幼苗品质的原因(侯丽丽等，2015)。陈建军等(2004)对 20 个大豆品种的研究表明，大豆品种籽粒的粒径、百粒重对 UV-B 辐射均表现出不同程度的敏感性，其中 20 个品种的粒径降低程度达极显著水平，15 个品种的百粒重降低程度达显著水平。李涵茂等(2009)发现在 UV-B 辐射增强 20%条件下，大豆幼苗期、分枝—开花期和结荚期的叶绿素含量均降低，$F_v/F_m$ 在分枝—开花期稍下降，而有效量子产量($Y$)在 $PAR > 366 \mu mol \cdot (m^2 \cdot s)^{-1}$ 时，在幼苗期和分枝—开花期显著降低，最大潜在相对电子传递速率($P_m$)下降明显，但对三叶期和结荚期的 $Y$ 和 $P_m$ 无显著影响，结果说明 UV-B 辐射增强抑制了大豆 PSⅡ的电子传递活性，损伤了捕光系统和耗散保护机制，破坏了大豆光合系统，使其光合效率下降。朱媛等(2010)研究不同时期 UV-B 辐射增强对灯盏花各部位生物量和药用成分含量的影响。花期增强 UV-B 辐射各形态指标和生物量降低的幅度小于旺长期增强 UV-B 辐射的；而各部位有效成分升高影响大小为旺长期+花期辐射>花期辐射>旺长期辐射，但只有花期辐射使灯盏花总黄酮、灯盏乙素和咖啡酸酯总产量增加显著。冯源等(2009)研究 UV-B 辐射增强对 6 个灯盏花野生居群生理特征的影响及其机制，发现 D01、D53、D63

和 D65 居群在成苗期、盛花期和成熟期的类黄酮含量均显著增加，成苗期与盛花期 MDA 含量显著降低；而 D47 和 D48 居群 3 个生育时期的 MDA 含量和盛花期类黄酮含量均显著增加，成熟期显著降低，6 居群不同生育时期对 UV-B 辐射的响应顺序为盛花期＞成苗期＞成熟期。陈海燕等(2006)通过连续两年模拟 UV-B 辐射增强对割手密叶绿素含量影响的研究结果表明，割手密开花期受 UV-B 辐射的影响最大，然后是分蘖期，伸长期抗性较强。陈建军等(2007)连续两年模拟 UV-B 辐射增强对 8 个割手密叶片 MDA 含量的影响也表明，UV-B 辐射对割手密叶片 MDA 含量的影响存在生育时期之间的差异，为伸长期＞成熟期＞分蘖期。

通过以上研究结果可以看出，植物(作物)不同生育时期对 UV-B 辐射的响应差异性依植物(作物)的种类、生长环境和生育时期的不同而差异明显。

## 1.3　UV-B 辐射对烤烟种植的影响

近年来，人们开始关注烤烟种植中 UV-B 辐射对烟草品质和适应性的影响。烟草作为一种模式植物，在 UV-B 辐射对植物影响机理等方面的研究获得了许多重要突破(Fujibe et al.，2000；Ries et al.，2000；Pandey and Baldwin，2008；Li et al.，2002)，对不同 UV-B 辐射强度下烟草幼苗生长发育和次生代谢产物等的研究表明：UV-B 辐射可使烟苗矮化变粗，叶面积缩小，光合效率下降，但可恢复，UV-B 处理后叶绿素、糖、烟碱含量下降幅度与辐射强度呈正相关，但微量 UV-B 有利于成苗叶绿素含量提高(黄勇等，2009)。刘敏等(2007)研究指出，增强 UV-B 辐射提高烟叶叶绿素含量，而且 POD 活性增加，并出现新的同工酶表达，与植物抗逆性有重要关系的蛋白 GGPP 合成酶表达也增加，表明烟草对 UV-B 辐射具有很强的抗性，这也能解释在适宜强度 UV-B 辐射环境下其品质更佳的主要原因。而低纬度、高海拔地区烤烟的类胡萝卜素及质体色素的含量高，是对日光中强烈的紫外光和高能量蓝紫光的一种保护性生理反应，烟叶合成大量的类胡萝卜素来保护叶绿素分子和细胞膜系统(姚益群等，1988)。邵建平等(2011)研究也表明，UV-B 辐射能显著抑制烟叶中水溶性糖的合成和积累，上部叶水溶性糖降低极为显著，显著降低烟叶的施木克值，且 UV-B 辐射对云烟 87 的影响较对红花大金元大；$1.83kJ \cdot m^{-2}$ 的 UV-B 辐射可大幅提高红大上部叶蛋白质含量，而 $1.06kJ \cdot m^{-2}$ 的 UV-B 辐射则降低红大上部叶蛋白质含量，大幅提高其下部叶的蛋白质含量，但总体含量明显升高；UV-B 辐射也促进云烟 87 叶片中蛋白质的合成，其上部叶含量增加最为明显。

云南是我国海拔最高的烟区，也是优质烟叶的重要生产地区之一，种植的烟草品种具有广泛的生态适应性，其种植的海拔在 1000～2000m。然而在大田种植环境下研究自然环境中太阳 UV-B 辐射对烟草潜在影响的不多。目前普遍认为，低纬高原烟区制约辐射体系及其他气候要素呈规律性变化的海拔，是影响烟叶化学成分形成的重要综合生态因子。研究表明，表征烟叶品质的主要化学成分与海拔具有很好的相关性，且存在一个使烟叶化学成分协调性较好的海拔范围(王世英等，2007；李洪勋，2008；付亚丽等，2007)。高海拔地区较强的 UV-B 辐射可使植物叶片增厚，类胡萝卜素和次生代谢物含量增加，这些变化对烟叶产量、质量的提高具有潜在的促进作用。对烤烟进入成熟期采用不同强度的 UV-B 辐射模拟研究认为，烤烟对太阳 UV-B 辐射强度变化非常敏感，过低的 UV-B 辐射强度不利于烟草的生长发育，适中的 UV-B 辐射强度有利于烟叶品质的形成(王娟等，2014)。UV-B 辐射对烤烟生长及生理生态特征等影响的研究还表明，滤减太阳紫外辐射后，对烤烟光合及生理生化特征影响明显，株高、最大叶长、最大叶面积和节间距呈现增加的趋势(陈宗瑜，2010b；钟楚等，2010a)。减弱紫外辐射处理可降低烟叶类黄酮和可溶性蛋白含量(钟楚等，2010b)，烤烟净光合速率、同化能力、水分利用率、内在水分利用率及比叶重等都低于对照组(钟楚等，2010c)。此外，较高的紫外辐射能提高叶片总多酚的含量(王毅等，2010)，较低的紫外辐射能增加叶绿素含量，延缓光合色素降解(钟楚等，2010b)，并研究了云南高海拔烟区滤减 UV-B 辐射对烤烟光合作用、光合色素、比叶重、可溶性蛋白、类黄酮、抗氧化酶系统的影响(陈宗瑜，2010a；董陈文华等，2009；简少芬等，2011；刘彦中等，2011；钟楚等，2010d，2011)，腺毛密度和发育的动态变化(陈宗瑜等，2010c)，对烤烟蛋白质组变化的影响(陈宗瑜等，2012)以及成熟初期光合参数日变化与 UV-B 辐射和光照度及小气候要素的变化特征等(纪鹏等，2009a，2009b；田先娇等，2011)。颜侃和陈宗瑜(2012)用灰色关联法对影响烤烟形态及相关生理指标的主要生态因子进行分析，对烤烟 K326 茎高、中部叶叶面积、类黄酮含量、MDA 含量和叶绿素含量影响最大的生态因子可能分别是光照度、日平均气温、降水量、UV-B 辐射和日照时数，除光照度外，日平均气温和 UV-B 辐射也是影响烤烟茎高和叶面积的主要因素。杨湉等(2015)指出，增强 UV-B 辐射对不同生长时期烟叶中 $\delta^{13}C$、可溶性蛋白、叶绿素、类黄酮、MDA 含量有重要影响。

# 第 2 章  低纬高原 UV-B 辐射强度变化的基本特征

## 2.1  烤烟主要大田生长期紫外辐射分析与模拟

大气平流层臭氧含量减少，导致地表紫外辐射增强，增强的紫外辐射对动植物的生长、发育和习性等均会产生影响。近年来，紫外辐射增强对动植物以及生态系统的影响受到很多研究者的关注，使紫外辐射强度观测在环境生态研究领域显得日益重要，紫外辐射强度的变化在中低纬度地区表现尤为突出。尽管紫外辐射仅占全部太阳辐射能的很小部分，但它在空间和时间上的变异特征对地球生物及生态系统存在重要影响（Wei et al.，2009；Hodoki，2005；Parisi et al.，2007）。紫外辐射（UV-B）对烤烟影响的研究表明，滤减太阳紫外辐射后，烤烟株高、最大叶长、最大叶面积和节间距呈现增加的趋势（钟楚等，2010c）。减弱紫外辐射处理可降低烟叶类黄酮和可溶性蛋白含量（钟楚等，2010b），烤烟净光合速率、同化能力、水分利用率、内在水分利用率及比叶重等都低于对照组（钟楚等，2010c）。此外，较高的紫外辐射能提高叶片总多酚的含量（王毅等，2010b），较低的紫外辐射能增加叶绿素含量，延缓光合色素降解（钟楚等，2010b），而烟叶中总多酚含量以及光合色素含量对烤烟香气质量有重要影响，因此紫外辐射对烤烟品质可能存在直接或间接的影响。

本书拟以玉溪市主产烟区有代表性的两个观测点连续 3 年（2008～2010 年）烤烟大田期（5～8 月）的紫外辐射观测资料，结合同期气象资料，分析紫外辐射与主要气象因子的关系，并尝试建立以光照度和云量观测值推算紫外辐射强度分布值的预测模型，研究低纬高原植烟区烤烟主要大田生长期的紫外辐射分布特征，为在自然环境中开展烤烟生长与紫外辐射关系研究提供依据。

### 2.1.1  资料和方法

紫外辐射观测点选择玉溪市红塔区大营街镇（102°33′E，24°21′N，海拔 1642.0m）和玉溪市通海县四街镇（102°45′E，24°07′N，海拔 1806.0m），于 2008～2010 年每年 5 月 18 日～8 月 26 日对午间紫外辐射强度进行逐日观测。紫外辐射强度（mW·cm$^{-2}$）采用法国 Cole-Parmer 公司生产的 Radiometer 紫外辐射仪（波长 295～395nm，中心波长 312nm）测量，于每日正午（雨天除外）11:30～12:30 测量各观测点的紫外辐射强度，读数 5 次，取其平均值。测量时将探头水平放置，尽量选择太阳未被云层遮挡时的读数。用上海嘉定学联仪表厂生产的 ZDS-10 型自动量程照度计同步测定光照度（lx），并记录天空实时云量，两地同期气象资料从云南省气候中心获取，包括日平均气温、日平均相对湿度、日平均云量和日降水量等。

应用 Excel 2003 对数据进行处理，差异性检验、通径分析及回归建模均用 SPSS 13.0 软件。

## 2.1.2　结果与分析

### 2.1.2.1　紫外辐射强度与海拔的关系

图 2-1 为两个观测点各年紫外辐射强度的 5d 滑动均值。由表 2-1 可见，同一观测地点烤烟大田生长期近 3 年的紫外辐射强度间没有显著差异，说明各年烤烟大田生长期紫外辐射强度均值相对稳定，能够反映各点紫外辐射强度的实际分布状况。从平均值看，四街试验点烤烟大田生长期历年紫外辐射强度日平均值均显著低于大营街试验点，表明在低纬地区，由于受局地气候条件的影响，亦存在地表紫外辐射强度变化不随海拔升高而增大的特殊现象。

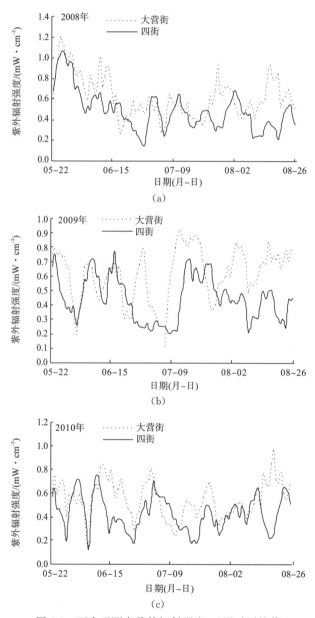

图 2-1　两个观测点紫外辐射强度 5d 滑动平均值

**表 2-1　两个观测点烤烟大田生长期紫外辐射强度日平均值**

| 测点 | 2008 年 | 2009 年 | 2010 年 |
| --- | --- | --- | --- |
| 大营街 | 0.62±0.39ns | 0.64±0.29ns | 0.55±0.31ns |
| 四街 | 0.50±0.30* ns | 0.45±0.27** ns | 0.43±0.29** ns |

注：** 、* 分别表示同年两个观测点差异通过了 0.01 和 0.05 水平的显著性检验；ns 表示同一观测点不同年份之间在 0.05 水平上没有显著差异。

### 2.1.2.2　紫外辐射强度与气象因子的关系

**1. 两地烤烟大田生长期气象条件**

表 2-2 为两个观测点各年烤烟大田生长期的气象条件。可以看出，大营街降水量略多于四街，日均气温比四街高，而四街的空气相对湿度和云量则高于大营街。两地气象条件的差异是位于较高海拔的四街紫外辐射强度低于大营街的原因。

**表 2-2　两个观测点烤烟大田生长期的气象条件**

| 测点 | 年份 | 降水量/mm | 日平均气温/℃ | 日平均相对湿度/% | 日平均云量/% |
| --- | --- | --- | --- | --- | --- |
| 大营街 | 2008 | 631.8 | 20.3 | 75.5 | 30 |
| | 2009 | 467.0 | 21.1 | 74.2 | 25 |
| | 2010 | 347.0 | 21.8 | 70.9 | 24 |
| 四街 | 2008 | 616.4 | 19.8 | 78.0 | 60 |
| | 2009 | 437.0 | 20.4 | 75.1 | 41 |
| | 2010 | 301.1 | 20.7 | 76.5 | 84 |

**2. 气象条件对紫外辐射强度均值的影响**

紫外辐射强度与气象因子的通径分析结果如表 2-3 所示，紫外辐射强度与日平均云量的相关系数较大，且为负相关关系。降水量、日平均气温以及日平均相对湿度与紫外辐射强度的相关系数较小。直接通径系数表明，除云量外，其余因子对紫外辐射强度的直接作用均为正效应。日平均气温和日平均相对湿度对紫外辐射强度的直接通径系数较大，降水量和日平均云量的较小，而两者通过日平均气温和日平均相对湿度所产生的间接作用较大。

**表 2-3　气象条件与烤烟大田生长期紫外辐射强度均值的通径分析（$R^2=0.962$）**

| 影响因素 | 相关系数 | 直接通径 | 间接通径 | | | |
| --- | --- | --- | --- | --- | --- | --- |
| | | | 降水量 | 日平均气温 | 日平均相对湿度 | 日平均云量 |
| 降水量 | 0.457 | 0.895 | — | −1.440 | 0.807 | 0.195 |
| 日平均气温 | 0.268 | 2.109 | −0.611 | — | −1.581 | 0.351 |
| 日平均相对湿度 | −0.356 | 1.709 | 0.422 | −1.951 | — | −0.536 |
| 日平均云量 | −0.773 | −0.775 | −0.226 | −0.955 | 1.183 | — |

3. 紫外辐射强度与云量的关系

2009～2010 年测定的紫外辐射强度与云量的关系如图 2-2 所示，表明紫外辐射强度随云量增加而减小。研究表明，云量对地表紫外辐射的影响较为复杂（郭世昌等，2005；赵晓艳等，2011；Foyo-Moreno et al.，2003）。太阳紫外辐射光谱强度衰减依赖于波长，且随波长的递减而减小，云量越大，衰减越强，波长在 315nm 以下波段的太阳紫外辐射光谱强度受云量变化的影响相对较小（赵晓艳等，2011）。

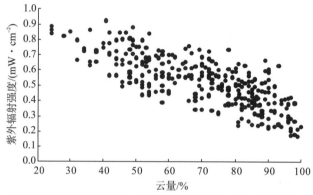

图 2-2　紫外辐射强度与云量的关系（均为 5d 滑动平均值）

4. 紫外辐射强度与光照度的关系

紫外辐射强度与光照度的比值如图 2-3 所示。剔除离群值（实测值与均值的绝对差大于 3 倍方差的值）后，紫外辐射强度/光照度的平均值为 0.93，这表明紫外辐射强度与光照度存在线性关系。由于某一波长处光谱光通量（光照度）与光谱辐射通量（辐照度）的比值为一定值，这个比值即光谱光视效能 $K(\lambda)$（鞠喜林，1999），即在固定的波长范围内光照度与辐照度之间存在定比关系。而紫外辐射是太阳辐射组成光谱中的一部分，在太阳辐射中所占百分比较为恒定，可以认为正午时的紫外辐射强度与光照度的比值也应当是基本稳定的，而该比值出现波动可能是云量、气溶胶或水汽等对光照度和紫外辐射的削弱作用不同所致。

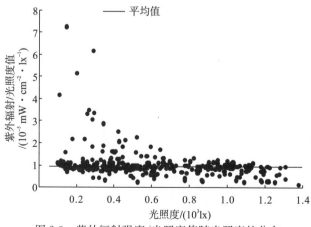

图 2-3　紫外辐射强度/光照度值随光照度的分布

### 2.1.2.3　紫外辐射强度的模拟估算

紫外辐射估算的气候学方法很多（郑有飞和吴荣军，2009；Junk et al.，2007；Lindfors et al.，2009；Foyo-Moreno et al.，1999；Zhu，2003），但这些估算模型需要众多自变量，在实际应用中较为复杂，并且仅在晴天或少云的天气下精度较高。本书采用统计回归模型，根据紫外辐射强度与光照度、云量的关系对紫外辐射强度进行模拟。采用以下两种方式进行：第一种以 2009 年的观测数据进行回归建模，以此模型检验其余地点或年份的观测值；第二种以所有观测数据进行建模，探讨模型的可靠性。

（1）由于缺少 2008 年两观测点光照度资料，仅以 2009 年大营街的观测数据为例，探讨正午紫外辐射强度与实时光照度及云量的定量关系，并通过获得的关系模型对 2009 年及 2010 年各观测点的紫外辐射强度进行估算。为了分析紫外辐射强度与光照度和云量的关系，首先利用观测数据分别绘制紫外辐射强度与光照度和云量的散点图，结果表明大营街 2009 年紫外辐射强度与光照度的关系可用直线方程来描述，与云量则呈抛物线关系，根据文献（姜启源等，2003），以此关系构建回归模型并根据拟合效果对模型进行改进。以光照度（$x_1$）和云量（$x_2$）的乘积表示两者的交互作用，最终拟采用 $x_1$ 和 $x_2$ 的完全二次多项式模型，即

$$y = (ax_1^2 + bx_1) + (cx_2^2 + dx_2) + mx_1x_2 + \varepsilon \tag{2-1}$$

式中，$y$ 表示正午紫外辐射强度（mW·cm$^{-2}$）；$x_1$ 和 $x_2$ 分别表示光照度（$10^5$lx）和云量（%）；$a$、$b$、$c$、$d$、$m$ 分别为对应项的系数；$\varepsilon$ 为常数。

（2）以两个观测点 2009 年、2010 年正午光照度及云量进行建模，用于描述正午紫外辐射强度。首先对原始数据进行预处理，处理方式为删除原始数据的缺失值，然后进行 5d 滑动平均处理，再以各变量的 5d 滑动平均值作非线性回归，经过逐步改进和筛选，拟采用模型为

$$y = e^{ax_1^b + c(\lg x_2)^2 + dx_1 \lg x_2 + m} + \varepsilon \tag{2-2}$$

式中，$y$ 为正午紫外辐射强度的 5d 滑动平均值（mW·cm$^{-2}$）；$x_1$ 和 $x_2$ 分别表示正午光照度（$10^5$lx）和云量（%）的 5d 滑动平均值；$a$、$b$、$c$、$d$ 分别为对应项的系数；$m$、$\varepsilon$ 为常数。采用该模型时，将云量的 5d 滑动平均值为 0 的数据剔除，即保证 $x_2 > 0$。

对模型（1）和（2）进行参数估计，所得结果如表 2-4 所示，从决定系数 $R^2$ 来看，用式（2-1）描述紫外辐射强度的准确性高于式（2-2），但由于式（2-1）采用的是部分数据建模，其是否可用于对其余年份或观测点的计算还有待检验。

**表 2-4　各模型的参数估计**

| 模型 | 参数估计 | | | | | | $R^2$ |
| --- | --- | --- | --- | --- | --- | --- | --- |
| | $a$ | $b$ | $c$ | $d$ | $m$ | $\varepsilon$ | |
| （1） | 0.142 | −0.213 | −1.41 | −0.009 | 0.006 | 1.114 | 0.848 |
| （2） | −0.452 | −1.382 | −0.207 | −0.316 | 0.988 | 0.176 | 0.831 |

以式（2-1）和式（2-2）的回归参数对两观测点 2009 年和 2010 年的紫外辐射强度值进行估算，计算均值后的结果如表 2-5 所示。式（2-1）的估算结果表明，除对大营街 2010 年植烟期紫外辐射均值估算偏差较大外，四街 2009 年和 2010 年的估算结果均与实测值较接

近。这种估算是由个别推广到一般的，所以对个别地点或年份的估算误差较大，模型(1)可能并不是其余年份或地点观测数据的最佳模型。由此可知，估算精度会受到模型和观测数据的双重制约。而以模型(2)估算时，将该模型的估算值进行平均，以此均值作为主要大田生长期紫外辐射强度均值。模型(2)的估算结果表明，虽然模型(2)的拟合度稍低，但对所有地点和年份紫外辐射强度均值的估算误差较小，表明模型(2)的估算更为可靠。

**表 2-5　估算均值与实测均值的对比**

| 地点(年份) | 观测值均值/(mW·cm⁻²) | 模型(1)估算值均值 | | 模型(2)估算值均值 | |
| --- | --- | --- | --- | --- | --- |
| | | 平均值/(mW·cm⁻²) | 相对误差/% | 平均值/(mW·cm⁻²) | 相对误差/% |
| 大营街(2009) | 0.64 | 0.64 | 0 | 0.61 | −4.7 |
| 四街(2009) | 0.45 | 0.46 | 2.2 | 0.47 | 4.4 |
| 大营街(2010) | 0.55 | 0.72 | 30.9 | 0.58 | 5.5 |
| 四街(2010) | 0.43 | 0.43 | 0 | 0.43 | 0 |

注：相对误差(%)＝(估算值−实测值)×100/实测值。

### 2.1.3　讨论

(1)观测资料显示，同一观测点各年烤烟主要大田生长期的紫外辐射强度均值没有显著变化。大营街和四街 2008～2010 年烤烟主要大田生长期的紫外辐射强度平均值分别为 $0.60\text{mW·cm}^{-2}$ 和 $0.46\text{mW·cm}^{-2}$。测定结果反映出海拔较高的四街紫外辐射反而较弱，这是两地气象条件差异所致。虽然降水、气温等气象因子都对紫外辐射强度产生影响，但云量是影响烤烟大田生长期紫外辐射强度均值的主要因素。

(2)对紫外辐射强度、光照度和云量三者的关系分析结果表明，紫外辐射强度与光照度具有较好的线性关系，二者的比值较为恒定。紫外辐射强度明显呈现出随云量增加而减小的趋势，两者的关系可用抛物线方程来表示。根据紫外辐射与光照度及云量之间的关系，按照统计回归建模的方法，以光照度和云量两项参数对紫外辐射强度进行模拟。结果表明，统计回归模型能够较好地拟合光照度、云量和紫外辐射强度三者之间的关系，且模型(2)对烤烟大田生长期紫外辐射强度均值的估算较为可靠。

通过分析烤烟大田生长期紫外辐射强度与气象因子的关系可看出，云量与紫外辐射强度的相关性最强，云量和空气相对湿度与紫外辐射强度均为负相关关系，降水量和气温与紫外辐射强度则为正相关关系。影响到达地面的太阳紫外辐射的主要因子有臭氧含量、太阳高度、地理纬度、云量、海拔、地表反照率、气溶胶变化等(王普才等，1999)，由于本书选择的两地观测点距离较近，所以可以认为导致紫外辐射强度差异的主要原因不是臭氧、太阳高度以及纬度等，而是两地不同海拔下气象条件的差异，即局地气象条件的差异是紫外辐射强度不随海拔升高的主要原因。在众多气象要素中，云量对紫外辐射强度的影响最大，虽然气溶胶对紫外辐射也有影响，但与云量相比其影响要小得多(Díaz et al.，2001；Wenny et al.，2001)。而降水、空气湿度和气温对紫外辐射强度的影响则是间接的，如降水能降低空气悬浮颗粒对紫外辐射的散射作用等。由于云对紫外辐射具有显著的衰减作用(Luccini et al.，2003；吉廷艳等，2011；何清等，2011)，云量在对紫外辐射的研究中也成为关注的重点之一。

目前，对紫外辐射的模拟计算方法主要有两类，即辐射传输方程和统计学方法模拟。与辐射传输方程相比，统计学方法虽然简便，但所获得的统计预测模型的物理意义彰显不够。此外，无论采用什么方法进行模拟预测，拥有大样本的观测资料可显著提高预测的准确性，但现行太阳辐射观测网不进行光照度和紫外辐射的长期观测，这对紫外辐射的预测模拟研究产生了一定的局限性。

## 2.2　低纬高原紫外辐射强度变化的时空特征

由于地球大气平流层臭氧空洞及局部地区臭氧层衰减的变化，到达地表的紫外辐射强度有局部增加的趋势（刘晶淼等，2003；Gustavo and Beatriz，2004）。虽然紫外辐射在太阳辐射能量中所占比例较小，但由于其光量子能级较高，尤其是 UV-B 所产生的光化学作用、植物光合作用等生物学效应十分显著，对地球气候、生态环境及人类健康具有重要的影响，所以太阳紫外辐射强度的变化目前已成为人们关注的焦点，并从不同侧面进行了多方面的研究（Lars Olof Bjorn.，2007；祝青林等，2005；邓雪娇等，2003；白建辉等，2003）。我国自 20 世纪 90 年代起开展紫外辐射强度的观测与研究，但观测站点较少，且观测时段较短（张武等，2004；刁丽军等，2003；吴兑，2001；王普才等，1999；江灏等，1998）。云南地处低纬高原地区，空气清新，阳光透过率高，受纬度尤其是海拔差异的制约，使得太阳紫外辐射强度在水平和垂直方向上的分布受季节和海拔的影响，存在一定的变化规律和明显的差异。本书选取云南境内勐腊、丽江等不同纬度、不同海拔的七个测点，每天中午定时进行为期 1 年的逐日连续观测，并在两分两至（春、秋分和冬、夏至）按各测点不同的日出没时间进行全天逐时观测。在此基础上通过对观测数据的分析研究，试图得到低纬高原地区紫外辐射强度变化的时空分布规律。

### 2.2.1　UV-B 辐射强度资料的获取

由于 B 波段紫外辐射（0.295～0.395μm）能极有效地被一些生物大分子所吸收，对生物的生理过程有特殊影响，甚至可改变生物的重要遗传物质 DNA 的结构而使遗传性状发生变化（Caldwell，1968），因而将 UV-B 作为观测波段。观测设备采用法国生产的 RADIOM ETER、VLX23W 紫外辐射表（标准带宽为 0.295～0.395μm，中心波长为 0.312μm）和北京师范大学生产的环地 HAND Y 紫外辐射表（标准带宽为 0.280～0.320μm，中心波长为 0.297μm）。为保持观测结果的一致，于 2003 年在云南大学校园内进行了为期 1 个月的对比观测。以经过标定的 No.99026 表为基准，对观测结果进行订正处理。

2003 年 8 月下旬至 2004 年 9 月底，选取云南不同纬度和海拔的 7 个测点（表 2-6）进行了为期 1 年的太阳紫外辐射强度观测，为利用当地气象观测资料进行辅助分析，除昆明观测点选在云南大学校园内外，其余各测点均选在当地县城内，测点下垫面均为水泥地面。观测时段为每天北京时间 11:30～12:30（雨天除外），并对观测时段的天气状况进行同步记录，作为研究时的参考。

表 2-6　测点分布

| 测点 | 纬度 | 经度 | 海拔/m |
|---|---|---|---|
| 勐腊 | 21°23′N | 101°34′E | 631.0 |
| 普洱 | 23°02′N | 101°03′E | 1320.0 |
| 富宁 | 23°39′N | 105°38′E | 685.5 |
| 昆明 | 25°01′N | 102°41′E | 1891.4 |
| 华坪 | 26°38′N | 101°16′E | 1244.0 |
| 丽江 | 26°52′N | 100°13′E | 2393.0 |
| 昭通 | 27°21′N | 103°43′E | 1949.5 |

## 2.2.2　结果与分析

### 2.2.2.1　紫外辐射强度随时间变化

1. 紫外辐射强度的日变化

图 2-4 和图 2-5 分别为各测点冬至日和秋分日当天紫外辐射强度日变化曲线。可以看出，各测点由于天气状况的不同，差异较大，但紫外辐射的晴天日变化很典型、规则（如

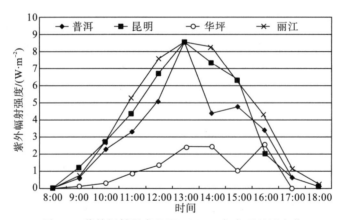

图 2-4　紫外辐射强度（$UV_{297}$）2003 年冬至日日变化

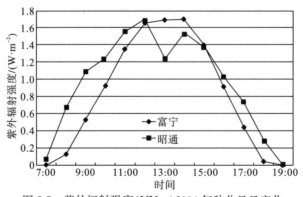

图 2-5　紫外辐射强度（$UV_{297}$）2004 年秋分日日变化

丽江和富宁),中午大于早晚,上、下午基本对称,日变化振幅较大。紫外辐射的晴天日变化与总辐射日变化是一致的,反映了辐射通量与太阳高度角的正弦呈正比的变化趋势。早、晚紫外辐射很弱,近地面总辐射很弱,随着太阳高度角的升高,近地面总辐射增大,紫外辐射亦迅速增大,北京时间 12:00 前后辐射增大,紫外辐射亦迅速增大,且各测点值达到极大值,之后又随太阳高度角的减小而迅速减小。$UV_{312}$晴天最大值出现在 2004年 4 月 24 日的丽江,其值为 26.50 W·m$^{-2}$。

**2. 紫外辐射强度的季节变化**

以各测点观测时段紫外辐射强度月平均值为依据,得到云南四季紫外辐射强度的季节分布(表 2-7)。

表 2-7　云南紫外辐射强度的季节分布(W·m$^{-2}$)

| 测点 | 春季(3~5 月) | 夏季(6~8 月) | 秋季(9~11 月) | 冬季(12~翌年 2 月) | 年平均 |
|---|---|---|---|---|---|
| 勐腊($UV_{297}$) | 1.376 | 1.403 | 2.294 | 1.538 | 1.653 |
| 富宁($UV_{297}$) | 0.843 | 0.867 | 1.258 | 0.708 | 0.919 |
| 昭通($UV_{297}$) | 1.135 | 0.922 | 0.952 | 0.722 | 0.933 |
| 普洱($UV_{312}$) | 6.207 | 5.977 | 7.513 | 6.173 | 6.468 |
| 昆明($UV_{312}$) | 3.427 | — | 1.930 | 1.480 | 2.593 |
| 华坪($UV_{312}$) | 5.687 | 6.090 | 2.977 | 3.827 | 4.645 |
| 丽江($UV_{312}$) | 8.547 | 4.437 | 2.623 | 6.203 | 5.453 |

从表 2-7 可以看出,云南紫外辐射强度的季节分布特点是,北回归线附近及以南地区(勐腊、富宁、普洱)紫外辐射强度秋季最大,季节间强弱变化差异不大,年变幅较小;而北回归线以北地区(丽江、昭通)则春季最大,其中丽江季节间强弱变化差异明显,春季紫外辐射强度是秋季的 3.3 倍,年变幅较大。观测结果与刘滔等(2001)的理论计算结果基本一致,具有干、雨季特征。如果以富宁、普洱、丽江和昭通四个测点分别代表滇东南、滇西南、滇西北和滇东北地区,则可大致看出紫外辐射强度季节上的地域分布特

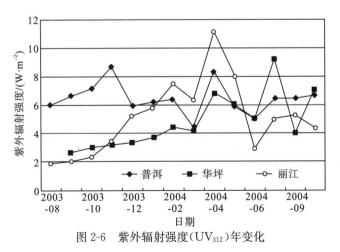

图 2-6　紫外辐射强度($UV_{312}$)年变化

点。从全年平均来看，最高值出现在滇西南地区，滇西北为次高值区，东部则较低；从季节上看，冬、春季最高值出现在滇西北，滇西南为次高值区，东部同样较低；夏、秋季变化规律与年变化规律一致。

**3. 紫外辐射强度的年变化**

图 2-6 为各测点紫外辐射的年变化曲线。资料为月观测总和除以观测日数。一般规律是夏大冬小，其变化趋势与总辐射基本一致，但由于夏季正值云南雨季，所以总辐射最大值可能出现在春季或者秋季，紫外辐射的观测结果也正好说明这一点。丽江月平均最高值出现在 4 月，其值为 $11.23\mathrm{W \cdot m^{-2}}$，而该地太阳辐射月总量最大值同样出现在 4 月。普洱月平均最高值出现在 11 月，其值为 $8.67\mathrm{W \cdot m^{-2}}$，与 4 月的 $8.35\mathrm{W \cdot m^{-2}}$ 差异不大，表现为双峰型的特点，这由普洱的纬度（23°02′N）性质决定。

由此可以看出，紫外辐射的日、年变化是其最主要、最基本的类型，远大于其他的变化，具有明显的外源强迫特征，而地球的自转和公转形成的太阳辐射的天文变化正是这一强迫源。

**2.2.2.2　紫外辐射强度空间分布**

对于空间分布而言，测站纬度和海拔不同造成的天文辐射变化是形成紫外辐射局地差异的主要原因之一。由于紫外辐射与总辐射同受天文因素影响，所以与总辐射的基本变化一致，保持着相对稳定的关系。

**1. 紫外辐射强度随纬度的变化**

华坪与普洱两地海拔和经度相近，但纬度相差 3°32′，观测结果表明低纬度的普洱其紫外辐射强度全年月平均值比高纬度的华坪大 $1.823\mathrm{W \cdot m^{-2}}$，其递减率是纬度每增加 1°，紫外辐射强度减小 $0.521\mathrm{W \cdot m^{-2}}$。同样富宁与勐腊两地海拔相近，但经度不同，纬度相差 2°16′，观测结果仍然是低纬度的勐腊紫外辐射全年月平均值比高纬度的富宁大 $0.734\mathrm{W \cdot m^{-2}}$，其递减率是纬度每增加 1°，紫外辐射强度减小 $0.323\mathrm{W \cdot m^{-2}}$，$UV_{312}$ 与 $UV_{297}$ 的观测结果相同。从气候学上看，云南每年 11 月至翌年 4 月为干季，在此期间境内多为碧空晴朗天气，太阳直接辐射增加致使紫外辐射增加；每年 5 月至 10 月为雨季，一般云雨较多，降水量占全年降水量的 85% 以上，紫外辐射的强弱在很大程度上受天气条件的影响。华坪与普洱两地紫外辐射强度随纬度的递减率在干雨季表现为纬度每增加 1°，紫外辐射强度分别减小 $0.679\mathrm{W \cdot m^{-2}}$ 和 $0.157\mathrm{W \cdot m^{-2}}$，干季递减率为雨季的 4.3 倍。富宁与勐腊两地紫外辐射强度随纬度的递减率在干雨季表现为纬度每增加 1°，紫外辐射强度分别减小 $0.340\mathrm{W \cdot m^{-2}}$ 和 $0.306\mathrm{W \cdot m^{-2}}$，干季递减率为雨季的 1.1 倍，上述结果证明云南紫外辐射强度随纬度的递减率干季大于雨季，这也从另一侧面证明紫外辐射强度的变化在很大程度上受云量的影响，就如图 2-5 中昭通曲线在 13:00 的突然下降。云对紫外辐射的减弱作用与其光学特性或光学厚度有关，云对各波长的紫外辐照度都有影响，无论是短波还是长波都受到不同程度的削减（郭世昌等，2004）。

2. 紫外辐射强度随海拔的变化

　　在海拔较高的高原地区，大气质量较小，空气稀薄，大气透明度高，对紫外辐射的散射和吸收相对较少，因而紫外辐射强度比同纬度平原地区大。曾艳和吴幼乔(2003)的研究表明，在大尺度的系统中，昆明紫外辐射比同纬度地区紫外线辐射增强 11.66%。比较滇西北同纬度的丽江与华坪，两测点海拔相差 1149m，从图 2-6 可以看出，2003 年 11 月~2004 年 5 月，丽江紫外辐射强度月平均值始终大于低海拔的华坪，即紫外辐射强度值随海拔的升高有明显的增大趋势。每年 11 月至第二年 4 月的干季，高度平均每上升 100m，紫外辐射强度增加 0.202W·m$^{-2}$，从变化趋势上看，这与地面紫外辐照度随海拔升高而增加(除 390nm 外)，且波长愈短增加愈快，较长波长的紫外辐射变化趋势较缓的研究结果一致(郭世昌等，2004)。在植物生态研究中已发现，紫外辐射对生物的影响也存在着类似的随海拔升高而加速增长的现象(Caldwell，1971)。进入雨季后，由于天气条件的影响，其变化规律不明显，甚至出现负增长，在观测的年份平均每上升 100m，紫外辐射强度减小 0.090W·m$^{-2}$。傅玮东(2000)在新疆的观测也有类似的情况，在高山区域除大气透明度比低山区增大外，冬、春、秋季 0℃≤界限温度≤10.0℃的紫外辐射随海拔升高而减少。纬度增加和海拔升高对到达地面的紫外辐射量的影响作用相反，彼此可以起到部分抵消的作用。滇东北的昭通与滇东南的富宁两地海拔相差 1264m，纬度相差 3°42′，观测结果是昭通的紫外辐射强度月平均值只比富宁大 0.014W·m$^{-2}$；同样滇西北的丽江与滇西南普洱两地海拔相差 1073m，纬度相差 3°50′，观测结果是丽江的紫外辐射强度月平均值比普洱小 1.015W·m$^{-2}$。综合地形、纬度、海拔和天气条件的影响，云南紫外辐射强度的地域分布特点大致是南部大于北部，西部大于东部，观测结果与云南省光能资源的地理分布特征完全吻合。

## 2.2.3　结论

　　(1)紫外辐射的基本变化主要受天文因子的影响，如日变化和年变化等振幅大、周期固定，具有明显的外源强迫特征，其一般变化特征与总辐射有良好的对应关系。本地区紫外辐射的日变化和年变化的主要趋势与总辐射是一致的，这也与大多数地区紫外辐射的日变化和年变化特征吻合。

　　(2)紫外辐射强度受测站纬度的影响，随测站纬度的升高而减小，其同经度递减率为纬度每增加 1°，紫外辐射强度干、雨季分别减小 0.679W·m$^{-2}$ 和 0.157W·m$^{-2}$；不同经度分别减小 0.340W·m$^{-2}$ 和 0.306W·m$^{-2}$，且紫外辐射强度随纬度的变化率干季大于雨季。

　　(3)紫外辐射强度因测站海拔的升高而增加，其变化率为海拔每上升 100m，紫外辐射强度干、雨季分别增加 0.202W·m$^{-2}$、0.090W·m$^{-2}$，有明显的干雨季特点。

　　(4)除测站所处的纬度和高度因素外，云量是影响紫外辐射强弱变化的主要因子，云量与紫外辐射呈负相关，云量大，紫外辐射小，云量小，紫外辐射反而大。云量甚至能掩盖紫外辐射强度因测站海拔的升高而迅速增长的变化规律。

　　(5)云南年平均紫外辐射强度的地区分布规律一般为南部多于北部，西部多于东部。不同的季节高值出现区有差异，如果气候异常，其规律有可能被打破。

# 第3章 自然环境及 UV-B 辐射强度模拟与烤烟种植

## 3.1 自然环境种植对烤烟形态及相关生理指标的影响

云南地处我国西南边陲，纬度低而海拔高，地形变化复杂，兼具低纬高原季风气候和山地气候的特点，使得气候的区域差异和垂直变化十分明显，这一现象与云南所处的纬度和海拔密切相关(陈宗瑜，2001)。云南特殊的地理位置和地形特点，使得该地区年温差小，日温差大，光照充足，日光中对生物有较大影响的紫外线辐射也较强。云南特殊的气候环境适宜多种植物的生长。烤烟是云南重要的经济作物之一，其分布的地域和海拔范围较广。地形、海拔引起的光、温、水等因素在垂直层次、地域和时段匹配上的差异性以及由此而形成的不同土壤类型，共同造就了云南烤烟生态环境及其影响的复杂性(陆永恒，2007；黄中艳等，2008；沈广材等，2009；穆彪等，2003)。烤烟的生长需要适宜的气候条件和土壤肥力条件，众多生态因子对烤烟的生长和品质有重要的影响，然而，生态因子与烤烟形态及生理特征之间的关系属于灰色关系，很难用简单的统计方法分析各因子间的主次关系，但是却可以通过比较灰色关联度的大小，确定各生态因子中对烤烟形态和生理特征产生影响的主要和次要因素(李倩等，2010)。通过研究，本章比较了在同一产烟区不同生态环境条件下烤烟生长过程中形态和生理特征上的差异，并将烤烟现蕾期的形态和光合生理特征与相应的生态因子进行灰色关联分析，以此探讨各主要气候因子及土壤肥力条件对烤烟生长的作用特点。

### 3.1.1 材料与方法

#### 3.1.1.1 材料处理与试验地概况

以烤烟品种 K326 为试验材料，包衣种子，漂浮育苗，大田移栽，行株距 120cm×50cm。试验大田位于玉溪市主产烟区的通海县四街镇(S)、红塔区大营街镇(D)和峨山县小街镇(X)。各试验点 2008 年和 2009 年植烟期(5~8 月)的降水量和气温如表 3-1 所示。

表 3-1 各试验点两年(2008 年和 2009 年)气候状况

| 试验点 | 年份 | 降水量/mm | | | | 气温/℃ | | | |
| --- | --- | --- | --- | --- | --- | --- | --- | --- | --- |
| | | 5 月 | 6 月 | 7 月 | 8 月 | 5 月 | 6 月 | 7 月 | 8 月 |
| 四街(S) | 2008 | 58.5 | 281.6 | 203.9 | 143.8 | 18.8 | 19.8 | 19.7 | 19.8 |
| | 2009 | 44.5 | 229.9 | 115.2 | 106.3 | 19.4 | 20.5 | 20.9 | 20.1 |
| 大营街(D) | 2008 | 83.8 | 188.2 | 273.2 | 143.4 | 19.6 | 20.4 | 20.1 | 20.1 |
| | 2009 | 56.1 | 213.5 | 133.6 | 121.4 | 20.2 | 21.2 | 21.7 | 20.8 |

续表

| 试验点 | 年份 | 降水量/mm | | | | 气温/℃ | | | |
| --- | --- | --- | --- | --- | --- | --- | --- | --- | --- |
| | | 5 月 | 6 月 | 7 月 | 8 月 | 5 月 | 6 月 | 7 月 | 8 月 |
| 小街(X) | 2008 | 66.7 | 216.8 | 194.8 | 126.7 | 19.6 | 20.6 | 20.6 | 20.6 |
| | 2009 | 32.4 | 139.6 | 172.5 | 124.9 | 20.1 | 21.6 | 21.9 | 21.2 |

四街和小街于 2009 年 4 月 30 日移栽烟苗,大营街于 2009 年 5 月 7 日移栽。各地均按当地烟草公司统一制定的栽培规范,即采用相同的大田优质烟叶生产管理措施进行田间种植。从 3 个试验点主要气候特征表现来看,四街镇烤烟大田期降水充沛,大营街镇日照充分,小街镇日照时数较少,且该地区空气湿度大,常常出现多雾天气。在烤烟移栽前对各试验大田土壤肥力状况进行分析,其土壤肥力状况如表 3-2 所示。各土壤肥力指标中,碱解氮和速效磷的变异程度最大。

表 3-2　各试验点土壤肥力状况

| 试验点 | pH | 有机质 /(g·kg⁻¹) | 碱解氮 /(mg·kg⁻¹) | 速效磷 /(mg·kg⁻¹) | 速效钾 /(mg·kg⁻¹) |
| --- | --- | --- | --- | --- | --- |
| 四街(S) | 6.26 | 21.03 | 229.00 | 96.46 | 67.15 |
| 大营街(D) | 7.11 | 15.31 | 67.51 | 20.98 | 32.28 |
| 小街(X) | 7.02 | 24.68 | 90.30 | 39.90 | 62.63 |
| C.V/% | 6.87 | 23.22 | 67.79 | 74.88 | 35.10 |

在当地气象站获取烤烟大田生长期的气候资料,从 5 月 18 日起开始观测 UV-B 辐射强度及光照度。UV-B 辐射强度($mW·cm^{-2}$)采用法国 Cole-Parmer 公司生产的 Radiometer 紫外辐射仪(波谱 295~395nm,中心波长 312nm)进行逐日测量,光照度(lx)用上海嘉定学联仪表厂生产的 ZDS-10 型自动量程照度计测量。于每日(阴雨天除外) 11:30~12:30 同时测量各试验点的 UV-B 辐射强度和光照度,均读数 5 次,取平均值,同时记录观测时段的天空云层和天气状况等。用求得的平均值衡量当天的 UV-B 辐射强度和光照度。待烤烟生长进入现蕾期后进行农艺性状、生理特征及光响应曲线的测定。各试验点取样分析前(5 月 18 日~7 月 9 日)的气候条件如表 3-3 所示。可见 UV-B 辐射强度和降水量的变异程度最大。与气候条件相比,土壤肥力的变异程度更大。

表 3-3　各试验点采样前气候条件

| 试验点 | UV-B辐射日均值 /(mW·cm⁻²) | 光照度日均值 /100lx | 日均气温 /℃ | 日照时数 /h | 降水量 /mm |
| --- | --- | --- | --- | --- | --- |
| 四街(S) | 0.39 | 492.41 | 19.96 | 243.0 | 305.4 |
| 大营街(D) | 0.55 | 601.55 | 20.72 | 243.0 | 269.6 |
| 小街(X) | 0.65 | 517.31 | 20.95 | 231.0 | 182.7 |
| C.V/% | 24.75 | 10.65 | 2.52 | 2.90 | 24.98 |

### 3.1.1.2  测定方法

**1. 农艺性状**

根据各地烤烟生长的实际情况，于现蕾期对烟株进行农艺性状的观测。测定项目包括茎高、茎围、节间距、叶长和叶宽。其中茎高为茎基部与地表接触处至茎尖生长点之间的高度，茎围为株高 1/3 处茎周长，节间距为 1/3 高度处 6 个节位之间节距的平均值，叶长和叶宽分别测定第 7、第 9、第 11 片叶（从下往上数的有效叶片）。参照中国烟草行业标准（YC/T 142−1998，烟草农艺性状调查方法）计算叶面积，即叶面积（cm²）＝叶长×叶宽×0.6345。每个试验点随机选取 10 株进行测定，然后取其平均值。

**2. 光合气体交换参数**

于 2009 年 7 月 4～9 日选择烤烟大田生长期典型天气（晴天），在上午 9:00～11:00 用 Li-6400 便携式光合作用测定系统（Li-COR Inc，USA），测定各试验点烟株第 7 片（同上）已完全展开功能叶片的净光合速率（$P_n$）、气孔导度（$G_s$）、胞间 $CO_2$ 浓度（$C_i$）及蒸腾速率（$T_r$）等光合气体交换参数对 PAR 的响应曲线。测定时，采用开放式气路，叶室温度设定为 25℃，气体流量 500μmol·$s^{-1}$，相对湿度控制在 60％～70％。PAR 由 Li-6400-02B LED 红蓝光源提供，设置梯度为 1800μmol·$m^{-2}$·$s^{-1}$、1600μmol·$m^{-2}$·$s^{-1}$、1400μmol·$m^{-2}$·$s^{-1}$、1200μmol·$m^{-2}$·$s^{-1}$、1000μmol·$m^{-2}$·$s^{-1}$、800μmol·$m^{-2}$·$s^{-1}$、400μmol·$m^{-2}$·$s^{-1}$、200μmol·$m^{-2}$·$s^{-1}$、100μmol·$m^{-2}$·$s^{-1}$、50μmol·$m^{-2}$·$s^{-1}$、20μmol·$m^{-2}$·$s^{-1}$ 和 0μmol·$m^{-2}$·$s^{-1}$，测定前先从 1200μmol·$m^{-2}$·$s^{-1}$ 开始逐渐增加光强进行诱导，诱导结束后再在设定的光强范围内由高往低测，每个光强下稳定后记录 5 组数值，取平均值，每处理重复测定 3 株。采用直角双曲线模型（孙旭生等，2009）拟合各试验点烟叶的净光合速率−光响应曲线。模型表达式为

$$P_n = \frac{AQY \cdot PAR \cdot P_{nmax}}{AQY \cdot PAR + P_{nmax}} - R_d \tag{3-1}$$

式中，PAR 为光合有效辐射；AQY 为表观量子效率；$P_{nmax}$ 为最大净光合速率；$R_d$ 为暗呼吸速率。

光补偿点（LCP）是净光合速率为 0 时的 PAR 强度，当 $P_n = 0$ 时，代入式（3-1）即可求得光补偿点：

$$LCP = \frac{P_{nmax} \cdot R_d}{AQY \cdot (P_{nmax} - R_d)} \tag{3-2}$$

钱莲文等（2009）认为，直角双曲线模型以最大净光合速率来估测光饱和点（LSP）时，选取的比例为（78±1）％较为合适。为方便计算，在此以 $P_n$ 达到最大净光合速率 75％时的 PAR 来估计光饱和点：

$$LSP = \frac{P_{nmax}(0.75P_{nmax} + R_d)}{AQY \cdot (0.25P_{nmax} - R_d)} \tag{3-3}$$

水分利用效率（WUE）计算公式如下：

$$WUE = P_n / T_r \tag{3-4}$$

3. 生理生化指标

采集用于光合作用测定后的叶片,用低温保鲜盒带回实验室分析生理生化指标。光合色素采用丙酮:无水乙醇(1:1,体积比)浸提-比色法,通过 663nm、646nm 和 470nm 处吸光值计算叶绿素 a、叶绿素 b 和类胡萝卜素的单位面积含量(邹琦,1995);类黄酮采用 Nogués 等(1998)的方法,稍作改动,取一定面积的叶片用酸化甲醇(盐酸:甲醇=1:99,体积比)在低温(4℃)黑暗中浸提 24h,以单位面积叶片 300nm 处吸光值表示类黄酮含量($A_{300} \cdot cm^{-2}$);丙二醛含量采用硫代巴比妥酸比色法(Hilal et al.,2008);可溶性蛋白质采用考马斯亮蓝-G250 比色法,均以单位面积含量表示。

### 3.1.1.3　数据处理及分析

运用灰色关联分析法计算形态及生理指标与生态因子间的关联度。以生态因子作为比较数列($X_i$),将受生态因子影响的指标作为参考数列($X_0$),进行灰色关联分析。关联度越大,表明比较数列与参考数列的发展趋势越接近,则比较数列在参考数列中的影响也就越大。计算过程如下(任玉忠等,2010):

$$X_i(k) = \frac{X'_i(k) - \overline{X}_i}{S_i} \tag{3-5}$$

式中,$X_i(k)$ 为原始数据无量纲化处理后结果,$X'_i(k)$ 为原始数据,$\overline{X}_i$ 和 $S_i$ 分别为同一指标的平均值和标准差。

$$\xi_i(k) = \frac{\min\limits_i \min\limits_k |X_0(k) - X_i(k)| + \rho \max\limits_i \max\limits_k |X_0(k) - X_i(k)|}{|X_0(k) - X_i(k)| + \rho \max\limits_i \max\limits_k |X_0(k) - X_i(k)|} \tag{3-6}$$

式中,$\xi_i(k)$ 为关联系数;$\min\limits_i \min\limits_k |X_0(k) - X_i(k)|$ 为两级最小差;$\max\limits_i \max\limits_k |X_0(k) - X_i(k)|$ 为两级最大差;$\rho$ 为分辨系数,通常取 0.5。

关联度($r_i$)的计算公式如下:

$$r_i = \frac{1}{n} \sum_{k=1}^{n} \xi_i(k) \tag{3-7}$$

灰色关联分析和绘图在 Excel 2003 中完成。利用 SPSS 17.0 统计分析软件对数据进行简单相关分析(Pearson)和多重比较(LSD 法),以及对光响应曲线进行拟合。

## 3.1.2　结果与分析

### 3.1.2.1　烤烟 K326 农艺性状

从表 3-4 可知,大营街烤烟的长势较好。茎高、茎围、节间距及各叶位叶面积大小顺序均为大营街>小街>四街,三个试验点烤烟的茎高彼此间差异达到极显著水平。四街烤烟的茎围与大营街的差异极显著。大营街烤烟节间距与四街和小街的差异极显著。各试验点烤烟叶面积差异均达到显著水平,四街烟叶叶面积与大营街和小街的差异极显著,而大营街与小街之间的差异不显著。茎高和光照度有极显著的正相关关系($P<0.01$)。节间距与光照度呈显著正相关($P<0.05$)。第 7 叶叶面积与土壤速效磷含量的负相关性极显著($P<0.01$)。第 9 叶叶面积与土壤碱解氮、速效磷的含量有显著负相关关系($P<0.05$)。

表 3-4　各试验点烤烟 K326 的农艺性状

| 试验点 | 茎高/cm | 茎围/cm | 节间距/cm | 叶面积/cm² | | |
|---|---|---|---|---|---|---|
| | | | | 第 7 叶 | 第 9 叶 | 第 11 叶 |
| 四街(S) | 77.75Cc | 8.05Bb | 3.61Bb | 962.89Bb | 1012.90Bb | 928.62Bc |
| 大营街(D) | 127.50Aa | 9.35Aa | 5.42Aa | 1240.76Aa | 1224.74Aa | 1248.57Aa |
| 小街(X) | 88.90Bb | 8.75ABab | 4.08Bb | 1173.98Aa | 1185.01Aa | 1105.81Ab |

注：同列中大写字母不同表示差异极显著($P<0.01$)；小写字母不同表示差异显著($P<0.05$)，下同。

#### 3.1.2.2　烤烟 K326 类黄酮和丙二醛含量

各试验点烟叶类黄酮和丙二醛含量如图 3-1 所示。类黄酮含量为四街＞大营街＞小街，三个试验点的含量相差不大，分别为 30.65$A_{300}$ · cm$^{-2}$、30.18$A_{300}$ · cm$^{-2}$ 和 29.90$A_{300}$ · cm$^{-2}$，各试验点之间差异不显著。丙二醛含量为小街＞大营街＞四街，分别为 12.90nmol · cm$^{-2}$、10.04nmol · cm$^{-2}$ 和 9.51nmol · cm$^{-2}$，小街烟叶丙二醛含量与其他两地的差异显著。

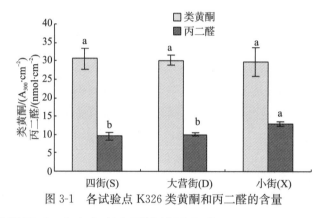

图 3-1　各试验点 K326 类黄酮和丙二醛的含量

#### 3.1.2.3　烤烟 K326 光合色素和可溶性蛋白质

由表 3-5 可知，大营街叶绿素 a(Chl-a)、叶绿素 b(Chl-b)和总叶绿素(Chl)含量最高，其次分别为四街和小街，但三个试验点的 Chl-a、Chl-b 以及 Chl-(a/b)差异不显著，而四街类胡萝卜素(Car)含量最高，与大营街和小街差异显著。四街烟叶的可溶性蛋白含量最高，叶绿素/类胡萝卜素(Chl/Car)最小，两者均与其余两个试验点有极显著差异。可溶性蛋白与土壤碱解氮含量有显著正相关关系($P<0.05$)。叶绿素/类胡萝卜素与土壤速效磷含量呈显著负相关关系($P<0.05$)。

表 3-5　各试验点 K326 光合色素和可溶性蛋白含量

| 试验点 | 叶绿素 a /(mg · dm$^{-2}$) | 叶绿素 b /(mg · dm$^{-2}$) | 总叶绿素 /(mg · dm$^{-2}$) | 类胡萝卜素 /(mg · dm$^{-2}$) | 可溶蛋白 /(mg · cm$^{-2}$) | 叶绿素 a/b | 叶绿素/类胡萝卜素 |
|---|---|---|---|---|---|---|---|
| 四街(S) | 2.25Aa | 0.80Aa | 3.06Aa | 0.57Aa | 0.62Aa | 2.80Aa | 5.36Bb |
| 大营街(D) | 2.32Aa | 0.84Aa | 3.15Aa | 0.49Ab | 0.37Bb | 2.77Aa | 6.49Aa |
| 小街(X) | 2.18Aa | 0.76Aa | 2.94Aa | 0.48Ab | 0.40Bb | 2.85Aa | 6.14Aa |

#### 3.1.2.4　烤烟 K326 的光响应曲线

**1. 净光合速率对光强的响应曲线**

直角双曲线模型能够很好地对本试验中净光合速率($P_n$)实测值进行模拟，对各处理的模拟均达到极显著水平($R^2 = 0.994 \sim 0.998$，$P < 0.01$)。图 3-2 是根据 $P_n$ 实测值和预测值绘制出的光响应曲线，图中反映出 PAR 在 $0 \sim 400 \mu mol \cdot m^{-2} \cdot s^{-1}$ 时，$P_n$ 为大营街>小街>四街。当 PAR$>400\mu mol \cdot m^{-2} \cdot s^{-1}$ 后，大营街和小街烟叶 $P_n$ 增长速率放慢，二者保持相近的变化趋势，并且大营街 $P_n$ 始终高于小街；四街烟叶的 $P_n$ 仍然以较快速度增加，并逐渐高于小街。PAR 在 $400 \sim 800\mu mol \cdot m^{-2} \cdot s^{-1}$ 时，$P_n$ 为大营街>四街>小街。PAR$\geqslant 800\mu mol \cdot m^{-2} \cdot s^{-1}$ 时，四街烟叶 $P_n$ 最高，四街>大营街>小街。

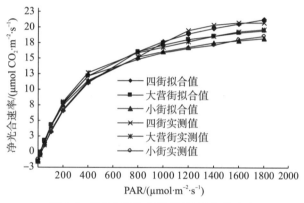

图 3-2　K326 净光合速率对 PAR 的响应

光响应曲线的特征参数如表 3-6 所示。最大净光合速率($P_{nmax}$)和光补偿点(LCP)均为四街>大营街>小街。四街 K326 的 $P_{nmax}$ 为 $29.48\mu mol \cdot m^{-2} \cdot s^{-1}$，与四街相比，大营街和小街分别低 15.8% 和 20.7%；四街 LCP 为 $28.42\mu mol \cdot m^{-2} \cdot s^{-1}$，大营街和小街比四街分别低了 22.4% 和 32.4%；四街 LSP 为 $2166.49\mu mol \cdot m^{-2} \cdot s^{-1}$，大营街和小街比四街分别低 34.5% 和 33.7%。最大净光合速率与日平均气温呈极显著负相关关系($P < 0.01$)。小街暗呼吸速率最小，为 $1.38\mu mol \cdot m^{-2} \cdot s^{-1}$，大营街和四街烟叶的暗呼吸速率较为接近，分别为 $1.59\mu mol \cdot m^{-2} \cdot s^{-1}$、$1.57\mu mol \cdot m^{-2} \cdot s^{-1}$。大营街烟叶的表观量子效率最高，为 0.0767，小街烟叶表观量子效率与大营街烟叶表观量子效率相近，为 0.0740，四街烟叶的表观量子效率最小，为 0.0570。表观量子效率与土壤碱解氮含量的负相关关系极显著($P < 0.01$)。

表 3-6　各试验点 K326 光响应曲线主要参数

| 试验点 | 最大净光合速率 $P_{nmax}$/($\mu mol$ $CO_2 \cdot m^{-2} \cdot s^{-1}$) | 光补偿点 LCP/($\mu mol \cdot m^{-2} \cdot s^{-1}$) | 光饱和点 LSP/($\mu mol \cdot m^{-2} \cdot s^{-1}$) | 暗呼吸速率 $R_d$/($\mu mol CO_2 \cdot m^{-2} \cdot s^{-1}$) | 表观量子效率 AQY/($mol CO_2 \cdot mol^{-1}$) | $R^2$ |
|---|---|---|---|---|---|---|
| 四街(S) | 29.48Aa | 28.42Aa | 2166.49Aa | 1.57Aa | 0.0570Aa | $0.985 \sim 1$ |
| 大营街(D) | 24.81Bb | 22.06Aab | 1419.89Ab | 1.59Aa | 0.0767Aa | $0.996 \sim 0.999$ |
| 小街(X) | 23.36Bb | 19.22Ab | 1436.20Ab | 1.38Aa | 0.0740Aa | $0.991 \sim 0.999$ |

**2. 胞间 $CO_2$ 浓度、气孔导度、蒸腾速率及水分利用效率对光强的响应曲线**

图 3-3 为胞间 $CO_2$ 浓度($C_i$)对 PAR 的响应曲线。PAR 在 $0\sim400\mu mol\cdot m^{-2}\cdot s^{-1}$ 时，各曲线的斜率变化快，$C_i$ 急剧下降。当 PAR$>400\mu mol\cdot m^{-2}\cdot s^{-1}$ 后，各曲线变化平缓，大营街 K326 $C_i$ 最高，小街 $C_i$ 较低，但四街却出现波动。在 PAR 为 $400\sim800\mu mol\cdot m^{-2}\cdot s^{-1}$ 时，四街 $C_i$ 最低，而后又有所上升，在 PAR 为 $1000\sim1200\mu mol\cdot m^{-2}\cdot s^{-1}$ 时处于大营街和小街之间，随后又下降，PAR 在 $1600\sim1800\mu mol\cdot m^{-2}\cdot s^{-1}$ 时则低于小街。

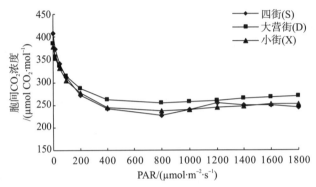

图 3-3　K326 胞间 $CO_2$ 浓度($C_i$)对 PAR 的响应

如图 3-4 所示，气孔导度($G_s$)随 PAR 的增加而增大，在较低 PAR($0\sim200\mu mol\cdot m^{-2}\cdot s^{-1}$)时，$G_s$ 为小街>大营街>四街。PAR$>200\mu mol\cdot m^{-2}\cdot s^{-1}$ 后，大营街 $G_s$ 最大，小街 $G_s$ 随 PAR 增强而增加较平缓，而四街 $G_s$ 在 PAR 为 $800\sim1200\mu mol\cdot m^{-2}\cdot s^{-1}$ 时大幅增加，至 PAR$>1200\mu mol\cdot m^{-2}\cdot s^{-1}$ 后又变化平缓，略有下降。PAR 在 $200\sim1000\mu mol\cdot m^{-2}\cdot s^{-1}$ 时，$G_s$ 为大营街>小街>四街；PAR$>1000\mu mol\cdot m^{-2}\cdot s^{-1}$ 时，大营街>四街>小街。

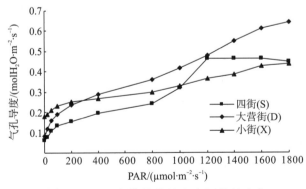

图 3-4　K326 气孔导度($G_s$)对 PAR 的响应

蒸腾速率($T_r$)随 PAR 的变化与 $G_s$ 的变化相似(图 3-5)。PAR 在 $0\sim200\mu mol\cdot m^{-2}\cdot s^{-1}$ 时各试验点 K326 的 $T_r$ 增加较快。PAR 在 $200\sim1000\mu mol\cdot m^{-2}\cdot s^{-1}$ 时，$T_r$ 为大营街>小街>四街。当 PAR 在 $1000\sim1200\mu mol\cdot m^{-2}\cdot s^{-1}$ 时，四街 $T_r$ 出现陡增，之后趋于又平缓。PAR$\geqslant1200\mu mol\cdot m^{-2}\cdot s^{-1}$ 时，$T_r$ 为大营街>四街>小街。

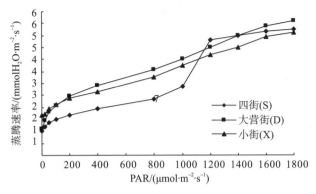

图 3-5　K326 蒸腾速率($T_r$)对 PAR 的响应

如图 3-6 所示，PAR 在 $0 \sim 400\mu mol \cdot m^{-2} \cdot s^{-1}$ 时，水分利用率（WUE）随 PAR 增加而迅速增加，在 PAR 达到 $200\mu mol \cdot m^{-2} \cdot s^{-1}$ 后，WUE 为四街>小街>大营街。大营街和小街 WUE 在 $PAR = 400 \sim 800\mu mol \cdot m^{-2} \cdot s^{-1}$ 时达最大值，而四街则在 $PAR = 800\mu mol \cdot m^{-2} \cdot s^{-1}$ 时达最大值。当 $PAR > 800\mu mol \cdot m^{-2} \cdot s^{-1}$ 后，各试验点的 WUE 随光强增加开始缓慢下降。

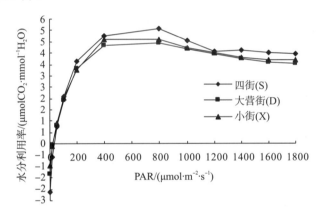

图 3-6　K326 水分利用率（WUE）对 PAR 的响应

烤烟叶片通过改变气孔的开度来控制与外界的 $CO_2$ 和水汽交换，从而调节光合速率和蒸腾速率，以适应环境条件的变化。从图 3-4 中可以看出，四街 $G_s$ 在 $PAR = 1000\mu mol \cdot m^{-2} \cdot s^{-1}$ 时出现了陡增，之后又有所下降的现象，这导致其 $T_r$ 和 $C_i$ 也出现陡增（图 3-3，图 3-5），但 $P_n$ 并未出现波动，进而导致 WUE 在 $PAR = 1000\mu mol \cdot m^{-2} \cdot s^{-1}$ 时出现缓慢下降。总体来看，三个试验点烤烟的光合参数都存在如下特征：当 $G_s$ 随着 PAR 的不断增加，$T_r$ 也随之增加，$C_i$ 逐渐稳定。由于 PAR 能够激活 RuBP 羧化酶的活性，所以在一定光强下 $P_n$ 还会逐渐增加。而与 $T_r$ 相比，$P_n$ 增加的速率相对减慢，这导致了 WUE 在较高 PAR 下的下降（图 3-6）。

由以上各光合参数对光强的响应曲线可以得知，光强在 $800 \sim 1000\mu mol \cdot m^{-2} \cdot s^{-1}$ 时，烤烟 WUE、$G_s$、$T_r$ 和 $C_i$ 等参数变化趋势稳定，尤其是 WUE 和 $C_i$，不同地点烤烟的同一参数在此光强范围内均有明显的区分度。因此，光强在 $800 \sim 1000\mu mol \cdot m^{-2} \cdot s^{-1}$ 时，烤烟光合作用参数的大小，能反映出光合作用的特点。本试验中，以 $800 \sim$

$1000\mu mol \cdot m^{-2} \cdot s^{-1}$ 光强下的光合参数进行比较，$C_i$、$G_s$ 和 $T_r$ 为大营街>小街>四街，WUE 为四街>小街>大营街。

### 3.1.2.5 形态及生理特征与生态因子的关系

将主要的形态及生理特征与生态因子进行灰色关联分析，结果如表 3-7 所示。通过对关联度进行排序，可以得知各生态因子对形态及生理特征影响作用的大小，排序越靠前表明影响作用越大。各生态因子的关联序排序如下。

茎高：光照度>日均气温>UV-B 辐射>速效磷>日照时数>碱解氮>降水量>有机质>速效钾。

中部叶叶面积：日均气温>UV-B 辐射>光照度>速效钾>日照时数>有机质>降水量>速效磷>碱解氮。

类黄酮：降水量>碱解氮>速效磷>日照时数>速效钾>光照度>UV-B 辐射>有机质>日均气温。

丙二醛：UV-B 辐射>日均气温>有机质>光照度>速效钾>碱解氮>速效磷>降水量>日照时数。

叶绿素：日照时数>降水量>光照度>有机质>碱解氮>速效磷>日均气温>UV-B 辐射>速效钾。

类胡萝卜素：碱解氮>速效磷>降水量>日照时数>速效钾>有机质>光照度>UV-B 辐射>日均气温。

可溶性蛋白：碱解氮>速效磷>速效钾>降水量>日照时数>有机质>光照度>UV-B 辐射>日均气温。

最大净光合速率：碱解氮>速效磷>降水量>日照时数>速效钾>有机质>光照度>UV-B 辐射>日均气温。

**表 3-7 形态及生理特征与生态因子的灰色关联度**

|  | 茎高 | 第 9 叶面积 | 类黄酮 | 丙二醛 | 叶绿素 | 类胡萝卜素 | 可溶性蛋白 | $P_{nmax}$ |
|---|---|---|---|---|---|---|---|---|
| UV-B 辐射 | 0.603 | 0.769 | 0.518 | 0.798 | 0.486 | 0.469 | 0.457 | 0.480 |
| 光照度 | 0.998 | 0.713 | 0.520 | 0.636 | 0.699 | 0.522 | 0.556 | 0.510 |
| 日照时 | 0.572 | 0.571 | 0.731 | 0.471 | 0.814 | 0.632 | 0.589 | 0.662 |
| 日均气温 | 0.620 | 0.832 | 0.491 | 0.739 | 0.510 | 0.453 | 0.446 | 0.460 |
| 降水量 | 0.528 | 0.506 | 0.829 | 0.488 | 0.746 | 0.707 | 0.658 | 0.745 |
| 有机质 | 0.456 | 0.519 | 0.511 | 0.722 | 0.575 | 0.537 | 0.579 | 0.515 |
| 碱解氮 | 0.561 | 0.455 | 0.805 | 0.566 | 0.532 | 0.889 | 0.990 | 0.836 |
| 速效磷 | 0.574 | 0.463 | 0.781 | 0.556 | 0.514 | 0.841 | 0.926 | 0.806 |
| 速效钾 | 0.452 | 0.575 | 0.598 | 0.595 | 0.483 | 0.617 | 0.661 | 0.595 |

### 3.1.3 讨论

在不同生态环境条件下，烤烟的形态性状存在明显差异，即在大营街的生态环境条件下，烤烟的生长状况最好，四街的形态性状最差。各试验点烤烟的茎高及上部叶叶面积组间差异都达到了极显著的水平。形态特征与生态因子的灰色关联分析表明，光照度、日平均气温和 UV-B 辐射对烤烟茎高和中部叶叶面积的影响较大。研究表明，随着光强减弱，烤烟株高有增加趋势，茎围则逐渐减小，节间变长（郑明等，2009；乔新荣等，2007a）。本试验得出的结论与之部分相反，自然环境中烤烟茎高和节间距以及叶面积，均与光照度呈正相关关系，这种差异可能与自然环境中生态因子作用的复杂性有关。灰色关联分析的结果也表明，除光照度外，日平均气温和 UV-B 辐射也是影响烤烟茎高和叶面积的主要因素。UV-B 辐射对植物形态存在负面影响，增强 UV-B 辐射常导致植物叶面积减少和植株矮化。叶片是对 UV-B 辐射增强表现较敏感的植物器官，为了适应 UV-B 增强，除了减少叶面积外，叶片厚度也会有所增加。增强 UV-B 辐射使植物激素活性改变和细胞分裂减缓，从而节间生长缩短导致了株高降低（刘兵等，2009）。对烤烟的研究结果表明，在自然环境条件下减弱 UV-B 辐射后，烤烟的株高、节间距和叶面积呈现增加的趋势（陈宗瑜等，2010b）。从烤烟形态指标测定的结果来看，大营街的生态环境条件对烤烟形态特征形成的优势较为有利。

类黄酮含量在各试验点间没有显著差异，小街丙二醛含量最高，并且与其余两地差异显著。与类黄酮、丙二醛含量关联度最大的生态因子分别是降水量和 UV-B 辐射。类黄酮是主要的紫外吸收物质，较强的 UV-B 辐射，可导致细胞膜脂过氧化，类黄酮含量增加可对植物细胞起保护作用。通常随 UV-B 辐射强度的增强，植物类黄酮含量增加（陈宗瑜等，2010b；梁滨和周青，2007；钟楚等，2010b）。本试验在三个不同 UV-B 辐射强度下，各地点烤烟的类黄酮含量却较为接近，并没有显著差异。灰色关联度排序表明，降水量与类黄酮的关联度远大于 UV-B 辐射。除了作为主要的紫外吸收物质外，类黄酮还是抗氧化物质，在水分胁迫时，植物类黄酮的含量增加以对自身起保护作用（李林芝等，2009）。丙二醛的含量变化与逆境胁迫有关，含量越高则细胞膜的损伤程度越高。本书中，UV-B 辐射与丙二醛含量的关联度最大，这表明在大田期前期和中期，UV-B 辐射对烤烟可能存在一定的胁迫作用。在三个试验点，烤烟丙二醛的含量随类黄酮含量增加而减少，与 UV-B 辐射强度呈正相关关系。而四街丙二醛含量最少，表明四街烟叶细胞膜受到的损伤低于大营街和小街，这或许是因为四街所含的类黄酮高于大营街和小街，同时受到的 UV-B 辐射强度也较低，所以细胞膜受到的伤害小。同样，小街丙二醛含量最高，则可能是因为小街 UV-B 辐射最强，并且具有保护作用的类黄酮含量较少，使得膜的损伤程度较大。

叶绿素 a/b 可反映光合作用的不同特性，通常在弱光下，叶绿素 a/b 较低（陈菊艳和杨远庆，2010），因此叶绿素 a/b 低可认为是对低光强的适应。而在三个试验点，叶绿素 a/b 并没有显著差异，这表明叶绿素对各地光强的适应性没有差异。类胡萝卜素可防止强光伤害，能对叶绿素起到保护作用，四街叶绿素/类胡萝卜素最小，并与其余两试验点有显著差异，由此可知，四街烤烟具有较好的光合色素保护能力。灰色关联分析表明，日照时数和降水量与叶绿素含量的关联度较大，土壤碱解氮、速效磷的含量可能是影响类胡萝卜素和可溶性蛋白的主要生态因子。充足的降水能够维持土壤含水量，土壤干旱会导致烤烟缺水，研究表明，干旱胁迫会降低叶绿素的含量（Nikolaeva et al.，2010；韩瑞宏等，2007），因此叶绿素的稳定性也被认为是对干旱耐受性的重要指标（Arunyanark et al.，2008）。日照数决定了植物接受光能的多少，充足的日照有利于物质的合成和个体的发育。如果日光不足，烤烟会出现细胞分裂慢、机械组织发育差、植株细软纤弱、叶肉变薄、干物质少、单位叶面积重量小等状况（刘国顺等，2007）。土壤中充足的氮和磷能为类胡萝卜素和可溶性蛋白的合成提供物质和能量基础。研究表明，适当提高施氮和施磷水平有利于类胡萝卜素含量增加（崔键也等，2006；Naeem et al.，2010），并且促进作物蛋白质的合成（王旭东等，2006；蔡剑等，2009）。

　　比较三个试验点烤烟光补偿点到光饱和点的光强范围可知，四街烟叶对光强的适应范围最广，大营街烟叶次之，小街烟叶最小。四街烟叶表观量子效率最低，表明它对弱光的利用能力不强，较为适应高光照度。小街烟叶暗呼吸速率最小，暗呼吸速率低更有利于光合产物的积累。水分利用效率是对光合作用能力的综合反映，它也能体现植物对环境的适应能力（闫海龙等，2010；何茜等，2010）。在 PAR $>800\mu mol \cdot m^{-2} \cdot s^{-1}$ 后，各试验点烟叶的水分利用效率随光强增加开始缓慢下降。WUE 同时受净光合速率和蒸腾速率的影响，净光合速率和蒸腾速率都随光强增加不断增加，可以认为水分利用效率降低是蒸腾速率的增加大于光合速率增加所造成的。蒸腾速率受到气孔导度的调节，即气孔导度也会对烟叶水分利用效率产生影响，这也使得各地烟叶对环境的适应能力产生了差异。对影响光合速率的生态因子进行关联度排序得知，土壤碱解氮、速效磷的含量，以及降水量是与光合速率关联度较大的生态因子。土壤充足的氮、磷含量能够促进叶片光合作用的进行。研究表明，叶片中糖类物质的不断积累会对光合作用产生抑制，而缺氮则会加剧这种抑制效应（Araya Takao et al.，2010），适当增施氮肥能够提高光合速率，延缓叶片衰老（孙虎等，2010；王东等，2007）。为植物提供充足的磷能够提高 $CO_2$ 的同化效率（Catherine et al.，2006）。降水量可通过改善土壤含水量和空气湿度对光合作用产生影响，土壤水分充足有利于气孔张开，蒸腾速率随之增加，净光合速率也增大。水分不足会影响气孔行为特征，最大净光合速率会随着干旱胁迫的加剧而降低（刘刚等，2010；孔德政等，2010）。

　　综上所述，云南特殊的气候类型及地形特点，使得即使在同一产烟区，烤烟种植的气象和土壤条件都会产生较大的差异。在同一产烟区的不同生态条件下，由于受到各生态因子或其综合效应的影响，烤烟 K326 形态特征及相关生理指标存在一定差异。对各主要的生态因子进行灰色关联排序，结果反映出不同生态因子对烤烟形态及相关生理指标的作用强度各不相同，就光合色素和光合速率而言，土壤碱解氮、速效磷含量和大田前中期的降水量是重要的影响因素。烤烟主要形态性状受气象条件的影响作用比受土壤条件的影响作用大。由于气象因子的不可调控性，在烤烟种植区划及管理中应当更重视水分条件。同时结果还表明，在该地区变异程度较大的 UV-B 辐射条件，与烤烟光合作用参数的关联度较低，低纬高原 UV-B 辐射对作物影响的研究还有待深入。

# 3.2　UV-B 辐射强度变化对烤烟光合生理和化学品质的影响

　　烟草（*Nicotiana tabacum* L.）是茄科一年生草本植物，广泛分布于世界各地。长期以来，人们将烟草作为一种模式植物，在 UV-B 辐射对植物影响的研究中对其进行了大量研究（Fujibe et al.，2000；Ries et al.，2000；Li et al.，2002；刘敏等，2007；Pandey and Baldwin，2008）。云南是重要的优质烟产区，是一个以低纬度高原山地为主的省份，地形和海拔高差各异，气候条件复杂多样（陈宗瑜，2001），研究表明，低纬度高原地区 UV-B 辐射亦存在与太阳总辐射类似的变化规律，整个云南烟区的太阳 UV-B 辐射较强，且随海拔增加呈规律性递增，具有明显的干雨季特征（周平和陈宗瑜，2008），紫外辐射对烤烟品质可能存在直接或间接的影响（颜侃等，2012）。研究和生产实践表明，生态因素是烟叶品质特点和风格区域特色形成的基础条件，对烟叶质量和风格形成具有重要作用（杨坤等，2011）。

烟草的生长发育对 UV-B 辐射敏感，且其敏感程度因与周围环境因子互作结果的不同而异（王毅等，2010；简少芬等，2011），因此在烟草种植的最适海拔范围内也存在着较宽的 UV-B 辐射强度范围。姚益群等（1988）认为，云南等低纬度、高海拔地区烤烟的类胡萝卜素及质体色素含量较高，是对太阳光中强烈的紫外光和高能量蓝紫光的一种保护性生理反应，可保护叶绿素分子和细胞膜系统。增强的 UV-B 辐射对烟草光合速率与蒸腾速率有较强的抑制作用，综合表现为 UV-B 辐射使光能转换成化学能的效率降低（纪鹏等，2009a）。近几年的研究发现，经紫外线处理后，烟草叶片中类胡萝卜素、叶绿素 a 与叶绿素 b 含量、叶绿素 a/b 均有所增高，很可能是烤烟对 UV-B 辐射增强适应的结果（刘敏等，2007），实际上是光合体系与抗氧化体系之间的动态平衡过程（董陈文华等，2009）。前期研究表明，烟草对 UV-B 辐射强度变化响应敏感，且较高的 UV-B 辐射可增强烟草对 UV-B 辐射的适应性（陈宗瑜等，2010b；钟楚等，2010b）。光合作用是烟叶品质形成的基础，在其他作物上的研究表明，UV-B 辐射可降低或提高作物品质（赵晓莉等，2004；周丽莉等，2008），但针对烟草的相关研究较少（黄勇等，2009），大田条件控制试验下有关 UV-B 辐射对烟草品质影响的研究尚未见报道。

本研究拟设置不同 UV-B 辐射强度和处理时间，在大田条件下，以人工补充较大范围的 UV-B 辐射强度方式，研究 UV-B 辐射对烟草品种 K326 光合生理及化学品质的影响，拟证明云南最适烟区较高的 UV-B 辐射强度，是导致云南清香型烤烟优于国内其他烟区的主要气候生态原因，为研究 UV-B 辐射对云南烤烟生长适应性及特殊风格形成提供科学依据。

## 3.2.1　材料与方法

### 3.2.1.1　试验概况

试验在云南省玉溪市红塔区烤烟科技示范园赵桅基地（102°29′E，24°18′N，海拔 1642m）进行，基地月平均温度为 16.0℃，年降水量为 931.2mm，日照时数为 2074.6h，其中烟草大田生长期（5～8 月）月平均气温为 20.7℃，降水量为 589mm，日照时数为 597.1h。试验地前茬作物为水稻，试验前土壤 pH 为 7.11，有机质为 15.31g·kg$^{-1}$，碱解氮为 67.5g·kg$^{-1}$，速效磷为 21.0g·kg$^{-1}$，速效钾为 32.3g·kg$^{-1}$。

供试烟草品种为 K326，包衣种子由玉溪市烟草公司提供，漂浮育苗。2009 年 5 月 8 日大田移栽，种植密度 16500 株·hm$^{-2}$（株行距 50cm×120cm）。按当地优质烟叶生产标准方式进行种植管理。每处理选生长健壮的 30 株作为处理样，于打顶后（7 月 15 日）开始进行 UV-B 辐射处理，并挂牌标记叶位（只计算有效叶片）。

### 3.2.1.2　处理设置

试验共设 5 个处理，其中 4 个处理设置在大棚内，通过加盖 Mylar 膜并在棚内用中心波长 312nm 的紫外灯管照射，达到控制设置的不同 UV-B 辐射强度的目的，以大棚外自然条件下生长的烤烟为对照（CK）。

大棚长 15m，宽 5m，顶部高 2.2m，两侧高 1.5m，在棚顶部及东西两侧离地面 1m 以上部分覆盖 0.04mm 厚度 Mylar 膜（SDI，USA，可特异滤除 315nm 以下的 UV 辐射），以保持棚内通风。覆膜后，棚内光照度（采用上海产 ZDS-10 型自动量程照度计观测）透过率达 90% 以上，而 UV-B 辐射强度（采用法国产 Radiometer 紫外辐射仪测定，波谱 295～395nm，中心波长 312nm）仅为自然环境下的 40%。通过调节紫外灯管（紫宝牌，上海惠光照明电器有限公司，功率 40W，辐射波长 280～320nm，中心波长 312nm）与烟株顶部的距离，控制 UV-B 辐射强度水平。

将云南境内太阳 UV-B 辐射随海拔的分布特征和 2008 年试验地 UV-B 辐射观测资料，作为设置各 UV-B 辐射强度处理水平的依据。以加盖 Mylar 膜后测得 UV-B 辐射强度平均值 $0.252\text{mW} \cdot \text{cm}^{-2}$（相当于海拔 600m 左右地区的 UV-B 辐射水平）作为处理 1，记作 $T_0$；以 2008 年 7 月 15 日～8 月 26 日烟草大田生长期内 UV-B 辐射强度的日平均值 $0.571\text{mW} \cdot \text{cm}^{-2}$（相当于海拔 1600m 地区的 UV-B 辐射水平）作为处理 2，记作 $T_2$；在 $T_2$ 基础上，按周平和陈宗瑜（2008）计算的低纬高原云南雨季（5～10 月）UV-B 辐射强度的海拔垂直递减率 $0.090\text{W} \cdot \text{m}^{-2} \cdot 100\text{m}^{-1}$，以 500m 为梯度，分别降低和增强 UV-B 辐射，获得 $0.526\text{mW} \cdot \text{cm}^{-2}$（$T_1$）和 $0.616\text{mW} \cdot \text{cm}^{-2}$（$T_3$）两个处理（分别相当于海拔 1100m 和 2100m 地区的 UV-B 辐射水平）。每日 9:00～16:00 进行 UV-B 辐射照射（阴雨天暂停）。各处理 UV-B 辐射平均强度（11:30～12:30）如表 3-8 所示。

**表 3-8　各处理 UV-B 辐射强度（$\text{mW} \cdot \text{cm}^{-2}$）**

| 处理 | 膜下 | 增补 | 设计值 | 实际值 |
|---|---|---|---|---|
| CK | — | — | — | 0.630 |
| $T_0$ | 0.209 | 0 | 0.209 | 0.252 |
| $T_1$ | 0.209 | 0.274 | 0.483 | 0.526 |
| $T_2$ | 0.209 | 0.319 | 0.528 | 0.571 |
| $T_3$ | 0.209 | 0.364 | 0.573 | 0.616 |

### 3.2.1.3　项目测定

#### 1. 光合气体交换参数

分别选 2009 年 7 月 15 日开始处理后的第 15 天、第 23 天和第 33 天典型晴天天气的上午 9:00～12:00，用 Li-6400 便携式光合作用测定系统（LI-COR，USA）测定不同处理 K326 中部第 12 叶位有效叶片的光合气体交换参数。测定项目包括净光合速率（$P_n$，$\mu\text{mol} \cdot \text{m}^{-2} \cdot \text{s}^{-1}$）、蒸腾速率（$T_r$，$\text{mmol} \cdot \text{m}^{-2} \cdot \text{s}^{-1}$）、气孔导度（$G_s$，$\text{mmol} \cdot \text{m}^{-2} \cdot \text{s}^{-1}$）、胞间 $CO_2$ 浓度（$C_i$，$\text{mmol} \cdot \text{mol}^{-1}$）、水分利用效率（WUE，$\mu\text{mol} \cdot \text{mmol}^{-1}$）$= P_n / T_r$。采用

开放式气路，叶室夹在叶片中部，光源由 Li-6400-02B LED 红蓝光源提供，PAR 强度设为 1200μmol・m$^{-2}$・s$^{-1}$，叶室温度设为 25℃，通过仪器上连接的水汽吸收管控制空气相对湿度在 60%～70%，气体流量 500μmol・s$^{-1}$。先用设定的光强诱导 10min 左右，待读数稳定后记录 5 组数值。测定过程中外界环境 CO$_2$ 浓度($C_a$)360～400μmol・mol$^{-1}$，棚外空气温度(25.6±0.1)℃，棚内气温(26±0.5)℃。每个处理每次测定 3 株，分别计算平均值。

### 2. 主要生理生化指标

在每个处理整个光合作用过程观测完成后，取下定位测定光合作用后的叶片，用保鲜盒低温保存，带回实验室进行相关生理生化指标的测定。

光合色素：采用无水乙醇－丙酮(1∶1，V/V)浸提比色法，取一定面积叶片剪碎后，放入 25ml 刻度试管中，以 25ml 浸提液在室温黑暗处浸提 24h，直至叶片完全变白，以 663nm、646nm 和 470nm 处吸光值计算叶绿素 a、叶绿素 b 和类胡萝卜素含量(mg・dm$^{-2}$)(邹琦，1995)。

光合色素自然降解速率(mg・dm$^{-2}$・d$^{-1}$)＝(第 15 天含量－第 23 天含量)/间隔天数。

丙二醛：采用硫代巴比妥酸(TBA)比色法(Hilal et al.，2008)。

类黄酮：采用 Negués 等(1998)的方法，并稍作调整。取一定面积的叶片，剪碎后置入 10ml 试管，加入 5ml 酸化甲醇溶液(甲醇∶盐酸＝99∶1，V/V)，盖上塞子在低温暗处浸提 24h 后，稀释 100 倍，在紫外分光光度计上测定 300nm 处吸光值，以 A$_{300}$・cm$^{-2}$ 表示其含量。

含水量和比叶重：采用鲜叶重与叶面积之比的方法(张志良等，2003)。

### 3. 烟叶主要化学成分

烟叶成熟后，每处理采集第 9～12 片有效叶片作为一个混合样，代表中部叶片，进行烘烤，烤好的烟叶储存备用。将烟叶干燥、粉碎，在红塔集团技术中心采用德国产全自动连续流动分析仪(SKALAR San++)，测定烟叶的烟碱、总糖、还原糖、总氮、钾、氯等含量。

### 4. 数据处理

每时段每处理用于分析的数值为 3 个独立样品的平均值，在 Microsoft Excel 2003 中采用可重复双因素方差分析方法进行分析，多重比较采用最小显著差法。

## 3.2.2　结果与分析

### 3.2.2.1　UV-B 辐射与烟叶光合气体交换参数

由表 3-9 可见，处理第 15 天时测定的烤烟叶片 $P_n$(净光合速率)与 UV-B 辐射强度间无明显关系，各处理 $P_n$ 无显著差异，说明此期 UV-B 辐射强度变化对 $P_n$ 无明显影响。但是，叶片 $P_n$ 随着烤烟生育进程逐渐降低(T$_3$ 除外)，即光合能力逐渐下降，CK 处理中叶片 $P_n$ 从 14.70μmol・m$^{-2}$・s$^{-1}$ 逐渐降至 8.72μmol・m$^{-2}$・s$^{-1}$，各处理均表现出相同的态势，但下降幅度各不同，因此导致第 23 天和第 33 天测定时处理间差异加大。对棚下 4 个处理比较可见，UV-B 辐射强度对 K326 的 $P_n$ 均有较大的影响，且二者正交互作用显著，表明随着 UV-B 辐射强度增加，UV-B 辐射的作用效应明显。处理第 15 天时 $T_0$ 的 $T_r$ 最大，且各处理间差异显著，第 33 天时 $T_3$ 的 $T_r$ 最大，各处理间的差异表现也较显著，即第 15 天和第 33 天测定时处理间差异加大，与 $P_n$ 相比，同样表现为 UV-B 辐射增强可提高叶片的蒸腾速率且辐射强度最高的 $T_3$ 处理叶片 $T_r$ 均最高。而第 23 天时 $T_r$ 与 UV-B 辐射强度间无明显关系，各处理 $T_r$ 无显著差异，说明此期 UV-B 辐射强度变化对 $T_r$ 无明显影响。但是，叶片 $T_r$ 随着烤烟生育进程先上升后下降，CK 处理中叶片 $T_r$ 从 $3.41\mu mol \cdot m^{-2} \cdot s^{-1}$ 上升到 $6.24\mu mol \cdot m^{-2} \cdot s^{-1}$ 后下降为 $4.14\mu mol \cdot m^{-2} \cdot s^{-1}$，各处理均表现出相同的态势，仅上升和下降的幅度不同。

第 23 天时 $G_s$（气孔导度）与 UV-B 辐射强度间无明显关系，各处理 $G_s$ 无显著差异，说明此期 UV-B 辐射强度变化对 $T_r$ 处 $G_s$ 无明显影响，但处理第 15 天和第 33 天时各处理间差异显著。随着烤烟生育进程推进，各处理叶片的 $G_s$ 也呈先上升后下降的变化趋势，但变化幅度不同。$G_s$ 在处理后第 15 天时最大值也出现在 $T_0$，第 33 天时最大值出现在 $T_3$。由此可见，$G_s$ 与 $T_r$ 的变化趋势非常相似。可以认为适当增强的 UV-B 辐射同样可提高叶片的气孔导度。

第 15 天时各处理 WUE（水分利用效率）差异显著，CK 最高，其次为 $T_2$，$T_0$ 最小，与 $T_0$、$T_1$ 和 $T_3$ 差异极显著；$T_2$ 与 $T_1$ 和 $T_3$ 差异显著，而与 CK 差异极显著。第 23 天时各处理 WUE 相对于第 15 天时均下降，但无显著差异。第 33 天时除 CK 的 WUE 较第 23 天略有上升外，其余处理均下降，CK 最高，其次为 $T_3$，$T_0$ 最低。$T_0$ 与 CK 差异极显著，与 $T_3$ 差异显著，$T_2$ 与 CK 差异显著。

表 3-9　不同 UV-B 辐射处理烟叶光合气体交换参数的比较

| | | CK | $T_0$ | $T_1$ | $T_2$ | $T_3$ |
|---|---|---|---|---|---|---|
| $P_n$/($\mu mol \cdot$ $m^{-2} \cdot s^{-1}$) | 15th day | 14.70±0.65ns | 12.85±0.31ns | 13.76±0.30ns | 14.37±1.62ns | 13.38±0.49ns |
| | 23th day | 12.93±1.15ABab | 10.08±0.89Bb | 13.02±0.76ABab | 12.35±1.01ABb | 15.44±1.02Aa |
| | 33th day | 8.72±0.55Bb | 6.22±0.62Bc | 7.37±0.37Bbc | 6.92±0.95Bbc | 12.74±0.32Aa |
| $T_r$/($mmol \cdot m^{-2}$ $\cdot s^{-1}$) | 15th day | 3.41±0.25Cb | 6.41±0.20Aa | 5.98±0.23Aa | 4.45±0.59BCb | 5.73±0.24ABa |
| | 23th day | 6.24±0.69ns | 6.69±0.20ns | 7.85±0.90ns | 7.25±1.15ns | 7.33±0.75ns |
| | 33th day | 4.14±0.22Bb | 4.80±0.22ABb | 4.40±0.18Bb | 4.53±0.48Bb | 6.75±0.83Aa |
| $G_s$/($mol \cdot m^{-2}$ $\cdot s^{-1}$) | 15th day | 0.31±0.01ABbc | 0.42±0.01Aa | 0.39±0.02ABab | 0.28±0.06Bc | 0.34±0.01ABabc |
| | 23th day | 0.34±0.07ns | 0.37±0.07ns | 0.44±0.04ns | 0.42±0.06ns | 0.43±0.06ns |
| | 33th day | 0.25±0.03Bb | 0.24±0.02Bb | 0.28±0.02ABb | 0.24±0.04Bb | 0.42±0.05Aa |
| $C_i$/($\mu mol \cdot$ $mol^{-1}$) | 15th day | 291.5±2.4ns | 289.0±9.0ns | 280.4±3.4ns | 280.3±12.0ns | 275.5±8.0ns |
| | 23th day | 285.9±10.2ns | 300.5±14.4ns | 294.5±2.9ns | 304.3±7.0ns | 285.1±9.7ns |
| | 33th day | 299.4±11.8Aab | 321.2±11.2Aa | 308.4±6.0Aab | 308.9±7.5Aab | 285.5±3.6Ab |
| WUE/($\mu mol \cdot$ $mmol^{-1}$) | 15th day | 4.39±0.48Aa | 2.01±0.11Cc | 2.31±0.09BCc | 3.27±0.33ABb | 2.33±0.03BCc |
| | 23th day | 2.09±0.14ns | 1.50±0.11ns | 1.72±0.28ns | 1.77±0.24ns | 2.14±0.22ns |
| | 33th day | 2.12±0.15Aa | 1.30±0.14Bc | 1.69±0.15ABabc | 1.53±0.12ABbc | 1.94±0.22ABab |

注：同列中小写字母和大写字母不同分别表示处理间在 $\alpha=0.05$ 和 $\alpha=0.01$ 水平上差异显著；ns 表示不显著；下同。

**表 3-10　不同 UV-B 辐射下烟叶光合色素含量分析（mg·dm$^{-2}$）**

| | | CK | $T_0$ | $T_1$ | $T_2$ | $T_3$ | 时间 | UV-B |
|---|---|---|---|---|---|---|---|---|
| 叶绿素 a | 15th day | 1.97±0.06Aa | 1.44±0.12Bb | 1.86±0.05Aa | 1.81±0.02ABa | 1.89±0.15Aa | | |
| | 23th day | 1.93±0.11Aa | 1.24±0.14Cc | 1.43±0.07BCc | 1.55±0.06ABCbc | 1.84±0.10ABab | 20.85** | 13.99** |
| | 33th day | 1.38±0.23ABb | 1.08±0.07Bb | 1.43±0.12Bb | 1.26±0.12ABb | 1.85±0.08Aa | | |
| 叶绿素 b | 15th day | 0.72±0.01Aa | 0.53±0.05Bb | 0.71±0.02Aa | 0.67±0.01ABb | 0.70±0.04Aa | | |
| | 23th day | 0.64±0.01ABab | 0.48±0.06Bc | 0.53±0.03ABbc | 0.56±0.02ABbc | 0.69±0.04Aa | 15.35** | 11.07** |
| | 33th day | 0.54±0.09ABab | 0.40±0.04Bb | 0.42±0.04Bb | 0.48±0.06ABb | 0.70±0.06Aa | | |
| 类胡萝卜素 | 15th day | 0.49±0.02Aa | 0.38±0.03Bb | 0.46±0.01Ba | 0.45±0.01ABa | 0.47±0.02Aa | | |
| | 23th day | 0.49±0.02Aa | 0.32±0.03Cc | 0.34±0.02Cc | 0.38±0.00BCbc | 0.44±0.02ABab | 17.44** | 12.86** |
| | 33th day | 0.38±0.07Aab | 0.29±0.03Ab | 0.32±0.01Ab | 0.34±0.01Aab | 0.44±0.01Aa | | |

注：** 表示极显著。

### 3.2.2.2　UV-B 辐射与烟叶光合色素含量

表 3-10 表明，对于不同的处理，UV-B 辐射对 K326 叶绿素和类胡萝卜素含量均有显著影响。第 15 天时 $T_0$ 处理叶绿素 a 含量最低，与 CK、$T_1$ 和 $T_3$ 差异极显著。第 23 天时各处理叶绿素 a 含量均低于 CK，且随着 UV-B 辐射增强，叶绿素 a 含量逐渐上升，$T_0$ 与 $T_3$ 和 CK、$T_1$ 与 CK 的差异极显著。第 33 天时，$T_3$ 仍有较高的叶绿素 a 含量，与其余处理差异显著，与 $T_0$ 和 $T_1$ 差异极显著。叶绿素 b 含量变化与叶绿素 a 相似，第 15 天时 $T_0$ 和 $T_2$ 叶绿素 b 含量显著低于其他处理，$T_0$ 与 CK、$T_1$ 和 $T_3$ 差异极显著。第 23 天时 $T_0$ 叶绿素 b 含量最低，与 CK 和 $T_3$ 差异显著，其中与 $T_3$ 的差异极显著。第 33 天时 $T_0$、$T_1$、$T_2$ 叶绿素 b 含量均显著低于 $T_3$，但仅 $T_0$ 和 $T_1$ 与 $T_3$ 差异极显著。

各时段类胡萝卜素含量均以 CK 和 $T_3$ 较高，且在控制条件下，随着 UV-B 辐射增强，类胡萝卜素含量逐渐升高。第 15 天时 $T_0$ 类胡萝卜素含量最低，与其他处理差异显著，与 CK 和 $T_3$ 差异达极显著。第 23 天时 $T_0$ 和 $T_1$ 与 CK 和 $T_3$ 差异极显著，$T_2$ 与 CK 差异极显著。第 33 天时 $T_0$ 和 $T_1$ 与 $T_3$ 差异显著。

分析各处理光合色素的自然降解速率可以看出（表 3-11），除 $T_3$ 外，其他处理叶绿素 a 的降解速率达 0.020～0.033mg·dm$^{-2}$·d$^{-1}$，各处理表现为 CK>$T_2$>$T_1$>$T_0$>$T_3$，$T_3$ 的降解速率仅 0.002mg·dm$^{-2}$·d$^{-1}$。$T_3$ 叶绿素 b 的降解速率几乎为 0，类胡萝卜素的降解速率仅 0.002mg·dm$^{-2}$·d$^{-1}$，各处理叶绿素 b 和类胡萝卜素的降解速率表现为 $T_1$>$T_2$>CK>$T_0$>$T_3$。研究说明，随时间变化 $T_3$ 处理的 UV-B 辐射水平对促进光合色素的形成和积累有利。

**表 3-11　UV-B 辐射对光合色素降解速率的影响（mg·dm$^{-2}$·d$^{-1}$）**

| 处理 | 叶绿素 a | 叶绿素 b | 类胡萝卜素 |
|---|---|---|---|
| CK | 0.033 | 0.010 | 0.006 |
| $T_0$ | 0.020 | 0.007 | 0.005 |

| 处理 | 叶绿素 a | 叶绿素 b | 类胡萝卜素 |
| --- | --- | --- | --- |
| $T_1$ | 0.024 | 0.016 | 0.008 |
| $T_2$ | 0.031 | 0.011 | 0.007 |
| $T_3$ | 0.002 | 0.000 | 0.002 |

### 3.2.2.3　UV-B 辐射与烟叶类黄酮和丙二醛含量

由表 3-12 可见，各处理时段，CK 类黄酮含量均较其他处理高，第 15 天和第 33 天时，处理间类黄酮含量差异不显著，第 23 天时 $T_3$ 处理类黄酮含量最低，仅 19.77$A_{300}$·$cm^{-2}$，与 CK 和 $T_1$ 差异显著。各处理间丙二醛含量在第 15 天和第 23 天时差异显著，而到第 33 天时各处理间无显著差异。第 15 天时，CK 丙二醛含量最高，$T_3$ 最低，二者差异显著；第 23 天时，CK 丙二醛含量最高，而 $T_1$ 较低，二者差异显著。表明处理时间和 UV-B 辐射强度对类黄酮和丙二醛含量均有极显著或显著影响，但二者的交互作用不显著。$T_3$ 处理类黄酮含量随处理时间延长而先下降后上升，其余处理则表现出持续下降趋势。所有处理的丙二醛含量在第 23 天时较大，其次是第 33 天时，第 15 天时丙二醛含量最低。

**表 3-12　不同 UV-B 辐射下烟叶类黄酮、丙二醛含量和比叶重分析**

| | | CK | $T_0$ | $T_1$ | $T_2$ | $T_3$ | 时间 | UV-B | 时间× UV-B |
| --- | --- | --- | --- | --- | --- | --- | --- | --- | --- |
| 类黄酮/ ($A_{300}$·$cm^{-2}$) | 15th day | 41.10± 3.86ns | 34.46± 1.41ns | 39.22± 4.16ns | 35.83± 3.53ns | 31.45± 3.10ns | | | |
| | 23th day | 26.93± 1.15Aa | 23.78± 2.07Aab | 25.80± 0.76Aa | 24.25± 2.63Aab | 19.77± 1.27Ab | 41.90** | 3.10* | 0.71ns |
| | 33th day | 26.74± 2.31ns | 24.25± 0.42ns | 25.99± 2.27ns | 22.08± 1.32ns | 25.71± 1.13ns | | | |
| 丙二醛/ (nmol·$cm^{-2}$) | 15th day | 2.81± 0.20Aab | 3.37± 0.36Aa | 2.64± 0.17Aab | 3.08± 0.19Aab | 2.50± 0.37Ab | | | |
| | 23th day | 4.96± 0.27Aa | 4.58± 0.12Aab | 3.92± 0.29Ab | 4.75± 0.23Aab | 4.30± 0.37Aab | 47.16** | 3.28* | 0.72ns |
| | 33th day | 4.09± 0.12ns | 3.81± 0.14ns | 3.63± 0.33ns | 4.00± 0.06ns | 3.64± 0.42ns | | | |
| 比叶重/ (mg·$cm^{-2}$) | 15th day | 5.53± 0.24ns | 5.95± 0.58ns | 5.06± 0.15ns | 5.44± 0.69ns | 5.00± 0.53ns | | | |
| | 23th day | 6.52± 0.41ns | 6.61± 0.53ns | 6.42± 0.25ns | 5.71± 0.21ns | 5.74± 0.23ns | 7.79** | 3.10* | 1.00ns |
| | 33th day | 6.04± 0.52Aab | 7.55± 0.17Aa | 6.73± 0.49Aab | 7.13± 0.85Aa | 5.29± 0.58Ab | | | |

表 3-12 表明，第 15 天时和第 23 天时 CK 与各处理间差异均不显著，而第 33 天时处理间差异显著，除 CK 和 $T_3$ 以第 23 天时较大外，其余处理则表现为随着处理天数的增加，呈现比叶重逐渐增大的趋势。在 3 个时段中，与各处理相比，尤以 $T_0$ 的数值最大，达 7.55mg·$cm^{-2}$。

### 3.2.2.4　UV-B 辐射与烟叶主要化学成分

由表 3-13 可见，不同 UV-B 辐射对烤烟叶片各化学成分的影响趋势不同。随着 UV-B 辐射增强，烟碱和总氮含量逐渐上升，$T_3$ 处理下含量最高。总糖和还原糖含量随着 UV-B 辐射增强呈先上升后下降的趋势，在 $T_1$ 下达最大值，$T_3$ 最小。钾含量在 CK 处理下较高，$T_1$、$T_2$、$T_3$ 烟叶钾含量一致且均低于 CK。$T_0$、$T_1$ 和 $T_2$ 烟叶氯含量均大于 0.8%，而 $T_3$ 烟叶氯含量最低，仅 0.58%。

UV-B 辐射处理后，烟叶化学成分的变化也会导致糖/碱、氮/碱和钾/氯的变化。随着 UV-B 辐射增强，糖/碱由 $T_0$ 的 17.62 逐渐下降至 $T_3$ 的 11.66。增强 UV-B 辐射使氮/碱下降不明显，仅变化 0.06。$T_0$、$T_1$、$T_2$ 随 UV-B 辐射增强，钾/氯逐渐下降，变化为 1.62~1.39，$T_3$ 处理下烟叶钾/氯反而又增加，达 2.13。

**表 3-13　不同 UV-B 辐射下烟叶主要化学成分**

| 处理 | 烟碱/% | 总糖/% | 还原糖/% | 总氮/% | 钾/% | 氯/% | 糖/碱 | 氮/碱 | 钾/氯 |
|---|---|---|---|---|---|---|---|---|---|
| CK | 2.79 | 38.37 | 32.59 | 1.75 | 1.52 | 0.68 | 13.75 | 0.63 | 2.23 |
| $T_0$ | 2.29 | 40.28 | 32.58 | 1.44 | 1.42 | 0.88 | 17.62 | 0.63 | 1.62 |
| $T_1$ | 2.74 | 42.13 | 32.83 | 1.63 | 1.24 | 0.81 | 15.39 | 0.59 | 1.53 |
| $T_2$ | 3.12 | 41.16 | 32.00 | 1.77 | 1.24 | 0.89 | 13.21 | 0.57 | 1.39 |
| $T_3$ | 3.33 | 38.80 | 28.53 | 1.89 | 1.24 | 0.58 | 11.66 | 0.57 | 2.13 |

## 3.2.3　讨论

UV-B 辐射通常降低植物的光合作用（周党卫等，2002），而本试验结果表明，$T_3$ 在处理第 23 天和第 33 天时烟叶 $P_n$ 明显高于其他处理，尤其是第 33 天时，其 $P_n$ 分别是 $T_1$ 和 $T_2$ 的 1.73 倍和 1.84 倍，甚至达 $T_0$ 的 2 倍以上，说明适量的 UV-B 辐射强度可提高 K326 的光合作用能力并可延缓光合作用的衰退，这与周新明等（2007）对酿酒葡萄的研究结论相似。还有研究认为，UV-B 辐射对植物光合作用的影响存在时间和剂量效应，表现为处理时间越长、UV-B 辐射越强则对光合作用的伤害越大（周新明等，2007；刘丽丽等，2010）。而本试验分析结果则表明，3 次观测的 UV-B 辐射增强处理中叶片 $P_n$ 均高于 $T_0$ 处理，说明 UV-B 辐射增强可提高叶片的净光合速率且辐射强度最高的处理 $T_3$ 叶片 $P_n$ 均最高，但其增强速率并不与强度增加成正比，即强度增加而影响 $P_n$ 的变化还与其他生理过程的表现密切相关。可以认为，光合作用的强弱一方面取决于植物可获取原料（$CO_2$）的多少，另一方面取决于自身的羧化能力。较大的 $G_s$ 可增加进入叶片内部的 $CO_2$ 量，为光合作用提供更多的原料。但 UV-B 辐射影响 $P_n$ 的直接原因不是 $G_s$，而是光合羧化酶含量和活性（Allen et al.，1998）。光合羧化能力强，消耗的 $CO_2$ 多，则 $C_i$ 越小。结合 $P_n$、$G_s$ 和 $C_i$ 三者分析可以看出，$T_0$ 条件下尽管在第 15 天时和第 23 天时 $G_s$ 都较高，但 $C_i$ 也高，而且在第 33 天时 $C_i$ 积累明显增多。$T_3$ 则不同，其 $G_s$ 始终都较高，但 $C_i$ 却一直处于最低水平，表明 CK 和 $T_3$ 羧化能力存在较大差别，$T_1$ 和 $T_2$ 羧化能力则处于 $T_0$ 和 $T_3$ 之间的水平，即 $T_0$ 和 $T_3$ 羧化能力存在较大差别，$T_1$ 和 $T_2$ 羧化能力则处于 $T_0$ 和 $T_3$ 之间，说明适当较高的 UV-B 辐射可促进并维持烟叶的羧化能力，从而达到提高烟叶光合作用水平。

叶绿素是光合作用进行的物质基础，UV-B 辐射引起的叶绿素的变化也是影响光合作用的一个重要原因。$T_0 \sim T_3$ 随 UV-B 辐射增强，叶绿素 a、b 含量增加，与刘敏等（2007）报道的结论一致，且 $T_3$ 条件下叶绿素 a、b 的降解速率明显低于其他处理。各处理在第 15 天时叶绿素含量差异相对较小，而第 23 天和第 33 天时差异较大，与 $P_n$ 一致，说明较高 UV-B 辐射强度可提高并维持叶绿素含量，从而增加对光能的吸收并提高 $P_n$。类胡萝卜素含量通常随 UV-B 辐射增强而增加，不仅具有耗散过剩能量、保护叶绿素不被降解的作用，还可清除由 UV-B 辐射诱导产生的过量活性氧（Yang Y et al.，2008）。试验中也观察到随 UV-B 辐射增强而类胡萝卜素含量增加，与前人（钟楚等，2010a）的观点吻合，这是对强烈紫外线的一种适应，且这种反应在处理时间较长时更明显。类胡萝卜素不仅对光合机构具有保护作用，也是多种香气物质的前提，较高的类胡萝卜素含量对提高烟叶品质有利，这也是低纬高原地区烟叶品质较好的一个重要原因。

类黄酮是植物体内对 UV-B 辐射响应最普遍的非酶类保护物质之一，对过滤 UV-B 辐射、清除植物体内活性氧（ROS）有重要作用，通常与植物体内其他保护系统之间存在协同或互补作用（梁滨和周青，2007），各处理类黄酮含量在 CK 和 $T_1$ 条件下较高，而 $T_2$ 和 $T_3$ 类黄酮含量下降，与在大多数植物上报道的随 UV-B 辐射增强类黄酮含量增加的规律相反，其间差异有待深入研究。丙二醛是衡量植物细胞膜系统受到膜脂过氧化伤害程度的重要指标之一。总体上除第 23 天时各处理丙二醛含量较大外，其他处理其含量较低且变化规律不明显，表明不同 UV-B 辐射强度对烟叶细胞膜系统伤害不明显。比叶重（LMA）是对烟叶长期光合能力强弱的有效衡量指标。LMA 较高的烤烟，其物质积累的能力更强，即同化能力更强。增强 UV-B 辐射下，通常叶片厚度增加，表现为 LMA 增大，较大的 LMA 可改善单位面积的光合速率（师生波等，2001）。本试验中，处理第 15 天和第 23 天时并未对 K326 的 LMA 造成显著影响。结果表明，在 UV-B 辐射单一因子影响下，当 UV-B 辐射较高时，不利于物质的积累。但从光合作用、光合色素及最终化学品质来看，LMA 的降低对烟叶光合和品质造成的影响不大。

提高水分利用和管理能力可提高植物对环境的适应，WUE 即是衡量植物这种能力的一个稳定指标。UV-B 辐射降低或提高植物的 WUE 与植物种类有关（尹聪和周青，2009；陈兰和张守仁，2006）。试验结果表明，随 UV-B 辐射增强，烟叶 WUE 有逐渐提高的趋势（第 15 天时 $T_3$ 除外），说明较高的 WUE 是烟草提高对 UV-B 辐射适应能力的一个重要途径。UV-B 辐射对碳同化过程和气孔导度的影响是引起 WUE 变化的主要原因，即 WUE 取决于 $P_n$ 和 $T_r$ 的变化。分析不同时期各处理 $P_n$ 和 $T_r$ 的差异可以发现，第 15 天时低 UV-B 辐射下 WUE 较低主要是由于 $G_s$ 较大，使 $T_r$ 增大所致。第 23 天时 CK、$T_1$ 和 $T_2$ 的 WUE 主要受 $T_r$ 控制，但 $T_0$ WUE 低则主要是其 $P_n$ 较低，而 $T_3$ 维持较高的 WUE 则主要依靠其较高的 $P_n$。第 33 天时，CK 较高的 $P_n$ 和较低的 $T_r$ 是其 WUE 较高的原因，而 $T_0$、$T_1$ 和 $T_2$ 则恰好与 CK 相反，但 $T_3$ 较高的 WUE 仍是因为其具有显著高于其他处理的 $P_n$。

黄勇等（2009）研究表明，UV-B 辐射处理使 K326 幼苗叶片总糖、还原糖和烟碱含量下降，且下降幅度与辐射强度正相关。本试验结果则不同，烟碱含量与总氮变化一致，随 UV-B 辐射增强而逐渐增加，总糖和还原糖则有逐渐下降的趋势。从以上 4 种化学成分变化可以看出，UV-B 辐射对烟叶中氮（烟碱、总氮）、碳（总糖、还原糖）代谢的作用方向相反，高强度的 UV-B 辐射促进碳化合物的降解。在相同的栽培管理措施下，烟叶钾和氯含量主要取决于土壤特性和植株的吸收积累。$T_1 \sim T_3$ 烟叶钾含量没有发生变化，但氯含量在 $T_3$ 条件下降低明显，说明 UV-B 辐射增强对烟草钾的吸收和积累没有影响，但可减少对氯的吸收和积累。

　　UV-B 辐射对烟叶化学成分的影响最终体现在品质的差异上。评价烟叶化学品质的方法和指标很多（Qaderi et al.，2007），一般地，总氮在 1.5％~2.3％、烟碱在 2％左右、氮/碱在 0.8~0.9、糖/碱接近 10、氯<1％、钾/氯≥4 的烟叶品质较好。可以看出，除 $T_0$ 外随着不同处理 UV-B 辐射强度的增强，烟碱和总氮有逐渐增加的趋势，尤以 $T_3$ 的值最大。综合分析各处理烟叶化学成分的分布范围可以看出，$T_3$ 还原糖含量最低，总氮含量最高，氯含量最低，糖/碱最小，接近 10，钾/氯较高，总体上化学成分较其他处理协调。$T_0$ 虽然烟碱含量接近最适的 2％，但糖、氯含量和糖/碱都较高，而总氮含量最低，钾/氯也不高，总体上化学成分的协调性差，$T_1$ 和 $T_2$ 则介于 $T_0$ 和 $T_3$ 之间。

　　通过研究可以看出，适当增强的 UV-B 辐射可提高叶片的光合作用水平。UV-B 辐射强度对 K326 的 $P_n$ 均有较大影响，UV-B 辐射增强可提高叶片的蒸腾速率，$G_s$ 与 $T_r$ 的变化趋势非常相似，随着各处理的 UV-B 辐射强度增加，UV-B 辐射的作用效应越明显。可以认为，在设置的四个 UV-B 辐射模拟强度范围内，适当较高的 UV-B 辐射强度可提高并维持叶绿素和类胡萝卜素含量和 WUE 水平，从而增加对光能的吸收并提高 $P_n$。从光合作用过程、光合色素含量变化及最终化学品质来看，在设置的四个 UV-B 辐射模拟强度范围内，除 $T_0$ 外随着不同处理 UV-B 辐射强度的增强，烟碱和总氮有逐渐增加的趋势，地处低纬高原的云南烟区，在烤烟种植的主要的大田生长期内，气候资源除具有气温和降雨等气候要素的良好配置外，UV-B 辐射与其他环境因子的交互作用可增强植物对各种因子的抗性，适应能力也更强（王瑞新，2003；郑有飞等，2007），即适量的 UV-B 辐射可促进烟叶化学成分的协调性，最终可提高烟叶化学品质。

# 第 4 章 烤烟种植对减弱 UV-B 辐射的响应

## 4.1 烟草（*Nicotiana tabacum* L.）形态和光合生理对减弱 UV-B 辐射的响应

减弱 UV-B 辐射为研究自然环境中 UV-B 辐射水平对植物或生态系统的影响提供了一种较好的方法。两极和高海拔地区是对大气臭氧层衰减导致的 UV-B 辐射增强最为敏感的地区，通过减弱 UV-B 辐射试验已经证实，两极自然环境下的 UV-B 辐射已经对植物产生了负面影响（Albert et al.，2008；Ruhland and Day，2000）；阿根廷中纬度地区生态系统中凋落物的降解也已受到近地表强太阳 UV-B 辐射的影响（Pancotto et al.，2005）；在低纬度高原的云南昆明，目前太阳 UV-B 辐射水平已对荞麦生长和生物量的积累产生了抑制效应（Yao et al.，2006）；即使在沿海低海拔地区的南京，近地表 UV-B 辐射也已经对小麦产生了一定的胁迫效应（何都良等，2003）。

海拔是对近地面太阳 UV-B 辐射有显著影响并造成植物生态适应性发生变化的重要地理因子（Spitaler et al.，2008）。高海拔地区植物常年接受强烈的紫外线照射，必然产生许多有效的防御措施，紫外辐射也可能参与植物的生长代谢及进化过程。云南地处我国西南低纬度高原地区，平均海拔为 2000m 左右，辐射资源丰富。由于气候和地形复杂多变，紫外辐射呈规律的季节性和地带性变化（周平和陈宗瑜，2008）。笔者前期在云南海拔 631～2393m 地区分析了随海拔变化的 UV-B 辐射对云南报春花生理特征的影响，发现报春花生理生化特征的变化与 UV-B 辐射存在一定的关系（訾先能等，2006；古今等，2006；罗丽琼等，2008）。低纬度高原的云贵地区也是我国海拔最高的植烟区，目前普遍认为，海拔是影响烟叶化学成分的重要综合性生态因子。在云南和贵州的研究都表明，海拔与总糖、还原糖含量呈正相关（$P<0.05$），与烟碱和总氮含量呈负相关，但最适宜烟草生长的海拔存在一定差异（王世英等，2007；李洪勋，2008）。长期以来，在该地区气候要素及海拔对烟草生长和品质的影响及在烟草种植区划的众多研究中，与海拔梯度有显著关系的紫外辐射强度变化对烟草种植，尤其对质量形成可能的影响机理等方面的研究未得到足够重视。

本书研究选取云南较高海拔烟草种植最适宜区的通海县为试验点，通过设置不同程度减弱 UV-B 辐射处理，主要从烟草外部形态特征和光合生理两个方面，研究烟草品种 K326 不同生长时期对 UV-B 辐射响应的差异。为认识 UV-B 辐射在烟草生长发育和光合作用中的作用，完善低纬度高原地区烟草种植生态适应性评价指标体系的建立提供一定的理论参考。

### 4.1.1　材料与方法

#### 4.1.1.1　试验地概况与土壤特性

试验在云南省玉溪市通海县($24°09'$N，$102°42'$E，海拔 1805m)进行，该地气候温和、雨量充沛，属中亚热带湿润凉冬高原季风气候。烤烟大田主要生长期(5～8 月)正值云南地区的雨季，通海县历年和 2009 年 5～8 月主要气候要素平均值如表 4-1 所示。试验地为菜地，轻壤土，试验前土壤 pH 为 6.26，有机质为 21.03g·$kg^{-1}$，碱解氮为 229.0mg·$kg^{-1}$，速效磷为 96.5mg·$kg^{-1}$，速效钾为 67.2mg·$kg^{-1}$。

**表 4-1　通海县烤烟大田生长期历年和 2009 年 5～8 月主要气候因子**

| 年份 | 月份 | 平均气温/℃ | 降水量/mm | 日照时数/h |
|---|---|---|---|---|
| 历年 | 5 | 19.9 | 84.0 | 224.9 |
| | 6 | 19.9 | 127.5 | 144.0 |
| | 7 | 20.0 | 161.7 | 150.0 |
| | 8 | 19.3 | 183.2 | 150.6 |
| 2009 | 5 | 19.7 | 43.0 | 220.0 |
| | 6 | 20.7 | 229.0 | 143.0 |
| | 7 | 19.9 | 115.0 | 151.0 |
| | 8 | 20.3 | 106.0 | 164.0 |

#### 4.1.1.2　试验材料与处理

烟草品种为 K326，包衣种子，漂浮育苗，2009 年 4 月 30 日移栽，大田种植，种植密度为 16500 株·$hm^{-2}$。试验设置 3 个减弱 UV-B 辐射处理，于移栽后 45d(5 月 15 日)烟苗进入旺长期后开始处理。每处理搭建长 20m、宽 5m、顶部高 2.2m、边缘高 1.5m 的大棚，仅顶部和东西两侧 1m 以上部分盖膜，以利于棚内通风。处理 1($T_1$)和处理 2($T_2$)分别覆盖不同厚度的聚乙烯薄膜，处理 3($T_3$)覆盖麦拉膜(Mylar，SDI，USA)，可以不同程度地减弱 UV-B 辐射。经测定(纪鹏等，2009a)，各处理的平均 UV-B 辐射强度分别为外界的 75.74％($T_1$)、70.08％($T_2$)和 30.39％($T_3$)，即试验期间正午前后太阳 UV-$B_{312}$ 辐射强度平均值分别为 0.257mW·$cm^{-2}$、0.238mW·$cm^{-2}$和 0.103mW·$cm^{-2}$，各处理光照度透过率为全光照的($81\pm2$)％。另设一不盖膜处理作为对照(CK)。按优质烟叶生产技术规范对 K326 进行管理，待叶位可辨别后，选取第 12 片(从下往上数)有效叶(具有烘烤价值的叶片)挂牌标记，测定各项指标。

#### 4.1.1.3　测定项目和方法

**1. UV-B 辐射和光照度观测**

自然环境中太阳 UV-B 辐射(mW·$cm^{-2}$)，采用法国产 Radiometer 紫外辐射仪，波谱为 295～395nm，中心波长 312nm；光照度(lx)，采用上海嘉定学联仪表厂生产的

ZDS-10 型自动量程照度计。逐日观测于 2009 年 5 月 18 日开始，每天 11:30～12:30 在室外空地同步进行，至 8 月 26 日结束。观测时连续记录 5 组值，求其平均值，同时记录当时天气和天空云层状况。各处理的 UV-B 辐射和光照度透过率(％)以晴天一天中 9:30～16:00 每半小时同时测定的各处理棚内烟株顶部和棚外相同高度的 UV-B 辐射和光照度计算的透过率平均值表示(图 4-1)。

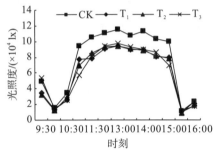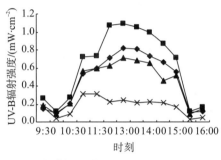

图 4-1　晴天各处理光照度和 UV-B 辐射日变化

## 2. 农艺性状调查

于打顶后(7 月下旬)对各个处理烟株进行农艺性状测定，包括茎高(茎与地表接触处至第 18 片叶叶柄之间的茎长)、茎围(第 12 片叶叶腋处周长)、节间距、第 12 片叶叶长、叶宽等。参照中国烟草行业标准《烟草农艺性状调查方法》(YC/T 142−1998)计算叶面积，即叶面积($cm^2$)＝叶长×叶宽×0.6345。每次处理随机选取有代表性的植株 10 株进行测定，取平均值。

## 3. 光合气体交换参数测定

待第 12 片叶完全展开后，用 Li-6400 便携式光合作用测定系统(LI-COR，USA)分别于采烤前选典型无雨日天气(昙天)于 9:00～12:00 测定各处理标记叶片的光合气体交换参数，测定时间为 2009 年 8 月 5 日、13 日和 20 日前后，分别代表 K326 叶片自生理成熟过渡至工艺成熟的 3 个不同时期，测定参数包括净光合速率($P_n$，$\mu mol \cdot m^{-2} \cdot s^{-1} CO_2$)、蒸腾速率($T_r$，$\mu mol \cdot m^{-2} \cdot s^{-1} H_2O$)、气孔导度($G_s$，$\mu mol \cdot m^{-2} \cdot s^{-1}$)、胞间 $CO_2$ 浓度($C_i$，$\mu mol \cdot m^{-2} \cdot s^{-1}$)等。水分利用效率(WUE)＝$P_n/T_r$；内在水分利用效率(IWUE)＝$P_n/G_s$；气孔限制值($L_s$)＝$1-C_i/C_a$；同化能力(AC)＝$P_n/C_i$(Zhao et al.，2004)。测定时，采用开放式气路，光源为 LI-6400-02B LED 红蓝光源，设置 PAR＝1200$\mu mol \cdot m^{-2} \cdot s^{-1}$，叶室温度为 25℃，气体流量为 500$\mu mol \cdot s^{-1}$，控制叶室空气相对湿度(RH)在 60％～70％。测定时仪器记录的外界大气 $CO_2$ 浓度($C_a$)为 350～390$\mu mol \cdot mol^{-1}$，各处理(包括 CK)空气温度为(26±0.5)℃。每次处理重复测定 3 或 4 株，每株记录 5 组数据，取平均值。

## 4. 主要生理生化指标测定

取测定光合作用的叶片，用低温保鲜盒保存并带回实验室，用于光合色素、类黄酮及比叶重等的测定。光合色素含量采用无水乙醇−丙酮(1：1，$V：V$)浸提比色法(邹琦，

1995)测定，在 7200-2000 型分光光度计上测定浸提液在 663nm、646nm 和 470nm 处的光吸收值，计算叶绿素 a、叶绿素 b 和类胡萝卜素含量，以单位叶面积计($mg \cdot dm^{-2}$)。类黄酮含量参考 Nogués 等(1998)的方法测定，稍作改动：取一定面积的叶片，剪碎后加入 5ml 酸化甲醇(盐酸：甲醇＝1：99，$V：V$)，在低温($0\sim4℃$)黑暗中浸提 24h，以单位面积叶片 300nm 处吸光值表示紫外吸收物质含量($A_{300} \cdot cm^{-2}$)。比叶重(LMA)：避开粗叶脉均匀地在叶片上取一定面积的叶圆片，迅速称鲜质量后在烘箱中 70℃ 左右烘干至恒量，称其干物质量，LMA＝干物质量÷叶面积。

### 4.1.1.4 数据处理

采用 SPSS 17.0 统计分析软件进行数据处理，采用单因素方差分析(One-way ANOVA)及多重比较(LSD)进行处理间差异显著性检验(显著水平 $P<0.05$)，所有数值以平均值±标准误(Mean±SE)表示。

## 4.1.2 结果与分析

### 4.1.2.1 UV-B 辐射对烟草主要农艺性状的影响

分析表明(表 4-2)，减弱 UV-B 辐射显著增加了 K326 茎高和节间距，且随 UV-B 辐射增强，茎高和节间距先上升后下降，并在 $T_2$ 处理下达到最大值，茎高和节间距分别为 92.70cm 和 6.61cm。各减弱 UV-B 辐射处理中，茎高 $T_2>T_1>T_3$，处理间差异不显著，而节间距 $T_2>T_3>T_1$，处理间差异显著。$T_1$ 和 $T_2$ 茎围增大，且 $T_1>T_2$，$T_3$ 反而减小，但处理间差异不显著。处理间叶长、叶宽和叶面积差异也不显著。

表 4-2 UV-B 辐射对烟草主要农艺性状的影响

| 处理 | 茎高/cm | 茎围/cm | 节间距/cm | 叶长/cm | 叶宽/cm | 叶面积/cm² |
|---|---|---|---|---|---|---|
| CK | 75.20±1.33b | 7.50±0.15a | 4.77±0.15d | 68.00±1.48a | 22.40±0.87a | 972.97±54.39a |
| $T_1$ | 91.90±1.52a | 7.76±0.17a | 5.60±0.15c | 66.30±1.04a | 22.70±0.54a | 954.59±26.04a |
| $T_2$ | 92.70±2.29a | 7.70±0.17a | 6.61±0.18a | 67.10±1.27a | 22.90±0.59a | 977.00±38.22a |
| $T_3$ | 87.90±1.72a | 7.40±0.15a | 6.11±0.15b | 66.80±1.38a | 22.25±0.82a | 946.77±49.39a |

注：同列中不同字母表示处理间差异显著($P<0.05$)。

### 4.1.2.2 UV-B 辐射对烟草光合作用的影响

**1. 净光合速率和同化能力**

UV-B 辐射对 K326 的 $P_n$ 有显著影响(图 4-2)。生理成熟期(PM)和工艺成熟期(TM)减弱 UV-B 辐射降低了 $P_n$，而过渡期(TP)$T_1$ 和 $T_2$ 的 $P_n$ 相对于 CK 有所下降，$T_3$ 却显著上升。减弱 UV-B 辐射中，生理成熟期(PM)和过渡期(TP)$T_3$ 的 $P_n$ 显著高于 $T_1$ 和 $T_2$，而 $T_1$ 和 $T_2$ 在生理成熟期(PM)$P_n$ 基本一致，过渡期(TP)$T_2$ 略低于 $T_1$，但二者差异不显著。工艺成熟期(TM)$T_1$ 和 $T_2$ 差异较小，$T_3$ 略高，但三者差异不显著。

AC 变化与 $P_n$ 一致，生理成熟期(TM)减弱 UV-B 辐射降低了 AC，其中 $T_1$ 和 $T_2$ 与

CK 差异显著，而减弱 UV-B 辐射处理中 $T_3$ 显著高于 $T_2$。过渡期(TP)$T_1$ 和 $T_2$ 的 AC 较低，显著低于 CK 和 $T_3$，而 $T_1$ 和 $T_2$ 差异不显著。工艺成熟期(TM)减弱 UV-B 辐射处理，AC 显著低于 CK，但 $T_1$、$T_2$ 和 $T_3$ 之间差异不显著。

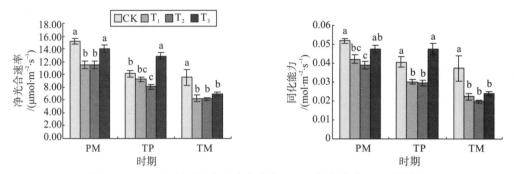

图 4-2　UV-B 辐射对烟草净光合速率($P_n$)和同化能力(AC)的影响

注：PM 代表生理成熟期，TP 代表过渡期 T，TM 代表工艺成熟期；不同字母表示处理间差异显著($P<0.05$)，下同。

2. 气孔导度、胞间 $CO_2$ 浓度和气孔限制值

由图 4-3 可以看出，生理成熟期(PM)UV-B 辐射对 $G_s$ 影响不大，CK 与 $T_3$ 均为 0.42mol·m$^{-2}$·s$^{-1}$，$T_1$ 和 $T_2$ 则较低。减弱 UV-B 处理中，随 UV-B 辐射强度降低，$G_s$ 逐渐增加。过渡期(TP)CK 和 $T_2$ 较低，显著低于 $T_1$ 和 $T_3$，其中 CK 仅为 $T_1$ 和 $T_3$ 的 50%。工艺成熟期(TM)$T_2$ 的 $G_s$ 最高，仍达 0.28mol·m$^{-2}$·s$^{-1}$，其次为 $T_3$ 和 CK，$T_1$ 最低，仅 0.14mol·m$^{-2}$·s$^{-1}$，与 $T_2$ 差异显著。

生理成熟期(PM)$T_1$ 处理降低了 $C_i$(20μmol·mol$^{-1}$)，而 $T_2$ 和 $T_3$ 变化不大，减弱 UV-B 辐射处理中 $T_1$ 与 $T_3$ 差异显著。过渡期(TP)CK 的 $C_i$ 大幅下降，只有 249.1μmol·mol$^{-1}$，减弱 UV-B 辐射 $C_i$ 都有所增加，以 $T_1$ 处理最高，为 306.9μmol·mol$^{-1}$，与 CK 差异显著，$T_2$ 和 $T_3$ 差异较小，与 $T_1$ 差异显著，而与 CK 差异不显著。工艺成熟期(TM)CK 的 $C_i$ 仍最低，减弱 UV-B 辐射各处理 $C_i$ 均显著高于 CK，而减弱 UV-B 处理中 $T_2$ 最高，为 310.2μmol·mol$^{-1}$，与 $T_1$ 差异显著。

生理成熟期(PM)各处理气孔限制值($L_s$)没有显著差异，但过渡期(TP)和工艺成熟期(TM)减弱 UV-B 辐射各处理 $L_s$ 均显著低于 CK。过渡期(TP)$T_2$ 和 $T_3$ 的 $L_s$ 较高，与 $T_1$ 差异显著，工艺成熟期(TM)$T_1$ 和 $T_3$ 的 $L_s$ 较高，$T_1$ 与 $T_2$ 差异显著。

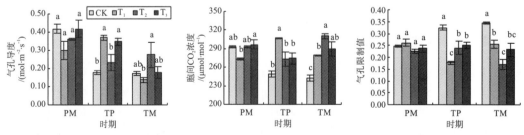

图 4-3　UV-B 辐射对烟草气孔导度($G_s$)、胞间 $CO_2$ 浓度($C_i$)和气孔限制值($L_s$)的影响

**3. 蒸腾速率、水分利用效率和内在水分利用效率**

如图 4-4 所示，各处理 $T_r$ 变化与 $G_s$ 相似，生理成熟期(PM)减弱 UV-B 辐射后没有对 $T_r$ 造成显著影响，$T_1$ 和 $T_2$ 的 $T_r$ 反而有所下降，但减弱 UV-B 辐射条件下，随 UV-B 辐射的降低，$T_r$ 逐渐上升。过渡期(TP)减弱 UV-B 辐射提高了 $T_r$，$T_1$ 和 $T_3$ 显著高于 CK，而 $T_2$ 与 CK 差异不显著，减弱 UV-B 处理之间差异亦不显著。工艺成熟期(TM)$T_1$ 和 $T_3$ 的 $T_r$ 相对 CK 有所降低，但三者差异不显著，而 $T_2$ 显著高于其他处理。

3 个时期减弱 UV-B 辐射均不同程度地降低了 K326 的 WUE。生理成熟期(PM)仅 $T_2$ WUE 与 CK 差异显著，而减弱 UV-B 辐射处理之间差异不显著。过渡期(TP)$T_1$ 和 $T_2$ 显著低于 CK，也显著低于 $T_3$，而 $T_3$ 与 CK 不显著。工艺成熟期(TM)$T_1$ 和 $T_3$ 与 CK 差异不显著，而三者显著高于 $T_2$，$T_2$ 处理的 WUE 不及 CK 和 $T_1$ 的 1/2。

IWUE 与 $L_s$ 变化相似，生理成熟期(PM)减弱 UV-B 辐射对 IWUE 影响不显著，IWUE 为 $33.24 \sim 39.88\mu\text{mol} \cdot \text{mol}^{-1}$，各处理中 $T_1$ 较高。过渡期(TP)减弱 UV-B 辐射显著降低了 IWUE，减弱 UV-B 辐射处理中 $T_2$ 和 $T_3$ 较高，显著高于 $T_2$，$T_2$ 仅为 CK 的 43.7%。工艺成熟期(TM)CK 仍维持较高的 IWUE，$T_1$ 和 $T_3$ 略低于 CK，差异不显著，$T_2$ 最低，与 CK 差异显著，但与 $T_1$ 和 $T_3$ 差异不显著。

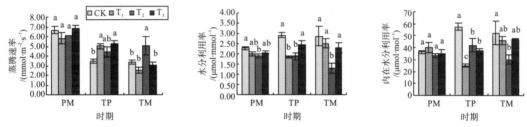

图 4-4　UV-B 辐射对烟草净蒸腾速率($T_r$)、水分利用率(WUE)和内在水分利用率(IWUE)的影响

### 4.1.2.3　UV-B 辐射对烟草光合色素含量的影响

处理间光合色素(叶绿素 a、叶绿素 b 和类胡萝卜素)的差异在不同时期有很大不同(表 4-3)。生理成熟期(PM)$T_1$ 和 $T_2$ 叶绿素 a、叶绿素 b 含量较 CK 有所降低，且 $T_1 > T_2$，而 $T_3$ 叶绿素 a 含量高于 CK，叶绿素 b 含量则与 CK 相当，但处理间叶绿素 a、叶绿素 b 含量差异不显著。类胡萝卜素则不同，减弱 UV-B 辐射后类胡萝卜素含量都降低，但 $T_3$ 与 CK 差异不显著，$T_1$ 和 $T_2$ 显著低于 CK。减弱 UV-B 处理间类胡萝卜素含量 $T_3 > T_1 > T_2$，差异不显著。

过渡期(TP)减弱 UV-B 辐射都显著降低了叶绿素 a 和类胡萝卜素含量，仅 $T_3$ 叶绿素 b 含量与 CK 差异不显著。减弱 UV-B 辐射处理中，$T_3$ 叶绿素 a、叶绿素 b 含量显著高于 $T_1$ 和 $T_2$，且 $T_1 > T_2$，但二者差异不显著。类胡萝卜素含量 $T_3 > T_1 > T_2$，差异显著。工艺成熟期(TM)各减弱 UV-B 辐射处理 3 种光合色素均显著低于 CK，而减弱 UV-B 处理中 $T_2$ 叶绿素 a、叶绿素 b 含量较高，类胡萝卜素较低，但 3 个处理之间差异不显著。

另外还可以发现，整个测定过程中 CK 叶绿素 a、叶绿素 b 含量呈上升—下降变化，而减弱 UV-B 辐射后，叶绿素 a、叶绿素 b 含量随生育时期推后而逐渐下降。在生理成熟期(PM)—过渡期(TP)，$T_1$ 和 $T_2$ 叶绿素含量下降较快，$T_1$、$T_2$ 的叶绿素 a 含量分别下降 $0.455\text{mg} \cdot \text{dm}^{-2}$ 和 $0.417\text{mg} \cdot \text{dm}^{-2}$，叶绿素 b 含量分别下降 $0.161\text{g} \cdot \text{dm}^{-2}$ 和 $0.143\text{mg} \cdot \text{dm}^{-2}$，而 $T_3$ 叶绿素 a、叶绿素 b 含量仅分别下降 $0.220\text{mg} \cdot \text{dm}^{-2}$ 和 $0.056\text{mg} \cdot \text{dm}^{-2}$。过渡期(TP)—工艺成熟期(TM)，$T_3$ 叶绿素含量下降相对较快，叶绿素 a、叶绿素 b 含量分别下降 $0.512\text{mg} \cdot \text{dm}^{-2}$ 和 $0.166\text{mg} \cdot \text{dm}^{-2}$，而 $T_1$ 叶绿素 a、叶绿素 b 含量分别下降 $0.190\text{mg} \cdot \text{dm}^{-2}$ 和 $0.056\text{mg} \cdot \text{dm}^{-2}$，$T_2$ 叶绿素 a 含量仅下降 $0.021\text{mg} \cdot \text{dm}^{-2}$，叶绿素 b 含量却稍有上升。各时期叶绿素 a/b 在 $2.79 \sim 2.98$，处理后对叶绿素 a/b 没有显著影响。生理成熟期 $T_2$ 和 $T_3$ 该比值较大，过渡期则 $T_1$ 和 $T_2$ 的该比值较大，工艺成熟期 $T_2$ 和 $T_3$ 该比值反而较小。

表 4-3　UV-B 辐射对烟草光合色素含量的影响

| 时期 | 处理 | 叶绿素 a /(mg · dm⁻²) | 叶绿素 b /(mg · dm⁻²) | 叶绿素 a/b | 类胡萝卜素 /(mg · dm⁻²) |
|---|---|---|---|---|---|
| 生理成熟期 | CK | $1.628 \pm 0.050$a | $0.562 \pm 0.026$a | $2.902 \pm 0.052$a | $0.251 \pm 0.005$a |
|  | $T_1$ | $1.623 \pm 0.048$a | $0.558 \pm 0.017$a | $2.906 \pm 0.030$a | $0.217 \pm 0.006$b |
|  | $T_2$ | $1.424 \pm 0.160$a | $0.487 \pm 0.063$a | $2.936 \pm 0.051$a | $0.193 \pm 0.012$b |
|  | $T_3$ | $1.681 \pm 0.163$a | $0.563 \pm 0.041$a | $2.978 \pm 0.069$a | $0.224 \pm 0.015$ab |
| 过渡期 | CK | $1.648 \pm 0.085$a | $0.574 \pm 0.046$a | $2.886 \pm 0.083$a | $0.481 \pm 0.013$a |
|  | $T_1$ | $1.168 \pm 0.081$c | $0.397 \pm 0.034$b | $2.953 \pm 0.046$a | $0.339 \pm 0.018$c |
|  | $T_2$ | $1.007 \pm 0.050$c | $0.344 \pm 0.021$b | $2.929 \pm 0.055$a | $0.280 \pm 0.014$d |
|  | $T_3$ | $1.461 \pm 0.036$b | $0.507 \pm 0.010$a | $2.885 \pm 0.027$a | $0.402 \pm 0.008$b |
| 工艺成熟期 | CK | $1.382 \pm 0.072$a | $0.474 \pm 0.036$a | $2.925 \pm 0.083$a | $0.390 \pm 0.004$a |
|  | $T_1$ | $0.978 \pm 0.036$b | $0.341 \pm 0.012$b | $2.873 \pm 0.074$a | $0.266 \pm 0.009$b |
|  | $T_2$ | $0.986 \pm 0.069$b | $0.352 \pm 0.008$b | $2.806 \pm 0.213$a | $0.255 \pm 0.014$b |
|  | $T_3$ | $0.949 \pm 0.075$b | $0.341 \pm 0.029$b | $2.790 \pm 0.025$a | $0.269 \pm 0.023$b |

注：同列中相同时期不同字母表示差异显著($P < 0.05$)。

#### 4.1.2.4　UV-B 辐射对烟草类黄酮含量和比叶重的影响

生理成熟期(PM)减弱 UV-B 辐射显著降低了叶片类黄酮含量，而减弱 UV-B 辐射处理之间差异不显著，但随 UV-B 辐射由强到弱，类黄酮含量呈下降变化。过渡期(TP)$T_1$ 和 $T_3$ 与 CK 相比，类黄酮含量降低显著，且 $T_1 > T_3$，而 $T_2$ 下降不明显且显著高于 $T_1$ 和 $T_3$。工艺成熟期(TM)减弱 UV-B 辐射后叶片类黄酮含量显著降低，且随 UV-B 辐射强度的减弱，类黄酮含量逐渐下降，$T_1$ 与 $T_2$ 差异不显著，而二者与 $T_3$ 差异显著。

生理成熟期(PM)$T_1$ 和 $T_2$ 的 LMA 略低于 CK，差异不显著，而 $T_3$ 的 LMA 显著低于其他处理。过渡期(TP)减弱 UV-B 辐射后 LMA 均显著低于 CK，而减弱 UV-B 处理间差异不显著，以 $T_2$ 的 LMA 最低。工艺成熟期(TM)尽管减弱 UV-B 处理 LMA 较 CK 低，但所有处理之间差异都不显著，减弱 UV-B 处理中，随 UV-B 辐射降低，LMA 呈下降趋势。

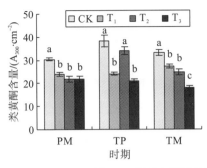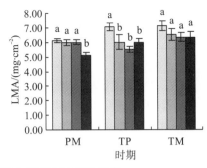

图 4-5　UV-B 辐射对烟草类黄酮含量和比叶重的影响

## 4.1.3　讨论

形态变化是植物对环境变化响应最直观的表现，减弱 UV-B 辐射对植物形态的影响程度与太阳 UV-B 辐射是否已经对植物造成胁迫效应有关(Ruhland and Day，2000；董铭等，2006)。试验结果表明，在减弱一定程度的 UV-B 辐射后，K326 茎高和节间距都显著增加，说明试验地当前光辐射环境对 K326 的外部形态有强烈的抑制作用。比较 3 个减弱 UV-B 辐射处理 K326 农艺性状发现，在过低的 UV-B 辐射($T_3$)下，K326 的茎高和节间距都较低，且在相当于外界环境 70.08% 的 UV-B 辐射强度($T_2$)下茎高和节间距最大，表明存在一个对 K326 生长发育较为适合的 UV-B 辐射强度范围。叶片是植物的主要功能器官，通常较强的 UV-B 辐射导致叶面积的下降(Ruhland and Day，2000；Kakani et al.，2003a)。但试验中 K326 叶片长、宽和面积却未受到 UV-B 辐射的显著影响，表明 K326 叶片大小对 UV-B 辐射有较宽的适应范围。比叶重(LMA)反映植物对长期光环境的适应，在强 UV-B 辐射下，增加 LMA 可减少 UV-B 辐射对叶片内部结构的伤害，并改善单位面积的光合作用(师生波等，2001)。在自然环境下，K326 拥有最大的 LMA，正是对外界包括 UV-B 辐射在内强烈太阳辐射的一种适应。LMA 增加是叶片厚度和淀粉含量增加的结果，在减弱 UV-B 辐射处理中，过低的 UV-B 辐射($T_3$)使 LMA 下降较为明显，说明适当强度的 UV-B 辐射能改善叶片结构，提高叶片中的碳分配。

许多研究已表明，增强 UV-B 辐射使植物叶绿素含量降低，而类胡萝卜素和类黄酮含量普遍增加(Smith et al.，2000)，减弱 UV-B 辐射则相反。类黄酮位于叶片的表层细胞中，对 280~315nm 的 UV-B 辐射具有强烈的吸收，对过滤 UV-B 辐射，减轻 UV-B 辐射对叶肉细胞及光合机构的伤害有重要作用(Awad et al.，2001)。结果表明，K326 叶片中类黄酮对 UV-B 辐射响应敏感，对 UV-B 辐射表现出明显的剂量效应，显示了其有效的保护功能。$T_3$ 处理烟叶始终保持最低的类黄酮含量，表明在此 UV-B 辐射水平下烟叶不需增加类黄酮含量来加强保护，该处理下烟草可能受到 UV-B 辐射的胁迫作用较小或不受 UV-B 辐射胁迫。减弱 UV-B 辐射后，烟叶叶绿素 a、叶绿素 b 含量下降($T_3$ 在生理成熟期除外)，且 $T_1$ 和 $T_2$ 在生理成熟期和过渡期，叶绿素含量 $T_1 > T_2$，与刘敏等(2007)报道的增强 UV-B 辐射提高烟叶叶绿素含量相似。UV-B 辐射影响叶绿素的合成和降解过程，$T_3$ 叶绿素含量在生理成熟期高于 $T_1$ 和 $T_2$，而工艺成熟期含量最低，说明了低强度 UV-B 辐射对叶绿素的合成有促进作用，但同时也会促使叶绿素在工艺成熟阶段快速降解。叶绿素 a、叶绿素 b 对 UV-B 辐射的敏感性通常存在一定差异(刘敏等，

2007；Ruhland et al.，2005)。试验中 K326 叶绿素 a、叶绿素 b 在不同 UV-B 辐射下有相同的变化趋势，叶绿素 a/b 则没有显著变化，表明两者对 UV-B 辐射的敏感性较为一致。类胡萝卜素在强 UV-B 辐射下对保护光合作用不受损伤以及清除体内活性氧有重要作用(Yang et al.，2008)。类胡萝卜素对 UV-B 辐射的响应与叶绿素相似，可能也存在着代谢和功能上的差异。生理成熟期和过渡期，处理间类胡萝卜素含量的差异明显，即使相差 5% 左右($0.019\text{mW} \cdot \text{cm}^{-2}$)的 UV-B 辐射(过渡期 $T_1$ 和 $T_2$)，类胡萝卜素含量差异也达显著水平，说明类胡萝卜素对 UV-B 辐射的变化非常敏感，而且 $T_1$ 类胡萝卜素含量总是大于 $T_2$，表明相对较强的 UV-B 辐射可促进类胡萝卜素的合成以保护叶片不受伤害。

　　UV-B 辐射对植物光合作用的影响与植物的种类及叶龄密切相关(Bassman et al.，2003；侯扶江等，2001)。试验结果表明，3 个减弱 UV-B 辐射处理 K326 的 $P_n$ 在生理成熟期和过渡期差异显著，而工艺成熟期差异不显著，说明生理成熟期和过渡期是 $P_n$ 对 UV-B 辐射响应的敏感时期。植物 $P_n$ 受植物本身生理特性的影响，影响植物 $P_n$ 的因素可以分为气孔因素和非气孔因素两大类，只有当 $P_n$ 和 $C_i$ 变化方向相同，二者同时减小，且 $L_s$ 增大时，才可以认为 $P_n$ 的下降主要是 $G_s$ 引起的，否则 $P_n$ 的下降要归因于叶肉细胞羧化能力的降低(许大全，2002)。分析各时期不同处理 $P_n$ 的主要影响因素可知，生理成熟期 $T_1$ 的 $P_n$ 下降主要是气孔因素所致，而 $T_2$ 则是非气孔因素；过渡期 $T_1$ 和 $T_2$ 的 $P_n$ 均受非气孔因素的影响，且 $T_1$ 受影响更大；工艺成熟期 3 个减弱 UV-B 辐射处理的 $P_n$ 均不同程度地受到非气孔因素影响，其中 $T_2$ 受影响更大。AC 可部分反映叶片的羧化速率(Zhao et al.，2004)，AC 和 $P_n$ 变化趋势一致，表明羧化速率是 UV-B 辐射影响 K326$P_n$ 的一个重要方面，与前面对 $P_n$ 影响的气孔和非气孔因素分析结果基本一致。光合色素含量对光合作用有重要影响，各处理光合色素的变化和差异与 $P_n$ 也相似，说明光合色素的差异也可能是引起 $P_n$ 不同的一个重要非气孔因素。

　　WUE 反映植物碳固定和水分消耗之间的比例，提高 WUE 是植物适应不利环境的一个重要策略。CK 在整个试验过程中都保持较高的 WUE，表明 K326 对外界环境具有较强的适应能力，而 $T_1$ 和 $T_2$ 的 WUE 始终处于较低水平，说明减弱一定强度的 UV-B 辐射对提高 K326 的 WUE 不利，可能会降低 K326 对环境的适应能力。WUE 受 $P_n$ 和 $T_r$ 共同影响，而 $P_n$ 取决于气孔和非气孔因素，$T_r$ 主要取决于气孔因素。试验中发现，不同时期各处理 $P_n$ 和 $T_r$ 对 WUE 产生不同程度的影响。当 $G_s$ 成为水分和气体交换的主导因子时，用 IWUE 来评价植物的水分利用状况更适宜(赵平等，2000)。过渡期和工艺成熟期处理间 IWUE 都存在显著的差异，表明在这两个时期 $G_s$ 在控制 K326 叶片与外界环境之间的水、气平衡中起到重要作用。过渡期 $T_1$ 和工艺成熟期 $T_2$ 的 IWUE 较低，与该时期二者气孔的水、气调节能力较差有关，由于 $G_s$ 较大而增加了水分的散失，但 $P_n$ 未明显增加，从而导致 WUE 下降明显。

　　以上分析可以看出，UV-B 辐射对烟草的作用具有两面性，即高强度 UV-B 辐射抑制烟草生长，促使叶片中物质积累增加，保护功能增强。而低强度的 UV-B 辐射由于胁迫作用解除，使类黄酮含量下降、生长发育受到影响以及光合色素合成增加和降解加快等；而在高强度和低强度 UV-B 辐射之间可能存在一个较适合烟草生长及使烟草对 UV-B 辐射的适应性发生变化的范围。尽管 $T_3$ 处理 $P_n$ 和 WUE 较高，但更可能是由于

UV-B 辐射的伤害作用大大减轻，使光合机构能够正常运行。而对 $T_1$ 和 $T_2$ 烟草形态、光合色素、光合作用及类黄酮等多种指标的综合分析后可以发现，在这两种 UV-B 辐射条件下，烟草对 UV-B 辐射的适应能力正处于驯化阶段，如生长较好，光合色素和类黄酮含量在 $T_1$ 处理下较高，$P_n$ 和 AC 相差不大或在 $T_1$ 处理下较高，WUE 在生理成熟期和过渡期二者相差不大，而工艺成熟期 $T_1$ 明显较 $T_2$ 高等。初步研究表明，在研究区域的 30.39%～70.08%UV-B 辐射强度下，存在一个烟草对 UV-B 辐射的适应性发生变化的 UV-B 辐射强度范围，但烟草能适应的 UV-B 辐射强度范围上限值仍需进一步研究。

## 4.2　减弱 UV-B 辐射对烟草形态、光合及生理生化特性的影响

　　云南地处低纬高原地区，是我国重要的优质烟叶产区之一，平均海拔为 2000m，紫外辐射强且随海拔的增加呈规律性递增（周平和陈宗瑜，2008）。云南烟草海拔分布在 1000～2000m，目前普遍认为，低纬高原地区海拔是生态环境中影响烟叶品质的综合因素（王世英等，2007；李洪勋，2008）。人工提供适宜强度的 UV-B 辐射可使烟叶叶绿素（刘敏等，2007）、总类胡萝卜素和总糖含量提高（黄勇等，2009），但高海拔烟区自然环境下较强的 UV-B 辐射对烟草生态适应性的影响，目前了解的仍较少。减弱 UV-B 辐射为评价自然环境中太阳 UV-B 辐射对植物可能产生的生物学效应提供了一种较好的方法（Kadur et al.，2007）。前期对烟草的减弱 UV-B 辐射盆栽试验结果表明，烟草对 UV-B 辐射的变化较为敏感（纪鹏等，2009a；钟楚等，2010a；董陈文华等，2009）。在前期工作的基础上，本书研究在云南较高海拔最适烟区之一的通海县（海拔 1806m），大田种植烟草品种 K326，通过大棚盖膜不同程度地减弱太阳 UV-B 辐射，进一步探讨了 UV-B 辐射对 K326 生长发育的影响，以及 K326 形态、光合作用的光响应特性及部分生理生化特征对 UV-B 辐射的适应性。其结果为认识低纬高原地区 UV-B 辐射在烟草生长发育中的作用，评价烟草对 UV-B 辐射的生态适应性提供一定的理论依据。

### 4.2.1　材料与方法

#### 4.2.1.1　试验地概况和土壤特性

　　通海县位于云南省中部，东经 102°30′25″～102°52′53″，北纬 23°65′11″～24°14′49″。该地气候温和，雨量充沛，属中亚热带湿润凉冬高原季风气候，年温差小而昼夜温差相对较大。烟草大田主要生长期（5～8 月）正值云南地区的雨季，该时段降水量占全年降水量的 63.7%，通海历年和 2009 年 5～8 月主要气候要素平均值如表 4-4 所示。试验在通海县城所在的平坝地形中距县城西北面 10km 的四街镇进行，海拔为 1806m。试验地为菜地，轻壤土，试验前土壤 pH 为 6.26，有机质为 21.03g·kg$^{-1}$，碱解氮为 229.0mg·kg$^{-1}$，速效磷为 96.5mg·kg$^{-1}$，速效钾为 67.2mg·kg$^{-1}$。

表 4-4　通海县烤烟大田生长期历年和 2009 年 5～8 月主要气候因子

| 年份 | 月份 | 平均气温/℃ | 降水量/mm | 日照时数/h |
|------|------|-----------|-----------|-----------|
|      | 5    | 19.9      | 84.0      | 224.9     |
|      | 6    | 19.9      | 127.5     | 144.0     |
| 历年 | 7    | 20.0      | 161.7     | 150.0     |
|      | 8    | 19.3      | 183.2     | 150.6     |
|      | 平均 | 19.8      | 138.9     | 167.4     |
|      | 5    | 19.7      | 43.0      | 220.0     |
|      | 6    | 20.7      | 229.0     | 143.0     |
| 2009 | 7    | 19.9      | 115.0     | 151.0     |
|      | 8    | 20.2      | 106.0     | 164.0     |
|      | 平均 | 20.2      | 123.3     | 169.5     |

### 4.2.1.2　材料与处理方式

以普遍种植的烟草品种 K326 为试验材料,包衣种子,漂浮育苗,于 2009 年 4 月 30 日大田移栽,种植密度为 16500 株·$hm^{-2}$。试验设 3 个减弱 UV-B 辐射处理,于移栽后 45d,待 K326 进入旺长初期时进行大棚覆膜处理。分别搭建长 20m、宽 5m、顶部高 2.2m、边缘高 1.5m 的农用大棚,近南北方向排列。为保持良好的通风条件及尽量减少处理间的小气候差异,各大棚仅顶部和东西两侧 1m 以上高度覆盖不同厚度和材料的透明薄膜。其中处理 1($T_1$)覆盖麦拉膜(Mylar,SDI,USA),处理 2($T_2$)和处理 3($T_3$)分别覆盖不同厚度的聚乙烯透明薄膜,可以不同程度地减弱 UV-B 辐射。经测定,各棚内植株冠层顶部的 UV-B 辐射强度透过量分别为外界自然环境下的 30.39%($T_1$)、70.08%($T_2$)和 75.74%($T_3$),光照度透过率为(81±2)%,在此光照度下,烟草的正常生长不受影响(刘国顺等,2007)。以自然环境下正常生长的 K326 植株作为判断减弱 UV-B 辐射处理效应的参照(CK)。所有处理 K326 按优质烟叶生产技术规范统一管理。

### 4.2.1.3　测定项目和方法

#### 1. 太阳 UV-B 辐射和光照度透过率

对自然环境中太阳 UV-B 辐射($mW·cm^{-2}$)进行逐日观测。观测于烤烟主要大田生长期的 2009 年 5 月 18 日开始,每天中午 11:30～12:30 在室外空地进行,至 8 月 26 日结束(图 4-6)。观测时采用法国产 Radiometer 紫外辐射仪(波谱为 295～395nm,中心波长为 312nm),连续记录 5 组值,然后计算平均值,同时记录当时天气和天空云层状况。参照文献(钟楚等,2010)的方法,各处理的 UV-B 辐射和光照度(lx,采用上海嘉定学联仪表厂生产的 ZDS-10 型自动量程照度计观测)透过率(%),以 9:30～16:00 每半小时测定的各处理棚内烟株顶部和棚外相近高度 UV-B 辐射和光照度计算的透过率平均值表示。由图 4-7 可以看出,各处理 UV-B 辐射和光照度透过率主要在 10:00～15:30 时段存在较大差异。

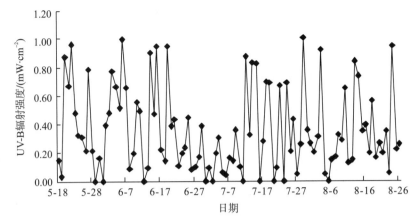

图 4-6　试验期间太阳 UV-B 辐射逐日变化

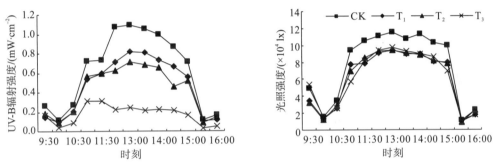

图 4-7　晴天太阳 UV-B 辐射和光照度日变化

## 2. 农艺性状

生育进程的调查在现蕾—开花期进行，采用普查方式，记录每处理未现蕾、已现蕾和开花(中心第 1 朵花已开放)的植株数，计算各自占植株总数的百分比(%)。

同时，每处理随机选取有代表性的植株 10 株进行农艺性状的测定，包括茎高(茎与地表接触处至生长点之间的茎长)、茎围(第 7 片有效叶叶腋处周长)、节间距，以及第 7 片有效叶长、宽等。参照中国烟草行业标准《烟草农艺性状调查方法》(YC/T 142—1998)计算叶面积，即叶面积($cm^2$)＝叶长×叶宽×0.6345。各性状取 10 株植株测量的平均值。

## 3. 光响应曲线

处理 20d 后，待 K326 进入现蕾—开花期，选取第 7 片(从下往上数)有效叶片作为测定对象，于 2009 年 7 月 4 日～9 日晨天 9:00～16:00(避开中午 12:00～14:00 烟草的"午睡"时段)，采用 Li-6400 便携式光合测定仪(LI-COR，USA)，在开放气路下测定光合作用响应曲线。测定时，叶室温度设定为 25℃，气体流量为 500μmol·$s^{-1}$。PAR 由 Li-6400-02B LED 红蓝光源提供，设置梯度为 1800μmol·$m^{-2}$·$s^{-1}$，1600μmol·$m^{-2}$·$s^{-1}$，1400μmol·$m^{-2}$·$s^{-1}$，1200μmol·$m^{-2}$·$s^{-1}$，1000μmol·$m^{-2}$·$s^{-1}$，800μmol·$m^{-2}$·$s^{-1}$，400μmol·$m^{-2}$·$s^{-1}$，200μmol·$m^{-2}$·$s^{-1}$，100μmol·$m^{-2}$·$s^{-1}$，50μmol·$m^{-2}$·$s^{-1}$，20μmol·$m^{-2}$·$s^{-1}$，0μmol·$m^{-2}$·$s^{-1}$，测定前先在 1200～1800μmol·$m^{-2}$·$s^{-1}$ 逐渐增加光强进行诱导，诱导结束后再在设定的光强范围由高往低测，每处理重复测定 3 株，取平均值。

4. 生理生化指标

取测定光合作用的叶片分别作为独立的样本，用低温保鲜盒带回实验室，用于光合色素、类黄酮、丙二醛、比叶重和叶片水分含量等的分析。

(1)光合色素采用丙酮：无水乙醇(1∶1，$V∶V$)浸提-比色法，通过 663nm、646nm 和 470nm 处吸光值计算叶绿素 a、叶绿素 b 和类胡萝卜素的单位面积含量(邹琦，1995)。

$$C_a = 12.21 \times A_{663} - 2.81 \times A_{646} \tag{4-1}$$

$$C_b = 20.13 \times A_{646} - 5.03 \times A_{663} \tag{4-2}$$

$$C_c = (1000 \times A_{470} - 3.27 \times C_a - 104 \times C_b)/229 \tag{4-3}$$

光合色素含量(mg·dm$^{-2}$) = (色素浓度 × 色素提取液总量)/叶片面积

式中，$A_{663}$、$A_{646}$ 和 $A_{470}$ 分别为各波长下提取液的吸光值；$C_a$、$C_b$ 和 $C_c$ 分别为提取液中叶绿素 a、叶绿素 b 和类胡萝卜素浓度(mg·L$^{-1}$)。

(2)类黄酮采用 Nogués 等(1998)的方法，稍作改动。用打孔器取一定面积的叶片，剪碎后放入 10ml 刻度试管中，加入 5ml 酸化甲醇溶液(盐酸∶甲醇=1∶99，$V∶V$)，在低温(4℃)黑暗中浸提 24h，以单位面积叶片 300nm 处吸光值表示类黄酮含量($A_{300}$·cm$^{-2}$)。

(3)丙二醛含量采用硫代巴比妥酸比色法(Hilal et al.，2008)：

$$\text{MDA 浓度}(\mu mol·L^{-1}) = 6.45 \times (A_{532} - A_{600})/(0.155 \times L) - 0.65 \times A_{450} \tag{4-4}$$

$$\text{MDA 含量}(nmol·cm^{-2}) = (\text{提取液中 MDA 浓度} \times \text{稀释倍数} \times V)/\text{叶面积} \tag{4-5}$$

式中，$A_{532}$、$A_{600}$、$A_{450}$ 分别为相应波长下的吸光值；0.155 为 MDA 在 532nm 波长下的 $\mu mol$ 消光系数；$V$ 为反应体系溶液体积(ml)；$L$ 为比色皿光径(cm)；稀释倍数=总提取液体积÷吸取液体积。

(4)叶片水分含量的测定和计算参照 Barrs 和 Weatherleyd(1962)的方法。

$$\text{面积含水量}(mg·cm^{-2}) = (W_f - W_d)/\text{叶面积} \tag{4-6}$$

$$\text{鲜重含水量}(\%) = (W_f - W_d) \times 100/W_f \tag{4-7}$$

$$\text{自然水分饱和亏}(\%) = (W_t - W_f) \times 100/(W_t - W_d) \tag{4-8}$$

$$\text{比叶重}(mg·cm^{-2}) = W_d/\text{叶面积} \tag{4-9}$$

式中，$W_t$、$W_f$、$W_d$ 分别为叶片吸水饱和重(mg)、自然鲜重(mg)和干重(mg)。

### 4.2.1.4 数据处理

净光合速率的光响应曲线采用 Broadley 等(2001)的方法进行模拟，模型数学表达式为

$$P_n = A_{max} \times (I - I_{min})/[K_m + (I - I_{min})] \tag{4-10}$$

式中，$A_{max}$ 是最大净光合速率；$I$ 为 PAR 强度；$K_m$ 为 $1/2A_{max}$ 时的 PAR；$I_{min}$ 为光补偿点(LCP，$\mu mol·m^{-2}·s^{-1}$)。当 $I=0$ 时，$P_n$ 等于暗呼吸速率($R_d$，$\mu molCO_2·m^{-2}·s^{-1}$)；当 $I \leqslant 200\mu mol·m^{-2}·s^{-1}$ 时，去除 $P_n$ 为负值的点，对模拟值进行直线回归，其斜率为表观量子效率(AQY)(霍常富等，2008)。水分利用率(WUE)=净光合速率($P_n$)/蒸腾速率($T_r$)。钱莲文等(2009)认为，直角双曲线模型以 $A_{max}$ 来估测光饱和点(LSP，$\mu mol·m^{-2}·s^{-1}$)时，选取的比例为(78±1)%较为合适。为方便计算，在此以 $P_n$ 达到 75% $A_{max}$ 的 PAR 来估计

光饱和点，带入式(4-10)得

$$LSP = 3 \times K_m + I_{min} \tag{4-11}$$

所有数据经 Microsoft Excel 2003 处理，曲线的模拟、单因素方差分析及处理间差异性比较(LSD 法)均在 SPSS Statistics 17.0 分析软件中进行，光响应曲线以平均值作图。$P_n$-PAR 曲线使用最小残差平方原理拟合，设置初始值 $A_{max}=25$，$I_{min}=40$，$K_m=400$，控制 $A_{max}\leqslant30$，$I_{min}\leqslant50$，$K_m\leqslant800$。

### 4.2.2 结果与分析

#### 4.2.2.1 减弱 UV-B 辐射对烟草形态特征的影响

**1. 现蕾—开花生育进程**

图 4-8 表明，减弱 UV-B 辐射明显影响了 K326 的生育进程，$T_2$ 和 $T_3$ 现蕾进程加快，$T_1$ 反而减慢，$T_3$ 开花进程加快而 $T_2$ 有所减慢，调查时 $T_1$ 则未有开花的植株。减弱 UV-B 辐射处理，随 UV-B 辐射强度的增加，K326 现蕾和开花进程逐渐加快。

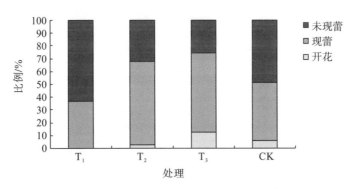

图 4-8 不同 UV-B 辐射处理下 K326 的生育进程比较

**2. 农艺性状**

植物的外部形态特征易受强 UV-B 辐射的修饰。表 4-5 显示，处理间各农艺性状均存在显著差异。与 CK 相比，$T_1$ 茎高下降($P<0.01$)而 $T_2$ 和 $T_3$ 茎高增加($P>0.05$)，减弱 UV-B 辐射处理中，随 UV-B 辐射增强，茎高逐渐增加。减弱 UV-B 辐射都增加了节间距($P<0.01$)，尤以 $T_2$ 节间距最大，与 $T_1$ 和 $T_3$ 差异显著($P<0.05$)。$T_2$ 茎围较 CK 有所增大($P>0.05$)，而 $T_1$ 和 $T_3$ 则减小，其中 $T_1$ 与 CK 差异显著($P<0.05$)，与 $T_2$ 差异极显著($P<0.01$)。

减弱 UV-B 辐射处理后，K326 叶长明显增加($P<0.01$)，$T_2$ 和 $T_3$ 叶宽和叶面积增加明显，与 CK 差异显著($P<0.01$)，而减弱 UV-B 辐射处理之间叶长差异不显著，$T_1$ 叶宽和叶面积显著低于 $T_2$($P<0.01$)和 $T_3$($P<0.05$)。除 $T_1$ 外，其余处理叶片长宽比都在长椭圆形叶片的长宽比范围内(2.2~2.5)。$T_1$ 叶片长宽比显著大于其他各处理($P<0.05$)，说明过低的 UV-B 辐射能促使烟叶形状发生变化，叶片有变得细长的趋势。

表 4-5　UV-B 辐射对 K326 农艺性状的影响

| 处理 | 茎高/cm | 节间距/cm | 茎围/cm | 叶长/cm | 叶宽/cm | 叶面积/cm² | 叶长/叶宽 |
|---|---|---|---|---|---|---|---|
| CK | 77.75Aa | 3.61Bc | 8.05ABa | 59.20Bb | 25.50Cb | 811.72Cb | 2.33ABb |
| $T_1$ | 60.40Bb | 4.80Ab | 7.31Bb | 65.04Aa | 25.69BCb | 893.06BCb | 2.55Aa |
| $T_2$ | 84.55Aa | 5.48Aa | 8.30Aa | 66.65Aa | 29.15Aa | 1059.65Aa | 2.29Bb |
| $T_3$ | 86.90Aa | 4.97Ab | 7.86ABab | 66.60Aa | 28.30ABa | 1019.38ABa | 2.37ABb |

注：同列中大、小写字母不同分别表示处理间差异在 $P<0.01$ 和 $P<0.05$ 上差异显著，下同。

### 3. 比叶重

比叶重(LMA)反映植物对光环境的适应能力(Rosati et al.，1999)，减弱 UV-B 辐射后，烟叶 LMA 出现不同程度的降低(图 4-9)。与 CK 相比，$T_1$、$T_2$ 和 $T_3$ 的 LMA 分别降低了 15.16%($P<0.05$)、13.90%($P<0.05$)和 14.47%($P<0.05$)，但各减弱 UV-B 辐射处理之间差异不显著。

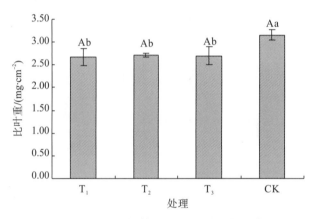

图 4-9　UV-B 辐射对 K326 比叶重的影响

### 4.2.2.2　减弱 UV-B 辐射处理光合作用对光的响应

### 1. 气体交换参数对光强的响应

图 4-10 为净光合速率($P_n$)对 PAR 的响应以及实测平均值与模拟值的关系，模拟曲线的相关参数列于表 4-6。可以看出，模拟值与实测值非常接近，模拟方程的确定系数($R^2$)均为 0.998 或 0.999，说明该模型能较好地反映 $P_n$ 在不同 PAR 下的响应特征。

图 4-10 还表明，在低 PAR($<100\mu mol \cdot m^{-2} \cdot s^{-1}$)下，各处理模拟曲线差异不大，PAR 继续增强时，差异较明显。减弱 UV-B 辐射后，烟叶 $P_n$ 提高，尤以 $T_2$ 提高最为明显，而 $T_1$ 和 $T_3$ 模拟曲线均位于 CK 与 $T_2$ 之间，说明减弱一定的 UV-B 辐射有利于提高 K326 的 $P_n$。

随 PAR 增强，叶片蒸腾速率($T_r$)逐渐上升，但 CK 在 PAR$\geqslant$1200$\mu mol \cdot m^{-2} \cdot s^{-1}$ 时，$T_r$ 几乎没有变化。从图 4-11 可以看出，减弱 UV-B 辐射明显增加了叶片的 $T_r$，但减弱 UV-B 辐射处理间差异不大，PAR$\geqslant$800$\mu mol \cdot m^{-2} \cdot s^{-1}$ 时，$T_1$ 处理 $T_r$ 较低。

　　水分利用率(WUE)是一个较稳定的用来衡量碳固定和水分消耗之间比例的良好指标。随着 PAR 强度增加，叶片 WUE 先迅速增加，在 PAR 为 $400 \sim 800 \mu mol \cdot m^{-2} \cdot s^{-1}$ 时达最大值，随后 PAR 增加，WUE 缓慢下降(图 4-12)。当 $PAR > 100 \mu mol \cdot m^{-2} \cdot s^{-1}$ 时，减弱 UV-B 辐射处理的 WUE 均明显低于 CK，各减弱 UV-B 辐射处理 WUE 差异不大，但 $T_1$ 的 WUE 略高。

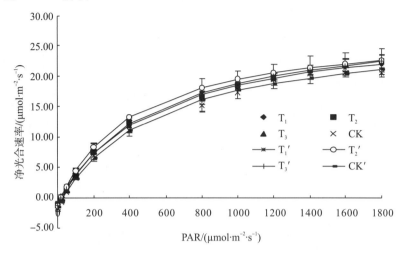

图 4-10　烟叶净光合速率对 PAR 的响应

注：$T_1$、$T_2$、$T_3$ 和 CK 是实测平均值，$T_1'$、$T_2'$、$T_3'$ 和 CK' 是模拟值。

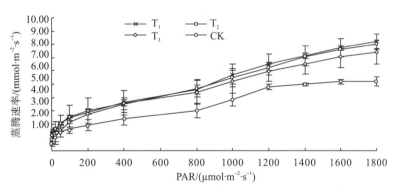

图 4-11　烟叶蒸腾速率对 PAR 的响应

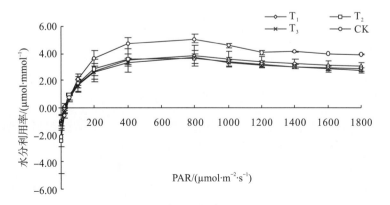

图 4-12　烟叶水分利用率对 PAR 的响应

## 2. 光响应曲线特征参数

最大净光合速率($A_{max}$)为 PAR 无限增大时的潜在净光合速率。从表 4-6 可以看出，CK 的 $A_{max}$ 为 27.61μmolCO$_2$・m$^{-2}$・s$^{-1}$，减弱 UV-B 辐射后，T$_1$、T$_2$ 和 T$_3$ 的 $A_{max}$ 分别提高了 3.95％、0.80％和 5.12％，说明降低 UV-B 辐射使 K326 在较高光强下的光合潜能有所增大，表现为 T$_3$＞T$_1$＞T$_2$。

减弱 UV-B 辐射处理也明显降低了 K326 的光补偿点(LCP)，各处理 LCP 大小顺序为 CK＞T$_3$＞T$_2$＞T$_1$，即随 UV-B 辐射强度减弱而下降，说明随 UV-B 强度的减弱，烟草对弱光的适应能力增加。处理后光饱和点(LSP)也降低，T$_1$ 和 T$_3$ 的 LSP 均在 1600μmol・m$^{-2}$・s$^{-1}$ 以上，与 CK 处理的 1669.73μmol・m$^{-2}$・s$^{-1}$ 差异不大，而 T$_2$ 只有 1274.73μmol・m$^{-2}$・s$^{-1}$，下降明显。减弱 UV-B 辐射使烟叶暗呼吸速率($R_d$)都有不同程度的降低，T$_2$ 和 T$_3$ 的 $R_d$ 均高于 T$_1$。各处理表观量子效率(AQY)均在 C3 植物的正常范围(0.03～0.07)内。T$_3$ 的 AQY 最高，为 0.0585，比 CK 高 5.22％。T$_2$ 处理为 0.0553，仅比 CK 低 0.54％。而 T$_1$ 的 AQY 降低明显，比 CK 低 15.29％，偏向正常范围的下限。

**表 4-6　不同 UV-B 辐射处理烟叶光响应曲线主要特征参数**

| 处理 | $A_{max}$ /(μmolCO$_2$・m$^{-2}$・s$^{-1}$) | LCP /(μmol・m$^{-2}$・s$^{-1}$) | LSP /(μmol・m$^{-2}$・s$^{-1}$) | $R_d$ /(μmolCO$_2$・m$^{-2}$・s$^{-1}$) | AQY | $R^2$ |
|---|---|---|---|---|---|---|
| CK | 27.61 | 29.51 | 1 669.73 | 1.58 | 0.0556 | 0.998 |
| T$_1$ | 28.70 | 16.77 | 1 622.61 | 0.93 | 0.0473 | 0.999 |
| T$_2$ | 27.83 | 19.44 | 1 274.73 | 1.36 | 0.0553 | 0.999 |
| T$_3$ | 29.10 | 22.42 | 1 617.49 | 1.28 | 0.0585 | 0.999 |

### 4.2.2.3　减弱 UV-B 辐射对类黄酮和丙二醛的影响

类黄酮是植物响应 UV-B 辐射最敏感的物质之一，能有效地保护植物免受 UV-B 辐射的伤害。丙二醛反映植物在逆境下的膜伤害程度，是重要的逆境伤害评价指标之一。图 4-13 表明，随着 UV-B 辐射强度的增加，类黄酮含量先下降后上升，T$_2$ 叶片类黄酮含量最低。T$_2$ 和 T$_3$ 与 CK 差异显著($P$＜0.05)，而 T$_1$ 与 CK 差异不显著，减弱 UV-B 辐射处理间差异不显著。丙二醛含量则随 UV-B 辐射先上升后下降，表现为 T$_3$ 最高而 CK 最低。T$_3$ 与 T$_1$、T$_2$ 和 CK 差异显著($P$＜0.01)。

### 4.2.2.4　减弱 UV-B 辐射对光合色素含量的影响

光合色素是植物进行光合作用的重要物质基础。减弱 UV-B 辐射后，烟叶的叶绿素含量与 CK 没有显著差异，但处理后提高了叶绿素 a、叶绿素 b 和总叶绿素含量，且随 UV-B 辐射强度的增加，叶绿素 a 有逐渐减少的趋势，而叶绿素 b 则先上升后降低，在 T$_2$ 处理下达最大值(表 4-7)。总叶绿素变化趋势与叶绿素 b 相似。相反，处理降低了类胡萝卜素含量，各处理类胡萝卜素含量 CK＞T$_1$≈T$_2$＞T$_3$，CK 与 T$_3$ 差异显著($P$＜

0.05)，$T_1$、$T_2$ 和 $T_3$ 处理之间差异不显著。

处理对叶绿素组成影响较小，叶绿素 a/b 略有下降，但都在 2.74～2.80，处理间差异不显著，而减弱 UV-B 辐射处理提高了叶绿素与类胡萝卜素的比值（$P<0.01$）。

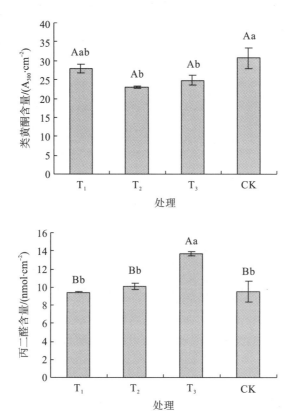

图 4-13　UV-B 辐射对 K326 类黄酮和丙二醛含量的影响

**表 4-7　UV-B 辐射对 K326 叶绿素、类胡萝卜素含量及比值的影响**

| 处理 | 叶绿素 a /(mg·dm$^{-2}$) | 叶绿素 b /(mg·dm$^{-2}$) | 总叶绿素 /(mg·dm$^{-2}$) | 类胡萝卜素 /(mg·dm$^{-2}$) | Chl a/b | Chl/Car |
|---|---|---|---|---|---|---|
| CK | 2.25Aa | 0.80Aa | 3.06Aa | 0.57Aa | 2.80Aa | 5.36Bb |
| $T_1$ | 2.49Aa | 0.84Aa | 3.19Aa | 0.53Aab | 2.78Aa | 6.02Aa |
| $T_2$ | 2.46Aa | 0.87Aa | 3.25Aa | 0.53Aab | 2.76Aa | 6.16Aa |
| $T_3$ | 2.35Aa | 0.83Aa | 3.15Aa | 0.51Ab | 2.78Aa | 6.21Aa |

注：Chl 为总叶绿素；Chl-a 为叶绿素 a；Chl-b 为叶绿素 b；Car 为类胡萝卜素。

### 4.2.2.5　减弱 UV-B 辐射对叶片水分的影响

如图 4-14 所示，不同处理对叶片面积含水量影响较大，而对鲜重含水量和自然水分饱和亏影响较小。减弱 UV-B 辐射后，叶片面积含水量均下降，以 $T_1$ 降幅最大，与 CK 差异显著（$P<0.05$）。$T_2$ 和 $T_3$ 与 CK 差异不显著，减弱 UV-B 辐射处理之间差异也不显著。所有处理之间叶片鲜重含水量和自然水分饱和亏没有显著差异，鲜重含水量在

84.87%～85.91%，自然水分饱和亏在 23.44%～26.62%。鲜重含水量和自然水分饱和亏变化一致，以 CK 最低，$T_2$ 最高。

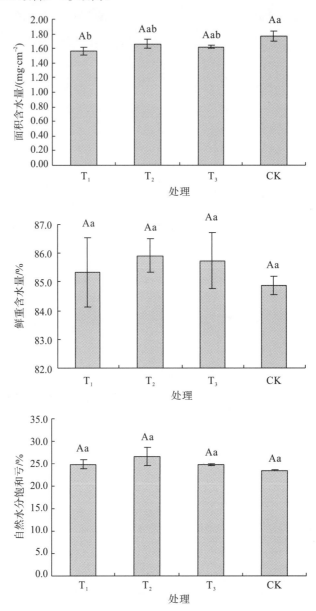

图 4-14　UV-B 辐射对 K326 叶片水分状况的影响

## 4.2.3　讨论

UV-B 辐射影响植物的发育进程(Reddy et al.，2004)。对 K326 生育进程的调查结果表明，$T_1$ 处理大部分植株还未现蕾，而其他处理植株均已进入现蕾—开花期，随 UV-B 辐射的增强，发育进程逐渐加快。$T_1$ 处理烟草的茎高和茎围也都最小。结果说明，UV-B 辐射在烟草生长发育中具有重要的调控作用，较低强度的 UV-B 辐射延缓烟草的正常发育，而适当高强度的 UV-B 辐射可促进烟草的正常生长发育，与 Yao 等(2006)对鞑靼荞麦(*Fagopyrum tataricum*)的研究结果相似。

外界环境中烟草植株较矮，节间距短，叶面积小而叶片较厚，具有较大的比叶重，但生长发育却未受到影响，表现出对强 UV-B 辐射的有效适应(Zuk-Golaszewska et al.，2003；Kakani et al.，2003a)。试验中，$T_2$ 和 $T_3$ 使 K326 的茎高、节间距明显伸长，叶片长、宽和叶面积也明显增大，说明减弱 25%～30% 的 UV-B 辐射对烟草生长的胁迫效应减弱。同时还可以看出(表 4-5)，在 $T_2$ 下烟叶大小及植株的茎围、节间距等达最大值，表明在减弱一定程度 UV-B 辐射范围内，存在一个对烟草生长最适的辐射强度(范围)。

强 UV-B 辐射水平下，植物叶片类黄酮和类胡萝卜素含量增高，可以过滤 UV-B 辐射或耗散过多的能量，或清除体内诱导产生的过量活性氧，对保护植物叶片内部组织和结构有很大作用(Awad et al.，2001；Carletti et al.，2003)。CK 烟叶类黄酮和类胡萝卜素含量均显著高于减弱 UV-B 辐射处理，而 MDA 含量却较低，表明自然环境下烟叶具有完善的保护机制，细胞膜系统伤害较小。对比 3 个减弱 UV-B 辐射处理可以发现(图 4-13)，在 $T_1$ 和 $T_2$ 条件下，尽管叶片类黄酮和类胡萝卜素含量都较低，但 MDA 含量也不高。相反，在 $T_3$ 条件下叶片类黄酮和类胡萝卜素含量较低，而丙二醛含量却显著高于其他处理。推测其原因，可能是在 $T_1$ 和 $T_2$ 条件下，烟叶受到的 UV-B 辐射胁迫较小，伤害较轻，不需增加类黄酮和类胡萝卜素含量来进行防护。$T_3$ 则不同，可能在此 UV-B 辐射条件下，烟叶细胞膜系统受到的过氧化伤害较严重，但其类黄酮和类胡萝卜素的保护作用有限，或其他的抗过氧化伤害机制尚不完善。结果说明，在低 UV-B 辐射和较高 UV-B 辐射下 K326 的伤害－保护平衡之间存在差异。

在强 UV-B 辐射下降低净光合速率也是植物对 UV-B 辐射的一种适应(侯扶江等，1998)，试验中，$T_2$ 条件下 K326 净光合速率最大，CK 最小，$T_1$ 和 $T_3$ 介于中间水平，与叶绿素含量的差异一致(图 4-10 和表 4-7)。强 UV-B 辐射下，植物可通过降低叶绿素含量减少对光的吸收，以降低净光合速率为代价来减少过高能量的光对植物光合机构的损伤。进一步对光响应曲线特征参数的分析则发现(表 4-6)，虽然 CK 的 $A_{max}$ 较减弱 UV-B 辐射处理略低，但其 LCP、LSP、$R_d$ 和 AQY 均较高，具有较强的强光适应能力和光能利用率，且较高的 $R_d$ 可增加对植物有保护作用的次生物质的合成，或为损伤的修复提供更多的底物和能量。相比之下，$T_1$ 和 $T_2$ 的 LCP 都处于典型阳生植物 LCP(20～40μmol·$m^{-2}$·$s^{-1}$)以下，$T_1$ 的 $R_d$ 和 AQY 均处于最低值，$T_2$ 虽然 $R_d$ 和 AQY 较高，但 LSP 最低，二者对强光辐射环境的适应能力都较弱。$T_3$ 则所有的光响应曲线参数都较高，表现出对环境较强的适应能力。

WUE 反映植物对生存环境的适应能力(上官周平和郑淑霞，2008)。试验中 CK 的 WUE 最高，明显高于各减弱 UV-B 辐射处理。前期研究也表明(纪鹏等，2009b)，外界较强的 UV-B 辐射对 WUE 的抑制强度较弱，二者结果一致，反映了 K326 对外界强辐射环境较强的适应能力。WUE 取决于碳固定与水分消耗的相对比例，即 $P_n$ 与 $T_r$ 的大小。试验中各处理净光合速率相差不大，而 CK 的蒸腾速率却明显低于各减弱 UV-B 处理，WUE 也明显高于其他处理，表明在外界高强度 UV-B 辐射下，K326 主要靠降低蒸腾速率来提高 WUE，但处理间 WUE 差异不大，说明在较大 UV-B 辐射强度范围内，减弱 UV-B 辐射对 K326 的水分利用和管理没有太大影响。

叶片水分状态与植物的各种生理代谢过程及抗逆性密切相关。尹聪和周青(2009)研究表明，增强 UV-B 辐射降低大豆叶片鲜重含水量。而本试验中，K326 叶片鲜重含水量与减弱 UV-B 辐射强度呈非线性变化，在 $T_2$ 条件下 K326 叶片鲜重含水量相对较高（图 4-14）。自然水分饱和亏是植物组织的实际含水量距离其饱和含水量差值的百分数，自然水分饱和亏愈大，说明水分亏缺愈严重，该指标能较好地比较植物保水能力的强弱（丁钰等，2008）。CK 烟叶较高的面积含水量和较低的自然水分饱和亏表明，该条件下烟叶对水分的需求较大，同时保水能力也较强，可以使烟叶能够很好地适应外界强辐射环境。因为水的比热容较大，单位面积叶片较高含量的水分可以减少高能量的 UV-B 辐射对植物组织和细胞的伤害，并加快生理代谢过程。$T_1$ 本身对水分的需求较少，保水能力也较强，$T_2$ 则水分含量高，但其保水能力最差，$T_3$ 与 $T_2$ 相比，保水能力则有所增强。

通过以上讨论看出，适当较高强度的 UV-B 辐射对促进烟草的生长和发育有重要作用，同时可提高烟草对 UV-B 辐射的适应性。烟草可通过改变形态特征、光合特性、防御机制和叶片水分状况等多种途径适应 UV-B 辐射强度的变化。试验条件下，$T_3$ 处理 K326 较 $T_1$ 和 $T_2$ 处理下的植株对 UV-B 辐射的适应能力强，但对烟草有利的 UV-B 辐射强度范围的确定尚需进一步的研究。

## 4.3　不同时期减弱 UV-B 辐射对烤烟部分生理生化特征的影响

地表 UV-B 辐射变化对作物的影响是全球变化研究中的一个重要方面。目前，研究 UV-B 辐射对植物的影响主要集中于植物对全生育期或部分生育期 UV-B 辐射变化的响应差异。在作物不同生长阶段（或时期）研究遮阴对作物的影响已有不少报道（刘贤赵和唐绍忠，2002；王庆材等，2006），而 UV-B 辐射对植物不同生育期的影响以及不同叶位对 UV-B 辐射响应的研究只有少数植物有报道。侯扶江等（2001）对黄瓜的研究表明，UV-B 辐射增强使黄瓜叶面积和叶干重下降的幅度与叶位高低呈正相关，老龄叶和幼龄叶含水量降幅较成年叶大，对光合作用的抑制程度随叶位升高而增加。朱媛等（2010）研究了 UV-B 辐射对灯盏花不同生长阶段生物量和药用有效成分产量的影响，发现花期增强 UV-B 辐射对灯盏花影响最大。陈建军等（2007）、罗丽琼等（2008）分别研究了 UV-B 辐射对割手密叶片和云南报春花的影响，结果表明丙二醛（MDA）含量存在生育期之间的差异。Calderini 等（2008）对小麦产量的研究表明，开花期或开花后增强 UV-B 辐射对小麦产量均没有显著影响。

减弱 UV-B 辐射是了解自然环境 UV-B 辐射对植物影响程度的一种较好的方法。前期通过全生育期不同梯度减弱 UV-B 辐射，对烤烟形态、生理生化、光合特性及抗氧化酶等进行了较系统的研究（王毅等，2010；陈宗瑜等，2010c，2010b；钟楚等，2010c；纪鹏等，2009b），发现 UV-B 辐射对烤烟的生长发育及生理过程都有较大的影响，但不同生育期减弱 UV-B 辐射对烤烟的影响以及不同叶位对 UV-B 辐射的响应还未见报道。本书拟研究烤烟不同生育期减弱 UV-B 辐射后，不同叶位部分生理生化指标的变化，旨在了解 UV-B 辐射对各指标影响的主要时期，并为深入认识和合理评价云南地区 UV-B 辐射对烤烟的影响提供科学依据。

### 4.3.1　材料与方法

#### 4.3.1.1　试验材料及处理

试验在云南省玉溪市通海县($24°07'$N，$102°45'$E，海拔 1806m)四街镇进行。以玉溪烟区广栽烤烟品种 K326 为试验材料，漂浮育苗，于 2010 年 4 月 27 日移栽至大田，株行距为 50cm×120cm，按优质烤烟生产技术进行栽培管理。试验地为菜地，前茬作物为白菜，轻壤土，pH 为 6.3，有机质为 34.8g·$kg^{-1}$，碱解氮为 226mg·$kg^{-1}$，速效磷为 82mg·$kg^{-1}$，速效钾为 256mg·$kg^{-1}$。烤烟大田生育期为 5 月 1 日~8 月 31 日，该地主要气象要素值如表 4-8 所示(由云南省气候中心提供)。

表 4-8　通海 2010 年烤烟大田生育期(5~8 月)主要气候要素

| 要素 | 5 月 | 6 月 | 7 月 | 8 月 |
| --- | --- | --- | --- | --- |
| 降水量/mm | 77.9 | 72.9 | 120.3 | 35.5 |
| 平均气温/℃ | 21.5 | 20.7 | 21.0 | 20.1 |
| 日照时数/h | 285.0 | 189.0 | 161.0 | 185.0 |

待烤烟进入旺长期时开始处理。在试验地上方搭建长 20m、宽 5m、高 2.2m 的大棚，并覆盖厚度为 0.06mm 的透明聚乙烯薄膜，可获得接近自然环境的 UV-B 辐射强度。棚下部东西两侧留出约 1m 的高度及南北方向敞开用于通风透气。

在烤烟大田生育期不同阶段加盖 Mylar 膜，以滤除大部分的 UV-B 辐射，作为减弱 UV-B 辐射处理。将试验地等分为 4 个处理小区，分别作为处理 1($T_1$)、处理 2($T_2$)、处理 3($T_3$)和对照(CK)。$T_1$ 在旺长期加盖 Mylar 膜，至进入生理成熟期(打顶后 1 周)结束(6 月 24 日~7 月 13 日，$S_1$)；随后揭去 $T_1$ 的 Mylar 膜，同时对 $T_2$ 小区加盖 Mylar 膜，至工艺成熟初期(下部烟叶落黄)结束(7 月 14 日~7 月 29 日，$S_2$)；然后揭去 $T_2$ 的 Mylar 膜，同时对 $T_3$ 小区加盖 Mylar 膜，直至工艺成熟中期(中部烟叶落黄)结束(7 月 30 日~8 月 15 日，$S_3$)。以全生育期不加盖 Mylar 膜作为 CK，减弱 UV-B 辐射处理为 $S_1T_1$、$S_2T_2$ 和 $S_3T_3$，$S_2T_1$、$S_3T_1$ 和 $S_3T_2$ 则可视为减弱 UV-B 辐射后的恢复处理。

在每个处理结束时采样，进行各生理生化指标的测定，$T_1$ 和 $T_2$ 在揭去 Mylar 膜后仍与后面的处理同步采样。各处理每次选取长势一致的烟株 3 株，作为 3 个重复，分别取每株第 8、第 12 和第 16 叶位(从下往上数)的有效叶片(取样之前挂牌标记，叶片未完全展开或被采烤后不取)，分别代表下、中、上部叶片。

#### 4.3.1.2　测定项目和方法

**1. UV-B 辐射和光照度**

在烤烟不同处理时段选取 3 个晴天，参考钟楚等(2010a)的方法测定 CK 与加盖 Mylar 膜后的 UV-B 辐射强度和光照透过率(%)。测定时间为 8:30~17:00，每次测定重复 3 次，取平均值，最后将 3 天测得的数据平均，代表各处理 UV-B 辐射和光照度强度的透过率(%)。UV-B 辐射强度(mW·$cm^{-2}$)由法国生产的 Radiometer 紫外辐射仪(标准带宽为 295～395nm，中心波长为 312nm)测定，光照度由 ZDS-10 型自动量程照度计(上海学联仪表厂生产)测定，测定时仪器探头离地面约 1.5m 高，相当于打顶后烟株顶部的高度，探头平面与地面平行。

　　由图 4-15 可见，加盖 Mylar 膜后棚内的 UV-B 辐射强度明显减弱，8:30～17:00 的平均透过率为 39.59%，比 CK(81.70%)降低了 42.11 百分点；同时，相应地加盖 Mylar 膜后棚内的光照度透过率为 74.14%，仅比对照(81.65%)降低了 7.51 百分点，说明加盖 Mylar 膜有明显的滤减 UV-B 辐射强度的作用，但光照度的改变较小。按照自然环境下逐日太阳 UV-B 辐射测定(罗丽琼等，2008)的方法，测定时间为每日的 11:30～12:30，3 个处理时段平均 UV-B 辐射强度分别为 0.435mW·cm$^{-2}$、0.316mW·cm$^{-2}$ 和 0.490mW·cm$^{-2}$。

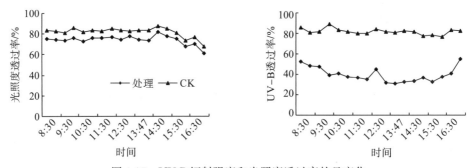

图 4-15　UV-B 辐射强度和光照度透过率的日变化

2. 生理指标测定

　　(1)光合色素采用丙酮:无水乙醇(1:1，$V:V$)浸提－比色法(邹琦，1995)，通过测定 663nm、646nm 和 470nm 处的吸光值计算叶绿素 a、叶绿素 b 和类胡萝卜素的单位叶面积含量。

$$C_a = 12.21A_{663} - 2.81A_{646} \tag{4-12}$$

$$C_b = 20.13A_{646} - 5.03A_{663} \tag{4-13}$$

$$C_c = (1000A_{470} - 3.27C_a - 104C_b)/229 \tag{4-14}$$

叶片光合色素含量(mg·dm$^{-2}$) = (提取液中各色素含量 × 提取液总量)/叶片面积 × 1000

$$\tag{4-15}$$

式中，$A_{663}$、$A_{646}$、$A_{470}$ 分别为 663nm、646nm 和 470nm 波长下提取液的吸光值；$C_a$、$C_b$、$C_c$ 分别为提取液中叶绿素 a、叶绿素 b 和类胡萝卜素的含量(mg·L$^{-1}$)。

　　(2)类黄酮参考 Nogués 等(1998)的方法，稍作改动。称取鲜叶 0.2g 剪碎，放入 10ml 试管中，加入 5ml 酸化甲醇溶液(盐酸:甲醇=1:99，$V:V$)，在暗处 4℃ 浸提 24h，吸取 0.2ml 浸提液，用蒸馏水定容至 10ml，测定溶液在 300nm 处的吸光值，类黄酮含量以 OD$_{300}$·g$^{-1}$ 表示。

　　(3)丙二醛含量采用硫代巴比妥酸比色法(Hilal et al.，2008)。称取 0.5g 鲜叶，将其放在研钵中，加入 1ml、0.05mol·L$^{-1}$、pH=7.8 的磷酸缓冲液研磨成匀浆，将匀浆转移到 10ml 刻度离心管中，用磷酸缓冲液将匀浆洗入离心管中，2000r·min$^{-1}$ 下离心 20min，倒出上清液并定容至 10ml。从提取液中吸取 1.5ml 的待测液于备用试管中，加入 0.5% 硫代巴比妥酸溶液 2.5ml，摇匀。将试管放入沸水浴中煮沸 10min。待试管内溶液冷却后，3000r·min$^{-1}$ 下离心 10min，测定上清液在 532nm、600nm、450nm 处的吸光值。

$$反应液中 MDA 含量(\mu mol·L^{-1}) = 6.45(A_{532} - A_{600}) - 0.56A_{450} \quad (4-16)$$

$$叶片中 MDA 含量(\mu mol·g^{-1}) = (反应液中 MDA 含量 \times 稀释倍数 \times V)/W \quad (4-17)$$

式中，$A_{532}$、$A_{600}$、$A_{450}$ 分别为相应波长下的吸光值；$V$ 为反应体系溶液体积(ml)；$W$ 为样品质量(g)；稀释倍数 = 总提取液体积/吸取液体积。

(4) 比叶重和叶片水分含量的测定和计算参照 Barrs 和 Weatherley(1962) 的方法。用打孔器取一定面积的叶圆片，称其鲜重后，放入烘箱中 105℃ 杀青，60℃ 烘烤 48h，冷却，再次称重。

$$比叶重(mg·cm^{-2}) = W_d/叶面积 \quad (4-18)$$

$$叶片含水量(\%) = (W_f - W_d) \times 100/W_f \quad (4-19)$$

式中，$W_f$、$W_d$ 分别表示叶圆片的鲜重(mg)和干重(mg)。

### 4.3.1.3 数据处理

数据经 Microsoft Excel 2003 整理，减弱 UV-B 辐射处理和对照间烟叶生理生化指标的差异显著性用 T 检验，在 DPSv7.05 数据处理系统中进行。数据以平均值±标准误差表示。

## 4.3.2 结果与分析

### 4.3.2.1 烟叶含水量对 UV-B 辐射减弱的响应

由图 4-16 可见，总体上烟叶含水量随生育期进程增加而呈略下降的趋势，但变化幅度较小，叶位之间差别也不大。从叶位来看，下部叶旺长期($S_1$)和生理成熟期($S_2$)的水分含量较 CK 均有提高[图 4-16(a)]，其中 $S_2T_2$ 提高最大，为 5.77%。由于到工艺成熟期($S_3$)时下部叶片已经被采烤，故图中只有 $S_1$ 和 $S_2$ 阶段的数据(以下指标均同)。中部叶各时期变化不一[图 4-16(b)]，旺长期($S_1$)和工艺成熟期($S_3$)的叶片水分含量均降低($S_3T_1$ 除外)，而生理成熟期($S_2$)叶片水分含量提高。上部叶生理成熟期($S_2$)和工艺成熟期($S_3$)的叶片水分含量均降低[图 4-16(c)]，其中 $S_3T_3$ 降低最大，为 8.83%，其次是 $S_3T_2$，为 3.96%。由于在旺长期($S_1$)时第 16 叶片还没有完全展开，故图中只有 $S_2$ 和 $S_3$ 阶段的数据(以下指标均同)。

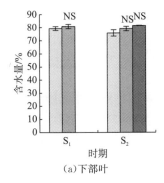

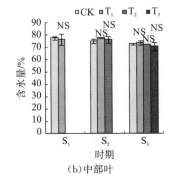

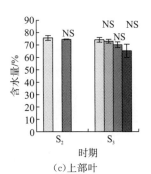

图 4-16 各处理叶片含水量的变化比较

注：$S_1$ 为旺长期，$S_2$ 为生理成熟期，$S_3$ 为工艺成熟期；图中 NS 表示各处理与 CK 差异不显著，下同。

#### 4.3.2.2　烟叶比叶重对 UV-B 辐射减弱的响应

由图 4-17 可见，烤烟各叶位比叶重随生育进程推进而呈较明显的逐渐上升趋势，上升幅度在叶位间存在一定差异，尤其是处理后，中、上部叶上升趋势较下部叶明显。下部叶旺长期($S_1$)和生理成熟期($S_2$)处理后的比叶重均较 CK 降低，其中 $S_2$ 时期下降更为明显，$S_2T_1$、$S_2T_2$ 分别较 CK 降低 23.71％和 26.29％[图 4-17(a)]。中部叶各时期 $T_1$ 的比叶重均较 CK 降低，$T_2$ 和 $T_3$ 的比叶重稍有提高[图 4-17(b)]。上部叶生理成熟期($S_2$)和工艺成熟期($S_3$)处理后的比叶重均有提高[图 4-17(c)]，其中 $S_3T_3$ 提高最为明显，较 CK 提高了 38.23％，$S_3$ 时期随减弱 UV-B 辐射处理时期推后，比叶重逐渐上升。

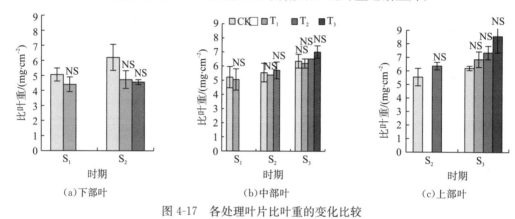

图 4-17　各处理叶片比叶重的变化比较

#### 4.3.2.3　烟叶光合色素对 UV-B 辐射减弱的响应

由表 4-9 可知，随烤烟大田生育期推进，同一叶位叶绿素 a(Chl-a)、叶绿素 b(Chl-b)含量逐渐降低，而在同一生育期，随叶位的上升，Chl-a 和 Chl-b 含量均呈增加的趋势，但这种趋势受减弱 UV-B 辐射的影响，在生理成熟期($S_2$)时中部叶 Chl-a 和 Chl-b 含量反而较下部叶低。

旺长期($S_1$)减弱 UV-B 辐射使下部叶 Chl-a、Chl-b 含量均降低，Chl-b 降幅大于 Chl-a；生理成熟期($S_2$)减弱 UV-B 处理均提高了 Chl-a 和 Chl-b 含量，Chl-a 的上升幅度大于 Chl-b，$S_2T_1$ 的 Chl-a 较 CK 略有提高，而 Chl-b 则略有下降。中部叶在处理或恢复 UV-B 辐射后，Chl-a、Chl-b 含量在 $S_1$ 和 $S_2$ 时期均降低，其中 $S_2T_1$ 的 Chl-b 与 CK 差异达显著($P<0.05$)；到工艺成熟期($S_3$)，$S_3T_2$ 和 $S_3T_3$ 的 Chl-a 都提高，而 $S_3T_1$ 与 CK 差别不大，$S_3T_3$ 的 Chl-b 略有增加，但 $S_3T_1$ 和 $S_3T_2$ 都较 CK 低。上部叶 Chl-a、Chl-b 含量在生理成熟期($S_2$)减弱 UV-B 辐射时均降低，但工艺成熟期($S_3$)却提高，且随处理时间推后，Chl-a 和 Chl-b 含量有逐渐上升的趋势。

类胡萝卜素(Car)含量随着叶位的升高明显增加，随着生育期的推进而明显降低。不同生育期减弱 UV-B 辐射后，下部叶 Car 含量均提高，$S_2T_1$ 的 Car 含量也高于 CK。中部叶在旺长期($S_1$)和工艺成熟期($S_3$)减弱 UV-B 辐射处理后，Car 含量较 CK 稍有提高，但在生理成熟期($S_2$)却显著降低($P<0.05$)。恢复 $T_1$ 的 UV-B 辐射后($S_2T_1$ 和 $S_3T_1$)，Car 含量仍比 CK 低，其中 $S_2T_1$ 与 CK 差异显著($P<0.05$)。上部叶 Car 含量在弱的 UV-B 环境下均提高，$T_1$ 进入 $S_3$ 阶段后 Car 含量低于 CK。

**表 4-9　不同部位叶片各时期光合色素含量的变化**

| 指标 | 处理 | 下部叶 | | 中部叶 | | | 上部叶 | |
|---|---|---|---|---|---|---|---|---|
| | | $S_1$ | $S_2$ | $S_1$ | $S_2$ | $S_3$ | $S_2$ | $S_3$ |
| Chl-a | CK | 2.74±0.10 | 2.30±0.10 | 3.03±0.14 | 2.96±0.24 | 1.37±0.15 | 2.97±0.39 | 1.75±0.17 |
| | $T_1$ | 2.72±0.19 | 2.35±0.20 | 2.92±0.19 | 2.28±0.14 | 1.37±0.19 | | 1.75±0.16 |
| | $T_2$ | | 2.52±0.16 | | 2.45±0.14 | 1.66±0.30 | 2.76±0.09 | 1.97±0.23 |
| | $T_3$ | | | | | 1.97±0.21 | | 2.18±0.09 |
| Chl-b | CK | 0.97±0.12 | 0.75±0.08 | 0.98±0.04 | 0.82±0.05 | 0.61±0.14 | 1.04±0.12 | 0.62±0.05 |
| | $T_1$ | 0.87±0.06 | 0.73±0.06 | 0.92±0.03 | 0.60±0.05* | 0.44±0.04 | | 0.63±0.03 |
| | $T_2$ | | 0.77±0.06 | | 0.74±0.03 | 0.57±0.09 | 0.82±0.03 | 0.66±0.05 |
| | $T_3$ | | | | | 0.65±0.09 | | 0.76±0.03 |
| Car | CK | 0.62±0.04 | 0.54±0.06 | 0.72±0.01 | 0.74±0.03 | 0.41±0.03 | 0.74±0.08 | 0.51±0.02 |
| | $T_1$ | 0.65±0.03 | 0.59±0.02 | 0.76±0.01 | 0.64±0.02* | 0.38±0.02 | | 0.45±0.01 |
| | $T_2$ | | 0.56±0.03 | | 0.62±0.03* | 0.47±0.03 | 0.78±0.02 | 0.57±0.01 |
| | $T_3$ | | | | | 0.48±0.03 | | 0.57±0.02 |

注：* 表示处理与 CK 间差异显著（$P<0.05$）。根据试验采样设计，$S_1T_2$、$S_1T_3$ 和 $S_2T_3$ 没有试验数据；$S_3$ 时期下部叶已采烤，因此下部叶只有 $S_1$ 和 $S_2$ 两个时期；$S_1$ 时期上部叶（第 16 叶位）还未完全展开，因此上部叶只有 $S_2$ 和 $S_3$ 两个时期。

#### 4.3.2.4　烟叶类黄酮含量对 UV-B 辐射减弱的响应

烟叶类黄酮含量在时期和叶位间的差异较大，生理成熟期（$S_2$）是中、下部烟叶类黄酮含量最低的时期，下部叶类黄酮含量明显低于中、上部叶（图 4-18）。

从叶位来看，下部叶减弱 UV-B 辐射后，$T_1$ 叶片类黄酮含量提高，即使恢复 UV-B 辐射，仍较 CK 高，而 $T_2$ 则降低[图 4-18(a)]。中部叶旺长期（$S_1$）和生理成熟期（$S_2$）类黄酮含量均降低，以 $S_1T_1$ 降低幅度最大，达 30.60%，而工艺成熟期（$S_3$）均提高，且以 $S_3T_2$、$S_3T_3$ 提高最为明显[图 4-18(b)]。上部叶减弱 UV-B 辐射后，生理成熟期（$S_2$）和工艺成熟期（$S_3$）叶片类黄酮含量均有提高，$S_3$ 提高效果较 $S_2$ 明显[图 4-18(c)]。

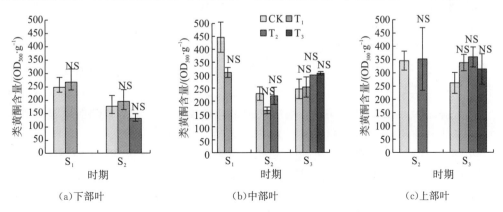

图 4-18　各处理叶片类黄酮含量的变化比较

4.3.2.5 烟叶丙二醛含量对 UV-B 辐射减弱的响应

由图 4-19 可见，叶位之间丙二醛含量差别不大，中部叶各时期差异最明显，生理成熟期($S_2$)丙二醛含量高于旺长期($S_1$)和工艺成熟期($S_3$)。

从处理后各叶位的变化情况来看，下部叶减弱和恢复 UV-B 辐射后，旺长期($S_1$)和生理成熟期($S_2$)丙二醛含量均降低，$S_1T_1$ 与 CK 差异达显著水平($P<0.05$)[图 4-19(a)]。中部叶减弱和恢复 UV-B 辐射后，旺长期($S_1$)和生理成熟期($S_2$)丙二醛含量均降低，而工艺成熟期($S_3$)丙二醛含量稍有提高[图 4-19(b)]。上部叶生理成熟期($S_2$)减弱 UV-B 辐射后丙二醛含量稍有降低，而工艺成熟期($S_3$)丙二醛含量略降低，但恢复 UV-B 辐射的 $S_3T_1$ 和 $S_3T_2$ 都提高[图 4-19(c)]。

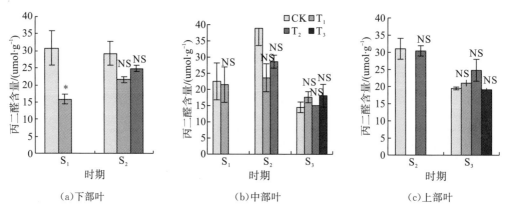

图 4-19 各处理叶片丙二醛含量的变化比较

## 4.3.3 讨论

植物体内的水分状况与自身的生理活动及生长发育密切相关，许多代谢过程都要以水作为原料和媒介，叶片中含水量过低会引起植物生理活动的紊乱。UV-B 辐射影响植物叶片含水量(尹聪和周青，2009)。陈宗瑜等(2010b)研究发现，全生育期减弱 UV-B 辐射后，提高了烟叶鲜重含水量。本试验结果与文献(陈宗瑜等，2010b)存在一定差异，可能是烤烟不同生育期对 UV-B 辐射的敏感差异性所致。试验中，分别在生理成熟期($S_2$)和工艺成熟期($S_3$)减弱 UV-B 辐射处理对下部叶和中部叶的含水量影响最大，说明这两个时期烟叶含水量对 UV-B 辐射反应相对较敏感。恢复 UV-B 辐射后，$T_1$ 下部和中部叶含水量都较 CK 有所提高($S_2T_1$ 和 $S_3T_1$)，而 $T_2$ 中部和上部叶含水量较 CK 低($S_3$)，表明旺长期($S_1$)减弱 UV-B 辐射对烟叶含水量的影响较小，后期可以很快恢复，而生理成熟期($S_2$)后可能需要一定强度的 UV-B 辐射以提高烟叶水分含量。上部叶含水量表现出与中部叶明显相反的对 UV-B 辐射的响应，上部叶需要较强的 UV-B 辐射以提高叶片含水量，可能与 UV-B 辐射的防御适应有关(陈宗瑜等，2010b)。

比叶重(LMA)反映植物对生长光环境的适应能力(Rosati et al.，1999)，同时也反映植物养分利用和贮藏方式的差异(范晶等，2003)。相同面积的叶片，LMA 越大则同化物越多，产量越高。钟楚等(2010c)研究全生育期减弱 UV-B 辐射对烟草影响时发现，随 UV-B 辐射的降低，烟叶 LMA 呈下降趋势。本试验中仅发现下部叶两个时期和中部叶旺长期($S_1$)减弱 UV-B 辐射时烟叶 LMA 下降，上部叶 LMA 反而增加。从图 4-17 可以看出，旺长期($S_1$)减弱 UV-B 辐射后，即使恢复了 UV-B 辐射，下部和中部叶 LMA 仍较 CK 低，表明旺长期($S_1$)提供适当较强的 UV-B 辐射对中、下部叶片有机物质的积累有重要作用。相反，生理成熟($S_2$)和工艺成熟期($S_3$)对 UV-B 辐射的需求相对较少。

光合色素是叶绿体中捕捉、转化和传递光能的重要组成成分。试验结果表明，减弱 UV-B 辐射后，下部叶在生理成熟期($S_2$)叶绿素 a、叶绿素 b 含量增加，而中部叶在旺长期($S_1$)和生理成熟期($S_2$)叶绿素 a、叶绿素 b 含量下降，与陈宗瑜等(2010b)、钟楚等(2010c)全生育期减弱 UV-B 辐射处理的研究结果类似。所不同的是，中部和上部叶均在工艺成熟期($S_3$)减弱 UV-B 辐射后叶绿素 a、叶绿素 b 含量上升，且随处理时间的推后，二者都有逐渐上升的趋势。此外，中部叶在旺长期($S_1$)处理后，即使在生理成熟期($S_2$)恢复 UV-B 辐射，叶绿素 a、叶绿素 b 含量仍较 CK 低，结果说明，工艺成熟期($S_3$)之前适量较强的 UV-B 辐射对中部叶合成叶绿素 a、叶绿素 b 有重要作用，符合黄勇等(2009)、刘敏等(2007)的研究结论，但生理成熟期($S_3$)对 UV-B 辐射的需求较少。

丙二醛常被用来表示细胞膜脂过氧化和植物衰老的指标及对逆境环境条件反应的强弱。植物体内类黄酮含量的累积和类胡萝卜素含量增加则对清除体内过多的活性氧、保护细胞膜结构有重要作用(梁滨和周青，2007；Yang et al.，2008)。试验中，除工艺成熟期($S_3$)外，减弱 UV-B 辐射处理后，烟叶丙二醛含量均下降，与陈宗瑜等(2010b)全生育期处理研究结果一致，即使恢复了 UV-B 辐射，丙二醛含量仍较 CK 低。结果表明，工艺成熟期($S_3$)之前减弱 UV-B 辐射可缓解烟叶的膜脂过氧化伤害，且具有短期的影响滞后性。中部和下部叶类黄酮和类胡萝卜素含量与丙二醛含量基本呈相反的变化，可能类黄酮和类胡萝卜素对丙二醛的变化起到一定作用，类胡萝卜素含量在减弱 UV-B 辐射后基本都较 CK 增加，与陈宗瑜等(2010b)、钟楚等(2010c)全生育期处理研究结果相反。仅中部叶在生理成熟期($S_2$)处理后类胡萝卜素含量下降，而且旺长期($S_1$)处理后恢复了 UV-B 辐射，类胡萝卜素含量仍低于 CK，表明旺长期($S_1$)和生理成熟期($S_2$)较强的 UV-B 辐射对中部叶类胡萝卜素的合成有利。

从以上分析可以看出，UV-B 辐射对烟叶不同叶位生理生化指标的影响存在一定差异。旺长期($S_1$)减弱 UV-B 辐射对烟叶水分含量影响较小，但提高烟叶 LMA 则需较强的 UV-B 辐射。旺长期($S_1$)和生理成熟期($S_2$)适量较强的 UV-B 辐射可促进叶绿素和类胡萝卜素的合成，尤其是中部叶位。旺长期($S_1$)和生理成熟期($S_2$)减弱 UV-B 辐射可缓解烟叶膜脂过氧化伤害，MDA 的变化与类黄酮和类胡萝卜素有一定关系，但保护作用有限。

# 第5章 滤减UV-B辐射对烟叶腺毛和蛋白质组变化的影响

## 5.1 滤减UV-B辐射对烟叶腺毛发育和密度动态变化的影响

大气臭氧衰减导致的UV-B辐射增强对植物形态以及细胞微结构，乃至分子水平等都有很大影响(Kakani et al.，2003a；钟楚等，2009；王红星等，2010)。叶片是植物接收UV-B辐射的主要器官，也是UV-B辐射伤害植物的主要部位。植物表皮毛(或腺毛)作为植物叶片表皮上过滤UV-B辐射的一道重要屏障，具有分泌紫外线吸收物质(Semerdjieva et al.，2003)及过滤、吸收紫外辐射的作用(Karabourniotis and Bornman，1999；Liakopoulos et al.，2006；Yamasaki et al.，2007)，可以防止高能量的紫外线进入叶肉组织造成进一步的伤害。UV-B辐射对植物表皮毛(或腺毛)的影响因植物种类和品种的不同而有很大差异，UV-B辐射可导致植物表皮毛(或腺毛)密度增加或降低(Furness et al.，1999；Semerdjieva et al.，2003)。烟草腺毛广泛分布于植株叶片和茎秆，尤以叶片最多，能分泌精油、树脂、蜡质等物质，这些物质不仅对病虫害防护有一定的作用(Johnson，1985；Amme et al.，2005)，同时与烟叶香气质和香气量的形成密切相关(韩锦锋等，1995)。通常，腺毛密度大、发育状况好的烟叶，其相应的分泌物也较多，香气浓郁、醇厚、饱满。目前，有关烟叶腺毛的大量研究主要集中于生态环境、栽培措施和品种选育等方面(王伟等，2007)，而UV-B辐射对烟叶腺毛影响的研究少见报道。

云南地处低纬度、高海拔地区，太阳紫外辐射强且具有明显的时空分布特征(周平和陈宗瑜，2008)。云南也是我国优质烟的主要产区之一，笔者前期已对该地区高海拔烟区UV-B辐射对烟草生长和光合生理的影响作了初步探讨(纪鹏等，2009a；纪鹏等，2009b；董陈文华等，2009；钟楚等，2010a)，但强烈的紫外辐射对烟草品质的潜在影响尚不清楚。通过不同UV-B辐射下烟叶腺毛形态和密度的动态变化进行电镜扫描观察和分析，旨在了解低纬高原地区UV-B辐射对烟叶腺毛形态和发育的影响，为完善烟草生态适应性评价指标体系提供理论依据。

### 5.1.1 材料与方法

#### 5.1.1.1 试验材料与处理

试验在云南省玉溪市通海县桑园育苗场($102°45'$E，$24°07'$N，海拔为1806.0m)进行。采用盆栽试验，盆规格为盆口直径40cm、盆底直径35cm、盆高40cm，供试品种为K326。试验土壤为菜地土，pH为7.79，有机质为54.5mg·$kg^{-1}$，速效氮、磷、钾分别为 138.0mg・kg$^{-1}$、149.2mg・kg$^{-1}$ 和 416.1mg・kg$^{-1}$。试验前土壤经"爱土 20％可湿性粉剂"（山东荣邦化工有限公司生产）和"土壤菌虫净"（山东安特农业技术有限公司生产）消毒后晾干，装盆，每盆装土 20kg。于 2008 年 5 月 9 日选取健壮、长势均一的烟苗移栽至盆，每盆栽 1 株，单株底肥施烟草专用肥（N：P$_2$O$_5$：K$_2$O=12：6：24）47g、钙镁磷肥 47g，追肥施烟草专用肥 20g、硫酸钾 8g，期间施烟草提苗肥（N：P$_2$O$_5$：K$_2$O=12：6：24）3 次。按大田栽培管理方式，种植密度为 16500 株・hm$^{-2}$。

试验设 4 处理：T$_1$ 为覆盖 0.040mm 聚乙烯膜；T$_2$ 为覆盖 0.068mm 聚乙烯膜；T$_3$ 为覆盖 Mylar 膜，以不覆盖膜作为对照（CK）（为便于雨水通透，在各覆膜的顶部用电烙铁烫成分布均匀、孔距 20cm×20cm、直径约 0.5cm 的小孔），每处理 20 盆。覆膜处理上方搭长 5m、宽 3.5m、高 1.8m 的矩形架用于盖膜，矩形架顶部及四周分别覆盖相应的膜，覆膜处理四周下部至地面留出 90cm，内部南北向相通，以利于通风，尽量维持相对一致的小气候环境。4 处理南北方向随机排列，各处理间的植株相隔 1.5m，以消除各膜之间的相互影响。在试验期间选取典型天气条件，分别在五个不同阶段定时测定不同膜处理内外 150cm 高处的 UV-B 辐射强度（mW・cm$^{-2}$，法国产 Radiometer 紫外辐射仪，标准带宽为 295～395nm，中心波长为 312nm）和光照度（lx，上海学联仪表产生产的 ZDS-10 型自动量程照度计）。全生育期为 8：00～18：00，各处理内部 UV-B 辐射强度透过率变化如图 5-1(a)所示，光照度透过率变化如图 5-1(b)所示。T$_1$、T$_2$、T$_3$ 的 UV-B 平均透过率分别约为 75％、50％、35％，光照度平均透过率分别约为 79％、72％和 76％。

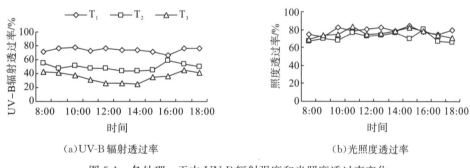

(a)UV-B 辐射透过率　　　　　　　　　　(b)光照度透过率

图 5-1　各处理一天中 UV-B 辐射强度和光照度透过率变化

### 5.1.1.2　样品处理

选择生长发育正常、健康、有代表性的烟株，于烟草生长的开花期（7 月 10 日）、生理成熟期（7 月 22 日）、工艺成熟前期（8 月 1 日）和工艺成熟后期（8 月 22 日）对中部第 8 片有效叶片（从下往上数）分别取样。取叶片中部主脉与叶缘的中央位置侧脉之间的部位，大小约为 5mm×5mm，每处理每次取 2 株，每株 2 片（叶片对称位置）。取下后立即投入 2.5％戊二醛磷酸缓冲液（pH＝7.2）中，使样品完全被溶液浸泡，低温保存并带回实验室，置于 4℃冰箱中固定 72h 以上，待用。

样品采用 CO$_2$ 临界点干燥法进行制样，具体方法如下：

(1)漂洗。将样品从固定液中取出，迅速置于 1.5ml 的离心管中，用缓冲液充分洗涤 4 次，每次 15～20min。

(2)脱水。用 10％、20％、30％、50％、60％、70％（过夜）、80％、90％、100％无

水乙醇逐级脱水，每级 15min，100％乙醇进行 3 次，每次 10min。

（3）置换。用醋酸异戊酯进行置换，无水乙醇和醋酸异戊酯的比例依次为 3∶1、1∶1、1∶3，每一阶段的置换时间为 20～30min，用 100％醋酸异戊酯置换 3 次，每次 15～20min。

（4）临界点干燥。将样品取出，用滤纸吸去多余的处理液，于半干半湿状态下包好，立即放入已经预冷（4℃以下）的日立 HCP-2 临界点干燥仪样品室内进行 $CO_2$ 临界点干燥。

（5）镀膜。将制备好的样品放在解剖镜下，分别区分上、下表皮，用双面胶带粘到样品台上，用日立 E-1010 型离子溅射仪镀膜后置于 KYKY-3200 扫描电镜下观察，拍照。

上、下表皮分别选取 3～5 个 100 倍视野，每个视野随机圈定不同样方统计长柄腺毛、无头腺毛和短柄腺毛数量，并分别计算各类腺毛和总腺毛密度（根·$mm^{-2}$）。

### 5.1.1.3　数据分析

数据经 Microsoft Excel 2003 整理，利用 SPSS 17.0 统计软件进行单因素方差分析（One -way ANOVA），在 $P<0.05$（显著）和 $P<0.01$（极显著）水平上进行多重比较（LSD 法）。数据以平均值±标准误（S. E.）表示。

## 5.1.2　结果与分析

### 5.1.2.1　腺毛形态

烤烟 K326 腺毛类型主要有长柄腺毛、无头腺毛和短柄腺毛 3 种［图 5-2（a）和图 5-2（b）］。分枝腺毛多出现在白肋烟和红花大金元等品种中（孔光辉等，2007；周群等，2009），在 K326 品种中未有报道。而在本试验中，偶有观察到分枝腺毛［图 5-2（c）］，腺毛分枝后一枝头部发育成熟，头部膨大，另一头正处于发育过程中，头部膨大不明显。

烟叶上、下表皮腺毛形态有较大差异。下表皮腺毛较上表皮密集，在相同的放大倍数下，上表皮的腺毛长度及大小均大于下表皮。上表皮 $T_3$ 腺毛长度和疏密程度也与其他处理有较大差异，其腺毛长度较短，且较稀疏。CK 叶片上、下表皮腺毛疏密程度变化也与减弱 UV-B 处理差异明显，前期较密而后期腺毛数量明显减少。

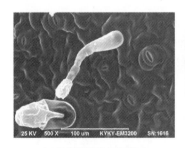

（a）长柄腺毛和短柄腺毛　　　　（b）无头腺毛　　　　（c）分枝腺毛

图 5-2　烟叶腺毛的不同类型

#### 5.1.2.2　减弱 UV-B 辐射对烟叶腺毛发育的影响

具有分泌功能的腺毛在成熟过程中要经历腺头开裂—泌溢—干缩—脱落的过程。本试验只比较了开花期长柄腺毛腺头的差异，以此反映 UV-B 辐射对腺毛发育的影响。由图 5-3 可以看出，$T_1$、$T_2$ 和 CK 腺头已出现干缩，而 $T_3$ 的腺头细胞还清晰可辨，细胞饱满，表明腺头还未进入分泌过程，腺毛的发育延迟。

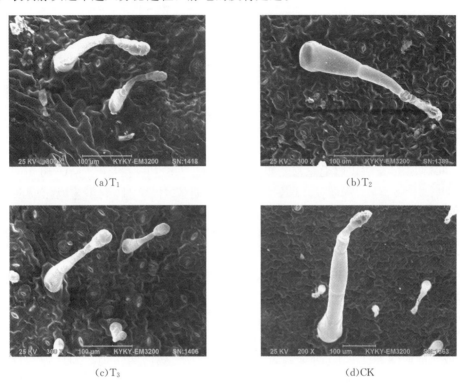

(a)$T_1$　　　　　　　　　　　　　　　　(b)$T_2$

(c)$T_3$　　　　　　　　　　　　　　　　(d)CK

图 5-3　UV-B 辐射对开花期腺毛发育的影响

#### 5.1.2.3　减弱 UV-B 辐射对不同时期烟叶腺毛总密度的影响

**1. 烟叶上表面腺毛总密度**

如图 5-4 所示，CK 烟叶上表皮腺毛总密度随烤烟生育进程呈直线下降，$T_1$ 和 $T_2$ 变化趋势一致，开花期(7 月 10 日)较高，生理成熟期(7 月 22 日)则下降，到工艺成熟前期(8 月 1 日)又略有增加，工艺成熟后期(8 月 22 日)降低，整体呈下降趋势。$T_3$ 在开花期(7 月 10 日)—工艺成熟前期(8 月 1 日)上表皮总腺毛密度逐渐上升，在工艺成熟前期(8 月 1 日)达最大值，随后又下降。

开花期(7 月 10 日)上表皮总腺毛密度为 $T_2>$CK$>T_1>T_3$，$T_3$ 与 CK 差异极显著，而 $T_1$ 和 $T_2$ 与 CK 没有显著差异；减弱 UV-B 辐射处理间，$T_2$ 与 $T_1$ 和 $T_3$ 差异极显著，$T_1$ 与 $T_3$ 也差异显著。生理成熟期(7 月 22 日)$T_2$ 和 CK 腺毛总密度较高而 $T_3$ 和 $T_1$ 较低，$T_1$ 与 CK 差异显著，$T_2$ 和 $T_3$ 与 CK 差异不显著；减弱 UV-B 处理间 $T_1$ 与 $T_2$ 差异显著。工艺成熟前期(8 月 1 日)上表皮总密度为 $T_3>T_2>T_1>$CK，$T_2$、$T_3$ 与 CK 差异极

显著；减弱 UV-B 辐射处理间 $T_1$ 与 $T_2$ 和 $T_3$ 差异显著。工艺成熟后期(8 月 22 日)所有处理之间均无显著差异，以 CK 总密度最低。

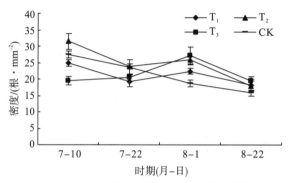

图 5-4　UV-B 辐射对上表皮腺毛总密度的影响

**2. 烟叶下表皮腺毛总密度**

不同时期烟叶下表皮腺毛总密度如图 5-5 所示。CK 和 $T_1$ 从开花期(7 月 10 日)到生理成熟期(7 月 22 日)下降明显，CK 在生理成熟期(7 月 22 日)到工艺成熟前期(8 月 1 日)变化不大，到工艺成熟后期(8 月 22 日)又明显下降，$T_1$ 则在生理成熟期(7 月 22 日)后几乎没有变化。$T_2$ 从开花期(7 月 10 日)到工艺成熟前期(8 月 1 日)变化较小，维持在 30 根·$mm^{-2}$ 左右，到工艺成熟后期(8 月 22 日)有所上升。$T_3$ 表现为先升高后降低的变化，在生理成熟期(7 月 22 日)和工艺成熟前期(8 月 1 日)变化较小，到工艺成熟后期(8 月 22 日)又明显下降。

开花期(7 月 10 日)腺毛总密度为 $T_1 > CK > T_2 > T_3$，$T_2$、$T_3$ 与 CK 差异极显著；减弱 UV-B 处理间 $T_1$ 与 $T_2$、$T_3$ 差异极显著，$T_2$ 与 $T_3$ 差异显著。生理成熟期(7 月 22 日)和工艺成熟前期(8 月 1 日)各处理差异不显著。工艺成熟后期(8 月 22 日)腺毛总密度为 $T_2 > T_1 > T_3 > CK$，$T_1$、$T_2$ 与 CK 差异极显著，$T_3$ 与 CK 差异不显著，减弱 UV-B 处理间 $T_3$ 与 $T_1$ 和 $T_2$ 差异极显著，$T_1$ 与 $T_2$ 之间差异显著。

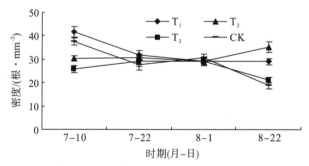

图 5-5　UV-B 辐射对下表皮腺毛总密度的影响

**5.1.2.4　UV-B 辐射对不同时期烟叶不同类型腺毛密度的影响**

表 5-1～表 5-4 分别列出了 3 种主要腺毛类型(长柄腺毛、无头腺毛和短柄腺毛)在不同时期上、下表皮的密度及所占的比例。可以发现，各时段各处理均以长柄腺毛占优势，而无头腺毛和短柄腺毛则波动较大。

## 1. 开花期

如表 5-1 所示，CK 总表皮（上表皮＋下表皮）的长柄腺毛密度较其他处理低，以 $T_1$ 最高，而无头腺毛则以 CK 最高，与 $T_1$ 和 $T_3$ 差异明显。$T_1$ 和 CK 短柄腺毛密度较高，均高于 $T_2$ 和 $T_3$。各处理总表皮各类腺毛所占比例也存在较大差异，CK 和 $T_2$ 长柄腺毛的比例较低，分别只有 41.08％和 54.07％，而 $T_1$ 和 $T_3$ 分别达 72.73％和 75.69％。CK 和 $T_2$ 无头腺毛的比例仅次于二者长柄腺毛的比例，分别为 39.39％和 33.70％，而 $T_1$ 和 $T_3$ 该腺毛比例仅占 7.40％和 6.95％。各处理短柄腺毛比例相差较小，为 12.23％～19.87％，以 $T_2$ 最低。

各处理下表皮长柄腺毛密度均高于上表皮，但 CK 和 $T_2$ 上、下表皮差异较小。除 CK 外，其他处理上、下表皮长柄腺毛所占的比例均为下表皮＞上表皮。CK 和 $T_3$ 下表皮无头腺毛所占的比例大于上表皮，而 $T_1$ 和 $T_2$ 则是上表皮＞下表皮，与密度的差异一致。各处理上表皮短柄腺毛密度高于下表皮，比例亦为上表皮＞下表皮。

表 5-1　不同 UV-B 辐射下开花期各类型腺毛密度和比例组成

| 处理 | 部位 | 长柄腺毛 | | 无头腺毛 | | 短柄腺毛 | |
| --- | --- | --- | --- | --- | --- | --- | --- |
| | | 密度/(根·$mm^{-2}$) | 比例/％ | 密度/(根·$mm^{-2}$) | 比例/％ | 密度/(根·$mm^{-2}$) | 比例/％ |
| CK | 上表皮 | $12.56\pm2.02$ | 45.86 | $7.43\pm1.62$ | 27.15 | $7.39\pm1.80$ | 27.00 |
| | 下表皮 | $14.53\pm2.46$ | 38.82 | $18.10\pm2.57$ | 48.36 | $4.80\pm1.07$ | 12.82 |
| | 总表皮 | 27.09 | 41.80 | 25.53 | 39.39 | 12.19 | 18.81 |
| $T_1$ | 上表皮 | $13.81\pm1.07$ | 55.59 | $2.94\pm1.52$ | 11.85 | $8.09\pm1.05$ | 32.56 |
| | 下表皮 | $34.53\pm2.37$ | 82.96 | $1.98\pm1.25$ | 4.75 | $5.12\pm2.56$ | 12.29 |
| | 总表皮 | 48.34 | 72.73 | 4.92 | 7.40 | 13.21 | 19.87 |
| $T_2$ | 上表皮 | $14.45\pm1.80$ | 45.99 | $11.17\pm4.13$ | 35.54 | $5.81\pm1.67$ | 18.47 |
| | 下表皮 | $18.96\pm1.72$ | 62.47 | $9.65\pm1.95$ | 31.77 | $1.75\pm0.90$ | 5.76 |
| | 总表皮 | 33.41 | 54.07 | 20.82 | 33.70 | 7.56 | 12.23 |
| $T_3$ | 上表皮 | $13.35\pm1.19$ | 68.43 | $0.88\pm0.87$ | 4.49 | $5.28\pm1.21$ | 27.07 |
| | 下表皮 | $20.84\pm0.90$ | 81.20 | $2.26\pm1.58$ | 8.81 | $2.56\pm1.04$ | 9.99 |
| | 总表皮 | 34.19 | 75.69 | 3.14 | 6.95 | 7.84 | 17.36 |

## 2. 生理成熟期

$T_1$ 总表皮长柄腺毛和短柄腺毛密度较开花期降低，而其他处理均有不同程度地上升。CK 和 $T_2$ 无头腺毛密度较开花期明显降低，$T_1$ 和 $T_3$ 则上升（表 5-2）。

与 CK 相比，减弱 UV-B 辐射处理提高了总表皮长柄腺毛密度和比例。$T_1$ 和 $T_2$ 总表皮无头腺毛密度较 CK 高，而 $T_3$ 低于 CK，比例与密度一致。减弱 UV-B 辐射处理均不同程度降低了总表皮短柄腺毛的密度和比例，$T_2$ 处理的密度和比例最低，分别是 8.43 根·$mm^{-2}$ 和 15.25％。

生理成熟期下表皮长柄腺毛密度和比例仍高于上表皮，$T_2$ 和 $T_3$ 上、下表皮长柄腺毛的差异较 CK 大。$T_2$ 和 $T_3$ 上表皮无头腺毛密度大于下表皮，而 $T_1$ 和 CK 的则相反，$T_2$ 和 $T_3$ 的比例与密度一致，CK 上表皮比例大于下表皮。$T_1$ 和 $T_2$ 上表皮短柄腺毛密度大于下表皮，而 CK 和 $T_3$ 上表皮略小于下表皮，但所有处理上表皮短柄腺毛所占的比例均大于下表皮，以 $T_1$ 和 $T_2$ 上、下表皮比例差异最大。

表 5-2　不同 UV-B 辐射下生理成熟期各类型腺毛密度和比例组成

| 处理 | 部位 | 长柄腺毛 | | 无头腺毛 | | 短柄腺毛 | |
|---|---|---|---|---|---|---|---|
| | | 密度/(根·mm$^{-2}$) | 比例/% | 密度/(根·mm$^{-2}$) | 比例/% | 密度/(根·mm$^{-2}$) | 比例/% |
| CK | 上表皮 | 13.23±1.98 | 56.14 | 3.09±1.39 | 13.12 | 7.25±2.16 | 30.75 |
| | 下表皮 | 16.11±2.24 | 58.50 | 3.31±0.71 | 12.01 | 8.12±1.33 | 29.49 |
| | 总表皮 | 29.34 | 57.41 | 6.40 | 12.52 | 15.37 | 30.07 |
| $T_1$ | 上表皮 | 11.12±1.16 | 57.74 | 2.37±1.20 | 12.30 | 5.77±1.93 | 29.96 |
| | 下表皮 | 19.63±1.83 | 61.98 | 8.53±2.81 | 26.94 | 3.51±0.95 | 11.08 |
| | 总表皮 | 30.75 | 60.38 | 10.90 | 21.40 | 9.28 | 18.22 |
| $T_2$ | 上表皮 | 13.08±1.54 | 54.82 | 5.44±1.36 | 22.80 | 5.88±1.17 | 24.62 |
| | 下表皮 | 23.40±1.93 | 75.82 | 4.91±2.81 | 15.91 | 2.55±1.30 | 8.27 |
| | 总表皮 | 36.48 | 66.02 | 10.35 | 18.73 | 8.43 | 15.25 |
| $T_3$ | 上表皮 | 12.18±1.43 | 59.70 | 3.22±1.80 | 15.77 | 5.00±0.93 | 24.53 |
| | 下表皮 | 22.85±2.09 | 78.79 | 0.73±0.73 | 2.52 | 5.42±1.18 | 18.69 |
| | 总表皮 | 35.03 | 70.91 | 3.95 | 8.00 | 10.42 | 21.09 |

## 3. 工艺成熟前期

工艺成熟前期各处理总表皮长柄腺毛和无头腺毛差异较小（表 5-3）。与生理成熟期相比，除 $T_2$ 外，其余各处理总表皮长柄腺毛密度都有不同程度地上升，增加幅度不大。CK 和 $T_3$ 的无头腺毛密度上升，$T_1$ 和 $T_2$ 则下降。CK 和 $T_1$ 的短柄腺毛密度下降，$T_2$ 和 $T_3$ 的上升。

表 5-3　不同 UV-B 辐射下工艺成熟前期各类型腺毛密度和比例

| 处理 | 部位 | 长柄腺毛 | | 无头腺毛 | | 短柄腺毛 | |
|---|---|---|---|---|---|---|---|
| | | 密度/(根·mm$^{-2}$) | 比例/% | 密度/(根·mm$^{-2}$) | 比例/% | 密度/(根·mm$^{-2}$) | 比例/% |
| CK | 上表皮 | 11.81±0.71 | 63.33 | 4.05±1.41 | 21.72 | 2.79±1.43 | 14.95 |
| | 下表皮 | 21.51±2.05 | 70.54 | 3.25±1.40 | 10.65 | 5.74±1.29 | 18.81 |
| | 总表皮 | 33.32 | 67.79 | 7.30 | 14.85 | 08.53 | 17.35 |
| $T_1$ | 上表皮 | 12.52±1.04 | 56.03 | 6.46±1.09 | 28.92 | 3.36±1.20 | 15.04 |
| | 下表皮 | 21.58±1.63 | 74.29 | 2.68±1.40 | 9.23 | 4.79±1.35 | 16.48 |
| | 总表皮 | 34.10 | 66.35 | 9.14 | 17.78 | 8.15 | 15.86 |
| $T_2$ | 上表皮 | 11.61±2.40 | 45.04 | 6.99±1.40 | 27.11 | 7.18±2.10 | 27.85 |
| | 下表皮 | 21.32±2.27 | 72.72 | 1.79±0.95 | 6.12 | 6.20±1.08 | 21.16 |
| | 总表皮 | 32.93 | 59.77 | 8.78 | 15.94 | 13.38 | 24.29 |

续表

| 处理 | 部位 | 长柄腺毛 | | 无头腺毛 | | 短柄腺毛 | |
| --- | --- | --- | --- | --- | --- | --- | --- |
| | | 密度/(根·mm$^{-2}$) | 比例/% | 密度/(根·mm$^{-2}$) | 比例/% | 密度/(根·mm$^{-2}$) | 比例/% |
| | 上表皮 | 15.28±3.25 | 56.36 | 3.96±2.35 | 14.59 | 7.88±1.90 | 29.05 |
| $T_3$ | 下表皮 | 20.65±2.63 | 70.99 | 3.78±1.19 | 12.99 | 4.66±1.49 | 16.02 |
| | 总表皮 | 35.93 | 63.92 | 7.74 | 13.77 | 12.54 | 22.31 |

减弱 UV-B 辐射处理中除 $T_2$ 外,其他各处理的总表皮长柄腺毛密度都大于 CK 处理,但所占的比例均略低于 CK。$T_1$ 和 $T_2$ 的无头腺毛密度和比例都大于 CK 处理,$T_3$ 则密度大于 CK 而比例小于 CK。$T_2$ 和 $T_3$ 的短柄腺毛密度和比例都大于 CK,而 $T_1$ 密度和比例都小于 CK。

各处理的上表皮长柄腺毛小于下表皮,处理间下表皮长柄腺毛密度和比例差异较小,密度为 20.65~21.58 根·mm$^{-2}$,比例为 70.54%~74.29%。$T_3$ 处理上表皮的长柄腺毛密度和 CK 处理的长柄腺毛比例最高,分别是 15.28 根·mm$^{-2}$ 和 63.33%。各处理的上表皮无头腺毛密度大于下表皮,比例与密度的趋势一致,以 $T_1$ 和 $T_2$ 差异最大。CK 和 $T_1$ 上表皮短柄腺毛密度和比例小于下表皮,$T_2$ 和 $T_3$ 处理则相反。

**4. 工艺成熟期后期**

与工艺成熟前期相比,工艺成熟后期各处理总表皮长柄腺毛密度均有不同程度的下降,CK、$T_1$ 和 $T_2$ 总表皮无头腺毛密度及 $T_1$ 总表皮短柄腺毛密度则上升。

CK 总表皮长柄腺毛密度最低,只有 19.12 根·mm$^{-2}$,$T_1$~$T_3$ 密度则为 24.72~30.30 根·mm$^{-2}$。CK、$T_1$ 和 $T_2$ 长柄腺毛所占比例较前两个时期都降低,为 52.38%~56.40%,$T_3$ 则仍维持较高比例,达 68.06%。$T_2$ 的总表皮无头腺毛密度和比例高于其他处理,减弱 UV-B 辐射处理总表皮短柄腺毛密度高于 CK,以 $T_1$ 密度和所占的比例最大,$T_2$ 和 $T_3$ 分别所占的比例小于 CK。

各处理的上表皮长柄腺毛密度都小于下表皮,以 $T_2$ 差异最大,各处理的上表皮长柄腺毛为 5.98~12.04 根·mm$^{-2}$,下表皮为 11.63~24.32 根·mm$^{-2}$。CK 和 $T_1$ 处理上表皮无头腺毛密度和比例小于下表皮,与 $T_2$ 和 $T_3$ 相反,亦以 $T_2$ 差异最大。CK 和 $T_3$ 上表皮短柄腺毛密度大于下表皮,而与 $T_1$ 和 $T_2$ 相反,各处理间上表皮各类型腺毛比例大于下表皮,以 CK 差异最大。

表 5-4    不同 UV-B 辐射下工艺成熟后期各类型腺毛密度和比例组成

| 处理 | 部位 | 长柄腺毛 | | 无头腺毛 | | 短柄腺毛 | |
| --- | --- | --- | --- | --- | --- | --- | --- |
| | | 密度/(根·mm$^{-2}$) | 比例/% | 密度/(根·mm$^{-2}$) | 比例/% | 密度/(根·mm$^{-2}$) | 比例/% |
| | 上表皮 | 7.49±1.65 | 47.34 | 3.60±1.19 | 22.72 | 4.74±0.87 | 29.94 |
| CK | 下表皮 | 11.63±0.41 | 61.48 | 5.57±1.94 | 29.47 | 1.71±0.70 | 9.05 |
| | 总表皮 | 19.12 | 55.04 | 9.17 | 26.40 | 6.45 | 18.57 |

| 处理 | 部位 | 长柄腺毛 | | 无头腺毛 | | 短柄腺毛 | |
|---|---|---|---|---|---|---|---|
| | | 密度/(根·mm$^{-2}$) | 比例/% | 密度/(根·mm$^{-2}$) | 比例/% | 密度/(根·mm$^{-2}$) | 比例/% |
| $T_1$ | 上表皮 | 10.23±2.08 | 56.24 | 3.67±1.15 | 20.16 | 4.29±0.80 | 23.59 |
| | 下表皮 | 14.49±0.88 | 49.97 | 7.80±2.59 | 26.90 | 6.71±1.07 | 23.14 |
| | 总表皮 | 24.72 | 52.38 | 11.47 | 24.30 | 11.00 | 23.31 |
| $T_2$ | 上表皮 | 5.98±1.40 | 33.16 | 9.34±1.62 | 51.74 | 3.13±0.84 | 17.36 |
| | 下表皮 | 24.32±3.02 | 68.97 | 5.03±1.90 | 14.25 | 5.92±0.74 | 16.78 |
| | 总表皮 | 30.30 | 56.40 | 14.37 | 26.75 | 9.05 | 16.85 |
| $T_3$ | 上表皮 | 12.04±2.35 | 62.04 | 3.60±1.97 | 18.53 | 3.77±0.98 | 19.43 |
| | 下表皮 | 15.55±1.61 | 73.60 | 2.77±0.94 | 13.10 | 2.81±0.66 | 13.30 |
| | 总表皮 | 27.59 | 68.06 | 6.37 | 15.71 | 6.58 | 16.23 |

### 5.1.3　讨论

在不同的生长阶段，植物对 UV-B 辐射的敏感性存在差异(Calderini et al.，2008)。各处理上、下表皮腺毛总密度的差异时期不同。上表皮腺毛总密度在开花期、生理成熟期和工艺成熟前期处理间存在差异，尤以开花期和工艺成熟前期处理间差异较大，说明上表皮腺毛总密度在开花期、生理成熟期、工艺成熟前期对 UV-B 辐射较敏感，而开花期和工艺成熟前期对 UV-B 辐射最为敏感。下表皮只在开花期和工艺成熟后期各处理表现出显著差异，说明这两个时期是烟叶下表皮总腺毛密度对 UV-B 辐射的敏感时期。前期总腺毛密度的差异主要与腺毛发生有关，而后期则主要与腺毛的衰老脱落及二次发育有关。上、下表皮腺毛密度对 UV-B 辐射的敏感时期差异表明，UV-B 辐射影响了上表皮腺毛的发生和二次发育，而对下表皮腺毛的影响主要是在发生和衰老脱落过程。

高强度的 UV-B 辐射延迟植物的发育(Kakani et al.，2003a)，而对某些植物而言，当 UV-B 辐射过低时，发育进程也会受到抑制(Yao et al.，2006)。$T_3$ 的 UV-B 辐射强度仅为外界环境的 35%，烟叶上、下表皮总腺毛密度均在前期较低，而在工艺成熟前期达最大值(图 5-4、图 5-5)，表明 $T_3$ 的 UV-B 辐射强度使腺毛发育滞后，同时衰老也较快；对开花期长柄腺毛腺头形态的比较也表明，$T_3$ 处理延缓了腺毛的泌溢过程。结果说明过低的 UV-B 辐射不利于烟叶腺毛的正常发育。

减弱 UV-B 辐射处理后，不同时期烟叶上、下表皮腺毛总密度变化范围不一致。CK、$T_1$、$T_2$ 和 $T_3$ 上表皮分别是 15.83～27.39 根·mm$^{-2}$、18.18～24.85 根·mm$^{-2}$、18.04～31.43 根·mm$^{-2}$ 和 19.40～27.11 根·mm$^{-2}$，腺毛密度变化范围较为一致；下表皮分别是 18.91～37.42 根·mm$^{-2}$、29.00～41.62 根·mm$^{-2}$、29.31～35.26 根·mm$^{-2}$ 和 21.13～29.08 根·mm$^{-2}$，$T_3$ 腺毛密度较低且变化范围小。烟叶腺毛主要分布于下表皮，试验中 CK、$T_1$、$T_2$ 均是下表皮腺毛密度明显高于上表皮，而 $T_3$ 上、下表皮腺毛密度相当。烟叶接受 UV-B 辐射的主要是上表皮，试验中 $T_3$ 下表皮腺毛密度受到显著影响，表明 UV-B 辐射可能作为一种信号因子，在调节烟叶腺毛发育中起到重要作用。烤烟腺毛与品质密切相关，尤其是下表皮腺毛密度，腺毛密度下降可能造成烤烟香气物质含量降低，影响烟叶品质。

烟叶腺毛在叶片成熟衰老阶段的二次发育将有利于烟叶品质的提高（时向东等，2005）。UV-B 辐射滤减后，$T_1$ 和 $T_2$ 上表皮腺毛密度较高，二者变化一致，$T_2 > T_1$ 且都在工艺成熟前期出现二次发育。$T_1$ 和 $T_2$ 下表皮密度也较高，在工艺成熟后期还维持较高的腺毛密度。结果表明，可能存在一个对烟叶腺毛密度和发育有利的 UV-B 辐射强度范围。在本试验条件下，滤减 25%～50% 的 UV-B 辐射有利于提高烟叶腺毛的密度和促进二次发育，因此在此范围的 UV-B 辐射强度可能有利于提高烟叶品质。

烟叶腺毛类型主要决定于柄细胞和分泌细胞的分裂方式（易克等，2007），但处理间的差异也表明，环境变化对腺毛有强烈的修饰作用。烟叶长柄腺毛是主要的分泌型腺毛，其密度多少直接与烤烟品质相关。各处理上表皮长柄腺毛密度在不同时期差别都较小，但下表皮长柄腺毛密度除工艺成熟前期外，其余各时期减弱 UV-B 辐射处理均高于 CK。结果说明减弱 UV-B 辐射对提高烟叶长柄腺毛密度有一定作用。结合前面的讨论可认为，减弱 25%～50% 的 UV-B 辐射强度在烟叶腺毛发育中最为合适，该范围下限应在减弱 65%UV-B 辐射的强度之上，而其上限还需进一步确定。

$T_1$ 在工艺成熟前期上表皮腺毛出现二次发育，其长柄腺毛和无头腺毛密度均高于生理成熟期，而短柄腺毛密度却有所降低，可能二次发育主要是由长柄腺毛和无头腺毛共同引起；$T_2$ 工艺成熟前期长柄腺毛密度低于生理成熟期，无头腺毛与短柄腺毛密度却都有所增加，所以其二次发育很可能是由无头腺毛和短柄腺毛共同引起。$T_2$ 下表皮腺毛在工艺成熟后期出现二次发育，其长柄和无头腺毛密度高于工艺成熟前期，而短柄腺毛降低，因此二次发育可能是由长柄腺毛和无头腺毛引起。长柄腺毛和短柄腺毛的二次发育对后期烟叶质量的提高有重要意义。

## 5.2　滤减 UV-B 辐射对烤烟蛋白质组变化的影响

蛋白质组学（proteomics）是以细胞或组织不同时间、环境的所有蛋白质为研究对象，从整体上研究蛋白质的种类、相互作用以及功能结构的一门科学，其强调蛋白质类型与数量在不同种类、不同时间和条件下的动态变化本质，从而在细胞和生命有机体的整体水平上阐明生命现象的本质和活动规律（何秀玲，2008；梁丽娟等，2008；张树军等，2008；刘秋员等，2009）。双向电泳技术是目前蛋白质电泳中分辨率最高、信息量最大的技术，是适合于蛋白质组研究中分离总蛋白质的主要方法（Minden，2007）。

在自然环境中生长的植物必然要受到太阳 UV-B（ultraviolet-B，280～320nm）辐射的影响（钟楚等，2010b）。UV-B 辐射是太阳辐射中能部分到达地表，并对光合植物产生显著生物学效应的一段电磁波谱。随着臭氧减弱趋势增强，到达地表的 UV-B 辐射增加，UV-B 辐射对植物生长发育影响的研究得到国内外研究者的重视，而植物适应 UV-B 辐射的机制尚不明确。

地处低纬高原的云南，大气透明度高，是全国辐射资源较为充沛的区域，也是全国烟草种植最为广泛的地区之一，作为模式植物的烟草在该地区是重要的经济作物。对云南烤烟而言，UV-B 辐射不仅仅是一种胁迫因子，更是决定其品质，形成特殊香气风格的重要调控因子(黄勇等，2009)。由于烤烟品质易受生态环境因素影响，同一品种在不同的生态区种植常表现出不同的香气风格，因而研究特殊环境因子对烤烟生理代谢过程的影响是决定烟草种植和品质区划的重要依据。目前对于烤烟生理生态适应性及香气风格形成机理的研究主要集中在对外部形态变化、生理生化指标、光合生理特征、常规化学成分和致香物质的比较研究等方面(张燕等，2003；陈宗瑜等，2010b)，而对在蛋白质组学水平上的研究较少。由于蛋白质的最大吸收波长处于 UV-B 辐射的波长范围，随着 UV-B 的增强将会对植物产生较大影响，而蛋白质作为生物有机体的重要组成部分和生物催化剂，在各种生理功能中起重要作用，即 UV-B 辐射的增强将会给蛋白质的生理功能带来一定的影响。其影响途径主要有色氨酸的光降解、2-SH 基的修饰、膜蛋白在水中溶解度的提高以及多肽链的断裂等，这些均可引起酶的失活和蛋白质结构的改变(陈宗瑜等，2010b；钟楚等，2010d)。崔红等(2008)对河南浓香型和福建清香型典型生态区烟叶蛋白质表达谱进行了比较研究，初步揭示在不同生境下，蛋白质组差异使烤烟香气风格产生差异的机理。本书采用蛋白质双向电泳联用质谱技术，以烤烟品种 K326 为材料，选择云南玉溪主产烟区海拔最高的通海县(1806m)为试验点，通过覆盖两种不同透过率的薄膜对太阳紫外辐射强度进行减弱处理，研究 K326 烟叶的蛋白质表达谱，对深入研究烤烟在低纬高原种植条件下对 UV-B 辐射响应产生的分子适应机理，探明 UV-B 辐射对烤烟生理代谢及调控途径可能产生的影响有明确的理论和实践意义。

## 5.2.1　材料和方法

### 5.2.1.1　材料与处理

试验在云南省玉溪市通海县四街镇($24°07'$N，$102°45'$E，海拔 1806m)进行，该地气候温和，雨量充沛，属中亚热带湿润凉冬高原季风气候。烤烟大田主要生长期(5～8 月)正值云南地区的雨季，通海县历年和 2009 年 5～8 月主要气候要素平均值如表 5-5 所示。试验地为菜地，轻壤土，试验前土壤 pH 为 6.26，有机质为 21.03g·kg$^{-1}$，碱解氮为 229.0mg·kg$^{-1}$，速效磷为 96.5mg·kg$^{-1}$，速效钾为 67.2mg·kg$^{-1}$。

**表 5-5　通海县烤烟大田生长期历年和 2009 年 5～8 月主要气候要素**

| 年份 | 月份 | 平均气温/℃ | 降水量/mm | 日照时数/h |
|------|------|-----------|-----------|-----------|
| 历年 | 5 | 19.9 | 84.0 | 224.9 |
| | 6 | 19.9 | 127.5 | 144.0 |
| | 7 | 20.0 | 161.7 | 150.0 |
| | 8 | 19.3 | 183.2 | 150.6 |
| 2009 | 5 | 19.7 | 43.0 | 220.0 |
| | 6 | 20.7 | 229.0 | 143.0 |
| | 7 | 19.9 | 115.0 | 151.0 |
| | 8 | 20.3 | 106.0 | 164.0 |

烟草(*Nicotiana tabacum* L.)品种为 K326，包衣种子，漂浮育苗，于 2009 年 4 月 30 日移栽，大田种植，种植密度为 16500 株·$hm^{-2}$。试验设置 2 个减弱 UV-B 辐射处理，处理 1 和处理 2 分别覆盖聚乙烯薄膜(0.08)和麦拉膜(M)(Mylar，SDI，USA)，于移栽后 45d(5 月 15 日)烟苗进入旺长期后开始处理。每处理搭建长 20m、宽 5m、顶部高 2.2m、边缘高 1.5m 的大棚，仅顶部和东西两侧 1m 以上部分盖膜，以利于棚内通风。处理 1(0.08)和处理 2(M)可以不同程度地减弱 UV-B 辐射，经测定两类处理的平均 UV-B 辐射强度分别为外界的 75.8%(处理 1)和 37.5%(处理 2)。

自然环境中太阳 UV-B 辐射($mW·cm^{-2}$)采用法国产 Radiometer 紫外辐射仪(波谱 295～395nm，中心波长 312nm)，光照度(lx)采用上海嘉定学联仪表厂生产的 ZDS-10 型自动量程照度计进行观测，从 2009 年 5 月 18 日开始，每天 11:30～12:30 在室外空地同步进行观测，至 8 月 26 日结束。观测时连续记录 5 组值，求其平均值，同时记录当时天气和天空云层状况。各处理的 UV-B 辐射和光照度透过率(%)，以晴天一天中 9:30～16:00 每 30min 同时测定获得的两处理棚内，烟株顶部和棚外相同高度的 UV-B 辐射和光照度计算的透过率平均值表示(图 5-6)。

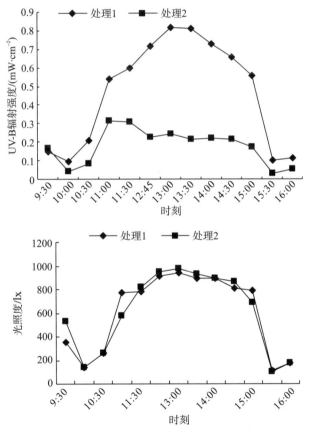

图 5-6　晴天两个处理 UV-B 辐射和光照度日变化

K326 按优质烟叶生产技术规范进行田间管理，待叶位可辨别后，选取第 12 片(从下往上数)有效叶挂牌标记。取样选择在移栽 107d 后的生理成熟期到工艺成熟期之间的过渡期进行(2009 年 8 月 16 日)，分别采三株 12 叶位的适量叶片，迅速置于液氮罐中冷冻，带回云南农业大学农业生物多样性应用技术国家工程研究中心，经冷冻干燥机抽干备用。

生育进程的调查在现蕾—开花期进行，采用普查方式，记录每处理未现蕾、已现蕾和开花(中心第1朵花已开放)的植株数，计算各自占植株总数的百分比(%)。两类处理随机选取有代表性的10棵烟株进行农艺性状的测定，其中包括茎高(茎与地表接触处至生长点之间的茎长)、茎围(第7片有效叶叶腋处周长)、节间距、第7片有效叶长、宽等。参照中国烟草行业标准《烟草农艺性状调查方法》(YC/T 142−1998)计算叶面积，即叶面积(cm$^2$)＝叶长×叶宽×0.6345。各性状取10棵烟株测量的平均值。

### 5.2.1.2 方法

蛋白质提取：参考 Wang Zhi-Yong(Deng et al.，2007)的酚法提取植物蛋白。

Bradford 法测定蛋白浓度：用 Bradford 法进行蛋白质定量，以 BSA 为标准蛋白制作标准曲线。

B 双向电泳：分析型和制备型胶的上样量分别为150μg 和800μg。其中，等电聚焦采用 Ettan IPGphor 等电聚焦系统，18cm pH 4-7IPG 胶条。等电聚焦参数：20℃溶胀(Rehydration)12h；20℃等电聚焦，最大电流 50mA·strip$^{-1}$；500V·h$^{-1}$，1000V·h$^{-1}$，8000V·h$^{-1}$，50000V·h$^{-1}$，500V 足够长时间。而 SDS-PAGE 则采用 PROTEAN II xi cell(Bio-Rad)垂直电泳系统，胶浓度为12%，厚度为1mm。

染色：使用0.1% commassie brilliant blue G-250 染色液(200ml)染色24h 以上，染色后加入双蒸水48h 以后即可脱色干净。

胶的扫描和图像分析：使用蛋白核酸凝屏扫描分析仪 FUJIFILM FLA-9000，Image Reader FLA-9000，选择 Digitizing。参数设定：PMT，500V；Pixel Size，100μm；File Format，Img/Inf(Log，16bit)；Curve，Exponential；Color，Negative Gray；Laser(s)，LD473；Filter，[LPB](ch，1)。

双向电泳图谱使用 Same Spot 软件(Nonlinear，Newcastle，UK)分析，选择差异倍数在1.7以上的蛋白点进行质谱鉴定分析。

胶内酶解及质谱鉴定：将凝胶上的差异蛋白点回收，采用干滴法对样品进行点样，将完成点样后的点样板放入 ABI 4700 质谱仪中进行分析。ABI 4700 型 MALDI-TOF-TOF 质谱仪本身配备数据库工作站，有以 Mascot 搜索引擎为基础的专用分析软件 GPS 2.0 和建立在本地的数据库。

## 5.2.2 结果与分析

### 5.2.2.1 两类覆膜处理 K326 烟叶蛋白质电泳分析

通过双向电泳图谱，每张胶可以得到约700个蛋白点，用 Same Spot 软件比较 M 和0.08图谱后，发现有10个蛋白点表达量发生显著变化，达到1.7倍以上。与处理1(0.08)相比，5个蛋白点在处理2(M)中上调表达，分别是 M4、M6、M7、M8、M9；5个蛋白点在处理2(M)中下调表达，分别是 M3、M5、M10、M11、M12(图5-7)。

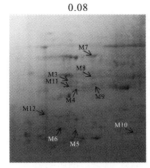
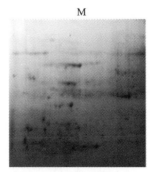

图 5-7　K326 在处理 1 和处理 2 的叶片蛋白质双向电泳图

注：0.08 胶图上数字和箭头分别标出的是在麦拉膜与聚乙烯膜处理下 K326 叶片中差异表达的蛋白点。

### 5.2.2.2　差异表达蛋白的鉴定

在质谱鉴定获得的 10 个差异表达蛋白中，在麦拉膜(M)中上调的 5 个蛋白，其中 2 个与光合作用有关的蛋白分别是二磷酸核酮糖活化酶(M7)和核酮糖-1，5-二磷酸羧化酶/氧化酶大亚基(M6)；2 个与氧化还原相关的蛋白分别为 CDSP32 蛋白(M8)、抗坏血酸氧化酶(M9)；还有 1 个未知功能的蛋白(M4)(表 5-6)。在麦拉膜(M)中下调的 5 个蛋白中，1 个是与 RNA 结合的富含甘氨酸 RNA 结合蛋白(M5)；1 个是与能量代谢相关的磷酸核酮糖激酶(M3)；1 个是与光合作用有关的蛋白核酮糖二磷酸羧化酶/氧化酶的活化酶(M12)；1 个是与氧化还原有关的核苷二磷酸激酶(M10)。此外，还有 1 个未知功能的蛋白(M11)(表 5-6)。

表 5-6　滤减 UV-B 辐射强度处理 K326 叶片中差异表达蛋白的质谱鉴定

| 蛋白编号 | 登录号 | 描述 | 分值 | 差异表达倍数 |
|---|---|---|---|---|
| M4 | ACU17908 | 未知 | 154 | ↑2.3 |
| M6 | AAN31719 | 核酮糖-1，5-二磷酸羧化酶/氧化酶大亚基 | 173 | ↑1.8 |
| M7 | 1909374A | 二磷酸核酮糖活化酶 | 328 | ↑3.1 |
| M8 | CAA71103 | CDSP32 蛋白 | 447 | ↑1.7 |
| M9 | BAA12918 | 抗坏血酸氧化酶 | 368 | ↑2.1 |
| M3 | P27774 | 磷酸核酮糖激酶 | 232 | ↓1.7 |
| M5 | BAA03741 | 富含甘氨酸 RNA 结合蛋白 | 585 | ↓1.8 |
| M10 | Q9M7P6 | 核苷二磷酸激酶 | 529 | ↓1.7 |
| M11 | ACU23273 | 未知 | 513 | ↓1.7 |
| M12 | Q40565 | 核酮糖二磷酸羧化酶/氧化酶的活化酶 | 638 | ↓1.7 |

注：↑、↓分别表示蛋白在 M 中上调或下调。

### 5.2.2.3　UV-B 辐射对 K326 净光合速率($P_n$)的影响

从图 5-8 可以看出，在滤减 UV-B 辐射处理中，K326 在生理成熟期、过渡期和工艺成熟期，处理 2 的净光合速率 $P_n$ 均高于处理 1。

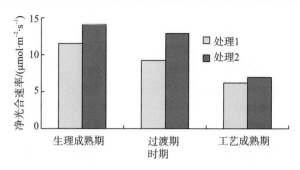

图 5-8　滤减 UV-B 辐射对 K326 净光合速率($P_n$)的影响

### 5.2.2.4　UV-B 辐射滤减对 K326 生育进程的影响

图 5-9 表明，滤减 UV-B 辐射明显影响了 K326 的生育进程，处理 1 比处理 2 现蕾进程和开花进程均加快，调查时处理 2 未现开花的植株。减弱 UV-B 辐射处理中，随 UV-B 辐射强度的增加，K326 现蕾和开花进程逐渐加快。植物的外部形态特征易受强 UV-B 辐射的修饰，表 5-7 显示两个处理间农艺性状所存在的差异。处理 2 的茎高、节间距、茎围、叶长和叶宽均小于处理 1，但部分性状之间的差异不明显。

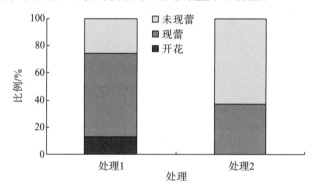

图 5-9　滤减 UV-B 辐射处理下 K326 生育进程比较

**表 5-7　滤减 UV-B 辐射处理对 K326 农艺性状的影响**

| 处理 | 茎高/cm | 节间距/cm | 茎围/cm | 叶长/cm | 叶宽/cm | 叶面积/cm² | 叶长/叶宽 |
| --- | --- | --- | --- | --- | --- | --- | --- |
| M | 60.40 | 4.80 | 7.31 | 65.04 | 25.69 | 893.06 | 2.55 |
| 0.08 | 86.90 | 4.97 | 7.86 | 66.60 | 28.30 | 1019.38 | 2.37 |

植物叶片的比叶重（LMA）可以反映该植物对光环境的适应能力（Rosati et al.，1999）。试验表明，滤减 UV-B 辐射处理后，K326 烟叶 LMA 也出现不同程度的降低，但差异不显著。

### 5.2.3　讨论

在两种不同 UV-B 透过率薄膜处理下的烟叶所鉴定出来的 10 个差异表达的蛋白中，有 3 个蛋白与氧化还原反应有关，其中 CDSP32 蛋白（M8）、抗坏血酸氧化酶（M9）在处理 2 中高表达。CDSP32 蛋白（M8）是一个硫氧还原蛋白，主要是参与了抗氧化作用途径（Broin and Rey，2003）。抗坏血酸氧化酶（cytosolic ascorbate peroxidase）（M9）在植物体中主要存在于细胞质、叶绿体以及类囊体中，参与植物体的氧化还原反应，能够催化分子态的氧化抗坏血酸，导致氧化生成去氢抗坏血酸，减少植物体内活性氧等有害物质的积累（Mittler and Zilinskas，1991b；Dalton et al.，1993；Kubo et al.，1993）。太阳 UV-B 辐射首先是被作为一种环境胁迫因子而系统研究其环境生物学效应的。UV-B 对植物的伤害，其中重要的一条途径就是产生活性氧，对细胞产生氧化胁迫。为了抵御活性氧对植物产生的毒害作用，植物在长期的进化过程中也形成和发展了感知 UV-B 辐射的系统和有效的防御机制。植物可通过酶类或非酶类系统对氧自由基进行清除，酶类清除系统伴随着抗氧化酶含量及活性的变化（钟楚等，2009）。大量的研究表明，低剂量的 UV-B 辐射更可能作为一种信号因子，通过特殊的 UV-B 光受体和信号传导过程引起特殊基因的表达和调控。Jenkins 等提出三种假说：①核 DNA 直接吸收 UV-B 辐射，引起一些信号物质的产生，刺激特殊基因的转录速率；②植物体细胞通过产生活性氧来探测 UV-B 辐射，从而促进基因转录的增加；③通过高等植物中类似其他光受体系统的一种光受体分子和生色团，并认为 3 种假说并不矛盾，可能同时存在于植物体内（钟楚等，2009）。较多抗氧化酶的合成反映了 Jenkins 提出的第二种假说，麦拉膜覆盖的低 UV-B 透过率处理下，低剂量的 UV-B 作为一种信号因子诱使产生大量活性氧促进了基因转录的增加。但大量的活性氧不利于植物的生长，因此为维持植物体内的平衡，植物体需表达大量抗氧化酶来消除这些活性氧，减少活性氧给植物带来的伤害。而在处理 1 中高表达的是核苷二磷酸激酶（nucleoside diphosphate kinase，NDPK）（M10）。NDPK 在进化中高度保守，却又呈现复杂多样的生物学功能，该酶除了催化腺苷三磷酸（ATP）和核苷二磷酸（NDP）之间高能磷酸基团的转移外，还具有 NDP 激酶活性和蛋白磷酸转移酶活性，并参与转录调控和信号转导。它同时在植物体内是一个重要的抗氧化酶，Moon 等（2003）在 NDPK2 的转基因植物中，发现了 NDPK 与 MAPKs 能够共同调节受到各种胁迫时所起到的抗氧化能力。Haque 等（2010）在豌豆中通过比较 R3 突变体与野生型，发现 NDPK 与 CAT 共同作用的抗氧化体系能够有效地清除 ROS 活性氧的有害物质。

在所鉴定出的 3 个与光合作用有关的蛋白中，二磷酸核酮糖活化酶（M7）和核酮糖-1，5-二磷酸羧化酶/氧化酶大亚基（M6）在处理 2 中上调表达。二磷酸核酮糖活化酶（M7）属于 1，5-二磷酸核酮糖羧化酶/加氧酶（ribulose-1，5-bisphosphate carboxylase/oxygenase，简写为 RuBisCO）的活化酶。核酮糖-1，5-二磷酸羧化酶/氧化酶大亚基（M6）主要是 RuBisCO 大亚基合成酶，涉及叶绿体大亚基。据报道，UV-B 辐射会降低植物叶片中可溶性蛋白质的含量，在可溶性蛋白质中约有 50% 是 RuBisCO，其含量的下降会导致植物 RuBisCO 活性和光合能力降低（钟楚等，2009），使植物的净光合速率降低，这与测定的 2 个处理的净光合速率的对比结果相符，即在低 UV-B 透过率的处理中，处理 2 的 K326 净光合速率从生理成熟期到工艺成熟期均高于处理 1。而在所鉴定出的 10 个蛋白中，只有一个与能量代谢有关，即磷酸核酮糖激酶（M3）（phosphoribulokinase，chloroplastic），在处理 1 中表达量较高。它在卡尔文循环中的作用主要是在其催化下消耗 ATP，生成 RuBP，完成受体的再生。而 RuBisCO 在叶绿体基质中催化 $CO_2$ 与 RuBP，即 1，5-二磷酸核酮糖结合生成 2 分子 3-磷酸甘油酸，进而发生一系列反应，将 ATP 中的化学能转化到葡萄糖中。磷酸核酮糖激酶的催化作用使 RuBP 的合成速率加快，在 RuBisCO 的作用下 $CO_2$ 反应生成有机物，促进了有机物质的积累。磷酸核酮糖激酶在磷酸戊糖途径中也有参与。将该蛋白的主要功能与 K326 农艺性状进行分析，发现由于处理 1 的磷酸核酮糖激酶上调表达，促进了 RuBP 的大量合成，烟草植株的有机物积累大于麦拉膜处理的烟株，从而使处理 1 的 K326 发育进程加快，表现在茎高、节间距、茎围、叶长和叶宽及比叶重均高于处理 2 的低 UV-B 辐射环境。

　　富含甘氨酸的 RNA 结合蛋白（M5）RNA-binding glycine-rich protein 在处理 1 下表达量较高。研究表明，富含甘氨酸的 RNA 结合蛋白主要参与了 RNA 前体剪接、RNA 的细胞定位、RNA 的稳定性等多种转录后的调控过程，从而影响植物的各种生理功能。而富含甘氨酸的 RNA 结合蛋白基因可以促进植物开花和种子的萌发及生长，其表达受多种物理、化学、生物因素及环境胁迫的影响。研究发现，植物体在受到机械损伤、盐或干旱胁迫后，富含甘氨酸的 RNA 结合蛋白 mRNA 的表达水平明显增强，从而导致过量表达富含甘氨酸的 RNA 结合蛋白基因植物对冻害和冷害的抵抗能力得到明显提高（潘妍等，2010）。据报道，该蛋白在应对环境胁迫时涉及植物逆境（特别是冷害胁迫）诱导反应信号网络的建立，以及与 Micro RNA 的分子生物学功能相关性等方面的作用及其调控机制（卢秀萍等，2010）。增强的 UV-B 辐射可使烟草叶片受到伤害。植物为修复损伤，可采取一系列的修复机制，即增加富含甘氨酸的 RNA 结合蛋白的表达，诱使植物对 UV-B 反应的信号网络建立，从而达到加速信号传导，促使植物启动应对 UV-B 辐射的反应机制，从而降低 UV-B 对植物的伤害。

　　除此之外，还有两个未知功能的蛋白在两类处理中各呈现上调表达，但其功能尚不清楚。目前要完全弄清楚这些表达差异蛋白在不同 UV-B 辐射强度透过率下的作用仍有一定的困难，尤其是目前蛋白质组学数据库中关于烟草蛋白质组学的注解还很不完善，许多蛋白质的功能都尚未弄清，故质谱鉴定出来的蛋白质还有待进一步验证。

# 第6章 滤减 UV-B 辐射植烟环境
# 小气候特征研究

## 6.1 烤烟光合作用参数对滤减 UV-B
## 辐射强度的响应

大气臭氧层变薄(Ross J. Salawitch,1998)导致到达地表的 UV-B 辐射量持续增加(Kerr and Mcelroy,1993;Madronichs et al.,1998;Mckenzie et al.,1999),而增加的 UV-B 辐射将对植物产生一些直接的影响,增强 UV-B 辐射可破坏植物细胞内的脱氧核糖核酸(DNA),改变遗传信息及破坏蛋白质,进而影响植物一系列的分子生物学与生理生化过程(Hidema et al.,1997),最终表现在对植物生长和生产力的影响上,有许多试验证明绝大多数的植物已受到紫外线不同程度的伤害(Virginia Walbot,1999;Ying Liang et al.,2006;Sailaja Koti et al.,2007)。在已有的研究中,大部分是在实验室或温室内进行 UV-B 增加对植物伤害机理的研究(岳向国等,2005;Suzanne Roy et al.,2006;Alejandro Riquelme et al.,2007;Sailaja Koti et al.,2007),而 UV-B 滤减对在大田自然条件下植物影响的研究相对较少(Miriam et al.,2007)。作物生产的实质是光能驱动的一种生产体系,研究表明,作物生物学产量的 90%～95% 来自光合作用产物,只有 5%～10% 来自根系吸收的营养成分(王少先等,2005)。烟草是种嗜好类物质,烟叶既是烟株的营养器官,又是其经济器官,烟株的生长发育和产量、品质的形成,最终决定于烟草植株个体与群体的光合作用,因此光合作用是烟叶产量和品质提高的基础(朱列书等,2006)。UV-B 辐射对植物光合作用的主要作用部位被认为是光合作用系统(PS)(Vass I et al.,1996),而反映光合作用系统(光合结构)运转情况的指标主要包括净光合速率($P_n$)、气孔导度($G_s$)、胞间 $CO_2$ 浓度($C_i$)、蒸腾速率($T_r$)、瞬时水分利用效率(WUE=$P_n/T_r$)等(许大全,2002)。本节通过对烤烟进行自然状况和不同膜覆处理,烤烟光合作用特性指标的测定及两个不同高度 UV-B 辐射强度的同步观测资料,以多元线性岭回归分析方法计算得到 $k=0.1$ 时的岭回归系数 $B(k)$,详细比较分析光合作用参数对自然状况及不同滤减 UV-B 辐射强度的响应机理。研究滤减的 UV-B 辐射对烟草生理因子及光合作用日变化产生的生理生态效应,为云南烤烟品质受种植区海拔变化影响机理提供依据。

### 6.1.1 材料和方法

#### 6.1.1.1 试验材料与设计

试验在云南省玉溪市通海县城旁的桑园育苗场(102°45′E,24°07′N,海拔为1806.0m,四周地形为盆地,为玉溪海拔最高主产烟区)进行。烟苗盆栽,盆高 40cm,

盆口直径为 40cm，盆底直径为 35cm。试验前，在田间按 120cm×50cm 的行株距起垄(即种植密度为 1100 株/亩)，将盆置于垄上。土壤为菜地土，土壤肥力中等，经"爱土 20%可湿性粉剂"(山东荣邦化工有限公司生产)和"土壤菌虫净"(山东安特农业技术有限公司生产)消毒后晾干，装盆，每盆装土 20kg。装盆时，每盆施纯氮 8g($N : P_2O_5 : K_2O =$ $1 : 1.5 : 2.5$)，采用烟草专用复合肥($N : P_2O_5 : K_2O = 12 : 6 : 24$)，钙镁磷($P_2O_5$)为 18%，硫酸钾($K_2O$)为 50%，肥料施至盆高的 2/3 处。各种肥料单株用量：复合肥为 67g，钙镁磷肥为 44.4g，硫酸钾为 7.84g。供试品种为烤烟 K326(*Nicotiana tabacum* K326)，装好土后，选取健壮、长势均匀的 5~6 叶龄的烟株幼苗进行移栽(2008 年 5 月 9 日)，成活 18d 后将盆栽烟株进行 UV-B 滤减处理直至采样结束。

### 6.1.1.2  UV-B 辐射滤减处理

试验设 4 个处理：A 为覆盖 0.040mm 厚聚乙烯膜；B 为覆盖 Mylar 膜；C 为覆盖 0.068mm 聚乙烯膜(为便于适量的雨水通透，在各覆膜的顶部用电烙铁烫成分布均匀约为 20cm×20cm、直径约为 0.5cm 的小孔)，分别模拟不同程度的 UV-B 滤减，并设置对照(CK)，即自然种植环境处理，每次处理 20 盆。A、B、C 三个处理上方搭 1.8m 高的长方形架子，架子顶部覆膜，4 类处理南北方向随机排列，其中盖膜的 3 类处理四周分别用膜封住，下部留 90cm 高度以利于通风，内部相通，管理同大田优质烟生产管理方法。考虑到一天中不同时间段膜的 UV-B 透过率的变化，在试验期间选择典型天气条件测定不同膜处理内外 150cm 高度处 UV-B 辐射和光照度。8:00~18:00 各处理内部 UV-B 辐射透过率变化如图 6-1 所示，图中可见 A、B 和 C 的 UV-B 平均透过率分别约为 75%、35% 和 50%。而各类膜可见光透过率实验前期均达到 80% 以上，后期在 75% 左右，接近 80%，有研究认为，此光照度范围适合优质烟叶的生产(乔新荣等，2007b)，不影响烤烟的正常生长发育。

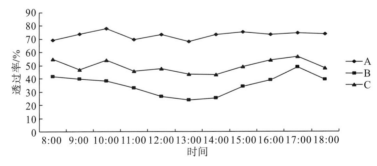

图 6-1  各处理棚内一天中 UV-B 辐射强度平均透过率变化

### 6.1.1.3  测定方法与资料获取

光合作用参数测定：选烤烟成熟初期的晴天(2008 年 7 月 31 日)，用美国 LI-COR 公司生产的 LI-6400 便携式光合仪测定各处理烟叶的净光合速率($P_n$)、气孔导度($G_s$)、胞间 $CO_2$ 浓度($C_i$)和蒸腾速率($T_r$)，并计算得到水分利用效率(WUE$= P_n / T_r$)。测定时除样品室流速设定为 500μmol·$s^{-1}$ 之外，其他条件都不加控制。每个处理分别测定 7 组数据，每组选两棵烟株，取其平均值，从 8:00 开始观测，两次测定之间时间间隔 1h。为避免中午可能出现的植物"午休"现象，观测时间选定在 12:00~14:00 之外的时段内进行。

UV-B 辐射强度测定：用法国 Cole-Parmer 仪器公司生产的 Radimeter 紫外辐射表同步测定太阳 UV-B 辐射强度，此辐射表标准带宽为 0.295~0.395μm，中心波长为 0.312μm，单位为(mW·cm$^{-2}$)。为与光合作用参数进行比较分析，UV-B 辐射强度测定与光合作用测定同步进行，以盆底地面为基点，分别测定 50cm(UV-B$_{50}$)和 150cm(UV-B$_{150}$)高度的 UV-B 辐射强度值，每一轮次测定三次，取其平均值。

数据处理：采用多元统计分析的岭回归分析法，用 STATISTICA 软件对表 6-1 中的测定数据进行统计分析。选取岭迹稳定后 $k=0.1$ 时的岭回归系数 $B(k)$，比较不同高度 UV-B 辐射强度，对不同覆膜处理及 CK 光合作用参数的 $B(k)$ 及作用效应方向。

## 6.1.2　结果与分析

岭回归分析方法不但具有多元线性回归由自变量预测因变量，逐步回归通过显著性检验而逐步筛选自变量的优势，还具有定性与定量分析有机结合的优良性特点(何秀丽，2005)。作为岭回归系数 $B(k)$ 的拓展应用尝试，为了对不同 UV-B 滤减处理下烤烟光合参数与 UV-B 辐射强度的响应关系做趋势及作用效应的比较分析，采取以各滤减处理光合参数 $B(k)$ 实际数值与绘图分析相结合的方式，对 UV-B$_{50}$、UV-B$_{150}$ 的响应作定性与定量的分析讨论。

### 6.1.2.1　不同滤减处理 UV-B 辐射强度的变化

从各处理 50cm 处 UV-B 辐射强度随时间变化图(图 6-2)可以看出，在 11:00 之前，A、B、C 三个处理下 50cm 高度处的 UV-B 的辐射强度较为相近，之后 UV-B 辐射强度在同一时刻表现差距明显。随着自然状况(CK)下 UV-B 辐射强度的增加，三个处理在初始阶段增加幅度一致，随后差距逐渐加大，且 A 与 C 在初始和随后阶段的变化趋势相反。总体来看，CK、A、B、C 四者的变化趋势一致，前者与后三者在同一时间差距明显。

从图 6-3 可以看出，在 150cm 高度处，随着自然状况(CK)下 UV-B 辐射强度的增加，A、B、C 三个处理在同一时刻的差距逐渐增大，各处理的增加趋势呈现出一定的线性规律，且相对稳定。在 14:00 之前，UV-B 辐射强度随着时间的推移，四个处理都保持稳定的增长态势。对图 6-2 和图 6-3 作比较分析，可以看出，CK、A、B、C 四个处理在 50cm 和 150cm 高度处 UV-B 辐射强度的变化趋势总体上是一致的，且图 6-3 中曲线的变化趋势比图 6-2 更有规律。

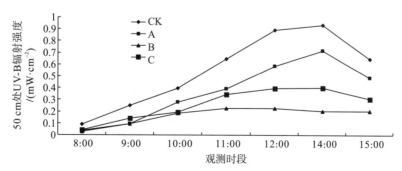

图 6-2　各处理 50cm 处 UV-B 辐射强度随时间变化图

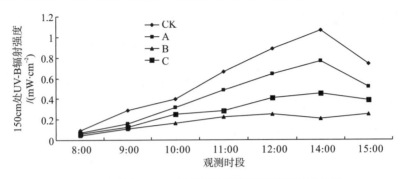

图 6-3　各处理 150cm 处 UV-B 辐射强度随时间变化图

### 6.1.2.2　不同滤减处理烤烟光合参数与 UV-B 辐射强度的关系

表 6-1 给出了对照(CK)和三个处理(A、B、C)七个不同时段测定获得的光合作用参数，及同步观测的 50cm($UV-B_{50}$)和 150cm($UV-B_{150}$)两个高度的 UV-B 辐射强度。表 6-2 给出了光合作用参数与 UV-B 辐射强度的岭回归系数 $B(k)(k=0.1)$，图 6-4～图 6-8 则分别给出了净光合速率($P_n$)、气孔导度($G_s$)、胞间 $CO_2$ 浓度($C_i$)、蒸腾速率($T_r$)、瞬时水分利用效率(WUE)与 $UV-B_{50}$ 和 $UV-B_{150}$ 的岭回归系数曲线。针对不同 UV-B 滤减处理下烤烟光合参数与 UV-B 辐射强度的响应关系，以定性和定量相结合的方式作趋势及作用效应比较分析。

**表 6-1　光合作用参数及 UV-B 辐射强度**

| 处理 | | 净光合速率/($\mu mol\ CO_2$ $m^{-2}s^{-1}$) | 气孔导度/($molH_2O$ $m^{-2}s^{-1}$) | 胞间 $CO_2$ 浓度/($\mu mol$ $CO_2 mol^{-1}$) | 蒸腾速率/($mmolH_2O$ $m^{-2}s^{-1}$) | 水分利用效率/($\mu molCO_2$ /$mmolH_2O$) | $UV-B_{50}$/ (mW·$cm^{-2}$) | $UV-B_{150}$/ (mW·$cm^{-2}$) |
|---|---|---|---|---|---|---|---|---|
| | 1 | 11.6 | 0.227 | 317 | 3.80 | 3.08 | 0.089 | 0.090 |
| | 2 | 12.9 | 0.226 | 268 | 6.18 | 2.08 | 0.250 | 0.286 |
| | 3 | 6.70 | 0.224 | 302 | 6.89 | 0.973 | 0.395 | 0.399 |
| CK | 4 | 5.33 | 0.180 | 296 | 7.14 | 0.746 | 0.647 | 0.664 |
| | 5 | 6.73 | 0.151 | 227 | 5.53 | 1.22 | 0.890 | 0.886 |
| | 6 | 4.59 | 0.086 | 254 | 4.82 | 0.953 | 0.936 | 1.07 |
| | 7 | 8.96 | 0.190 | 255 | 8.57 | 1.05 | 0.645 | 0.736 |
| | 1 | 10.3 | 0.233 | 313 | 3.38 | 3.05 | 0.036 | 0.069 |
| | 2 | 11.5 | 0.248 | 287 | 5.69 | 2.02 | 0.095 | 0.158 |
| | 3 | 10.9 | 0.436 | 301 | 10.0 | 1.09 | 0.277 | 0.313 |
| A | 4 | 7.39 | 0.136 | 251 | 6.25 | 1.18 | 0.391 | 0.485 |
| | 5 | 8.50 | 0.185 | 261 | 8.42 | 1.01 | 0.586 | 0.641 |
| | 6 | 6.28 | 0.120 | 255 | 6.28 | 1.00 | 0.717 | 0.763 |
| | 7 | 9.94 | 0.208 | 258 | 9.04 | 1.01 | 0.484 | 0.514 |

续表

| 处理 | | 净光合速率/($\mu$mol $CO_2$ m$^{-2}$s$^{-1}$) | 气孔导度/(mol$H_2O$ m$^{-2}$s$^{-1}$) | 胞间 $CO_2$ 浓度/($\mu$mol $CO_2$mol$^{-1}$) | 蒸腾速率/(mmol$H_2O$ m$^{-2}$s$^{-1}$) | 水分利用效率/($\mu$mol$CO_2$ /mmol$H_2O$) | UV-B$_{50}$ /(mW·cm$^{-2}$) | UV-B$_{150}$/ (mW·cm$^{-2}$) |
|---|---|---|---|---|---|---|---|---|
| B | 1 | 6.52 | 0.126 | 333 | 2.20 | 2.97 | 0.027 | 0.043 |
| | 2 | 8.87 | 0.219 | 309 | 5.22 | 1.70 | 0.093 | 0.110 |
| | 3 | 8.80 | 0.321 | 324 | 8.00 | 1.10 | 0.185 | 0.163 |
| | 4 | 7.48 | 0.195 | 295 | 7.40 | 1.02 | 0.227 | 0.220 |
| | 5 | 6.61 | 0.202 | 291 | 8.30 | 0.796 | 0.225 | 0.248 |
| | 6 | 4.69 | 0.092 | 262 | 4.67 | 1.00 | 0.201 | 0.207 |
| | 7 | 5.82 | 0.120 | 262 | 6.27 | 0.928 | 0.203 | 0.251 |
| C | 1 | 10.1 | 0.385 | 374 | 4.28 | 2.36 | 0.043 | 0.058 |
| | 2 | 12.9 | 0.280 | 287 | 5.60 | 2.30 | 0.143 | 0.126 |
| | 3 | 10.3 | 0.267 | 280 | 7.17 | 1.44 | 0.193 | 0.252 |
| | 4 | 7.95 | 0.204 | 276 | 6.73 | 1.18 | 0.344 | 0.281 |
| | 5 | 8.33 | 0.241 | 280 | 7.42 | 1.12 | 0.397 | 0.405 |
| | 6 | 14.6 | 0.448 | 279 | 12.8 | 1.14 | 0.402 | 0.449 |
| | 7 | 12.4 | 0.259 | 255 | 9.88 | 1.26 | 0.306 | 0.387 |

## 1. 不同 UV-B 滤减处理下烤烟烟叶净光合速率与 UV-B 辐射强度的关系

由图 6-4 和表 6-2 可以看出，对于 CK，在 K326 的成熟初期，岭回归系数表明不同高度的 UV-B 辐射强度对净光合速率有抑制作用。对 A、B、C 而言，UV-B$_{50}$、UV-B$_{150}$ 对烟叶的净光合速率都为抑制作用，但抑制幅度的大小顺序和 UV-B 辐射透过率的大小顺序不完全一致，即紫外辐射对三个处理下烟叶 $P_n$ 的抑制幅度为 A>B>C，而实际 UV-B 辐射透过率却是 A>C>B，这可能是 C 处理中的烤烟对该强度的 UV-B 辐射产生一定的适应性(周党卫等，2002)，或是相对于 A 和 B，烤烟 K326 更适合在 C 状况下的 UV-B 辐射强度下生长。CK 与 B 对不同高度的 UV-B 辐射强度的响应幅度相近，而 CK (100%)处理下的 UV-B 辐射强度远大于 B(35%)处理，这可能是烤烟在低纬高原地区对长期强紫外线环境的适应。从图 6-4 还可以看出，四个处理的净光合速率与 UV-B$_{50}$、UV-B$_{150}$ 岭回归系数的曲线趋势基本一致。

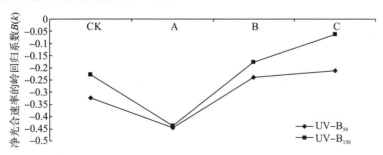

图 6-4 净光合速率($P_n$)与 UV-B$_{50}$、UV-B$_{150}$ 的岭回归系数曲线

表 6-2　光合作用参数对 UV-B 的岭回归系数($k=0.1$)

| 光合作用参数 | 处理 | K UV-B$_{50}$ | K UV-B$_{150}$ |
|---|---|---|---|
| 净光合速率($P_n$) | CK | −0.3235 | −0.2276 |
| | A | −0.4450 | −0.4374 |
| | B | −0.2378 | −0.1776 |
| | C | −0.2129 | −0.0630 |
| 气孔导度($G_s$) | CK | −0.3336 | −0.4663 |
| | A | −0.2545 | −0.2327 |
| | B | 0.0192 | −0.1330 |
| | C | 0.0516 | 0.0355 |
| 胞间 $CO_2$ 浓度($C_i$) | CK | −0.3663 | −0.3078 |
| | A | −0.0015 | −0.0552 |
| | B | −0.1036 | −0.2496 |
| | C | −0.2058 | −0.1329 |
| 蒸腾速率($T_r$) | CK | 0.0471 | 0.1045 |
| | A | 0.3394 | 0.2843 |
| | B | 0.4444 | 0.5097 |
| | C | 0.3642 | 0.4264 |
| 水分利用效率(WUE) | CK | −0.1436 | −0.1320 |
| | A | −0.2847 | −0.3017 |
| | B | −0.4430 | −0.3137 |
| | C | −0.4570 | −0.4823 |

## 2. 不同 UV-B 滤减处理下烤烟烟叶气孔导度与 UV-B 辐射强度的关系

根据图 6-5 中曲线和表 6-2 的 $B(k)$ 可以看出，CK 中不同高度处 UV-B 辐射强度对烟叶气孔导度的影响为负效应，且抑制幅度相近。对于 A、B、C，从表面上来看，不同高度处的 UV-B 辐射对 A 的影响为负效应，对 C 的影响为正效应，UV-B$_{50}$ 对 B 的影响为正效应，UV-B$_{150}$ 对 B 的影响则为负效应。但深入分析，不难发现 A、B、C 三个处理中

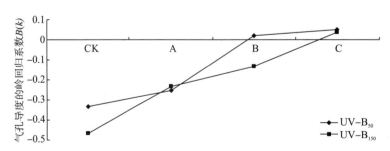

图 6-5　气孔导度($G_s$)与 UV-B$_{50}$、UV-B$_{150}$ 的岭回归系数曲线

的 $UV-B_{50}$ 和 $UV-B_{150}$ 对气孔导度的影响幅度都很低，特别是 B、C 处理，几乎接近零，即三个处理下，烤烟 K326 烟叶的气孔导度对不同高度的 UV-B 辐射强度不敏感。相对而言，CK 对不同高度的 UV-B 辐射响应最为敏感，即受到的负效应最大，说明强 UV-B 辐射能抑制烟叶气孔张开。

### 3. 不同 UV-B 滤减处理下烤烟烟叶细胞间隙 $CO_2$ 浓度与 UV-B 辐射强度的关系

根据图 6-6 中曲线和表 6-2 中的数据可以发现，CK 中不同高度的 UV-B 辐射强度对烟叶胞间 $CO_2$ 浓度有抑制作用，且抑制幅度相近。A、B、C 中，$UV-B_{50}$ 和 $UV-B_{150}$ 对胞间 $CO_2$ 浓度的影响也都为负效应，而且抑制幅度都较低，接近零，即成熟初期的烤烟 K326 烟叶的胞间 $CO_2$ 浓度对 UV-B 的响应不敏感。CK 与 A、B、C 三个处理相比较，对 $UV-B_{50}$ 和 $UV-B_{150}$ 的响应较为敏感，即受到的负效应较大，这反映出强紫外线能通过生态途径抑制烤烟烟叶胞间 $CO_2$ 浓度。总体上来看，图 6-6 中两条曲线的趋势较为一致，说明两个高度的紫外线辐射对胞间 $CO_2$ 浓度的影响一致。

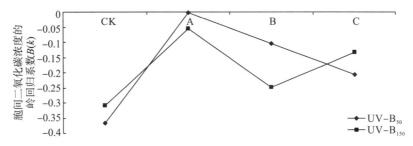

图 6-6　胞间 $CO_2$ 浓度（$C_i$）与 $UV-B_{50}$、$UV-B_{150}$ 的岭回归系数曲线

### 4. 不同 UV-B 滤减处理下烤烟烟叶蒸腾速率与 UV-B 辐射强度的关系

从图 6-7 中的曲线和表 6-2 中的数据可以看出，对于 CK，$UV-B_{50}$ 和 $UV-B_{150}$ 对烟叶蒸腾速率的影响为正效应，且影响幅度较为接近，且都接近零。对于 A、B、C，不同高度的 UV-B 辐射对烟叶蒸腾速率的影响都为正效应，且影响幅度较为均一 $[B(k)=0.28\sim0.50]$。CK 处理下的岭回归系数接近于零，明显小于其他三个处理，即相比于 CK，A、B、C 三个处理下烤烟烟叶的蒸腾速率对 $UV-B_{50}$、$UV-B_{150}$ 的响应更为敏感，受到紫外辐射影响的幅度更大，说明较弱的 UV-B 辐射能够促进烟叶的蒸腾速率。图 6-7 中曲线显示，四个处理对不同高度 UV-B 辐射强度的响应曲线的走势和变化幅度都较为一致，有重叠趋势，即不同处理下烤烟蒸腾速率对 $UV-B_{50}$、$UV-B_{150}$ 的响应方向和幅度相近。

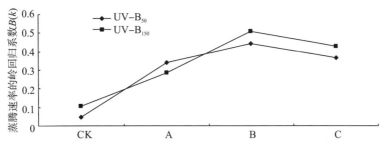

图 6-7　蒸腾速率（$T_r$）与 $UV-B_{50}$、$UV-B_{150}$ 的岭回归系数曲线

5.　不同 UV-B 滤减处理下烤烟烟叶瞬时水分利用效率与 UV-B 辐射强度的关系

瞬时水分利用效率(WUE),即净光合速率与蒸腾速率的比值。根据图 6-8 中曲线和表 6-2 可以看出,对于 CK,UV-B$_{50}$、UV-B$_{150}$ 对 WUE 有抑制作用,但抑制程度较弱,接近于零。对于 A、B、C,不同高度的 UV-B 辐射对烟叶水分利用效率的影响为负效应,且影响幅度对每一个处理而言都较为相近,处理之间差别也不明显。比较 CK 与 A、B、C,前者的 WUE 与 UV-B$_{50}$、UV-B$_{150}$ 的岭回归系数接近零,明显小于后三者,即 CK 处理下的烟叶蒸腾速率对不同高度的紫外辐射不敏感,50cm 和 150cm 高度处的 UV-B 辐射对 A、B、C 三个处理的抑制幅度较大。曲线还表明,四个处理对 UV-B$_{50}$、UV-B$_{150}$ 的响应趋势和幅度几乎相同。

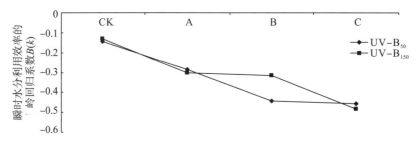

图 6-8　瞬时水分利用效率(WUE)与 UV-B$_{50}$、UV-B$_{150}$ 的岭回归系数曲线

## 6.1.3　讨论

植物净光合速率是叶片内外 $CO_2$ 浓度梯度和扩散阻力的函数。叶片外面的空气和叶绿体内的羧化部位之间的浓度梯度越大、扩散阻力越小,叶片的光合速率越高。$CO_2$ 从叶外向叶绿体内的羧化部位扩散时会遇到多种阻力,气孔阻力是其中最重要的一种阻力,往往是光合作用的一种限制因子,但是净光合速率的变化既有气孔因素也有非气孔因素(贺军民等,2004),需要经过深入分析才能确定其主导因素。通过分析不同 UV-B 滤减处理下烤烟烟叶净光合速率($P_n$)、气孔导度($G_s$)、胞间 $CO_2$ 浓度($C_i$)与 UV-B 辐射强度的关系,可以发现 UV-B$_{50}$、UV-B$_{150}$ 对 CK、A、B、C 处理下的烟叶净光合速率($P_n$)和胞间 $CO_2$ 浓度($C_i$)都为抑制效应,对气孔导度($G_s$)的影响却不完全一致,对 CK 和 A 为抑制效应,对 B 和 C 总体上为促进效应,且岭回归系数接近零,说明 CK 和 A 处理中烟叶光合速率的变化主要是气孔因素,而 B 和 C 处理下烟叶光合速率的变化主要是非气孔因素,是叶肉细胞光合活性下降所致。前述已知,CK 和 A 处理中的 UV-B 透过率分别为 100%、73%,B 和 C 处理中的 UV-B 透过率分别为 35% 和 49%,显然前两者处理下的 UV-B 强度大于后两者,说明烟叶气孔随 UV-B 辐射强度的增强而趋于敏感。

水分利用效率(WUE)是指利用单位重量的水分植物所能同化的 $CO_2$,是净光合速率与蒸腾速率的比值(贾黎明等,2004)。同样环境条件下,水分利用效率越大,表明用水节约,植物对干旱的适应能力更强。通过分析不同 UV-B 滤减处理下烤烟烟叶净光合速率($P_n$)、蒸腾速率($T_r$)、水分利用效率(WUE)与 UV-B 辐射强度的关系,可以发现

UV-B$_{50}$、UV-B$_{150}$对 CK、A、B、C 的烟叶净光合速率($P_n$)都为负效应，对蒸腾速率($T_r$)的效应则为正效应，对水分利用效率(WUE)的效应都为负效应，说明紫外线辐射对 $P_n$ 的影响幅度大于对 $T_r$ 的影响幅度。另外，由表 6-1 计算得知 CK、A、B、C 四个处理的水分平均利用效率分别为 1.443、1.480、1.359 和 1.543，即 C＞A＞CK＞B，可知 C 处理下的烟叶对水分利用效率最高，B 的最低，即 C 的抗干旱能力最强，B 的最弱。而且四个处理中，B 的紫外辐射强度最低，C 介于 A 和 B 之间，由此推断：①UV-B 辐射强度太弱，对烤烟生长过程中水分充分利用会产生一定的抑制；②可能存在一个 UV-B 辐射强度对 WUE 影响的阈值范围，在这个范围之内，烤烟对水分的利用效率较高。

本书选定 $k = 0.1$ 计算净光合速率($P_n$)等五个光合作用参数与 UV-B$_{50}$、UV-B$_{150}$ 的岭回归系数，得到了表 6-2 的计算结果。通过对岭回归系数的比较，证明了不同高度的 UV-B(UV-B$_{50}$，UV-B$_{150}$)辐射对 UV-B 滤减作用处理下的烤烟 K326 成熟初期的光合生理指标能产生抑制或促进作用。即在同一 UV-B 辐射强度水平下，不同处理的同类光合参数的效应方向都基本一致，其差异只是影响幅度的大小，即不同处理下的烟叶光合参数对 UV-B$_{50}$ 和 UV-B$_{150}$ 的响应较为一致，不同的只是敏感程度。

在分析 UV-B 滤减下烟叶净光合速率与 UV-B 辐射强度的关系时，发现处理 A、B、C 对不同高度的 UV-B 辐射的响应幅度都是依次减弱(即 A＞B＞C)，而三个处理内的 UV-B 强度情况却是 A＞C＞B，即光合能力与 UV-B 辐射强度不完全呈现一定的比例关系，它们之间的反向关系(蔡锡安等，2007)，应该超出一定强度范围才成立，即超出某个伤害阈值，伤害阈值是反映植物对紫外辐射伤害敏感性高低的量化指标(周青等，2002)。在伤害阈值前后，植物的特性、功能或过程发生迅速的改变，但是植物从一种稳定状态到另一种稳定状态是一个逐渐转换的过程，这个过程对应外界环境因素的一定变化范围，这个范围的确定有利于经济作物的合理生产布局，有利于自然资源的保护和生态系统的可持续管理。本节通过设置不同 UV-B 强度的处理，探讨光合作用参数对 UV-B 辐射强度的响应，得到的上述结果对研究云南烤烟随海拔种植的品种及最佳种植区分布有一定的指导意义，对生态阈值(赵慧霞等，2007)的研究也有一定的理论价值。考虑到辐射的敏感性和稳定性及光合作用参数之间相互影响的复杂性，有必要对烤烟各主要生育期的光合特性与 UV-B 辐射强度的滤减关系做进一步研究。

## 6.2　UV-B 滤减处理下烟草光合作用参数对光照度的响应

人类活动释放大量氯氟烃化合物(CFCs)在大气层中，使大气臭氧层变薄(Ross，1998)，导致到达地表的 UV-B 辐射量持续增加(Kerr and Mcelroy，1993；Madronich et al.，1998；Mckenzie et al.，1999)，而增强的 UV-B 辐射将影响到植物一系列的分子生物学与生理生化过程(Hidema et al.，1997)，已有许多试验证明绝大多数的植物已受到不同程度 UV-B 辐射的伤害(Virginia，1999；Ying et al.，2006；Sailaja et al.，2007)。在已有的工作中，大部分是在实验室或控制条件下进行 UV-B 辐射增强对植物伤害机理的研究(岳向国等，2005；Suzanne et al.，2006；Alejandro et al.，2007；刘敏等，2007)，而滤减的 UV-B 辐射对在大田自然条件下栽培植物的影响研究相对较少（Miriam et al.，2007）。

烟草是世界性栽培的嗜好类工业原料作物（胡溶容等，2007），是以叶片为收获对象的经济作物（许自成等，2007），生长发育和产量品质（杨兴有等，2007）的形成最终决定于烟草植株个体与群体的光合作用（王少先等，2005），光合作用是烟叶产量和品质形成的基础（朱列书等，2006）。太阳辐射对植物光合作用的主要作用部位被认为是光合作用系统（PS）（Vass et al.，1996），而反映光合作用系统运转情况的指标主要为净光合速率（$P_n$）、光合传递能力等。太阳辐射中的紫外线和可见光谱段在不同的环境状态下，将对植物光合作用过程产生不同的生理生态效应。本节以烟草作为试验材料，通过对其进行自然状况和不同膜覆处理，烟叶光合参数的测定及 50cm 和 150cm 高度光照度同步观测资料，以多元线性岭回归分析方法计算得到 $k=0.1$ 时的岭回归系数 $B(k)$，岭回归分析方法不但具有多元线性回归由自变量预测因变量，降低参数的最小二乘估计复共线特征向量影响的特点（王佺珍等，2005），还具有定性与定量分析有机结合的优良性特点（何秀丽，2005）。作为岭回归系数 $B(k)$ 的拓展应用尝试，采取以各滤减处理光合参数的 $B(k)$ 实际数值与绘图分析相结合的方式，探讨烤烟净光合速率等光合参数对光照度的响应，及两类谱段的太阳辐射衰减后对烤烟光合作用系统可能产生的协同效应。

## 6.2.1 材料和方法

### 6.2.1.1 试验材料与设计

试验在云南省玉溪市通海县城旁的桑园育苗场（102°45′E，24°07′N，海拔 1806.0m，四周地形为盆地）进行。烟苗盆栽，盆高 40cm，盆口直径为 40cm，盆底直径为 35cm。实验前，在田间按 120cm×50cm 的行株距起垄，将盆置于垄上（即种植密度为 1100 株/亩）。土壤为菜地土，土壤肥力中等，经"爱土 20%可湿性粉剂"（山东荣邦化工有限公司生产）和"土壤菌虫净"（山东安特农业技术有限公司生产）消毒后晾干，装盆，每盆装土20kg。装盆时，每盆施纯氮量 8g（N∶P₂O₅∶K₂O=1∶1.5∶2.5），采用烟草专用复合肥（N∶P₂O₅∶K₂O=12∶6∶24），钙镁磷（P₂O₅ 18%），硫酸钾（K₂O 50%），肥料施至盆高的 2/3 处。各种肥料，单株用量：复合肥 67g，钙镁磷肥 44.4g，硫酸钾 7.84g。供试品种为 K326（*Nicotiana tabacum* K326），装好土后，选取健壮、长势均一的 5~6 叶龄的烟株幼苗进行移栽（2008 年 5 月 9 日），移栽 18d 后，进行 UV-B 滤减处理，持续至采收结束。

### 6.2.1.2 UV-B 辐射滤减处理

试验设 3 个处理：$T_1$ 为覆盖 0.040mm 聚乙烯膜；$T_2$ 为覆盖 0.068mm 聚乙烯膜；$T_3$ 为覆盖 0.125mm 聚酯薄膜（Mylar 膜）（为便于适量的雨水通透，在各覆膜的顶部用电烙铁烫成分布均匀约为每 20cm×20cm 一个直径约 0.5cm 的小孔），分别模拟不同程度的UV-B 滤减，并设置对照即自然环境处理（不减弱 UV-B，以 CK 表示），每处理 20 盆。每处理上方搭 1.8m 高的长方形架子用于盖膜，4 处理南北方向随机排列，其中盖膜的 3个处理四周分别用膜封住，下部留 90cm 高度以利于通风，内部相通，管理方法同大田优质烟生产管理方法。考虑到一天中不同时间段膜的 UV-B 透过率的变化,在试验期间不同阶段具有典型天气条件下,定时测定不同膜处理内外 150cm 高处 UV-B 辐射强度和光照度,8:00～18:00 各处理内部 UV-B 辐射透过率变化如图 6-9 所示,$T_1$、$T_2$、$T_3$ 的 UV-B 平均透过率分别约为 75％、50％和 35％；各处理内部光照度透过率变化如图 6-10 所示,$T_1$、$T_2$、$T_3$ 的光照度透过率分别约为 79％、72％和 76％。

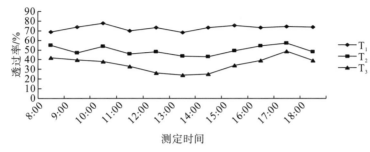

图 6-9　各处理内一天中 UV-B 辐射强度透过率变化

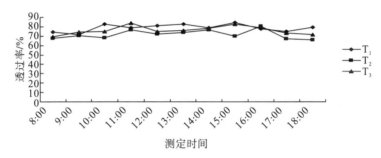

图 6-10　各处理内一天中光照度透过率变化

### 6.2.1.3　测定方法与资料获取

光合作用参数测定:选烤烟成熟初期的晴天(2008 年 7 月 31 日),用美国 LI-COR 公司生产的 LI-6400 便携式光合仪,在自然条件下从 8:00～15:00 每隔 1h 测定不同处理烟叶的净光合速率($P_n$)、气孔导度($G_s$)、胞间 $CO_2$ 浓度($C_i$)和蒸腾速率($T_r$),并计算得到瞬时水分利用效率(WUE＝$P_n/T_r$)。测定时除样品室流速设定为 $500\mu mol \cdot s^{-1}$ 之外,其他条件都不加控制,选取植株最近完全展开的成熟叶片(从顶部数第 4～5 片叶),每株 1 片,每处理重复 3 株,取其平均值。

光照度测定:2008 年 7 月 31 日,在测定光合作用参数的同时,用上海市嘉定学联仪表厂生产的 ZDS-10 自动量程照度计对光照度进行同步测定,单位为 lx(勒)。以盆底地面为基点,分别测量 50cm 和 150cm 高度的照度值,每一轮次各测定三次,取其平均值。

### 6.2.1.4　数据处理

采用多元统计分析的岭回归分析法,用 STATISTICA 软件对表 6-3 中的测定数据进行统计分析。选取岭迹稳定后 $k=0.1$ 时的岭回归系数 $B(k)$,比较不同高度光照度对不同覆膜处理及 CK 光合作用参数的 $B(k)$ 及作用效应方向。

### 6.2.2　结果与分析

表 6-3 给出了对照(CK)和三个处理($T_1$、$T_2$、$T_3$)从 8:00 到 15:00 不同时刻测定获得的 7 次光合作用参数和同步观测的 50cm 和 150cm 两个高度的光照度值。表 6-4 给出光合作用参数与两个高度光照度的岭回归系数 $B(k)$($k=0.1$)，图 6-11~图 6-15 则分别给出净光合速率($P_n$)、气孔导度($G_s$)、胞间 $CO_2$ 浓度($C_i$)、蒸腾速率($T_r$)、瞬时水分利用效率(WUE)与 50cm 和 150cm 的岭回归系数柱状图。针对不同 UV-B 滤减处理下烤烟光合参数与可见光光照度的响应关系作趋势及作用效应的比较分析。

表 6-3　光合作用参数及光照度

| 处理 | | 净光合速率/($\mu$mol $CO_2$ $m^{-2}s^{-1}$) | 气孔导度/(mol$H_2O$ $m^{-2}s^{-1}$) | 胞间 $CO_2$ 浓度/($\mu$mol $CO_2$mol$^{-1}$) | 蒸腾速率/(mmol$H_2O$ $m^{-2}s^{-1}$) | 水分利用效率/($\mu$mol$CO_2$ /mmol $H_2O$) | 50cm 处光照度/($10^3$lx) | 150cm 处光照度/($10^3$lx) |
|---|---|---|---|---|---|---|---|---|
| CK | 1 | 11.6 | 0.227 | 317 | 3.80 | 3.08 | 23.7 | 23.8 |
| | 2 | 12.9 | 0.226 | 268 | 6.18 | 2.08 | 43.7 | 41.6 |
| | 3 | 6.70 | 0.224 | 302 | 6.89 | 0.97 | 66.8 | 64.8 |
| | 4 | 5.33 | 0.180 | 296 | 7.14 | 0.75 | 87.0 | 75.5 |
| | 5 | 6.73 | 0.151 | 227 | 5.53 | 1.22 | 92.5 | 87.5 |
| | 6 | 4.59 | 0.086 | 254 | 4.82 | 0.95 | 93.3 | 94.3 |
| | 7 | 8.96 | 0.190 | 255 | 8.57 | 1.05 | 90.1 | 79.9 |
| $T_1$ | 1 | 10.3 | 0.233 | 313 | 3.38 | 3.05 | 14.4 | 14.6 |
| | 2 | 11.5 | 0.248 | 287 | 5.69 | 2.02 | 23.4 | 26.2 |
| | 3 | 10.9 | 0.436 | 301 | 10.0 | 1.09 | 44.8 | 54.7 |
| | 4 | 7.39 | 0.136 | 251 | 6.25 | 1.18 | 63.1 | 65.2 |
| | 5 | 8.50 | 0.185 | 261 | 8.42 | 1.01 | 68.8 | 67.7 |
| | 6 | 6.28 | 0.120 | 255 | 6.28 | 1.00 | 75.0 | 78.5 |
| | 7 | 9.94 | 0.208 | 258 | 9.04 | 1.01 | 63.1 | 63.9 |
| $T_2$ | 1 | 10.1 | 0.385 | 374 | 4.28 | 2.36 | 12.4 | 15.4 |
| | 2 | 12.9 | 0.280 | 287 | 5.60 | 2.30 | 25.6 | 27.1 |
| | 3 | 10.3 | 0.267 | 280 | 7.17 | 1.44 | 48.6 | 35.7 |
| | 4 | 7.95 | 0.204 | 276 | 6.73 | 1.18 | 51.3 | 65.2 |
| | 5 | 8.33 | 0.241 | 285 | 7.42 | 1.12 | 66.4 | 73.5 |
| | 6 | 14.6 | 0.448 | 279 | 12.8 | 1.14 | 58.8 | 79.3 |
| | 7 | 12.4 | 0.259 | 255 | 9.88 | 1.26 | 47.8 | 65.7 |
| $T_3$ | 1 | 6.52 | 0.126 | 333 | 2.20 | 2.97 | 10.3 | 15.9 |
| | 2 | 8.87 | 0.219 | 309 | 5.22 | 1.70 | 24.6 | 28.1 |
| | 3 | 8.80 | 0.321 | 324 | 8.00 | 1.10 | 40.1 | 50.2 |
| | 4 | 7.48 | 0.195 | 295 | 7.36 | 1.02 | 57.0 | 71.2 |

| 处理 | | 净光合速率/($\mu$mol CO$_2$ m$^{-2}$s$^{-1}$) | 气孔导度/(molH$_2$O m$^{-2}$s$^{-1}$) | 胞间 CO$_2$ 浓度/($\mu$mol CO$_2$mol$^{-1}$) | 蒸腾速率/(mmolH$_2$O m$^{-2}$s$^{-1}$) | 水分利用效率/($\mu$molCO$_2$ /mmol H$_2$O) | 50cm 处光照度/($10^3$lx) | 150cm 处光照度/($10^3$lx) |
|---|---|---|---|---|---|---|---|---|
| | 5 | 6.61 | 0.202 | 291 | 8.30 | 0.80 | 63.7 | 69.2 |
| T$_3$ | 6 | 4.69 | 0.092 | 262 | 4.67 | 1.00 | 74.1 | 77.5 |
| | 7 | 5.82 | 0.120 | 262 | 6.27 | 0.93 | 58.9 | 69.5 |

**表 6-4　光照度与光合作用参数的岭回归系数 $B(k)$($k=0.1$)**

| 光合作用参数 | 处理 | $B_{50\text{cm}}$ | $B_{150\text{cm}}$ |
|---|---|---|---|
| 净光合速率($P_n$) | CK | −0.8522 | −0.3262 |
| | T$_1$ | −0.3926 | −0.4353 |
| | T$_2$ | −0.2526 | −0.1694 |
| | T$_3$ | −0.3790 | −0.3425 |
| 气孔导度($G_s$) | CK | −0.2032 | −0.2638 |
| | T$_1$ | −0.1432 | −0.0131 |
| | T$_2$ | 0.0715 | 0.0241 |
| | T$_3$ | −0.0199 | −0.0575 |
| 胞间 CO$_2$ 浓度($C_i$) | CK | −0.4139 | −0.2879 |
| | T$_1$ | −0.1674 | −0.1336 |
| | T$_2$ | −0.2672 | −0.1173 |
| | T$_3$ | −0.1907 | −0.1612 |
| 蒸腾速率($T_r$) | CK | 0.6095 | 0.1521 |
| | T$_1$ | 0.3241 | 0.2869 |
| | T$_2$ | 0.2350 | 0.4408 |
| | T$_3$ | 0.2222 | 0.3107 |
| 水分利用效率(WUE) | CK | 0.4435 | −0.2496 |
| | T$_1$ | −0.2860 | −0.3628 |
| | T$_2$ | −0.5278 | −0.4589 |
| | T$_3$ | −0.4771 | −0.4528 |

### 6.2.2.1　烟叶净光合速率与光照度的关系

由图 6-11 和表 6-4 可以看出，在 K326 的成熟初期，对于 CK 及三类不同 UV-B 辐射滤过率处理下，两个不同高度的光照度对净光合速率都为抑制作用。50cm 高度处的光照度对 T$_1$、T$_2$、T$_3$ 的抑制幅度分别是 CK 的 46.1%、29.6%、44.5%；150cm 高度处的光照度对 T$_1$、T$_2$、T$_3$ 的抑制幅度分别是 CK 的 133.4%、51.9%、105.0%。可以看出两个不同高度的光照度对净光合速率的相对抑制幅度大小顺序都为 T$_1$>T$_3$>T$_2$，且都是

$T_1$、$T_3$ 相近，明显大于 $T_2$，而三类处理的 UV-B 辐射滤过率的大小顺序却为 $T_1$(75%)>
$T_2$(50%)>$T_3$(35%)。这说明 UV-B 辐射滤过率在 35%～75% 时，利于烟叶维持较高净
光合速率。

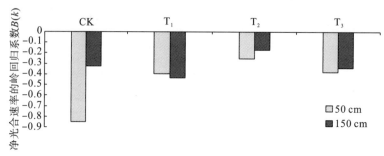

图 6-11  净光合速率($P_n$)与 50cm、150cm 高度处光照度的岭回归系数

### 6.2.2.2  烟叶气孔导度与光照度的关系

根据图 6-12 和表 6-4 的 $B(k)$ 可以看出，不同高度的可见光光照度对 CK 及 $T_1$、$T_3$
处理下烟叶气孔导度的影响为负效应，对 $T_2$ 的影响则为正效应。50cm 高度处的光照度
对 $T_1$、$T_3$ 的抑制幅度分别是 CK 的 70.5%、9.8%，二者相差一个数量级；150cm 高度
处的光照度对 $T_1$、$T_3$ 的抑制幅度分别是 CK 的 5.0%、21.8%。由此可见，不同高度下
的光照度对 $T_1$、$T_3$ 的相对抑制幅度的大小顺序相反，50cm 高度下为 $T_1$>$T_3$，150cm 高
度下为 $T_1$<$T_3$，这可能是 50cm 高度处太阳光波谱受影响的因素多于 150cm 处所致。因
两个不同高度下的光照度只对三类处理中的 $T_2$ 处理的影响为正效应，且 UV-B 辐射透过
率情况为 $T_1$>$T_2$>$T_3$，可以推知当 UV-B 辐射透过率在 35%～75% 时，利于烟叶气孔张
开。从图 6-12 中还可以看出，CK 及三个处理中，CK 对不同高度的光照度响应最为敏
感，即受到的负效应最大。

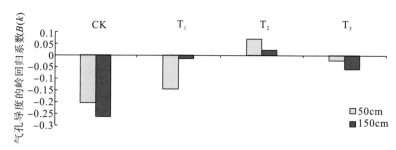

图 6-12  气孔导度($G_s$)与 50cm、150cm 高度处光照度的岭回归系数

### 6.2.2.3  烟叶细胞间隙 $CO_2$ 浓度与光照度的关系

根据图 6-13 和表 6-4 可以看出，不同高度的可见光光照度对 CK 及 $T_1$、$T_2$、$T_3$ 处
理下烟叶胞间 $CO_2$ 浓度都为抑制效应。50cm 高度处光照度对 $T_1$、$T_2$、$T_3$ 的抑制幅度分
别是 CK 的 40.4%、64.6%、46.1%；150cm 高度处光照度对 $T_1$、$T_2$、$T_3$ 的抑制幅度
分别是 CK 的 46.6%、40.8%、56.0%。据此可知，不同高度的光照度对 $T_1$、$T_2$、$T_3$
处理下的烟叶胞间 $CO_2$ 浓度都为抑制作用，且抑制幅度相近。另外，CK 与 $T_1$、$T_2$、$T_3$
相比较，对 50cm 和 150cm 高度的光照度的响应最为敏感，即受到的负效应最大。

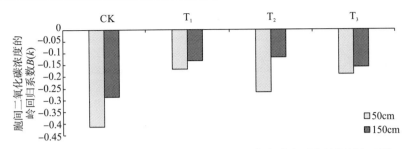

图 6-13　胞间 $CO_2$ 浓度($C_i$)与 50cm、150cm 高度处光照度的岭回归系数

### 6.2.2.4　烟叶蒸腾速率与光照度的关系

从图 6-14 和表 6-4 可以看出，不同高度的光照度对 CK 及 $T_1$、$T_2$、$T_3$ 处理下烟叶蒸腾速率的影响都为促进作用。50cm 高度处光照度对 $T_1$、$T_2$、$T_3$ 处理下烟叶蒸腾速率的促进幅度分别是 CK 的 53.2%、38.7%、36.5%，三者远远小于 CK；而 150cm 高度处光照度对 $T_1$、$T_2$、$T_3$ 处理下烟叶蒸腾速率的促进幅度分别是 CK 的 188.6%、289.8%、204.2%，三者远远大于 CK。可以说明在 UV-B 辐射及光照度透过率一定的情况下，150cm 高度处对烟草光合作用有促进的自然光波谱范围不再受其他因素影响，而 50cm 高度处还要受叶片的反射、遮挡等因素的影响。150cm 高度处光照度对三类处理下烟叶蒸腾速率的相对促进幅度大小顺序为 $T_2$(289.8%)>$T_3$(204.2%)>$T_1$(188.6%)，而 UV-B 辐射透过率情况为 $T_1$>$T_2$>$T_3$，由此可见，在 UV-B 辐射透过率为 35%～75% 时，可促进烟叶的蒸腾速率。

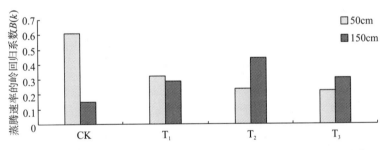

图 6-14　蒸腾速率($T_r$)与 50cm、150cm 高度处光照度的岭回归系数

### 6.2.2.5　烟叶瞬时水分利用效率与光照度的关系

瞬时水分利用效率(WUE)即净光合速率与蒸腾速率的比值。根据图 6-15 和表 6-4 可以看出，对于 CK，50cm 高度处光照度对 WUE 有促进作用，而 150cm 高度处光照度对 WUE 有抑制作用。对于 $T_1$、$T_2$、$T_3$，不同高度的光照度对烟叶水分利用效率的影响都为负效应，且影响幅度对每一个处理而言都较为相近，处理之间差别也不明显。150cm 高度处光照度对 $T_1$、$T_2$、$T_3$ 处理下烟叶的瞬时水分利用效率的抑制幅度分别为 CK 的 145.4%、183.9%、181.4%，它们受抑制的大小顺序为 $T_2$>$T_3$>$T_1$>CK，即在 CK 条件下，烟叶的瞬时水分利用更为有效。

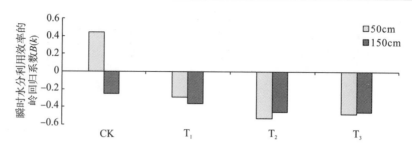

图 6-15　瞬时水分利用效率(WUE)与 50cm、150cm 高度处光照度的岭回归系数

### 6.2.3　讨论

植物净光合速率是叶片内外 $CO_2$ 浓度梯度和扩散阻力的函数。叶片外面的空气和叶绿体内的羧化部位之间的浓度梯度越大和扩散阻力越小，叶片的光合速率越高(许大全，2002)。$CO_2$ 从叶外向叶绿体内的羧化部位扩散时会遇到多种阻力，气孔阻力是其中最重要的一种阻力，往往是光合作用的一种限制因子，但是净光合速率的变化既有气孔因素也有非气孔因素(贺军民等，2004)。通过分析不同 UV-B 滤减处理下 $P_n$、$G_s$、$C_i$ 与光照度的关系，可以发现 50cm 和 150cm 高度处光照度对 CK、$T_1$、$T_2$、$T_3$ 处理下的 $P_n$ 和 $C_i$ 都为抑制效应。对 $G_s$ 的影响却不完全一致，对 CK、$T_1$、$T_3$ 为抑制效应，对 $T_2$ 为促进效应，可以判断 CK、$T_1$、$T_3$ 处理中烟叶光合速率的变化主要是气孔因素(李军等，2007)，而处理 $T_2$ 下烟叶光合速率的变化主要是非气孔因素，是叶肉细胞光合活性下降所致。前述已知，$T_1$、$T_2$、$T_3$ 处理中的透过率分别为 75％、50％、35％，即 $T_2$ 处理下的 UV-B 辐射强度介于 $T_1$ 和 $T_3$，说明一定范围的 UV-B 辐射强度对烟叶气孔张开有促进作用；CK 的 UV-B 辐射透过率为 100％，表明该处理状况下的烤烟可能已形成一种适应较高强度 UV-B 辐射的生理机制(周党卫等，2002)。

水分利用效率(WUE)是指利用单位重量的水分植物所能同化的 $CO_2$，是净光合速率与蒸腾速率的比值(贾黎明等，2004)，它反映植物生产中单位水分的能量转化效率(黄娟等，2006)。同样条件下，水分利用效率越大，表明用水节约，植物对干旱的适应能力更强。通过分析不同 UV-B 滤减处理下烤烟 $P_n$、$T_r$、水分利用效率(WUE)与光照度的关系可以发现，150cm 高度处光照度对 CK、$T_1$、$T_2$、$T_3$ 处理下的 $P_n$ 都为负效应，对 $T_r$ 的效应都为正效应，对 WUE 的效应都为负效应，说明光照度对 $P_n$ 的影响幅度大于对 $T_r$ 的影响幅度(王森等，2002)。另外，由表 6-1 可计算得知 CK、$T_1$、$T_2$、$T_3$ 四个处理的水分平均利用效率分别为 1.443、1.480、1.543、1.359，即 $T_2>T_1>CK>T_3$，可以得知 $T_2$ 处理下的烟叶对水分的利用效率最高，$T_3$ 的最低，即 $T_2$ 的抗干旱能力最强，$T_3$ 的最低。而且四个处理中，$T_3$ 的 UV-B 辐射透过率最低，$T_2$ 介于 $T_1$ 和 $T_3$，由此推断：①UV-B 辐射强度太弱，对烤烟生长过程中水分充分利用会产生一定的抑制；②可能存在一个 UV-B 辐射强度对 WUE 影响的阈值范围(周青等，2002；赵慧霞等，2007)，在这个范围之内，烤烟对水分的利用效率较高。

通过观测资料分析，CK、$T_1$、$T_2$ 和 $T_3$ 处理的可见光强度平均透过率分别约为 100％、79％、72％和76％；而 UV-B 辐射平均透过率分别约为 100％、75％、50％和 35％。在分析 UV-B 滤减下烟叶净光合速率与光照度的关系时，比较 150cm 对四类不同处理的影响幅度，可以看出 $T_1$、$T_2$、$T_3$ 与 CK 接近，即 150cm 高度可见光对 CK 等处理中烟叶净光合速率的效应方向相同，作用幅度相近。之所以出现这种情况，可能是在大田环境中可见光和 UV-B 辐射共同作用对烤烟生长产生了协同效应（Pinto et al.，1999；蔡锡安等，2007），从而导致经过不同覆膜处理的 $T_1$、$T_2$、$T_3$ 与处于自然光下 CK 中烤烟的光合能力对可见光的敏感性相同，其间的复杂关系，还有待进一步研究。

## 6.3　滤减 UV-B 辐射强度对植烟环境小气候要素的影响

　　UV-B 辐射在太阳总辐射中所占的比例虽小，但是由于其强烈的生物学和化学效应，在农业、生物学、医疗保健、环境保护、气象学等领域已受到人们的重视（李韧等，2007）。有许多试验证明绝大多数的植物已受到紫外线不同程度的伤害（Ries et al.，2000；Liang et al.，2006；Koti et al.，2007）。在已有的工作中，大部分是在实验室或控制条件下进行 UV-B 辐射增强对植物伤害机理的研究（岳向国等，2005；訾先能等，2006；刘敏等，2007；Riquelme et al.，2007），对滤减的 UV-B 辐射在大田自然条件下对栽培植物的影响研究相对较少，更多的是探讨 UV-B 与光合作用参数的关系（纪鹏等，2009a；纪鹏等，2009b），减弱 UV-B 辐射对植物形态、生理品质的影响研究（何都良等，2003；钟楚等，2010a），同时已有研究证明烤烟种植气候是影响烟叶品质的主要生态因素（张家智，2000；贺升华和任炜，2001；黄中艳等，2007b；黎妍妍等，2007；黄中艳等，2008）。而 UV-B 辐射与小气候要素的关系应受到重视，从生态生理学的观点出发，小气候环境对 UV-B 辐射效应的敏感性和生理特性会产生一定的促进或抑制作用（贺源辉，1982），因此本节以烤烟品种 K326 为试验材料，通过不同厚度薄膜覆盖处理，模拟不同程度的减弱 UV-B 辐射，测定植烟环境中光合有效辐射等小气候要素，以及 50cm 和 150cm 两个高度的 UV-B 辐射强度的同步观测值，以多元线性岭回归分析方法计算得到 $k=0.1$ 时的岭回归系数 $B(k)$。对各小气候要素的 $B(k)$ 实际数值进行数据分析比较，探讨滤减 UV-B 辐射对植烟环境小气候要素的影响，为该地区烟叶优质适产和种植区划提供理论依据。

### 6.3.1　材料和方法

#### 6.3.1.1　试验材料与处理

　　试验于 2008 年在云南省玉溪市通海县城旁的桑园育苗场（$102°45'E$，$24°07'N$，海拔为 1806.0m，四周地形为盆地，为玉溪海拔最高主产烟区）进行。烟苗盆栽，盆高 40cm，盆口直径为 40cm，盆底直径为 35cm。试验前，在田间按 120cm×50cm 的行株距起垄（即种植密度为 1100 株/亩），每处理共有 20 盆，将盆置于垄上。土壤为菜地土，土壤肥力中等，经"爱土 20％可湿性粉剂"（山东荣邦化工有限公司生产）和"土壤菌虫净"（山东安特农业技术有限公司生产）消毒后晾干，装盆，每盆装土 20kg。施肥比例 $N：P_2O_5：K_2O=1：1.5：2.5$，每盆施纯氮 8g，采用烟草专用复合肥（$N：P_2O_5：K_2O=12：6：24$），钙镁磷（$P_2O_5$）为 18％、硫酸钾（$K_2O$）为 50％，肥料施至盆高的 2/3 处。单株各种肥料用量：烟草专用复合肥 67g，钙镁磷肥 44.4g，硫酸钾 7.84g。供试烤烟

（*Nicotiana tabacum* L.）品种为 K326，装好土后，于 5 月 9 日选取健壮、长势均匀、5～6 叶龄的烟株幼苗进行移栽，缓苗 18d 后将盆栽烟株进行 UV-B 滤减处理直至采样结束。

试验设 4 个处理：处理 1（$T_1$）覆盖 0.040mm 厚聚乙烯膜，滤减 25％的 UV-B 辐射；处理 2（$T_2$）覆盖 Mylar 膜，滤减 50％的 UV-B 辐射；处理 3（$T_3$）覆盖 0.068mm 聚乙烯膜，滤减 65％的 UV-B 辐射；并设置对照（CK），即自然种植环境处理。为便于适量的雨水通透，在各覆膜的顶部用电烙铁烫成分布均匀约为 20cm×20cm、直径约 0.5cm 的小孔，$T_1$、$T_2$、$T_3$ 三个处理上方搭 1.8m 高的长方形架子，架子顶部覆膜，4 个处理南北方向随机排列，其中盖膜的 3 个处理四周分别用膜封住，下部留 90cm 高度以利于通风，内部相通，所有处理按大田优质烟生产管理方法统一管理。考虑到一天中不同时段膜的 UV-B 透过率的改变，在试验期间选择典型天气条件测定了不同膜处理内外 150cm 高度处 UV-B 辐射和光照度。经观测 $T_1$、$T_2$ 和 $T_3$ 的 UV-B 平均透过率分别约为 75％、50％和 35％（即分别滤减 25％、50％、65％），如图 6-16 所示［图 6-16（a）为 50cm 处 UV-B 辐射强度随时间变化，图 6-16（b）为 150cm 处 UV-B 辐射强度随时间变化］。而各类膜光照度透过率实验前期均达到 80％以上，后期在 75％左右，接近 80％。有研究认为，此光照度范围适合优质烟叶的生产（贾黎明等，2004），不影响烤烟的正常生长发育。

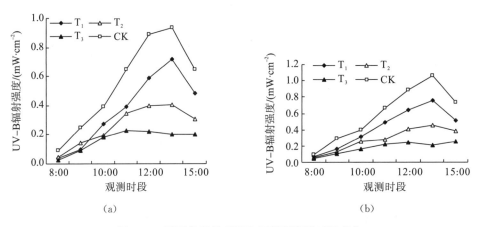

图 6-16    不同高度处 UV-B 辐射强度随时间变化

### 6.3.1.2    测定方法与资料获取

#### 1. 小气候要素测定

选烤烟成熟初期的 2008 年 7 月 31 日晴天，用美国 LI-COR 公司生产的 Li-6400 便携式光合测定仪测定各处理下部第 8 片（从下往上数）有效叶位置处的环境 $CO_2$ 浓度（$C_a$）、空气温度（$T_a$）、空气相对湿度（RH）、光合有效辐射（PAR）和饱和水汽压亏缺（VPD）。全天在 8:00、9:00、10:00、11:00、12:00、14:00、15:00 这 7 个时段各观测 1 次，测定时除样品室流速设定为 500μmol·$s^{-1}$ 之外，其他条件都不加控制。共测定 7 组数据，每一处理重复测定两次，取其平均值。

## 2. UV-B 辐射强度测定

用法国 Cole-Parmer 仪器公司生产的 Radimeter UV-B 辐射表测定太阳 UV-B 辐射强度，此辐射表标准带宽为 $0.295 \sim 0.395 \mu m$，中心波长为 $0.312 \mu m$，单位为 $mW \cdot cm^{-2}$。以盆底地面为基点，分别测定 $50cm(UV-B_{50})$ 和 $150cm(UV-B_{150})$ 高度的 UV-B 辐射强度值。在小气候要素的观测规范中，150cm 为气象台站确定的常规气温、辐射要素等气象要素的观测高度，而烤烟 K326 成熟期 50cm 大致属其小气候要素最活跃、湍流交换最剧烈的活动面高度。故选择以盆底地面为基点，分别测定 $50cm(UV-B_{50})$ 和 $150cm(UV-B_{150})$ 高度的 UV-B 辐射强度(纪鹏等，2009a)，每一轮测定 3 次，取其平均值。

### 6.3.1.3 数据分析

采用多元统计分析的岭回归分析法(纪鹏等，2009a；纪鹏等，2009b；杨晖等，2004)，用 STATISTICA 软件对测定数据进行统计分析。选取岭迹稳定后 $k=0.1$ 时的岭回归系数 $B(k)$，比较不同高度 UV-B 辐射强度对不同处理环境小气候要素的 $B(k)$ 及作用效应方向。$B(k)$ 的正负表示作用效应的正负方向，正效应表示促进作用，负效应表示抑制作用，$B(k)$ 表示作用效应的程度。

## 6.3.2 结果与分析

### 6.3.2.1 环境 $CO_2$ 浓度对 UV-B 辐射强度的响应

由图 6-17(a)可以看出，4 个处理中环境 $CO_2$ 浓度的日变化总体均表现为下降趋势，但各处理的具体变化过程略有不同。$T_1$、$T_3$ 与 CK 的变化趋势始终较为接近，而 12:00 前 $T_2$ 与 $T_1$、$T_3$ 及 CK 的差异较明显。借助岭回归系数进一步分析可见图 6-17(b)，由图 6-17(b)可以看出，$UV-B_{50}$ 的岭回归系数均为负值，说明 $UV-B_{50}$ 对叶片周围环境 $CO_2$ 浓度为抑制作用，但抑制幅度随滤减程度而不同。$T_3$(滤减 65%)处理的抑制幅度最小，$T_3$ 的抑制幅度是 CK 的 16.85 倍；其次为 $T_1$(滤减 25%)处理，$T_1$ 的抑制幅度是 CK 的 27.67 倍；抑制幅度最大的是 $T_2$(滤减 50%)处理，$T_2$ 的抑制幅度是 CK 的 32.09 倍。

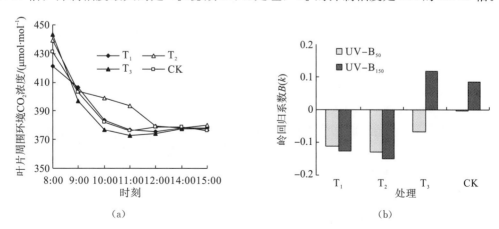

(a)                                    (b)

图 6-17  不同处理下环境 $CO_2$ 浓度变化及与 $UV-B_{50}$、$UV-B_{150}$ 的岭回归系数

$T_1$、$T_2$、$T_3$ 的抑制幅度分别是 CK 的 27.67 倍、32.09 倍、16.85 倍,说明 $T_3$(滤减 65%)处理的烤烟环境 $CO_2$ 浓度受到 UV-B 辐射的负效应最小。在 UV-B$_{150}$ 中,$T_1$、$T_2$ 对环境 $CO_2$ 浓度表现为抑制作用,$T_3$、CK 则表现为促进作用,$T_3$ 的促进幅度是 CK 的 1.4 倍,表明 UV-B 辐射强度在自然强度的 35% 左右时,叶片周围环境中 $CO_2$ 浓度最低,同时也说明不同高度 UV-B 辐射强度对环境 $CO_2$ 浓度的作用效应存在差异。在图 6-17(b)中,当 UV-B 辐射强度滤减 50% 时,表现为最强的抑制作用,显现的负效应最大,而在图 6-17(a)中,$T_2$ 总体上高于其他处理。

### 6.3.2.2　空气温度对 UV-B 辐射强度的响应

从图 6-18(a)的曲线可以看出,UV-B 辐射强度的变化对空气温度影响的差异不是十分明显,总体都呈上升趋势。10:00 前和 12:00 后变化趋势接近。结合岭回归系数作进一步分析[图 6-18(b)],两个高度 UV-B 辐射强度对 $T_1$、$T_2$、$T_3$ 和 CK 处理的空气温度都表现为促进作用,且促进幅度的大小都为 $T_2>T_3>CK>T_1$。$T_1$、$T_2$、$T_3$ 处理的 UV-B$_{50}$ 对空气温度的促进幅度分别为 CK 的 0.32 倍、2.29 倍和 1.99 倍,说明当 UV-B 辐射滤减 50% 时,空气温度受 UV-B 辐射的促进幅度最大,即滤减 50% 的 UV-B 辐射对空气温度的影响最大。当 UV-B 辐射滤减 25% 时,空气温度受 UV-B 辐射的促进幅度最小,即滤减 25% 的 UV-B 辐射对空气温度的影响最小。

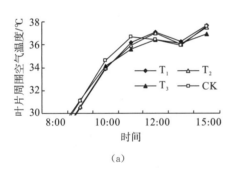

(a)

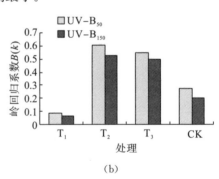

(b)

图 6-18　不同处理下空气温度变化及与 UV-B$_{50}$、UV-B$_{150}$ 的岭回归系数

### 6.3.2.3　空气相对湿度对 UV-B 辐射强度的响应

由图 6-19(a)中空气相对湿度曲线可以看出,空气相对湿度的日变化总体上呈下降趋势。10:00 前 $T_1$、$T_2$、$T_3$ 处理的空气相对湿度与 CK 接近,10:00 与 11:00 之间 CK 低于 $T_1$、$T_2$、$T_3$,12:00 CK 高于 $T_1$、$T_2$、$T_3$,13:00 后 CK 与 $T_1$、$T_2$、$T_3$ 十分接近,整体上 $T_1$、$T_2$、$T_3$ 与 CK 差异不是十分显著。结合岭回归系数[图 6-19(b)]进一步分析可以看出,所有处理的 UV-B$_{150}$ 对 RH 都为抑制作用,且 $T_1$、$T_2$、$T_3$ 对空气相对湿度的抑制幅度分别是 CK 的 29.16 倍、7.86 倍和 32.38 倍。抑制幅度的大小顺序和 UV-B 辐射滤减率的大小顺序表现得不完全一致,3 个处理的抑制幅度大小为 $T_3>T_1>T_2$,而实际 UV-B 辐射滤减率却是 $T_3>T_2>T_1$,说明 $T_2$ 处理的烤烟叶片对滤减 50% 后的 UV-B 辐射产生一定的适应性,即相对于 $T_1$ 和 $T_3$,烤烟 K326 更适合在 $T_2$(滤减 50%)环境下生长。在 50cm 高度 $T_1$、$T_2$、$T_3$ 对空气相对湿度也都表现为抑制作用,抑制幅度大小为 $T_1>T_2>T_3$,与 UV-B 辐射的滤减率大小相反,说明滤减幅度越大,UV-B 辐射对空气

相对湿度的影响越小，在 50cm 高度处自然环境下 UV-B 辐射对空气相对湿度却为促进作用。

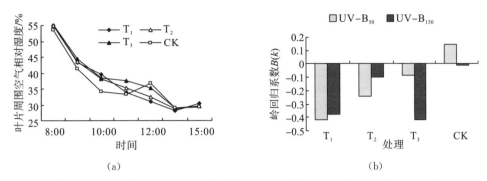

图 6-19　不同处理下空气相对湿度变化及与 UV-B$_{50}$、UV-B$_{150}$ 的岭回归系数

### 6.3.2.4　光合有效辐射对 UV-B 辐射强度的响应

由图 6-20(a)曲线可以看出，光合有效辐射的日变化呈平缓上升趋势。12:00 以前光合有效辐射的大小基本为 CK>T$_1$>T$_2$>T$_3$，这与抑制幅度的大小顺序一致；14:00 以前，CK 的光合有效辐射明显大于 T$_1$、T$_2$、T$_3$，变化趋势规律不明显。结合岭回归系数 [图 6-20(b)]作进一步分析，T$_1$ 处理的 UV-B$_{50}$ 和 UV-B$_{150}$ 对光合有效辐射都表现为抑制作用，T$_2$、T$_3$ 的 UV-B$_{50}$ 和 UV-B$_{150}$ 对光合有效辐射都表现为促进作用，说明 UV-B 辐射为自然辐射强度的 35%～50% 时有利于烤烟叶片对光能的吸收。具体表现为 T$_1$ 处理的 UV-B$_{50}$ 对光合有效辐射的抑制作用是 CK 的 40.91 倍，T$_2$、T$_3$ 处理的 UV-B$_{50}$ 对叶片周围光合有效辐射的促进幅度大小为 T$_3$>T$_2$；T$_2$、T$_3$ 处理的 UV-B$_{150}$ 对叶片周围光合有效辐射促进幅度分别是 CK 的 7.17 倍和 9.69 倍。CK 的 UV-B$_{50}$ 和 UV-B$_{150}$ 的岭回归系数分别是 -0.0048 和 0.014，效应方向相反且幅度较低，说明光合有效辐射对自然条件下的 UV-B$_{50}$ 和 UV-B$_{150}$ 的响应不明显。

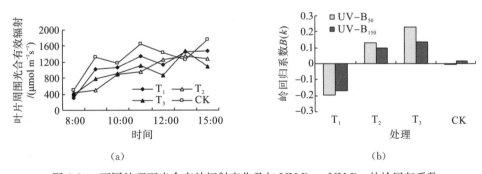

图 6-20　不同处理下光合有效辐射变化及与 UV-B$_{50}$、UV-B$_{150}$ 的岭回归系数

### 6.3.2.5　饱和水汽压亏缺对 UV-B 辐射强度的响应

从图 6-21(a)的曲线图可以看出，饱和水汽压亏缺日变化总体呈上升趋势。在 10:00 前 T$_1$、T$_2$ 变化相似，在 11:00 和 15:00 阶段 T$_1$ 与 CK 变化趋势接近，15:00 后 CK 皆大于 T$_1$、T$_2$、T$_3$。结合岭回归系数[图 6-21(b)]作进一步分析，T$_1$ 和 CK 的 UV-B$_{50}$ 和 UV-B$_{150}$ 对饱和水汽压亏缺都为促进作用，T$_3$ 处理的 UV-B$_{50}$ 和 UV-B$_{150}$ 对饱和水汽压亏

缺都表现为抑制作用，且岭回归系数接近零，即 UV-B 辐射滤减 65% 时饱和水汽压亏缺对 UV-B 响应不敏感。$T_2$ 的 UV-B$_{150}$ 对饱和水汽压亏缺促进幅度是 CK 的 0.13 倍，$T_2$ 处理的 UV-B$_{50}$ 对饱和水汽压亏缺为抑制作用，说明 $T_2$ 处理对饱和水汽压亏缺的作用与高度有关。在自然条件下，UV-B 辐射对饱和水汽压亏缺的促进作用最大，UV-B$_{50}$、UV-B$_{150}$ 与饱和水汽压亏缺的岭回归系数接近，说明在自然环境中 UV-B 辐射对饱和水汽压亏缺的作用与高度关系不大。

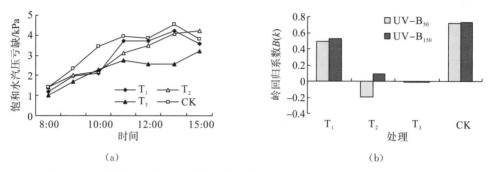

图 6-21　不同处理下饱和水汽压亏缺变化及与 UV-B$_{50}$、UV-B$_{150}$ 的岭回归系数

### 6.3.3　讨论

研究农田小气候的根本目的在于改善农田小气候条件以提高农作物产量。本节通过设置不同 UV-B 辐射强度的处理探讨了小气候要素对 UV-B 辐射强度的响应，对云南不同海拔下烤烟种植品种的选择及其最佳种植区布局有一定的指导意义，对生态阈值（赵慧霞等，2007）的研究也有一定的理论价值。$CO_2$ 是光合作用的底物，增加环境中的浓度有利于同化速率的增加，提高植物的光合速率。而本书发现在 $T_1$、$T_2$、$T_3$ 三个不同处理中，当 UV-B 辐射滤减率从 25% 增至 50% 时，UV-B 辐射对环境中的 $CO_2$ 浓度抑制作用逐步增强。当 UV-B 辐射滤减率从 50% 增至 65% 时，抑制作用又减弱，而且在 150cm 高度时由抑制作用转变成了促进作用，且促进幅度是 CK 的 1.4 倍。$CO_2$ 浓度并没有随着 UV-B 辐射的减弱呈一定的比例关系，这可能是因为高等植物由于长期的进化适应对于 UV-B 辐射的增强有一定的保护性适应机制（周党卫等，2002）。自然辐射条件下，环境中的 $CO_2$ 浓度在 50cm 与 150cm 处对 UV-B 辐射的不同响应，说明环境 $CO_2$ 浓度具有垂直分布的差异。图 6-17(a) 中 $T_2$ 总体上是高于其他处理的，但经岭回归分析它的抑制作用却最强，表明影响环境 $CO_2$ 浓度的因素除了 UV-B 辐射强度外，还存在其他环境因子。

气温对作物的重要性在于必须在一定的温度条件下，作物才能进行体内生理活动及生化反应。此外，温度的变化可引起综合环境中其他因子（如湿度）的变化，而环境因子综合体的变化又影响作物的生长、发育及产量（张艳玲，2008）。对不同处理下空气温度及其与 UV-B$_{50}$、UV-B$_{150}$ 的岭回归系数分析不难看出，对照的气温比处理的都高，50cm 比 150cm 处的高，这与俞涛等（2009）的枣麦间作系统小气候效应研究初报的结论是吻合的。处理的 UV-B 辐射和自然条件下的 UV-B 辐射对气温都具有促进作用，但当 UV-B 辐射强度的滤减率由 65% 减至 25% 时，气温并没有随着辐射强度的增加而升高，而是滤减 50% 的 UV-B 辐射对温度的促进作用最强。要弄清气温与 UV-B 辐射强度空气温度之间关系还需进一步研究。

　　不同处理下空气湿度的日变化表明：在早晨，气温低、相对湿度大，随着日出后的气温升高，空气相对湿度开始下降，到 8:00～9:00 时相对湿度急剧下降，14:00 左右，相对湿度降至 20%～35%，达最小值；以后随温度降低，相对湿度增大。该结论与黄小燕和郁家成(2008)的设施果蔬栽培的小气候及其调控，周顺亮等(2008)的农田生态系统的热通量变化和农田小气候分析研究的结论一致。同时，本书还得出滤减的 UV-B 辐射对空气湿度都具有抑制作用。

　　光合有效辐射(PAR)直接影响植物叶片的光合作用，进而影响作物的产量。在营养和水分充足的条件下，植物光合作用的大小取决于到达叶片的 PAR(彭世彰等，2006)。不同处理下烟叶光合有效辐射的日变化在早上迅速增大，正午前后光合有效辐射达到第一个高峰值，此后变化减缓。这与冬小麦－春玉米间作模式下光合有效辐射特性研究的结论一致(高阳和段爱旺，2006)。当 UV-B 辐射滤减率从 25% 增至 65% 时，UV-B 辐射对光合有效辐射的作用由负效应转变为正效应，即由抑制作用转为促进作用。相对自然条件而言，滤减 65% 的 UV-B 辐射更有利于烟叶对辐射能的吸收和利用。

　　饱和水汽压亏缺是表征空气实际蒸发能力的准确指示器。在田间它是影响气孔导度变化的主要因素，不同种类植物叶片气孔导度对水汽压亏缺响应的敏感度不同，反映它们不同的调控水分状况的能力，而调控能力的强弱，表现植物耐旱能力的大小(赵平等，2007)。不同处理的水汽压亏缺日变化与气温的日变化呈正相关，但对 UV-B 辐射的响应有差别，处理和自然条件下的 UV-B 辐射对气温表现为一致的促进作用，而对水汽压亏缺既有促进作用，又有抑制作用。当 UV-B 辐射滤减 65% 时，岭回归系数接近 0，表明滤减 65% 的 UV-B 辐射对水汽压亏缺的抑制作用不明显。当 UV-B 辐射强度滤减 25% 时，对水汽压亏缺具有明显的促进作用，相对而言，自然条件下的 UV-B 辐射对水汽压亏缺的促进幅度更大。

# 稳定碳同位素($\delta^{13}C$)分布值与烤烟种植

# 第7章 稳定碳同位素（δ¹³C）分布与植物种植

## 7.1 稳定碳同位素的组成及生态学意义

### 7.1.1 δ¹³C分布的组成及分馏机制

稳定同位素是具有相同原子和质子序数，但中子数不同，且无可测放射性的元素形式。自然界中有两种稳定的碳同位素，即$^{12}C$和$^{13}C$，其中$^{12}C$占其总量的98.89%，$^{13}C$占1.11%（丁明明等，2005）。碳同位素并不是等同的分配于化合物之间以及化合物中，由于植物组织中$^{13}C/^{12}C$普遍小于大气$CO_2$中的$^{13}C/^{12}C$，从$CO_2$吸收、固定到有机物的合成都伴随着碳同位素的分馏。温度、湿度（降水量）、光照条件以及大气$CO_2$状况等环境条件都是碳同位素分馏的影响因素（冯虎元等，2000；宁有丰等，2002）。虽然环境因素对δ¹³C有一定的影响，但更直接的是受到本身生理特征的影响。碳同位素的分馏主要发生在$CO_2$由气孔腔进入叶肉细胞和RuBP羧化酶固定及进一步转化的过程中，其中RuBP羧化酶固定及同化产物的形成所占比例更大。由此可见，δ¹³C反映气孔开张程度、光合作用强度以及其他生理过程，即碳同位素分馏值（$\Delta^{13}C$，‰）$\approx \delta^{13}C_{空气} - \delta^{13}C_{植物}$（孙柏年等，2009）。其分馏现象的存在，导致不同植物体内光合产物$^{13}C$含量存在差异。稳定性同位素技术的研究和发展最初始于20世纪30年代中期的物理科学，自50年代开始测定碳同位素的组成以来，随着质谱测定技术的改进，在生物地球化学和生态学等领域中取得很大的进展，特别是Farqhuar等（1982）系统阐述了碳同位素比（δ¹³C）和碳同位素分辨率（$\Delta^{13}C$）的计算方法，并确立了碳同位素分辨率与植物胞间$CO_2$浓度的关系之后，稳定性碳同位素在植物生物学研究中得到了更为广泛的应用。尤其是在近30年来得到迅速发展和应用的一种新技术手段，由于其具有示踪、整合和指示等多项功能，以及检测快速、结果准确等特点，能够评判土壤与植物个体之间，直至整个生态系统与大气圈之间的$CO_2$交换，可以作为示踪剂研究生态系统中生物要素的循环及其与环境的关系，可以通过其时空整合能力，研究不同时间和空间尺度生态过程与机制，以及利用其指示功能来揭示生态系统功能的变化规律（马晔和刘锦春，2013）。

碳同位素分馏机制的研究主要是探讨植物生理活动中碳同位素分馏的过程、强度以及受环境因子的影响，并试图最终建立植物碳同位素组成与环境气候参数之间的理论关系。这方面的工作主要包括生物化学过程的分馏机制、分馏系数、分馏模式等内容，也是植物稳定同位素研究的理论基础工作（吴绍洪等，2006）。大气中的$CO_2$相对富集$^{13}C$，而植物光合作用产物富集$^{12}C$，这表明植物在吸收大气中的$CO_2$来合成自身有机物质的过程中发生了碳同位素分馏。自然界中碳同位素的分馏主要有生物作用过程中的动力学分馏效应和热力学分馏效应。植物体发生碳同位素分馏要经过以下三个阶段（蒋高明，1996）。

第一阶段：大气中的$CO_2$通过扩散作用进入叶片气孔腔内的过程，这是一个相对快速的吸收过程，主要受光照度、大气温度、空气湿度(降水量)、风速、大气$CO_2$分压、气孔导度等的影响。

第二阶段：$CO_2$由气孔腔进入叶肉细胞的过程，该过程所遇到的阻力很大。第一、第二阶段中的碳还没有发生形态上的变化，只是由于存在的质量差异而使得碳发生同位素动力分馏，其分馏效应约占总效应的1/3。

第三阶段：$CO_2$被羧基多肽酶固定，并进一步合成淀粉、多糖、纤维、蛋白质、脂肪的过程，是植物固碳作用的主体，也是分馏效应的主要过程。碳由无机形态转变为有机形态，同时碳同位素发生平衡分馏，约占总效应的2/3。第三阶段中碳的分馏主要受不同植物碳同化途径的影响，在同种植物中则受到与植物生长密切相关的环境因子的影响。因而，在动力分馏阶段，稳定碳同位素记录了当时环境信息(风速、大气温度、$CO_2$浓度、日照等)；而在平衡分馏阶段，则反映不同碳同化途径植物的差异以及与植物光合、蒸腾强度相关联的水分利用效率等特性，即植物从大气中优先吸收$^{12}CO_2$，使之溶解于细胞质中。这主要由动力学效应引起，分馏程度取决于大气中$CO_2$的浓度，浓度越大分馏越大。溶解与细胞质中的$^{12}CO_2$通过酶的作用优先转移到磷酸甘油酸(4-phosphoglyceric acid)中，使残余的溶解$CO_2$富集$^{13}C$，这些重的$CO_2$通过呼吸作用排出，植物磷酸甘油酸合成各种有机物组分时进一步发生分馏(陈锦石和陈文正，1983；孙柏年等，2009)。

由于自然界中稳定的重同位素与轻同位素相比含量极低，在实际工作中往往采用相对测量法。将待测样品3～5mg封入真空燃烧管并加入催化剂和氧化剂，在850℃下气化。燃烧产生的$CO_2$经晶体纯化后测定$\delta^{13}C$。使用的标准物质是PDB($R$=0.01124)，它是美国南卡罗来纳州白垩系皮狄组地层内的美洲拟箭石的鞘，一种碳酸钙样品，用作碳同位素的国际统一标准，由于植物样品中的$(^{13}C/^{12}C)_{样品}$低于标准物质，故计算结果为负值，以‰表示(蒋高明，1996)。就植物体而言，其稳定碳同位素$\delta^{13}C$组成值表示如下：

$$\delta^{13}C(‰) = \frac{(^{13}C/^{12}C)_{样品} - (^{13}C/^{12}C)_{PDB}}{(^{13}C/^{12}C)_{PDB}} \times 1000‰ \tag{7-1}$$

式中，$(^{13}C/^{12}C)_{样品}$是植物叶片样品中$^{13}C/^{12}C$的比率；$(^{13}C/^{12}C)_{PDB}$表示美国南卡罗来纳州白碚石中的标准物质甘氨酸的$^{13}C/^{12}C$比率(上官周平和郑淑霞，2008)。

### 7.1.2 $\delta^{13}C$分布值的生态学意义

$\delta^{13}C$为稳定性同位素，它在植物体内不发生衰变且含量非常稳定。有研究指出，测定植物体内的$^{13}C$含量及生理指标可以揭示与植物生理生态过程相联系的一系列环境信息和有代表性的生理特征(蒋高明，1996)。$\delta^{13}C$可反映不同植物$^{13}C/^{12}C$的差异，水分利用效率(WUE)、矿质元素含量、光合氮利用效率(PNUE)、C/N、脯氨酸含量、比叶重、光合色素含量等生理指标与$\delta^{13}C$存在复杂的联系。$\delta^{13}C$除了受植物自身生理状态的影响外，还受环境因素中海拔、降水、温度及土壤含水量等的影响(Cai et al.，2009)。植物碳同位素组成与其水分利用效率呈正相关性，通过测定植物的稳定碳同位素组成，可以反映植物水分利用效率的高低(李秧秧，2000)。通常，植物叶片的$\delta^{13}C$越高，其WUE越高，水分利用模式越节制(Lajtha and Michener，1994)。$\delta^{13}C$同烤烟自身的生理特征密切相关，从 $\delta^{13}C$ 可以间接获得烤烟对不同环境条件的适应特征(颜侃等，2012b)。而处于不同地域的生态烟区由于所处气候带内众多气象因子分布差异，使得不同品种在不同烟区，烤烟 $\delta^{13}C$ 对气候要素的响应不同。

植物稳定碳同位素技术作为新兴的一项监测技术，已被广泛应用于生态学、植物生理学、农学、环境学以及生物地球化学研究的各个领域，成为古气候重建和预测未来环境变化以及全球碳平衡研究的理论基础。植物对环境变化的反应非常敏感，各种环境因子对植物碳同位素组成都有着不同的影响。在植物生理生态学方面，稳定同位素技术使我们能从新的角度探讨植物光合途径、植物对生源元素吸收、水分来源、水分平衡和利用效率等问题(林光辉，2010)。植物 $\delta^{13}C$ 既由植物本身的遗传特性决定，代表长期一系列复杂的生理生化整合过程，同时又受到其生境中各种环境因素的影响。通过分析植物叶片中的 $\delta^{13}C$，可以反映叶片形成过程中周围的环境信息，包括植物生长环境中的温度、降水量(湿度)、大气成分、土壤组成等，而分析植物 $\delta^{13}C$ 组成的时空变化可以反映自然环境的变化和空间特征。不同地区植物稳定碳同位素的组成状况携带了不同的环境气候信号，因此可以通过分析不同区域的植物稳定同位素的组成状况，解释其区域分布所反映的地理环境空间差异(吴绍洪等，2006；刘小宁等，2010；Mc Carroll and Loader，2004)。

植物体的 $\delta^{13}C$ 除了受 Ca、温度、降水和海拔等的影响外，其他环境因素如光照、水分、盐分胁迫、环境污染等都会间接影响植物的 $\delta^{13}C$，且不同植物的 $\delta^{13}C$ 与植物的营养状态和叶片大小有关，并随纬度、坡向、季节等的变化而发生不同程度的变化，导致植物 $\delta^{13}C$ 受气候变化的影响极为复杂，而目前对其影响的机制解释尚不充分(上官周平和郑淑霞，2008)。大量研究表明，植物 $\delta^{13}C$ 或分辨率($\Delta^{13}C$)主要决定于植物的生理学遗传特性。因此，利用这一特征能够区分植物光合作用的不同途径，不同光合型植物固定 $CO_2$ 途径的生理机制存在差异，导致植物体在光合作用过程中对 $^{13}C$ 选择吸收的比例不同，植株体内 $\delta^{13}C$ 存在差异，即可利用碳同位素技术鉴别 C3、C4、CAM 植物。除了植物本身的遗传特性外，植物 $\delta^{13}C$ 与所研究区域的大气和辐射环境、地理要素和土壤环境也密切相关。同种植物之间碳同位素比值由于环境的差异(如水分、空气湿度、光强、大气 $CO_2$ 浓度等)，其 $\delta^{13}C$ 差异可达 3‰～5‰(O'Leary，1988)。温度、光照、降水量、大气 $CO_2$ 浓度等也会通过气孔的开闭和羧化酶的活性来调控植物 $\delta^{13}C$。通过分析植物 $\delta^{13}C$ 与环境因子的关系，就可以定量评价环境因子对植物影响的贡献率，解释生态系统中碳循环、植物光合代谢途径、水分利用效率等问题。

稳定同位素技术的应用所提供的信息，大大加深了我们对自然环境下生物及其生态系统对全球变化的响应与反馈作用等方面的认识，拓展了生态学研究和应用的发展空间。美国学者 Brian Fry 的专著 *Stable Isotope Ecology* 在 2007 年正式出版，标志着稳定同位素生态学作为生态学的一门新分支学科正式诞生，是继遥感技术导致景观生态学迅速发展后又一门技术进步与生态学交叉产生的新兴学科，显示出良好的发展前景(林光辉，2010)。

# 7.2 稳定碳同位素判定植物生长发育的生理生态学基础

## 7.2.1 δ¹³C分布值与植物生理生态适应研究状况

国内外对植物稳定同位素的研究在不同阶段具有不同的研究内容和特点。植物稳定同位素的研究始于20世纪70年代。20世纪70年代初，Farmer和Baxter(1974)率先将植物稳定碳同位素示踪引入大气$CO_2$浓度变化的研究。他们利用植物$\delta^{13}C$推断出1900年和1920年的大气$CO_2$浓度分别为290.5ppm和312.7ppm，这一结果非常接近从南极冰心中获得的同年份大气$CO_2$浓度值(约为295.4ppm和306.6ppm)，初步展示了植物稳定同位素在地理学方面的应用前景(Francey et al.，1999)。Libby和Pandolfi(1974)首先使用树木年轮稳定同位素温度计的概念，指出可以通过树轮稳定同位素序列重建历史时期温度变化。Pearman等(1976)发表在 *Nature* 上的论文"树木年轮稳定碳同位素在气候研究中的应用"比较完整地阐述了植物稳定碳同位素在气候变化研究中的应用前景。通过这些研究的积累，学者们已经对植物稳定同位素有了感性认识，初步探讨了植物稳定同位素可能携带的环境信息。进入80年代，为了完善植物稳定同位素技术的理论基础，深入了解植物稳定同位素的分馏机制及其组成与环境气候因子之间的关系，植物生理学家、地理学家、生态学家开展了大量关于植物稳定同位素分馏原理的研究，发现植物自身的生理作用与环境因子是造成同位素分馏的两个主要因素，并在实际研究中逐步建立环境气候参数与植物稳定同位素组成之间的关系(Gray and Thompson，1980；Farquhar et al.，1982；Gray and Song，1984；Leavitt and Long，1986；Sternberg et al.，1986；Sternberg，1989)。由此，也引发了各国学者，如Farquhar(1983)、Leavitt和Long(1986)、Saurer和Siegenthaler(1989)等对植物稳定同位素分馏机制、环境影响因子、学科应用以及同位素分析技术手段、模型建立和研究方法的大量研究和讨论，并在全球展开了植物稳定同位素的应用，如表7-1所示。

表7-1 早期植物稳定碳同位素方法研究部分案例

| 研究内容 | 研究者 | 主要成果 |
|---|---|---|
| 稳定碳同位素的分馏机理和模式 | Farquhar, 1982, 1983, 1984, 1989; Martin, 1988; O'Leary, 1988, et al. | 阐述碳同位素的分馏过程及模式，确定碳同位素组成的因素及碳同位素组成的计算方法 |
| 稳定碳同位素与环境因素的关系 | Ehleringer, 1986, 1990, 1995; Welker, 1993; Stewart, 1995; Panek, Waring, 1995; Körner and Farquhar, 1988; Bettarini, 1995; Hultine, 2000; Cerling, 1995; Williams, 2001, et al. | 分析了光照度、温度条件、降水量、土壤湿度、海拔、大气$CO_2$浓度等环境因素对碳同位素组成的影响 |
| 稳定碳同位素与生物因素的关系 | Geber, Dawson, 1990; Vitousek, 1990; Lauteri, 1997; Farquhar, 1984; Henderson, 1998; Hultine, Marshall, 2000; Waring S, 1994; Panek Waring, 1995; Yoder, 1994; Evans, 1989; Moncia, 1990; Sandquist Ehleringer, 2003; Fessenden, 2002; William, 1992, et al. | 分析叶片的大小，厚度，水分利用效率，气孔的密度，冠层的高度，生长周期，光合作用通量等生物因素对稳定碳同位素的影响 |
| 稳定碳同位素在地理学科中的应用 | Farmer, 1974; Libby, 1974; Martin, 1990; Leavitt, 1991; Duquesna, 1998 | 通过植物的碳同位素分析，提取生长期的环境信息，推断历史时期的环境变化情况 |

20 世纪 80 年代后期，中国科学院地球环境研究所黄土与第四纪地质研究室做了探索性的工作，初步建立了树轮稳定碳同位素的研究方法，并利用树轮稳定碳同位素方法对秦岭地区的区域性气候模式进行了研究(刘禹等，1989)。进入 90 年代，我国逐步开始在全国各个地区展开植物稳定碳同位素、氢同位素和氧同位素与环境气候关系的研究，通过分析植物叶片、树木年轮、埋藏古木、花粉等稳定同位素组成状况，对 $CO_2$、降水、温度等气候要素时空分布特征进行了恢复和重建(李正华等，1994；李正华等，1995)。同时，有学者开始将稳定碳同位素技术应用于植物的生理生态的研究中(林植芳等，1995；蒋高明等，1997；严昌荣和韩兴国，1998)。

进入 21 世纪，国际上的植物稳定同位素研究开始逐步趋向成熟，并向着定量化、精确化、多应用领域的方向发展。在这期间建立了很多植物稳定同位素的分馏模型以及与环境因子的关系模型，应用领域和范围也在不断扩大。例如，孙艳荣等(2002)研究了埋藏古木树轮碳、氢、氧同位素研究与古气候重建。在碳同位素与光照、温度和降水量关系方面，宁有丰等(2002)研究了植物生长过程中碳同位素分馏对气候的响应；王国安和韩家懋(2001)、王国安(2002，2003)研究了黄土高原的草本植物碳同位素组成与降水量、温度、光照之间的关系；Zhang 等(2003)就西北干旱区的植被碳同位素组成与年平均降水量和温度之间的关系进行了系统研究；张庆乐等(2005)对贺兰山地区树轮碳氧同位素与夏季风降水的相关性进行了讨论。在生态植被方面的应用，Lin(2001)、Lin 和 Siegwolf(2002)研究了森林生态系统的碳同位素组成与环境因素之间的关系。碳同位素与水分利用效率相结合的研究方面：苏波等(2000)研究了中国东北样带草原区植物碳同位素组成及水分利用效率对环境梯度的响应；苏培玺等(2003)研究了河西走廊中部梭梭、沙拐枣、柠条、泡泡刺、花棒和红砂的碳同位素组成特征与水分利用效率的关系；刘贤赵等(2011)研究了中国北方农牧交错带 C3 草本植物 $\delta^{13}$C 与温度的关系及其对水分利用效率的指示。何茜等(2010)在苗木生长的不同时期对 13 个毛白杨(*Populus tomentosa*)杂种无性系叶片碳同位素 $\delta^{13}$C 和气体交换参数的差异进行研究，认为季节变化是引起毛白杨杂种无性系叶片 $\delta^{13}$C 差异的主要原因，同一时期，无性系间 $\delta^{13}$C 和 WUE 表现出较好的一致性，高 $\delta^{13}$C 可以作为筛选高 WUE 毛白杨的有效指标，且在苗木生长旺盛时期选育能得到更为可靠的结果。而对树木年轮的研究亦有类似的结果：樟子松树轮在生长的各个阶段总体表现出年内 $\delta^{13}$C 早材相对较高，晚材较低的特征。对成熟期的年轮细分轮内早材、过渡段和晚材的结果显示过渡段 $\delta^{13}$C 最高、早材次之、晚材最低的特征(商志远等，2012)。对于气候条件不同导致树木不同部位与 $\delta^{13}$C 的响应差异研究，赵业思等(2014)认为在树木生长受气候因子限制作用较强的地区，对气候变化响应更为敏感的落叶树种或是抽提物含量低、木质素干扰程度小的树种(如栎属)，其全木和纤维素 $\delta^{13}$C 均易表现出对气候变化的显著响应；而在气候因子限制作用弱的地区，抽提物含量高的常绿针叶树种，其纤维素 $\delta^{13}$C 对气候变化响应的敏感性要明显高于全木，这说明不同树种生理活动特性差异和树木生长所受到的气候环境制约强度可能是不同组分 $\delta^{13}$C 对气候变化响应敏感差异的因素。对于高向上 $\delta^{13}$C 的变化特征及其与年轮宽度的关系，研究认为，在树木叶片进行光合作用合成的有机物向分支及树干传输过程中，在树冠内部中心处，叶片合成的有机物质汇聚达到峰值，生长季早期材质所占比例相对较高，有利于形成较高的 $\delta^{13}$C，使得树干冠层及以上部位的 $\delta^{13}$C 随高度出现一定规律的变化。而由此向下传输的过程中，树体内部产生了营养物质周向的均衡，导致冠层下部的 $\delta^{13}C$ 变化无明显规律，即在木质部全轮、早材和树皮内皮 3 种成分中，样品高向 $\delta^{13}C$ 均呈现由顶部至基部先显著增加，在冠层底部达到最大值，再向下迅速减少至谷值的变化趋势(商志远等，2013)。

从不同途径及不同植物对 $\delta^{13}C$ 的响应研究可以看出，无论对单一地区整体植被，或者对单一种属植物的碳同位素研究，无论是通过碳同位素组成来反映古代环境气候变化，还是将其应用于现代生理生态的研究，都是以植物的碳同位素组成与环境因子之间的密切关系为基础，进一步探索在环境生态中的应用价值。

## 7.2.2 植物 $\delta^{13}C$ 分布值与环境因子的关系

植物稳定碳同位素虽然是由遗传控制，但能够整合生态系统复杂的生物学、生态学和生物地球化学过程在时间和空间尺度上对环境变化的响应。许多环境因素，例如光照、温度、降水(湿度)、大气 $CO_2$、土壤盐度、空间环境因素(经、纬度)、海拔等同样会影响植物 $\delta^{13}C$ 的分馏过程。因此，植物 $\delta^{13}C$ 的组成携带了众多气候和地理环境信息。

### 7.2.2.1 光照度对 $\delta^{13}C$ 的影响

辐射环境的差异会给植物叶片的光合速率和气孔开闭等造成影响，因而会使植物稳定碳同位素的组成发生变化(何春霞等，2010)。早在 20 世纪 80 年代，Farquhar 和 Richards(1984)研究发现，光照条件的变化可以影响植物叶片的气孔导度($g$)、叶子的向光性、叶绿素的分布、$CO_2$ 的吸收率($A$)、叶片细胞内 $CO_2$ 的分压($P_i$)、光合羧化酶(RuBP Case 和 PEP Case)的活性，而这些因素在不同程度上影响着植物组织中的稳定碳同位素。许多研究表明，在森林生态系统中，光照度对植物 $\delta^{13}C$ 的影响尤为明显。Ehleringer 等(1987)研究得出，林冠顶部叶片 $\delta^{13}C$ 偏正于冠层中下部叶片 $\delta^{13}C$，因此推测是森林的郁闭度不同而导致光照水平存在差异，即顶部的光照度比中下部强。Hanba 等(1997)对水曲柳(*Fraxinus mandshurica*)、黑榆(*Ulmus davidiana*)和赤杨(*Alnus hirsuta*)3 个种属不同高度叶片 $\delta^{13}C$ 进行测定，发现林下树丛的叶层 $\delta^{13}C$ 为(-21.4±0.5)‰，而顶层为(-20.5±0.3)‰，产生这种差异性的原因在于不同高度的叶片接受光照的强度不同。林植芳等(1995)通过对荷木(*Schima saperba*)和鳞锥(*Castanopsis fissa*)的研究表明，随光照度的减弱，叶片的 $\delta^{13}C$ 降低。以上证据都表明，在森林生态系统中，植物叶片在垂直高度上存在差异，导致接受光照的强度不同，最终影响 $\delta^{13}C$。Farquhar 等(1989)通过阳生与阴生植物叶片 $\delta^{13}C$ 的对比研究发现，阳生植物与阴生植物在生长过程中接受光照的强度不同，导致植物的 $\delta^{13}C$ 存在差异。Zimmerman 和 Ehleringer(1990)以兰花为研究对象，发现阳生兰花的 $\delta^{13}C$ 大于阴生兰花。Sun 等(2003)研究阳生、阴生银杏叶片的 $\delta^{13}C$，结果同样表明，由于光照水平存在差异，阳生叶片的 $\delta^{13}C$ 大于阴生叶片。

综上所述，植物 $\delta^{13}C$ 随光照度的增强而逐渐增大，其主要原因是光照度增加，植物光合作用速率增大，植物叶片所需 $CO_2$ 的量逐渐增加，叶片内部 $P_i$ 呈现偏低趋势，$P_i/P_a$ 降低，植物 $\delta^{13}C$ 偏正。但植物光合作用过程中达到光饱和时，继续增大光照度对植物叶片 $\delta^{13}C$ 影响很小。光照度逐渐增强，植物光合作用速率和气孔导度呈现平行程度增大，$P_i/P_a$ 逐渐减小。当光照度达到一定值，$\delta^{13}$C 的变化趋于平缓，光照度继续增大，$P_i/P_a$ 变化不明显，植物 $\delta^{13}$C 趋于稳定。

### 7.2.2.2 温度对 $\delta^{13}$C 的影响

Pearman 等(1976)首次利用树轮全木 $\delta^{13}$C 计算出 $\delta^{13}$C 对温度的响应系数，他们认为，对于不同树种，树轮 $\delta^{13}$C 的温度系数也有所不同。随后的研究结果表明，植物 $\delta^{13}$C 与温度之间存在显著的相关关系。Farquhar 和 Richards(1984)研究指出，叶片温度升高，光合羧化酶的活性增强，植物叶片 $P_i/P_a$ 降低，植物 $\delta^{13}$C 增大。许多实验结果同样表明植物 $\delta^{13}$C 与温度具有正相关性(Pearman et al.，1976；Tans and Mook，1980；Francey and Farquhar，1982)，但也有研究结果表明两者呈负相关(Farmer，1979；Leavitt and Long，1982)。国内学者也有类似结论，宁有丰等(2002)、李嘉竹等(2009)研究指出，温度和植物 $\delta^{13}$C 存在负相关关系。刘艳杰等(2016)认为，植物叶片 $\delta^{13}$C 随着年平均温度的升高而显著降低，反映了此区域 C3 植物 $\delta^{13}$C 受温度的制约，但是 C4 植物的叶片 $\delta^{13}$C 对年平均温度的响应不敏感。在控制的温度范围内试验，亦获得类似的结果，整体 C3 植物的 $\delta^{13}$C 均值与温度呈显著线性负相关关系，即 $\delta^{13}$C 随温度升高明显变低，而 C4 植物 $\delta^{13}$C 平均值与温度呈先增大后减小的抛物型关系，但线性回归结果未达到显著水平($P>$ 0.05)(刘贤赵等，2015)。刘晓宏等(2007)、林清(2008)则认为二者间存在正相关关系。而 Zhang 等(2003)、孙柏年等(2009)认为温度对植物的影响不明显。温度对植物的 $\delta^{13}$C 的影响关系复杂，许多无法排除其他环境因素干扰的研究结果值得怀疑，两者之间正负相关的可能性都会发生。马晔和刘锦春(2013)认为在控制条件下温度对植物 $\delta^{13}$C 的影响取决于植物本身的最佳生长温度。由于每种植物的最佳生长温度不同，所以温度对植物 $\delta^{13}$C 影响取决于植物的种类与温度的范围。

### 7.2.2.3 降水量对 $\delta^{13}$C 的影响

降水是影响植物 $\delta^{13}$C 的一个重要因素。众多研究表明植物 $\delta^{13}$C 与降水量存在相关关系，Freyer 和 Belacy(1983)发现植物 $\delta^{13}$C 与春季降水明显相关，Epstein 和 Yapp(1976)认为，植物稳定同位素的短期波动是由降水量的变化而引起的。降水量对不同植物 $\delta^{13}$C 的作用效应有不同的结论，大多数研究认为 $\delta^{13}$C 随降水量增加而显著变轻，随降水量的减少而变重(Morecroft and Woodward，1990；Devitt et al.，1997)。Stewart 等(1995)对东澳大利亚 C3 植物 $\delta^{13}$C 与降水量的定量化研究则表明：降水量每增加 100mm，植物 $\delta^{13}$C 偏负(0.33+0.07)‰。刘艳杰等(2016)亦认为，C3 植物叶片 $\delta^{13}$C 随着年平均降水量的升高而显著降低，反映了此区域 C3 植物 $\delta^{13}$C 受控于降水量，而 C4 植物的叶片 $\delta^{13}$C 随着降水量的增多而有轻微升高的趋势。王国安(2003)对中国黄土高原 C3 草本植物 $\delta^{13}$C 进行系统研究，并将其值与降水量关系定量化，发现年平均降水量每增 100mm，植物 $\delta^{13}$C 将偏负 0.49‰。为了排除遗传或者生物因素对植物 $\delta^{13}$C 的影响，Sun 等(2003)通过研究生长在南京、北京和兰州地区的银杏(*Ginkgo biloba* L.)$\delta^{13}$C 随降水量的变化，发现随降水量的减少，银杏叶片 $\delta^{13}$C 呈逐渐偏重趋势。另一种结论认为，随降水量增加，植物叶片 $\delta^{13}$C 及水分利用效率也增大，说明这些植物能够充分利用降水资源，在降水量高的季节尽可能地吸收利用水分(苏波等，2000)。此外，Schulze 等(1996)的研究表明，植

物叶片 $\delta^{13}C$ 及水分利用效率对降水量的变化反应不敏感，认为植物在不同的年降水量条件下都能够保持大致不变的水分利用效率。Miller 等（2001）认为区域环境内不同植物水分利用效率对降水梯度变化的响应，植物叶片 $\delta^{13}C$ 随降水量增加而显著降低，对降水量的变化反应不敏感和随降水量增加，植物叶片 $\delta^{13}C$ 也随之增大。而 $\delta^{13}C$ 对降水量的强烈响应仅局限于 200～450mm，当降水量超过 450mm 时，即使降水量进一步增加，叶片 $\delta^{13}C$ 变化很小（Schulze et al.，1998）。可见水分对植物 $\delta^{13}C$ 组成的影响异常复杂，即不同植物物种对水分环境梯度变化的响应不同，利用水分的机制也不一致（马晔和刘锦春，2013）。

### 7.2.2.4　经、纬度对 $\delta^{13}C$ 的影响

植物稳定碳同位素对经、纬度的响应研究从 20 世纪 90 年代开始，Körner 等（1988）研究发现，不同纬度带内植物 $\delta^{13}C$ 存在差异，其主要原因是不同的纬度带内，温度有明显差异，植物生活型也存在明显差异。李相搏等（1999）研究青藏高原植被的 $\delta^{13}C$ 与纬度的关系，发现植物 $\delta^{13}C$ 随纬度的增加而逐渐偏负。冯虎元等（2003）研究结果表明，植物的 $\delta^{13}C$ 与纬度呈正相关，与经度呈反相关。Ma 等（2005）研究西北地区的红砂 $\delta^{13}C$ 与经、纬度关系时，发现红砂的 $\delta^{13}C$ 与经、纬度呈正相关，并将引起 $\delta^{13}C$ 存在差异的主要原因归因于降水因素。董星彩等（2010）研究五味子稳定碳同位素分布特征及其与环境因子的关系发现，五味子果实 $\delta^{13}C$ 随纬度的升高略有升高。而植物叶片 $\delta^{13}C$ 随经度和纬度的空间分布格局，$\delta^{13}C$ 随经度的变化没有明显的规律，但是随纬度的增加，$\delta^{13}C$ 极显著地升高（李善家等，2011；任书杰和于贵瑞，2011）。不同地区不同植被 $\delta^{13}C$ 与经、纬度关系都不一致，但以上研究都一致表明，经、纬度不是影响植物 $\delta^{13}C$ 的根本原因，由经、纬度差异最终表现在环境因素（降水和温度）和生物因素（植物生活型）的差异上，而环境因素和生物因素才是植物 $\delta^{13}C$ 差异的最根本原因。

### 7.2.2.5　海拔对 $\delta^{13}C$ 的影响

国内外已有许多植物 $\delta^{13}C$ 随海拔变化关系的研究，大多数研究表明，植物 $\delta^{13}C$ 具有随海拔增加而逐渐变重的趋势。Körner 等（1988，1991）在全球不同区域（中国、澳大利亚、新西兰、肯尼亚、巴布亚新几内亚和委内瑞拉等）山地采集了 147 种（属）C3 植物样品，对其 $\delta^{13}C$ 进行分析，结果表明，植物叶片 $\delta^{13}C$ 随海拔增加而逐渐偏重，且平均每增加 1000m，$\delta^{13}C$ 偏重（1.2±0.9）‰。Morecroft 等（1992）研究苏格兰高地 8 个地区分布于不同海拔的 *Alchemilla alpina* 表明，海拔平均每增加 1000m，$\delta^{13}C$ 大约偏重 1.9‰。Hultine 和 Marshall（2000）研究生长在不同海拔的 *A. lasiocarpa* 和 *Pinus contorta* 的 $\delta^{13}C$，发现两者的 $\delta^{13}C$ 都随海拔的增加而逐渐偏正，偏正的幅度分别是 0.91‰ $km^{-1}$ 和 2.68‰ $km^{-1}$。陈拓等（2003）对青藏高原北部 13 个采样点植物叶片 $\delta^{13}C$ 的平均值与海拔的变化进行了系统的研究，结果表明，叶片 $\delta^{13}C$ 随海拔的升高而显著偏正（$r=0.68$，$P=0.011$）。冯秋红等（2011a）研究巴郎山刺叶高山栎叶片 $\delta^{13}C$ 对海拔的响应发现，海拔每升高 1000m，叶片 $\delta^{13}C$ 增加 2‰。张鹏等（2010）分析了祁连圆柏（*Sabina przewalskii*）和青海云杉（*Picea crassifolia*）两类高山乔木叶片 $\delta^{13}C$ 对海拔 2600～3600m 的响应及其机理，这两种乔木叶片 $\delta^{13}C$ 均随海拔升高呈增重趋势，与海拔呈显著正相关关系（$P<$

0.0001)，且阳坡树种祁连圆柏叶片的 $\delta^{13}$C 显著高于同海拔梯度阴坡树种青海云杉。$\delta^{13}$C 均与年平均气温呈显著负相关关系($P<0.0001$)，与年平均降水量呈显著正相关关系($P<0.0001$)，说明海拔变化引起的水热条件的改变，尤其是温度变化对高山乔木叶片碳同位素分馏起主要作用，但各个因子综合对高山植物叶片碳同位素分馏的作用机制可能比较复杂。作为 $\delta^{13}$C 与土壤和叶片水分关系的研究，将分布于长白山北坡海拔 $1800\sim2050$m 的岳桦林作为对象，以叶片 $\delta^{13}$C 作为岳桦长期水分利用效率指示值，探讨海拔梯度对岳桦林水分利用效率的影响。结果表明：随海拔升高，岳桦林土壤体积含水量、比叶质量极显著增加，而叶片含水量和土壤温度显著降低。岳桦叶片 $\delta^{13}$C 与海拔呈极显著正相关，增幅为 $1.013‰\cdot(100\text{m})^{-1}$，与土壤体积含水量、比叶质量呈显著正相关，与生长季土壤平均温度、叶片含水量呈显著负相关(王庆伟等，2011)。但也有研究表明，海拔对 $\delta^{13}$C 的影响似乎不稳定。在自然条件下，海拔升高，除大气 $CO_2$ 分压发生变化外，其他条件也会随之变化。Li 等(2006)以喜马拉雅山脉东坡分布在海拔 $2000\sim3800$m 的川滇高山栎($Quercu\sim aquifolioides$)为研究对象，结果显示，海拔 2800m 以下，高山栎叶片的 $\delta^{13}$C 随着海拔升高而减少；海拔 2800m 以上，叶片的 $\delta^{13}$C 随着海拔升高呈现增加趋势；在海拔 2800m 处，叶片的 $\delta^{13}$C 和叶片含氮量都显示最小值。Beerling 等(1993)的研究结果表明，$Salix\ herbacea$ 叶片 $\delta^{13}$C 随海拔升高呈减小趋势。出现以上不同结果的可能原因是海拔升高环境因子也会随之变化，所以研究植物 $\delta^{13}$C 对海拔变化的响应要考虑环境因子(大气压、水分条件、低温)的综合作用。有研究认为，大气压和水分变化都不是主要限制因素，随海拔升高大气压降低，虽然会造成 $O_2$ 和 $CO_2$ 分压降低，进而影响光合速率、光合呼吸以及叶片对 $CO_2$ 的分辨能力，但大气压对植物占 $\delta^{13}$C 的影响只占植物随海拔变化的小部分。高山地区频繁的薄雾和雨水天气使叶片相对湿度增加，从而削弱叶片表面气体的扩散速率，叶片对 $^{13}$C 分辨能力降低，使 $\delta^{13}$C 增加，但这一现象对植物叶片 $\delta^{13}$C 的影响也非常小(刘小宁等，2010)。史作民等(2004)则认为，高山地区的低温是影响植物叶片 $\delta^{13}$C 变化的主要因子之一。低温不仅降低了植物体内的酶活性，尤其是光合羧化酶的活性影响植物 $CO_2$ 的固定，同时降低了叶片的气孔导度，叶片的 $^{13}$C 分辨能力降低。为适应低温环境，叶片结构发生适应性变化，叶片厚度以及硬度增加，这使叶片内部 $CO_2$ 的扩散阻力增大，叶片的 $\delta^{13}$C 增加。随温度的降低，植物获得土壤水分的能力也降低，这导致高山植物不定期地生活在相对干旱的条件下，从而降低其叶片的气孔导度，增加其 $\delta^{13}$C。

### 7.2.3　烤烟种植与 $\delta^{13}$C 分布值

在烟草种植生理生态适应研究中，利用稳定同位素技术研究的报道不多。郭东锋等(2012)通过相关和典型相关分析，研究了烤烟烟叶中稳定同位素与化学成分的相互关系。结果表明，碳稳定同位素与氮稳定同位素间存在显著正相关关系，与总氮含量呈极显著正相关关系，与碳氮比和总钾含量存在极显著负相关关系，与钾氯比存在显著负相关关系。为了解植烟黄棕壤供氮能力和不同生长期烟株各器官从土壤和肥料氮源吸收情况，采用 $^{15}$N 示踪法研究了烤烟不同生育时期各器官氮含量和积累量，烟株各器官氮含量随生育期逐渐降低，且上部叶>中部叶>下部叶(化党领等，2013)。利用基质土壤对同一烟草品种的盆栽试验表明，水分利用效率(WUE)与氮的有效供给呈显著的正效应，在野外土壤试验中氮素的供应对 WUE 和 $\delta^{13}C$ 的影响亦获得相同的结果，而氮的有效供给则可能导致的是间接影响(Senbayram et al.，2015)。舒俊生等(2013)对烟叶中稳定同位素丰度与致香物质间进行相关分析，结果表明稳定碳同位素丰度在烟叶中变异较小，而稳定氮同位素丰度则存在广泛的变异且与其他化学成分相关性不强。

对云南省内不同生态烟区，王毅等(2013a，2013b)研究了低纬高原气候带分布差异对不同烤烟品种 $\delta^{13}C$ 的影响和烟叶 $\delta^{13}C$ 与生理指标的相关性。而颜侃等(2012b)对烤烟品种 K326 在低纬高原 2 个亚生态区旺长期至成熟期的碳同位素组成、光合色素及抗性生理特征进行了研究。对 $\delta^{13}C$ 与烤烟叶片超微结构的探讨，谭淑文等(2013)利用云南烟区主栽的 4 个烤烟品种作为试验材料，研究其烟叶稳定碳同位素组成与叶肉细胞叶绿体、腺毛和气孔等超微结构的关系。为明确不同亚生态烟区红大品种的生理生态适应特点，选大理州弥渡县和祥云县、玉溪市红塔区为试验点，研究不同区域红大品种种植与气候要素的关系及对 $\delta^{13}C$ 的响应(吴潇潇等，2014)。田先娇等(2014)在烤烟主产区玉溪市大营街，研究了不同烤烟品种生化特征与 $\delta^{13}C$ 的关系。作为 UV-B 辐射与 $\delta^{13}C$ 关系的理论拓展，杨湉等(2014，2015)研究了烤烟 $\delta^{13}C$ 及碳氮代谢、可溶性蛋白、光合色素、类黄酮等生理指标对增强 UV-B 辐射的响应。作为 $\delta^{13}C$ 判定对植物施肥效应的应用尝试，杨金汉等(2015a)以 K326 等 4 个烤烟品种为试验材料，每个品种设置 3 个不同供氮水平进行品比试验，对同一气候条件下，不同施氮水平对烤烟叶片 $\delta^{13}C$、生理特征及化学成分的影响进行了探讨。对同一品种不同施氮水平的筛选，亦作了类似的研究(吴潇潇等，2015)。而降水量与烟叶 $\delta^{13}C$ 的关系，杨金汉等(2015b)在塑料大棚内模拟了云南不同烟区降水量对烟叶 $\delta^{13}C$ 及生理指标的影响。颜侃等(2015)、杨金汉等(2014)、杨湉等(2016)以烤烟品种 K326 纵向 7、10、13、16 叶位和横向 11 叶位烟叶为试验材料，探讨了河南、福建和云南三个不同生态区浓香型和清香型烟叶 $\delta^{13}C$ 组成特征。研究表明：$\delta^{13}C$ 同烤烟自身的生理特征密切相关，从 $\delta^{13}C$ 可以间接获得烤烟对不同环境条件的适应特征，并对三个不同生态区烤烟 $\delta^{13}C$ 与光合色素及化学成分的关系进行了分析。

# 第8章 不同生态区烤烟 $\delta^{13}C$ 组成

## 8.1 不同生态区烤烟叶片稳定碳同位素组成特征

对 $\delta^{13}C$ 的量化为研究植物与环境之间的相互作用和植物对环境变化的响应提供了有效的手段。植物 $\delta^{13}C$ 受环境条件的影响，同时又与自身的生理特征密切相关，因此 $\delta^{13}C$ 可以作为联系环境条件与生理特征的纽带。许多研究确定了 $\delta^{13}C$ 在环境条件梯度下的变化规律，特别是局域内的海拔梯度（刘小宁等，2010）。$\delta^{13}C$ 随海拔增加被证实受到海拔梯度下降水、温度和营养元素变化的影响（Bai et al.，2008；Feng et al.，2013）。在 C3 植物中，核酮糖 1，5-二磷酸羧化酶对 $^{13}C$ 有辨别作用，在光合作用中优先利用 $^{12}C$。这一效应受到羧化位点 $CO_2$ 分压与大气 $CO_2$ 分压比值（$P_i/P_a$）的调节，而 $P_i/P_a$ 又与气孔特征及光合能力有关（Feng et al.，2013）。$P_i/P_a$ 较低通常使植物具有较大的 $\delta^{13}C$（Takahashi and Miyajima，2008；Lopes and Araus，2006）。因此，众多的环境变量和植物内在的生理特征都可通过影响 $P_i/P_a$ 而决定 $\delta^{13}C$。

稳定碳同位素技术在植物生理生态的研究中应用广泛，基于 $\delta^{13}C$ 与 WUE 存在较为稳定的关系，该技术被普遍应用于研究作物的需水规律。除了 WUE 外，矿质元素含量、光合氮利用效率（photosynthetic nitrogen use efficiency，PNUE）、C/N、脯氨酸含量、比叶重（leaf mass per area，LMA）、光合色素含量等生理指标与 $\delta^{13}C$ 也存在复杂的联系（Livingston et al.，1999；马剑英等，2008；Cai et al.，2009；冯秋红等，2011a；李善家等，2011；Raeini-Sarjanz and Chalavi，2011；Wu et al.，2011）。其中，$\delta^{13}C$ 与矿质元素的吸收及碳氮代谢等生理过程的密切关系，表明 $\delta^{13}C$ 与营养代谢存在关联，它也能综合反映作物品质的形成过程，而有关这方面的研究不应被忽视。碳、氮作为烤烟生长发育必需的营养元素，在烤烟组织构成和生理代谢方面发挥着重要作用。以碳、氮为主的次生代谢，其代谢产物对烤烟的品质和香型风格有重要贡献。$\delta^{13}C$ 与烤烟生理特征，尤其是与碳氮代谢特征的关联，为将其应用于阐明烤烟品质形成的原因提供了理论依据。

烤烟香型风格的形成得益于不同的生态条件，具体表现在烟叶各项生理指标和与品质有关的化学成分指标上。河南生态区以生产浓香型烤烟而著称，福建和云南生态区则是清香型烤烟的代表产区。将稳定碳同位素技术应用于烤烟生理生态及品质的研究较少（颜侃等，2012b；郭东锋等，2012）。不同香型风格烤烟的稳定碳同位素组成特征是否存在差异，目前未见相关报道。本节研究的目的在于探究国内不同生态烟区烤烟 $\delta^{13}C$ 与碳、氮代谢等的联系，获得不同香型风格烤烟的稳定碳同位素组成特征的差异，以期为烤烟生理生态及品质形成的研究提供理论支撑。

### 8.1.1 材料与方法

#### 8.1.1.1 试验材料及处理

以烤烟品种 K326 为试验材料，在河南省许昌市襄城县郝庄后大路李村（33°56′N，113°34′E，海拔 88m）、福建省龙岩市上杭县白砂镇塘丰村（25°05′N，116°35′E，海拔 428m）和云南省玉溪市红塔区赵桅试验基地（24°18′N，102°29′E，海拔 1645m）进行大田种植试验。河南移栽期为 2012 年 4 月 28 日，福建移栽期为 2 月 23 日，云南移栽期为 4 月 25 日，大田种植株行距为 50cm×120cm。试验地土壤化学性质如表 8-1 所示。

**表 8-1 各试验点土壤化学特征**

| 地点 | pH | 有机质/(g/kg) | 全氮/% | 全磷/% | 全钾/% | 水解性氮/(mg/kg) | 有效磷/(mg/kg) | 速效钾/(mg/kg) |
|---|---|---|---|---|---|---|---|---|
| 河南 | 6.21 | 24.4 | 0.128 | 0.075 | 1.19 | 112.8 | 94.9 | 263 |
| 福建 | 5.60 | 27.8 | 0.148 | 0.075 | 1.88 | 189.9 | 61.1 | 92 |
| 云南 | 5.77 | 27.8 | 0.207 | 0.097 | 1.81 | 130.6 | 81.4 | 344 |

选取 100 株长势基本一致的烤烟，于打顶前对第 7、第 10、第 13 和第 16 叶位进行标记。待烟叶进入生理成熟时，采集标记叶位烟叶用于相关生理指标的测定。为了保证采集到的不同叶位烟叶都达到生理成熟，依据 K326 的生育期及叶龄进行推算以确定取样时间。取样时间为各地移栽后 70d，采集烤烟第 7 叶位叶片，此后每间隔 12d，依次取第 10、第 13、第 16 叶位叶片进行分析。为保证每个测定指标都有 3 个重复，每次取样时分别取 3 株充分展开的同叶位叶片单独进行各项指标的分析处理。各生态区烤烟大田生长期气候要素如表 8-2 所示。

**表 8-2 各生态区烤烟大田生长期气候要素**

| 地点 | 平均气温/℃ | 平均相对湿度/% | 降水总量/mm | 总日照时数/h | 温差/℃ |
|---|---|---|---|---|---|
| 河南 | 25.7 | 75.4 | 250.1 | 707.8 | 10.4 |
| 福建 | 22.8 | 81.0 | 821.6 | — | 9.0 |
| 云南 | 20.8 | 70.7 | 364.9 | 610.0 | 10.0 |

注：表中河南与云南为 5~8 月气象数据，福建为 3~6 月气象数据。

#### 8.1.1.2 指标测定及方法

比叶重的测定：用打孔器避开主脉打取一定数量的叶片用于比叶重的测定，将圆片于 105℃下杀青，然后置于 60℃烘箱中烘干至恒重，计算单位面积的烟叶干重。

稳定碳位素组成的测定：将叶片洗净后，杀青烘干，粉碎过 80 目筛制成备用样品，送中国科学院南京土壤研究所测定。样品在高纯氧气条件下充分燃烧，提取燃烧产物 $CO_2$，用 FLASH EA-DELTAV 联用仪（Flash-2000 Delta V ADVADTAGE）测定碳同位素的比率，分析结果根据如下公式进行计算：

$$\delta^{13}C(‰) = \frac{(^{13}C/^{12}C)_{样品} - (^{13}C/^{12}C)_{PDB}}{(^{13}C/^{12}C)_{PDB}} \times 1000‰ \tag{8-1}$$

式中，$\delta^{13}$C 表示烟叶样品稳定碳同位素组成；$(^{13}C/^{12}C)_{PDB}$ 表示美国南卡罗来纳州白碚石 (Pee Dee Belemnite) 中的 $^{13}C/^{12}C$。

烟叶总碳和全氮含量的测定：将叶片杀青烘干，粉碎过筛制成样品后，送云南省农科院内云南同川农业分析测试技术有限公司联合实验室测定。总碳采用重铬酸钾容量法测定，全氮以半微量凯氏定氮法测定（执行标准 LY/T 1269-1999）。碳氮比为总碳与全氮的比值。

### 8.1.1.3　数据处理

运用 SPSS 16.0 对数据进行统计分析，绘图在 Microsoft Excel 133 中完成。

## 8.1.2　结果与分析

### 8.1.2.1　不同叶位烟叶生理指标的差异

各生态区烤烟不同叶位叶片 $\delta^{13}$C 的差异如图 8-1 所示。福建和云南烟叶的 $\delta^{13}$C 随叶位的升高有增加的趋势，而河南烟叶 $\delta^{13}$C 表现为中部叶片较低，下部叶和上部叶稍高。相同叶位烟叶的 $\delta^{13}$C 河南烟叶均最小。云南烤烟第 7 叶位叶片 $\delta^{13}$C 与其余两地烤烟第 7 叶位叶片差异显著（$P<0.05$）。河南烤烟第 10、第 13 和第 16 叶位烟叶 $\delta^{13}$C 均与其余两地烤烟相同叶位 $\delta^{13}$C 有显著差异（$P<0.05$）。福建和云南烤烟相同叶位烟叶（除第 7 叶位外）$\delta^{13}$C 没有显著差异（$P>0.05$）。

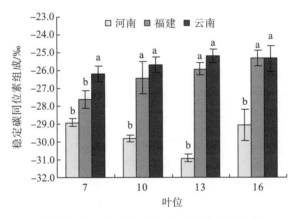

图 8-1　不同生态区烟叶 $\delta^{13}$C 随叶位的分布

烤烟不同叶位叶片总碳含量的差异如图 8-2 所示。河南烤烟不同叶位之间总碳含量大致相当，福建和云南烟叶总碳含量随叶位升高有增加的趋势。河南烤烟各叶位叶片总碳含量低于其余两地相同叶位的烟叶，除第 7 叶位叶片外，河南各叶位烟叶总碳含量与其余两地烤烟相同部位叶片总碳含量的差异达到显著水平（$P<0.05$）。

烤烟不同叶位叶片全氮含量的差异如图 8-3 所示。河南烤烟中部叶的全氮含量较高，第 7 和第 16 叶位叶片全氮含量稍低。福建烤烟第 7 和第 10 叶位叶片全氮含量较高，第 13 和第 16 叶位叶片全氮含量较低。云南烤烟第 7 和第 13 叶位叶片全氮含量较高，第 10 和第 16 叶位叶片全氮含量较低。三个试验点烤烟第 7 叶位叶片全氮含量差异不显著（$P>$

0.05)。河南烤烟第10、第13和第16叶位烟叶全氮含量均高于其余试验点相同叶位的烟叶，并且差异显著($P<0.05$)。

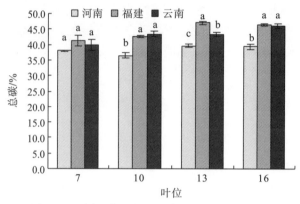

图 8-2　不同生态区烟叶总碳含量随叶位的分布

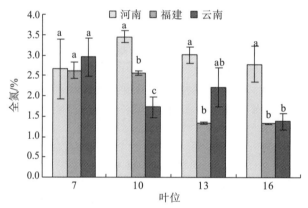

图 8-3　不同生态区烟叶全氮含量随叶位的分布

　　图 8-4 表示不同生态区烟叶碳氮比随叶位的分布。河南烤烟各叶位叶片碳氮比相差不大。福建烤烟第 7 和第 10 叶位叶片碳氮比较低，第 13 和 16 叶位叶片碳氮比较高。云南烤烟第 16 叶位叶片的碳氮比最大，第 7 叶位叶片碳氮比最小，第 10 叶位叶片碳氮比略高于第 13 叶位叶片。总体来看，河南烟叶的碳氮比小于其余两个试验点的烟叶。这是河南烟叶总碳含量低、全氮含量高所致。

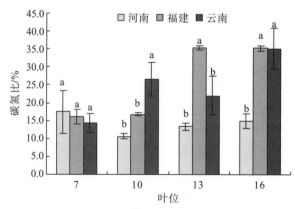

图 8-4　不同生态区烟叶碳氮比随叶位的分布

　　不同叶位烟叶比叶重如图 8-5 所示。各试验点烟叶比叶重都大致表现为随叶位升高而增加的趋势。河南各叶位烟叶比叶重均低于其余两个试验点相同部位烟叶。

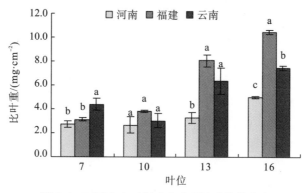

图 8-5　不同生态区烟叶比叶重随叶位的分布

### 8.1.2.2　不同生态区烟叶生理指标均值的差异

　　三个生态区烤烟叶片的生理指标测定值范围及均值如表 8-3 所示。河南烟叶 $\delta^{13}$C 平均值最小，福建和云南 $\delta^{13}$C 平均值较为接近，河南烟叶 $\delta^{13}$C 平均值与其余两地烟叶 $\delta^{13}$C 平均值的差异达到显著水平（$P<0.05$），福建和云南烟叶 $\delta^{13}$C 平均值差异不显著（$P>0.05$）。河南烟叶 $\delta^{13}$C 的最大值和最小值也小于其余两地烟叶，而福建和云南烟叶 $\delta^{13}$C 最大值以及最小值都比较接近。福建和云南烟叶总碳、全氮含量平均值以及碳氮比平均值都接近，差异均不显著（$P>0.05$）。河南烟叶总碳含量平均值和碳氮比平均值显著低于其余两地的烟叶（$P<0.05$），河南烟叶全氮含量平均值显著高于福建和云南的烟叶（$P<0.05$）。福建烟叶比叶重平均值最大，河南最小，且河南烟叶比叶重平均值与其余两地烟叶有显著差异（$P<0.05$），而福建和云南烟叶比叶重平均值差异不显著（$P>0.05$）。

表 8-3　不同生态区烟叶生理指标的差异

| 地点 | 分布范围和平均值 | $\delta^{13}$C/‰ | 总碳/% | 全氮/% | 碳氮比 | 比叶重/(mg/cm²) |
|---|---|---|---|---|---|---|
| 河南 | 平均值 | −29.7±0.3b | 38.4±0.5b | 3.0±0.2a | 14.1±1.6b | 3.4±0.3b |
| | 范围 | −31.2～−27.3 | 35.3～41.0 | 1.3～3.8 | 9.8～29.4 | 1.8～5.2 |
| 福建 | 平均值 | −26.3±0.4a | 44.4±0.8a | 2.0±0.2b | 25.9±2.9a | 6.4±0.9a |
| | 范围 | −28.6～−24.6 | 39.4～47.4 | 1.3～2.9 | 13.4～36.9 | 2.9～10.9 |
| 云南 | 平均值 | −25.6±0.2a | 43.2±0.8a | 2.1±0.2b | 24.5±3.1a | 5.3±0.6a |
| | 范围 | −27.1～−24.0 | 36.4～47.6 | 1.0～3.7 | 11.2～46.5 | 2.2～8.4 |

　　表 8-4 为各生态区烟叶生理指标的相关性。河南烟叶 $\delta^{13}$C 与碳氮比呈正相关，与其他生理指标相关性弱。河南烟叶比叶重与碳氮总量呈正相关。福建烟叶 $\delta^{13}$C 与各生理指标相关性均较高，与全氮含量呈负相关，与其余生理指标呈正相关。福建烟叶比叶重与碳氮总量呈正相关，与碳氮比呈显著正相关（$P<0.05$）。云南烟叶 $\delta^{13}$C 与全氮含量呈负相关，与其余生理指标呈正相关。云南烟叶比叶重与全氮含量呈负相关，而与其余指标均呈正相关。

表 8-4 $\delta^{13}C$ 与生理指标的相关性

| 地点 | 生理指标 | $\delta^{13}C$ | 总碳 | 全氮 | 碳氮总量 | 碳氮比 |
|------|---------|----------------|------|------|---------|--------|
| 河南 | 总碳 | −0.215 | | | | |
| | 全氮 | −0.475 | −0.649 | | | |
| | 碳氮总量 | −0.378 | 0.978* | −0.476 | | 0.166 |
| | 碳氮比 | 0.566 | 0.431 | −0.961* | 0.235 | |
| | 比叶重 | 0.239 | 0.662 | −0.401 | 0.656 | |
| 福建 | 总碳 | 0.889 | | | | |
| | 全氮 | −0.842 | −0.982* | | | |
| | 碳氮总量 | 0.898 | 0.998** | −0.968* | | 0.957* |
| | 碳氮比 | 0.835 | 0.981* | −1.000** | 0.966* | |
| | 比叶重 | 0.899 | 0.929 | −0.960* | 0.910 | |
| 云南 | 总碳 | 0.817 | | | | |
| | 全氮 | −0.670 | −0.951* | | | |
| | 碳氮总量 | 0.848 | 0.995** | −0.915 | | 0.478 |
| | 碳氮比 | 0.648 | 0.968* | −0.976* | 0.945 | |
| | 比叶重 | 0.653 | 0.598 | −0.330 | 0.672 | |

## 8.1.3 讨论

### 8.1.3.1 不同生态区烟叶稳定碳同位素组成特征

试验结果表明，福建和云南的烟叶 $\delta^{13}C$ 分布及均值相近。河南 $\delta^{13}C$ 均值较低，且与福建和云南的烟叶差异明显。福建和云南的烟叶 $\delta^{13}C$ 均表现为随叶位上升而增加的趋势，而河南烟叶 $\delta^{13}C$ 中部叶最低，并无随叶位升高而增加的趋势。各生态区烟叶 $\delta^{13}C$ 特征与立地生态条件有一定关联。从气候分型看，河南具有大陆性气候特征，福建趋于海洋性气候，而云南则为典型的季风气候。河南烤烟大田生长期气温高、降水少，而福建和云南烤烟大田生长期气候条件有一定相似性，两地雨水充足、气温较低。可以初步认为气候条件中降水和气温的差异或二者耦合关系是影响烟叶 $\delta^{13}C$ 的重要因素。

降水量能改变土壤含水量和空气湿度，水分条件将影响烤烟 $\delta^{13}C$。$\delta^{13}C$ 与 $P_i/P_a$ 的线性关系早已得到证实，$P_i/P_a$ 增加 $\delta^{13}C$ 将减小。水分亏缺会导致气孔导度下降或气孔关闭，叶肉细胞内 $CO_2$ 浓度下降，$P_i/P_a$ 减小从而使 $\delta^{13}C$ 增加（Takahashi and Miyajima，2008；Lopes and Araus，2006）。何春霞等的研究表明，树木叶片的 $\delta^{13}C$ 与降水量呈负相关关系(何春霞等，2010b)。Gebrekirstos 等(2011)的研究也表明，与干旱年份相比，植物 $\delta^{13}C$ 在湿润年份更低。本书试验结果却反映出，降水充足的云南和福建生态区烤烟 $\delta^{13}C$ 反而更高，这与以上研究结果不一致。笔者在首次研究烤烟 $\delta^{13}C$ 与生态条件的关系时发现，在水分充足地区种植的烤烟其叶片 $\delta^{13}C$ 更为偏正(颜侃等，2012b)，本试验结果也反映出相同的规律。因此，烤烟 $\delta^{13}C$ 受降水条件的影响机理尚不能应用上述水分条件改变气孔特征的理论来解释，其中原因尚待深入研究。$\delta^{13}C$ 与温度也存在重要的关联，这是因为温度能改变羧化酶等酶的活性进而影响植物的 $\delta^{13}C$。许多研究结果表明，低温能导致叶片内部 $CO_2$ 的扩散能力降低，从而减小气孔导度，使 $\delta^{13}C$ 升高（李善家等，2011；Wu et al.，2011；任书杰和于贵瑞，2011；Correia et al.，2008）。然而，也有研究表明温度与 $\delta^{13}C$ 存在正相关关系（刘贤赵等，2011）。笔者的前期研究表明，在气温较低的生态区生长的烤烟，叶片 $\delta^{13}C$ 偏负（颜侃等，2012b）。本试验结果与前期研究结果并不相同，这表明烤烟 $\delta^{13}C$ 与温度的关系较为复杂。温度对 $\delta^{13}C$ 的复杂影响，大多被归结于最适温度理论，但除此之外，在阐释自然植物与其他环境或生理因子的联系时还应注意物种差异及生态因子的综合作用（Bai et al.，2008）。

综上所述，福建和云南生态区烟叶 $\delta^{13}C$ 的相似性，以及它们同河南生态区烟叶 $\delta^{13}C$ 的差异性，并不是受降水或气温单个因子的影响，降水和气温的合理配比可能是引起福建和云南烟叶碳同位素组成特征相似的主要因素，同时也是这两个生态区烟叶不同于河南烟叶碳同位素组成特征的原因。

### 8.1.3.2　不同生态区烟叶 $\delta^{13}C$ 与相关生理指标的联系

福建烤烟与云南烤烟的生理特征，以及生理指标之间的相关性都具有相似性，而河南烤烟与福建、云南烤烟的生理特征存在明显的差异。三个生态区烟叶 $\delta^{13}C$ 与其余生理指标的相关性都表明，$\delta^{13}C$ 与碳氮比、比叶重均呈正相关关系，与全氮含量呈负相关关系。

烤烟叶片 $\delta^{13}C$ 与自身光合能力及气孔特征密切相关。$P_i/P_a$ 由光合作用中叶片 $CO_2$ 供需平衡所决定。$CO_2$ 需求受光合作用相关因子的影响，如羧化酶活性、叶片氮的含量等，而 $CO_2$ 供给受气孔密度、气孔导度及叶肉组织厚度的影响（Takahashi and Miyajima，2008）。因此，与光合作用及气孔特征相关的因子都能影响烟叶的 $\delta^{13}C$。本试验结果表明，三个地点的烤烟叶片 $\delta^{13}C$ 与全氮含量呈负相关，这与李善家等（2011）的研究结论相似。然而，根据多数研究者的研究结论得知，$\delta^{13}C$ 与叶片含氮量存在正相关关系（Livingston et al.，1999；Li et al.，2009；刘小宁等，2010）。一方面，叶片氮供应充足，能使叶绿素和羧化酶含量增加，$CO_2$ 固定量增加，$P_i$ 减小，$\delta^{13}C$ 增加。另一方面，含氮量高可增加叶片厚度，使 $CO_2$ 扩散路径变长，传导率降低，减少了羧化位点 $CO_2$ 的供应，$P_i$ 减小，$\delta^{13}C$ 增加。本试验出现了相反的结论，可能跟烤烟氮代谢特点有关。烟草在成熟过程中，随着叶绿素的降解和蛋白质的分解，叶片含氮量将逐渐下降（刘高峰，2006），所以成熟期烟叶含氮量与旺长期相比更低，此时的光合能力也较弱。但此时的光合能力强弱对烟叶 $\delta^{13}C$ 影响作用并不大，叶片中 ¹³C 的积累是一个长期的过程，它与烤烟长期的同化能力关系更密切，成熟期的含氮量并不是烟叶 $\delta^{13}C$ 的决定因素，有研究者指出，$\delta^{13}C$ 是对植物长期 $P_i/P_a$ 和长期水分利用效率的指示（Feng et al.，2013）。因此，烤烟叶片 $\delta^{13}C$ 与全氮含量呈负相关，这可能是烤烟不同于其他植物的一个特征。与含氮量相比，LMA 正是对烟叶长期光合能力强弱的有效衡量指标。LMA 较高的烤烟，其物质积累的能力更强，即同化能力更强。比较三个地点指标均值可知，比叶重平均值小的地区，其烟叶 $\delta^{13}C$ 平均值也低。相关性分析表明，单个地点烟叶的 $\delta^{13}C$ 与 LMA 均呈正相关关系，仅河南烟叶的较弱。$\delta^{13}C$ 与 LMA 的这一关系同许多研究结果是一致的

(Takahashi and Miyajima，2008；Li et al.，2009；王庆伟等，2011；Zhu et al.，2010)。由此看出，含氮量对同化能力的表征不及 LMA、LMA 与 $\delta^{13}C$ 的关系更为稳定。不少研究者认为，PNUE($P_n/N$，单位氮含量的光合能力)可以更准确地反映植物叶片氮的积累与 $CO_2$ 固定的关系(冯秋红等，2011a；Hikosaka et al.，2002；Guo et al.，2011)，并对 $\delta^{13}C$ 有一定指示作用。研究表明，PNUE 与 $\delta^{13}C$ 呈负相关关系(Cai et al.，2007)。碳氮比(C/N)在一定程度上也能反映出光合氮利用效率。河南烟叶碳氮比平均值最小，福建和云南烟叶碳氮比平均值比较接近，并且 C/N 小的地区烟叶 $\delta^{13}C$ 较小。Li等(2009)的研究表明，C/N 与 $\delta^{13}C$ 存在负相关关系，这与本试验所得出的结论相反，这可能也跟烤烟叶片成熟过程中氮代谢特征有关。

可以看出，云南和福建烟叶的 $\delta^{13}C$ 高于河南，云南和福建烤烟的生理特征较为相似，且与河南烟叶差别显著。相关性分析表明，成熟期烟叶的 $\delta^{13}C$ 与比叶重、碳氮比均呈正相关，与总氮含量呈负相关。这说明 $\delta^{13}C$ 既能够反映环境条件对烤烟光合生理的综合影响，又能反映烤烟碳氮代谢的特征，即 $\delta^{13}C$ 在一定程度上能够与烤烟品质特征相联系。河南是国内典型的浓香型烤烟产区，福建和云南，尤其云南是典型的清香型烤烟产区，能否通过烤烟叶片 $\delta^{13}C$ 与众多生理特征以及气候、地理因子之间的耦合联系，以烟叶 $\delta^{13}C$ 作为判定烤烟香气风格形成的阈值指标，还有待深入研究。

## 8.2　低纬高原两个亚生态区烤烟种植生态适应性

烤烟是一种对环境较为敏感的经济作物，在烤烟种植过程中，生态环境的差异会对烤烟各种生理状态产生影响。目前有观点认为，低纬高原烟区海拔是影响烟叶生长和品质的综合生态因子(穆彪等，2003)。随着海拔的变化会形成不同的土壤和气候环境，但由于烤烟种植管理趋于规范化，土壤肥力缺陷可以得到有效控制，因此不同海拔的气候条件则成为影响烤烟生态适应性的主要因素。植物对环境条件的适应从形态和生理特征上都能表现出来。比叶重、光合色素组成和逆境相关物质含量等与环境条件的关系较为密切，可以通过这些指标反映烤烟在不同生态环境条件下的适应特点。此外，稳定碳同位素组成已在植物生理生态研究领域得到广泛应用(蒋高明，1996；董星彩等，2010；谭巍等，2010)，它反映了环境条件对植物可能产生的综合影响，在本书中也对烤烟碳同位素组成作了相应的分析讨论。

云南省昭通市为典型的高原地貌构造，平面和立体差异极为显著，整个地势呈现出西南高、东北低的倾斜地势。昭阳区和大关县为该植烟区内具有代表性的两个亚生态区。两个试验点的地形、气候有较大差异，昭阳试验点属昭通西南干凉高海拔坝子，而大关为东北部湿热低海拔山地。两试验点植烟期的气象条件存在较大的差别。与昭阳相比，大关植烟期降水量多，日照时数较少，日均气温较高，空气相对湿度较大。昭通烤烟种植区的分布较广，气候条件对烤烟生产产生了很大影响，明确烤烟对不同生态环境的适应特点对烤烟种植生产具有实际意义。本节试图对烤烟 K326 在两个不同生态烟区的形态特征和生理生态适应性等与烤烟 $\delta^{13}C$ 的分布作分析研究，探讨烤烟对不同生态环境条件的响应机制。

## 8.2.1　材料与方法

### 8.2.1.1　试验材料及处理

以烤烟 K326 品种为试验材料进行大田种植，试验点位于昭通市昭阳区(27°21′N，103°43′E，海拔为 1949.5m)和大关县(27°46′N，103°53′E，海拔为 1065.5m)。各地均按当地烟草公司统一制定的栽培规范，即采用相同的大田优质烟叶生产管理措施进行田间种植，两处试验地种植面积均为一亩，烤烟在同一天，即 2010 年 5 月 13 日移栽，打顶时间为 7 月 10 日。大关植烟土壤类型为红壤，昭阳为黄壤，烤烟移栽前各试验地的土壤肥力指标如表 8-5 所示。两试验点植烟期的气候条件如表 8-6 所示。

**表 8-5　试验点土壤肥力条件**

| 试验点 | pH | 有机质/(g·kg$^{-1}$) | 碱解氮/(mg·kg$^{-1}$) | 速效钾/(mg·kg$^{-1}$) | 速效磷/(mg·kg$^{-1}$) |
|---|---|---|---|---|---|
| 昭阳 | 4.3 | 15.0 | 121.8 | 81.0 | 26.7 |
| 大关 | 6.6 | 26.4 | 255.4 | 143.7 | 4.2 |

**表 8-6　两试验点植烟期气候条件**

| 气候要素 | 地点 | 5 月 | 6 月 | 7 月 | 8 月 | 5~8 月 |
|---|---|---|---|---|---|---|
| 降水量/mm | 昭阳 | 39.6 | 167.5 | 155.3 | 90.7 | 453.1 |
| | 大关 | 54.3 | 136.4 | 194.0 | 205.4 | 590.1 |
| 日照时数/h | 昭阳 | 197.6 | 60.8 | 183.5 | 207.7 | 649.6 |
| | 大关 | 84.2 | 22.8 | 141.5 | 168.0 | 416.5 |
| 日均气温/℃ | 昭阳 | 16.8 | 16.5 | 20.7 | 19.9 | 18.5 |
| | 大关 | 18.4 | 19.1 | 23.9 | 23.1 | 21.1 |
| 日均相对湿度/% | 昭阳 | 72.5 | 85.3 | 79.6 | 78.2 | 78.9 |
| | 大关 | 83.7 | 91.4 | 84.7 | 83.6 | 85.8 |

### 8.2.1.2　形态特征测定方法

打顶 10d 后对烟株进行农艺性状的观测。测定项目包括茎高、茎围、节间距、叶长和叶宽。其中茎高为茎基部与地表接触处至第 18 叶位之间的高度，茎围为株高 1/3 处茎周长，节间距为 1/3 高度处 6 个节位之间节距的平均值。参照中国烟草行业标准(YC/T 142-1998，烟草农艺性状调查方法)计算烤烟中部叶的叶面积，即叶面积(cm$^2$)＝叶长×叶宽×0.6345。每个试验点随机选取 10 株进行测定，然后取其平均值。

### 8.2.1.3　生理指标测定方法

在 K326 生长至旺长末期(7 月 20 日)和成熟期(8 月 10 日)后分别进行生理指标的测定。取样时，各试验地选择长势较为一致的烤烟 4 株，采集植株中部叶片进行测定。每个指标均有 4 次重复，测定后取平均值。丙二醛含量采用硫代巴比妥酸比色法测定(陈建勋和王晓峰，2002)。可溶性蛋白质含量采用考马斯亮蓝-G250 比色法测定(邹琦，1995)。光合色素采用丙酮：无水乙醇(1∶1，体积比)浸提-比色法，通过 663nm、646nm 和 470nm 处吸光值计算叶绿素 a、叶绿素 b 和类胡萝卜素的单位面积含量(邹琦，1995)。总多酚的测定，取一定质量的新鲜叶片用酸化甲醇(盐酸∶甲醇＝1∶99，体积比)在低温(4℃)黑暗中浸提 24h，在 280nm 处测定吸光值，以没食子酸标准曲线计算总多酚浓度，含量以 $mg \cdot g^{-1}$ FW 计(王毅等，2010)。用打孔器避开主脉打取一定数量的叶片用于比叶重的测定，将圆片于 105℃下杀青，然后置于 60℃烘箱中烘干至恒重，计算单位面积的烟叶干重。

### 8.2.1.4　烤烟叶片碳同位素组成的测定

K326 旺长末期和成熟期在两试验点各选取中部叶片进行碳同位素测定，每个试验点选择 4~5 株作为一个混合样品。将叶片洗净后，在 105℃下杀青，然后置于恒温干燥箱中烘干(60℃，连续烘 48h)，并粉碎过 80 目筛制成备用样品。样品送中国科学院南京土壤研究所进行稳定碳同位素分析，测定精度为 0.1‰。样品在高温 800℃左右的高纯氧气条件下充分燃烧，提取燃烧产物 $CO_2$，用质谱仪测定碳同位素的比率，分析结果参照国际 PDB(Belemnite from the Pee Dee Formation)标准，根据下面公式进行计算：

$$\delta^{13}C(‰) = \frac{(^{13}C/^{12}C)_{样品} - (^{13}C/^{12}C)_{PDB}}{(^{13}C/^{12}C)_{PDB}} \times 1000‰ \tag{8-2}$$

式中，$\delta^{13}C$ 表示烟叶样品碳同位素组成；$(^{13}C/^{12}C)_{PDB}$ 表示美国南卡罗来纳州白磁石(Pee Dee Belemnite)中的 $^{13}C/^{12}C$。

### 8.2.1.5　数据处理

用 SPSS 13.0 进行统计分析和 $t$ 检验，图表绘制在 Excel 2003 中完成。

## 8.2.2　结果与分析

### 8.2.2.1　K326 形态性状的差异

由表 8-7 可看出，两个试验点的 K326 在形态特征上的差异并未达到显著水平($P >$ 0.05)，但从各指标均值可知，大关 K326 形态性状优于昭阳。有效叶片数和叶面积对烤烟产量性状有较大贡献，大关 K326 在有效叶片数和叶面积两项指标上略显优势，且在第 18 叶位处茎高较大，节间距较长。

**表 8-7　K326 形态性状比较**

| 地点 | 茎高/cm | 有效叶片数/片 | 中部叶叶长/cm | 中部叶叶宽/cm | 中部叶叶面积/cm² | 茎围/cm | 节间距/cm |
|---|---|---|---|---|---|---|---|
| 昭阳 | 88.40±4.62 | 19.10±0.55 | 65.75±1.75 | 18.10±0.66 | 757.83±39.97 | 9.15±0.27 | 4.17±0.17 |
| 大关 | 89.70±3.94 | 19.70±0.75 | 67.10±1.32 | 18.00±0.53 | 768.16±32.45 | 9.10±0.18 | 4.63±0.22 |
| Sig. ($t$-test) | 0.833 | 0.525 | 0.546 | 0.907 | 0.843 | 0.879 | 0.123 |

### 8.2.2.2　K326 光合色素含量的差异

光合相关生理指标的含量如表 8-8 所示。昭阳 K326 在旺长期叶绿素 a、叶绿素 b、叶绿素总量以及类胡萝卜素含量高于大关，其中叶绿素 a、叶绿素总量和类胡萝卜素含量的差异达到极显著水平($P<0.01$)，叶绿素 b 的差异达到显著水平($P<0.05$)。相对而言，旺长期的可溶性蛋白含量、叶绿素 a/b 和叶绿素/类胡萝卜素却没有显著差异($P>0.05$)。昭阳 K326 成熟期的叶绿素 a、叶绿素 b、总叶绿素以及类胡萝卜素含量均低于大关，且叶绿素 b 及叶绿素总量均有显著差异($P<0.05$)。而大关 K326 成熟期时叶绿素/类胡萝卜素显著高于昭阳($P<0.05$)。旺长期和成熟期昭阳烟叶中的可溶性蛋白含量始终高于大关($P>0.05$)。旺长期至成熟期，昭阳烟叶叶绿素 a、叶绿素 b 及叶绿素总量下降得更多。成熟期两地 K326 的叶绿素含量、可溶性蛋白含量以及叶绿素/类胡萝卜素与旺长期相比均为下降趋势，但叶绿素 a/b 则有所上升。

**表 8-8　K326 光合色素及可溶性蛋白质含量**

| 时期 | 地点 | 叶绿素 a /(mg·dm⁻²) | 叶绿素 b /(mg·dm⁻²) | 叶绿素总量 /(mg·dm⁻²) | 类胡萝卜素 /(mg·dm⁻²) | 可溶性蛋白 /(mg·g⁻¹FW) | 叶绿素 a/b | 叶绿素/类胡萝卜素 |
|---|---|---|---|---|---|---|---|---|
| 旺长期 | 昭阳 | 2.60±0.06 | 0.89±0.03 | 3.49±0.09 | 0.53±0.01 | 15.77±2.34 | 2.93±0.08 | 6.61±0.17 |
| | 大关 | 2.27±0.03 | 0.77±0.03 | 3.03±0.05 | 0.46±0.01 | 15.31±0.62 | 2.97±0.09 | 6.54±0.13 |
| | Sig. ($t$-test) | 0.003 | 0.028 | 0.005 | 0.001 | 0.855 | 0.766 | 0.752 |
| 成熟期 | 昭阳 | 1.43±0.19 | 0.46±0.05 | 1.90±0.23 | 0.43±0.06 | 13.11±1.12 | 3.07±0.25 | 4.46±0.12 |
| | 大关 | 1.95±0.10 | 0.62±0.03 | 2.57±0.13 | 0.49±0.03 | 11.95±1.20 | 3.17±0.12 | 5.25±0.23 |
| | Sig. ($t$-test) | 0.054 | 0.030 | 0.042 | 0.393 | 0.506 | 0.743 | 0.022 |

### 8.2.2.3　K326 比叶重的差异

不同时期两试验点 K326 中部叶片的比叶重如图 8-6 所示。可以看出，成熟期与旺长期相比，叶片中干物质含量经过不断积累，比叶重明显增加。在旺长期昭阳与大关烟叶的比叶重有显著差异($P<0.05$)，昭阳烟叶比叶重比大关高 30.8%。成熟期昭阳烟叶比叶重比大关高 78.4%，差异达到极显著水平($P<0.01$)。在旺长期至成熟期时段内，昭阳烟叶比叶重增加了 94.0%，大关烟叶比叶重则仅增加 42.3%。

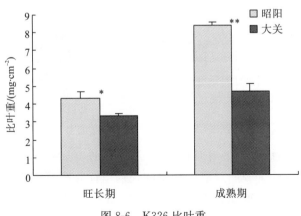

图 8-6　K326 比叶重

#### 8.2.2.4 K326 叶片稳定碳同位素组成的差异

昭阳和大关烟叶在旺长期的 $\delta^{13}C$ 分别为 $-26.82‰$ 和 $-26.40‰$；成熟期分别为 $-26.63‰$ 和 $-26.56‰$。相比之下，昭阳成熟期的 $\delta^{13}C$ 升高了 $0.19‰$，而大关则降低了 $0.16‰$。但无论是成熟期还是旺长期，大关烟叶的 $\delta^{13}C$ 均高于昭阳(图 8-7)。

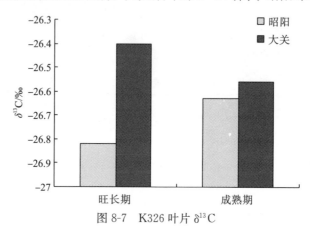

图 8-7　K326 叶片 $\delta^{13}C$

#### 8.2.2.5 K326 总多酚和丙二醛含量的差异

K326 的总多酚含量如图 8-8 所示。可以看出，在旺长期两试验点烟叶总多酚含量都较为接近，没有显著差异($P>0.05$)。成熟期昭阳 K326 的总多酚含量比大关高 $20.6\%$，但两地烟叶总多酚含量差异不显著($P>0.05$)。试验结果表明，在成熟期烟叶总多酚含量较旺长期有明显增加，昭阳烟叶总多酚的增加幅度为 $132.7\%$，而大关的增加幅度为 $78.0\%$。

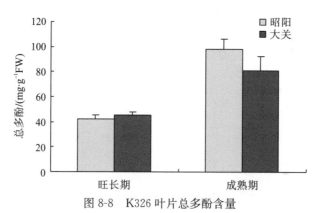

图 8-8　K326 叶片总多酚含量

图 8-9 反映了不同时期 K326 叶片丙二醛(MDA)的含量变化。丙二醛是膜脂过氧化作用的产物之一，通常作为膜脂过氧化程度的判别指标。即丙二醛积累越多表明细胞过氧化程度越甚，叶片的衰老或受胁迫程度也越大。试验结果表明，丙二醛含量随着烟叶的成熟而逐渐增加，昭阳和大关烟叶丙二醛含量在成熟期分别增加了 $54.7\%$ 和 $18.0\%$。在旺长期，大关烟叶的丙二醛含量比昭阳高 $22.8\%$，成熟期昭阳烟叶丙二醛含量比大关高 $6.8\%$，两地烟叶同时期丙二醛的含量没有显著差异($P>0.05$)。

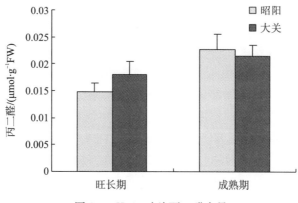

图 8-9　K326 叶片丙二醛含量

## 8.2.3　讨论

### 8.2.3.1　烤烟形态特征对生态条件的适应性

植物生长依赖于它所处的环境，同时也能对环境产生适应能力，其形态结构与环境之间往往表现出高度的统一(胡营等，2011)。Westoby 等(2002)在讨论植物适应环境的生态策略时，提到了 4 个衡量指标，即比叶重－叶寿命(leaf mass per area-leaf lifespan，LMA-LL)、种子重量－出种量(seed mass-seed output，SM-SO)、叶片大小－枝条大小(leaf size-twig size，LS-TS)和植株高度(height)。仅从叶片大小和比叶重这两个生理指标衡量，K326 在昭阳和大关两个试验点所反映的适应性特征存在一定的差别。叶片是植物进化过程中对环境变化较敏感且可塑性较大的器官，受水分、温度、光照、海拔等环境因子的影响显著(林波和刘庆，2008)。与昭阳相比，针对烤烟大田生长期大关日照时数较少的气候特点，烤烟 K326 在形态上可能表现为对光照条件具有一定的适应性。大关 K326 可以通过增加节间距拉开叶片之间的距离，利于充分利用光能资源，而叶面积的加大促进了蒸腾和光合作用的进行，这也是对大关水分较充足气候条件的适应。相对而言，昭阳 K326 在形态上则可能反映出一定的节水和回避强光的特征，它缩小节间，减少叶面积和叶片数量，以减少能量消耗，使植株更紧凑，避免强光伤害，这是生长在高海拔环境植物存在的普遍特征(冯秋红等，2011a)。比叶重较大通常表明叶片厚度更大，或是叶脉密集，或是组织密度更大(Westoby et al.，2002)。有研究表明，植物叶片越厚，储水能力越强，也越有利于防止水分的过分蒸腾(Dong and Zhang，2001)。在旺长期和成熟期，昭阳烤烟叶片比叶重都显著高于大关，这也表明昭阳和大关的烤烟对水分利用可能存在不同的适应策略。

### 8.2.3.2　烤烟光合生理对生态条件的适应性

除形态特征外，生理特征也能反映烤烟对环境条件的适应性。高海拔地区植物通常有更高的蛋白质含量，而这些蛋白质大多参与了光合作用(施征等，2011)，而昭阳烟叶蛋白质含量较高，与其所处的高海拔相适应。两地烟叶成熟期叶绿素 a/b 均比旺长期稍高，这反映出叶绿素 a 的降解速率比叶绿素 b 的降解速率小。由旺长期至成熟期叶绿素/

类胡萝卜素的变化可知，叶绿素的降解速率大于类胡萝卜素。叶绿素 a/b 能够反映叶片对光强的适应，通常在弱光下，叶绿素 a/b 较低（陈菊艳和杨远庆，2010），试验结果表明，大关烟叶叶绿素 a/b 在不同时期均高于昭阳。类胡萝卜素可防止强光伤害，能对叶绿素起到保护作用（Gao et al.，2007），大关烟叶叶绿素/类胡萝卜素在成熟期时显著低于昭阳，这是由于昭阳烟叶叶绿素含量降低更快，这也表明成熟期大关烟叶的类胡萝卜素对叶绿素仍然具有较强的保护作用，即大关烟叶可能保持着较强的光合能力。光合色素是光合作用的重要影响因素，旺长期烤烟的物质合成迅速进行，较高的光合色素含量更有利于碳同化，昭阳烟叶旺长期叶绿素含量高于大关烟叶（$P<0.05$），则昭阳烟叶在旺长期的物质合成能力可能更强。随着叶片逐渐进入成熟期，叶绿素含量分解加快或合成量逐渐减少（钟楚等，2010b），叶片表现出衰老特征。在旺长期至成熟期内，昭阳烟叶叶绿素含量的下降量及下降速率均高于大关，而成熟期大关烟叶仍维持较高的光合色素含量，这说明昭阳 K326 较快地进入了衰老期，并在较短的时间内完成了营养生长，也表明昭阳烤烟叶片寿命更短。可以认为，昭阳少雨、低温、多日照及空气相对湿度低的气候条件导致缩短了烤烟的营养生长期，而大关烟叶由于环境条件较为适宜，则可维持相对较长的叶片功能期。

### 8.2.3.3    不同生态条件下烤烟抗逆及衰老特征

多酚类物质具有抗氧化和自由基清除能力（Hong et al.，2007），是植物次生代谢物质中具有重要抗逆境作用的物质之一（程春龙和李俊清，2006）。在高温、干旱以及较高强度 UV-B 辐射等（Prathapan et al.，2009；徐国前等，2011）环境条件的诱导下，总多酚含量会大幅增加，以增强植物对不利环境条件的抗性。此外，多酚化合物的积累随着烟草生长量的增加而逐渐增加（尹建雄和卢红，2005）。烤烟叶片总多酚含量能够反映植株的抗逆能力，旺长期两地烟叶的总多酚含量接近，而成熟期昭阳烟叶总多酚含量上升较快，其含量比大关烟叶高 20.6%，这可能与该时期昭阳相对干旱的气候条件有关。丙二醛含量能够反映烤烟植株耐受不利因素的能力或衰老进程。在成熟期，昭阳烟叶丙二醛的含量稍高于大关，表明昭阳烟叶的衰老速率较快，这与光合色素的分析结果一致。由于昭阳烟叶总多酚的累积速率更快，可能说明在其进入成熟期的过程中受不利条件的影响程度更大。多数情况下，植物为了抵御外界恶劣环境会增加单位面积叶片所投入的干物质（Chapin et al.，1993；Kogami et al.，2001；冯秋红等，2011a），昭阳烟叶具有较高的比叶重，说明烤烟种植可能受到了不利因素的影响，从而也造成昭阳的烤烟必须通过合成较多的多酚来应对环境条件可能产生的胁迫效应。

### 8.2.3.4    $\delta^{13}C$ 与烤烟的生态适应性

烤烟在进行光合作用时，从 $CO_2$ 吸收、固定到有机物的合成都伴随着碳同位素的分馏。温度、湿度（降水量）、光照条件以及大气 $CO_2$ 状况等环境条件都是碳同位素分馏的影响因素（冯虎元等，2000；宁有丰等，2002）。虽然环境因素对烤烟 $\delta^{13}C$ 有一定的影响，但更直接的是受到本身生理特征的影响。碳同位素的分馏主要发生在 $CO_2$ 由气孔腔进入叶肉细胞和 RuBP 羧化酶固定及进一步转化的过程中，其中 RuBP 羧化酶固定及同化产物的形成所占比例更大。由此可见，$\delta^{13}C$ 反映烤烟气孔开张程度、光合作用强度以及其他生理过程。碳同位素分馏值($\Delta^{13}C$,‰)$\approx\delta^{13}C_{空气}-\delta^{13}C_{植物}$(孙柏年等，2009)，并且空气中 $\delta^{13}C$ 的季节变化不大(宁有丰等，2002)，所以旺长期至成熟期烟叶 $\delta^{13}C$ 的变化可以代表碳同位素分馏值的变化，即成熟期昭阳烟叶碳同位素分馏值降低了 0.19‰，大关烟叶增加了 0.16‰。由此看来，昭阳烤烟碳同位素的分馏作用随着烟叶成熟而减小，大关烟叶则相反，表明两地烤烟在光合作用过程和能力上存在差异。

　　$\delta^{13}C$ 同烤烟自身的生理特征密切相关，从 $\delta^{13}C$ 可以间接获得烤烟对不同生态环境条件变化的适应特征。许多研究表明，叶片 $\delta^{13}C$ 与比叶重、水分利用效率(WUE)存在正相关关系，并且 $\delta^{13}C$ 还随海拔升高而升高(Zhu et al.，2010；何春霞等，2010b；王庆伟等，2011)，但也有出现不同结果的报道(梁银丽等，2000；刘海燕和李吉跃，2008；刘小宁等，2010)，朱军涛等(2011)的研究则表明，$\delta^{13}C$ 与水分利用效率的关系在不同物种中可能存在差异。本试验中，烤烟叶片的 $\delta^{13}C$ 在海拔高的地点反而较低，且比叶重大的烟叶 $\delta^{13}C$ 反而较小。目前还未见烤烟 $\delta^{13}C$ 随海拔分布的特点以及与其他生理指标相关性的报道，因此还有待深入研究。根据多数研究的结果，叶片 $\delta^{13}C$ 与水分利用效率存在正相关关系，则大关烤烟 K326 的水分利用效率高于昭阳烤烟。但昭阳烟叶成熟期 $\delta^{13}C$ 却有所增加，这间接反映出水分利用效率也可能增加，表明昭阳烤烟对水分条件的适应性在逐渐增强，这与昭阳烟区烟叶成熟期相对干凉的气候条件相适应。大关烟叶的 $\delta^{13}C$ 在成熟期降低，其水分利用效率亦可能降低，这与大关烟区烟叶成熟期的湿热气候相符。研究表明，$\delta^{13}C$ 与光合速率存在负相关关系(冯秋红等，2011a)，据此可以推断，昭阳烟叶 $\delta^{13}C$ 偏负，其光合速率可能亦较高。同时，由于比叶重与光合作用能力关系密切(王建伟和周凌云，2007；冯秋红等，2011a)，从分析比叶重的测定结果可以看出，昭阳烟叶前后时期的干物质积累量明显高于大关，即昭阳烟叶的合成速率较快。$\delta^{13}C$ 和比叶重都表明昭阳烤烟 K326 同化能力可能较强。因此，仅就光合同化能力而言，$\delta^{13}C$ 与烟叶比叶重所反映出的生理特征是一致的。然而，这却与其形态性状的表现不符，昭阳烟叶同化能力虽强，但茎高和叶面积等指标却较低。从两地烤烟抗逆性差异来看，这可能由于昭阳烤烟过多的光合产物和能量被用于抵御不利的生态环境条件，使次生代谢和能量分配发生了改变，从而导致株高、叶面积等形态特征较差。然而值得注意的是，在昭阳所处的生态环境条件下，叶片的多酚含量比大关烟叶积累较快，而且更多。总多酚是烟叶中重要的潜在致香物质，其含量的多寡还与烟叶品质的形成密切相关。是否可以从另一个侧面说明，在适宜烤烟生长的生态环境构建过程中，适当不利环境条件的胁迫，反而能够提升烟叶的香味，其间的机理还有待深入研究。

　　综上所述，在昭阳和大关这两个种植烤烟的亚生态区，K326 在形态和生理上对生态环境条件表现出不同的适应性。大关所处的生态环境条件更有利于烤烟的形态生长，大关烤烟在形态和生理特征上都表现出对较少日照和充足水分条件的适应。与之相比，昭阳的生态环境条件对烤烟的生长存在一定的不利影响，其烤烟更多地表现出高海拔植物所具有的特征。昭阳烤烟对当地环境条件的适应性可能表现在：改变形态特征，压缩叶面积以减少水分散失，适应较多的日照时数；减少叶片数目，缩短叶片寿命，增加物质积累速率，在较短时间内快速完成营养生长；改变次生代谢，增加抗逆物质的合成。

# 8.3 不同亚生态烟区烤烟对 $\delta^{13}C$ 变化的响应

烟草是一种对自然环境变化反应较敏感的经济作物,光、温、水等气象因子的个别或综合效应对烤烟的生长发育都具有重要的影响(许自成等,2006;普匡,2010;徐雪芹等,2010;周柳强等,2010;李向阳等,2011)。地处低纬高原的云南以山地为主,海拔高差大,立体气候明显,且气候条件复杂多变(逢涛等,2009)。云南适宜烤烟种植区域分布十分广泛,在不同亚生态烟区,海拔及经纬度跨度较大。有研究表明,在一定范围内,海拔对烟叶化学成分(简永兴等,2005;王彪等,2006;付亚丽等,2007;王世英等,2007;李洪勋,2008)、评吸质量(李天福等,2005;许健等,2009)、香气物质(简永兴等,2009;常寿荣等,2009;黎妍妍等,2009)的形成有明显的影响。经纬度的变化影响烤烟的生长发育及品质形成(王彪等,2006;杨虹琦等,2005)。但海拔及经纬度则主要通过改变光、温、水等气象因子间接作用于烤烟,影响烤烟的生长发育过程(钱时祥等,1994)。

烤烟品种红花大金元(*Nicotiana tabacum* Honghuadajinyuan),简称红大,因其具有叶色橘黄、油分充足、香气质好量足、香气飘逸、杂气较轻、吃味独特、余味舒适、香型风格特点突出等优良品质而被列为中国的特色烟品种,倍受国内卷烟业企业的青睐。是生产中式卷烟重要的优质原料之一(徐兴阳等,2007;王欣等,2008;舒中兵等,2009),该品种在大理烟区广泛种植,其适栽面积近 60%,是云南红花大金元的主产烟区。不同烟区生态环境的改变,对当地烤烟生长发育的影响亦存在差异。为探明不同烟区生态环境的改变对烤烟生长发育产生的影响,以地理播种法研究方式,选取红花大金元为试验材料,选择经度存在一定差异、海拔相近、地处云南红大主产烟区的大理州弥渡县和地处云南 K326 主产烟区的玉溪市红塔区大营街以及与弥渡县经度相似、海拔存在较大差异、同处大理烟区的祥云县为试验点。通过对 3 地烤烟主要大田生长期气候条件、红大烟叶生理生化指标、烟叶和植烟土壤 $\delta^{13}C$ 的比较研究,为烤烟种植生态适应评价机制的建立和阈值的确立提供理论依据。

## 8.3.1 材料与方法

### 8.3.1.1 试验时间、地点

研究田间试验于 2011 年烤烟大田生长期进行。选取云南境内红大品种最适宜烟区之一的大理州弥渡县(海拔为 1686m,25°22′45″N,100°27′07″E)为主要试验点;选择与弥渡经纬度近似的大理州祥云县(海拔为 1955m,25°23′49″N,100°42′43″E)作为同一烟区海拔差异的对比试验点(对比 1)。并根据弥渡的海拔与经纬度,选择与弥渡海拔近似的玉溪市红塔区(海拔为 1642m,24°18′N,102°29′E),作为不同烟区差异对比的试验地点(对比 2)。

### 8.3.1.2 试验材料

供试品种为大理州主栽品种红花大金元。每个试验点种植面积约为 0.067hm²,烟株行间距为 120cm×50cm,采用当地烤烟标准种植方式管理。

### 8.3.1.3　试验方法

生理指标：取样选择在烤烟红花大金元生理成熟期到工艺成熟期之间的过渡期进行（2011 年 8 月 12 日），对 3 个地点烟株 12 叶位进行取样。取样叶片用低温保鲜盒保存并带回试验室，用于比叶重、光合色素、类黄酮及丙二醛等的测定。取样时各地的烟叶和植烟土壤样品分别作 3 次重复。

（1）比叶重（LMA）：分别选取 12 叶位完全展开的健康叶片，避开粗叶脉均匀地在叶片用打孔器打取一定数量圆片，计算出所有圆片面积即叶面积，迅速称鲜重后在烘箱中 70℃ 左右烘干至恒量，称其干物质量，LMA＝干物质量/叶面积。

（2）叶绿素含量测定方法采用丙酮：无水乙醇（1：1，$V$：$V$）浸提－比色法（邹琦，1995），通过在 663nm、646nm、470nm 下测定吸光值计算叶绿素 a、叶绿素 b、总叶绿素和类胡萝卜素单位面积含量，及叶绿素 a 与叶绿素 b 的比值及叶绿素和类胡萝卜素的比值（total chlorophyll content：carotenoid ratio，Chl(a+b)/Car），每样品重复 3 次，如式(8-3)～式(8-7)。

$$C_a = 12.21A_{663} - 2.81A_{646} \tag{8-3}$$

$$C_b = 20.13A_{646} - 5.03A_{663} \tag{8-4}$$

$$C_{a/b} = C_a/C_b \tag{8-5}$$

$$C_c = (1000A_{470} - 3.27C_a - 104C_b)/229 \tag{8-6}$$

$$光合色素含量(mg/dm^2) = (色素浓度 \times 色素提取液总量)/叶片面积 \tag{8-7}$$

式中，$C_a$、$C_b$ 和 $C_c$ 分别为浸提叶中叶绿素 a、叶绿素 b 及类胡萝卜素的浓度（mg/L）。

（3）类黄酮含量参考 Nogués 等（1998）的方法测定，稍作改动。取一定面积的叶片，剪碎后加入 5ml 酸化甲醇（盐酸：甲醇＝1：99，$V$：$V$），在低温（0～4℃）黑暗中浸提 24h，以单位面积叶片 300nm 处吸光值表示紫外吸收物质含量（$A_{300}$/cm²）。

（4）丙二醛含量采用硫代巴比妥酸比色法测定（陈建勋和王晓峰，2002）。

化学成分：在红塔集团技术中心，采用连续流动分析仪测定烘干烟叶的烟碱、总糖、还原糖、总氮、钾、氯等化学成分。

烟叶和植烟土壤稳定碳同位素（$\delta^{13}$C）测定：将采回的烟叶 105℃ 杀青，然后将杀青处理后的烟叶和植烟土壤置于恒温干燥箱中烘干（60℃，连续烘干 48h），粉碎过 80 目筛制成备用样品，送中国科学院南京土壤研究所进行烟叶和植烟土壤稳定碳同位素分析（测定精度为 0.1‰），取处理好的样品 3～5mg 封入真空的燃烧管，并加入催化剂和氧化剂，燃烧产生的 $CO_2$ 经结晶纯化后，用质谱仪测定碳同位素的比率，以 PDB（pee dee belemnite）为标准，根据式(8-8)进行计算。

$$\delta^{13}C = \{[(C_{12}/C_{13})_{sample} - (C_{12}/C_{13})_{PDB}]/(C_{12}/C_{13})_{PDB}\} \times 1000‰ \tag{8-8}$$

式中，$\delta^{13}$C 表示样品 $C_{12}/C_{13}$ 与标准样品偏离的千分率；$(C_{12}/C_{13})_{sample}$ 表示样品中的 $C_{12}/C_{13}$；$(C_{12}/C_{13})_{PDB}$ 表示美国南卡罗来纳州白磓石（pee dee belemnite）中的 $C_{12}/C_{13}$。

气候资料的获取：3 地烤烟主要大田生长期 2011 年 5～8 月相关气候资料由云南省气候中心提供。

### 8.3.1.4　数据处理

采用 Excel 和 SPSS 17.0 统计软件对数据进行分析。

### 8.3.2　结果与分析

#### 8.3.2.1　烤烟大田生长期气候因子变化特征

图 8-10 为 2011 年大营街、弥渡、祥云 3 地烤烟移栽至采样结束逐旬平均气温变化趋势图。从图中可以看出，祥云在 5 月上旬到 8 月中旬期间温度波动较大，而大营街及弥渡在此期间温度变化趋势大体一致，平均气温为大营街 21.0℃、弥渡 21.7℃、祥云 19.8℃；最高气温均出现在 6 月中旬，其中大营街 22.2℃、弥渡 23.9℃、祥云 21.8℃；最低温在 5 月下旬，分别为大营街 18.9℃、弥渡 20.0℃、祥云 18.5℃。

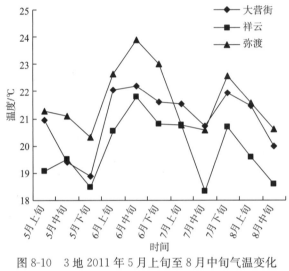

图 8-10　3 地 2011 年 5 月上旬至 8 月中旬气温变化

图 8-11 为 2011 年大营街、弥渡、祥云 3 地烤烟移栽至采样期逐旬相对湿度变化趋势图。从图中可以发现，3 地的相对湿度均呈现出上升的趋势，其中大营街的上升趋势较

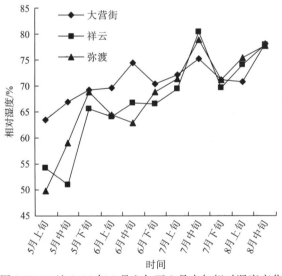

图 8-11　3 地 2011 年 5 月上旬至 8 月中旬相对湿度变化

为缓慢，而弥渡及祥云 5 月期间相对湿度变化较大，但综合 5 月上旬到 8 月中旬期间，3 地相对湿度平均值分别为大营街 71.0%、弥渡 68.0%、祥云 67.3%。

图 8-12 为 2011 年大营街、弥渡、祥云 3 地烤烟移栽至采样期逐旬降水量变化趋势图。从图中可看出，3 个地点从 5 月上旬到 8 月中旬期间降水量分布不均匀，7 月中旬 3 地的降水量最多，分别为大营街 81mm、弥渡 56mm、祥云 120mm，5 月上旬 3 地的降水量最少，仅大营街有 3.4mm 降水。3 地降水主要集中在 5 月下旬、6 月下旬及 7 月中旬，其余时间降水较少。3 地 5 月上旬到 8 月中旬降水总量分别为大营街 354.4mm、弥渡 272.4mm、祥云 304.2mm。

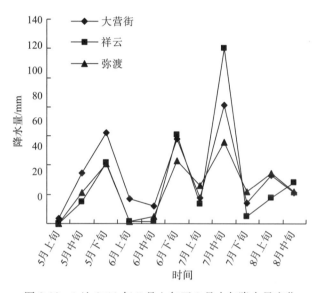

图 8-12　3 地 2011 年 5 月上旬至 8 月中旬降水量变化

为便于分析讨论，将属同一亚生态烟区小范围内海拔存在较大差异的弥渡和祥云设置为对比 1；属不同亚生态烟区海拔相近的弥渡和大营街设置为对比 2。表 8-9 为 2 个对比试验中 3 地 2011 年 5 月上旬到 8 月中旬期间的日平均气温、日平均相对湿度和降水量。祥云与弥渡日平均气温差异极显著($P<0.01$)，相对湿度差异不大，降水量差异较小。大营街与弥渡日平均气温等 2 个气候因子之间差异均不显著，降水量差异较大。

表 8-9　3 地 2011 年 5 月上旬至 8 月中旬气温、相对湿度平均值及降水量

| 设置 | 地点 | 气温/℃ | 相对湿度/% | 降水量/mm |
| --- | --- | --- | --- | --- |
| | 祥云 | 19.8 | 67.3 | 304.2 |
| 对比 1 | 弥渡 | 21.7 | 68.0 | 272.4 |
| | Sig. | 0.001 | 0.812 | — |
| | 大营街 | 21.0 | 71.0 | 354.4 |
| 对比 2 | 弥渡 | 21.7 | 68.0 | 272.4 |
| | Sig. | 0.177 | 0.370 | — |

#### 8.3.2.2　光合色素含量的差异

表 8-10 表明，在 2 类对比下，红大的光合色素含量差异均不显著（$P>0.05$）。在对比 1 中，祥云烟叶的叶绿素 a、叶绿素总量、叶绿素 a/b 和类胡萝卜素含量均高于弥渡，叶绿素 b 和叶绿素/类胡萝卜素比值则低于弥渡，其中叶绿素 b 含量的差别较明显，弥渡烟叶的叶绿素 b 达到祥云的 1.5 倍。在对比 2 中，大营街烟叶的光合色素含量均低于弥渡。

**表 8-10　红大光合色素含量**

| 设置 | 地点 | 叶绿素 a /(mg/dm²) | 叶绿素 b /(mg/dm²) | 叶绿素总量 /(mg/dm²) | 类胡萝卜素 /(mg/dm²) | 叶绿素 a/b | 叶绿素/类胡萝卜素 |
|---|---|---|---|---|---|---|---|
| | 祥云 | 1.680±0.261 | 0.300±0.195 | 1.980±0.247 | 0.547±0.170 | 5.56±0.151 | 3.587±0.091 |
| 对比 1 | 弥渡 | 1.519±0.140 | 0.444±0.702 | 1.963±0.266 | 0.426±0.157 | 4.26±0.423 | 4.836±0.450 |
| | Sig. | 0.515 | 0.374 | 0.961 | 0.078 | 0.216 | 0.302 |
| | 大营街 | 1.392±0.062 | 0.341±0.081 | 1.733±0.063 | 0.363±0.104 | 4.08±0.053 | 4.825±0.169 |
| 对比 2 | 弥渡 | 1.519±0.140 | 0.444±0.702 | 1.963±0.266 | 0.426±0.157 | 4.26±0.423 | 4.836±0.450 |
| | Sig. | 0.606 | 0.518 | 0.525 | 0.312 | 0.167 | 0.993 |

#### 8.3.2.3　比叶重、丙二醛和类黄酮含量的差异

在 2 类对比条件下，红大的比叶重值、丙二醛和类黄酮含量如表 8-11 所示。可见在对比 1 中，弥渡烟叶的比叶重值、丙二醛和类黄酮含量均高于祥云，其中弥渡与祥云烟叶的比叶重差异达显著（$P<0.05$），其值差达 1.5 倍。对比 2 中弥渡烟叶与大营街比叶重值等 3 项生理指标的变化趋势与对比 1 相同，其中尤以丙二醛的差别较大，弥渡烟叶丙二醛是大营街的 2 倍，但所有指标差异均不显著（$P>0.05$）。

**表 8-11　3 地红大比叶重、丙二醛和类黄酮含量**

| 设置 | 地点 | 比叶重/(g/dm²) | 丙二醛/(μmol/g) | 类黄酮/($A_{300}$/g) |
|---|---|---|---|---|
| | 祥云 | 16.729±0.279 | 0.030±0.632 | 2.229±0.231 |
| 对比 1 | 弥渡 | 24.855±0.038 | 0.031±0.218 | 2.388±0.181 |
| | Sig. | 0.013 | 0.977 | 0.644 |
| | 大营街 | 23.697±0.047 | 0.015±0.675 | 2.189±0.085 |
| 对比 2 | 弥渡 | 24.855±0.038 | 0.031±0.218 | 2.388±0.181 |
| | Sig. | 0.634 | 0.189 | 0.566 |

#### 8.3.2.4　稳定碳同位素组成的差异

**1. 红大烟叶稳定碳同位素组成的差异**

对比 1 中，祥云与弥渡烟叶的 $δ^{13}C$ 分别为 −26.76‰、−25.92‰，弥渡的 $δ^{13}C$ 高于祥云；对比 2 中大营街与弥渡烟叶的 $δ^{13}C$ 分别为 −26.01‰、−25.92‰，弥渡的 $δ^{13}C$ 仍高于大营街（图 8-13）。

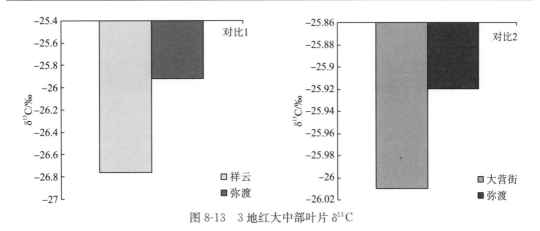

图 8-13　3 地红大中部叶片 $\delta^{13}$C

**2. 植烟土壤稳定碳同位素组成的差异**

除烟叶外，与分析烟叶 $\delta^{13}$C 相似，取植烟土壤同步进行稳定碳同位素组成分析。对比 1 中，祥云与弥渡土壤的 $\delta^{13}$C 分别为 $-24.08‰$、$-22.96‰$，弥渡土壤的 $\delta^{13}$C 高于祥云；对比 2 中，大营街与弥渡土壤的 $\delta^{13}$C 分别为 $-25.68‰$、$-22.96‰$，弥渡土壤的 $\delta^{13}$C 仍高于大营街。

**3. 烟叶与植烟土壤稳定碳同位素组成的比值**

计算 3 地红大烟叶 $\delta^{13}$C 与该地区植烟土壤 $\delta^{13}$C 的比值，分别为弥渡 1.128、祥云 1.111、大营街 1.037，进行排序后发现，烟叶与植烟土壤 $\delta^{13}$C 比值为弥渡＞祥云＞大营街。

### 8.3.2.5　$\delta^{13}$C 与各气候因子及生理指标相关分析

从表 8-12 中可以看出，红大 $\delta^{13}$C 与气温、降水量、相对湿度、叶绿素 b、叶绿素与类胡萝卜素比值及类黄酮和比叶重呈正相关关系，其中与比叶重相关显著，与气温、叶绿素比类胡萝卜素相关性较为显著，而与降水量的关系不显著。$\delta^{13}$C 与叶绿素 a、叶绿素总量、类胡萝卜素、叶绿素 a/b 及丙二醛呈负相关关系，其中与类胡萝卜素、叶绿素 a/b 相关较为显著。

表 8-12　$\delta^{13}$C 与气象因子及烤烟生理指标相关分析

| | | 气温 | 降水 | 相对湿度 | 叶绿素总量 | 类胡萝卜素 | 叶绿素 a/b | 叶绿素/类胡萝卜素 | 丙二醛 | 类黄酮 | 比叶重 |
|---|---|---|---|---|---|---|---|---|---|---|---|
| 土壤 $\delta^{13}$C | $r$ | 0.268 | -1.000 | -0.825 | 0.885 | 0.431 | 0.212 | -0.094 | 0.934 | 0.907 | 0.031 |
| | $Sig.$ | 0.827 | 0.017* | 0.383 | 0.308 | 0.717 | 0.864 | 0.940 | 0.233 | 0.276 | 0.981 |
| 烟叶 $\delta^{13}$C | $r$ | 0.962 | 0.031 | 0.569 | -0.468 | -0.904 | -0.978 | 0.996 | -0.362 | 0.417 | 0.999 |
| | $Sig.$ | 0.175 | 0.980 | 0.615 | 0.690 | 0.281 | 0.133 | 0.057 | 0.764 | 0.726 | 0.022* |
| 烟、土 $\delta^{13}$C 比值 | $r$ | 0.155 | -0.996 | -0.884 | 0.933 | 0.532 | 0.323 | -0.208 | 0.969 | 0.853 | -0.085 |
| | $Sig.$ | 0.901 | 0.056 | 0.309 | 0.234 | 0.643 | 0.791 | 0.867 | 0.160 | 0.350 | 0.946 |

注：* 表示相关显著（$P<0.05$）。

植烟土壤$\delta^{13}$C与气温、叶绿素a、叶绿素b、叶绿素总量、类胡萝卜素、叶绿素a/b、丙二醛、类黄酮以及比叶重呈正相关关系,其中与丙二醛及类黄酮相关性较为显著,与气温、叶绿素a/b及比叶重几乎没有相关性;与降水、相对湿度和叶绿素与类胡萝卜素比值呈负相关,其中与降水的相关性显著。

### 8.3.2.6 主要化学成分比较

表8-13中数据显示,3地红大烟叶的烟碱含量与参考值相比,祥云及大营街含量适宜,弥渡含量偏高。总糖及还原糖含量仅弥渡烤烟位于适宜值范围内,祥云及大营街烤烟含量偏高,其中大营街烤烟总糖及还原糖含量最高,祥云烤烟次之,但3地的两糖差均小于8%,属较好范围。3地烤烟总氮含量均在适宜值范围内,钾含量均小于适宜值,但弥渡较为接近。氯含量略偏高,祥云烤烟最高,弥渡次之,大营街最低,且大营街烤烟最接近适宜值。祥云及大营街烤烟糖碱比偏高,而弥渡烤烟糖碱比偏低,但更为接近适宜值。氮碱比普遍偏低,但祥云烤烟氮碱比相对较高,接近0.8的适宜值。3地钾氯比均严重偏低,弥渡最高,大营街次之,祥云最低。

**表8-13 3地红大中部叶位主要化学成分比较**

| 设置 | 地点 | 烟碱/% | 总糖/% | 还原糖/% | 总氮/% | 钾/% | 氯/% | 糖/碱 | 氮/碱 | 钾/氯 |
|------|------|--------|--------|----------|--------|------|------|-------|-------|-------|
| 对比1 | 祥云 | 2.122 | 39.053 | 33.146 | 1.632 | 0.918 | 1.438 | 18.404 | 0.769 | 0.638 |
|      | 弥渡 | 5.697 | 25.505 | 23.708 | 2.655 | 1.225 | 1.215 | 4.477 | 0.466 | 1.008 |
| 对比2 | 大营街 | 2.624 | 44.558 | 37.125 | 1.705 | 0.950 | 1.195 | 16.981 | 0.650 | 0.795 |
|      | 弥渡 | 5.697 | 25.505 | 23.708 | 2.655 | 1.225 | 1.215 | 4.477 | 0.466 | 1.008 |
| 适值范围 |  | 2.0~3.2 | <36 | 18~24 | 1.5~3.5 | >2 | <1 | 6~9 | 0.8~1.2 | 4.0~10 |

## 8.3.3 讨论

### 8.3.3.1 不同气候因子对烤烟生理指标的影响

研究发现,不同烤烟品种在不同生态区种植,其品质的形成对环境的依赖大于产量,说明生态环境是影响烟叶品质的主要因素(周金仙等,2003)。按烟草区划(周金仙等,2004;顾本文等,2007),玉溪市和大理州都属于云南的第2类生态种植烟区,但玉溪市大营街及大理州弥渡县都属于该种植烟区的最适宜区,而祥云由于海拔较高,属次适宜烟区。海拔与经纬度的变化是影响烤烟品质的重要地理因子,但它们对烤烟品质的影响主要是通过气温、降水量、光照度等气候因子的间接效应而获得。通过对3地日平均气温、相对湿度及降水量的比较,发现在经纬度相近、海拔相差接近300m的祥云与弥渡,日平均气温差异达到极显著,相对湿度差异不明显,降水量相差30mm,因此对同处大理生态烟区的2地而言,日平均气温的差异可能是影响祥云及弥渡烤烟$\delta^{13}$C及品质差异的主要气候因子。而在海拔相近、纬度相差1°、经度相差接近2°的大营街及弥渡,日平均气温差异较为显著,相对湿度的差异也较为明显,降水量差异较大(82mm),因此气温和水分可能是影响处于2个不同亚生态烟区的大营街及弥渡烤烟$\delta^{13}$C及品质形成的主要气候因子。

叶绿素 a/b 能够反映叶片对光强的适应，通常在弱光下，叶绿素 a/b 较低（陈菊艳和杨远庆，2010；颜侃等，2012b），烟叶作为烤烟最主要的同化器官，受环境因子的影响较为明显。试验数据显示，祥云县的叶绿素 a/b 高于弥渡县，而弥渡县的叶绿素 a/b 高于大营街，但差异均不显著（$P<0.05$）。类胡萝卜素可防止强光对植物的伤害，能对叶绿素起到保护作用（Gao et al.，2007），在对比 1 中，叶绿素含量较为接近，而类胡萝卜素含量虽差异不显著，但方差系数为 0.078，差异较为明显。因此红大在高海拔的祥云县对强光具有一定的适应能力，对叶绿素起到了保护作用。对比 2 中叶绿素含量及类胡萝卜素含量均差异不显著，可以看出，在 2 类对比研究下，3 地的红大对太阳辐射光谱有较强的适应能力，尤以祥云表现为甚。

丙二醛是膜脂过氧化作用的产物之一，通常作为膜脂过氧化指标。丙二醛积累越多表明细胞过氧化程度越大，叶片的衰老程度或受胁迫程度也越大（蒋明义等，1994；许振柱等，1997；房江育和张仁陡，2001）。为降低过氧化作用对植物带来的危害，植物体产生大量的抗氧化剂，类黄酮是自然存在于植物体内的多酚抗氧化剂，具有抗氧化作用，可减缓叶片衰老的速度等。试验结果表明，在对比 1 中，弥渡及祥云 2 地红大烟叶中的丙二醛及类黄酮含量差异不显著，但弥渡烟叶中类黄酮含量较大。相对而言，在对比 2 中，虽然红大烟叶的丙二醛及类黄酮差异不显著，但 2 地丙二醛含量相差接近一倍，且弥渡烟叶的类黄酮含量也较大，说明弥渡的红大可通过合成较多的类黄酮来应对环境造成的胁迫且调节能力较强。

增加比叶重表明叶片厚度更大，或是叶脉密集，或是组织密度更大（Westoby et al.，2002）。有研究表明，植物叶片越厚，储水能力越强，也有利于防止水分的过分蒸腾（Dong and Zhang，2001），提高水分利用率。试验数据显示弥渡烟叶具有较大比叶重，与祥云县烤烟比叶重差异显著（$P<0.05$），而表 8-12 表明，比叶重与 $\delta^{13}C$ 呈正相关且相关性达到显著水平。有研究表明，比叶重与 $\delta^{13}C$ 和水分利用效率呈正比（段宾宾等，2011），因此可以认为弥渡烤烟红大的水分利用率要高于祥云，且弥渡烟叶 $\delta^{13}C$ 比祥云大 0.84‰，亦证明了这一点。而弥渡与大营街红大比叶重差异不显著，两地红大的 $\delta^{13}C$ 的差异较小，仅为 0.09‰，表明两地的水分利用率差异不明显。

### 8.3.3.2　不同气候因子对烤烟 $\delta^{13}C$ 的影响

烤烟在进行光合作用时，从 $CO_2$ 吸收、固定到有机物的合成都伴随着碳同位素的分馏。温度、湿度（降水量）、光照条件以及大气 $CO_2$ 状况等环境条件都是碳同位素分馏的影响因素（冯虎元等，2000；宁有丰等，2002）。由于 $\delta^{13}C$ 同烤烟自身的生理特征密切相关，从 $\delta^{13}C$ 可以间接获得烤烟对不同环境条件的适应特征（颜侃等，2012b）。许多研究表明，稳定碳同位素与水分利用率呈正相关关系（吴绍洪等，2006）。而湿度通过影响植物的气孔来改变叶片气孔导度作用于植物 $\delta^{13}C$ 变化（王庆伟等，2011）。当空气湿度降低时，气孔导度和胞间 $CO_2$ 浓度降低，因而导致植物对 $^{13}C$ 分辨率下降，即叶片 $\delta^{13}C$ 增加（王玉涛等，2008；何春霞等，2010b）。同时温度也是碳同位素分馏效应的因素之一，温度升高会导致土壤的相对湿度或湿润指数降低，从而造成水分胁迫影响植物生理生化过程（Westoby et al.，2002）。但有研究表明可以影响植物体内生化酶的活性，其中光合作用中的几种关键酶，特别是磷酸稀醇式丙酮酸羧化酶（PEPCase）和 1，5-二磷酸核酮糖羧化酶(Rubisco)对植物的$CO_2$吸收具有决定性的作用。在适宜温度范围内,温度越高,酶活性越高,使植物细胞$CO_2$浓度增加,$\delta^{13}C$降低。有研究表明,随着海拔的升高,紫外线辐射增强,光照度增加,植物的光合同化速率增加,叶片细胞内部$CO_2$浓度逐渐降低,叶片的$P_i/P_a$降低,导致植物$\delta^{13}C$增加(李明财等,2005;刘小宁等,2010)。但本试验所得$\delta^{13}C$显示,弥渡县$\delta^{13}C$高于祥云县0.84‰,因此弥渡烟株具有较高的水分利用率,这与前述海拔越高,植物$\delta^{13}C$增加的结论相反。通过相关性分析发现,$\delta^{13}C$与气温呈现正相关关系且相关性较大,与相对湿度虽呈现正相关关系但相关性较弱,与降水量几乎没有相关性。在5~8月烤烟主要大田生长期间,弥渡县降水量为272.4mm,比祥云县少30mm,但气温比祥云县的高出1.9℃,差异达到极显著($P<0.01$),因此根据相关性分析可得出,弥渡县烤烟$\delta^{13}C$比祥云县烤烟高,这与试验结果一致。对所得数据与前人研究结果相反的情况,可能是由于该结论较适用于评价大尺度范围内海拔变化对$\delta^{13}C$的影响,对评价小范围内的海拔变化尚存在一定的差异。弥渡与祥云均属于大理烟区,相隔距离仅40km,在小范围内,气温对$\delta^{13}C$的影响强于海拔变化带来的生态效应。而对于弥渡与大营街两地,大营街降水量较多,比弥渡县多82mm,且大营街相对湿度较高,因此大营街空气中水分含量较高,虽气温比弥渡县略低,但结合两地的气温及相对湿度,从相关性上综合分析,得出两地烤烟的$\delta^{13}C$的差异应该较小,这与所得数据较为一致,两地$\delta^{13}C$仅相差0.09‰,故两地水分利用效率差异较小。

### 8.3.3.3　不同气候因子对烤烟化学成分的影响

烟叶化学成分是决定烟叶质量的重要指标,化学成分的含量及其比值在很大程度上决定了烟叶及其制品的优劣。烟叶中的水溶性总糖和还原糖是决定烟气醇和度的主要因素,在一定范围内,烟叶质量随糖的增加而提高,但总糖含量过高会引起烟气的酸性刺激,挥发醛类刺激,并有烟气醇和过度而引起的压香现象(王世英等,2007)。糖碱比反映烟气酸碱性的平衡协调关系,过高或过低都不利于烟叶品质的提高。氯与钾的含量决定着烟叶的燃烧性能,从而影响烟叶的品质,即氯含量高则烟叶的燃烧性差,钾含量高则烟叶的燃烧性好(王瑞新,2003)。钾氯比主要用于判定烟叶的燃烧性,比值越大,烟叶的燃烧性越好(段宾宾等,2011)。本试验结果表明,弥渡红大烟叶烟碱含量偏高,总糖、还原糖及总氮含量适宜,钾含量、糖碱比、氮碱比及钾氯比偏低;氯含量偏高。祥云及大营街烤烟化学成分较为接近,均是烟碱、总氮含量适宜,总糖、还原糖、氯含量及糖碱比偏高;钾含量、氮碱比及钾氯比偏低。但相比而言,弥渡烟叶的总糖、还原糖及总氮含量属于适值范围,氯含量居中,钾含量、糖碱比及钾氯比更接近适值范围。3地红大烟叶化学成分的协调性总体评价,以弥渡的协调性最好,而祥云及大营街两地的较为接近。

### 8.3.3.4　不同气候因子对植烟土壤$\delta^{13}C$的影响

不同地域土壤质地的差异是气候动力综合作用的结果,而土壤条件的差异必然对烤烟的生长产生影响。考虑到土壤在植物生长中的重要性,将植烟土壤$\delta^{13}C$对气候要素作相关性分析。通过分析发现,植烟土壤$\delta^{13}C$与气温的相关性不显著,与降水呈负相关关系且相关性显著,与相对湿度呈负相关关系,相关性较为显著。可以推断影响植烟土壤

$\delta^{13}$ C 的主要气候因素为降水及相对湿度。在 5~8 月烤烟主要大田生长期间,弥渡县降水为 272.4mm,比祥云县少 30mm,而气温比祥云县的高出 1.9℃且差异达到极显著($P<$ 0.01)。但根据相关性分析得出弥渡县植烟土壤 $\delta^{13}$ C 比祥云县高,这与试验数据一致。而对于弥渡与大营街两地,大营街降水量较多,比弥渡县多 82mm,且大营街相对湿度较高,因此从相关性上综合分析,得出两地植烟土壤的 $\delta^{13}$ C 的差异应该较大,这与所得数据较为一致,两地植烟土壤 $\delta^{13}$ C 仅相差 2.27‰,这可能是降水及相对湿度综合叠加作用的结果。

　　综上所述,两个不同的亚生态烟区气温成为制约当地烤烟红大品种种植的主要限制生态因子。在对比 1 和对比 2 中,红大在生理特征和 $\delta^{13}$ C 上对生态环境条件表现出不同的适应性。仅从 2 个对比中光合色素的表现看,3 地各类色素之间含量差异不太明显。而在对比 1 中,弥渡及祥云两地红大烟叶中的丙二醛及类黄酮含量差异不显著,但弥渡烟叶中类黄酮含量较大。相对而言,在对比 2 中虽然红大烟叶的丙二醛及类黄酮差异不显著,但两地丙二醛含量相差接近 1 倍,且弥渡烟叶的类黄酮含量也较大。而对化学成分的分析看出,弥渡红大的化学成分协调性最好,祥云及大营街次之,即弥渡的红大表现最佳,祥云及大营街次之。前面分析已表明,对比 1 中弥渡的 $\delta^{13}$ C 高于祥云,对比 2 中弥渡的 $\delta^{13}$ C 仍高于大营街,两个对比试验中土壤 $\delta^{13}$ C 亦存在同样的趋势。

　　作为探索,笔者将烟叶与植烟土壤 $\delta^{13}$ C 的比值作为烤烟种植评价指标来研究,计算获得 $\delta^{13}$ C 比值,并进行相关性分析。分析发现该比值与气温呈正相关关系但不显著,与降水及相对湿度呈负相关性关系且较为显著。5~8 月弥渡降水量为 3 个地区最少,相对湿度虽略高于大营街,但差异较小。根据相关性分析结果,尤以弥渡的比值最大,其次为祥云,最小的为降水量及相对湿度均为最大的大营街。由于土壤 $\delta^{13}$ C 与土壤本身物理性质、化学成分组成的关系尚不明确,能否将烟叶与土壤 $\delta^{13}$ C 的比值作为评价指标应用,还有待进一步验证。

　　通过上述多项指标的分析可以认为,弥渡的生态环境最有利于烤烟品种红大的种植,祥云与大营街次之。该研究以 $\delta^{13}$ C 为核心,从众多生理指标、化学成分的分析比较中,对红大烤烟品种得以在大理州广泛种植的生态原因进行了探讨,对烤烟种植评价指标体系的建立作了初步尝试。

# 第 9 章 烤烟 $\delta^{13}C$ 对烟叶生理生化 特征的响应

## 9.1 不同生态烟区烤烟 $\delta^{13}C$ 与生理及品质特征 的比较研究

植物稳定碳同位素组成可反映不同植物 $^{13}C/^{12}C$ 的差异，测定植物体内的 $\delta^{13}C$ 含量及生理指标，可以揭示与植物生理生态过程相联系的环境信息和有代表性的生理特征(蒋高明，1996)，植物水分利用效率(WUE)、矿质元素含量、光合氮利用效率(PNUE)、C/N、脯氨酸含量、比叶重、光合色素含量等生理指标与 $\delta^{13}C$ 存在复杂的联系。稳定碳同位素除了受植物自身生理状态的制约外，同时受到其他环境因子如温度、湿度、光照、$CO_2$ 浓度等的影响(Dawson et al.，2002；Cai et al.，2009)。通过对烟叶 $\delta^{13}C$ 的测定，可以间接获得烤烟对不同环境条件的适应特征(颜侃等，2012b)。而处于不同地域生态烟区，由于受到气候带内众多不同气候要素的影响，导致不同生态烟区内烤烟 $\delta^{13}C$ 对气候要素的响应不同。

近年来，有研究利用稳定碳同位素的特性来分析或指示植物种内种间生理生态特性的差异，不同生态环境下植物 WUE 的变化以及树木年轮 $\delta^{13}C$ 与气候的关系(商志远等，2012)，植物 $\delta^{13}C$ 对气候环境因子的响应等已成为植物生理生态学研究的热点之一(孙柏年等，2009；李善家等，2010)。而在烟草种植生理生态适应研究中利用稳定碳同位素技术研究的报道不多，本节试验选河南省襄城县、福建省上杭县和云南省红塔区所在三大生态烟区，研究烤烟中部叶片(11 叶位)的碳氮代谢、比叶重、光合色素、化学成分及感官评吸等对 $\delta^{13}C$ 的响应特征及与烤烟香型风格形成的关系，为烤烟种植评价指标体系的优化完善提供理论依据。

### 9.1.1 材料和方法

#### 9.1.1.1 研究区概况

在最新完成的中国烟草种植区划(2009)中，对选用指标设定不同的权重，以土壤有机质等 5 项指标作为土壤适宜性评价指标，以成熟期气温等 4 项指标评价烤烟气候适应性，按生态类型区划一般原则，将烤烟生态适应性划分为最适宜、适宜、次适宜和不适宜四个区。本研究所选的 3 个试验点，襄城县所在的河南省许昌市、上杭县所在的福建省龙岩市、红塔区所在的云南省玉溪市均被划入最适宜区。按香型划分，襄城县属典型的浓香型烟区，其余两地则属典型的清香型烟区。从气候特点来看，河南属北亚热带与暖温带过渡型气候，趋于大陆性气候特点；福建属亚热带湿润季风气候，水热条件和垂直分带较明显，趋于海洋性气候特点；云南则兼具低纬高原季风气候特点。

### 9.1.1.2　材料及处理

选用烤烟品种 K326 为试验材料,在云南省玉溪市红塔区赵桅试验基地(24°18′N,102°29′E,海拔 1645m)、福建省龙岩市上杭县白砂镇塘丰村(25°05′N,116°35′E,海拔428m)和河南省许昌市襄城县郝庄后大路李村(33°56′N,113°34′E,海拔 88m)进行大田种植试验。云南移栽期为 2012 年 4 月 25 日,福建移栽期为 2 月 23 日,河南移栽期为 4月 28 日。大田种植株行距为 50cm×120cm。试验地土壤物理化学性质如表 9-1 所示。

表 9-1　各试验点土壤物理化学特征

| 地点 | pH | 有机质/(g·kg⁻¹) | 全氮/% | 全磷/% | 全钾/% | 水解性氮/(mg·kg⁻¹) | 有效磷/(mg·kg⁻¹) | 速效钾/(mg·kg⁻¹) |
|---|---|---|---|---|---|---|---|---|
| 河南 | 6.21 | 24.4 | 0.128 | 0.075 | 1.19 | 112.8 | 94.9 | 263 |
| 福建 | 5.60 | 27.8 | 0.148 | 0.075 | 1.88 | 189.9 | 61.1 | 92 |
| 云南 | 5.77 | 27.8 | 0.207 | 0.097 | 1.81 | 130.6 | 81.4 | 344 |

选取 100 株长势基本一致的烤烟,于打顶前对烟叶第 11 叶位进行标记。待烟叶进入生理成熟时,采集标记的烟叶进行相关指标的测定分析。为了保证采集到的烟叶都达到生理成熟,依据 K326 的生育期及叶龄进行推算以确定取样时间。各地移栽后 70d 开始对标记叶片进行第一次采集分析,此后每间隔 12d 采集一次。为保证每个测定指标都有 3次重复,每次取样时分别取 3 株标记叶片进行各项指标的测定。各生态区烤烟大田生长期气候要素如表 9-2 所示。

表 9-2　生态区烤烟大田生长期气候要素

| 地点 | 平均气温/℃ | 平均相对湿度/% | 降水总量/mm | 总日照时数/h | 平均气温日较差/℃ |
|---|---|---|---|---|---|
| 河南 | 25.7 | 75.4 | 250.1 | 707.8 | 10.4 |
| 福建 | 22.8 | 81.0 | 821.6 | — | 9.0 |
| 云南 | 20.8 | 70.7 | 364.9 | 610.0 | 10.0 |

注:表中河南和云南为 2012 年 5~8 月的数据,福建为 2012 年 3~6 月的数据。

### 9.1.1.3　测定指标及方法

稳定碳位素组成($\delta^{13}C$):将叶片洗净后,杀青烘干,粉碎过 80 目筛制成备用样品,送中国科学院南京土壤研究所测定。样品在高纯氧气条件下充分燃烧,提取燃烧产物 $CO_2$,用 FLASH EA-DELTAV 联用仪(Flash-2000 Delta V ADVADTAGE)测定碳同位素的比率,分析结果根据如下公式进行计算:

$$\delta^{13}C(‰) = \frac{(^{13}C/^{12}C)_{样品} - (^{13}C/^{12}C)_{PDB}}{(^{13}C/^{12}C)_{PDB}} \times 1000‰ \tag{9-1}$$

式中,$\delta^{13}C$ 表示烟叶样品稳定碳同位素组成;$(^{13}C/^{12}C)_{PDB}$ 表示美国南卡罗来纳州白碚石(Pee Dee Belemnite)中的 $^{13}C/^{12}C$。

烟叶总碳和全氮含量:将叶片杀青烘干,粉碎过筛制成样品后,送云南省农业科学院云南同川农业分析测试技术有限公司联合实验室测定。

比叶重：用打孔器避开主脉打取一定数量的圆片，将圆片放于烘箱中 105℃杀青后用 60℃烘干至恒重，称取干重后计算比叶重（陈建勋和王晓峰，2002）。

光合色素含量：采用丙酮：无水乙醇（1∶1，$V∶V$）浸提-比色法。通过测定 663nm、646nm 和 470nm 处的吸光值来计算叶绿素 a、叶绿素 b（$mg \cdot dm^{-2}$）和类胡萝卜素（$mg \cdot L^{-1}$）的单位面积含量（邹琦，1995）。

化学成分：由红塔集团技术中心采用（SKALAR San$^{++}$）全自动连续流动分析仪测定。

感官评吸：由红塔集团技术中心感官评吸室评定。

### 9.1.1.4　数据处理

运用 SPSS 17.0 对数据进行统计分析，绘图在 Microsoft Excel 2010 中完成。

## 9.1.2　结果与分析

### 9.1.2.1　各生态烟区烟叶 $\delta^{13}C$ 比较

三个生态烟区第 11 叶位烟叶 $\delta^{13}C$ 含量差异如图 9-1 所示。第Ⅰ、第Ⅱ、第Ⅲ次取样河南与云南、福建的 $\delta^{13}C$ 差异显著（$P<0.05$），第Ⅳ次取样云南与福建、河南的 $\delta^{13}C$ 差异显著。四次取样 $\delta^{13}C$ 平均值表现为云南、福建、河南之间差异显著。$\delta^{13}C$ 平均值为云南$-26.31‰$，福建$-27.22‰$，河南$-29.54‰$，即云南>福建>河南。

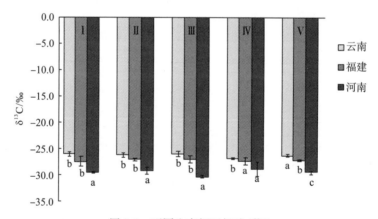

图 9-1　不同生态烟区烟叶 $\delta^{13}C$

注：图中Ⅰ、Ⅱ、Ⅲ、Ⅳ，代表第Ⅰ、Ⅱ、Ⅲ、Ⅳ次取样，Ⅴ代表四次取样的平均值。图中不同字母表示差异显著（$P<0.05$），下同。

### 9.1.2.2　各生态区烟叶生理指标比较

1. 总碳含量

三个生态烟区的总碳含量差异如图 9-2 所示。河南四次取样总碳含量均与云南差异显著（$P<0.05$），河南第Ⅰ、第Ⅳ次取样与福建第Ⅰ、第Ⅳ次取样差异显著，第Ⅱ、第Ⅲ次差异不显著（$P>0.05$）。四次取样总碳平均值河南与云南、福建之间差异显著（$P<$

0.05)。总碳平均值为云南 44.70%，福建 44.33%，河南 38.76%，即云南＞福建＞
河南。

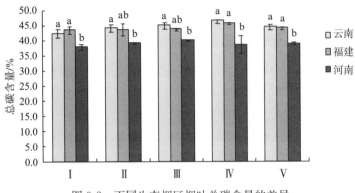

图 9-2　不同生态烟区烟叶总碳含量的差异

## 2. 全氮含量

三个生态烟区全氮含量差异如图 9-3 所示。第Ⅰ、第Ⅱ次取样三个生态烟区全氮含
量差异不显著($P>0.05$)，第Ⅲ、第Ⅳ取样河南全氮含量与云南、福建差异显著($P<$
0.05)。四次取样全氮平均值表现为河南与云南、福建之间差异显著($P<0.05$)。全氮平
均值为云南 2.10%，福建 2.07%，河南 3.29%，即河南＞云南＞福建。

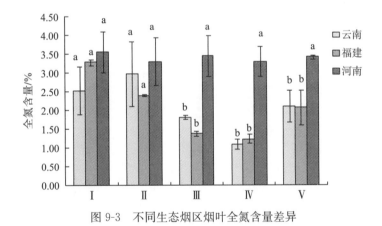

图 9-3　不同生态烟区烟叶全氮含量差异

## 3. 碳氮比

三个生态区碳氮比差异如图 9-4 所示。第Ⅰ、第Ⅱ次取样三个生态烟区碳氮比差异
均不显著($P>0.05$)，第Ⅲ次取样三个生态烟区碳氮比差异均显著($P<0.05$)，第Ⅳ次取
样河南与云南、福建碳氮比差异显著($P<0.05$)。四次取样碳氮比平均值表现为云南、福
建、河南之间差异不显著($P<0.05$)。碳氮比平均值为云南 26.59，福建 25.28，河南
12.68，即云南＞福建＞河南。

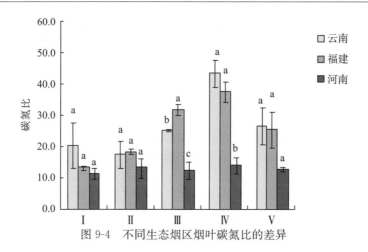

图 9-4 不同生态烟区烟叶碳氮比的差异

**4. 比叶重**

三个生态区烟叶比叶重差异如图 9-5 所示。第Ⅰ、第Ⅱ、第Ⅲ次取样河南与福建差异均不显著($P>0.05$)，云南差异均显著($P<0.05$)。第Ⅳ次取样中河南与云南差异不显著($P>0.05$)，与福建差异显著($P<0.05$)。四次取样比叶重平均值表现为云南、福建、河南之间差异不显著。比叶重平均值为云南 7.72mg·cm$^{-2}$，福建 6.03mg·cm$^{-2}$，河南 3.46mg·cm$^{-2}$，即云南>福建>河南。

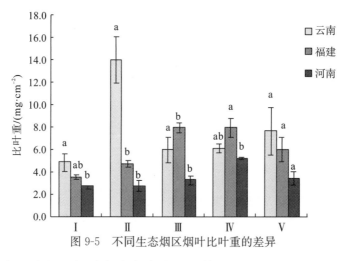

图 9-5 不同生态烟区烟叶比叶重的差异

**9.1.2.3 各生态烟区烟叶光合色素含量比较**

**1. 叶绿素 a**

三个生态烟区烟叶叶绿素 a 的差异如图 9-6 所示。第Ⅰ、第Ⅱ次取样叶绿素 a 含量差异不显著($P>0.05$)；第Ⅲ、第Ⅳ次取样叶绿素 a 含量河南与云南、福建差异显著($P<0.05$)。四次取样叶绿素 a 平均值表现为云南、福建、河南之间差异不显著。叶绿素 a 平均值为云南 0.0249mg·dm$^{-2}$，福建 0.0225mg·dm$^{-2}$，河南 0.3832mg·dm$^{-2}$，即云南>福建>河南。

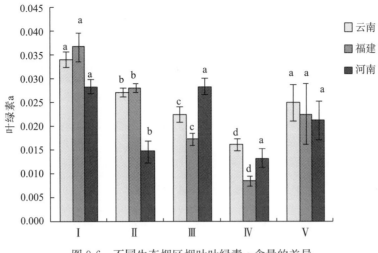

图 9-6　不同生态烟区烟叶叶绿素 a 含量的差异

## 2. 叶绿素 b

　　三个生态区烟叶叶绿素 b 的差异如图 9-7 所示。第Ⅰ、第Ⅱ次取样叶绿素 b 含量河南与云南、福建差异显著($P<0.05$);第Ⅲ次取样叶绿素 b 含量表现为云南、福建、河南差异显著;第Ⅳ次取样云南与福建、河南差异显著。四次取样叶绿素 b 平均值表现为云南、福建、河南之间差异不显著($P>0.05$)。叶绿素 b 平均值为云南 0.0087mg·dm⁻²,福建 0.0066mg·dm⁻²,河南 0.077mg·dm⁻²,即云南>河南>福建。

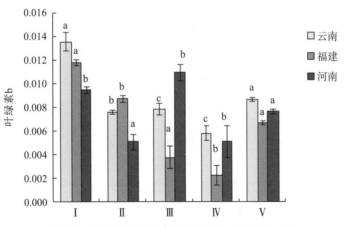

图 9-7　不同生态烟区烟叶叶绿素 b 含量的差异

## 3. 总叶绿素

　　三个生态区烟叶总叶绿素的差异如图 9-8 所示。第Ⅰ、第Ⅱ次取样总叶绿素含量河南与云南、福建差异显著($P<0.05$);第Ⅲ、Ⅳ取样福建与云南、河南差异显著。四次取样总叶绿素含量表现为云南、福建、河南之间差异不显著($P>0.05$)。总叶绿素平均值为云南 0.0337mg·dm⁻²,福建 0.0292mg·dm⁻²,河南 0.0288mg·dm⁻²,即云南>福建>河南。

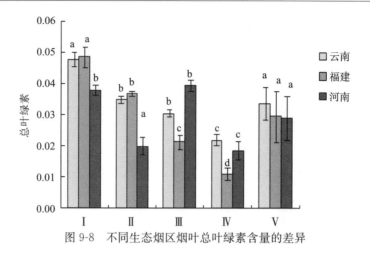

图 9-8　不同生态烟区烟叶总叶绿素含量的差异

**4. 类胡萝卜素**

三个生态区烟叶类胡萝卜素含量的差异如图 9-9 所示。第 Ⅰ 次取样三地类胡萝卜素含量差异不显著($P>0.05$)；第 Ⅱ、第 Ⅲ 次取样河南与福建差异显著($P<0.05$)；第 Ⅳ 次取样河南与云南、福建差异显著。四次取样类胡萝卜素平均值表现为云南、福建、河南之间差异不显著($P>0.05$)。类胡萝卜素平均值为云南 0.0054mg·L⁻¹，福建 0.0057mg·L⁻¹，河南 0.0043mg·L⁻¹，即福建>云南>河南。

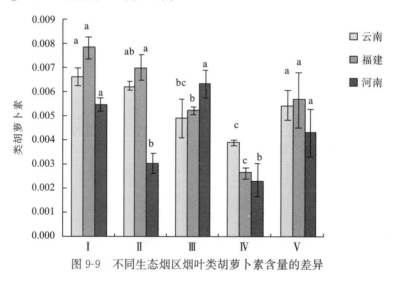

图 9-9　不同生态烟区烟叶类胡萝卜素含量的差异

**9.1.2.4　各生态区烟叶 $\delta^{13}C$ 与其生理指标和化学成分相关性分析**

**1. 烟叶 $\delta^{13}C$ 与其生理指标的相关性**

表 9-3 为三个生态区烟叶 $\delta^{13}C$ 与生理指标的相关性。云南 $\delta^{13}C$ 与总碳含量呈正相关且相关性最高，福建、河南 $\delta^{13}C$ 与总碳含量呈负相关。云南、福建、河南三地 $\delta^{13}C$ 与全氮含量均呈负相关，且河南负相关性最高。云南，河南 $\delta^{13}C$ 与叶绿素 a、叶绿素 b、总叶绿素、类胡萝卜素含量均呈正相关，福建 $\delta^{13}C$ 与光合色素均呈负相关。

**表 9-3  烟叶 $\delta^{13}C$ 与生理指标的相关性**

| 生理指标 | 云南 | 福建 | 河南 |
|---|---|---|---|
| 总碳 | 0.753 | −0.283 | −0.336 |
| 全氮 | −0.202 | −0.433 | −0.892 |
| 碳氮比 | 0.308 | 0.870 | −0.682 |
| 比叶重 | 0.364 | 0.342 | −0.037 |
| 叶绿素 a | 0.705 | −0.227 | 0.273 |
| 叶绿素 b | 0.600 | −0.312 | 0.272 |
| 总叶绿素 | 0.686 | −0.250 | 0.273 |
| 类胡萝卜素 | 0.679 | −0.010 | 0.270 |

**2. 烟叶 $\delta^{13}C$ 与化学成分的相关性**

表 9-4 为三个生态烟区 $\delta^{13}C$ 与化学成分的相关性。以有代表性的清香型产区云南和浓香型产区河南,两个香型不同生态烟区 $\delta^{13}C$ 与化学成分的相关分析表明, $\delta^{13}C$ 与烟碱、氮、钾、氯呈负相关,其中与钾的相关性较高,而与总糖、还原糖呈正相关且相关性也较高。

**表 9-4  烟叶 $\delta^{13}C$ 与化学成分的相关性**

| 化学成分 | 烟碱/% | 总糖/% | 还原糖/% | 氮/% | 钾/% | 氯/% |
|---|---|---|---|---|---|---|
| 相关性 | −0.657 | 0.990 | 0.978 | −0.842 | −0.984 | −0.800 |

### 9.1.2.5  三个生态区烟叶化学成分比较和感官质量评价

由表 9-5 可知,云南烟叶烟碱含量处于适宜值范围,总糖、还原糖含量偏高,总氮含量处于适宜值范围,钾含量偏低,氯含量偏高,糖/碱偏高,氮/碱接近适宜值范围,钾/氯偏低。福建烟叶烟碱和总糖含量偏高,还原糖处于适宜值范围,总氮和钾含量偏低,氯含量偏高,糖/碱适宜,氮/碱和钾/氯偏低。河南烟叶的烟碱含量偏高,总糖和还原糖含量偏低,总氮含量处于适宜值范围,钾含量偏低,氯含量偏高,糖/碱偏低,氮/碱接近适宜值,钾/氯比偏低。总体来看,云南烟叶烟碱含量均小于福建和河南,总糖和还原糖含量均高于福建和河南;河南烟叶总糖小于云南和福建;钾含量表现为云南<福建<河南。综合比较,云南烟叶化学成分总体协调性最好,其次是福建,河南则较差。

**表 9-5  不同生态烟区烟叶化学成分**

| 处理 | 烟碱/% | 总糖/% | 还原糖/% | 总氮/% | 钾/% | 氯/% | 糖/碱 | 氮/碱 | 钾/氯 |
|---|---|---|---|---|---|---|---|---|---|
| 云南 | 2.22 | 34.06 | 28.28 | 1.72 | 0.96 | 1.57 | 15.36 | 0.78 | 0.61 |
| 福建 | 3.59 | 24.62 | 19.30 | 1.37 | 1.28 | 1.10 | 6.85 | 0.38 | 1.17 |
| 河南 | 3.46 | 10.98 | 9.21 | 2.56 | 1.68 | 2.40 | 3.18 | 0.74 | 0.70 |
| 适宜值范围 | 1.5～2.5 | 20～25 | 18～24 | 1.5～3.0 | >2 | 0.4～0.8 | 6.0～9.0 | 0.8～1.2 | 4.0～10 |

表 9-6 为三个生态烟区烟叶感官质量的差异。云南烟叶香韵丰富性好，刺激性中等，劲头适中，稍有杂气，口腔干净度、湿润度和回味较好；河南烟叶香气量较高，刺激性较大；福建烟叶则在香气量和刺激性方面表现都略差。

**表 9-6　不同生态烟区感官质量评价**

| 地点 | 香韵 | 香气量 | 香气质 | 浓度 | 刺激性 | 劲头 | 杂气 | 干净度 | 湿润度 | 回味 | 合计 |
|------|------|--------|--------|------|--------|------|------|--------|--------|------|------|
| 云南 | 7.5 | 12.5 | 12.5 | 8.0 | 13.0 | 5.0 | 8.0 | 7.5 | 3.5 | 3.5 | 81.0 |
| 福建 | 7.5 | 12.5 | 12.5 | 8.0 | 12.5 | 5.0 | 8.0 | 7.5 | 3.5 | 3.5 | 80.5 |
| 河南 | 7.5 | 13.0 | 12.5 | 8.0 | 12.5 | 5.0 | 8.0 | 7.5 | 3.5 | 3.5 | 81.0 |

## 9.1.3　讨论

### 9.1.3.1　不同生态烟区气候环境对烟叶稳定碳同位素组成的影响

植物稳定性碳同位素的组成受众多环境因子的影响，如温度、湿度、光照、$CO_2$ 浓度等(Dawson et al.，2002)。其中，降水、温度、光照条件和土壤盐分通过改变叶片气孔导度(开闭大小)改变 $P_i/P_a$，从而影响植物的 $\delta^{13}C$，尤以降水因素影响最明显(Morecroft and Woodwar，1990；Miller et al.，2001)。温度和光照的变化对 $\delta^{13}C$ 的影响复杂(Zimmerman and Ehleringer，1990；Sun et al.，2003；Zhang et al.，2003；殷树鹏等，2008)。

本书试验对不同气候条件下三个生态烟区的烟叶 $\delta^{13}C$ 进行了比较，结果表明云南＞福建＞河南，且云南和福建 $\delta^{13}C$ 相近，云南和福建两地与河南的差异达到显著水平($P<$0.05)。试验研究获得的不同生态烟区第 11 叶位烟样 $\delta^{13}C$ 的分布与颜侃等(2015)在同步研究的云南、福建、河南三个生态烟区纵向取样(依次取第 7、第 10、第 13、第 16 叶位)稳定碳同位素的动态变化特征结果表现一致。研究表明(史宏志等，2011)，不同部位烟叶间由于环境条件等的差异，造成化学成分和香气物质间存在较大的差异，茄酮和新植二烯含量均以中部叶位最高，而茄酮是腺毛分泌物西柏烷类的主要降解产物，新植二烯是叶绿素降解产物，说明用中部叶位的第 11 叶位就可以研究整株烤烟成熟期内对环境适应的生理生态动态变化过程，对烤烟质量的评价更准确且代表性更强。李志宏等(2015)以云南、河南等气象站点 1980～2010 年平均气温、降水总量和日照时数等气候资料，应用多元统计的逐步判别分析方法分析获知，平均气温对烤烟香型判别贡献最大，其次为日照时数。云南、福建和河南烤烟主要大田生长期平均气温分别为 20.8℃、22.8℃、25.7℃；降水总量分别为 364.9mm、821.6mm、250.1mm；而 $\delta^{13}C$ 平均值则分别为−26.31‰、−27.22‰、−29.54‰，即气温和烟叶 $\delta^{13}C$ 呈负相关且关系明显，与何春霞等(2010a)、宁有丰等(2002)、刘贤赵等(2015)的结论类似，降水与烟叶 $\delta^{13}C$ 的关系符合张瑞波等(2012)降水对稳定碳同位素影响不大的结论。从气候特点来看，云南气候兼具低纬高原季风气候的特点；福建属亚热带湿润季风气候，水热条件和垂直分带较明显，趋于海洋性气候特点；河南属北亚热带与暖温带过渡型气候，趋于大陆性气候特点。可见，河南烤烟大田生长期气温高、降水少，$\delta^{13}C$ 较小，而福建和云南烤烟大田生长期气候条件有一定相似性，两地雨水充足、气温较低，$\delta^{13}C$ 相近，说明三个不同生态烟区气候条件的差异或趋同及与烤烟自身的生理特征耦合关系是影响烟叶 $\delta^{13}C$ 的重要因素。

### 9.1.3.2　不同生态区烟叶 $\delta^{13}C$ 与碳氮代谢、比叶重的关系

碳、氮是烤烟生长发育必需的营养元素,在烤烟组织构成和生理代谢方面发挥着重要作用。碳氮代谢是烤烟最基本的代谢过程,与烟叶品质形成密切相关。在烟叶生长成熟过程中,只有碳氮代谢平衡协调,才能生产出优质烟叶(刘国顺等,2009)。因此,研究碳氮代谢对烟叶品质形成的作用机理有重要意义。烤烟 $\delta^{13}C$ 与矿质元素的吸收、碳氮代谢等生理过程的密切关系,既能够反映烤烟碳氮代谢的实际状况,也能反映出环境条件对烤烟光合生理的综合影响(颜侃等,2015)。

三个不同生态区烟叶的 $\delta^{13}C$、总碳、碳氮比平均值均表现为云南>福建>河南,且福建和云南值相近,三地差异均不显著($P>0.05$)。

植物叶片的氮含量在一定程度上反映了叶片吸收和固定大气 $CO_2$ 的能力进而影响 $\delta^{13}C$(Evans,1989)。氮素营养对烟叶品质形成的影响最大,含氮化合物较多时香气量增加,调制后香气浓度较高(史宏志等,2011)。试验中全氮平均值表现为河南>云南>福建,且云南和福建的值相近。河南全氮含量最高,这与河南烤烟为浓香型烤烟相符,而河南 $\delta^{13}C$ 平均值则表现最小。云南和福建的全氮值相近,与云南、福建烤烟为清香型烤烟相符,而云南、福建 $\delta^{13}C$ 平均值相近。说明烤烟香型与全氮含量存在密切关系,$\delta^{13}C$ 与烟叶碳氮代谢存在密切关系。即在一定程度上 $\delta^{13}C$ 与烤烟品质和香味特征相联系。

比叶重(LMA)能反映植物对生长光环境的适应能力,不同生育期光合作用制造有机物质及其分配趋势,同时也反映出植物养分利用和贮藏方式的差异,是衡量植物相对生长速率的重要参数(范晶等,2003)。比叶重较大通常表明叶片厚度更大,或是叶脉密集、组织密度更大,而许多文献均表明碳同位素与水分利用效率呈正相关(刘海燕和李吉跃,2008;陈平等,2014)。本书试验对不同气候条件下三个生态烟区的比叶重进行比较分析,结果表现为云南>福建>河南。云南、福建 $\delta^{13}C$ 与比叶重呈正相关,河南 $\delta^{13}C$ 与比叶重呈负相关。由此可知,云南烟叶的叶片厚度、光合能力、水分利用效率等优于福建,明显好于河南。

### 9.1.3.3　不同生态区烟叶 $\delta^{13}C$ 与光合色素的关系

色素是植物光合作用的物质基础,烟叶中的色素一般不具有香味特征,但通过分解、转化可形成致香成分的物质(史宏志等,2012)。因此,烟叶中的色素不仅影响烤烟的光合作用和生理特征,同时与烟叶的外观质量和香味也有密切的关系。本试验对不同气候条件下三个生态烟区的光合色素进行分析比较,试验结果表明,三个生态烟区叶绿素 a、总叶绿素、$\delta^{13}C$ 均表现为云南>福建>河南。云南、河南 $\delta^{13}C$ 与光合色素均呈正相关,福建 $\delta^{13}C$ 与光合色素均呈负相关。植物的 $\delta^{13}C$ 与 $P_i$ 和 $P_a$ 有密切的联系(马晔和刘锦春,2013),在郝兴宇等(2010)的研究中,叶绿素含量较高,表明在一定程度上有较高的光合速率,但高光合速率能够降低 $P_i$,因此会使 $\delta^{13}C$ 增加。本书试验研究结果与此一致,说明叶绿素含量与 $\delta^{13}C$ 存在密切关系。类胡萝卜素是烟草中一类重要的香味物质,它与其他类型香味物质(如美拉德反应产物等)的相互关系也可能对烟叶的感官质量存在重要影响。但并不是含量越高,烟叶的感官质量就越好,而应分区域(香型)加以分析评价(詹军等,2011)。类胡萝卜素测定分析结果为福建(0.0057mg·$L^{-1}$)>云南(0.0054mg·$L^{-1}$)>河

南(0.0043mg·L$^{-1}$)，云南和福建类胡萝卜素含量相近。通过感官质量评定得出的云南烟叶香气量(12.5)，福建烟叶香气量(12.5)，河南烟叶香气量(13.0)，同样表现为云南、福建相近。说明烟叶中的类胡萝卜素及其降解产物与烟叶的香气量及品质存在密切关系，且在不同香型典型产区间存在差异。因此，烤烟的 δ$^{13}$C、光合色素与烟叶香气品质存在紧密的联系，可以把 δ$^{13}$C 用作划分不同香型典型产区的参考值。

### 9.1.3.4 三个生态区烟叶 δ$^{13}$C 与化学成分及品质的联系

烤烟化学成分包括烟碱、糖类、氮类、氯及钾等，不同生态类型下烟叶各种化学成分含量存在差异，其含量高低及配伍直接影响到卷烟的香气与吃味，并直接影响烟叶品质的优劣(王瑞新，2003)。烟叶中的糖是衡量烟草优良品质的指标，一方面能平衡烟气的酸碱度，降低刺激性产生令人满意的吃味；另一方面能形成香气物质(史宏志等，2011)。试验结果表明，云南总糖和还原糖含量均高于福建和河南烟叶，说明云南的烟叶品质优于福建和河南。烟叶中的烟碱含量对烟支的香气、吃味及吸食者的生理强度有重要影响，含量过低则劲头小，吸食淡而无味；若烟碱含量高则劲头大，刺激性增强，产生辛辣味。云南烟叶中烟碱含量处于适宜值范围；河南和福建烟碱含量均偏高，说明云南烟叶劲头适中，产生的刺激性小。钾含量较高可提高烟支的持火力和燃烧效率，降低烟气中的焦油和一氧化碳含量，提高卷烟的安全性。钾/氯主要用于判定烟叶的燃烧性，其值越大，烟叶的燃烧性越好(黄中艳等，2008；杜咏梅等，2010)。试验结果表明烟叶中的钾含量为云南<福建<河南，三个生态烟区钾/氯均偏低，说明河南烟叶的持火力、燃烧性最好，福建次之，云南最差。经相关性分析，δ$^{13}$C 与烟碱、氮、钾、氯呈负相关，与总糖、还原糖呈较显著正相关。说明 δ$^{13}$C 与各地烟叶化学成分之间存在相关性。由感官质量评价得出，云南烟叶香韵丰富，刺激性中等，劲头适中，化学成分协调性最好；河南烟叶香气量较高，刺激性较大，化学成分协调性次之；而福建烟叶在香气量和刺激性方面略差，化学成分协调性较差。此结果与三个典型生态烟区香型特征相符。

## 9.2 烤烟叶片 δ$^{13}$C 与生理指标的相关性

碳元素有 $^{12}$C 和 $^{13}$C 两种稳定性同位素。植物在光合作用过程中，$^{13}$CO$_2$ 所受到的扩散阻力大，并且羧化反应中优先利用 $^{12}$CO$_2$，导致碳同位素发生分馏，使植物组织中的 $^{13}$C/$^{12}$C 普遍小于大气中的 $^{13}$C/$^{12}$C。这一发现使稳定碳同位素技术被广泛应用于植物生理生态及生态系统功能的相关研究中(张丛志等，2009；Raeini-Sarjanz and Chalavi，2011；Bragazza L and Iacumin，2009；Lee et al.，2009)。稳定碳同位素组成(δ$^{13}$C)可反映不同植物 $^{13}$C/$^{12}$C 的差异。水分利用效率(WUE)、矿质元素含量、光合氮利用效率(PNUE)、C/N、脯氨酸含量、比叶重、光合色素含量等生理指标与 δ$^{13}$C 存在复杂的联系(Livingston et al.，1999；李秧秧，2000；马剑英等，2008；Cai et al.，2009；冯秋红等，2011a；李善家等，2011；Raeini-Sarjanz and Chalavi，2011；Wu et al.，2011)。δ$^{13}$C 除了受自身生理状态的影响外，还要受环境条件的影响。环境因素中，海拔、降水、温度及土壤含水量等也是与植物 δ$^{13}$C 密切相关的因素(Takahashi and Miyajima，2008；Cai et al.，2009；冯秋红等，2011a；李善家等，2011)。因此，植物组织 δ$^{13}$C 是植物复杂生理过程的综合表征，也蕴含了植物周围丰富的环境信息。

目前，稳定碳同位素技术已广泛运用于作物需水规律的研究上，烟草属于经济作物，同时也是模式生物，而利用稳定碳同位素技术研究烟草的报道却不多。由于稳定碳同位素组成特征在不同植物中有差异，所以首先应当对所选材料的 δ¹³C 及其与相关生理指标的关系进行了解，以期在此基础上开展深入研究。本书以烤烟品种 K326 为试验材料，选地处低纬高原的云南省玉溪市和昭通市 2 个不同生态烟区不同海拔的 4 个试验点，探讨烟叶 δ¹³C 与部分生理指标的联系及 δ¹³C 随叶位及海拔的分布情况。这可为进一步利用稳定碳同位素技术研究烤烟生理特性以及生态适应性机理提供理论依据。

## 9.2.1 材料与方法

### 9.2.1.1 试验材料及处理

以烤烟品种 K326 为试验材料大田种植，试验点分别位于云南省昭通市昭阳区花鹿坪村（test $T_1$，$27°13'N$，$103°44'E$，海拔为 1967m）、玉溪市通海县四街镇者湾村（test $T_2$，$24°10'N$，$102°42'E$，海拔为 1806m）、玉溪市红塔区大营街镇赵椵村（test $T_3$，$24°18'N$，$102°29'E$，海拔为 1642m）和昭通市大关县（test $T_4$，$27°46'N$，$103°53'E$，海拔为 1065m）。各试验点烤烟的种植面积均为一亩，种植株行距为 50cm×120cm。根据各地的实际情况，昭通 2 地烤烟于 2010 年 5 月 13 日移栽，玉溪 2 个地点的烤烟于 2010 年 4 月 30 日移栽。在整个烤烟生长期中按照相同的田间管理措施进行管理。各试验点烤烟大田生长期（5~8 月）气候条件如表 9-7 所示。

**表 9-7 各试验点烤烟大田生长期（5~8 月）气象条件**

| 地点 | 降水量/mm | 日平均气温/℃ | 日平均相对湿度/% |
| --- | --- | --- | --- |
| 昭阳区（$T_1$） | 453.1 | 18.5 | 78.9 |
| 通海县（$T_2$） | 306.6 | 20.8 | 72.8 |
| 红塔区（$T_3$） | 353.3 | 21.9 | 67.5 |
| 大关县（$T_4$） | 590.1 | 21.1 | 85.8 |

采集烤烟上、中、下部位生理成熟的烟叶进行分析。分别以第 8、第 12、第 16 叶位处叶片代表下部叶，中部叶和上部叶。不同部位烟叶发育和成熟在时间上存在差异，为了保证结果的可靠性，采集的各部位烟叶均为生理成熟期的叶片。$T_1$ 和 $T_4$ 下、中、上部位叶片取样时间分别为 7 月 22 日、8 月 9 日和 8 月 31 日。$T_2$ 和 $T_3$ 下、中、上部位叶片取样时间分别为 7 月 13 日、7 月 28 日和 8 月 15 日。每次取样时，各样点选择长势较为一致的烤烟 8 株进行取样，其中 4 片用于可溶性蛋白含量、光合色素含量和比叶重的测定（即每个生理指标均有 4 次重复）。另 4 片洗净后，杀青烘干，粉碎过 80 目筛，等量混合后制成混合样品，用于稳定碳同位素组成的测定。

### 9.2.1.2 生理指标测定方法

可溶性蛋白含量采用考马斯亮蓝-G250 比色法测定。光合色素采用丙酮：无水乙醇（1：1，体积比）浸提-比色法，通过 663nm、646nm 和 470nm 处吸光值计算叶绿素 a、叶绿素 b 和类胡萝卜素的单位面积含量。用打孔器避开主脉打取一定数量的叶片用于比叶重的测定，将圆片于 105℃ 下杀青，然后置于烘箱中 60℃ 烘干至恒重，计算单位面积的烟叶干重。

稳定碳同位素组成的测定：将叶片洗净后，在 105℃ 下杀青 30min，然后置于恒温干燥箱中烘干（60℃，连续烘干 48h），粉碎过 80 目筛制成备用样品。样品送中国科学院南京土壤研究所测定稳定碳同位素，测定精度为 0.1‰，样品在 800℃ 左右的高纯氧气条件下充分燃烧，提取燃烧产物 $CO_2$，用 FLASH EA-DELTAV 联用仪（Flash-2000 Delta V ADVADTAGE）测定碳稳定性同位素的比值，分析结果参照国际 PDB（Belemnite from the pee dee formation）标准，根据下面公式进行计算：

$$\delta^{13}C(\text{‰}) = \frac{(^{13}C/^{12}C)_{样品} - (^{13}C/^{12}C)_{PDB}}{(^{13}C/^{12}C)_{PDB}} \times 1000\text{‰} \tag{9-2}$$

式中，$\delta^{13}C$ 表示烟叶样品稳定碳同位素组成；$(^{13}C/^{12}C)_{PDB}$ 表示美国南卡罗来纳州白碚石（Pee Dee Belemnite）中的 $^{13}C/^{12}C$。

### 9.2.1.3　数据处理方法

利用 DPS 分析软件对数据作方差分析和相关性分析。图表绘制在 Excel 中完成。

## 9.2.2　结果与分析

### 9.2.2.1　不同叶位烤烟叶片 $\delta^{13}C$

4 地烟叶的 $\delta^{13}C$ 在 $-27.4‰ \sim -23.4‰$ 变动，$T_1$、$T_2$ 和 $T_3$ 烤烟叶片 $\delta^{13}C$ 呈现出随叶位上升而增加的趋势，而 $T_4$ 烟叶则表现为 $\delta^{13}C$ 随叶位升高而降低（图 9-10）。除 $T_4$ 外，其余 3 试验点下部叶 $\delta^{13}C$ $T_2 > T_1 > T_3$，中部叶和上部叶 $\delta^{13}C$ $T_3 > T_2 > T_1$。$T_1$、$T_2$ 和 $T_3$ 中部叶 $\delta^{13}C$ 与海拔呈负相关关系，但差异性没有达到显著水平（$r = -0.937$，$P > 0.05$）。$T_1$、$T_2$ 和 $T_3$ 上部叶与海拔的负相关关系达到显著水平（$r = -0.998$，$P < 0.05$）。

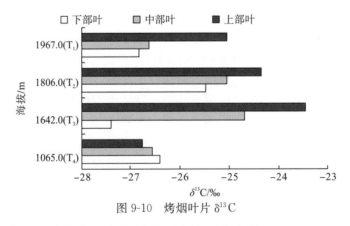

图 9-10　烤烟叶片 $\delta^{13}C$

### 9.2.2.2　烤烟叶片光合色素含量及可溶性蛋白含量

烤烟叶片光合色素含量及可溶性蛋白含量如表 9-8 所示。各试验点烟叶叶绿素含量和类胡萝卜素含量呈现随叶位上升而降低的趋势。昭通烟区 2 试验点（$T_1$ 和 $T_4$）下部叶和中部叶叶绿素含量、类胡萝卜素含量均高于玉溪两试验点的烟叶（$T_2$ 和 $T_3$）。上部叶叶绿素含量、类胡萝卜素含量在各试验点之间均没有显著差异。叶绿素 a/b、叶绿素/类胡萝卜素以及可溶性蛋白含量随海拔的变化趋势均不明显。

**表 9-8　烟叶光合色素含量与可溶性蛋白含量**

| 叶位 | 试验编号 | 叶绿素 /(mg·dm⁻²) | 类胡萝卜素 /(mg·dm⁻²) | 叶绿素 a/b | 叶绿素/类胡萝卜素 | 可溶性蛋白 /(mg·g⁻¹FW) |
|------|---------|----------------|-------------------|-----------|----------------|---------------------|
| 下部叶 | $T_1$ | 3.49±0.09a | 0.53±0.01a | 2.93±0.08a | 6.61±0.17a | 15.77±2.34a |
| | $T_2$ | 2.25±0.22c | 0.44±0.03b | 2.97±0.06a | 5.13±0.21b | 16.10±2.63a |
| | $T_3$ | 2.44±0.10c | 0.36±0.01c | 2.52±0.06b | 6.74±0.31a | 10.79±0.78a |
| | $T_4$ | 3.03±0.05b | 0.46±0.01b | 2.97±0.09a | 6.54±0.13a | 15.31±0.62a |
| 中部叶 | $T_1$ | 1.89±0.23b | 0.43±0.06ab | 3.07±0.25b | 4.46±0.12b | 13.11±1.12b |
| | $T_2$ | 1.76±0.11b | 0.43±0.02ab | 3.70±0.15a | 4.05±0.18b | 18.36±0.75a |
| | $T_3$ | 1.62±0.15b | 0.35±0.02b | 3.02±0.16b | 4.57±0.18b | 16.59±0.79a |
| | $T_4$ | 2.57±0.13a | 0.49±0.03a | 3.17±0.12ab | 5.25±0.23a | 11.95±1.20b |
| 上部叶 | $T_1$ | 1.53±0.04a | 0.37±0.02a | 3.60±0.16a | 4.19±0.24b | 18.06±0.19b |
| | $T_2$ | 1.60±0.18a | 0.37±0.04a | 3.11±0.14ab | 4.29±0.26b | 25.07±1.05a |
| | $T_3$ | 1.79±0.19a | 0.34±0.03a | 2.83±0.13b | 5.18±0.31a | 23.24±1.32a |
| | $T_4$ | 1.63±0.17a | 0.30±0.03a | 3.37±0.23a | 5.44±0.12a | 11.71±0.33c |

注：表中小写字母表示 0.05 显著水平。

### 9.2.2.3　烤烟叶片比叶重

各试验点烤烟叶片比叶重如图 9-11 所示。$T_1$、$T_2$ 和 $T_3$ 各部位烟叶比叶重均表现为随叶位升高而增加，$T_4$ 烟叶则例外，表现为中部叶比叶重最大，下部叶最小。比较各试验点相同部位烟叶比叶重可知，下部叶 $T_2 > T_3 > T_1 > T_4$，中部叶 $T_2 > T_1 > T_3 > T_4$，上部叶 $T_3 > T_2 > T_1 > T_4$。烟叶比叶重与叶绿素含量呈显著负相关关系（$r = -0.703$，$P < 0.05$），与叶绿素/类胡萝卜素比值呈极显著负相关关系（$r = -0.753$，$P < 0.01$），与可溶性蛋白含量呈极显著正相关关系（$r = 0.778$，$P < 0.01$）。

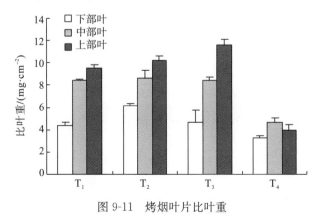

图 9-11　烤烟叶片比叶重

### 9.2.2.4　烤烟叶片 $\delta^{13}C$ 与生理指标的相关性

烤烟叶片 $\delta^{13}C$ 与生理指标的相关性如图 9-12 所示。烟叶 $\delta^{13}C$ 与叶绿素含量、叶绿素/类胡萝卜素均存在显著负相关关系（$P<0.05$）。类胡萝卜素含量与烟叶 $\delta^{13}C$ 呈不显著负相关关系（$P>0.05$）。烟叶 $\delta^{13}C$ 与叶绿素 a/b 呈不显著正相关关系（$P>0.05$）。可溶性蛋白含量、比叶重与烟叶 $\delta^{13}C$ 均存在极显著正相关关系（$P<0.01$）。

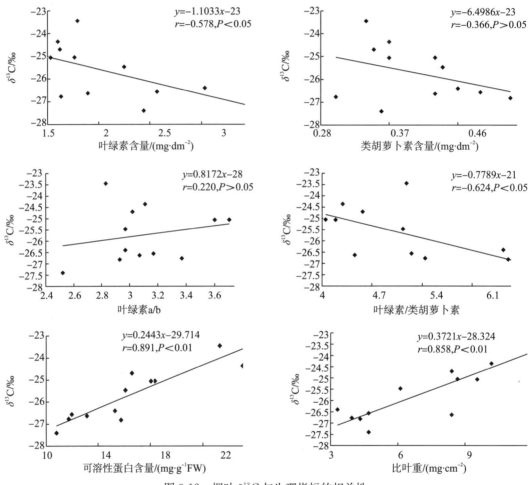

图 9-12　烟叶 $\delta^{13}C$ 与生理指标的相关性

## 9.2.3　讨论

### 9.2.3.1　烟叶 $\delta^{13}C$ 与叶位的关系

试验结果表明，$T_1$、$T_2$ 和 $T_3$ 烟叶 $\delta^{13}C$ 有随叶位升高而增加的趋势，而 $T_4$ 烟叶 $\delta^{13}C$ 则随叶位升高而降低。烟叶 $\delta^{13}C$ 可能与不同叶位烟叶所处的环境小气候条件不同有关。不同部位的烟叶所接触的光照、气温以及空气 $CO_2$ 浓度等有一定差异，其中光照条件的差异较为明显。由于光照度影响烟叶气孔导度（刘国顺等，2007），而气孔导度对 $\delta^{13}C$ 存在直接影响（宋璐璐等，2011），所以对 $T_1$、$T_2$ 和 $T_3$ 烟叶来说，光照条件的差异可能是

$\delta^{13}C$ 随叶位升高而增加的重要影响因素之一。而 $T_4$ 烟叶表现出与其余 3 处试验完全相反的规律,这或许与海拔有关。$T_1 \sim T_3$ 的海拔在 1600~2000m,而 $T_4$ 的海拔相对低得多,这可能表明在较高海拔下烟叶 $\delta^{13}C$ 随叶位升高而增加,而低海拔下则是随叶位升高而降低。由此看出,烤烟叶片 $\delta^{13}C$ 的变化与叶位的关系较为复杂,需要开展更多的试验进行验证。

### 9.2.3.2　烟叶 $\delta^{13}C$ 与海拔的关系

$T_1$、$T_2$ 和 $T_3$ 烤烟叶片 $\delta^{13}C$ 与海拔呈负相关关系,并且叶位越靠上,烟叶 $\delta^{13}C$ 与海拔的相关性越好。$T_3$ 和 $T_4$ 烟叶 $\delta^{13}C$ 则反映出海拔越低,其值越小。多数植物叶片 $\delta^{13}C$ 随海拔的升高而增加(冯秋红等,2011a;王庆伟等,2011),但也有研究表明,在不同海拔,叶片 $\delta^{13}C$ 与海拔存在不同的相关性(林玲等,2008;胡启武等,2010)。海拔作为一个综合的生态因子,它包含不同海拔下的气象因子、土壤条件和地形因子等信息,由于其中任何一个因子都不能对烟叶 $\delta^{13}C$ 起决定影响,并且各因子间的相互作用使得难以区分其中的关键因子,所以海拔与 $\delta^{13}C$ 的关系并非固定不变(刘小宁等,2010),而是取决于不同海拔下的实际生态条件。试验结果反映出,昭通烟区($T_1$ 和 $T_4$)和玉溪烟区($T_2$ 和 $T_3$)相同部位烟叶的 $\delta^{13}C$ 相比,玉溪烟区烟叶 $\delta^{13}C$ 更为偏正,这可能是不同烟区水热条件差异所致。降水、湿度和温度是影响 $\delta^{13}C$ 的重要影响因子,但这些因素具体如何影响 $\delta^{13}C$ 尚无定论(刘从强,2009)。有研究表明,植物叶片 $\delta^{13}C$ 与年均气温存在负相关关系(李善家等,2011;张鹏等,2010;任书杰和于贵瑞,2011)或正相关关系(刘贤赵等,2011),与年均降水量也有呈正相关(张鹏等,2010)或负相关(李善家等,2011;任书杰和于贵瑞,2011)的报道。因此,烤烟大田生长期的降水量和气温可能是烟叶 $\delta^{13}C$ 的限制因子。

### 9.2.3.3　烟叶 $\delta^{13}C$ 与生理指标的关系

C3 植物碳同位素的分馏主要发生在 $CO_2$ 由气孔腔进入叶肉细胞和 Rubisco 固定的过程中,Rubisco 优先利用 $^{12}CO_2$,未被利用的 $^{13}CO_2$ 通过呼吸作用排出(孙柏年等,2009)。因此,$\delta^{13}C$ 与光合作用过程密切相关。

烤烟叶片 $\delta^{13}C$ 与叶绿素含量、叶绿素/类胡萝卜素均呈负相关关系,但相关性较小,与类胡萝卜素含量及叶绿素 a/b 的相关性不明显。有研究表明,某些种类的植物叶片 $\delta^{13}C$ 与光合色素含量不存在相关性(马剑英等,2008;Wu et al.,2011)。何春霞等(2010b)和朱林等(2008)的研究则表明,光合色素含量与 $\delta^{13}C$ 的关系较为复杂,因植物种而异。植物叶片 $\delta^{13}C$ 受到叶肉细胞内部 $CO_2$ 分压与外部 $CO_2$ 分压的比值($P_i/P_a$)的影响,具体表现为 $P_i/P_a$ 越大,$\delta^{13}C$ 越小。能够影响 $P_i/P_a$ 的因素,都会影响叶片 $\delta^{13}C$。叶绿素含量较高,在一定程度上表明有较高的光合速率,光合速率高能够降低 $P_i$(郝兴宇等,2010),因此会使 $\delta^{13}C$ 增加。然而,植物的光合速率并不完全取决于光合色素的含量,所以叶绿素与 $\delta^{13}C$ 的关系较为复杂。

烟叶 $\delta^{13}C$ 与可溶性蛋白含量存在极显著正相关关系。C3 植物叶片中约 40% 以上的可溶性蛋白属于 Rubisco,可溶性蛋白含量高则有利于 $CO_2$ 的固定,从而降低 $P_i$,叶片 $\delta^{13}C$ 增加。Rubisco、叶绿素及其他生物化学结构中包含大量氮。有研究表明,叶片氮含

量与 $\delta^{13}C$ 存在明显的正相关关系(李善家等,2011;Livingston et al.,1999;Li et al.,2009;冯秋红等,2011b),这些氮与光合作用中碳的固定密切相关,进而与植物 $\delta^{13}C$ 有关(李善家等,2011)。而可溶性蛋白可能是通过对碳同化的影响而与 $\delta^{13}C$ 产生间接的关联。

烟叶 $\delta^{13}C$ 与比叶重呈正相关,这与许多研究结果一致(Takahashi and Miyajima,2008;王庆伟等,2011;何春霞等,2010b;冯秋红等,2011b;Zhu et al.,2010)。比叶重是影响 $\delta^{13}C$ 的重要因素,对这种影响机理有两种解释(宋璐璐等,2011)。第一,比叶重较大通常表明叶片厚度更大,或是叶脉密集,或是组织密度更大(Westoby et al.,2002),较大的比叶重会延长 $CO_2$ 向叶绿体扩散的路径,这增加了传导阻力并且降低了羧化位点 $CO_2$ 的供应,造成细胞内部的 $CO_2$ 分压减小,结果造成 $P_i/P_a$ 减小,最终导致叶片 $\delta^{13}C$ 增加。第二,厚的叶片包含较多的光合酶,因此单位面积所需 $CO_2$ 就会增加,由此引起叶片 $\delta^{13}C$ 的增加。

研究表明,2 个不同生态烟区不同海拔 4 个试验点 K326 烟叶的 $\delta^{13}C$ 与可溶性蛋白含量、比叶重呈极显著正相关关系,与叶绿素含量、叶绿素/类胡萝卜素呈显著负相关。而烟叶 $\delta^{13}C$ 与叶位及海拔的关系尚无法作出判断,有待进一步研究。

## 9.3　低纬高原气候带分布差异对不同烤烟品种 $\delta^{13}C$ 的影响

地球表面气候带的形成与某一区域所处的纬度和海拔有关,纬度除制约太阳辐射到达量外,主要影响地区的光照和温度。而海拔是气候形成的地理要素,除与温度变化有关外,还影响降水的分布,因此纬度和海拔成为影响生态环境的主要地理因子。烤烟是一种对生态环境较为敏感的经济作物,在烤烟种植过程中,生态环境的差异会对叶片的光合速率、水分利用效率和气孔开闭等烤烟各种生理状态产生影响,而植物稳定碳同位素的组成则承载了众多环境信息的变化(何春霞等,2010b),即碳同位素组成是反映植物叶片某一生长期生理状况的一个较稳定的指标(Johnson and Li,1999)。近年来,碳同位素组成在植物生理生态研究领域有着广泛的应用(刘微等,2008),植物组织的碳是在一段时间内积累起来的,能综合反映植物内在生理和植物碳固定期间影响植物气体交换的外界环境信息(Smedley et al.,1991),不同地区植物稳定碳同位素的组成状况携带不同的环境气候信号,因而 $\delta^{13}C$ 可以有效地反映植物的光合特性和新陈代谢,并揭示与植物生理生态过程相联系的一系列气候环境特征,包括植物生长环境中的光环境、温度、降水量、湿度等气候要素(刘贤赵等,2011;郑淑霞和上官周平,2006)。在以往的研究中,植物稳定碳同位素被更多地应用于气候学在全球变化、区域环境差异等研究领域(Mccarroll and Loade,2004;Dawson et al.,2002;Barbour et al.,2002),何春霞等(2010b)将稳定碳同位素与植物生理指标相联系,研究了 5 种绿化树种叶片比叶重、光合色素含量和 $\delta^{13}C$ 的开度与方位差异。逯芳芳等(2010)将碳稳定同位素应用于农作物中,研究了小麦碳同位素分辨率与叶片气孔相关指标的关系。张丛志等(2009)研究了玉米水分利用效率、碳稳定同位素判别值和比叶面积之间的关系,而稳定碳同位素应用于经济作物烤烟中的研究却少有报道。本书在辐射环境、温度、降水量、湿度等气候要素存在一定差异、地处滇南中亚热带的通海县和地处滇东北南温带的鲁甸县自然环境下大田种植不同烤烟品种；在烤烟主要大田生长期同步观测获取 UV-B 辐射强度和光照度，从当地气象站获取气温、降水量等气候要素值，并分别在烤烟旺长期和成熟期采样用于测定叶片的稳定碳同位素分布值，初步分析了气候带的分布差异对不同烤烟品种 $\delta^{13}$C 的影响。

### 9.3.1　材料与方法

#### 9.3.1.1　试验材料及处理

以烤烟品种 K326、红花大金元和 KRK26 为试验材料，选择云南省境内中高海拔的主产烟区进行大田种植，试验点位于玉溪市通海县四街镇（24°7′N，102°45′E，海拔为 1806m）和昭通市鲁甸县（27°11′N，103°33′E，海拔为 1950m）。两处试验地种植面积均为 1 亩，在整个烤烟生长期中根据当地烟草公司制定的田间管理措施进行统一管理。

#### 9.3.1.2　UV-B 辐射和光照度的测定

在烤烟大田主要生育期内，用法国 Cole-Parmer 仪器公司生产的 Radimeter UV-B 辐射表测定太阳 UV-B 辐射强度，此辐射表标准带宽为 $0.295 \sim 0.395\mu m$，中心波长为 $0.312\mu m$，单位为 $mW \cdot cm^{-2}$；光照度（lx）用上海嘉定学联仪表厂生产的 ZDS-10 型自动量程照度计，于 5 月 17 日开始在室外同步进行逐日观测 11:30~12:30 自然环境中的太阳 UV-B 辐射强度和光照度，至 8 月 31 日结束，每一轮测定 3 组值，取其平均值作为最后测定值。

#### 9.3.1.3　烤烟叶片稳定碳同位素组成的测定

分别在两地烤烟旺长期和成熟期选取烤烟下部（第 8 叶位）和中部（第 13 叶位）烟叶处理进行稳定碳同位素测定。每一叶位分别选择 4~5 株作为一个混合样品，将叶片洗净后，在 105℃下杀青，然后置于恒温干燥箱中烘干（60℃，连续烘干 48h），粉碎过 80 目筛制成备用样品，送中国科学院南京土壤研究所进行稳定碳同位素分析，其测定精度为 0.1‰。样品在高温 800℃ 左右的高纯氧气条件下充分燃烧，提取燃烧产物 $CO_2$，用质谱仪测定碳同位素的比率，分析结果参照国际 PDB（Belemnite from the Pee Dee Formation）标准，根据下面公式进行计算：

$$\delta^{13}C(‰) = \frac{(^{13}C/^{12}C)_{样品} - (^{13}C/^{12}C)_{PDB}}{(^{13}C/^{12}C)_{PDB}} \times 1000‰ \tag{9-3}$$

式中，$\delta^{13}$C 表示烟叶样品碳同位素组成；$(^{13}C/^{12}C)_{PDB}$ 表示美国南卡罗来纳州白硅石（Pee Dee Belemnite）中的 $^{13}C/^{12}C$。

### 9.3.2　结果与分析

#### 9.3.2.1　光照度和 UV-B 辐射强度的差异

图 9-13(a) 表示通海和鲁甸两个不同生态区 2010 年 5 月中旬至 8 月下旬光照度旬平均值随时间的变化趋势。可以看出，除 8 月下旬外，通海和鲁甸两地的光照度旬平均值

变化趋势基本相似。通海光照度旬平均值为$(2.60 \sim 6.66) \times 10^4 \mathrm{lx}$，旬平均值的最大值出现在 5 月中旬，最小值出现在 7 月中旬。鲁甸光照度旬平均值为$(2.92 \sim 5.90) \times 10^4 \mathrm{lx}$，最大值出现在 7 月下旬，最小值出现在 6 月下旬。图 9-13(b)表示 UV-B 辐射强度旬平均值随时间的变化趋势。5 月中旬至 7 月上旬及 8 月上旬通海和鲁甸 UV-B 辐射强度的旬平均值接近，除 8 月下旬外，两地的变化趋势也较一致。通海 UV-B 辐射强度旬平均值为$0.26 \sim 0.63 \mathrm{mW} \cdot \mathrm{cm}^{-2}$，旬平均值的最大值出现在 5 月中旬，最小值出现在 7 月中旬。鲁甸 UV-B 辐射强度旬平均值为$0.30 \sim 0.69 \mathrm{mW} \cdot \mathrm{cm}^{-2}$，最大值出现在 5 月中旬，最小值出现在 6 月下旬。5 月中旬至 8 月中旬之间通海和鲁甸两个生态区的光照度和 UV-B 辐射强度的旬平均值随时间变化表现出相似的变化趋势。

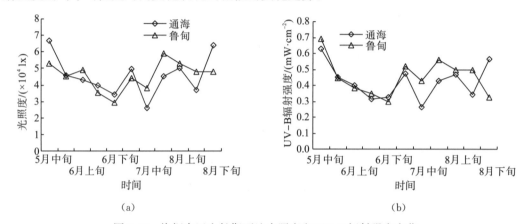

图 9-13　烤烟大田生长期两地光照度和 UV-B 辐射强度变化

### 9.3.2.2　气候要素的差异

表 9-9 反映的是通海和鲁甸两个不同气候带生态烟区的日平均气温、日平均相对湿度、旬降水总量和旬总日照时数的统计值。可以看出，5~8 月通海的平均气温值总体上高于鲁甸，5 月 1 日~7 月 10 日通海的平均气温明显高于鲁甸。通海 6 月中旬的日平均气温最高，为 22℃，6 月上旬和 8 月下旬的日平均气温最低，为 19.5℃，日均温 20℃及以上的天气有 91d。鲁甸 7 月中旬和 8 月中旬的日平均气温最高，为 22.2℃，6 月上旬的日平均气温最低，为 15.3℃，日均温 20℃及以上的天气有 49d。通海 5~8 月的月平均气温分别为 21.5℃、20.7℃、21℃和 20.1℃，鲁甸为 17.7℃、16.9℃、20.8℃和 20℃。5~6 月通海的旬平均气温明显高于鲁甸，7~8 月两地的旬平均气温较接近。

在降水量方面，鲁甸的降水量总体上多于通海，5 月下旬通海的降水量最多，为 75.9mm，5 月中旬通海的降水量不足 0.1mm；6 月下旬鲁甸的降水量最多，为 103.7mm，5 月中旬鲁甸的降水量最少，为 1.1mm。通海的降水量集中在 5 月下旬、7 月中旬和 7 月下旬，鲁甸的降水量除 5 月较少外，6~8 月降水较多。5~8 月通海的降水量分别为 77.9mm、72.9mm、120.3mm 和 35.5mm，鲁甸分别为 45.7mm、228.4mm、212.9mm 和 124.8mm。5~8 月通海和鲁甸的降水总量分别为 306.6mm 和 611.8mm。

通海 5~6 月的日平均相对湿度总体上小于鲁甸，7~8 月总体上大于鲁甸。7 月下旬通海的最高，为 84.4%，5 月上旬最低，为 47%，大于 70%的天气有 89d。6 月下旬鲁甸日平均相对湿度最高，为 79.5%，5 月中旬最低，为 60.8%，大于 70%的天气有 76d。

通海 5~8 月的月平均相对湿度分别为 57%、75%、79%和 80%，鲁甸为 64%、78%、74%和 72%。

5~8 月间通海的各月总日照时数都大于鲁甸，通海和鲁甸的最大日照时数都出现在 5 月份，通海 5~8 月日照时数分别为 285h、189h、161h 和 185h，鲁甸为 172h、42h、116h 和 142h，通海 5~6 月的总日照时数是鲁甸的 2.2 倍，7~8 月是鲁甸的 1.34 倍。通海和鲁甸的总日照时数分别为 820h 和 471h。

表 9-9　烤烟大田生长期气候要素值

| 气候要素 | 试验地 | 5 月上旬 | 5 月中旬 | 5 月下旬 | 6 月上旬 | 6 月中旬 | 6 月下旬 | 7 月上旬 | 7 月中旬 | 7 月下旬 | 8 月上旬 | 8 月中旬 | 8 月下旬 |
|---|---|---|---|---|---|---|---|---|---|---|---|---|---|
| 气温/℃ | TH | 21.9 | 21.8 | 20.8 | 19.5 | 22.0 | 20.6 | 21.7 | 21.3 | 20.0 | 20.2 | 20.7 | 19.5 |
| | LD | 17.2 | 17.9 | 18.0 | 15.3 | 17.0 | 18.5 | 21.3 | 20.2 | 21.0 | 20.6 | 22.2 | 17.4 |
| 降水量/mm | TH | 2.0 | −1 | 75.9 | 18.2 | 25.8 | 28.9 | 0.3 | 46.8 | 73.2 | 27.0 | 4.9 | 3.6 |
| | LD | 14.7 | 1.1 | 29.9 | 60.0 | 64.7 | 103.7 | 68.9 | 103.5 | 40.5 | 60.0 | 11.8 | 53.0 |
| 湿度/% | TH | 47.0 | 48.8 | 71.0 | 75.6 | 71.1 | 78.5 | 75.0 | 77.1 | 84.4 | 81.5 | 81.6 | 76.1 |
| | LD | 65.1 | 60.8 | 65.5 | 76.5 | 79.3 | 79.5 | 72.5 | 75.3 | 73.1 | 72.6 | 66.4 | 75.2 |
| 日照时数/h | TH | 108 | 107 | 70 | 64 | 84 | 41 | 64 | 57 | 40 | 61 | 53 | 71 |
| | LD | 59 | 71 | 42 | 16 | 15 | 11 | 48 | 19 | 49 | 49 | 65 | 27 |

注：TH 代表通海，LD 代表鲁甸，−1 表示降水量不足 0.1mm。

### 9.3.2.3　两地不同品种烤烟叶片稳定碳同位素组成的差异

由图 9-14 可知，在旺长期通海 K326、红大和 KRK26 的 $\delta^{13}C$ 分别为 −25.47‰、−25.04‰和−25‰，即 KRK26>红大>K326，鲁甸 K326、红大和 KRK26 的 $\delta^{13}C$ 分别为−26.05‰、−25.58‰和−26.56‰，即红大>K326>KRK26。旺长期通海和鲁甸对应品种间的比较，通海 K326、红大和 KRK26 的 $\delta^{13}C$ 大于鲁甸对应的三个品种，分别比鲁甸三个品种的 $\delta^{13}C$ 大 0.58‰、0.54‰、1.56‰。在成熟期，通海 K326、红大和 KRK26 的 $\delta^{13}C$ 分别为−25.05‰、−25.06‰和−24.7‰，即 KRK26>K326>红大，鲁甸 K326、

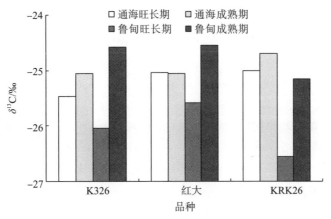

图 9-14　不同生长期烤烟叶片 $\delta^{13}C$

红大和 KRK26 的 $\delta^{13}$C 分别为 $-24.58$‰、$-24.54$‰ 和 $-25.15$‰，即红大＞K326＞KRK26。成熟期通海和鲁甸对应品种间的比较，通海 K326 和红大的 $\delta^{13}$C 小于鲁甸，KRK26 的 $\delta^{13}$C 大于鲁甸。对比旺长期和成熟期，可知通海成熟期 K326 和 KRK26 的 $\delta^{13}$C 大于旺长期，且鲁甸三个品种成熟期的 $\delta^{13}$C 大于对应品种旺长期的 $\delta^{13}$C。

图 9-15 反映的是通海和鲁甸烤烟下部叶和中部叶稳定碳同位素的平均值，由图可知，三个品种的 $\delta^{13}$C 都为通海大于鲁甸。在通海，三个品种 $\delta^{13}$C 为 KRK26＞红大＞K326，在鲁甸为红大＞K326＞KRK26。无论是品种间还是两个烟区间的比较结果，都与图 9-14 中的旺长期表现出一致的规律。

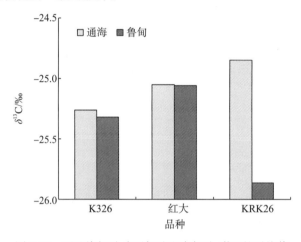

图 9-15 两地烤烟叶片下部叶和中部叶 $\delta^{13}$C 的平均值

## 9.3.3 讨论

在农业气候要素中，热量、水分、光照与植物生长发育密切相关，农业结构、种植制度、品种布局和产量形成的差异都是气候要素的差异造成的。中亚热带的总体气候特点是日照充足，热量条件好，水分条件稍有亏缺。南温带相比于中亚热带总体日照时数较少，气温偏低，降水较充足（陈宗瑜，2001）。在烤烟生长期，通海和鲁甸的气候特点正好反映了两个不同气候带的气候差异，而气候环境的不同必然会对植物稳定碳同位素组成产生影响。

辐射环境的差异会给植物叶片的光合速率和气孔开闭等造成影响，因而会使植物稳定碳同位素的组成发生变化（何春霞等，2010b）。植物的净光合速率受外界光强影响较大，生长在高光强下植物的 Rubiso 含量和活性较高，因而具有较强的光合能力，能利用更多的光能，净光合速率较高（Oguchi et al.，2003）。通海光照度旬平均值为 $(2.60\sim6.66)\times10^4$lx，鲁甸光照度旬平均值为 $(2.92\sim5.90)\times10^4$lx。从旬平均值的变幅看，在烤烟主要大田生育期鲁甸光照度的变幅更小。日照时数方面，通海每月的总日照时数都大于鲁甸，5~6 月通海的总日照时数为 474h，鲁甸为 214h。5 月中旬~7 月上旬，总体上通海的光强大于鲁甸，与之对应旺长期通海三个品种的 $\delta^{13}$C 都大于鲁甸。7 月中旬~8 月中旬，虽然日照时数通海大于鲁甸，但鲁甸的光照度大于通海，与之对应烤烟 K326 和红大的 $\delta^{13}$C 也是鲁甸大于通海。与 Ménot 和 Burns（2001）的研究结论一致，Ménot 认为光照度增加，植物的光合同化速率增加，叶片细胞内部 $CO_2$ 浓度逐渐降低，叶片的

$P_i/P_a$ 降低，植物 $\delta^{13}C$ 增加。但 Farquhar 等（1982）认为只有在很弱的光照条件下，光照度变化才会导致植物体内叶子细胞内部和外部的压力或浓度的改变。通海 UV-B 辐射强度旬平均值为 $0.26\sim0.63\text{mW}\cdot\text{cm}^{-2}$，鲁甸 UV-B 辐射强度旬平均值为 $0.30\sim0.69\text{mW}\cdot\text{cm}^{-2}$。鲁甸的海拔高于通海，随着海拔的升高，紫外辐射增强，鲁甸的 UV-B 辐射强度旬平均值的最小值和最大值，以及 7 月上旬~8 月中旬的旬平均值，鲁甸都大于通海。有人用 $\delta^{13}C$ 研究过不同大豆品种对 UV-B 辐射的敏感性，发现 UV-B 增强情况下，对 UV-B 辐射敏感的品种的 $\delta^{13}C$ 会减少（冯虎元等，2002）。烤烟成熟期，鲁甸 K326 和红大的 $\delta^{13}C$ 都大于通海，但 KRK26 的 $\delta^{13}C$ 却小于通海相同品种的 $\delta^{13}C$，是否可认为烤烟品种 KRK26 比 K326 和红大对 UV-B 辐射更敏感，其间关系还有待深入研究。

温度对植物碳同位素的分馏有重要影响，但温度与植物 $\delta^{13}C$ 的关系比较复杂。一些研究指出温度和植物 $\delta^{13}C$ 存在负相关关系（宁有丰等，2002；李嘉竹等，2009），较多研究则认为二者间存在正相关关系（刘晓宏等，2007；林清，2008），温度与植物碳同位素的关系，实质上是温度升高导致的土壤相对湿度或湿润指数降低，从而造成水分胁迫而影响植物碳同位素分馏的结果，植物可利用的有效水分是本样带植物碳同位素分馏的控制因子（刘贤赵等，2011）。还有人研究认为，温度对植物的影响不明显（Zhang et al.，2003；孙柏年等，2009）。本试验中，通海的日平均气温为 20.8℃，日均温 20℃ 及以上的天气有 91d。鲁甸日平均气温为 18.5℃，日均温 20℃ 及以上的天气有 49d。根据彭新辉等（2009）的结论，烤烟大田生长最适宜的温度是 22~28℃，要求日平均温度高于 20℃ 的天数超过 70d，即通海的气温比鲁甸更适于烤烟生长，这也可能是玉溪烟区的烤烟质量优于昭通烟区的原因之一。5 月 1 日~7 月 10 日通海的日平均气温明显高于鲁甸，而旺长期通海三个品种烤烟的 $\delta^{13}C$ 都大于鲁甸，说明在烤烟旺长期气温是影响烤烟 $\delta^{13}C$ 的主要原因之一，且表现出温度较高地区烤烟的 $\delta^{13}C$ 较大。而 7 月中旬~8 月下旬两地的平均气温较接近，因此温度不是两地成熟期烤烟 $\delta^{13}C$ 差异的主要原因，说明还有其他若干因子同时也在影响着植物的 $\delta^{13}C$。

降水量是影响植物碳同位素组成的一个重要因素，水分亏缺可使植物对 $\delta^{13}C$ 的分馏能力减弱。降水量对不同植物 $\delta^{13}C$ 的影响有不同的结论，一种结论是降水量增加，植物叶片 $\delta^{13}C$ 及水分利用效率也随之增大，说明这些植物能够充分利用降水资源，在降水量高的季节尽可能地吸收利用水分（苏波等，2000）。另一种结论是植物叶片 $\delta^{13}C$ 及水分利用效率对降水量的变化反应不敏感，说明这些植物在不同的年降水量条件下都能够保持大致不变的水分利用效率（Schulze et al.，1996）。而多数研究结论则认为 $\delta^{13}C$ 及水分利用效率随降水量增加而显著变轻，随降水量的减少而变重（Morecroft and Woodward，1990；Devitt et al.，1997）。本试验得出鲁甸的降水量总体上多于通海，通海的降水量集中在 5~7 月，鲁甸的降水量集中在 6~8 月。5~6 月通海和鲁甸的降水总量分别为 150.8mm 和 274.1mm，鲁甸的降水量显然大于通海，同时旺长期三个烤烟品种的 $\delta^{13}C$ 都表现为通海大于鲁甸，即降水量多的鲁甸烤烟的 $\delta^{13}C$ 却较小。由于 $\delta^{13}C$ 与水分利用效率（WUE）存在正相关关系（何春霞等，2010b），可以得出旺长期通海烤烟的水分利用效率高于鲁甸的结论，可能是由于鲁甸降水量大，使得土壤湿度大，能被植物利用的水分增多，植物蒸腾强度较大，导致植物 WUE 较低。而成熟期 K326 和红大两个品种的 $\delta^{13}C$ 却表现为鲁甸大于通海，KRK26 表现为通海大于鲁甸，即支持 $\delta^{13}C$ 与降水量呈正相关的结论。说明对不同烤烟品种而言，降水量和 $\delta^{13}C$ 不是简单的正负相关关系。

空气湿度也是影响植物稳定碳同位素分馏的重要环境因子之一。Saurer 和 Siegenthaler(1989)发现，山毛榉植物 $\delta^{13}C$ 与 4～9 月的空气湿度显著相关。Hemming 等 (1998)发现橡树、山毛榉和松树植物 $\delta^{13}C$ 的高频变异与 6～9 月平均湿度的相关系数分别 为 -0.52、-0.62 和 -0.67。同时，学者们在湿度对植物 $\delta^{13}C$ 的影响机理上有着不同的 见解，但不管怎样，湿度最终是通过影响植物的气孔来改变叶片气孔导度作用于植物 $\delta^{13}C$ 变化(Ménot and Burns，2001)。当空气湿度降低时，气孔导度和胞间 $CO_2$ 浓度降低，因 而导致植物对 $^{13}C$ 分辨率下降，即叶片 $\delta^{13}C$ 增加(王玉涛等，2008)，当空气湿度相对高 时，会使叶片气孔长期保持一种开放的状态，进入叶片内 $CO_2$ 浓度相对也比较高，因而 叶片对 $^{13}C$ 的分辨率较高，导致叶片内 $\delta^{13}C$ 相对较低(何春霞等，2010b)。本试验中，通 海 5～8 月的月平均相对湿度分别为 57%、75%、79% 和 80%，鲁甸为 64%、78%、 74% 和 72%。即 5～6 月通海的月平均相对湿度小于鲁甸，通海三个品种旺长期的 $\delta^{13}C$ 都大于鲁甸，7～8 月通海的月平均相对湿度大于鲁甸，且通海 K326 和红大成熟期的 $\delta^{13}$ C 小于鲁甸。按照多数研究结果，叶片 $\delta^{13}C$ 与水分利用效率存在正相关的关系，5～6 月 通海烤烟叶片的水分利用效率大于鲁甸，7～8 月鲁甸大于通海。该结果支持空气相对湿 度与烤烟 $\delta^{13}C$ 呈负相关的研究结论。

$\delta^{13}C$ 同烤烟自身的生理特征密切相关，从 $\delta^{13}C$ 可以间接获得烤烟对不同生态条件的 适应特征。烤烟在进行光合作用时，从 $CO_2$ 吸收、固定到有机物的合成都伴随着碳同位 素的分馏。$\delta^{13}C$ 能反映烤烟气孔开张程度、光合作用强度、水分利用效率以及其他生理 过程。碳同位素分馏值($\Delta^{13}C$,‰)$\approx\delta^{13}C_{空气}-\delta^{13}C_{植物}$(孙柏年等，2009)，由于空气中 $\delta^{13}C$ 的季节变化不大，所以烟叶 $\delta^{13}C$ 的变化可以代表碳同位素分馏值的变化。本试验中，在 旺长期通海三个品种 $\delta^{13}C$ 的比较，大小为 KRK26>红大>K326，说明在通海旺长期 KRK26 的碳同位素分馏能力最弱，水分利用效率最高。在旺长期鲁甸三个品种 $\delta^{13}C$ 的 比较，大小为红大>K326>KRK26，说明在鲁甸旺长期红大的碳同位素分馏能力最弱， 水分利用效率最高。对通海和鲁甸对应品种的比较，通海 K326、红大和 KRK26 的 $\delta^{13}C$ 大于鲁甸对应的三个品种，分别比鲁甸三个品种的 $\delta^{13}C$ 大 0.58‰、0.54‰、1.56‰，说 明在旺长期鲁甸烤烟的碳同位素分馏能力比通海烤烟强，通海烤烟的水分利用效率大于 鲁甸。在成熟期通海三个品种 $\delta^{13}C$ 的比较，顺序为 KRK26>K326>红大，说明在通海成 熟期 KRK26 的碳同位素分馏能力依然最弱，水分利用效率最高。在成熟期鲁甸三个品种 $\delta^{13}C$ 的大小顺序不变，和旺长期相同，依然是红大的碳同位素分馏能力最弱，水分利用 效率最高。在成熟期通海和鲁甸之间对应品种的比较，通海 K326 和红大的 $\delta^{13}C$ 小于鲁 甸，KRK26 的 $\delta^{13}C$ 大于鲁甸，K326 和红大的碳同位素的分馏能力是通海大于鲁甸， KRK26 的碳同位素的分馏能力是通海小于鲁甸。由此可知，烤烟叶片碳同位素的分馏能 力不仅与环境条件有关，还与其自身的遗传特性有关。

无论是在旺长期，还是在成熟期，通海的 $\delta^{13}C$ 是 KRK26 最大，鲁甸是红大最大， 说明在通海 KRK26 的水分利用效率最高，在鲁甸红大的水分利用效率最高。对比旺长期 和成熟期，除通海红大的 $\delta^{13}C$ 变化很小外(仅为 0.02‰的变化)，通海和鲁甸两个生态区 的不同烤烟品种叶片的 $\delta^{13}C$ 都表现为成熟期大于旺长期，说明随着烟叶的成熟，烤烟叶 片碳同位素分馏能力逐渐减弱，水分利用效率逐渐增强，分布在两个气候带的烤烟在光合能力上随着烤烟的成熟，表现出相同的趋势。而对烟叶下部叶和中部叶 δ¹³C 的平均值比较，三个品种都表现为通海大于鲁甸，5～8 月通海的日照时数总数大于鲁甸，日平均气温高于鲁甸，总降水量少于鲁甸。此结果支持温度较高，日照时数较长，降水量较少，δ¹³C 越大的结论。品种间 K326 和红大的差异较小，KRK26 的差异较大，通海的 KRK26 比鲁甸高 1.01‰，说明相比于 K326 和红大，环境变化对 KRK26 的影响更大。

初步研究表明，烤烟叶片的 δ¹³C 并未简单地表现为 δ¹³C 随海拔和纬度增加而逐渐变重的趋势，而表现为不同的品种，在不同的生长时期存在一定的差异，这些差异表明烤烟 δ¹³C 的变化，不仅与烤烟本身的生物学特性决定，也是不同环境因子综合作用的结果。即在低纬高原地区受纬度和海拔影响导致的气候带分布差异，对不同品种烤烟的 δ¹³C 和主要生理特征有明显影响，但其间的复杂关系尚需作进一步的研究。

## 9.4　不同烤烟品种生理特征和化学成分与 δ¹³C 的关系

稳定碳同位素方法是利用植物在吸收 $CO_2$ 进行光合作用时发生了碳同位素分馏的原理，通过检测碳同位素比值来解释生态系统中碳循环、植物光合代谢途径、水分利用效率以及生物和环境的关系等问题的一种方法。植物组织的碳是在一段时间内积累起来的，因而 δ¹³C 可以有效反映植物长期光合特性和新陈代谢（刘贤赵等，2011）。近年来，利用植物体内稳定碳同位素特性来分析或指示植物种内或种间生理生态特性的差异、不同生境下植物 WUE 的变化以及植物 δ¹³C 对气候环境因子的响应问题已成为植物生理生态学研究的热点之一（李善家等，2010b）。在以往的研究中，植物稳定碳同位素被更多地应用于气候学在全球变化、区域环境差异等研究领域（郑淑霞和上官周平，2007；Mccarroll and Loader，2004）。何春霞等（2010b）将稳定碳同位素与植物生理指标相联系，研究了 5 种绿化树种叶片比叶重、光合色素含量和 δ¹³C 的开度与方位差异，研究表明，δ¹³C 与植物比叶重和水分利用效率呈显著正相关。李善家等（2010）研究西北地区油松叶片稳定碳同位素特征与生理指标的关系发现，油松叶片的 δ¹³C 与可溶性糖含量呈显著正相关，与叶片含水量和叶片全氮含量呈显著负相关。朱林等（2008）研究土壤水分对春小麦碳同位素分馏与矿质元素 K、Ca 和 Mg 含量的影响发现，不同水分处理间碳同位素分馏和灰分含量存在显著差异。张丛志等（2009）研究玉米水分利用效率、碳稳定同位素判别值和比叶面积之间的关系发现，碳稳定同位素判别值与各生育期的比叶面积呈正相关，与水分利用效率呈显著的负相关。而稳定碳同位素应用于经济作物烤烟中的研究却少有报道，尤其是比叶重、光合色素和化学成分等重要生理指标与 δ¹³C 关系的研究还缺乏系统讨论。K326、云烟 87 和红花大金元在云南烟区广泛种植，NC71 为新引进品种，为此以烤烟品种 K326、红大、云烟 87 和 NC71 等 4 个品种为研究对象，初步分析了不同烤烟品种叶片 δ¹³C 的组成特征，并测定比叶重和光合色素等重要生理及化学成分相关指标，旨在探讨叶片 δ¹³C 组成特性与其相关因子之间的关系，试图通过 δ¹³C 了解不同烤烟品种的生理生态学特性，把植物稳定同位素测定技术作为对环境变化适应性以及预测环境变化的主要指标应用于经济作物烤烟中，为云南烤烟品质形成的研究提供一定的理论依据。

### 9.4.1　材料与方法

#### 9.4.1.1　试验材料及处理

以烤烟 K326、红花大金元、云烟 87 和 NC71 品种为试验材料大田种植，试验点位于玉溪市红塔区大营街镇烟草新技术集成与示范基地（24°21′N，102°33′E，海拔为 1645m）。试验地种植面积为 1 亩，在整个烤烟生长期中根据当地烟草公司制定的田间管理措施进行统一管理，施同质量化肥。试验地当年植烟期的气象条件如表 9-10 所示。

**表 9-10　试验点植烟期气候条件（2011 年）**

| 气候要素 | 5 月 | 6 月 | 7 月 | 8 月 | 5~8 月 |
|---|---|---|---|---|---|
| 日均气温/℃ | 19.7 | 21.9 | 21.4 | 20.4 | 20.8 |
| 降水量/mm | 93.5 | 80.9 | 125.2 | 65.3 | 364.9 |
| 日照时数/h | 202 | 171 | 174 | 152 | 699 |
| 日均相对湿度/% | 67 | 72 | 73 | 73 | 71 |

#### 9.4.1.2　生理指标测定方法

在烤烟中部叶片进入生理成熟期后，于 2011 年 8 月 11 日采样用于生理指标的测定。采样时，各品种选择长势较为一致的烤烟 4 株，每株统一取第 11 叶位，试验烟株打顶留叶数为 20。丙二醛（MDA）含量采用硫代巴比妥酸比色法（Hilal et al.，2008）。类黄酮参考 Nogués 等（1998）的方法，称取鲜叶 0.2g 剪碎，放入 10ml 刻度试管中，加入 5ml 酸化甲醇溶液（盐酸：甲醇＝1∶99，$V∶V$），在暗处 4℃浸提 24h，吸取 0.2ml 浸提液，用蒸馏水定容至 10ml，测定溶液在 300nm 处吸光值，类黄酮含量以 $OD_{300} \cdot g^{-1}$ 表示。光合色素采用丙酮：无水乙醇（1∶1，$V∶V$）浸提-比色法，通过测定 663nm、646nm 和 470nm 处的吸光值计算叶绿素 a、叶绿素 b 和类胡萝卜素的单位面积含量（邹琦，1995）。

#### 9.4.1.3　烤烟叶片碳同位素组成和化学成分的测定

在烤烟中部叶片进入生理成熟期后，于 2011 年 8 月 11 日采第 11 叶位用于稳定碳同位素测定，试验烟株打顶留叶数为 20，每个品种选择 4~5 株作为一个混合样品。将叶片洗净后，在 105℃下杀青，然后置于恒温干燥箱中烘干（60℃，连续烘干 48h），粉碎过 80 目筛制成备用样品。在中国科学院南京土壤研究所进行稳定碳同位素分析，测定精度为 0.1‰。样品在高温 800℃左右的高纯氧气条件下充分燃烧，提取燃烧产物 $CO_2$，用质谱仪测定碳同位素的比率，分析结果参照国际 PDB（Belemnite from the Pee Dee Formation）标准，根据下面公式进行计算：

$$\delta^{13}C(‰) = \frac{(^{13}C/^{12}C)_{样品} - (^{13}C/^{12}C)_{PDB}}{(^{13}C/^{12}C)_{PDB}} \times 1000‰ \tag{9-4}$$

式中，$\delta^{13}C$ 表示烟叶样品碳同位素组成；$(^{13}C/^{12}C)_{PDB}$ 表示美国南卡罗来纳州白碷石（Pee Dee Belemnite）中的 $^{13}C/^{12}C$。

化学成分的测定：待中部烟叶采烤后，统一选取做好标记的第 11 叶位用于化学成分的测定，每个品种选 4 株，测定仪器为全自动连续流动分析仪，型号为 SKALAR San ++。

#### 9.4.1.4　气象数据

逐日温度(air temperature)、湿度(relative humidity)、日照时数(sunshine hours)和降水量(precipitation)等气象因子由玉溪市气象站提供。

#### 9.4.1.5　数据处理

采用 Microsoft Excel 2003 对数据进行处理和绘图，SPSS 17.0 统计分析软件对数据进行单因素方差分析(One-way ANOVA)、多重比较(LSD)相关分析。

### 9.4.2　结果与分析

#### 9.4.2.1　不同烤烟品种比叶重的差异

比叶重反映的是叶片单位面积干物质含量的差异，与叶片的厚度、细胞组织密度相关。试验点不同烤烟品种中部叶片比叶重如图 9-16 所示。4 个品种相比，比叶重大小为 K326>红大>云烟 87>NC71，含量最高的 K326 比含量最低品种 NC71 高 14%，各品种间比叶重含量差异较小，4 个品种相互之间的差异水平都没有达到显著。从含量大小可知烤烟品种 K326 叶片最厚，干物质积累最多，合成速率最快，其次是红大的干物质积累较快，相比于其他三个品种 NC71 的叶片最薄，干物质积累最少。

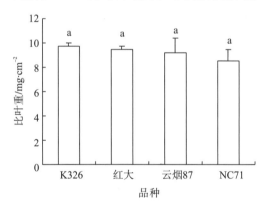

图 9-16　不同烤烟品种的比叶重

注：小写字母相同表示差异不显著($P<0.05$)，下同。

#### 9.4.2.2　不同烤烟品种丙二醛和类黄酮含量的差异

图 9-17(a)反映了不同烤烟品种中部叶片丙二醛的含量。结果表明，不同烤烟品种中部叶的丙二醛含量存在差异，各品种含量为 NC71>K326>云烟 87>红大，NC71 的含量比 K326、红大和云烟 87 分别高 36%、40%和 132%。其中，NC71 和红大的含量差异较大，含量最高的 NC71 与 K326 和云烟 87 差异水平没有达到显著水平，但与红大的差异水平显著。而 K326、云烟 87 和红大三个品种相互之间差异不显著。

图 9-17(b)反映的是不同烤烟品种中部叶片类黄酮含量的差异。结果表明，不同烤烟品种间类黄酮含量差异明显，各品种类黄酮含量大小为红大＞NC71＞K326＞云烟 87，红大含量比 NC71、K326 和云烟 87 分别高 15％、35％和 63％。且红大和 NC71 之间的差异不显著，与 K326 差异显著，与云烟 87 差异水平达到极显著。

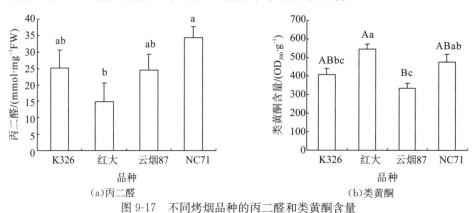

(a)丙二醛　　　　　　　　　　　(b)类黄酮

图 9-17　不同烤烟品种的丙二醛和类黄酮含量

注：不同大写字母表示差异极显著($P<0.01$)，不同小写字母表示差异显著($P<0.05$)，下同。

### 9.4.2.3　不同烤烟品种碳同位素组成的差异

图 9-18 反映的是不同烤烟品种中部叶片的 $\delta^{13}C$，K326、红大、云烟 87 和 NC71 的 $\delta^{13}C$ 分别为−24.83‰、−26.01‰、−26.27‰和−25.60‰。K326 的 $\delta^{13}C$ 明显比其他品种的 $\delta^{13}C$ 高，分别比红大、云烟 87 和 NC71 高 1.18‰、1.44‰和 0.77‰。烤烟在进行光合作用时，从 $CO_2$ 吸收、固定到有机物的合成都伴随着碳同位素的分馏，影响碳同位素分馏的因素除了环境因素外，就是自身的生理机制。4 个品种在同一环境中生长，排除了气候和土壤环境的影响，因此试验中 $\delta^{13}C$ 的差异表明 $\delta^{13}C$ 可能受到自身遗传特性的影响，与各品种叶片的光合作用、水分利用效率和蒸腾作用密切相关。

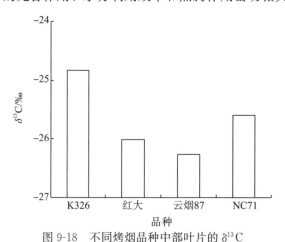

图 9-18　不同烤烟品种中部叶片的 $\delta^{13}C$

### 9.4.2.4　不同烤烟品种光合色素含量的差异

表 9-11 是光合色素相关指标的含量，光合色素在植物光合作用过程中扮演着重要作用。从表中可以看出，叶绿素 a 的含量为 K326＞云烟 87＞NC71＞红大，K326 的叶绿素 a

含量比云烟 87、NC71 和红大分别高 6.4%、15% 和 30%，K326、云烟 87 和 NC71 相互之间差异不显著，K326 和红大之间差异显著，云烟 87、NC71 和红大之间差异不显著。叶绿素 b 和叶绿素总量的含量也表现出 K326 最高，云烟 87 其次，红大最低。K326 的叶绿素 b 含量比云烟 87、NC71 和红大分别高 53%、83% 和 94%，但各品种相互之间差异都不显著。K326 的叶绿素总量比云烟 87、NC71 和红大分别高 17%、29% 和 44%，K326 与云烟 87 差异不显著，与 NC71 差异显著，与红大差异极显著。云烟 87、NC71 和红大相互之间差异不显著。K326、云烟 87 和 NC71 的类胡萝卜素含量差异较小，红大的类胡萝卜素含量相比其他三个品种偏低，但各个品种之间差异均不显著。叶绿素 a 与叶绿素 b 的比值表现为 NC71＞云烟 87＞红大＞K326，相互间差异不显著，叶绿素与类胡萝卜素的比值表现为 K326＞红大＞云烟 87＞NC71，相互间差异不显著。

表 9-11　不同烤烟品种光合色素的含量

| 品种 | 叶绿素 a /(mg·dm⁻²) | 叶绿素 b /(mg·dm⁻²) | 叶绿素总量 /(mg·dm⁻²) | 类胡萝卜素 /(mg·dm⁻²) | 叶绿素 a/b | 叶绿素/类胡萝卜素 |
|------|------|------|------|------|------|------|
| K326 | 1.82±0.04Aa | 0.66±0.23Aa | 2.50±0.23Aa | 0.45±0.11Aa | 3.38±1.02Aa | 6.73±2.68Aa |
| 红大 | 1.40±0.05Ab | 0.34±0.01Aa | 1.74±0.06Bb | 0.36±0.02Aa | 4.09±0.12Aa | 4.83±0.47Aa |
| 云烟 87 | 1.71±0.18Aab | 0.43±0.10Aa | 2.14±0.15ABab | 0.45±0.04Aa | 4.55±1.12Aa | 4.78±0.55Aa |
| NC71 | 1.58±0.16Aab | 0.36±0.07Aa | 1.94±0.13ABb | 0.46±0.07Aa | 4.93±1.25Aa | 4.39±0.54Aa |

注：同列中不同大写字母表示差异极显著（$P<0.01$），不同小写字母表示差异显著（$P<0.05$），下同。

### 9.4.2.5　不同烤烟品种化学成分的差异

烟叶化学成分是决定评吸质量和烟气特性等质量特性的内在因素，在烟叶品种中扮演着重要角色。从表 9-12 中可以看出，4 个品种的烟碱含量与参考值相比都偏高，K326 的烟碱含量最高，其次是 NC71，云烟 87 的烟碱含量最低，各品种相互间差异不显著。总糖含量总体偏高，红大最高，云烟 87 其次，K326 最低，但 K326 最接近参考值，还原糖含量红大最高，云烟 87 其次，NC71 最低，K326 最接近还原糖含量的参考值。各品种相互间总糖和还原糖含量的差异均不显著。各品种的总氮含量都在参考值范围内，且相互间差异较小，差异水平均不显著。钾含量总体偏小，云烟 87 最高，红大钾含量最低，云烟 87 与其他三个品种的差异均显著，K326、NC71 和红大相互间差异不显著。

表 9-12　不同烤烟品种化学成分含量

| 品种 | 烟碱/% | 总糖/% | 还原糖/% | 总氮/% | 钾/% | 氯/% | 糖/碱 | 氮/碱 | 钾/氯 |
|------|------|------|------|------|------|------|------|------|------|
| K326 | 4.48a | 29.52a | 23.18a | 2.07a | 1.11b | 0.85b | 7.20a | 0.48a | 1.38a |
| 红大 | 3.48a | 39.48a | 32.28a | 1.88a | 1.06b | 1.39a | 13.09a | 0.58a | 0.77b |
| 云烟 87 | 3.11a | 36.79a | 26.07a | 2.05a | 1.35a | 0.89b | 13.14a | 0.68a | 1.54a |
| NC71 | 3.86a | 33.34a | 22.93a | 2.11a | 1.08b | 1.04ab | 8.70a | 0.55a | 1.09ab |
| 适值范围 | 1.5~2.5 | 20~25 | 18~24 | 1.5~3.0 | >2 | 0.4~0.8 | 6.0~9.0 | 0.8~1.2 | 4.0~10 |

氯含量略偏高，红大的氯含量最高，K326 最小，且最接近适值范围。红大与云烟 87 和 K326 的差异显著，K326、云烟 87 和 NC71 相互间没有差异。红大和云烟 87 的糖

碱比偏高，K326 和 NC71 的比值处于适值范围内，各品种相互间差异不显著。氮碱比普遍偏低，云烟 87 相对较高，K326 最低。因为钾含量太低，氯含量又偏高，导致钾氯比严重偏低，云烟 87 相对较大，K326 其次，红大最低，K326、云烟 87 和 NC71 相互间不显著，红大与云烟 87 和 K326 差异显著。

9.4.2.6　不同烤烟品种 $\delta^{13}$C 与生理指标和化学成分相关性分析

从表 9-13 中可以看出，$\delta^{13}$C 与烟碱含量呈极显著正相关，与总糖含量呈负相关，与其他生化指标相关性较弱。

**表 9-13　$\delta^{13}$C 与生理指标和化学成分的关系**

| | | 比叶重 | 丙二醛 | 类黄酮 | 叶绿素a | 叶绿素b | 总叶绿素 | 类胡萝卜素 | 总糖 | 还原糖 | 总氮 | 烟碱 | 钾 | 氯 |
|---|---|---|---|---|---|---|---|---|---|---|---|---|---|---|
| $\delta^{13}$C | $r$ | 0.29 | 0.31 | 0.01 | 0.55 | 0.79 | 0.69 | 0.35 | −0.90 | −0.58 | 0.41 | 0.99 | −0.50 | −0.41 |
| | $P$ | 0.71 | 0.70 | 0.99 | 0.45 | 0.21 | 0.31 | 0.65 | 0.10 | 0.42 | 0.59 | 0.01 | 0.50 | 0.59 |

## 9.4.3　讨论

植物叶片是陆地生态系统的基本单元，其性状特征直接影响植物的基本行为和功能。作为植物叶结构型性状的比叶重（LMA）、光合色素相对稳定（上官周平和郑淑霞，2008）。LMA 反映植物对生长光环境的适应能力，与光合作用能力关系密切（冯秋红等，2011a），是衡量植物相对生长速率的重要参数（郑淑霞和上官周平，2007）。本试验发现，4 个烤烟品种间的 LMA 有差异，K326 的 LMA 最高，根据 Westoby 等（2002）的研究结论推测，可知品种 K326 的叶片厚度更大，叶脉更密集，或是组织密度更大。同时说明 K326 的叶片储水能力更强。根据何春霞等（2010b）比叶重与叶片的光合能力呈正相关的结论，可以推测 K326 的光合同化能力强于其他三个品种。

生理特征能反映烤烟对环境条件的适应性，丙二醛是膜脂过氧化作用的产物之一，通常作为膜脂过氧化指标，能够在一定程度上反映烤烟植株对不利因素的承受能力或衰老程度。试验结果表明，NC71 的膜脂过氧化程度最大，叶片的衰老程度或受胁迫程度也最大；红大衰老进程最慢，受不利因素影响最小。类黄酮被普遍认为是植物体内吸收 UV-B 的一种保护性物质，可减少 UV-B 对植物体内器官的伤害（钟楚等，2010b），是重要的抗逆物质。红大和 NC71 的类黄酮含量积累较多，表明在受到不利环境因素影响后，红大和 NC71 通过合成较多的抗逆物质来应对环境条件的威胁，增强对不利环境的抗逆能力。

光合作用是植物体内重要的代谢过程，其强弱对于植物生长、产量及其抗逆性都具有十分重要的影响。叶片中光合色素则是叶片光合作用的物质基础。叶绿素含量的变化，可以反映植物叶片光合作用功能的强弱以及表征逆境胁迫下植物组织器官的衰老状况（杜天庆等，2009）。试验结果表明，K326 的叶绿素合成速率最快，光合作用功能最强；云烟 87 其次；红大的叶绿素合成速率最慢或分解速率最快，营养生长最慢，光合作用最弱，衰老进程最快。类胡萝卜素可防止强光伤害，对叶绿素起到保护作用（Gao et al.，2007），K326、云烟 87 和 NC71 的类胡萝卜素含量差异较小，红大的类胡萝卜素含量最低。叶绿素 a/b 反映叶片光合活性的强弱，叶绿素/类胡萝卜素与植物忍受逆境的能力有关(古志钦等，2009)。试验结果表明，相比于其他三个品种，NC71 的叶绿素 a 降解速率小于叶绿素 b，K326 合成更多的叶绿素用于光合作用，NC71 合成了更多的类胡萝卜素用于抵抗不良环境的影响，从而保护叶绿体膜结构。

烟叶化学成分是决定烟叶质量的内在要素，化学成分的含量及其比值在很大程度上决定了烟叶及其制品的烟气特征，并直接影响烟叶品质的优劣，因此烟叶主要化学成分成为评价烤烟品质的重要指标。烟叶中的水溶性总糖和还原糖是决定烟气醇和度的主要因素，在一定范围内烟叶质量随糖的增加而提高，但含量过多会形成明显的酸吃味(王瑞新，2003)。糖碱比反映了烟气酸碱性的平衡协调关系，过高或过低都不利于烟叶品质的提高。钾对烟叶燃烧性影响较大，烟叶钾含量较高，可提高烟叶的持火力，提高烟支燃烧效率，降低烟气中的焦油和一氧化碳含量，提高卷烟燃吸的安全性。钾氯比主要用于判定烟叶的燃烧性，比值越大，烟叶的燃烧性越好(段宾宾等，2011)。本试验结果表明，各品种总糖含量、还原糖和烟碱含量总体偏高，总氮含量都处于适值范围内，钾含量总体偏小，氯含量略偏高，红大和云烟 87 的糖碱比偏高，K326 和 NC71 的比值处于适值范围内，氮碱比普遍偏低，钾氯比严重偏低。相比而言，K326 的总糖、还原糖、氯含量更接近适宜值范围，钾含量居中，总氮含量、糖碱比处于适宜值范围内。所以，若以云南烟草化学成分的各项指标综合判定，尤以 K326 的协调性最好。

$\delta^{13}C$ 在相同的生态环境中不同品种间表现出一定的差异，说明 $\delta^{13}C$ 与自身生理特征密切相关。4 个品种的 $\delta^{13}C$ 表现为 K326 最高，根据叶片 $\delta^{13}C$ 与水分利用效率(WUE)存在正相关关系的结论(何春霞等，2010b；Zhu et al.，2010；王庆伟等，2011)，表明 K326 的水分利用效率最高，NC71 其次，云烟 87 最低。在 K326、红大和云烟 87 三个品种之间表现出 LMA 越大、$\delta^{13}C$ 也越高的现象。已有研究表明，LMA 与叶片 $\delta^{13}C$ 呈正相关(张丛志等，2009；冯秋红等，2011a)，因为具有较高的叶片组织密度较高，生物量也较大，这些结构能增加 $CO_2$ 扩散的叶肉内部阻力，使胞内 $CO_2$ 浓度、光合作用、叶片对 $\delta^{13}C$ 的分辨率都降低，从而使 $\delta^{13}C$ 增高(Koch et al.，2004)。且有学者主张用 LMA 代替碳同位素组成来估计 WUE(张丛志等，2009)，但 NC71 的 LMA 大于红大和云烟 87，$\delta^{13}C$ 却低于红大和云烟 87，经相关性分析，烤烟叶片 $\delta^{13}C$ 与比叶重呈弱正相关，可见能否用 LMA 代替 $\delta^{13}C$ 来估计 WUE 需要进一步研究，$\delta^{13}C$ 与 LMA 的关系在不同物种中可能存在差异。$\delta^{13}C$ 与光合色素呈正相关，说明在一定程度上，$\delta^{13}C$ 的大小可以反映烤烟叶片光合能力的强弱。$\delta^{13}C$ 与总糖和还原糖，与总氮和烟碱含量呈正相关，且与烟碱呈极显著正相关，该结论与李善家等(2010)关于油松叶片的 $\delta^{13}C$ 与可溶性糖含量呈显著正相关性，与叶片含水量和叶片全氮含量呈显著负相关的研究结论相反，原因可能是李善家等(2010)是在不同的气候环境和土壤环境下对油松种群进行研究，而本试验是在相同的气候环境和土壤条件下，排除了因气候环境和土壤条件差异对烤烟叶片 $\delta^{13}C$、各项生理指标的影响。$\delta^{13}C$ 主要受本身的光合方式控制(Foster and Brooks，2005；Ma et al.，2005)，环境效应的存在使植物种内稳定同位素差异为 3‰~5‰(董星彩等，2010)，而总糖、总氮和烟碱等化学成分受气候要素的影响较大，黄中艳等(2007a)从气候、土壤、品种三方面对烤烟烟叶化学成分含量的影响进行了对比研究，明确了总糖、总氮和烟碱等化学成分主要受烤烟大田期气象因素的影响。

初步研究表明，烤烟叶片的 $\delta^{13}C$ 除与烟碱含量呈极显著正相关外，与其他生化指标相关性均不显著。并未表现为 $\delta^{13}C$ 与比叶重呈显著正相关，说明 $\delta^{13}C$ 主要由本身的生物学特性决定，表明品种差异对烤烟 $\delta^{13}C$ 和生理特征有明显影响，但影响 $\delta^{13}C$ 的分馏机制比较复杂。通过对 K326 等 4 个烤烟品种以 $\delta^{13}C$ 为核心，围绕与众多生理生态指标、化学成分的比较研究，对 K326 烤烟品种得以在玉溪市广泛种植的生态原因进行了探讨，获得了一些有意义的结论。而本书对 4 个不同烤烟品种烟叶 $\delta^{13}C$ 与生理指标、化学成分等关系的探讨表明，在玉溪烟区种植 K326 烟叶的生理状态、品质指标等，都支持 4 个品种尤以 K326 的 $\delta^{13}C$ 偏重的趋势。但要在烤烟叶片的 $\delta^{13}C$ 与能反映烤烟品质的主要生理生态特征指标之间建立某种联系，还需要做进一步的研究工作。

第三篇

# 土壤环境和种植条件与烤烟生理生态适应

# 第 10 章　不同土壤和施氮水平对烤烟种植的影响

## 10.1　低纬高原不同利用方式土壤对烟草生长及光合生理的影响

植物的生长与其所处的环境有密切关系(张晓煜等，2004)。植物光合作用是物质同化的主要过程，为植物的生长提供重要有机物质来源。植物光合作用不仅受植物叶片自身生理生化特性的影响，气候和土壤等环境因子在植物的光合作用中也起到非常大的作用(Rudmann et al.，2001；Lecain et al.，2003；孙华，2005；Zhou et al.，2007)。土壤是植物赖以生存的基础，为植物的生长提供必要的养分、水分和微生物环境等。大量研究表明，在相同的气候环境下，同一土壤的水分、肥力和酸碱环境等可通过气孔和非气孔限制因子影响植物的光合作用(李卫民等，2002；白文波等，2008；许育彬等，2009)，并改变植物的光响应特性(曾小平等，2004)。土壤也是影响植物分布的主要环境因素之一，即不同的植物适应于特定的土壤环境(田大伦，2008)。通过同一气候环境下，对植物进行不同土壤的试验，可以为植物适宜生长土壤的选择(曹建新等，2009a；曹建新等，2009b)、种质资源遗传和育种(李美善等，2009)等方面的研究提供一定的参考。

烟草是云南的主要经济作物之一，该地区烟草种植区域分布广，所属的气候类型复杂多样，而在不同气候、地形和母质条件下形成的土壤理化性质对烟草的生长和品质有很大影响(顾本文等，2007)。光合作用是烟草生长和品质形成的基础，在研究土壤对烟草光合作用影响时，多以单一类型土壤进行，刘贞琦等(1995)研究了不同土壤水分对烟草光合作用的影响，崔喜艳等(2005a；2005b)、王思远等(2005)研究了土壤的 pH 对烟草的光合特性的影响，魏永胜等(2002)研究了土壤干旱条件下不同施钾水平对烟草光合速率和蒸腾效率的影响。而在相同气候环境下不同土壤对烟草光合作用的影响还未见报道。本节研究以云南省玉溪市 4 个县(区)6 种不同利用方式下的土壤为栽培土种，在玉溪市红塔区相同的气候环境下进行烟草盆栽种植试验，测定在相同的水肥管理水平下烟草品种 K326 的农艺性状、叶片生理生化特性和光合气体交换参数等，并分析不同利用方式下土壤对烟草烟叶气体交换影响的差异。其结果为烟草种植适宜土壤的选择，进一步认识土壤因子对烟草种植产生的影响以及在同一气候背景下，不同利用方式土壤与烟草种植之间的耦合关系，完善土壤-植物-大气系统(SPAS)关系的研究等提供一定的理论依据。

### 10.1.1 材料与方法

#### 10.1.1.1 试验材料和处理方法

试验在国家级试验基地"云南省玉溪市烟草科技示范园赵桅试验基地"进行。各供试土壤分别采自玉溪市烟区的红塔区北城镇麦田($B_1$ 和 $B_2$)、通海县四街镇($T_1$)和桑园镇($T_2$)菜地、峨山县小街镇(E)稻田以及新平县平甸乡山坡旱地(X)。种烟前对各土壤进行分析,土壤样品采集地情况及各土壤常规化学性质分别如表 10-1 和表 10-2 所示。

表 10-1　土壤样品采集地概况

| 处理编号 | 地形类别 | 经度 E | 纬度 N | 海拔/m | 年降水量/mm | 年均温/℃ | 年日照时数/h |
|---|---|---|---|---|---|---|---|
| $B_1$ | 盆地 | 102°32′ | 24°24′ | 1640 | 913.9 | 15.7 | 2263.2 |
| $B_2$ | 盆地 | 102°32′ | 24°24′ | 1640 | 913.9 | 15.7 | 2263.2 |
| $T_1$ | 盆地 | 102°42′ | 24°10′ | 1805 | 870.3 | 15.6 | 2312.5 |
| $T_2$ | 盆地 | 102°44′ | 24°07′ | 1806 | 870.3 | 15.6 | 2312.5 |
| E | 盆地 | 102°27′ | 24°09′ | 1526 | 953.2 | 15.9 | 2282.6 |
| X | 山地 | 101°59′ | 24°04′ | 1480 | 952.7 | 17.4 | 2252.4 |

表 10-2　供试土壤基本理化性质

| 处理编号 | 体积含水量/% | 质地类型*(<0.01mm)/% | pH | 有机质/(g·kg⁻¹) | 碱解氮/(mg·kg⁻¹) | 速效磷/(mg·kg⁻¹) | 速效钾/(mg·kg⁻¹) |
|---|---|---|---|---|---|---|---|
| $B_1$ | 27.5 | 中壤土(39.26) | 5.92 | 22.21 | 108.8 | 105.3 | 88.7 |
| $B_2$ | 31.6 | 中壤土(39.34) | 6.78 | 21.98 | 87.5 | 52.8 | 62.3 |
| $T_1$ | 25.0 | 轻壤土(26.97) | 6.26 | 21.03 | 229.0 | 96.5 | 67.2 |
| $T_2$ | 30.3 | 中壤土(30.54) | 6.10 | 18.98 | 145.9 | 65.0 | 77.5 |
| E | 32.0 | 重壤土(46.01) | 7.02 | 24.68 | 90.3 | 39.9 | 62.6 |
| X | 46.7 | 中壤土(39.88) | 6.81 | 11.73 | 44.0 | 49.9 | 40.0 |

　*土壤质地类型的划分根据卡庆斯基制土壤质地分类方法,以<0.01mm 土壤颗粒含量(括号中)作为主要划分依据。

烟草(*Nicotiana tabacum* L.)品种为 K326,包衣种子,由玉溪市烟草公司提供,由赵桅试验基地漂浮育苗,于 2009 年 5 月 7 日移栽。采用瓦盆盆栽,盆口径为 40cm,底部直径为 35cm,高 40cm,底部有通气孔,每盆装土 15kg。大田起垄,将盆置于垄上,每盆 1 株,株行距为 50cm×120cm,每处理 13~20 盆(视土壤量而异),每一处理为一垄,随机排列。统一施肥,每株施钙镁磷肥(含 $P_2O_5$ 14%)20g 和烟草专用复合肥(10-8-18)10g 作为底肥,追肥为烟草专用复合肥(12-0-33)17.4g 和硫酸钾(含 $K_2O$ 50%)11g,苗成活后每株浇烟草专用提苗肥(28-0-5,2.7g;10-8-18,19.2g,分 3 次施用)。视天气情况定期定量浇水,以保证烤烟生长不受水分的胁迫,按大田优质烟叶生产技术进行管理。

#### 10.1.1.2 测定方法

光合气体交换参数和土壤含水量的测定:每处理分别选 3 株长势相似的健康植株,以其已充分展开且健康的第 12 片(从下往上数)叶为测定对象,于移栽 60d 后(已打顶)的晴天的 2009 年 7 月 8 日~10 日上午 9:30~11:30 进行,用 LI-6400 便携式光合作用测定系统(LI-COR,USA)测定叶片气体交换参数,主要包括净光合速率($P_n$,$\mu molCO_2 \cdot m^{-2} \cdot s^{-1}$)、蒸腾速率($T_r$,$mmol\ H_2O \cdot m^{-2} \cdot s^{-1}$)、气孔导度($G_s$,$mol\ H_2O \cdot m^{-2} \cdot s^{-1}$)、胞间 $CO_2$ 浓度($C_i$,$\mu mol \cdot mol^{-1}$)等。测定时采用开放式气路,设置气体流量 $400\mu mol \cdot s^{-1}$,叶室温度 25℃。光源由 LI-6400-02B 红蓝光源提供,PAR 设置为 $1200\mu mol \cdot m^{-2} \cdot s^{-1}$。根据以上测定参数计算:水分利用效率(WUE,$\mu mol \cdot mmol^{-1}$)$= P_n/T_r$;气孔限制值($L_s$)$= 1 - C_i/C_a$($C_a$ 为大气 $CO_2$ 浓度);内在水分利用效率(IWUE,$\mu mol \cdot mol^{-1}$)$= P_n/G_s$(上官周平和郑淑霞,2008)。

在测定的前两天充分浇水,并保持浇水量一致。光合作用测定的同时利用 Field Scout© TDR 100 土壤水分测定仪(Spectrum Technologies,Inc.,USA)测定土壤体积含水量(%)。测定时,水分传感器探头深入土壤 20cm,与光合作用测定的植株对应,每盆测定 5 个部位。

叶片生理生化指标的测定:分别采摘各土壤处理 3 株检测过光合气体交换参数的叶片,用冰盒迅速低温保存,带回实验室,进行相关叶片生理生化指标的测定。叶绿素含量采用丙酮-无水乙醇(1:1,$V:V$)浸提-比色法(邹琦,1995),以 663nm、646nm 和 470nm 处吸光值计算单位叶面积叶绿素 a、叶绿素 b 和类胡萝卜素含量;可溶性蛋白质含量采用考马斯亮蓝 G-250 比色法(Bardford,1976);用已知面积的打孔器避开粗叶脉取一定面积的叶片,在 70℃烘箱中烘至恒重,计算比叶重=叶片干重/叶片面积;叶片含水量的测定和计算参照郝建军等(2007)的方法。每处理测定重复 3 次。

农艺性状调查:分别选定不同土壤处理长势相似且留叶数相同的烟株,测量其茎高、第 12 位叶的长和宽,并根据中国烟草行业标准《烟草农艺性状调查方法》(YC/T 142-1998)中的方法计算叶面积(叶面积=叶长×叶宽×0.6345)。每处理重复测定 5 株,取平均值。

### 10.1.1.3 数据统计与分析

采用 Microsoft Excel 2003 对数据进行整理,单因素方差分析(one-way ANOVA)和多重比较(LSD 法)在 SPSS Statistics 17.0 数据处理系统中进行。数据以平均值±SD 表示。

## 10.1.2 结果与分析

### 10.1.2.1 K326 农艺性状特征

不同利用方式土壤种植的烟株农艺性状存在一定差异(表 10-3)。峨山(E)和新平(X)土壤种植的烟株茎高、第 12 位叶长、叶宽和叶面积均最大,二者叶长和叶面积极显著大于通海四街($T_1$),叶宽也显著大于四街($T_1$),四街($T_1$)的茎围也极显著低于峨山(E)。峨山(E)的茎高极显著高于除新平(X)外的其他土壤处理,但各土壤对叶片形状(叶长/叶宽)和节间距没有显著影响。

**表 10-3　不同土壤处理烟草主要农艺性状**

| 处理 | 茎高/cm | 叶长/cm | 叶宽/cm | 叶面积/cm² | 叶长/叶宽 | 茎围/cm | 节间距/cm |
|---|---|---|---|---|---|---|---|
| $B_1$ | 72.6±1.5Bc | 57.4±0.5Aa | 20.0±0.3ab | 728.3±11.3ABa | 2.87±0.06a | 7.40±0.19ABab | 3.92±0.16a |
| $B_2$ | 76.8±0.5Bbc | 56.8±2.2ABa | 20.0±0.9ab | 722.7±47.4ABa | 2.86±0.13a | 7.70±0.25ABa | 4.31±0.19a |
| $T_1$ | 74.6±2.7Bbc | 48.2±3.5Bb | 17.0±1.6b | 533.7±84.3Bb | 2.86±0.09a | 6.60±0.48Bb | 4.06±0.35a |
| $T_2$ | 75.4±1.7Bbc | 56.8±0.8ABa | 19.4±0.7ab | 700.2±32.0ABab | 2.94±0.08a | 7.70±0.34ABa | 3.92±0.10a |
| E | 85.7±1.7Aa | 58.8±2.5Aa | 21.0±0.9a | 789.0±68.2Aa | 2.80±0.05a | 8.20±0.34Aa | 4.16±0.22a |
| X | 80.1±2.8ABab | 61.1±2.3Aa | 20.8±1.5a | 812.7±82.3Aa | 2.98±0.16a | 7.60±0.19ABa | 4.43±0.11a |

注：同列中小写字母不同表示差异显著($p<0.05$)，大写字母不同则表示差异极显著($p<0.01$)，下同。

### 10.1.2.2　K326叶片气体交换参数

不同利用方式土壤条件下，烟株叶片在 PAR=1200μmol·m⁻²·s⁻¹ 下的 $P_n$ 和 $G_s$ 均是新平(X)最高，显著高于桑园($T_2$)，$T_r$ 则是峨山(E)和新平(X)两处理高于其他土壤处理($p<0.01$)。WUE 与 $T_r$ 相反，峨山(E)和新平(X)显著低于其他土壤处理，其中峨山(E)与除新平(X)以外的其他所有土壤处理差异极显著，新平(X)与北城 2($B_2$)和四街($T_1$)差异极显著。峨山(E)土壤处理烟叶 $C_i$ 最大，显著高于北城两个土壤($B_1$ 和 $B_2$)和四街($T_1$)土壤处理，其中与四街($T_1$)的差异达 $P<0.01$ 水平。四街($T_1$)烟叶的 $C_i$ 也显著低于新平(X)和桑园($T_2$)，其中四街($T_1$)与新平(X)差异极显著。峨山(E)烟叶 $L_s$ 最低，与除了新平以外的其他土壤处理差异显著，其中与四街($T_1$)差异极显著。新平(X)烟叶 $L_s$ 次低，与四街($T_1$)差异显著。IWUE 与 $L_s$ 相似，四街($T_1$)显著大于峨山(E)和新平(X)(表 10-4)。

**表 10-4　不同土壤处理烟叶主要光合气体交换参数**

| 处理 | $P_n$/(μmol CO₂·m⁻²·s⁻¹) | $T_r$/(mmol H₂O·m⁻²·s⁻¹) | $G_s$/(mol H₂O·m⁻²·s⁻¹) | $C_i$/(μmol·mol⁻¹) | $L_s$ | WUE/(μmol CO₂·mmol⁻¹ H₂O) | IWUE/(μmol CO₂·mol⁻¹ H₂O) |
|---|---|---|---|---|---|---|---|
| $B_1$ | 19.06±1.29ab | 3.38±0.35Bb | 0.36±0.06ab | 234.53±6.64ABbc | 0.36±0.02ABab | 5.69±0.27ABa | 55.09±5.29ab |
| $B_2$ | 19.66±1.07ab | 3.40±0.16Bb | 0.35±0.06ab | 228.27±6.64ABbc | 0.38±0.02ABab | 6.08±0.30Aa | 59.24±6.56ab |
| $T_1$ | 19.48±0.56ab | 3.31±0.19Bb | 0.30±0.03ab | 218.00±6.38Bc | 0.41±0.02Aa | 5.91±0.18Aa | 66.02±5.24a |
| $T_2$ | 16.93±0.85b | 3.07±0.21Bb | 0.29±0.03b | 239.93±5.20ABab | 0.36±0.01ABab | 5.53±0.11ABa | 60.41±4.49ab |
| E | 18.74±1.38Ab | 4.83±0.39Aa | 0.41±0.07ab | 253.90±4.50Aa | 0.32±0.01Bc | 3.88±0.02Cb | 45.91±4.20b |
| X | 20.33±1.03a | 4.66±0.32Aa | 0.43±0.05a | 243.56±1.85Aab | 0.34±0.01ABbc | 4.43±0.52BCb | 47.56±3.03b |

### 10.1.2.3　K326叶片光合色素和可溶性蛋白质含量

不同利用方式土壤条件下，烟株叶片叶绿素 a 和类胡萝卜素没有显著差异且二者具有较好的一致性(表 10-5)。峨山(E)的烟叶叶绿素 b 含量最高，北城 2($B_2$)和新平(X)的叶绿素 b 含量最低，与峨山(E)差异显著，但峨山(E)的叶绿素 a/b 则显著低于其他土壤处理。四街($T_1$)总叶绿素含量(叶绿素 a+叶绿素 b)最高，而北城 2($B_2$)最低，二者之间差异显著。

处理间可溶性蛋白含量存在较大差异。新平(X)、北城 1($B_1$)和四街($T_1$)烟叶可溶性蛋白含量较高，分别为 0.88mg·$cm^{-2}$、0.86mg·$cm^{-2}$ 和 0.83mg·$cm^{-2}$，三者之间差异不显著。北城 2($B_2$)和峨山(E)较低，显著低于以上三个处理，其中峨山(E)与北城 1($B_1$)和新平(X)差异极显著。

**表 10-5　不同土壤处理烟叶色素和可溶性蛋白质含量**

| 处理 | 叶绿素 a /(mg·$dm^{-2}$) | 叶绿素 b /(mg·$dm^{-2}$) | 叶绿素 a/b | 总叶绿素 /(mg·$dm^{-2}$) | 类胡萝卜素 /(mg·$dm^{-2}$) | 可溶性蛋白 /(mg·$cm^{-2}$) |
|---|---|---|---|---|---|---|
| $B_1$ | 3.02±0.06a | 1.12±0.04ab | 2.69±0.08ABa | 4.15±0.09ab | 0.71±0.02a | 0.86±0.03Aa |
| $B_2$ | 2.61±0.36a | 0.95±0.14b | 2.77±0.04Aa | 3.56±0.50b | 0.63±0.09a | 0.69±0.04ABb |
| $T_1$ | 3.24±0.10a | 1.20±0.05ab | 2.70±0.04Aa | 4.44±0.16a | 0.75±0.04a | 0.84±0.07ABa |
| $T_2$ | 2.88±0.19a | 1.02±0.08ab | 2.84±0.04Aa | 3.90±0.27Aab | 0.69±0.03a | 0.78±0.02ABab |
| E | 2.51±0.40a | 1.33±0.18a | 1.97±0.56Bb | 3.84±0.23ab | 0.60±0.07a | 0.59±0.04Bb |
| X | 2.75±0.13a | 0.97±0.06b | 2.84±0.05Aa | 3.72±0.20ab | 0.65±0.02a | 0.88±0.08Aa |

### 10.1.2.4　K326 叶片水分状况和比叶重

各处理烟叶鲜重含水量和自然水分饱和亏没有显著差异(图 10-1 和图 10-2)，但烟叶面积含水量却存在一定差异(图 10-3)，峨山(E)的烟叶面积含水量最高，显著高于通海 2 个土壤处理($T_1$ 和 $T_2$)。各处理比叶重(LMA)的差异与叶面积含水量相似(图 10-4)，峨山(E)烟叶 LMA 最大，达 4.91mg·$cm^{-2}$，而四街($T_1$)土壤处理的烟叶 LMA 最小，只有 4.11mg·$cm^{-2}$，二者差异显著。

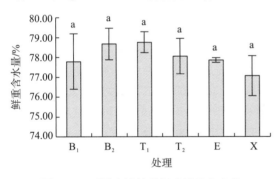

图 10-1　不同土壤处理烟叶鲜重含水量

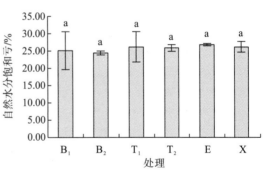

图 10-2　不同土壤处理烟叶自然水分饱和亏

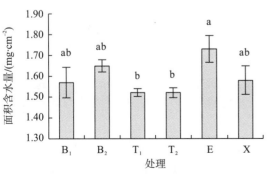

图 10-3　不同土壤处理烟叶面积含水量

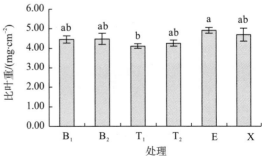

图 10-4　不同土壤处理烟叶比叶重

## 10.1.3　讨论

### 10.1.3.1　不同利用方式土壤对烟草生长的影响

植物外部形态的变化是对环境响应的直观表现。烟草的生长对土壤质地、pH、养分等有较高要求，一般土壤有机质含量适中，中、低肥力土壤上适当施肥，pH 为 5.5～7.0 的土壤上种植烟草最为适宜（刘国顺，2006）。试验结果表明，即使在相同的气候环境和水肥管理水平下，K326 对不同利用方式土壤的响应仍表现出很大的差异性，以峨山（E）的稻田土和新平（X）的山坡旱地土种植的 K326 长势最好，表明土壤本身的特性是决定 K326 生长好坏的重要因素，而针对不同的土壤需要制定不同的耕作或管理措施。

试验结果还显示，山坡旱地土、稻田和麦田土上生长的 K326 各农艺性状和通过 LMA 反映的叶片厚度（曾小平等，2004）普遍较菜地土（$T_1$ 和 $T_2$）上生长的植株好，但北城 1（$B_1$）土壤生长的 K326 茎高、茎围和节间距等也较低。土壤 pH 达 6 以上且接近中性，碱解氮、速效磷和速效钾分别为 60～120mg·kg$^{-1}$、10～40mg·kg$^{-1}$ 和 120～200mg·kg$^{-1}$ 为优质烟生产适宜的养分范围（黄成江等，2007）。综合分析各土壤 pH 和速效氮、磷、钾含量可以发现，北城 2（$B_2$）、峨山（E）和新平（X）土壤 pH 较其他 3 个土壤高，接近中性，而速效氮、磷、钾含量均低于其他 3 个土壤，这可能是造成不同土壤上 K326 长势差异的原因之一。此外，土壤含水量的差异也表明，北城 2（$B_2$）、峨山（E）和新平（X）土壤具有较强的保水能力。适当增加土壤水分，有利于叶面积的扩展、根系的伸展和养分的吸收，烟草的生长速度加快。

### 10.1.3.2　不同利用方式土壤对烟叶净光合速率的影响

土壤为植物提供光合作用所必需的水分和矿质元素等，直接影响着植物光合机构的发育及光合作用的强弱。气孔是植物获取光合作用重要原料之一的 $CO_2$ 的主要渠道，$P_n$ 除受非气孔因素的影响外，还受气孔因素的限制（Medrano et al.，2002；Ennahli and Earl，2005）。许大全（2002）指出，只有当 $P_n$ 和 $C_i$ 变化方向相同，二者同时减小，且 $L_s$ 增大时，才可以认为 $P_n$ 的下降主要是由 $G_s$ 引起，否则 $P_n$ 的下降要归因于叶肉细胞羧化能力的降低。试验结果表明，新平（X）土壤上种植 K326 的 $P_n$ 最大，北城（$B_1$ 和 $B_2$）和通海（$T_1$ 和 $T_2$）4 个土壤上种植 K326 的 $P_n$ 和 $C_i$ 均较新平（X）的有不同程度下降，而 $L_s$ 却有不同程度的上升，表明在这 4 类土壤上种植 K326 的 $P_n$ 都受到不同程度的气孔限制因子影响。相反，峨山（E）土壤种植的 K326 虽然 $L_s$ 较新平（X）小，但 $P_n$ 下降，$C_i$ 反而升高，因此其 $P_n$ 较低的一个原因主要是叶肉细胞羧化能力较低。较高的光合色素和可溶性蛋白含量有利于提高植物的净光合速率（Ding et al.，2005）。对比不同利用方式土壤上 K326 光合色素和可溶性蛋白质含量可以发现，峨山（E）土壤上 K326 叶绿素 a、类胡萝卜素以及可溶性蛋白质含量均较低，这与前面分析认为的非气孔限制因子是其 $P_n$ 较低的主要原因是一致的。

此外还发现，不同利用方式土壤对 K326 光合色素含量的影响与农艺性状相反，北城 1（$B_1$）和通海（$T_1$ 和 $T_2$）3 个土壤处理的烟叶光合色素含量较高，而峨山（E）虽然叶绿素 a 和类胡萝卜素含量最低，但其叶绿素 b 含量较高，可能与其较好的长势有关。峨山

(E)土壤上生长的 K326 由于植株和叶片大而节间距并未显著伸长,造成叶片间的遮蔽程度增加,植株内部光线较弱。光合色素的这种变化正反映了 K326 对植株或群体内部光环境的适应。

### 10.1.3.3　不同利用方式土壤对烟叶水分状况的影响

植物水分代谢包括水分的吸收、利用和散失等过程。土壤是植物吸收水分的介质,尽管试验中各利用方式土壤的含水量最大差别达到接近 1 倍,但各处理烟叶的鲜重含水量却没有显著差异。自然水分饱和亏是植物组织的实际含水量距离其饱和含水量差值的百分数,自然水分饱和亏越大,说明水分亏缺越严重,该指标能较好地比较植物保水能力的强弱(沈艳和谢应忠,2004)。各土壤处理烟叶自然水分饱和亏没有显著差别,说明了在差异较大的土壤水分条件下,烟叶具有很强的保水能力。比较烟叶鲜重含水量和自然水分饱和亏(图 10-1 和图 10-2)可以看出,二者具有相反的趋势,表明较高的鲜重含水量可能会降低烟叶的保水能力。叶片面积含水量和 LMA 具有相同的变化趋势(图 10-3 和图 10-4),不同利用方式土壤下烟叶 LMA 的差异可能是造成叶片面积含水量差异的原因之一。

气孔是植物通过蒸腾作用散失水分的主要通道,植物蒸腾作用的大小主要依赖于气孔导度,通常气孔导度与蒸腾速率呈正相关关系。试验结果也表明,不同利用方式土壤上 K326 叶片的 $T_r$ 和 $G_s$ 差异一致。气孔同时调控着植物 $CO_2$ 的摄取和水分散失之间的平衡,WUE 是一个较稳定的用来衡量碳固定和水分消耗比例的良好指标。本书中,不同利用方式土壤上 K326 的 WUE 几乎与 $T_r$ 呈相反的趋势,尤以峨山(E)和新平(X)两个土壤处理明显。较高的土壤水分含量提高植物的蒸腾速率(严巧娣和苏培玺,2005;高丽等,2009),试验中也发现,峨山(E)和新平(X)土壤体积含水量较高,其次为北城($B_1$ 和 $B_2$)土壤,再次为通海($T_1$ 和 $T_2$)土壤,各土壤种植 K326 的 $T_r$ 也与土壤体积含水量呈一致的变化。峨山(E)和新平(X)土壤上 K326 的 WUE 极显著地低于其他处理,可能是它们较高的土壤含水量促进了 $G_s$ 的增大,使 $T_r$ 上升,从而降低了 WUE(刘慧霞等,2009)。

当 $G_s$ 成为植物气体交换的主导限制因子时,以 IWUE 来描述植物光合作用过程中的水分利用状况较为适宜(赵平等,2000)。各处理 IWUE 存在一定差异,表明 $G_s$ 在调节叶片同外界环境进行气体和水分交换中起着重要作用。土壤可用水含量的降低会导致植物 IWUE 的增高(曾小平等,2004)。分析表明,峨山(E)和新平(X)土壤处理 K326 的 IWUE 较其他土壤处理低,一方面二者具有较高的土壤体积含水量,可用水含量较高;另一方面二者具有较高的 $G_s$,在试验条件下气孔对水、气的调控能力较差。

总体上,在同一气候背景和管理水平一致的条件下,不同利用方式土壤对烟草生长和光合生理的影响较复杂,不仅与土壤本身的物理化学特性有关,还与在不同土壤条件下植物本身的生理特性有关。土壤形成是长期的气候、生物因子等共同作用于土壤母质的结果,从气候环境是土壤形成的驱动力出发,不同类型的土壤物理和化学特性则铭刻有当地土壤形成的气候烙印。即不同土壤对烟草形态建成和光合生理等方面的影响存在的差异,是否也隐含了当地土壤形成的长期气候特征对烟草种植产生的影响,有待进一步研究。

## 10.2 不同施氮水平对烤烟叶片 $\delta^{13}C$、生理特征及化学成分的影响

在烤烟的种植过程中，氮素的施用时间、水平和形态等均会带来烟叶中蛋白质表达和调控的差异，进而影响烟碱等重要代谢过程。国内外烟草专家曾就氮素形态对烟叶产量、品质影响进行了大量研究（李善家等，2010），氮肥不足时，烟叶轻，烟碱含量低，香气差，刺激性不够，劲头不足（商志远等，2012），适量的氮素可以促使烟株生长发育良好，叶片大小适中，获得优质适产。一定施氮范围内，随着供氮水平的提高，烤烟株高、茎围、最大叶面积、单叶重和产量上升（钟楚等，2010b），烟叶中全氮和烟碱含量相应提高（谭淑文等，2013；颜侃等，2012b），还原糖和糖碱比线性降低（Westoby et al.，2002）。目前国内植烟区氮肥施用量普遍过大，后期烟田土壤中残留氮的供应过多（左天觉和朱尊权，1993），尤其在前期干旱的年份，则会造成烟株前期生长缓慢，氮素吸收高峰期推迟，导致后期烟株长势过旺，下部叶不能正常成熟，中、上部叶片过大、过厚，烟碱含量高，对品质极为不利。氮肥过多时，烟碱含量高，刺激性大，易引起各种叶面病害（刘海燕和李吉跃，2008），硝酸盐和亚硝酸盐的含量也明显增加（刘海燕和李吉跃，2008；杜天庆等，2009）。过量施氮还引起蛋白质含量增加，影响烟叶的燃烧性。研究表明，农田过量施用化肥是氮损失最主要的原因，施肥类型和方式、耕作制度和方式、土壤类型和降水等环境条件对氮素损失均有着不同程度的影响（张丛志等，2009）。

而有关气候和土壤及其互作对烟叶化学成分的影响研究认为，气候的影响权重最大，土壤则影响甚微（Ehleringer and Monson，1993）。作为烤烟最佳施肥指标的选择，研究认为，在施氮水平为 $150kg \cdot hm^{-2}$ 的条件下 $50\%$ 铵态氮+$50\%$ 硝态氮的配比，对提高广东南雄烟区紫色土上烟叶产质量和化学成分协调性效果最佳（Mumba and Banda，1990）。而以施氮 $60.0kg \cdot hm^{-2}$，氮肥 $50\%\sim75\%$ 基施、$25\%\sim50\%$ 追施处理烤烟的生物学指标和质量表现最优（Tang et al.，1994）。小麦施氮试验表明，连续减氮处理未显著降低小麦开花后旗叶的光合能力和产量，但降低了地下水污染的风险，同时可提高各项氮肥利用效率指标，因而 $180kg \cdot hm^{-2}$ 纯氮的施氮量可作为小麦持续高产条件下的推荐施肥量（王成雨等，2013）。对盆栽番茄实施不同氮肥类型和施用量的试验建议，将利用氮稳定同位素技术鉴别番茄果实纯有机肥和纯化肥处理的 $\delta^{15}N$ 的阈值设定为 $5\%$，有机种植检测可以借鉴此法设定相应的临界值（郭智成等，2013）。近年来，利用稳定碳同位素特性分析或指示植物种内或种间生理生态特性的差异、不同生境下植物水分利用效率（WUE）的变化、对化石植物气孔和气孔参数的影响、树木年轮 $\delta^{13}C$ 与气候的关系（商志远等，2012）、植物 $\delta^{13}C$ 对气候环境因子的响应等已成为植物生理生态学研究的热点之一（李善家等，2010）。但在烟草方面利用稳定碳同位素技术研究报道较少（谭淑文等，2013；颜侃等，2012b，2015）。美国著名烟草专家瑞蒙德·郎教授认为，决定烟叶风格特色的要素主要有生态条件、品种和技术。其中，生态条件的贡献率为 $56\%$、品种为 $32\%$、技术为 $12\%$。叶片是植物进化过程中对环境变化较敏感且可塑性较大的器官，受水分等环境因子的影响显著（左天觉和朱尊权，1993）。除形态特征外，生理特征也能反映出烤烟对环境条件的适应性。许多文献均表明，$\delta^{13}C$ 与 WUE 和比叶重呈正比（颜侃等，2012b；

Westoby et al.，2002；刘海燕和李吉跃，2008；林波和刘庆，2008）。施肥水平和土壤养分不仅影响烟叶面积、茎粗、株高及根系等烟株的生长发育，还影响其生理代谢过程、烟叶化学成分、烟叶厚度及结构等，从而影响烟叶产量及品质。叶绿素含量的变化可以反映植物叶片光合作用功能的强弱，并表征逆境胁迫下植物组织器官的衰老状况（刘海燕和李吉跃，2008）。色素一般不具有香味特征，但通过分解、转化可形成致香物质（Mumba and Banda，1990；Tang et al.，1994；史宏志等，1996；张丛志等，2009）。植物 $\delta^{13}$C 受环境条件的影响，同时又与自身生理特征密切相关，对 $\delta^{13}$C 的量化为研究植物与环境之间的相互作用和植物对环境变化的响应提供了有效手段。因此，$\delta^{13}$C 可以作为综合判定植物对环境条件与生理生态适应的定量指标或阈值。

作为烟叶 $\delta^{13}$C 变化与烤烟种植生理生态适应特征关系（谭淑文等，2013；颜侃等，2012b，2015）研究的拓展，本书针对云南昭鲁坝子烟区 4 个不同当家品种，设置 3 个不同施氮水平的品比试验，通过对烟叶 $\delta^{13}$C、比叶重、光合色素的变化特征及化学成分的分析比较，试图获得同一气候条件下不同施肥水平对同一烤烟品种，同一施肥水平对不同烤烟品种间生理生态特性的趋同或差异，以期为昭通烟草种植评价指标体系的优化提供理论依据。

## 10.2.1　材料与方法

### 10.2.1.1　试验材料

试验点位于云南省境内中高海拔昭鲁坝子烤烟主产区昭通市鲁甸县桃源乡铁家湾村（27°13′N，103°45′E，海拔为 1890m），烤烟品种为 K326、云烟 87、云烟 97、红花大金元。根据不同品种对氮肥的耐受程度和常规施用量，每个品种设置 3 个不同施氮水平，分别代表低、中、高水平。K326、云烟 87、云烟 97 施氮水平分别为纯氮量 4.0kg·667m$^{-2}$、5.5kg·667m$^{-2}$ 和 7.0kg·667m$^{-2}$，红花大金元分别为 3.0kg·667m$^{-2}$、4.0kg·667m$^{-2}$ 和 5.0kg·667m$^{-2}$。移栽期均为 2013 年 5 月 12 日，大田种植株行距为 50cm×120cm。试验地土壤化学性质如表 10-6 所示。

表 10-6　试验地土壤化学性质

| 有效磷 /(mg·kg$^{-1}$) | 速效钾 /(mg·kg$^{-1}$) | 全氮/% | pH | 有机质 /(g·kg$^{-1}$) | 全磷/% | 全钾/% | 水解性氮 /(mg·kg$^{-1}$) |
| --- | --- | --- | --- | --- | --- | --- | --- |
| 65.1 | 294.8 | 0.15 | 5.3 | 26.9 | 0.1 | 0.6 | 101.3 |

各处理均选取 100 株长势基本一致的烤烟，于 2013 年 7 月 8 日前后在打顶前对代表中部烟叶的第 11 叶位进行标记。在烤烟大田成熟期内共取样 4 次，即待烤烟进入生理成熟初期时的 7 月 14 日第一次取样，取样时整片采集标记烟叶。此后于每间隔 12d 的 7 月 26 日（生理成熟盛期）、8 月 7 日（过渡期）和 8 月 19 日（工艺成熟期）分别再对第 11 叶位烟叶各取样一次，用于 $\delta^{13}$C 和相关生理指标的测定。为保证每个测定指标均有 3 个重复，每次取样时分别取 3 株充分展开的同叶位叶片单独进行各项指标的分析处理。

### 10.2.1.2 测定项目及分析方法

稳定碳同位素组成的测定：将叶片洗净后，杀青烘干，粉碎过 80 目筛制成备用样品，送中国科学院南京土壤研究所测定。样品在高纯氧气条件下充分燃烧，提取燃烧产物 $CO_2$，用 FLASH EA-DELTAV 联用仪(Flash-2000 Delta V ADVADTAGE)测定碳同位素的比率，计算公式为

$$\delta^{13}C(\permil) = \frac{(^{13}C/^{12}C)_{样品} - (^{13}C/^{12}C)_{PDB}}{(^{13}C/^{12}C)_{PDB}} \times 1000\permil \tag{10-1}$$

式中，$\delta^{13}C$ 为烟叶样品中稳定碳同位素组成；$(^{13}C/^{12}C)_{PDB}$ 为美国南卡罗来纳州白碚石(Pee Dee Belemnite)中的 $^{13}C/^{12}C$。

比叶重：用打孔器取相同面积的叶圆片 25 个，称鲜重后，放入烘箱中 105℃杀青，60℃烘烤 48h，待冷却后再次称重。

$$LMA = (W_f - W_d)/A \tag{10-2}$$

式中，LMA 为比叶重($mg \cdot cm^{-2}$)；$W_f$、$W_d$ 分别表示叶圆片鲜重(mg)和干重(mg)；$A$ 为叶面积($cm^2$)。

光合色素的测定：根据提取液中各种色素对可见光光谱吸收的不同，使用分光光度计测定叶绿素含量。称取 0.1g(精确至 0.001g)鲜样，放入具塞试管，加入混合浸提剂(无水乙醇：丙酮＝1：1)20ml，加盖后置于暗处，浸泡至叶片完全变白，用浸提剂定容后，以浸提剂为空白对照，663nm、646nm、470nm 下比色。

$$C_a = 12.21A_{663} - 2.81A_{646} \tag{10-3}$$
$$C_b = 22.9A_{646} - 4.68A_{663} \tag{10-4}$$
$$C_{a+b} = C_a + C_b \tag{10-5}$$
$$C_x = (1000A_{470} - 3.27C_a - 104C_b)/229 \tag{10-6}$$

式中，$C_a$、$C_b$、$C_{a+b}$、$C_x$ 分别为叶绿素 a、叶绿素 b、总叶绿素、类胡萝卜素的浓度($mg \cdot L^{-1}$)；$A_{663}$、$A_{646}$、$A_{470}$ 分别为色素提取液在波长 663nm、646nm、470nm 下的吸光度。

化学成分的测定：选不同品种烤后烟叶，每品种各取其上、中、下部 1.5kg 送红塔集团技术中心用于化学成分分析，测定仪器为(SKALAR San++)全自动连续流动分析仪。

### 10.2.1.3 数据统计与分析

采用 Microsoft Excel 2003 对数据进行处理和绘图，SPSS 17.0 统计分析软件对数据进行单因素方差分析(One-way ANOVA)和多重比较(LSD)相关分析。

## 10.2.2 结果与分析

### 10.2.2.1 烟叶 $\delta^{13}C$ 的动态变化

由图 10-5(a)可见，低氮水平下每次取样时各品种烟叶中稳定碳同位素 $\delta^{13}C$ 均有一定差异，但差异状况不同。7 月 14 日生理成熟初期表现为 K326 的 $\delta^{13}C$ 最高，云烟 87 最低；7 月 26 日生理成熟盛期时 K326 的 $\delta^{13}C$ 依然最高，云烟 97 次之，云烟 87 最低；8 月 7 日过渡期时云烟 97 的 $\delta^{13}C$ 最高，云烟 87 最低；8 月 19 日工艺成熟期则为红大的

$\delta^{13}$C 最高，云烟 87 依旧最低。从 4 次取样的 $\delta^{13}$C 平均值看，K326、云烟 97、红大和云烟 87 分别为 $-25.77‰$、$-26.01‰$、$-26.15‰$和$-26.70‰$，表现为 K326＞云烟 97＞红大＞云烟 87。云烟 87 在 4 次取样中 $\delta^{13}$C 均最小，说明云烟 87 属较耐肥品种，不适合在低氮水平下种植。由图还可见，7 月 26 日和 8 月 19 日 4 个品种的 $\delta^{13}$C 差异显著（$P<0.05$），K326 和云烟 97 与其他两个品种 $\delta^{13}$C 差异明显，即 K326 和云烟 97 适生性较广，K326 表现尤其明显。

由图 10-5(b)可见，中氮水平下各品种烟叶 $\delta^{13}$C 均有一定差异，差异状况亦不同。7 月 14 日云烟 97 的 $\delta^{13}$C 最高，红大最低。7 月 26 日与 14 日趋势相似。8 月 7 日云烟 97 的 $\delta^{13}$C 最高，云烟 87 最低。8 月 19 日则为 K326 的 $\delta^{13}$C 最高，红大次之，云烟 87 最低。从 4 次取样的平均值看，云烟 97、K326、红大和云烟 87 分别为 $-25.24‰$、$-25.35‰$、$-25.87‰$和$-26.32‰$，表现为云烟 97＞K326＞红大＞云烟 87。8 月 7 日各品种的 $\delta^{13}$C 差异极显著（$P<0.01$），7 月 26 日差异显著（$P<0.05$）。云烟 97 的 $\delta^{13}$C 在前 3 次取样中均较高，说明中氮水平最适宜云烟 97 的肥力要求，且其在 8 月 7 日的成熟过渡期和 7 月 26 日生理成熟盛期的 $\delta^{13}$C 最高，表现最好，与其他 3 个品种差异明显，尤以云烟 87 和红大为甚。

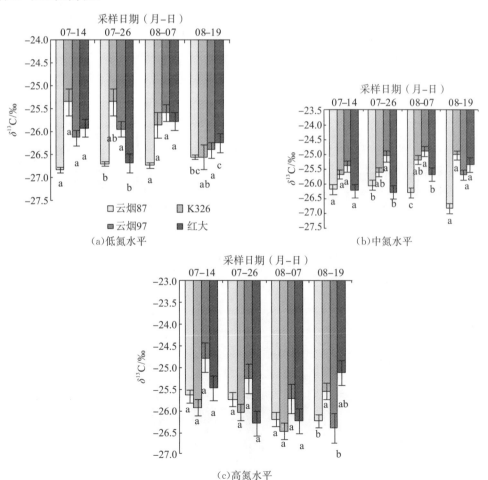

图 10-5　不同施氮水平下各品种烟叶 $\delta^{13}$C 的差异

注：小、大写字母表示品种间在 0.05、0.01 水平上的差异显著性，下同。

由图 10-5(c)可见，高氮水平下各品种烟叶中 $\delta^{13}$C 均有一定差异。7 月 14 日云烟 97 的 $\delta^{13}$C 最高，K326 最低，7 月 26 日和 8 月 7 日与之相近，8 月 19 日则为红大的 $\delta^{13}$C 最高，云烟 97 最低。各品种 $\delta^{13}$C 平均值表现为云烟 97>红大>云烟 87>K326。8 月 19 日各品种差异显著（$P<0.05$）。与中氮水平类似，云烟 97 的 $\delta^{13}$C 前期均较高，说明云烟 97 的耐肥能力最强，红大在 8 月 19 日的工艺成熟期其 $\delta^{13}$C 与其他 3 个品种差异明显，尤以与云烟 97 和云烟 87 为甚。

可见，同一品种由于施氮水平不同，会造成烟叶中 $\delta^{13}$C 的明显差异。总体上看，在 3 个施氮水平下云烟 97 的 $\delta^{13}$C 均保持较高，而云烟 87 的 $\delta^{13}$C 较低，K326 在中低氮水平下 $\delta^{13}$C 较高。

### 10.2.2.2　烟叶比叶重的动态变化

由图 10-6(a)可见，低氮水平下每次取样时各品种烟叶比叶重值均有一定差异，但差异状况不同。7 月 14 日生理成熟初期表现为云烟 97 比叶重最高，云烟 87 最低。7 月 26 日生理成熟盛期时云烟 87 最高，云烟 97 次之，云烟 K326 最低。8 月 7 日过渡期云烟 97 最高，红大最低。8 月 19 日工艺成熟期云烟 97 最高，云烟 87 最低。从 4 次取样的平均值看，各品种表现为云烟 97>云烟 87>K326>红大。由图还可见，随着烟叶生育期的推移，除云烟 87 其 8 月 7 日比叶重略大于 8 月 19 日，各品种烟叶比叶重均呈逐渐增加的趋势。

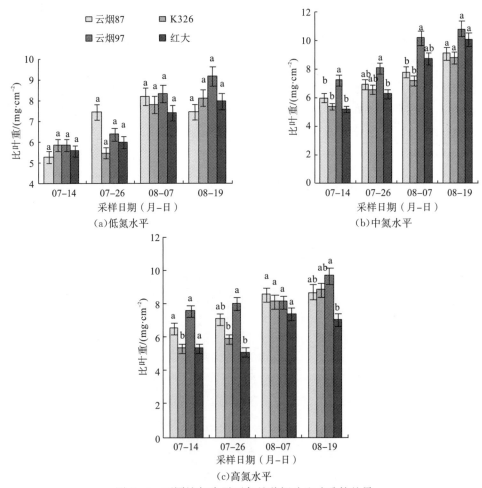

图 10-6　不同施氮水平下各品种烟叶比叶重的差异

由图 10-6(b)可见，中氮水平下各品种烟叶比叶重值均有一定差异，但差异状况亦不同。7 月 14 日云烟 97 最高，红大最低；7 月 26 日云烟 97 最高，红大最低；8 月 7 日云烟 97 最高，K326 最低；8 月 19 日则为云烟 97 最高，K326 最低。从 4 次取样的平均值看，各品种表现为云烟 97＞红大＞云烟 87＞K326。随着烟叶生育期的推移，烟叶比叶重均呈逐渐增加的趋势，云烟 97 的比叶重在 4 次取样中均最大，与其 $\delta^{13}$C 均较高的结果高度吻合，说明云烟 97 最适合在中氮施肥水平下种植。

由图 10-6(c)可见，高氮水平下各品种烟叶比叶重值均有一定差异，但差异状况不同。7 月 14 日云烟 97 最高，K326 最低；7 月 26 日云烟 97 最高，红大最低；8 月 7 日云烟 87 最高，红大最低；8 月 19 日则为云烟 97 最高，红大最低。从 4 次取样的平均值看，各品种表现为云烟 97＞云烟 87＞K326＞红大，且 7 月 14 日表现出呈极显著差异($P<0.01$)。云烟 97 比叶重在 7 月 14 日、7 月 26 日和 8 月 19 日均位列第一，而其 $\delta^{13}$C 也均名列前茅，两者基本吻合，说明云烟 97 亦适合在设置的高氮施肥水平下种植，且其在 7 月 14 日的生理成熟初期与其他 3 个品种比叶重差异明显。

可见，同一品种由于施氮水平不同，会造成烟叶中比叶重的明显差异。总体上看，在 3 个施氮水平下云烟 97 比叶重均最高，而 K326、红大较低。

### 10.2.2.3　烟叶光合色素的动态变化

**1. 不同施氮水平下烟叶叶绿素 a 的动态变化**

由图 10-7(a)可见，低氮水平下每次取样时各品种烟叶中叶绿素 a 含量均有一定差异，但差异状况不同。7 月 14 日生理成熟初期时表现为云烟 97 叶绿素 a 含量最高，K326 最低；7 月 26 日生理成熟盛期时云烟 97 最高，K326 最低；8 月 7 日过渡期红大最高，K326 最低；8 月 19 日工艺成熟期则为 K326 最高，红大最低。从 4 次取样的平均值看，各品种表现为云烟 97＞红大＞云烟 87＞K326。7 月 14 日、26 日品种间叶绿素 a 含量差异显著($P<0.05$)。

由图 10-7(b)可见，中氮水平下各品种烟叶中叶绿素 a 含量均有一定差异，差异状况亦不同。7 月 14 日云烟 97 最高，K326 最低；7 月 26 日云烟 97 仍最高，云烟 87 最低；8 月 7 日云烟 97 最高，K326 最低；8 月 19 日则为红大最高，云烟 87 最低。从 4 次取样的平均值看，各品种表现为云烟 97＞红大＞云烟 87＞K326，但差异均不显著。可见，中氮水平下云烟 97 的叶绿素 a 含量与其 $\delta^{13}$C 和比叶重均最大的结果高度吻合。

由图 10-7(c)可见，高氮水平下各品种烟叶叶绿素 a 含量均有一定差异，但差异状况不同。7 月 14 日云烟 97 最高，K326 最低；7 月 26 日红大最高，云烟 97 最低；8 月 7 日红大最高，云烟 97 最低；8 月 19 日则为 K326 最高，红大最低。从 4 次取样的平均值看，各品种表现为红大＞云烟 87＞云烟 97＞K326，且 7 月 26 日各品种间差异显著($P<0.05$)。可以看出，与低氮和中氮水平相比，高氮水平下叶绿素 a 的动态变化以红大占优势，且以生理成熟盛期最大。

可见，同一品种由于施氮水平不同，会造成烟叶中叶绿素 a 含量的明显差异。总体上，在中、低氮水平下云烟 97 叶绿素 a 含量最高，K326、云烟 87 较低；高氮水平下红大叶绿素 a 含量较高。

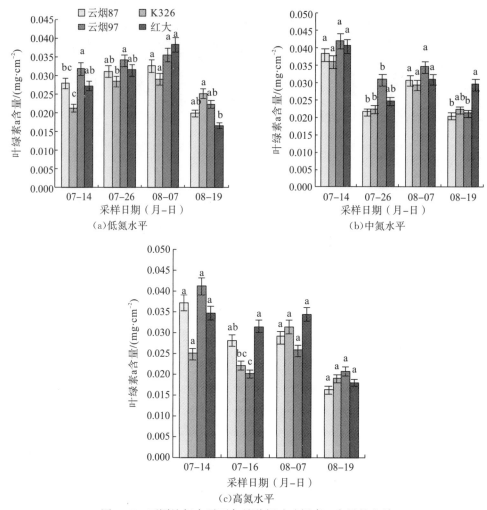

图 10-7　不同施氮水平下各品种烟叶叶绿素 a 含量的差异

## 2. 不同施氮水平下烟叶叶绿素 b 的动态变化

由图 10-8(a)可见，低氮水平下各品种烟叶中叶绿素 b 含量均有一定差异，但差异状况不同。7 月 14 日生理成熟初期表现为红大最高，K326 最低；7 月 26 日生理成熟盛期时云烟 97 最高，K326 最低；8 月 7 日过渡期云烟 97 最高，K326 最低；8 月 19 日工艺成熟期则为云烟 97 最高，红大最低。从 4 次取样的平均值看，各品种表现为云烟 97＞红大＞K326＞云烟 87，其中，8 月 19 日品种间差异显著($P<0.05$)。即除生理成熟初期外，叶绿素 b 含量均以云烟 97 最高，且其在工艺成熟期含量最高。

由图 10-8(b)可见，中氮水平下各品种烟叶中叶绿素 b 含量均有一定差异，但差异状况亦不同。7 月 14 日表现为红大最高，K326 最低；7 月 26 日云烟 97 最高，K326 最低；8 月 7 日云烟 97 最高，K326 最低；8 月 19 日则为红大最高，云烟 87 最低。从 4 次取样的平均值看，各品种表现为云烟 97＞红大＞云烟 87＞K326，尽管在生理成熟初期和工艺成熟期叶绿素 b 含量以红大最高，且其值与其他品种差异显著，但若以 4 次取样平均值估算，仍以云烟 97 占优势。

由图 10-8(c)可见，高氮水平下各品种烟叶叶绿素 b 含量均有一定差异，但差异状况不同。7 月 14 日和 7 月 26 日均以红大最高，K326 最低；8 月 7 日红大最高，云烟 97 最低；8 月 19 日则为 K326 最高，云烟 87 最低。从 4 次取样的平均值看，各品种表现为红大＞云烟 87＞云烟 97＞K326，且品种间差异不显著。

总体上看，中低氮水平下各品种烟叶叶绿素 b 含量以云烟 97 最高，K326、云烟 87 较低；高氮水平下以红大较高。

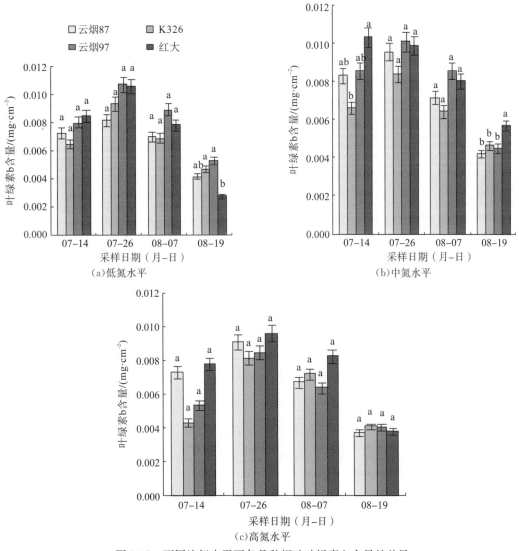

图 10-8 不同施氮水平下各品种烟叶叶绿素 b 含量的差异

### 3. 不同施氮水平下烟叶类胡萝卜素的动态变化

由图 10-9(a)可见，低氮水平下各品种烟叶中类胡萝卜素含量均有一定差异，但差异状况不同。7 月 14 日生理成熟初期表现为云烟 97 最高，云烟 87 最低；7 月 26 日生理成熟盛期时云烟 97 最高，K326 最低；8 月 7 日过渡期红大最高，K326 最低；8 月 19 日工艺成熟期则为云烟 97 最高，云烟 87 最低。从 4 次取样的平均值看，各品种表现为云烟

97>红大>云烟 87>K326，品种间在 7 月 14 日差异显著($P<0.05$)，工艺成熟期达极显著水平($P<0.01$)。即在低氮水平下类胡萝卜素含量除过渡期外，其他成熟期均以云烟 97 最高，尤以工艺成熟期含量最大。

由图 10-9(b)可见，中氮水平下各品种烟叶中类胡萝卜素含量均有一定差异，差异状况亦不同。7 月 14 日表现为云烟 97 最高，红大最低；7 月 26 日云烟 97 最高，云烟 87 最低；8 月 7 日云烟 97 最高，K326 最低；8 月 19 日则为红大最高，K326 最低。从 4 次取样的平均值看，各品种表现为云烟 97>红大>云烟 87>K326，品种间差异不显著。可见，中氮水平下类胡萝卜素含量仍以云烟 97 占优势，其动态变化与 $\delta^{13}$C、比叶重和叶绿素 a 一致。

由图 10-9(c)可见，高氮水平下各品种烟叶类胡萝卜素均有一定差异，但差异状况不同。7 月 14 日表现为云烟 97 最高，红大最低；7 月 26 日红大最高，K326 最低；8 月 7 日 K326 最高，红大最低；8 月 19 日则为红大最高，云烟 87 最低。从 4 次取样的平均值看，各品种表现为云烟 97>红大>K326>云烟 87，品种间差异不显著。

总体上看，在 3 个施氮水平下类胡萝卜素含量均以云烟 97 最高，K326、云烟 87 较低。

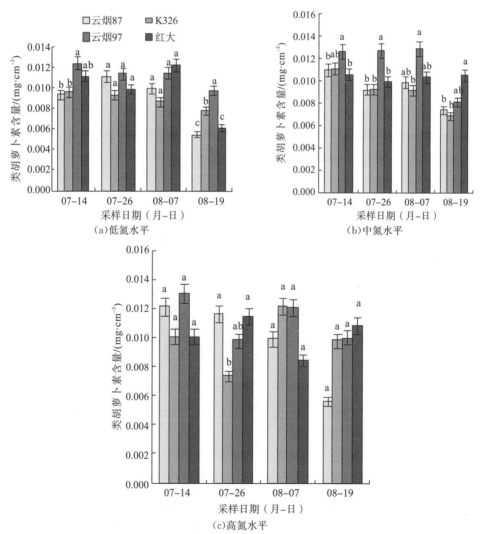

图 10-9　不同施氮水平下各品种烟叶类胡萝卜素含量的差异

### 10.2.2.4　烟叶化学成分的比较

各品种烟叶不同施氮水平下化学成分含量如表 10-7 所示，由表可见，低氮水平下各品种烟叶中化学成分均有一定差异，但差异状况不同。烟碱含量以云烟 97 最高，云烟 87 最低；总糖、还原糖表现为云烟 87 最高，云烟 97 最低；总氮含量以云烟 97 最高，红大最低；钾含量则 K326 最高，云烟 97 最低；氯含量表现为云烟 87 最高，K326 最低；糖碱比、氮碱比以云烟 87 最高，云烟 97 最低；钾氯比以 K326 最高，云烟 97 最低。中氮水平下，烟碱含量表现为 K326 最高，云烟 87 最低；总糖、还原糖含量以云烟 97 最高，K326 最低；总氮、钾表现为 K326 最高，云烟 97 最低；氯含量以 K326 最高，云烟 87 最低；糖碱比以云烟 87 最高，K326 最低；氮碱比、钾氯比以云烟 87 最高，云烟 97 最低。高氮水平下，烟碱含量表现为云烟 97 最高，K326 最低；总糖、还原糖以云烟 87 最高，云烟 97 最低；总氮以红大最高，K326 最低；钾、氯表现为 K326 最高，云烟 97 最低；糖碱比以云烟 87 最高，红大最小；氮碱比以 K326 最高，云烟 97 最低；钾氯比以云烟 97 最高，K326 最低。总体上，以云南烟草化学成分的各项指标评判标准综合判定，4 个品种中以云烟 97 化学成分的总体协调性较好。

表 10-7　各品种不同施氮水平下烟叶化学成分

| 施氮水平 | 品种 | 烟碱/% | 总糖/% | 还原糖/% | 总氮/% | 钾/% | 氯/% | 糖/碱 | 氮/碱 | 钾/氯 |
|---|---|---|---|---|---|---|---|---|---|---|
| 低氮 | 云烟 87 | 1.69 | 30.83 | 29.64 | 2.06 | 1.22 | 0.39 | 18.29 | 1.22 | 3.13 |
| | 云烟 97 | 3.91 | 13.9 | 13.69 | 3.81 | 0.68 | 0.3 | 3.55 | 0.97 | 2.31 |
| | K326 | 2.33 | 21.6 | 21.05 | 2.52 | 1.23 | 0.16 | 9.26 | 1.08 | 7.5 |
| | 红大 | 1.76 | 29.49 | 28.5 | 1.99 | 1.19 | 0.34 | 16.76 | 1.13 | 3.55 |
| 中氮 | 云烟 87 | 2.28 | 29.22 | 26.3 | 2.4 | 1.13 | 0.11 | 12.81 | 1.05 | 10 |
| | 云烟 97 | 2.92 | 29.3 | 27.36 | 2.31 | 0.58 | 0.22 | 10.03 | 0.79 | 2.59 |
| | K326 | 3.54 | 22.19 | 20.96 | 3.39 | 1.37 | 1.39 | 6.27 | 0.96 | 0.99 |
| | 红大 | 2.74 | 22.86 | 22.5 | 2.64 | 1.22 | 0.36 | 8.35 | 0.96 | 3.4 |
| 高氮 | 云烟 87 | 2.33 | 28.03 | 26.69 | 2.52 | 1.13 | 0.45 | 12.04 | 1.08 | 2.52 |
| | 云烟 97 | 3.17 | 21.17 | 19.38 | 2.95 | 0.87 | 0.08 | 6.67 | 0.93 | 10.63 |
| | K326 | 2.16 | 23.02 | 22.54 | 2.49 | 1.37 | 0.64 | 10.64 | 1.15 | 2.13 |
| | 红大 | 3.46 | 22.45 | 21.04 | 3.05 | 1.22 | 0.38 | 6.49 | 0.88 | 3.22 |

## 10.2.3　讨论

### 10.2.3.1　不同施氮水平下烟叶 $\delta^{13}C$ 的变化特征

烤烟在进行光合作用时，从 $CO_2$ 吸收、固定到有机物的合成均伴随着碳同位素的分馏，稳定碳同位素组成（$\delta^{13}C$）与水分利用效率（WUE）存在着较为稳定的正相关关系。除 WUE 外，矿质元素含量、光合氮利用效率（PNUE）、C/N、脯氨酸含量、比叶重

（LMA）、光合色素含量等生理指标与 $\delta^{13}C$ 也存在复杂的联系（上官周平和郑淑霞，2008）。$\delta^{13}C$ 可以间接反映烤烟对不同生态环境条件变化的适应特征（颜侃等，2012b），它主要决定于植物的生理及遗传特性，同时也与大气和辐射环境、地理要素和土壤环境密切相关。本节中，$\delta^{13}C$ 在不同施氮处理以及不同品种间表现出一定差异，说明 $\delta^{13}C$ 与植物自身生理特征密切相关。可以看出，在 3 个施氮处理中，尤以云烟 97、K326 在中氮水平下 $\delta^{13}C$ 最大，叶片 $\delta^{13}C$ 与 WUE 存在正相关关系的结论（William et al.，1999；杜天庆等，2009；颜侃等，2012b）表明云烟 97 的水分利用效率最高，K326 其次，云烟 87 最低。研究表明（谭淑文等，2013），同种植物之间碳同位素比值由于环境的差异（如水分、空气湿度、光强、大气 $CO_2$ 浓度等）可相差 30%～50%。本试验表明，在其他条件完全相同的条件下，施氮量水平低时云烟 87 $\delta^{13}C$ 逐渐变重，红大则完全呈逐渐变轻的态势，变化趋势明显，说明在整个成熟期内低施肥水平下两品种对施氮水平响应敏感。而在适施氮时云烟 87 的 $\delta^{13}C$ 均为最轻，说明云烟 87 在整个成熟期内对适施氮水平均响应敏感，而其他 3 个品种仅在成熟中期响应敏感。高氮肥水平时，云烟 87 的 $\delta^{13}C$ 除第 2 次外，其余取样均为最轻；K326 除第四次偏重外，其余差异不大；云烟 97 呈阶梯状递减，K326 表现最不敏感。从 3 个不同施氮水平对 4 个不同品种 $\delta^{13}C$ 动态变化的分析可以看出，总体上，云烟 87 对不同施氮水平响应最敏感，尤以在低氮水平下，其 $\delta^{13}C$ 随着生育期进程推进表现出逐渐变重的动态变化特点，与颜侃等（2015）的结论相符。

### 10.2.3.2　不同施氮水平下光合色素、比叶重与烤烟生长发育及品质形成的关系

光合色素含量的变化可以反映植物叶片光合作用功能的强弱，并表征逆境胁迫下植物组织器官的衰老状况（杜天庆等，2009）。光合作用是植物体内重要的代谢过程，叶片中光合色素则是叶片光合作用的物质基础，其强弱对于植物生长、产量及其抗逆性均具有十分重要的影响，并与烟叶的外观质量和香味密切相关。类胡萝卜素在植物体内具有重要的生物功能，保护叶绿素分子，使其不至于被光氧化破坏，抑制或消除活性氧自由基的伤害，防止脂质过氧化（周冀衡等，2004）。色素一般不具有香味特征，但通过分解、转化可形成致香成分的物质（史宏志等，1996）。试验结果表明，低氮和中氮水平下云烟97 的叶绿素 a、类胡萝卜素含量均最高，叶绿素 b 则分列第一和第二，说明云烟 97 光合作用功能最强。比叶重是烟叶长期光合能力强弱的有效衡量指标，已有研究表明，比叶重与叶片 $\delta^{13}C$ 呈正相关（张丛志等，2009；颜侃等，2015）。本试验表明，云烟 97 比叶重最大，说明在 4 个品种中，尤以云烟 97 光合和物质积累能力最强。

施肥量对烟叶全氮、烟碱、总糖、还原糖和钾等化学物质的含量具有显著影响，众多研究表明，一定范围内，随着施肥量的增加，烤烟叶片的 N、P、K、Mn 和烟碱含量增加，Mg、Fe 和还原糖含量下降。但也有研究者指出，施肥水平对烟碱和还原糖浓度无影响（Tang et al.，1994；邱标仁等，2003；黄中艳等，2007b）。可见，在不同生态条件和施肥水平下，全氮浓度、烟碱浓度、还原糖浓度随施氮水平的变化不一定表现出相同的变化趋势，施肥水平对化学成分的影响还与其他因素有关。本试验可以排除因气候环境差异对烤烟叶片 $\delta^{13}C$ 和各项生理指标的影响，而总糖、总氮和烟碱等化学成分受气候要素的影响较大。黄中艳等（2007b）从气候、土壤、品种 3 方面对烤烟烟叶化学成分含

量的影响进行了对比研究，明确了总糖、全氮和烟碱等化学成分主要受烤烟大田期气象因素的影响。总糖和还原糖是形成香气物质的重要前提，但烟叶中糖的含量并不是越高越好，糖含量过高，烟气中产生的焦油也相应增加，增加烟气对人体的危害，且吃味平淡(邓云龙等，2001；汪耀富和张福锁，2003)。研究表明，烟叶中叶绿素含量与总糖、钙、镁含量及全氮烟碱比存在正相关趋势(王瑞新等，1990)。本试验中，由于施氮水平上的差异，导致各品种光合色素的形成和积累亦不尽相同，叶绿素 a、叶绿素 b，尤其类胡萝卜素以云烟 97 含量居多，其烟碱含量高于适宜值，总糖、还原糖含量、糖碱比及氮碱比均位于适宜范围内，若以云南烟草化学成分的各项指标综合判定，4 个品种中以云烟 97 化学成分的总体协调性最好。

总体来看，不同施氮水平下，K326、云烟 97 品种的 $\delta^{13}C$ 均比云烟 87、红大品种偏重，尤以云烟 97 在 3 个施氮处理下类胡萝卜素含量均偏高，比叶重数值大且均表现一致，叶绿素 a 在低、中氮处理下也以云烟 97 品种含量最高。可以认为，云烟 97 和 K326 两品种的 $\delta^{13}C$ 偏重且动态变化规律明显，其水分利用效率(WUE)、比叶重等生理指标也必定占有一定的优势。烟叶化学成分分析亦表明，云烟 97 烟叶的烟碱含量与参考值相比，含量适宜且偏高，总糖、还原糖含量、糖碱比及氮碱比均位于适宜范围，协调性总体较好。本研究通过以烟叶稳定碳同位素为主线，辅以烟叶比叶重、光合色素和中部叶位化学成分等指标的综合评估，可以推断云烟 97 的产量和品质均高于其他 3 个品种(系)，其适生能力更强，最适宜在中氮水平下种植。若仅以 $\delta^{13}C$ 粗略判定，在管理水平和土壤类型差异不大、气候环境相近条件下，云烟 97、K326 适宜在中氮水平下，红大、云烟 87 则适宜在高氮水平下种植，可相对提高其产量和品质。从 3 个不同施氮水平对 4 个品种 $\delta^{13}C$ 动态变化的分析可以看出，云烟 87 对不同施氮水平响应最敏感，尤其在低施肥水平下，其动态变化特征符合烤烟叶片 $\delta^{13}C$ 随生育期进程表现出逐渐变重的趋势。

## 10.3　烤烟 $\delta^{13}C$ 及生理特征对不同施氮水平的响应

烤烟是中国重要的经济作物，种植面积与产量均居世界前列。烟叶的产量和品质受烤烟品种、生长环境、栽培管理措施和调制技术等多方面的影响，其中在栽培管理方面对烤烟的施肥管理是对烤烟品质及产量最为有效的调控手段之一，一直是国内外研究的热点(方明，2004)。氮是烤烟生长发育过程中最为重要的矿质营养元素之一，是构成烤烟体内许多重要有机化合物的主要成分，如核酸、蛋白质、维生素、叶绿素、烟碱等，在烤烟的生命活动中占有重要的地位。同时氮还是构成生命活动的物质基础，是影响烟草生长的快慢、叶片的大小以及产量的关键因素，对烟叶香气组成、吸味及刺激性有重要作用(祖艳群和林克惠，2002)。合理的施氮量可以保证烟株正常生长发育，达到烟叶良好碳氮化合物之间的比例平衡，对稳定烤烟产量、提高烟叶质量具有明显作用(Long and Wohz，1972；曹志洪等，1991；Davis and Mark，2003；张延春等，2005；沈铮等，2009)。当氮肥用量过少时，烟株生长缓慢，植株瘦弱，茎短而细，老叶黄化，叶片变小，且比正常叶片更加竖直，花期延迟；氮肥过多时，会导致烟株疯长，植株高大，叶色深绿，叶片大于正常叶片但叶片较薄，腋芽生长量增加，成熟延迟且落黄不好，不易调制(韩锦峰和郭培国，1990；样志晓等，2012)。

目前，国内植烟区氮肥施用量普遍过大(李文卿等，2010)，烟田土壤中残留氮肥过多，导致后期烟株长势过旺，下部叶不能正常成熟，中、上部叶片过大、过厚，烟碱含量高，对品质极为不利。在国内植烟区烟株生长的氮肥主要是分 2 次施入，第 1 次作为基肥施入，第 2 次在烤烟团棵期之前作为追肥施入。由于烟株在苗期生长较慢，对氮肥的吸收利用较少，使得前期施用的大量氮肥通过淋失、挥发或反硝化损失(李文卿等，2010；秦艳青等，2007)。所以，为避免氮肥在烤烟种植过程中施用过量造成浪费，适宜的施氮量对烤烟生产具有重要的意义。

$\delta^{13}C$ 的量化为研究植物与环境之间的相互作用和植物对环境变化的响应提供了有效手段，但利用 $\delta^{13}C$ 应用于评价不同施肥水平对烤烟种植和品质形成的判定少有报道。为获取 $\delta^{13}C$ 及生理特征对烤烟不同施氮量的响应水平，选择云南省昭通市鲁甸县桃源乡白泥沟村自然条件下种植的云烟 87 烤烟品种，通过设置 3 个不同施氮量的处理对比试验，测定其烟叶的 $\delta^{13}C$、比叶重、光合色素、总碳、全氮、碳氮比等，以环境生理生态学的研究思路，探讨 3 个不同施氮水平处理下，同一品种烟叶 $\delta^{13}C$ 的垂直分布特征与众多指标的关系，及该品种在昭鲁烟区种植的最适施氮量。

## 10.3.1　材料与方法

### 10.3.1.1　试验材料

试验点选择云南省境内地处滇东北南温带的昭通市鲁甸县桃源乡白泥沟村(27°13′N，103°45′E，海拔为 1890m)，以烤烟品种云烟 87 为试验材料。根据大田种植不同品种对氮肥的耐受程度和常规施用量，试验所用氮肥为上海产烟草专用复合肥(N-P-K = 10-10-20)，设置 3 个不同供氮水平处理，分别为每公顷施纯氮 60kg、82kg、105kg，记为处理 1、处理 2、处理 3。试验不同施氮处理前土壤化学性质如表 10-8 所示。大田种植株行距为 50cm×120cm。

表 10-8　试验地土壤化学性质

| 品种 | pH | 有机质/(g/kg) | 全氮/% | 全磷/% | 全钾/% | 水解性氮/(mg/kg) | 有效磷/(mg/kg) | 速效钾/(mg/kg) |
|---|---|---|---|---|---|---|---|---|
| 云烟 87 | 5.505 | 28.898 | 0.126 | 0.115 | 1.246 | 123.193 | 90.710 | 323.350 |

选取 3 个不同施氮处理下各 100 株长势基本一致的云烟 87 烤烟，分别对烤烟的第 7、第 10、第 13 和第 15 叶位进行标记，待烟叶进入生理成熟期后，对标记叶位取样并进行相关生理指标的测定。于烤烟逐步进入生理成熟期的 2014 年 7 月 19 日起计算，每隔 12d，即 7 月 31 日、8 月 12 日和 8 月 24 日，共 4 次对已标记烟株的第 7、第 10、第 13 和第 15 叶位进行取样，并对各项生理生化指标进行处理分析。

### 10.3.1.2　试验方法

(1)比叶重(LMA)。分别选取第 7、第 10、第 13 和第 15 叶位完全展开的健康叶片，取一定面积叶片烘干至恒量，称其干物质量。

$$比叶重 = 干物质量 / 叶面积 \tag{10-7}$$

（2）叶绿素含量测定采用丙酮：无水乙醇（1：1）浸提－比色法（邹琦，1995）。

$\delta^{13}C$ 测定：将取样叶片 105℃杀青，烘干粉碎制成样品，送中国科学院南京土壤研究所进行稳定碳同位素分析。样品在高纯氧气条件下充分燃烧，提取燃烧产物 $CO_2$，用 FLASH EA-DELTAV 联用仪（Flash-2000 Delta V ADVADTAGE）测定碳同位素的比率，分析结果根据如下公式进行计算：

$$\delta^{13}C(\text{‰}) = \frac{(^{13}C/^{12}C)_{样品} - (^{13}C/^{12}C)_{PDB}}{(^{13}C/^{12}C)_{PDB}} \times 1000\text{‰} \tag{10-8}$$

式中，$\delta^{13}C$ 表示烟叶样品稳定碳同位素组成；$(^{13}C/^{12}C)_{PDB}$ 表示美国南卡罗来纳州白碚石（Pee Dee Belemnite）中的 $^{13}C/^{12}C$。

总碳、全氮及碳氮比：将叶片洗净后，杀青烘干，粉碎过 60 目筛制成样品，送云南省农业科学院院内云南悦分环境检测有限公司分析测试。碳氮比为总碳与全氮的比值。

### 10.3.1.3　数据处理

使用 Microsoft Excel 2003 对数据进行处理和绘图，使用 SPSS 18.0 统计分析软件对数据进行方差分析和多重比较相关分析。显著性水平 $P > 0.05$。

## 10.3.2　结果与分析

### 10.3.2.1　烟叶色素的动态变化

3 个不同施氮处理下，烤烟第 7、第 10、第 13 和第 15 叶位烟叶色素含量差异如图 10-10 所示。从图中可以看出，叶绿素 a 含量随叶位的升高而逐渐减小，表现为第 15 叶位＜第 13 叶位＜第 10 叶位＜第 7 叶位。叶绿素 b 含量表现为随叶位的升高而逐渐增大，到第 13 叶位时叶绿素 b 含量达到最大值，第 15 叶位叶绿素 b 含量急剧减小。类胡萝卜素含量随叶位的升高而逐渐减小，表现为第 15 叶位＜第 13 叶位＜第 10 叶位＜第 7 叶位。总叶绿素含量随叶位的升高而逐渐减小，表现为第 15 叶位＜第 13 叶位＜第 10 叶位＜第 7 叶位，且第 15 叶位较第 13 叶位的总叶绿素含量减小幅度较大，且 4 个叶位不同处理的烟叶其叶绿素 a、叶绿素 b、总叶绿素以及类胡萝卜素含量均有一定差异，除第 15 叶位类胡萝卜素含量处理 1 与处理 3 之间差异显著外（$P < 0.05$），其余 3 个叶位的色素含量差异均不显著，但差异状况不同。其中，第 7 叶位处理 1 的叶绿素 b 以及总叶绿素含量最高；处理 2 的 3 种色素以及总叶绿素含量均最低；处理 3 叶绿素 a 以及类胡萝卜素含量最高。第 10 叶位处理 1 的类胡萝卜素含量最高；处理 2 的叶绿素 a、叶绿素 b 及总叶绿素含量最高；处理 3 的 3 种色素以及总叶绿素含量均最低。第 13 叶位处理 1 的 3 种色素以及总叶绿素含量均最低；处理 2 的 3 种色素以及总叶绿素含量均处于中间水平；处理 3 的 3 种色素以及总叶绿素含量均最高。第 15 叶位处理 1 的叶绿素 a、类胡萝卜素以及总叶绿素含量最低；处理 2 叶绿素 b 含量最低；处理 3 的 3 种色素以及总叶绿素含量均最高。

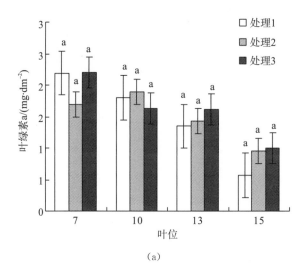

（a）

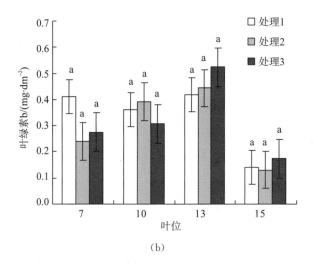

（b）

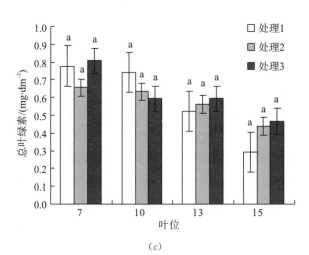

（c）

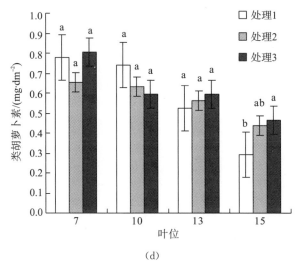

(d)

图 10-10　不同施氮处理烟叶色素含量随叶位的分布

注：不同小写字母分别表示差异达 0.05 显著水平，下同。

### 10.3.2.2　烟叶比叶重的动态变化

3 个不同施氮处理下，烤烟第 7、第 10、第 13 和第 15 叶位烟叶比叶重的差异如图 10-11 所示。从图中可以看出，比叶重均随着叶位升高而逐渐升高，表现为第 15 叶位>第 13 叶位>第 10 叶位>第 7 叶位。3 个处理下的不同叶位，其差异均不显著。第 7 叶位处理 1 比叶重最大，处理 3 次之，处理 2 最小；第 10 叶位处理 1 比叶重最大，处理 2 次之，处理 3 最小；第 13 叶位与第 15 叶位处理 2 比叶重最大，处理 1 次之，处理 3 最小。

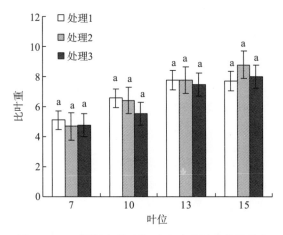

图 10-11　不同施氮处理烟叶比叶重随叶位的分布

### 10.3.2.3　烟叶 $\delta^{13}$C 的动态变化

3 个不同施氮处理下，烤烟第 7、第 10、第 13 和第 15 叶位烟叶 $\delta^{13}$C 的差异如图 10-12 所示。从图中可以看出，$\delta^{13}$C 在 4 个叶位间的变化规律不明显，表现为第 7 叶位<第 13 叶位<第 10 叶位<第 15 叶位。第 7 叶位处理 1 的 $\delta^{13}$C 与处理 2、处理 3 的

$\delta^{13}C$ 差异极显著($P<0.01$)，其他 3 个叶位的各处理间的差异均不显著。其中处理 1 的 4 个叶位的 $\delta^{13}C$ 均为最小，而处理 2 与处理 3 的 $\delta^{13}C$ 差异均不明显，差异很小。

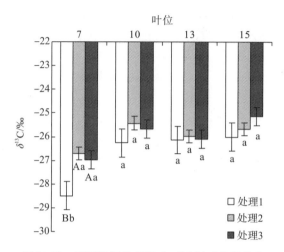

图 10-12　不同施氮处理烟叶 $\delta^{13}C$ 随叶位的分布

### 10.3.2.4　烟叶碳氮代谢的动态变化

3 个不同施氮处理下，烤烟第 7、第 10、第 13 和第 15 叶位烟叶碳氮代谢等生理指标的差异如图 10-13 所示。从图中可以看出，随叶位的上升，各种成分含量的变化趋势均存在差异，且变化规律均不明显，其中全氮含量为第 7 叶位>第 15 叶位>第 10 叶位>第 13 叶位，其中第 10 叶位较第 15 叶位全氮含量略低，较为接近；全磷含量为第 15 叶位>第 10 叶位>第 13 叶位>第 7 叶位，但 4 个叶位全磷含量差异均不明显；总碳含量为第 13 叶位>第 10 叶位>第 15 叶位>第 7 叶位，其中第 10 叶位与第 13 叶位总碳含量差异较小，较为接近；石油醚提取物含量为第 15 叶位>第 10 叶位>第 7 叶位>第 13 叶位；总蛋白质含量为第 15 叶位>第 10 叶位>第 7 叶位>第 13 叶位，其中第 7 叶位略低于第 10 叶位，但数值较为接近；总碳/全氮为第 10 叶位>第 7 叶位>第 13 叶位>第 15 叶位，其中第 7 叶位与第 10 叶位总碳/全氮比值差异较小，较为接近。

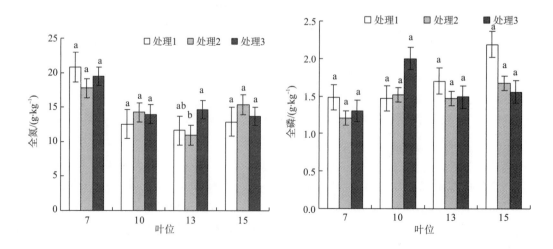

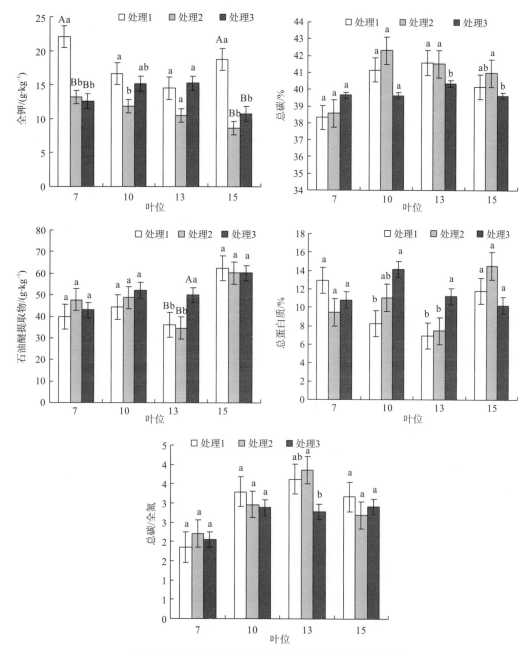

图 10-13　不同施氮处理烟叶碳氮代谢等随叶位的分布

第 7 叶位全钾含量处理 1 与处理 2 和处理 3 差异达到极显著($P<0.01$)，其余成分含量差异均不显著，其中处理 1 的全氮、全磷、全钾、总蛋白质含量以及总碳/全氮比值最高，总碳以及石油醚提取物含量最低；处理 2 的全氮、全磷以及总蛋白质含量最低，石油醚提取物以及总碳/全氮比值最高；处理 3 的全钾含量最低，总碳含量最高。

第 10 叶位全钾含量处理 1 与处理 2 差异显著($P<0.05$)，总蛋白质含量处理 1 与处理 3 差异显著($P<0.05$)，其余成分含量均不显著，其中处理 1 的全氮、全磷、石油醚提取物以及总蛋白质含量最低，全钾含量以及总碳/全氮比值最高；处理 2 的全氮、总碳含

量最高，全钾含量最低；处理 3 的全磷、石油醚提取物以及总蛋白质含量最高，总碳含量最低。

第 13 叶位全氮含量处理 2 与处理 3 差异显著($P<0.05$)，石油醚提取物处理 3 与处理 1 和处理 2 差异极显著($P<0.01$)，总蛋白质处理 3 与处理 1 和处理 2 差异显著($P<0.05$)，总碳含量处理 3 与处理 1 和处理 2 差异显著($P<0.05$)，其余成分含量差异均不显著，其中处理 1 的全磷、总碳含量最高，总蛋白质含量以及总碳/全氮最低；处理 2 的全氮、全磷、全钾以及石油醚提取物含量最低，总碳/全氮最高；处理 3 的全氮、全钾、石油醚提取物含量以及总蛋白质含量最高，总碳以及总蛋白质含量最低。

第 15 叶位全钾含量处理 1 与处理 2 和处理 3 差异极显著($P<0.01$)，总碳含量处理 2 与处理 3 差异显著($P<0.05$)，其余成分含量差异均不显著，其中处理 1 的全氮含量最低，全磷、全钾、石油醚提取物含量以及总碳/全氮最高；处理 2 的全氮、总碳以及石油醚提取物含量最高，全钾含量以及总碳/全氮最低；处理 3 的全磷、总碳、石油醚提取物以及总蛋白质含量最低。

### 10.3.2.5　不同施氮水平下 $\delta^{13}C$ 与各项指标的相关性分析

从表 10-9 中可以看出，$\delta^{13}C$ 与各项指标的相关性均未达到显著水平，但与叶绿素 a、类胡萝卜素、全氮含量以及比叶重 4 项的相关性较高。$\delta^{13}C$ 与叶绿素 a、叶绿素 b、类胡萝卜素、全氮含量、全钾含量以及总蛋白质含量呈负相关；与比叶重、总碳、全磷和总碳/全氮呈正相关。

表 10-9　$\delta^{13}C$ 与色素含量、比叶重及碳氮代谢等指标相关性分析

| | | Chl-a 含量 | Chl-b 含量 | 类胡萝卜素含量 | 总叶绿素含量 | 全氮 | 比叶重 | 全钾 | 总碳 | 石油醚提取物 | 总蛋白质 | 碳氮比 | 全磷 |
|---|---|---|---|---|---|---|---|---|---|---|---|---|---|
| 碳同位素 | $r$ | −0.672 | −0.127 | −0.688 | −0.620 | −0.695 | 0.695 | −0.372 | 0.622 | 0.230 | −0.098 | 0.566 | 0.489 |
| | $Sig.$ | 0.068 | 0.764 | 0.059 | 0.101 | 0.056 | 0.056 | 0.364 | 0.100 | 0.584 | 0.817 | 0.144 | 0.219 |

## 10.3.3　讨论

### 10.3.3.1　不同施氮水平烤烟色素含量及比叶重的变化特征

由于氮的有机合成是先与叶片中的光合产物进行化学合成，生成氨基酸，所以烤烟体内氮素的含量与烤烟光合作用具有相互促进的关系(陈锦强和李明启，1984)。光合作用是植物体内重要的代谢过程，叶片中光合色素则是叶片光合作用的物质基础，其强弱对于植物生长、产量及其抗逆性都具有十分重要的影响，而且与烟叶的外观质量和香味也有密切关系(杨金汉等，2014)。类胡萝卜素在植物体内具有重要的生物功能，保护叶绿素分子，使其不至于被光氧化而破坏，抑制或消除活性氧自由基的伤害，防止脂质过氧化(周冀衡等，2004；赵铭钦等，2009)。试验结果表明，除叶绿素 b 外，叶绿素 a、类胡萝卜素和总叶绿素含量均随叶位的上升呈现出下降的趋势，其中处理 1 与处理 3 在第 7 叶位的光合色素含量均较高，而处理 2 的光合色素含量较低，随着叶位的上升，处理 1 的光合色素含量下降较为明显，到第 15 叶位时各项数据均处于一个较低水平，处理 2 和

处理 3 的光合色素含量下降得较为平缓。就烤烟整体而言，处理 3 的 4 个叶位的总叶绿素含量最高达到 7.718mg・dm$^{-2}$，处理 1 和处理 2 分别为 7.241mg・dm$^{-2}$、7.172mg・dm$^{-2}$，故处理 3 的光合物质积累能力最强，处理 1 和处理 2 较为接近。3 个处理的类胡萝卜素含量与光合色素的变化趋势一致，皆为处理 3 最多（2.461mg・dm$^{-2}$），处理 1 次之（2.334mg・dm$^{-2}$），处理 2 最少（2.288mg・dm$^{-2}$），但 3 个处理的类胡萝卜素含量差异不大。

比叶重是衡量烟叶长期光合能力强弱的有效指标，与叶片厚度呈正相关的关系。有研究表明，植物叶片越厚，储水能力越强，也有利于防止水分的过分蒸腾（Dong and Zhang，2001），提高水分利用率（吴潇潇等，2014），故比叶重与水分利用率之间也存在一定的正相关关系。试验结果表明，烤烟叶片比叶重随叶位的上升呈上升趋势。处理 1 的比叶重在第 7 叶位时为 3 个处理最大值，但随着叶位的上升，比叶重增势较缓；处理 2 比叶重在第 7 叶位时为最低值，但随着叶位的上升，比叶重增势较大，到第 15 叶位时为 3 个处理间的最大值；处理 3 的比叶重一直处于 3 个处理的中间水平。从烤烟整体而言，处理 2 的施氮量对烤烟的比叶重最为有利，4 个叶位的比叶重平均值为 3 个处理的最高值，达到 6.920；处理 1 次之，为 6.788；处理 3 最小，为 6.452。大量研究表明，水分利用率（WUE）与 δ$^{13}$C 呈正相关关系（杨金汉等，2014；周冀衡等，2004），因此可以认为处理 2 的水分利用率最高，这与 δ$^{13}$C 分析结果一致。

### 10.3.3.2　不同施氮水平烤烟碳氮代谢的变化特征

氮素是烤烟体内蛋白质的重要组成成分，因而总蛋白质含量可以在一定程度上反映不同施氮水平对烤烟的影响。试验结果显示，总蛋白质含量不随烤烟叶位呈规律性变化，除第 13 叶位总蛋白质含量较低外，其余 3 个叶位总蛋白质含量均差异不大。就烤烟整体而言，处理 3 的总蛋白质含量为 4 个叶位平均值最高，达到 11.603%，处理 2 其次（10.636%），处理 1 最低（9.990%）。因此，处理 3 的施氮水平更有利于烤烟蛋白质的生成。

施氮量直接关系到硝酸还原代谢及整个氮代谢的强弱，同时氮素对光合碳固定代谢也有显著促进作用，随叶片含碳量增加，净光合速率呈线性关系上升（刘国顺等，2010）。试验结果表明，在烟株的下部叶位第 7 叶位时全氮含量出现一个最高值，之后随烤烟叶位的上升，全氮含量维持在一个较为稳定的范围。不同的施氮水平下，烤烟的全氮含量也有所差异，随施氮量的增加，全氮含量也逐渐增加。增施氮素使碳水化合物积累代谢减弱，光合产物大量用于含氮化合物的合成，淀粉积累晚，积累量小，碳氮比快速增长期推迟且不明显（吴潇潇等，2014）。试验结果表明，在烤烟的不同叶位总碳含量均处于一定的范围，差异不大。处理 2 的总碳含量为 4 个叶位平均值最高（40.85%），处理 1 其次（40.31%），处理 3 最低（39.82%）。说明处理 3 的施氮量已经影响了烤烟碳水化合物的积累，为烤烟的生长带来一定的负面影响。

研究表明，C/N 可以作为反映烟叶碳氮代谢协调程度的重要指标，施氮过多，使叶片 C/N 过低，叶片氮代谢旺盛，光合产物的输出率降低，造成光合产物对光和器官的反馈抑制（李潮海等，2000；黄树永和陈良存，2005）。试验结果表明，施氮量最多的处理 3 的 C/N 最低，4 个叶位的平均值为 2.656，处理 2 其次（2.931），而处理 1 的 C/N 最高

(2.985)，处理 3 与处理 1 和处理 2 的 C/N 差异较明显。由于 C/N 可反映出碳氮各自的相对丰缺程度及其对作物生长发育的影响（黄树永和陈良存，2005），所以可以发现处理 3 的施氮水平使烤烟的光合产物积累减弱，对烤烟的生长发育产生了一定程度的影响，这与上述结论一致。

除上述讨论外，数据结果显示，烤烟全钾含量对不同施氮量反应敏感，第 7、第 10、第 15 叶位对不同的施氮水平均出现差异显著（$P < 0.05$），其中第 7、第 15 叶位更是达到了差异极显著（$P < 0.01$）水平。除此之外，石油醚提取物第 13 叶位针对不同施氮量处理也出现了极显著差异（$P < 0.01$）。因此，施氮量对烤烟的全钾含量和石油醚提取物含量也有影响，由于钾和石油醚提取物与烤烟香气物质有重要的关系，施氮量将对烤烟香气物质产生一定的间接影响。

### 10.3.3.3 不同施氮水平烤烟 $\delta^{13}C$ 的变化及其相关性分析

在 3 个处理中，处理 2 各叶位的 $\delta^{13}C$ 均为较高值，4 个叶位的 $\delta^{13}C$ 平均值为 $-25.95‰$，处理 3 以 $-25.95‰$ 略低于处理 2，而处理 1 则处于一个较低值，平均值为 $-26.73‰$。根据 $\delta^{13}C$ 与水分利用效率呈正相关关系的结论，可说明处理 2 的水分利用效率最高，处理 3 次之，处理 1 最低。

烤烟在进行光合作用时，$CO_2$ 的吸收、固定到光合产物的合成均伴随着碳同位素的分馏（吴绍洪等，2006），因此 $\delta^{13}C$ 可以间接反映烤烟对不同生态环境条件变化的适应特征。$\delta^{13}C$ 主要决定于植物的生理学遗传特性，同时也与大气和辐射环境、地理要素和土壤环境密切相关。$\delta^{13}C$ 在不同施氮处理下，各处理间表现出一定的差异，说明 $\delta^{13}C$ 与施氮水平密切相关。而 $\delta^{13}C$ 除水分利用率（WUE）外，矿质元素含量、光合氮利用效率（PNUE）、C/N、脯氨酸含量、比叶重（LMA）、光合色素含量等生理指标与 $\delta^{13}C$ 也存在复杂的联系（王毅等，2013b；田先娇等，2014）。通过 $\delta^{13}C$ 与各项生理指标的相关性分析可以发现，在本次试验中 $\delta^{13}C$ 与各项指标虽然相关性均未达到显著水平，但与叶绿素 a、类胡萝卜素、全氮含量以及比叶重 4 项的相关性较高。其中与叶绿素 a、叶绿素 b、类胡萝卜素、全氮含量、全钾含量以及总蛋白质含量呈负相关；与比叶重、总碳、全磷和总碳/全氮呈正相关。通过相关性分析，可以说明在一定程度上，$\delta^{13}C$ 的大小亦可反映烤烟叶片光合能力、碳氮代谢能力的强弱。

综合以上讨论，在不同施氮水平下，云烟 87 在色素含量、比叶重、$\delta^{13}C$ 以及碳氮代谢等方面均表现出一定的差异。在 3 个处理中，处理 3 的色素含量及全氮含量最高，C/N 及比叶重最低，可以得出 $105kg \cdot hm^{-2}$ 的施氮量对烤烟碳水化合物的积累起到了一定的负面影响；处理 2 比叶重、$\delta^{13}C$ 以及总碳含量最高，而全氮含量以及 C/N 则次于处理 3，且与处理 3 的各项数据差异较小，虽色素含量最低，但与处理 3 的色素含量差异较小；处理 1 除色素含量和比叶重处于中间外，$\delta^{13}C$ 以及碳氮代谢等方面均表现较差。以烟叶稳定碳同位素（$\delta^{13}C$）为主线，辅以烟叶比叶重、光合色素和碳氮代谢等指标的综合评估，可推断云烟 87 在 $82kg \cdot hm^{-2}$ 的施氮水平下，烟株的各方面表现较佳，$105kg \cdot hm^{-2}$ 的施氮水平下的烟株表现略差，而 $60kg \cdot hm^{-2}$ 的施氮水平下的烟株则表现最差。研究认为，在昭鲁烟区气候环境下，$82kg \cdot hm^{-2}$ 的施氮量更适宜云烟 87 的生长。

# 第 11 章　烤烟 $\delta^{13}C$ 对模拟降水和增强 UV-B 辐射的响应

## 11.1　不同烟区降水量对烟叶 $\delta^{13}C$ 及生理指标的影响

降水是影响烤烟生长的关键因素之一，水分与成熟期和产量关系甚密，成熟度是影响烤烟烟叶品质的重要因素之一。研究认为，成熟采收对烟叶质量的贡献较大（周冀衡等，1996）。而对烟叶风格特色生态条件的贡献率最大、品种次之、技术稍小。植物适应环境的生态策略有 4 个衡量指标，即比叶重－叶寿命（leaf mass per area-leaf lifespan，LMA-LL）、种子重量－出种量（seed mass-seed output，SM-SO）、叶片大小－枝条大小（leaf size-twig size，LS-TS）和植株高度（height）（Westoby et al.，2002）。许多文献均表明 $\delta^{13}C$ 和水分利用效率呈正比（林波和刘庆，2008；刘海燕和李吉跃，2008）。除了形态特征外，生理特征也能同时反映出烤烟对环境条件的适应性。烟草生长发育离不开土壤水分，它影响烟叶产量及产值。叶片中光合色素则是叶片光合作用的物质基础，是光合作用的重要影响因素。烟叶中的色素主要包括叶绿素和类胡萝卜素。叶绿素含量的变化，可以反映植物叶片光合作用功能的强弱以及表征逆境胁迫下植物组织器官的衰老状况（杜天庆等，2009）。色素一般不具有香味特征，但通过分解、转化可形成致香成分的物质（史宏志等，1996）。植物 $\delta^{13}C$ 受环境条件的影响，同时又与自身的生理特征密切相关，因此，$\delta^{13}C$ 可以作为联系环境条件与生理特征的纽带。叶片气孔导度会引起 $C_i$ 的下降和 $\delta^{13}C$ 的增加（张丛志等，2009）。研究表明，$\delta^{13}C$ 与降水量之间存在显著负相关（Schulze et al.，1996）。基于 $\delta^{13}C$ 与 WUE 存在着较为稳定的关系，被普遍应用于研究作物的需水规律。除了 WUE 外，矿质元素含量、光合氮利用效率（PNUE）、C/N、脯氨酸含量、比叶重、光合色素含量等生理指标与 $\delta^{13}C$ 也存在复杂的联系。烤烟大田生长期，降水量及其地域分布极不均匀，降水量成为影响烟叶品质的重要气候要素之一。本章研究旨在模拟降水对烤烟生理成熟期和工艺成熟期的烟叶品质的影响。为此，采用避雨栽培烤烟品种云烟 87，进行烤烟大田降水量模拟试验，试图获得不同地区烤烟主要大田生长期降水量对烟叶 $\delta^{13}C$ 及生理指标的影响差异，为烤烟生理生态及品质形成的研究提供理论支撑。

### 11.1.1　材料与方法

#### 11.1.1.1　试验材料

根据云南省年降水量分布状况，设定大、中、小（$\leqslant 500mm$、$500 \sim 700mm$、$\geqslant 1100mm$）3 个降水量范围，选择在云南清香型烟区中，位于该范围内有代表性的东川（$\leqslant 500mm$）、江川（$500 \sim 700mm$）、普洱（$\geqslant 1100mm$）及玉溪市赵桅烤烟试验点（$24°18'N$，$102°29'E$，海拔为 1645m）塑料大棚中进行降水量模拟试验。试验品种为云烟 87，对其进行人工定量喷灌、避雨栽培，按生育期模拟旬降水量，其他栽培管理措施与常规大田试验中各生态点相同。

### 11.1.1.2　试验设计

试验共设 5 个处理 3 个重复，每个处理栽 36 株烤烟（株行距为 50cm×120cm），每个重复面积为 16.8m²（7m×2.4m），$T_1$、$T_2$、$T_3$、$T_4$ 建塑料棚内防自然降雨，CK 为自然降雨。小区四周各设 2 列保护行，共占地 0.051hm²。

依据东川、江川和普洱 3 地 1971～2004 年的气候资料以及玉溪市红塔区赵桅当年烤烟移栽到烟叶采摘结束的降水量，计算各地烤烟不同生育期内的旬降水量。表 11-1 中，$T_1$ 表示模拟东川、$T_2$ 表示模拟江川、$T_3$ 表示模拟普洱、$T_4$ 表示模拟赵桅观测获得的试验期间团棵等 3 个不同生态区自然降水的旬降水总量，CK 表示试验期间赵桅团棵等 3 个不同生育自然降水的旬降水总量。

表 11-1　旬降水量

| 处理 | 团棵（12～14 旬）/mm | 旺长（15～17 旬）/mm | 成熟（18～24 旬）/mm | 对应小区 |
| --- | --- | --- | --- | --- |
| $T_1$ | 32 | 30 | 23 | 3、5、9 |
| $T_2$ | 42 | 53 | 42 | 1、7、11 |
| $T_3$ | 71 | 90 | 71 | 2、6、12 |
| $T_4$ | 14 | 39 | 25 | 4、8、10 |
| CK | 14 | 39 | 25 | 露天 |

采用喷灌方式模拟特定烟区、烤烟特定生育期的自然降水量，据特定旬降水量及喷灌覆盖范围确定每次模拟用水量（表 11-2），每 5d 模拟降雨 1 次，整个生育期共模拟 22 次；其他栽培管理措施与大田试验中各生态点的相同。

表 11-2　模拟降雨用水量

| 处理 | 团棵期<br>（移栽后 0～30d）/L | 旺长期<br>（移栽后 30～50d）/L | 成熟期<br>（移栽后 50～80d）/L | 对应小区 |
| --- | --- | --- | --- | --- |
| $T_1$ | 269 | 252 | 193 | 3、5、9 |
| $T_2$ | 353 | 448 | 355 | 1、7、11 |
| $T_3$ | 600 | 759 | 595 | 2、6、12 |
| $T_4$ | 118 | 328 | 210 | 4、8、10 |
| CK | 118 | 328 | 210 | 露天 |

### 11.1.1.3　测定方法

比叶重：用打孔器取一定面积的叶圆片 25 片，称其鲜重后，放入烘箱中 105℃杀青，60℃烘烤 48h，冷却，再次称重。式（11-1）中，$W_f$、$W_d$ 分别表示叶圆片自然鲜重（mg）和干重（mg）。

$$比叶重（mg/cm²）＝（W_f－W_d）/叶面积 \qquad (11-1)$$

光合色素、丙二醛、可溶性蛋白质、类黄酮：光合色素含量采用丙酮：无水乙醇 $(1：1，V：V)$ 浸提－比色法测定，丙二醛含量采用硫代巴比妥酸比色法测定，可溶性蛋白质采用考马斯亮蓝 G-250 比色法测定，类黄酮含量参考 Nogués 等(1998)的方法测定。

烤烟叶片及土壤稳定碳同位素组成的测定：将叶片洗净后，杀青烘干，粉碎过 80 目筛制成备用样品，送中国科学院南京土壤研究所测定。样品在高纯氧气条件下充分燃烧，提取燃烧产物 $CO_2$，用 FLASH EA-DELTAV 联用仪(Flash-2000 Delta V ADVADTAGE )测定碳同位素的比率，分析结果根据式(11-2)进行计算。

$$\delta^{13}C = \frac{(^{13}C/^{12}C)_{样品} - (^{13}C/^{12}C)_{PDB}}{(^{13}C/^{12}C)_{PDB}} \times 1000‰ \tag{11-2}$$

式中，$\delta^{13}$C 表示烟叶样品稳定碳同位素组成；$(^{13}C/^{12}C)_{PDB}$ 表示美国南卡罗来纳州白硇石 (Pee Dee Belemnite)中的 $^{13}C/^{12}C$。

### 11.1.1.4　数据分析

采用 Microsoft Excel 2003 对数据进行处理和绘图，SPSS 17.0 统计分析软件对数据进行单因素方差分析(One-way ANOVA)、多重比较(LSD)相关分析。数据以平均值±标准误差表示，显著性水平 $\alpha = 0.05$。

## 11.1.2　结果与分析

### 11.1.2.1　各处理在生理成熟期和工艺成熟期生理指标的比较

以赵桅当地从移栽到成熟的旬降水值作为棚内模拟降水量参照值。从表 11-3 中可看出，5 个处理成熟期叶绿素 a、叶绿素 b、类黄酮和可溶性蛋白质含量具有极显著差异 $(P<0.01)$，烟叶比叶重和叶绿素总量、丙二醛无显著差异$(P>0.05)$。CK(对照)叶绿素总量最高，$T_4$(赵桅)、$T_1$(东川)、$T_2$(江川)次之，$T_3$(普洱)最低；烟叶丙二醛含量成熟期均值 $T_4$(赵桅)最高，$T_3$(普洱)、$T_2$(江川)、$T_1$(东川)次之，CK(赵桅)最低；而烟叶类黄酮含量 $T_4$(赵桅)最高，$T_2$(江川)、$T_3$(普洱)、$T_1$(东川)次之，CK(赵桅)最低；烟叶可溶性蛋白含量成熟期均值为 $T_4$(赵桅)$>T_3$(普洱)$>T_2$(江川)$>$CK(赵桅)$>T_1$(东川)。

表 11-3　生理成熟期和工艺成熟期生理指标的比较

| 处理 | 取样时间 | 比叶重/ $(mg/cm^2)$ | 叶绿素 a/ $(mg/cm^2)$ | 叶绿素 b/ $(mg/cm^2)$ | 叶绿素/ $(mg/cm^2)$ | 丙二醛/ $(\mu mol/g)$ | 类黄酮/ $(A_{300}/g)$ | 蛋白质/ $(mg/cm^2)$ |
|---|---|---|---|---|---|---|---|---|
| $T_1$ | 生理成熟期 | 0.73 | 1.98Aab | 0.63ABCab | 0.44 | 0.05 | 98.23ABCbcd | 2.60Bc |
| | 工艺成熟期 | 0.71 | 0.98Bd | 0.09Dd | 0.34 | 0.051 | 92.42BCde | 36.56Aab |
| $T_2$ | 生理成熟期 | 0.68 | 1.62ABabc | 0.50ABCDabc | 0.43 | 0.1 | 127.62Aab | 26.32ABab |
| | 工艺成熟期 | 0.84 | 1.32Bcd | 0.2CDcd | 0.34 | 0.04 | 78.31BCde | 19.77ABbc |
| $T_3$ | 生理成熟期 | 0.67 | 1.83Aab | 0.74Aa | 0.39 | 0.06 | 101.99ABabc | 25.69ABbc |
| | 工艺成熟期 | 0.75 | 1.34ABcd | 0.37BCDbcd | 0.29 | 0.09 | 72.16Ce | 30.46ABab |

| 处理 | 取样时间 | 比叶重/<br>(mg/cm²) | 叶绿素 a/<br>(mg/cm²) | 叶绿素 b/<br>(mg/cm²) | 叶绿素/<br>(mg/cm²) | 丙二醛/<br>(μmol/g) | 类黄酮/<br>(A₃₀₀/g) | 蛋白质/<br>(mg/cm²) |
|---|---|---|---|---|---|---|---|---|
| T₄ | 生理成熟期 | 0.72 | 2.14Aa | 0.84Aa | 0.46 | 0.08 | 118.33Aa | 26.07Aab |
|  | 工艺成熟期 | 0.75 | 1.47ABbcd | 0.33BCDbcd | 0.37 | 0.08 | 134.64ABCbcd | 40.06Aab |
| CK | 生理成熟期 | 0.72 | 2.10Aa | 0.75ABa | 0.46 | 0.06 | 84.52ABCcd | 13.48Aab |
|  | 工艺成熟期 | 0.72 | 1.70ABabc | 0.49ABCDabc | 0.47 | 0.04 | 82.27ABCcd | 40.12Aa |
|  | $P$ | 0.958 | 0.002* | 0.000** | 0.154 | 0.542 | 0.001** | 0.004* |

注：小写字母表示品种间在 0.05 水平上的差异显著性，大写字母表示品种间在 0.01 水平上的差异显著性，下同。

### 11.1.2.2　不同处理成熟期各生理指标

#### 1. 不同处理成熟期烟叶 $\delta^{13}$C

各处理烤烟不同成熟期叶片 $\delta^{13}$C 的差异如图 11-1 所示。东川和普洱烟叶的 $\delta^{13}$C 随成熟度的升高有增加的趋势，而赵桅、对照处理烟叶 $\delta^{13}$C 较低，在生理成熟期，T₂（江川）烟叶 $\delta^{13}$C 最大为 $-25.84‰$，T₁（东川）烟叶 $\delta^{13}$C 最小为 $-26.98‰$，T₂（江川）的 $\delta^{13}$C 明显比其他地区的 $\delta^{13}$C 高，即在同一时期内，江川的稳定碳同位素组成更具优势。而在工艺成熟期，各处理烟叶 $\delta^{13}$C 呈下降的趋势，东川烟叶 $\delta^{13}$C 最大，CK（赵桅）烟叶的 $\delta^{13}$C 最小。

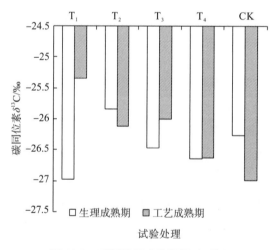

图 11-1　不同处理成熟期烟叶 $\delta^{13}$C

#### 2. 不同处理成熟期比叶重

各处理烤烟不同成熟期叶片比叶重如图 11-2 所示。在生理成熟期和工艺成熟期，各处理均无显著差异（$P>0.05$），各处理的比叶重在生理成熟期和工艺成熟期变化不大。

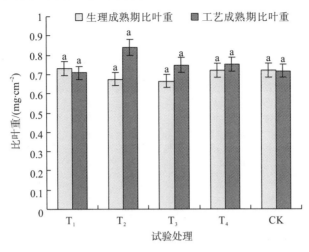

图 11-2　不同处理成熟期的比叶重

## 3. 不同处理成熟期可溶性蛋白质含量

各处理烤烟不同成熟期叶片可溶性蛋白质如图 11-3 所示。生理成熟期烟叶可溶性蛋白质低于工艺成熟期，在生理成熟期各处理间无显著差异（$P>0.05$），而工艺成熟期各处理间烟叶可溶性蛋白质具有极显著差异（$P<0.001$）。工艺成熟期烟叶可溶性蛋白质较生理成熟期有上升的趋势。

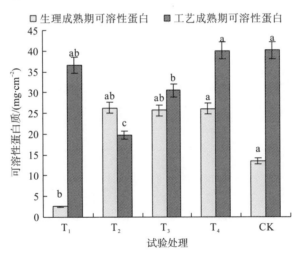

图 11-3　不同处理成熟期可溶性蛋白质含量

## 4. 不同处理成熟期类黄酮含量

各处理烤烟不同成熟期叶片类黄酮如图 11-4 所示。在生理成熟期，$T_2$ 类黄酮最高，CK 最低，各处理间具有显著差异（$P<0.05$）。工艺成熟期，$T_4$ 类黄酮最高，$T_3$ 最低，各处理间没有显著差异（$P>0.05$）。

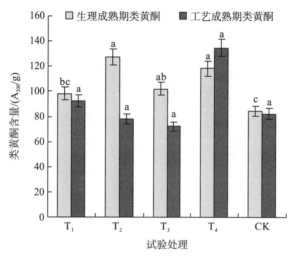

图 11-4　不同处理成熟期类黄酮含量

**5. 不同处理成熟期丙二醛含量**

各处理烤烟不同成熟期叶片丙二醛如图 11-5 所示。生理成熟期 $T_2$ 烟叶丙二醛最高，$T_4$ 次之，$T_1$ 最低。工艺成熟期 $T_3$ 烟叶丙二醛最高，$T_4$ 次之，$T_2$ 最低。均无显著差异（$P > 0.05$）。

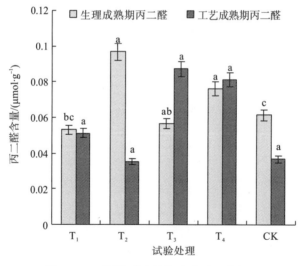

图 11-5　不同处理成熟期叶片丙二醛含量

### 11.1.2.3　烤烟 $\delta^{13}C$ 与生理指标的相关性比较

各处理烤烟不同成熟期叶片相关性分析如表 11-4 所示。在生理成熟期到工艺成熟期，烟叶比叶重与类黄酮呈显著负相关，与烟叶 $\delta^{13}C$、可溶性蛋白质、总碳、碳氮比正相关，相关性很弱。烟叶 $\delta^{13}C$ 与烟叶可溶性蛋白质、烟叶总碳呈正显著相关；与烟叶类黄酮、碳氮比呈负相关，相关性很弱；与烟叶丙二醛、全氮呈正相关，相关性弱；烟叶全氮与碳氮比呈极显著负相关。

**表 11-4　烤烟 $\delta^{13}$C 与生理指标相关性比较**

| 生理指标 | 比叶重 | $\delta^{13}$C | 类黄酮 | 蛋白质 | 丙二醛 | 总碳 | 全氮 |
|---|---|---|---|---|---|---|---|
| $\delta^{13}$C | 0.364 | | | | | | |
| 类黄酮 | −0.976* | −0.454 | | | | | |
| 蛋白质 | 0.281 | 0.963* | −0.312 | | | | |
| 丙二醛 | −0.487 | 0.045 | −0.016 | −0.203 | | | |
| 总碳 | 0.533 | 0.963* | −0.902* | 0.482 | −0.034 | | |
| 全氮 | −0.18 | 0.071 | 0.078 | −0.17 | 0.045 | 0.408 | |
| 碳氮比 | 0.209 | −0.02 | −0.091 | 0.296 | −0.117 | −0.379 | −0.992** |

＊表示在 0.05 水平（双侧）上显著相关；＊＊表示在 0.01 水平（双侧）上显著相关。

## 11.1.3　讨论

### 11.1.3.1　模拟不同降水量对烤烟 $\delta^{13}$C 的影响

降水量是影响植物碳同位素组成的一个重要因素。降水量对不同植物 $\delta^{13}$C 的影响有不同的结论，一是降水量增加，植物叶片 $\delta^{13}$C 及水分利用效率也随之增大（Schulze et al. , 1996）；二是植物叶片 $\delta^{13}$C 及水分利用效率对降水量的变化反应不敏感（李善家等，2010）。而多数研究则认为 $\delta^{13}$C 及水分利用效率随降水量增加而显著变低，随降水量的减少而变高（Westoby et al. , 2002；林波和刘庆，2008）。本试验得出 $T_4$（赵桅）烟叶 $\delta^{13}$C 最稳定，生理成熟期和工艺成熟期烟叶 $\delta^{13}$C 平均值分别为 −26.64‰、−26.62‰。在生理成熟期，$T_2$（江川）$\delta^{13}$C 最高，达到 −25.84‰，$T_3$（普洱）为 −26.46‰、$T_4$（赵桅）为 −26.64‰次之，$T_1$（东川）为 −26.98‰最小。而在工艺成熟期，$T_1$（东川）烟叶 $\delta^{13}$C 最大，为 −25.34‰，$T_3$（普洱）为 −26‰、$T_2$（江川）为 −26.11‰次之，CK（赵桅）为 −26.99‰ 最小。降水量能改变土壤含水量和空气湿度，水分条件将影响烤烟 $\delta^{13}$C。$\delta^{13}$C 与 $P_i/P_a$（叶片内外 $CO_2$ 分压比）的线性关系早已得到证实，$P_i/P_a$ 增加 $\delta^{13}$C 将减小。水分亏缺会导致气孔导度下降或气孔关闭，叶肉细胞内 $CO_2$ 浓度下降，$P_i/P_a$ 减小从而使 $\delta^{13}$C 增加（Devitt et al. , 1997；Takahashi，2008）。本研究表明，过充足或不充足的降水量均不能使烟叶 $\delta^{13}$C 达到稳定。烤烟 $\delta^{13}$C 与降水量的关系较为复杂，降雨对 $\delta^{13}$C 的复杂影响，其原因虽被归结于最适降雨理论，但除此之外，在阐释自然植物与其他环境或生理因子的联系时还应注意物种差异及生态因子的综合作用（O'Leary，1981）。

### 11.1.3.2　模拟降水量烟叶 $\delta^{13}$C 与相关生理指标的联系

在本研究中，烟叶 $\delta^{13}$C 在相同的生态环境相同品种间表现出一定的差异，说明 $\delta^{13}$C 与降水量密切相关。叶片 $\delta^{13}$C 与水分利用效率（WUE）存在正相关关系的结论（Lopes and Araus，2006；Bai E et al. , 2008），胞内 $CO_2$ 浓度、光合作用能使 $\delta^{13}$C 增高（Zhu L et al. ,2010）。可推断出 $T_1$（东川）的水分利用效率最高，江川和赵桅其次，普洱最低。有学者主张用 LMA 代替碳同位素组成来估计 WUE（刘贤赵等，2011），经相关性分析，烤烟叶片 $\delta^{13}$C 与比叶重呈弱正相关。$\delta^{13}$C 与可溶性蛋白质、总碳含量呈极显著正相关，且与丙二醛、全氮含量呈正相关，相关性弱。该结论与李善家等(2010)关于油松叶片的 $\delta^{13}C$ 与可溶性糖含量呈显著正相关性、与叶片含水量和叶片全氮含量呈显著负相关的研究结论相似，$\delta^{13}C$ 主要受本身的光合方式控制(王玉涛等，2008；董星彩等，2010)，环境效应的存在使植物种内稳定碳同位素差异为 3‰～5‰(Koch et al.，2004)，而可溶性蛋白、总氮和总碳等化学成分受气候要素的影响较大(黄中艳等，2007a)。笔者从降水量对烤烟烟叶化学成分含量的影响进行对比研究，明确了 $\delta^{13}C$ 与可溶性蛋白、总碳等化学成分主要受烤烟大田期降水量的影响。

### 11.1.3.3　模拟降水量对烟叶部分生理指标影响

在本研究中，各处理降水量不同，而烟叶比叶重无显著差异，可推断降水量不是植物生长的唯一要素，与土壤养分、光照等复合影响植物生长。叶绿素含量的变化，可以反映植物叶片光合作用功能的强弱以及表征逆境胁迫下植物组织器官的衰老状况(杜天庆等，2009)。在本研究中，CK(赵桅)叶绿素总量最高，$T_4$(赵桅)、$T_1$(东川)、$T_2$(江川)次之，$T_3$(普洱)最低。丙二醛是膜脂过氧化作用的产物之一，丙二醛的含量变化与逆境胁迫有关，其积累是活性氧伤害作用的表现，含量越高则细胞膜的损伤程度越高。从表 11-3 可看出，烟叶丙二醛含量 $T_4$(赵桅)＞$T_3$(普洱)＞$T_2$(江川)＞$T_1$(东川)＞CK(赵桅)；叶类黄酮含量 $T_4$(赵桅)＞$T_2$(江川)＞$T_3$(普洱)＞$T_1$(东川)＞CK(赵桅)；可溶性蛋白含量为 $T_4$(赵桅)＞$T_3$(普洱)＞$T_2$(江川)＞CK(赵桅)＞$T_1$(东川)。

综上所述，由于 $\delta^{13}C$ 与水分利用效率(WUE)存在着较为稳定的正相关关系，除了 WUE 外，矿质元素含量、光合氮利用效率(PNUE)、C/N、脯氨酸含量、比叶重(LMA)、光合色素含量等生理指标与 $\delta^{13}C$ 也存在复杂的联系。5 个处理中烤烟烟叶 $\delta^{13}C$ 为 -26.99‰～-25.34‰，表现为 $T_2$(江川)＞$T_1$(东川)＞$T_3$(普洱)＞$T_4$(赵桅)＞CK(赵桅)。可以认为，$T_2$(江川)的 $\delta^{13}C$ 偏重且动态变化规律明显，其 WUE、LMA 等生理指标也必定占有一定的优势。本研究通过以烟叶稳定碳同位素($\delta^{13}C$)为主线，辅以烟叶比叶重、光合色素、可溶性蛋白质、类黄酮和丙二醛等指标的综合评估，可推断 $T_2$(江川)处理的烤烟产量和品质均应高于其他处理，与其他 4 个处理相比适生环境的能力更强。降水量对烤烟 $\delta^{13}C$ 和生理指标有明显影响，但影响 $\delta^{13}C$ 的因素较为复杂，还需做进一步的研究工作。

## 11.2　增强 UV-B 辐射对烟叶 $\delta^{13}C$ 及生理特征的影响

近年来，随着稳定碳同位素测定技术的改进和提高，利用作物稳定碳同位素变化差异来研究作物光合作用、物质代谢等生理活动特征及环境因素对作物的影响，已经成为一个重要的指标和手段(O Leary，1988；Farquhar et al.，1989)。UV-B 辐射对植物生长发育、生理生化、形态的影响也是近年来研究的热点之一。UV-B 辐射一方面在分子水平上直接或间接地损害植物的 DNA 分子和蛋白质的结构，从而影响植物的各种生理生化过程，另一方面能对植物的形态学特征产生影响。过强的 UV-B 辐射穿过叶表皮后能直接对植物的光合系统、膜系统和植物生长调控激素等方面产生影响(蔡锡安等，2007)。陈宗瑜等(2010b)研究发现减弱 UV-B 辐射后烟叶叶绿素含量提高，而类黄酮、比叶重、类胡萝卜素含量和叶面积含水量下降。钟楚等(2010b)研究表明，减弱 UV-B 辐射处理降低了烟叶类黄酮和可溶性蛋白含量，但光合色素含量上升。其他相关研究还包括烤烟品种 K326 在低纬高原 2 个亚生态区旺长期至成熟期的碳同位素组成($\delta^{13}$C)、光合色素及抗性生理特征(颜侃等，2012b)；利用云南烟区主栽的 4 个烤烟品种作为试验材料，研究其 $\delta^{13}$C 与叶肉细胞叶绿体、腺毛和气孔超微结构关系(谭淑文等，2013)；在云南省大理州弥渡县和祥云县、玉溪市红塔区以红花大金元为试验材料，研究不同亚生态烟区对 $\delta^{13}$C 变化的响应(吴潇潇等，2014)；田先娇等(2014)在云南烤烟主产区玉溪市大营街，研究了不同烤烟品种生化特征与 $\delta^{13}$C 的关系；颜侃等(2015)以烤烟品种 K326 为试验材料，探讨了河南、福建和云南不同生态区烟叶 $\delta^{13}$C 组成特征。但关于烤烟 $\delta^{13}$C 与 UV-B 生理特征的研究相对较少。本书对在大田种植条件下烤烟设置不同强度水平的紫外光源照射，模拟增强的 UV-B 辐射对烤烟第 13 叶位和第 16 叶位 $\delta^{13}$C、生理指标分析比较，为研究烤烟的生理生态及品质的形成提供理论依据。

## 11.2.1　材料与方法

### 11.2.1.1　试验材料

以烤烟品种 K326 为试验材料，在云南省玉溪市红塔区赵桅试验基地(24°18′N，102°29′E，海拔为 1645m)进行大田试验。按玉溪市烟草公司制定的栽培规范，采用相同的大田优质烟叶生产管理措施进行田间种植。于 2012 年 4 月 27 日移栽烤烟，大田种植株行距为 50cm×120cm。选取 100 株长势一致的烤烟，于打顶前对第 13 和第 16 叶位进行标记。待烟叶达到生理成熟时，采集标记叶位烟叶用于相关生理指标的测定。为了保证采集到的不同叶位的烟叶都是生理成熟的烟叶，根据 K326 的生育期及叶龄进行推算以确定取样时间。取样时间如下：7 月 28 日采集 1 次，8 月 10 日采集 1 次，共采集 2 次。取样时在每个处理中随机选择长势较为一致的 3 株烤烟，各取一片同叶位、同成熟度的烟叶。表 11-5 为 2012 年试验烟区大田生长期气候要素。

表 11-5　试验烟区大田生长期气候要素

| 地点 | 平均气温/℃ | 平均相对湿度/% | 降水总量/mm | 总日照时数/h | 平均气温日较差/℃ |
|---|---|---|---|---|---|
| 云南玉溪 | 20.8 | 70.7 | 364.9 | 610.0 | 10.0 |

注：表中为玉溪市红塔区 2012 年 5~8 月气候数据。

### 11.2.1.2　UV-B 增强处理

试验设 4 个处理。于烤烟打顶后增强照射，$T_1$ 辐射强度为 0.69mW·cm$^{-2}$；$T_2$ 为 0.79mW·cm$^{-2}$；$T_3$ 为 0.89mW·cm$^{-2}$；并设置对照(CK)即自然环境。在每个处理的烟株上方搭紫外灯管(紫宝牌，上海惠光照明电器有限公司，功率 40W，辐射波长为 280~320nm，中心波长为 312nm)，通过调节紫外灯管与烟株顶部的距离来控制 UV-B 对烟叶的辐射强度。4 个处理南北方向随机排列，每一处理均设置保护行。

从 2012 年 4 月 27 日起开始观测 UV-B 辐射强度及光照度。UV-B 辐射强度(mW·cm$^{-2}$)的测量采用法国 Cole-Parmer 公司生产的 Radiometer 紫外辐射仪(波谱为

295～395nm，中心波长为 312nm)每日进行测量，光照度(lx)用上海嘉定学联仪表厂生产的 ZDS-10 型自动量程照度计测量。于每日(阴雨天除外)11:30～12:30 测量试验点的 UV-B 辐射强度和光照度，读数 5 次取平均值，同时记录此时段的天空云层和天气状况等，用求得的平均值衡量当天的 UV-B 辐射强度和光照度。玉溪 2012 年 6 月 1 日～8 月 26 日紫外辐射强度和光照度值(共 87d)如表 11-6 和图 11-6 所示。

**表 11-6　烤烟大田生长期 UV-B 和光照度值**

| 月份 | UV-B/(mW·cm$^{-2}$) | | 光照度/lx | |
| --- | --- | --- | --- | --- |
| | 合计 | 平均 | 合计 | 平均 |
| 6 | 12.893 | 0.478 | 1388300 | 53400 |
| 7 | 12.078 | 0.483 | 1411400 | 56500 |
| 8 | 9.877 | 0.549 | 1194800 | 66400 |

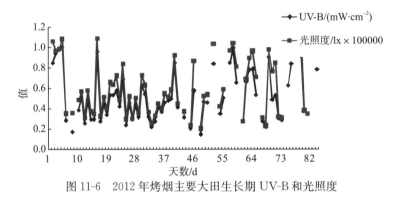

图 11-6　2012 年烤烟主要大田生长期 UV-B 和光照度

### 11.2.1.3　样品测定方法

光合色素：采用丙酮：无水乙醇(1:1，$V:V$)浸提－比色法。通过测定 663nm，646nm 和 470nm 处的吸光值计算叶绿素 a、叶绿素 b 和类胡萝卜素的单位面积含量(Mittler and Zilinskas，1994)。

类黄酮的测定：参考 Nogués 等(1998)方法。取一定面积的叶片，剪碎后加入 5mL 酸化甲醇(盐酸：甲醇=1:99，$V:V$)，在低温(0～4℃)黑暗中浸提 24h，以单位面积叶片 300nm 处吸光值表示紫外吸收物质含量($A_{300}·cm^{-2}$)。

丙二醛(MDA)的测定：采用硫代巴比妥酸比色法测定(陈建勋和王晓峰，2002)。

$$MDA 浓度(\mu mol·L^{-1}) = 6.45 \times (A_{532} - A_{600}) - 0.56 \times A_{450}$$

$$MDA 含量(\mu mol·g^{-1}Fw) = (反应液中 MDA 浓度 \times 稀释倍数 \times V)/W$$

式中，$A_{532}$、$A_{600}$、$A_{450}$ 分别为相应波长下的吸光值；$V$ 为反应体系溶液体积(ml)；$W$ 为样品质量(g)；稀释倍数=总提取液体积÷吸取液体积。

稳定碳位素($\delta^{13}$C)的测定：将叶片洗净后，杀青烘干，粉碎过 80 目筛制成备用样品，送中国科学院南京土壤研究所测定。

### 11.2.1.4　数据处理

运用 SPSS 17.0 对数据进行统计分析，绘图在 Microsoft Excel 2003 中完成。

## 11.2.2　结果与分析

### 11.2.2.1　不同 UV-B 处理可溶性蛋白质含量的变化

图 11-7 表明，第 13 叶位可溶性蛋白质含量 $CK < T_1 < T_2 < T_3$，表现为随 UV-B 辐射处理的增强而逐渐升高的趋势，CK 和 $T_1$、$T_2$ 差异不显著，CK 和 $T_3$ 差异显著（$P < 0.05$）。第 16 叶位可溶性蛋白质含量 $CK > T_2 > T_1 > T_3$，表现为随 UV-B 辐射处理的增强而逐渐减小的趋势，CK 和 $T_1$、$T_2$、$T_3$ 差异均不显著。

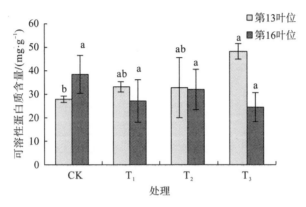

图 11-7　不同 UV-B 处理可溶性蛋白质含量的变化

注：图中同叶位不同处理中字母相同表示差异不显著（$P > 0.05$），字母不同表示差异显著（$P < 0.05$），下同。

### 11.2.2.2　不同 UV-B 处理光合色素的变化

由图 11-8 可知，第 13 叶位受不同 UV-B 条件的影响，光合色素的含量变化为叶绿素 a、叶绿素 b 含量随 UV-B 处理的增强呈上下波动趋势，$T_1$ 相对 CK 含量升高，$T_2$ 相对 $T_1$ 含量下降，$T_3$ 相对 $T_2$ 含量升高。而类胡萝卜素的含量呈略上升趋势。经差异性分析，叶绿素 a、叶绿素 b、总叶绿素、类胡萝卜素、叶绿素 a/叶绿素 b 处理间差异均不显著；总叶绿素/类胡萝卜素，$T_1$ 和 $T_2$ 差异显著（$P < 0.05$），其余均不显著。

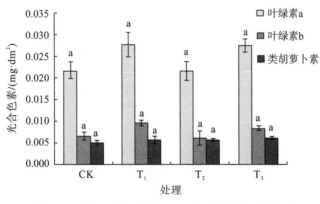

图 11-8　第 13 叶位不同 UV-B 处理光合色素的变化

　　图 11-9 表明，第 16 叶位受不同 UV-B 条件的影响，光合色素的含量变化不同于第 13 叶位。叶绿素 a 含量随着 UV-B 处理的增强呈逐渐上升又下降的趋势，叶绿素 b 含量呈波动趋势，而类胡萝卜素的含量呈略下降趋势，与第 13 叶位的相反。经差异性分析，叶绿素 b、叶绿素 a/叶绿素 b、总叶绿素/类胡萝卜素不同处理间差异均不显著（$P>0.05$）；叶绿素 a 中 $T_3$ 与 CK、$T_1$、$T_2$ 有显著性差异（$P<0.05$）；总叶绿素中 $T_2$ 和 $T_3$ 差异显著，类胡萝卜素 $T_3$ 与 CK、$T_1$、$T_2$ 差异显著。

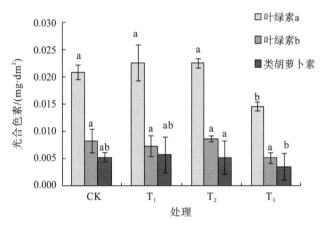

图 11-9　第 16 叶位不同 UV-B 处理光合色素的变化

### 11.2.2.3　不同 UV-B 处理对类黄酮、丙二醛的影响

　　图 11-10 为不同 UV-B 处理对类黄酮的影响。增强 UV-B 辐射处理后第 16 叶位 4 个处理类黄酮含量均比第 13 叶位高，第 13 叶位 $T_3>CK>T_1>T_2$，$T_2$ 和 $T_3$ 变化差异显著（$P<0.05$）；第 16 叶位 $T_3>T_2>CK>T_1$，不同处理之间差异不显著（$P>0.05$）。

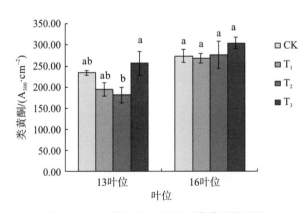

图 11-10　不同 UV-B 处理对类黄酮的影响

　　图 11-11 为不同 UV-B 处理对丙二醛的影响。第 16 叶位 4 个处理的丙二醛含量比第 13 叶位的含量高，且第 13、第 16 叶位不同处理之间差异均不显著。

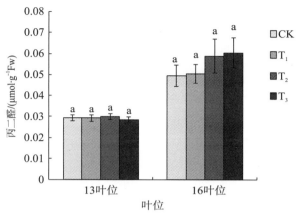

图 11-11　不同 UV-B 处理对丙二醛的影响

### 11.2.2.4　不同 UV-B 处理烟叶 $\delta^{13}C$ 与各生理指标的相关性

图 11-12 为第 13、第 16 叶位不同 UV-B 处理对 $\delta^{13}C$ 的影响。第 13 叶位不同处理中，$T_1$ 处理 $\delta^{13}C$ 变化比 CK、$T_2$、$T_3$ 处理大，说明第 13 叶位 $\delta^{13}C$ 对 $T_1$ 处理敏感。而第 16 叶位不同处理中，CK、$T_2$ 处理 $\delta^{13}C$ 变化较小，而与 CK、$T_2$ 处理相比，$T_1$、$T_3$ 处理变化幅度较大，说明第 16 叶位 $\delta^{13}C$ 对 $T_1$、$T_3$ 处理敏感。

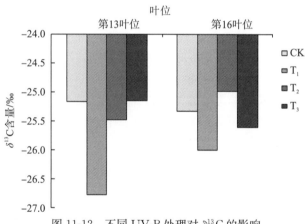

图 11-12　不同 UV-B 处理对 $\delta^{13}C$ 的影响

表 11-7 为第 13、第 16 叶位烟叶在不同 UV-B 条件下 $\delta^{13}C$ 与生理指标的相关性。$\delta^{13}C$ 与蛋白质、类黄酮、丙二醛、总叶绿素、类胡萝卜素呈正相关。蛋白质与类黄酮、丙二醛呈负相关，与总叶绿素、类胡萝卜素呈正相关。类黄酮和丙二醛呈显著性正相关（$P<0.05$）。丙二醛与总叶绿素、类胡萝卜素呈负相关。总叶绿素与类胡萝卜素呈极显著正相关（$P<0.01$）。

**表 11-7　第 13、第 16 叶位烟叶 $\delta^{13}C$ 与生理指标的相关性**

| 生理指标 | $\delta^{13}C$ | 蛋白质 | 类黄酮 | 丙二醛 | 总叶绿素 |
|---|---|---|---|---|---|
| 蛋白质 | 0.102 | | | | |
| 类黄酮 | 0.166 | $-0.133$ | | | |

续表

| 生理指标 | $\delta^{13}C$ | 蛋白质 | 类黄酮 | 丙二醛 | 总叶绿素 |
|---|---|---|---|---|---|
| 丙二醛 | 0.032 | −0.438 | 0.813* | | |
| 总叶绿素 | 0.090 | 0.646 | −0.467 | −0.571 | |
| 类胡萝卜素 | 0.458 | 0.671 | −0.544 | −0.622 | 0.840** |

\*\* 表示在 0.01 水平(双侧)上显著相关,\* 表示在 0.05 水平(双侧)上显著相关。

## 11.2.3 讨论

### 11.2.3.1 增强 UV-B 辐射对烟叶可溶性蛋白的影响

UV-B 辐射对可溶性蛋白影响的差异与物种、品种和环境条件密切相关(李方民等,2006)。蔡锡安等(2007)研究表明,UV-B 辐射在分子水平上直接或间接地损害植物的 DNA 分子和蛋白质的结构,从而影响植物的各种生理生化过程。罗丽琼等(2008)报道可溶性蛋白对 UV-B 辐射的敏感性与植物的生长发育时期密切相关。本试验中表现出可溶性蛋白质对 UV-B 辐射较敏感,这与钟楚等(2010b)蛋白质在生理成熟期对 UV-B 辐射最敏感的结论相一致。出现这种现象可能是因为 UV-B 辐射直接或间接地影响植物的 DNA 分子和蛋白质的结构。

第 13 叶位可溶性蛋白质含量表现为随 UV-B 辐射处理的增强而逐渐升高的趋势,其中 $T_3$ 处理含量变化较大,CK 和 $T_1$、$T_2$ 差异不显著,CK 和 $T_3$ 差异显著。第 16 叶位可溶性蛋白质含量表现为随 UV-B 辐射处理的增强而逐渐减小的趋势,CK 和 $T_1$、$T_2$、$T_3$ 差异均不显著。这与冯国宁等(1999)报道指出短期的 UV-B 辐射可增加蛋白质的合成,提高可溶性蛋白含量,而长期的 UV-B 辐射则增强蛋白质的降解的结论一致。说明烤烟在不同的生理时期可溶性蛋白质对 UV-B 辐射敏感程度不同。即短期的 UV-B 辐射可增加蛋白质的合成,提高可溶性蛋白含量,而长期的 UV-B 辐射则增强蛋白质的降解。

### 11.2.3.2 增强 UV-B 辐射对烟叶光合色素的影响

叶绿素含量已经被认为是衡量植物受 UV-B 辐射伤害程度的重要指标(李元等,2006)。在 UV-B 辐射下,植物叶片中的叶绿素含量会发生不同程度的变化。许大全(2002)、周党卫等(2002)研究证明,UV-B 辐射对植物光合作用的影响与光合色素的变化有直接关系。叶片吸收太阳光能的多少主要依赖于光合色素浓度的高低,低浓度的光合色素能直接限制植物的光合效率(张友胜等,2008)。有研究表明 UV-B 辐射对植物光合色素含量的影响呈多样性,一般情况下增强 UV-B 辐射胁迫叶片光合色素含量降低(Premkumar and Kulandaivelu,1998)。某些种类植物如高海拔地区生长的植物,增强 UV-B 辐射后植物光合色素含量变化不大,有的反而升高(师生波等,2001)。而烟叶中类胡萝卜素的降解和热裂解产物可生成近百种香气化合物(景延秋等,2005),这些化合物是形成烤烟香气风格的主要成分。此外类胡萝卜素在植物体内具有重要的生物功能,保护叶绿素分子使其不被光氧化而破坏,抑制或消除活性氧自由基的伤害防止脂质过氧化(周冀衡等,2004;李祖良等,2012)。

综上所述，不同 UV-B 辐射会使叶绿素发生不同程度的变化。类胡萝卜素对 UV-B 的敏感性小于叶绿素。本研究中第 13、第 16 叶位类胡萝卜素的含量变化趋势相反，可能是因为第 13 叶位烤烟代谢水平高，主要进行营养生长，类胡萝卜素合成代谢旺盛，UV-B 处理对其影响不大。而第 16 叶位类胡萝卜素含量随 UV-B 处理加强而减少，特别是在 $T_3$ 处理下类胡萝卜素含量明显减少，这是由于 $T_3$ 处理的 UV-B 辐射强度使第 16 叶位烟叶受到伤害导致烟叶类胡萝卜素合成减少或者分解、转化为其他物质。

### 11.2.3.3　增强 UV-B 辐射对类黄酮、丙二醛的影响

类黄酮位于叶片的表层细胞中，对 280～315nm 的 UV-B 辐射具有强烈的吸收作用，是植物响应 UV-B 辐射最敏感的物质之一。另外，植物体内类黄酮的积累可很好地反映植物对 UV-B 辐射的响应程度，并且能有效地保护植物免受 UV-B 辐射的伤害。对过滤UV-B 辐射，减轻 UV-B 辐射对叶肉细胞及光合机构的伤害有重要作用（Awad et al.，2001；陈宗瑜等，2010）。但是，在植物生长过程中，类黄酮作为环境胁迫诱导的产物，植物需消耗更多的能量用于生物合成和维持类黄酮的浓度，来保护植物免受 UV-B 辐射的伤害。即增强 UV-B 辐射对植物生长发育是不利的（张美萍等，2009a）。有研究表明，增强 UV-B 辐射使植物类黄酮含量普遍增加，减弱 UV-B 辐射则相反（李祖良等，2012）。本试验发现，烟叶对 UV-B 辐射响应敏感，第 13 叶位类黄酮 $T_2$ 和 $T_3$ 差异显著，$T_3$ 条件下对 UV-B 辐射响应敏感。第 16 叶位类黄酮含量比第 13 叶位高，且第 16 叶位不同处理间差异不显著。产生这种现象是由于第 16 叶位的烤烟叶片比第 13 叶位接受 UV-B 辐射的时间长，所以第 16 叶位对 UV-B 辐射响应程度比第 13 叶位高，更需要有效增加类黄酮含量来保护烟叶免受 UV-B 辐射的伤害。

丙二醛是膜脂过氧化作用的产物之一，通常作为膜脂过氧化指标，能反映植物在逆境下的膜伤害程度，能够在一定程度上反映烤烟植株承受不利因素的程度或衰老程度，是最重要的逆境伤害评价指标之一（陈宗瑜等，2010b）。本研究结果表明，第 16 叶位的丙二醛含量比第 13 叶位的含量高。第 13、第 16 叶位不同处理间差异均不显著，说明增强 UV-B 辐射处理能对烤烟带来伤害，且对烤烟第 16 叶位的伤害程度比第 13 叶位的强。

### 11.2.3.4　增强 UV-B 辐射对烟叶 $\delta^{13}C$ 的影响

研究表明，植物组织中的 $^{13}C$ 与 $^{12}C$ 比值都普遍小于大气 $CO_2$ 中的 $^{13}C$ 与 $^{12}C$ 比值，表明 $CO_2$ 在通过光合作用形成植物组织的过程中，会产生碳同位素分馏，而这种分馏的大小与植物的光合作用类型、遗传特性、生理特点、生长环境及其他因素密切相关（Farquhar et al.，1982；Bender，1971）。大气中辐射环境的差异会给植物叶片的光合速率和气孔开闭等造成影响，因而会使植物稳定碳同位素的组成发生变化（何春霞等，2010）。植物的净光合速率受外界光强影响较大，生长在高光强下植物的 Rubiso 含量和活性较高，因而具有较强的光合能力，能利用更多的光能，净光合速率较高（Oguchi et al.，2003）。有学者用 $\delta^{13}C$ 研究不同大豆品种对 UV-B 辐射的敏感性，发现在 UV-B 增强情况下，对 UV-B 辐射敏感的品种的 $\delta^{13}C$ 会减少（冯虎元等，2002）。在本试验中，第 13 叶位不同处理中 CK、$T_2$、$T_3$ 处理 $\delta^{13}C$ 变化不大，$T_1$ 处理 $\delta^{13}C$ 变化明显。第 16 叶位不同处理中 CK、$T_2$ 处理 $\delta^{13}C$ 变化较小，而 $T_1$、$T_3$ 处理 $\delta^{13}C$ 变化幅度增大。即第 13、

第 16 叶位 $\delta^{13}C$ 对 $T_1$ 处理的辐射强度都较敏感，在此强度下导致 $\delta^{13}C$ 呈现减小的趋势，这与 $T_1$ 处理下 13 叶位叶绿素 a、叶绿素 b 明显升高，第 16 叶位叶绿素 a 含量呈升高趋势及冯虎元等（2002）的研究结果相一致，说明烤烟 $\delta^{13}C$ 对 UV-B 辐射反应敏感，且 UV-B 增强处理能影响烟叶的光合效率等光合和生理特征。

### 11.2.3.5 烤烟 $\delta^{13}C$ 与各生理指标的相关性

大量研究表明，植物稳定碳同位素组成（$\delta^{13}C$）主要由植物的生理和遗传特性所决定。除了植物本身的遗传特性外，植物 $\delta^{13}C$ 与所研究区域的大气和辐射环境、地理要素和土壤环境也有密切相关。同种植物之间碳同位素比值由于环境的差异（如水分、空气湿度、光强、大气 $CO_2$ 浓度等），其 $\delta^{13}C$ 差异可达 3‰~5‰（O'Leary，1988）。温度、光照、降水量、大气 $CO_2$ 浓度等也会通过气孔的开闭和羧化酶的活性来调控植物 $\delta^{13}C$。植物光合作用中吸收 $CO_2$ 发生分馏作用受多种气候因素（温度、水分、光照度和大气 $CO_2$ 状况等）的影响（O'Leary，1988）。由于可溶性蛋白质对 UV-B 辐射较敏感，UV-B 辐射对不同生长时期烟叶中类黄酮、丙二醛含量有着重要影响。所以，UV-B 辐射增强处理能影响植物的 $\delta^{13}C$ 含量。本试验中，第 13、第 16 叶位 $\delta^{13}C$ 与蛋白质、类黄酮、丙二醛、叶绿素、类胡萝卜素均呈正相关。表明在一定程度上 $\delta^{13}C$ 的大小可以反映烤烟叶片光合效率的强弱，即 $\delta^{13}C$ 与烟叶的香气风格有关。

通过以上讨论可以看出，增强 UV-B 辐射对不同生长时期烟叶中 $\delta^{13}C$、可溶性蛋白、叶绿素、类黄酮、丙二醛含量有着重要影响。UV-B 辐射对第 16 叶位的影响程度及对烤烟带来的伤害程度比第 13 叶位的高，第 16 叶位烟叶的干物质积累量比第 13 叶位高。同时，$\delta^{13}C$ 与烤烟的光合作用、生理特点、生长环境及其他因素密切相关。且烟叶对 UV-B 辐射响应敏感，增强 UV-B 处理能影响烤烟的 $\delta^{13}C$ 和各生理指标含量。说明 $\delta^{13}C$ 能反映环境条件对烤烟光合生理的综合影响，即 $\delta^{13}C$ 在一定程度上能与烤烟品质特征相联系。

# 第四篇

# 烤烟种植对环境变化的生理生态适应

# 第 12 章  气候环境和自然地理因素
# 对烤烟种植的影响

## 12.1  烤烟生长对光照的需求

### 12.1.1  光因子环境效应的气象学解释

#### 12.1.1.1  太阳辐射

**1. 辐射光谱**

辐射是以电磁波的形式传递能量的一种方式。自然界中的一切物体，只要其温度高于绝对零度，就会不停地以电磁波的形式向外传递能量，这种传递能量的方式称为辐射。以辐射方式传递的能量称为辐射能，简称辐射。辐射与分子传导、对流等传播方式不同，它不需要任何媒介物质，可以在真空中进行。辐射传播能量的速度和光速一样（真空中光速为 $2.99793 \times 10^8 \, \mathrm{m \cdot s^{-1}}$）。辐射波和光波的物理性质相同，都是电磁波，具有波动性和微粒性，都具有反射、折射等光学特性。如果从能量观点研究辐射规律，物体在辐射过程中要消耗能量，所以物体放射辐射是要靠外界得到能量，或者消耗本身的内能进行的，而热辐射是指物体吸收外界传来的热量或减少本身内能而产生的辐射，也称温度辐射。不同波长的电磁波具有不同的物理性质，辐射的波长范围很广，从波长小于 $10 \mu\mathrm{m}$ 的宇宙射线，到波长达数千米的无线电波。波长短于紫色光波的有紫外线、X 射线、$\gamma$ 射线等；波长大于红色光波的有红外线和无线电波等，这些射线虽然肉眼看不见，但可以用仪器测量出来，如表 12-1 所示。人们的视觉只能看到红外线和紫外线之间的可见光部分，其波长为 $0.40 \sim 0.76 \mu\mathrm{m}$。它是整个电磁波谱中很窄的一部分，在可见光波段中，又因波长的不同，使人眼感觉为不同颜色的光，各种颜色光对应的波长列于表 12-2。

表 12-1  太阳辐射光谱（段若溪和姜会飞，2002）

| 辐射类型 | 频率/Hz | 波长/μm |
|---|---|---|
| 长波辐射 | $0 \sim 10^4$ | $\infty \sim 3 \times 10^{10}$ |
| 无线电波 | $10^4 \sim 10^{11}$ | $3 \times 10^{10} \sim 3 \times 10^3$ |
| 红外线 | $10^{11} \sim 4 \times 10^{14}$ | $3 \times 10^3 \sim 0.76$ |
| 可见光 | $4 \times 10^{14} \sim 7.5 \times 10^{14}$ | $0.76 \sim 0.40$ |
| 紫外线 | $7.5 \times 10^{14} \sim 3 \times 10^{18}$ | $0.40 \sim 10^{-4}$ |
| X 射线 | $3 \times 10^{16} \sim 3 \times 10^{22}$ | $10^{-2} \sim 10^{-8}$ |
| $\gamma$ 射线 | $3 \times 10^{18} \sim 3 \times 10^{21}$ | $10^{-4} \sim 10^{-7}$ |

**表 12-2　可见光颜色与波长（王永生等，1987）**

| 颜色 | 紫 | 蓝 | 浅蓝 | 绿 | 黄绿 | 黄 | 橙 | 红 |
|---|---|---|---|---|---|---|---|---|
| 波长/μm | 0.390～0.455 | 0.455～0.485 | 0.485～0.505 | 0.505～0.550 | 0.550～0.575 | 0.575～0.585 | 0.585～0.620 | 0.620～0.760 |
| 标准波长/μm | 0.430 | 0.470 | 0.495 | 0.530 | 0.560 | 0.580 | 0.600 | 0.640 |

太阳辐射主要集中在可见光部分（0.40～0.76μm）、波长大于可见光的红外线（>0.76μm）和小于可见光的紫外线（<0.40μm）的部分。在全部辐射能中，波长在 0.15～4.0μm 的占 99% 以上，且主要分布在可见光区和红外区，前者约占太阳辐射总能量的 50%，后者约占 43%，紫外区的太阳辐射能很少，只占总量的约 7%，太阳最大辐射能所对应的波长为 0.475μm（相当于青光部分）。

气象学所研究的仅仅是整个辐射光谱中的一小部分，包括太阳、大气和地球表面的辐射，它的波长在 0.1～120μm，也就是含紫外线、可见光与红外线的波段。太阳辐射的波长主要在 0.15～4μm，地面和大气的辐射波长在 3～120μm。因此，气象学中习惯于把太阳辐射称为短波辐射，而把地球表面和大气辐射称为长波辐射，并以 4μm 为分界线。

**2. 光谱成分与植物**

光是影响植物生长最重要的生态因子之一，它不仅是光合作用的能量来源，同时还通过光质、光强和光照时间这三方面来调节光形态建成、光周期反应以及内在生物钟节律性等植物的重要生命活动的信号，即光作为植物光合作用的能量及重要的环境信号，对植物的生长发育有显著影响。此外植物能通过光受体感受光质与光强的微妙变化，这些光受体激发信号传递途径来改变发育中的形态建成、生理生化过程等。自然条件下，绿色植物进行光合作用制造有机物必须有太阳辐射作为唯一能源的参与才能完成，但并非全部太阳辐射均能被植物的光合作用所利用。不同波段的辐射对植物生命活动有明显的影响，它们在为植物提供热量、参与光化学反应及光形态的发生等方面，各起着重要作用。太阳辐射中对植物光合作用有效的光谱成分称为光合有效辐射（photosynthetically active direct radiation，PAR），PAR 的波长在 0.40～0.70μm，与可见光基本重合。PAR 占太阳直接辐射的比例随太阳高度角的增加而增大，最高可达 45%。而在散射辐射中，光合有效辐射的比例可达 60%～70%，所以多云天反而提高了 PAR 的比例。一般认为，光合有效辐射占太阳总辐射的 50%。

**12.1.1.2　光照度和光照时间**

光源在单位时间通过一定面积的光量称为光通量，单位为流明（lm）；而物体单位面积上接受的光通量为光照度，单位为勒克斯（lx），即被自然光均匀照射的物体在 1m² 的面积上得到的光通量为 1lm，其光照度为 1lx。光照度受季节、纬度、天气、海拔的影响而存在差异。

光照时间是指可照时数与曙暮光的总和，即光照时间＝可照时数 ＋ 曙暮光。

在天文学上常把日出到日落太阳可能照射的时间长度称为可照时数，即昼长。可照时数随季节和纬度而变化。日出前及日落后的一段时间内，虽然太阳直射光不能直接投射到地面上，但地面仍能得到高空大气的散射辐射，习惯上称为曙暮光。一般民用曙暮光是指太阳在地平线以下 0°～6°的一段时间内。

### 12.1.2　光质对烤烟种植的影响

#### 12.1.2.1　滤膜处理不同光质对烤烟生长发育的影响

以烤烟品种 K326 为材料，在盆栽条件下研究不同颜色滤膜下不同光质对烤烟成熟过程中植株生长状况的影响。

由表 12-3 可知，各光质处理下烟叶总体生长指标以红膜处理表现比对照好，而蓝膜处理较差，绿膜处理最差。其中，其他光质处理植株根长度都在 50～56cm，而绿膜处理的根长只有 36cm；根体积以红膜处理下最高，绿膜处理的烟株只有 91mm³。根鲜重表现为红膜>蓝膜>对照>绿膜；根干重表现以红膜最高，绿膜最低，对照处理大于蓝膜；茎叶干鲜重均表现出红膜最高，对照次之，蓝膜较次之，绿膜最低；根冠比和干鲜比都是红膜处理下最高，绿膜处理下最低，对照与蓝膜处理下相差不大。表 12-3 的结果进一步证明，红膜处理改善了烟株的生长环境，有利于烟株更好地生长，再次印证了自然光和红膜下烟株的农艺性状综合表现最好，红光有促进烟茎生长和叶片发育的作用，蓝光和黄光则抑制茎干生长和降低叶面积。烟株生长前期增加红光比例有助于初烤烟叶主要经济性状的改善，后期蓝光的作用逐渐凸显，植株生长状况表现为红膜处理较好，绿膜最差，进而影响了其品质。而对照和蓝膜处理差异不大。研究还认为，与对照（中性无色膜处理）相比，红膜处理烟叶转化酶活性下降，淀粉酶活性升高，淀粉和还原糖含量增加；蓝膜处理烟叶转化酶和淀粉酶活性较低，淀粉和总糖含量较高；绿膜处理烟叶转化酶活性增强，淀粉酶活性减弱，淀粉、总糖和还原糖含量降低；红膜处理更能改善烟株的生长环境，明显调节烟叶转化酶和淀粉酶活性，促进淀粉和还原糖累积，有利于烟株更好地生长。

表 12-3　不同光质处理下 K326 的植物学性状（王文超等，2012）

| 处理 | 根长/cm | 根体积/mm³ | 根鲜重/g | 根干重/g | 茎叶鲜重/g | 茎叶干重/g | 根冠比 | 干鲜比 |
|---|---|---|---|---|---|---|---|---|
| 蓝膜($T_B$) | 54AB | 184B | 148C | 11.96C | 360C | 42.65C | 0.41C | 0.11B |
| 绿膜($T_G$) | 36C | 91D | 72D | 5.65C | 310.17D | 31.8D | 0.19D | 0.08C |
| 红膜($T_R$) | 52B | 297A | 294A | 52.11A | 446.67A | 80.71A | 0.95A | 0.22A |
| 中性(CK) | 55A | 124C | 158B | 24.24B | 380B | 52.77B | 0.55B | 0.13B |

根据不同光谱组成对烟叶常规化学成分的影响，选 K326 在烟苗移栽后约 55d 利用塑料大棚覆盖薄膜至采收结束，进行不同光质对中部和上部烟叶品质的研究。如图 12-1 所示，红膜处理中部烟叶的总植物碱含量相对较高，对照相对较低，其他处理间差异不大；总氮含量差异不大，红膜处理相对较低；糖含量以蓝膜处理相对较高，白膜处理相对较低。对照的淀粉含量明显高于其他处理，红色和白色膜处理的相对较低。协调性指标中，糖碱比以对照相对较高，红膜和白膜处理相对较低；对照的钾氯比明显低于其他处理，蓝膜和黄膜处理相对较高；不同处理的氮碱比和两糖比整体差异不大，红膜处理的氮碱比相对较低。综合中部和上部两部位烟叶结果可以看出，覆膜可不同程度提高烤后烟叶

的总植物碱含量和钾氯比值，降低淀粉含量，其中红膜对总植物碱和淀粉含量作用相对明显，蓝色和黄色膜对钾氯比值作用相对明显。

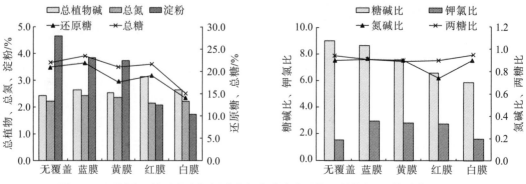

图 12-1　不同处理烤后的中部烟叶常规化学成分及协调性指标(过伟民等，2011)

通过对不同种类光谱能量占总辐射强度的比例与中部烟叶化学成分进行相关分析(表 12-4)可以看出，总植物碱和氮碱比分别与绿光比例呈显著负相关和极显著的正相关；两糖比与紫光和青蓝光比例呈显著正相关；β-胡萝卜素分别与短波光(青蓝光)比例和长波光(红光)比例呈显著正相关和极显著负相关。比较分析表明，中部和上部烟叶化学成分与光谱组成的关系存在较好的一致性，总植物碱与短波光比例呈显著负相关，说明光谱组成中短波光比例的提高可能降低烤后烟叶中的总植物碱含量并提高氮碱比值。且不同光质处理均明显降低烤后烟叶的淀粉含量，一定程度提高钾氯比值；红色膜明显提高烤后烟叶的总植物碱含量，并降低糖碱比值。

表 12-4　不同种类光谱比例与中部烟叶化学成分的关系(过伟民等，2011)

| 波长 | 光谱 | 总植物碱/% | 总氮/% | 氮碱比 | 两糖比 | β-胡萝卜素 |
|---|---|---|---|---|---|---|
| | 紫 | −0.63 | 0.39 | 0.80 | 0.92* | 0.77 |
| 短 | 青蓝 | −0.83 | −0.08 | 0.61 | 0.90* | 0.93* |
| ↓ | 绿 | −0.92* | 0.48 | 0.98** | 0.76 | 0.76 |
| | 黄 | 0.24 | 0.28 | −0.32 | 0.65 | −0.33 |
| 长 | 橙 | 0.09 | −0.88* | 0.39 | −0.53 | −0.52 |
| | 红 | −0.12 | −0.66 | 0.46 | 0.76 | −0.98** |

**表示极显著水平，*表示显著水平，下同。

为明确不同光质条件下，烤烟叶片成熟过程中质体色素代谢的生理响应机制，在大田环境下通过覆盖不同颜色薄膜获得不同光质，研究不同光质对烤烟生长发育过程中质体色素代谢的影响。图 12-2 显示叶绿素各组分在叶片成熟过程中的降解受光质的影响也比较大，至叶片成熟，红光处理下的叶绿素 a 含量显著高于对照(白光)处理，黄光处理的叶绿素 a 含量除在处理 30d 时，其他时期内也显著高于对照(白光)，蓝光处理则从覆膜 30d 开始，叶绿素 a 开始加快分解，至叶片成熟时含量显著低于对照(白光)。各处理均促进了叶绿素 b 的降解，而红、黄光抑制了这一过程中叶绿素的降解，表现在促进了叶绿素 a 的积累，红光还抑制了类胡萝卜素的降解。黄、红光显著降低了叶绿素酶的活性，蓝光则提高了叶绿素酶的活性。结果还表明，在烤烟成熟期，蓝光处理的叶绿素 a、叶绿素 b、总叶绿素及总类胡萝卜素含量在处理末期显著低于对照，而红光处理下，总叶绿素、叶绿素 a、叶绿素 b 及总类胡萝卜素含量均显著高于对照，黄光能够提高叶绿素含量，即红、黄光抑制了烤烟质体色素在成熟期的降解，蓝光反之。

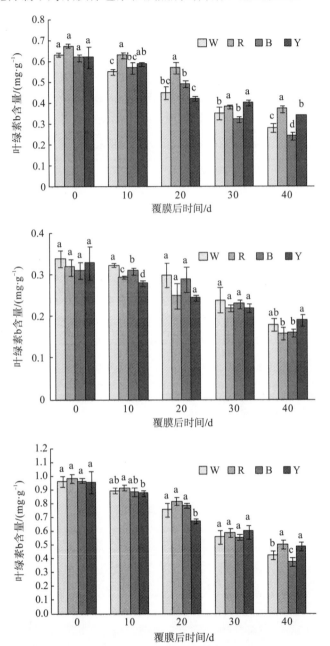

图 12-2　不同光质下叶片成熟过程中叶绿素含量动态变化（占镇等，2014）

滤膜：W. 白膜；R. 红膜；Y. 黄膜；B. 蓝膜

选择烤烟品种云烟 87 并移栽至大田后，开始覆膜进行不同光质处理，以不同颜色聚乙烯树脂滤膜覆盖在拱形升降棚上获得不同光质，各处理的透光率约为自然光的 70％左右，待第 11 片完全展开后测定各项指标。结果表明，黄、蓝、紫膜处理下的叶长和叶宽都较白膜的短，蓝膜的叶长和叶宽显著低于白膜，黄膜的叶宽也显著低于白膜处理，而黄膜的叶长宽比显著高于白膜处理，叶片更为狭长。叶厚的不同反映了叶片生物量的不同，不同颜色滤膜处理对叶片厚度影响较大。红、蓝膜处理下的叶厚显著大于白膜，分别比白膜的提高 9.3％和 6.9％；而黄膜处理的比白膜的低 5.6％。进一步的测定结果表明，红、蓝、紫膜处理下的比叶面积都显著小于白膜，虽然黄膜与白膜的处理效果无差异，但是显著高于红、蓝、紫膜(图 12-3)，促使叶片伸长为红光＞白光＞黄光＞紫光＞蓝光，叶宽为红光＞白光＞紫光＞蓝光＞黄光，叶片长宽比滤膜处理为黄光＞蓝光＞紫光＞红光＞白光。另外试验中还观察到蓝光有延缓烟叶衰老的现象。综合来看，红、蓝、紫光促进了烟叶的生长，而黄光对烟叶的生长有一定的抑制作用(表 12-5)。

表 12-5　不同颜色滤膜下的光谱参数(李志宏等，2015)

| 滤膜颜色 | 过滤波长/nm | 波峰/nm | 透光率/％ |
| --- | --- | --- | --- |
| 白(W) | — | — | 69* |
| 红(R) | 600~720 | 670 | 70 |
| 黄(Y) | 540~630 | 590 | 73 |
| 蓝(B) | 450~500 | 470 | 68* |
| 紫(P) | 400~470 | 450 | 72 |

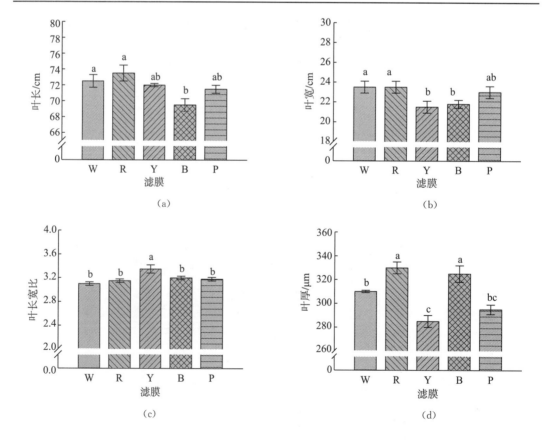

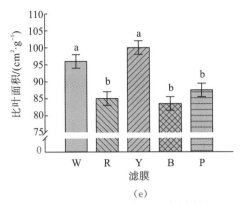

图 12-3　不同光质（滤膜）对烟叶叶长、叶宽、叶长宽比、叶厚度及叶面积的影响（李志宏等，2015）

小写字母不同表示处理间差异达到 5% 显著水平。

滤膜：W. 白膜；R. 红膜；Y. 黄膜；B. 蓝膜；P. 紫膜

图 12-4 表明了不同滤膜下光质对 42d 叶龄烟叶光合作用的影响。可以看出，红、蓝、紫膜处理的净光合速率都分别显著高于白膜，比白膜的分别高 5.9%、10.3% 和 4.4%；而黄膜则比白膜低 3.9%［图 12-4(a)］。与净光合速率相似的是，红、蓝、紫膜下的气孔导度、胞间 $CO_2$ 浓度和蒸腾速率均较高，而黄膜处理较低，具体表现为除蒸腾速率以外的其他光合参数以蓝膜最高，蒸腾速率则以红膜较高［图 12-4(b)～图 12-4(d)］。

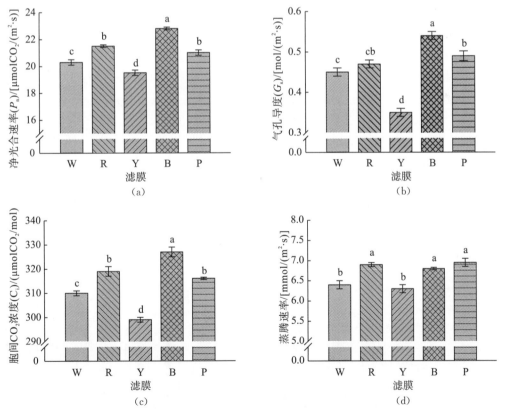

图 12-4　不同光质（滤膜）处理对 42d 叶龄烟叶光合作用的影响（李志宏等，2015）

小写字母不同表示处理间差异达到 5% 显著水平。

滤膜：W. 白膜；R. 红膜；Y. 黄膜；B. 蓝膜；P. 紫膜

滤膜处理下不同光质对 42d 叶龄烟叶光合作用的影响(图 12-4),净光合速率蓝光>红光>紫光>白光>黄光,气孔导度为蓝光>紫光>红光>白光>黄光,胞间 $CO_2$ 浓度蓝光>红光>紫光>白光>黄光,蒸腾速率红光>紫光>蓝光>白光>黄光。

通过对 42d 叶龄烟叶滤膜处理下不同光质的 $CO_2$ 响应拟合曲线相关参数(表 12-6)分析,各相关参数均以蓝膜处理的最大,最大净光合速率、羧化效率和 $CO_2$ 饱和点以黄膜处理的最小,其他的表现参差不齐。

**表 12-6　不同光质(滤膜)处理下 42d 叶龄烟叶的 $CO_2$ 响应拟合曲线相关参数(李志宏等,2015)**

| 滤膜 | 最大净光合速率 $(P_{max})$/[μmol $CO_2$/(m²·s)] | 羧化效率 (CE) | 光呼吸速率 $(R_P)$/[μmol$CO_2$/(m²·s)] | 拟合曲线决定系数 $(R^2)$ | $CO_2$ 补偿点 $(C_c)$/[μmol $CO_2$/(m²·s)] | $CO_2$ 饱和点 $(C_{sat})$/(μmol/mol) |
|---|---|---|---|---|---|---|
| 白膜(W) | 31.2 | 0.0522 | 4.0854 | 0.9985 | 78.3 | 1297.5 |
| 红膜(R) | 26.1 | 0.0410 | 3.4055 | 0.9946 | 83.1 | 1218.3 |
| 黄膜(Y) | 20.4 | 0.0380 | 3.4866 | 0.9976 | 91.8 | 1174.9 |
| 蓝膜(B) | 33.4 | 0.0628 | 6.2286 | 0.9968 | 99.2 | 1334.6 |
| 紫膜(P) | 23.7 | 0.0387 | 3.0415 | 0.9936 | 78.6 | 1265.7 |

SOD 是植物抗氧化酶中的关键一员,不同颜色滤膜处理对烟草叶片中 SOD 的活性有显著影响。根据不同光质(滤膜)处理对烟草叶片 SOD、CAT 和 POD 活性动态变化的影响(图 12-5)可以看出,在 7~56d SOD 的酶活性呈上升趋势,56d 后活性逐渐下降;红、蓝和紫膜处理叶片的 SOD 活性低于黄膜和白膜处理,这在叶片生长后期(56~70d)表现尤为明显[图 12-5(a)]。CAT 的功能是将胞内的 $H_2O_2$ 直接分解生成 $H_2O$。不同颜色滤膜处理下烟草叶片中 CAT 的活性变化如图 12-5(b)所示,在检测的 70d 的生长期中,除紫膜 50d 以后外,其他膜的 CAT 活性均保持上升态势,且表现为黄膜>白膜>红膜>蓝膜>紫膜,这种趋势在叶片生长后期变得更加明显。POD 存在于细胞的多个部位,利用愈创木酚为电子供体清除 $H_2O_2$。烟草叶片在 7~70d 的生长过程中 POD 活性逐渐升高,除蓝膜 42d 以后外,在生长后期(56~70d)维持在一较高的水平。不同颜色的滤膜处理下,烟草叶片中 POD 的活性总体上白膜>红膜>紫膜>黄膜>蓝膜,在叶片生长后期表现得更为明显[图 12-5(c)]。

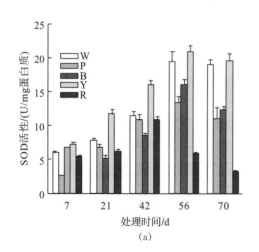

(a)

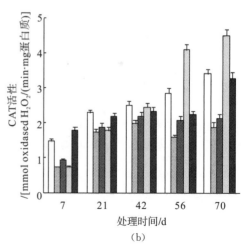

(b)

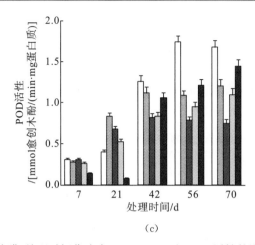

(c)

图 12-5　不同光质（滤膜）处理对烟草叶片 SOD、CAT 和 POD 活性的影响（李志宏等，2015）

W. 白膜；R. 红膜；Y. 黄膜；B. 蓝膜；P. 紫膜

### 12.1.2.2　LED 处理不同光质的影响

通过发光二极管（light emitting diode，LED）获取单色光源，研究单色光对烤烟幼苗色素含量和光合特性的影响。如表 12-7 所示，对不同光质处理 15d、30d 和 45d 叶绿素 a 的含量，变化分析，叶绿素 b、叶绿素 a+b 及总类胡萝卜素的含量，在各处理间表现规律同叶绿素 a 含量表现规律基本一致，即色素含量总体均表现为红蓝复合光及冷白光处理较高，红蓝复合光处理下幼苗色素含量总体高于单色红光或蓝光处理。单色红光或蓝光对幼苗色素含量均无明显促进作用，叶绿素 a 的含量深红光高于浅红光，深蓝光高于浅蓝光。叶绿素 b 含量浅蓝光最小，深蓝光＞浅蓝光，深红光、浅红光及绿光处理下幼苗色素含量不高，且无明显的规律。叶绿素 a 在总的叶绿素中所占比例较大，故各处理叶绿素总含量与叶绿素 a 的表现规律一致。类胡萝卜素含量表现为深蓝光处理下最高，但红光下类胡萝卜素的含量较低，类胡萝卜素的含量深蓝光最高。绿光色素含量较低，红蓝复合光比单色红、蓝光更有利于烤烟苗期幼苗对色素吸收，各处理色素含量总体表现为随处理时间的增加而减少。

表 12-7　不同单色光对烤烟幼苗叶片色素含量的影响（张艳艳等，2013）

| 处理 | 处理 15d | | | | 处理 30d | | | | 处理 45d | | | |
|---|---|---|---|---|---|---|---|---|---|---|---|---|
| | Chl-a | Chl-b | Chl a+b | car | Chl-a | Chl-b | Chl a+b | car | Chl-a | Chl-b | Chl a+b | car |
| 深红 | 1.25c | 0.38b | 1.63c | 0.26c | 0.99c | 0.30c | 1.29c | 0.15e | 0.82d | 0.27d | 1.10d | 0.17b |
| 深蓝 | 0.95e | 0.26d | 1.22e | 0.21e | 0.96cd | 0.32c | 1.28c | 0.18d | 1.03a | 0.33a | 1.35a | 0.19a |
| 浅红 | 1.64a | 0.50a | 2.15a | 0.33a | 0.71e | 0.22d | 0.93d | 0.14e | 0.84d | 0.29c | 1.12d | 0.16b |
| 浅蓝 | 1.10d | 0.32c | 1.43d | 0.24d | 0.90d | 0.29c | 1.19c | 0.20c | 0.60f | 0.18f | 0.78f | 0.11d |
| 复合光 | 1.54ab | 0.51a | 2.06ab | 0.32ab | 1.16b | 0.38ab | 1.54b | 0.24a | 0.88c | 0.30bc | 1.18c | 0.17b |
| 冷白光 | 1.62a | 0.51a | 2.13ab | 0.31ab | 1.26a | 0.41a | 1.66a | 0.25a | 0.91b | 0.30b | 1.22b | 0.17b |
| 绿光 | 1.47b | 0.51a | 1.99b | 0.30b | 1.08b | 0.36b | 1.44b | 0.21b | 0.75e | 0.25e | 1.00e | 0.14c |

注：表中同列数据后字母不同，表示差异达到 5% 显著水平。

从表 12-8 可以看出，红蓝复合光和深红光可提高烤烟幼苗光合作用速率，降低胞间 $CO_2$ 浓度，光合性能优于其他单色光。红蓝复合光的光合作用速率（$P_n$）、气孔导度（Cond）及蒸腾速率（$T_r$）较大，显著高于其他处理，其次为深红光，绿光处理下幼苗光合作用较弱。幼苗的光合参数随着处理时间的增加并未表现出规律性的增加或减少趋势，且各处理间表现的趋势并不完全一致。

**表 12-8　不同单色光下烤烟苗期幼苗的光合参数（张艳艳等，2013）**

| 处理 | 处理 15d | | | | 处理 30d | | | | 处理 45d | | | |
| --- | --- | --- | --- | --- | --- | --- | --- | --- | --- | --- | --- | --- |
| | $P_n$ | Cond | $C_i$ | $T_r$ | $P_n$ | Cond | $C_i$ | $T_r$ | $P_n$ | Cond | $C_i$ | $T_r$ |
| 深红 | 2.33a | 0.02a | 197.00c | 0.41a | 2.09b | 0.02b | 220.33c | 0.41b | 2.44a | 0.02b | 204.33c | 0.44b |
| 深蓝 | 0.84bc | 0.02ab | 323.00a | 0.34ab | 0.96cd | 0.02bc | 304.00a | 0.33bc | 1.57bc | 0.02b | 270.00ab | 0.40bc |
| 浅红 | 1.37b | 0.01abc | 250.00b | 0.30abc | 0.88d | 0.01c | 273.33ab | 0.23c | 1.56bc | 0.02b | 241.33abc | 0.32bc |
| 浅蓝 | 1.41b | 0.01ab | 252.33b | 0.35ab | 1.54bc | 0.01bc | 230.00bc | 0.30bc | 1.54bc | 0.01b | 228.33bc | 0.28bc |
| 复合 | 0.89bc | 0.01bc | 263.67b | 0.24bc | 2.99a | 0.03a | 228.67bc | 0.64a | 2.79a | 0.03a | 236.67abc | 0.62a |
| 冷白 | 1.42b | 0.02ab | 260.67b | 0.34ab | 1.52bc | 0.02bc | 245.00bc | 0.34b | 2.11ab | 0.02b | 233.00abc | 0.42bc |
| 绿光 | 0.31c | 0.01c | 343.33a | 0.18c | 1.24cd | 0.01bc | 264.67abc | 0.33bc | 1.11b | 0.01b | 274.00a | 0.32bc |

注：表中同列数据后字母不同，表示差异达到 5％显著水平。

通过 LED 获取不同的光质，研究不同光质处理对烟草形态建成、生长发育、光合特性及多酚类化合物代谢的影响和调控。结果表明，株高及烟叶长宽在一定程度上可反映烤烟生长情况，在 40～60d 时，各单色光下的株高均逐渐增大，但均显著低于白光，比白光处理分别低 14％、17％、19％、30％、39％，其中黄、绿光下株高最低；60d 时红、紫、蓝、黄、绿光下的株高亦显著低于白光，比白光处理低 12％、14％、16％、25％、33％，变化规律与 40d 一致［图 12-6(a)］。40d 时红光显著高于白光处理，比白光处理高 14％，增加了叶长，而黄、绿、蓝光均显著低于白光处理，蓝光处理均显著低于白膜，比白膜下的低 20％、21％、25％；60d 时红光显著高于白光，而黄、绿、蓝光均显著低于白光处理，变化规律与 40d 的一致［图 12-6(b)］。40d 时紫、蓝、绿、黄光下的叶宽显著低于白光，比白光下的分别小 15％、31％、37％、44％；60d 时紫、蓝、绿、黄光显著低于白光，比白光下的分别小 13％、30％、32％、39％，变化趋势与 40d 一致［图 12-6(c)］。40～60d，烟叶的长宽比呈降低趋势，40d 时黄、绿、红、紫光比白光分别高 40％、24％、19％、19％，显著高于白膜；60d 的黄、绿、红、紫光下的长宽比分别比白光的高 30％、24％、16％、16％，变化趋势与 40d 一致［图 12-6(d)］，说明除蓝光外，其余单色光处理下叶形较白光下的狭长，黄光下叶片则更为狭长。综合来看，在相同的光照下，与包括可见光全波长的白光相比，各单色光处理均对烟株和烟叶的生长有一定的抑制作用，与之对应的是较白光低的株高及叶宽，红光处理下有较大的叶长，但黄、蓝、绿光处理下叶长较小。除蓝光外，各单色光处理下的烟叶比白光具有较大的长宽比，叶形较为狭长［图 12-6(d)］。总体来讲，促使叶片伸长为红光＞紫光＞白光＞黄光＞蓝光，叶宽为白光＞红光＞紫光＞蓝光＞黄光，叶长宽比为黄光＞红光＞紫光＞蓝光＞白光。

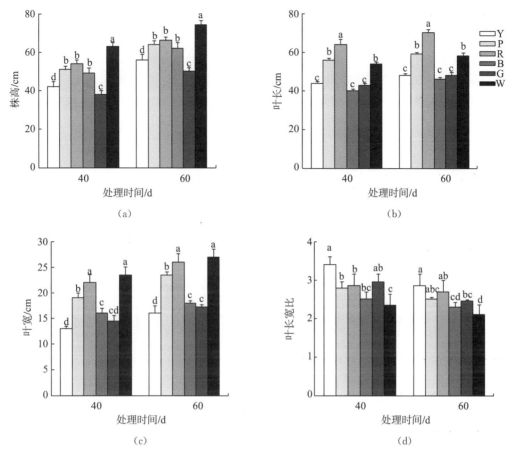

图 12-6　不同光质（LED）处理对烤烟株高、叶长、叶宽和叶长宽比的影响（李志宏等，2015）

小写字母不同表示处理间差异达到 5％显著水平。

Y. 黄膜；P. 紫膜；R. 红膜；B. 蓝膜；G. 绿膜；W. 白膜

表 12-9　不同颜色 LED 下的光谱参数（李志宏等，2015）

| LED 灯单色光颜色 | 波长/nm | 波峰/nm |
| --- | --- | --- |
| 黄（Y） | 570～630 | 585 |
| 紫（P） | 370～430 | 395 |
| 红（R） | 600～660 | 635 |
| 蓝（B） | 420～480 | 435 |
| 绿（G） | 500～560 | 530 |
| 白（W） | — | — |

　　图 12-7 反映了 LED 处理不同光质对烟叶光合参数的动态变化特征，40～60d 不同光质下，除黄光的烟叶气孔导度升高外，其余的净光合速率、气孔导度、胞间 $CO_2$ 浓度、蒸腾速率均呈降低趋势，其中各类胞间 $CO_2$ 浓度整体降低幅度不大，而白光尤以净光合速率、蒸腾速率降低明显。40d 时紫、蓝、红、绿、黄光的净光合速率分别比白光显著低 30％、57％、65％、77％、80％；60d 时紫、蓝、红、绿、黄光的净光合速率分别比白光显著低 31％、36％、54％、61％、79％[图 12-7（a）]，而胞间 $CO_2$ 浓度及蒸腾速率

的变化趋势与净光合速率变化规律相似［图 12-7(b)～图 12-7(d)］。40d 时 LED 处理净光合速率白光＞紫光＞蓝光＞红光＞黄光；而 40d 时 LED 处理气孔导度、胞间 $CO_2$ 浓度和蒸腾速率与净光合速率相同，仍为白光＞紫光＞蓝光＞红光＞黄光，其表现相当一致。

图 12-7 与 42d 时滤膜处理烟叶光合参数粗略比较(图 12-4)，说明用 LED 模拟不同波长光质处理效果稳定，更具有代表性。LED 灯获取的高纯度光源与有色膜覆盖获取光源存在一定的差异，估计这与滤膜相比，不同颜色 LED 下的光谱参数更接近自然光照的状况(表 12-2、表 12-5、表 12-9)和烤烟对环境长期适应进化有关，其间的机理有必要深入研究。

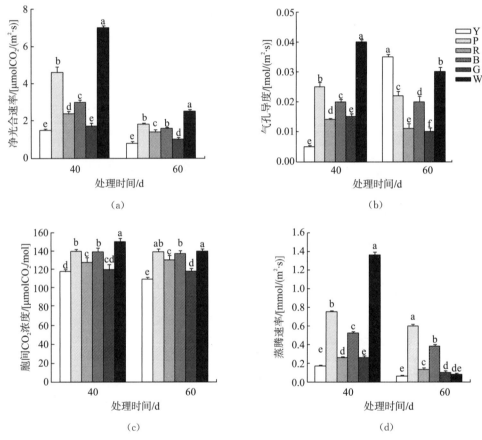

图 12-7　不同光质(LED)对烟叶光合参数的影响(李志宏等，2015)

小写字母不同表示处理间差异达到 5% 显著水平。

Y. 黄膜；P. 紫膜；R. 红膜；B. 蓝膜；G. 绿膜；W. 白膜

由图 12-8(a)可知，40d 时，与白光相比，绿光比白光苯丙氨酸解氨酶(PAL)显著降低 16%，红、黄、紫、蓝光分别为比白光显著提高 42%、57%、57%、123%，说明 40d 时与白光相比，黄、紫、红、蓝光均显著提高了 PAL 活性，而绿光则显著降低。60d 时 PAL 活性，黄、红、绿光与白光相比分别显著降低 26%、14%、16%，与白光相比，紫、蓝光显著提高 39%、48%，说明 60d 时紫、蓝光显著提高 PAL 活性，而其余处理则降低 PAL 活性。光质对不同生长时期烟叶内 PAL 活性影响不同，综合来看，紫、蓝光处理显著提高了烟叶的 PAL 活性。40～60d，除 40d 时红光下的过氧化物酶(POD)活性增大外，各处理烟叶内的 POD 活性整体呈上升趋势，蓝光和白光尤其明显。40d 时黄、蓝、绿光比白光显著降低 85％、56％、52％，红光则比白光显著增加 1.37 倍；60d 时黄、紫、红、绿光下的分别比白光显著降低 57％、52％、48％、52％。综合来看，其余各处理与对照白光比，均显著降低 POD 活性[图 12-8(b)]。由图 12-8(c)可见，40～60d 各处理烟叶内的多酚氧化酶（PPO）活性整体呈降低趋势，40d 时黄光比白光显著增加 2.24 倍，红、蓝、绿光与白光比显著降低 80％、43％、37％，说明 40d 时除黄光增加烟叶内 PPO 活性外，红、蓝、绿光则显著降低其活性。60d 时黄、紫、绿光与白光相比显著提高 6.43 倍、1.71 倍、2.00 倍，与白光相比，60d 时黄、紫、绿光均显著增加了烟叶的 PPO 活性，但不同光质对不同时期烟叶内 PPO 活性影响不同，总体来讲，黄、紫光处理显著增加了其活性。

综合分析，紫、蓝光处理显著增加了烟叶 PAL 活性；除 40d 时红光下的 POD 活性增大外，其余各处理 POD 活性均显著减低；40d 时，除黄、紫光处理外，红、蓝、绿光处理均降低了烟叶 PPO 活性，60d 时，PPO 活性黄、紫、蓝光处理则显著增加。

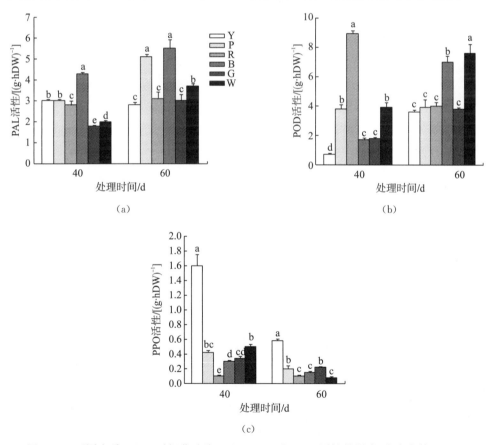

图 12-8　不同光质（LED）对烟草叶片 PAL、POD 和 PPO 活性的影响(李志宏等，2015)

小写字母不同表示处理间差异达到 5％显著水平。

Y. 黄膜；P. 紫膜；R. 红膜；B. 蓝膜；G 绿膜；W. 白膜

### 12.1.3 光照度对烤烟种植的影响

#### 12.1.3.1 光照度对烤烟光合作用过程的影响

植物具有很强的光适应性，改变光照条件，其光合特性将发生相应变化。以烤烟云烟 87 为材料，通过覆盖 3 种不同孔度的白色纱网进行遮光，研究不同光照度（100%、88%、72%、60%自然光强）对苗期烤烟光合作用及干物质生产的影响。从研究来看，虽然烟草是一种喜光植物，但烟苗在晴天中午 100%自然光强下会产生光合抑制现象，适度遮光（88%自然光强）会消除光抑制，其日光合总量（叶片一天内同化 $CO_2$ 的量）显著高于其他处理。但在苗期遮光可以降低烟苗光饱和点和光补偿点，增加表观量子效率和弱光下的光合速率，提高对弱光的利用能力，表明烟苗对弱光同样具有一定的调节和适应能力。过度遮光会降低烟苗光饱和点，但在适度遮光（88%自然光强）条件下，烟苗具有较高的光饱和点，且在强光下的净光合速率达到最大值（表 12-10）。

**表 12-10　光照度对烟苗叶片光合特性的影响（王瑞等，2010a）**

| 光照度 | 模拟方程 | 光饱和点 LSP /($\mu mol \cdot m^{-2} \cdot s^{-1}$) | 最大净光合速率 $P_{max}$/($\mu molCO_2 \cdot m^{-2} \cdot s^{-1}$) | 光补偿点 LCP/($\mu mol \cdot m^{-2} \cdot s^{-1}$) | 表观量子效率 AQY |
|---|---|---|---|---|---|
| 100% | $y=-0.000022x^2+0.04574x-1.2135$ ($R^2=0.9919^{**}$) | 1039.52a | 22.55b | 27.41a | 0.0429b |
| 88% | $y=-0.000022x^2+0.04644x-0.9893$ ($R^2=0.9979^{**}$) | 1055.21a | 23.52a | 23.42b | 0.0470a |
| 72% | $y=-0.000028x^2+0.04792x-0.9510$ ($R^2=0.9980^{**}$) | 855.85b | 19.65c | 22.53b | 0.0473a |
| 62% | $y=-0.000029x^2+0.04720x-0.7454$ ($R^2=0.9968^{**}$) | 813.82c | 18.57d | 19.31c | 0.0477a |

注：同列不同小写字母表示处理间差异显著（$P<0.05$）。

研究认为，88%自然光强处理是通过以下两方面来提高烟苗日净光合总量的：一方面是通过改变烟苗光合特性，增强烟苗的光合适应能力；另一方面在晴天中午，100%自然光强处理的烟苗会产生光抑制而导致 $P_n$ 下降，造成日光合总量的损失，而 88%自然光强处理通过适当遮光使烟苗叶片在中午时段仍然保持较高的 $P_n$（图 12-9、图 12-10），从而提高了日净光合总量（图 12-11）。而苗期采用适当遮光（88%自然光强）的措施可以提高烟苗的成苗素质。

试验设 4 个处理分别遮盖不同层的白色棉纱布，以自然光强为对照（CK），$L_1$（80%的全光照），$L_2$（50%的全光照），$L_3$（20%的全光照）。随光强的减弱，净光合速率（$P_n$）先升高后降低，从追求产量而言，在小于 50%的自然光强下生长的烟株，由于光强的明显减弱，净光合速率显著下降，光合产物积累显著减少，烟株已不能通过自身的调节来满足其正常生长的需要。气孔导度（$G_s$）、蒸腾速率（$T_r$）均呈逐渐降低趋势，$T_r$ 的降低也可说明弱光下烟株吸收能力降低。随着光强降低，单位叶面积 Chl-a 和 Chl-b 增加，弱光下，Chl-b 含量升高以及 Chl-a 和 Chl-b 比值降低是植物利用弱光能力强的判断指标。这是植物对弱光的适应反应，叶绿素的增加有利于植物捕获较多的光能，而弥补外界的光照不足（表 12-11）。

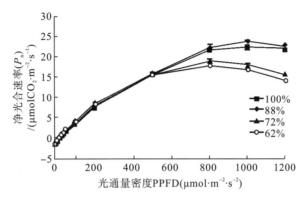

图 12-9　不同光照度下烟苗净光合速率光通量密度（PPFD）响应曲线（王瑞等，2010a）

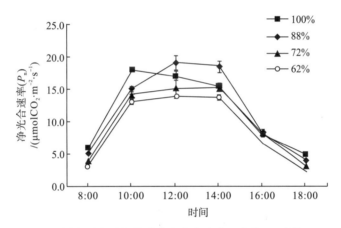

图 12-10　不同光照度下烟苗叶片净光合速率日变化（王瑞等，2010a）

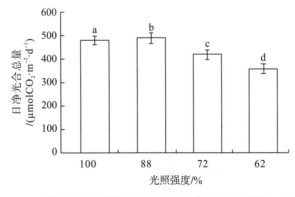

图 12-11　不同光照度下烟苗叶片日净光合总量（王瑞等，2010a）

表 12-11　光照度对烤烟叶片光合指标的影响（刘国顺等，2007）

| 处理 | 光合指标 | | | | | | |
|------|------|------|------|------|------|------|------|
| | 净光合速率 $P_n$ /($\mu mol \cdot m^{-2} \cdot s^{-1}$) | 气孔导度 $G_s$ /($mmol \cdot m^{-2} \cdot s^{-1}$) | 胞间 $CO_2$ 浓度 $C_i$ /($\mu g \cdot g^{-1}$) | 蒸腾速率 $T_r$ /($\mu mol \cdot m^{-2} \cdot s^{-1}$) | 叶绿素 a Chl-a /($mg \cdot g^{-1}$) | 叶绿素 b Chl-b /($mg \cdot g^{-1}$) | 叶绿素 a/b Chl-a/Chl-b /($mg \cdot g^{-1}$) |
| CK | 22.23A | 506.36A | 231.56C | 9.31A | 1.60c | 0.52c | 3.11a |
| $L_1$ | 23.03A | 483.58B | 249.68B | 7.58B | 1.63c | 0.53c | 3.07a |
| $L_2$ | 13.73C | 426.63C | 278.37A | 6.25C | 1.77b | 0.63b | 2.81b |
| $L_3$ | 6.09D | 368.72D | 287.78A | 4.36D | 1.97a | 0.72a | 2.73b |

注：小写字母表示 5% 显著水平，CK 为全光照，$L_1$、$L_2$、$L_3$ 分别为 80%、50%、20% 的全光照处理。

表 12-12 表明，随着 $L_1 \sim L_3$ 处理透光率的降低，荧光参数 $F_v/F_m$、$F_m$ 和 $\Phi PS\,II$ 的平均值都随光照度的减弱而升高，这表明在低光强条件下烟株可以将更多的吸收光能分配给光化学途径，而高光强条件下则将更多的吸收光能分配给热耗散途径。说明同一种植物在不同的光照条件下，有不同的适应环境的应对措施，这是对环境的一种适应。

表 12-12　光照度对烤烟叶片叶绿素荧光参数的影响（刘国顺等，2007）

| 处理 | 荧光参数 | | | | | | |
|------|------|------|------|------|------|------|------|
| | $F_o$ | $F_m$ | $F_v/F_m$ | $F_v/F_o$ | $\Phi PS\,II$ | QP | QN |
| CK | 190.7a | 773.2c | 0.7586 | 3.168c | 0.665b | 0.839c | 0.244a |
| $L_1$ | 169.3b | 900.5b | 0.817b | 4.346b | 0.683ab | 0.853bc | 0.151b |
| $L_2$ | 168.0b | 948.6a | 0.825a | 4.747a | 0.714a | 0.873ab | 0.126b |
| $L_3$ | 171.6b | 1 020.3a | 0.838a | 4.963a | 0.721a | 0.899a | 0.095c |

注：小写字母表示 5% 显著水平，CK 为全光照，$L_1$、$L_2$、$L_3$ 分别为 80%、50%、20% 的全光照处理。

### 12.1.3.2　光照度对烤烟形态建成的影响

不同光强条件下生长烤烟的形态指标存在差异（表 12-13）。随光照度的减弱，茎秆变细，叶片的长宽比增加，叶片数减少，出叶速度变慢，干物质重逐渐减轻，而株高、叶片长、叶片宽随光照度的降低，呈现先增加后减小的趋势。并以 80% 的全光照条件下的株高、叶面积最大，叶片展开好，但叶片变薄，导致干重略小于对照，这说明光照度是抑制烟草植株干物重的一个重要因素，这种形态的变化是烤烟对光环境适应的一种表现。

表 12-13　光照度对烤烟营养生长的影响（刘国顺等，2007）

| 处理 | 株高/cm | 茎围/cm | 最大叶 | | | | 叶片数 | 出叶速度 |
|------|------|------|------|------|------|------|------|------|
| | | | 长/cm | 宽/cm | 长/宽 | 叶面积/cm² | | |
| CK | 158.2b | 12.3a | 64.7a | 31.3a | 2.07b | 1284.9a | 25.0a | 1.32c |
| $L_1$ | 175.3a | 11.6a | 66.7a | 31.7a | 2.17b | 1341.6a | 23.7a | 1.42c |
| $L_2$ | 170.4a | 8.5b | 58.3b | 25.6b | 2.28a | 947.0b | 20.3b | 1.75b |
| $L_3$ | 156.6b | 7.3c | 54.0b | 23.0b | 2.35a | 788.0c | 18.2c | 1.95a |

注：小写字母表示 5% 显著水平，CK 为全光照，$L_1$、$L_2$、$L_3$ 分别为 80%、50%、20% 的全光照处理。

　　光照度对烤烟干物质积累及分配有明显的影响(表 12-14)，随光强的减弱，各器官干物质量逐渐减少，$L_2$ 和 $L_3$ 处理与对照差异显著($P<0.05$)。在干物质的分配中，光强对根部的影响最大，根干重随光照度的减弱，依次是对照的 87%、52%、23%，与透光率相当；影响最小的器官是叶片，当光照度小于自然光的 50% 时，叶干重迅速下降，根冠比随光照度减弱。

**表 12-14　光照度对烤烟生物积累量的影响(刘国顺等，2007)**

| 处理 | 根 | 根(对照) | 茎 | 茎(对照) | 叶 | 叶(对照) | 总干重 | 总干重(对照) | 根冠比 |
|---|---|---|---|---|---|---|---|---|---|
| CK | 81.8a | — | 112.7a | — | 103.9a | — | 298.4a | — | 0.378a |
| $L_1$ | 71.2b | 0.87 | 107.5a | 0.95 | 111.8a | 1.07 | 290.5a | 0.97 | 0.322a |
| $L_2$ | 42.3c | 0.52 | 65.4b | 0.58 | 70.8b | 0.68 | 178.5b | 0.60 | 0.311b |
| $L_3$ | 18.5d | 0.23 | 29.1c | 0.26 | 33.7c | 0.32 | 81.3c | 0.27 | 0.295c |

　　为了研究光照度对不同品种烤烟生长发育和生理特性的影响，以旱花品种 K326 和抗旱花品种 HY06 为材料，用不同孔径黑色遮阳网进行人工遮光处理，研究在 65%、44% 自然光强下，遮光时间分别为 10d、20d、30d 的条件下光照度对两品种烤烟生长的影响。在生长发育方面，随光照度减弱，两烤烟品种烟株的茎围减小、现蕾时间推迟、现蕾时有效叶片数减少，并随遮光时间加长，烟株叶片具有叶长增加、叶宽减小的趋势。比较发现，光照度对于 HY06、K326 两个烤烟品种间的影响也存在差异。HY06 各处理的株高、茎围因遮光程度和时间的增加而显著降低，表现相对更敏感，但其烟株生长表现仍比 K326 高大，茎围较粗，生长相对健壮。从现蕾时间上来看，两品种中 K326 各处理与 CK 相比提前的天数更多，现蕾时有效叶片数 HY06 的较多，在 44% 自然光强、遮光 30d 的条件下有效叶片数有 18 片，而 K326 仅有 13 片。以上结果表明，光照度的减弱造成烟株发育滞缓，烟株农艺性状变差，弱光对于烤烟早期发育以及后期产量均造成明显的负面影响。烟叶的生理指标也由于弱光胁迫产生的应急机制而呈现规律性的变化(表 12-15、表 12-16)。

**表 12-15　光照度对不同烤烟品种成熟期农艺性状的影响(宋丹妮等，2016)**

| 品种 | 遮光处理 | 株高/cm | 茎围/cm | 中部叶 | |
|---|---|---|---|---|---|
| | | | | 长/cm | 宽/cm |
| | CK | 89.10±2.08a | 11.33±0.17a | 71.47±2.81a | 29.96±2.13ab |
| | $W_1T_1$ | 81.27±1.09b | 11.03±0.25a | 72.02±3.13a | 29.53±1.89abc |
| | $W_1T_2$ | 79.50±1.94b | 10.42±0.20bc | 72.01±3.48a | 28.65±1.40bc |
| K326 | $W_1T_3$ | 82.52±0.90b | 10.30±0.47cd | 66.47±2.38c | 29.SI±1.48abc |
| | $W_2T_1$ | 83.90±1.37b | 10.83±0.38ab | 67.92±2.17bc | 30.61±1.83a |
| | $W_2T_2$ | 81.67±0.91b | 10.26±0.50d | 66.85±4.59c | 29.23±2.06abc |
| | $W_2T_3$ | 69.48±1.47c | 9.80±0.17d | 70.12±2.24ab | 27.33±1.20c |

续表

| 品种 | 遮光处理 | 株高/cm | 茎围/cm | 中部叶 | |
| --- | --- | --- | --- | --- | --- |
| | | | | 长/cm | 宽/cm |
| HY06 | CK | 91.25±2.26a | 12.41±0.32a | 78.02±2.07a | 27.86±2.05a |
| | $W_1T_1$ | 90.27±2.03a | 12.01±0.41ab | 77.52±3.13ab | 27.35±1.76a |
| | $W_1T_2$ | 88.66±1.78a | 11.42±0.28bc | 76.49±3.03ab | 27.62±1.38a |
| | $W_1T_3$ | 84.52±2.11b | 1L31±0.35cd | 72.07±2.24c | 26.83±1.62ab |
| | $W_2T_1$ | 84.09±1.87b | 11.53±0.48b | 72.31±2.21c | 27.18±1.42a |
| | $W_2T_2$ | 83.15±1.21b | 10.65±0.36de | 70.16±4.12d | 26.63±1.96bc |
| | $W_2T_3$ | 80.45±1.33c | 10.32±0.29e | 75.12±1.68b | 25.83±1.43c |

表 12-16　光照度对不同烤烟品种现蕾状况的影响（宋丹妮等，2016）

| 遮光处理 | K326 | | | HY06 | | |
| --- | --- | --- | --- | --- | --- | --- |
| | 现蕾时间 | 与CK时间差/d | 现蕾时有效叶/片 | 现蕾时间 | 与CK时间差/d | 现蕾时有效叶/片 |
| CK | 4月24日 | — | 20.40a | 4月28日 | — | 24.81a |
| $W_1T_1$ | 4月22日 | −2e | 17.50b | 4月29日 | 1c | 23.35a |
| $W_1T_2$ | 4月26日 | 2d | 17.00bc | 4月30日 | 2bc | 22.80ab |
| $W_1T_3$ | 4月30日 | 6b | 16.30c | 4月30日 | 2bc | 21.61bc |
| $W_2T_1$ | 4月28日 | 4c | 15.23d | 4月30日 | 2bc | 21.48bc |
| $W_2T_2$ | 5月1日 | 7b | 15.03d | 5月1日 | 3b | 18.46d |
| $W_2T_3$ | 5月4日 | 10a | 13.93e | 5月4日 | 5a | 18.03d |

　　选供试品种云烟 85 进行盆栽试验，设置 5 个处理，自然光为对照，处理分别遮盖不同层的白色棉纱布，营造不同的光照度。烟株生长至打顶一周后置于不同光照处理下，研究成熟期光强不同对烤烟理化特性的影响。从表 12-17 可以看出，成熟期降低光照度，上部叶叶片长、宽处理 2 最大，其次是处理 4 和处理 3，处理 1 和处理 5 较小，中部和下部叶片长宽处理间差异不大，对上部叶的影响比对中下部叶的影响大。随着成熟期光照度的降低，叶片单叶重、厚度、叶质重都呈降低趋势，叶片含梗率呈增加趋势，而对平衡含水率的影响不明显。

表 12-17　成熟期光强不同对烤后烟物理特性的影响（杨兴有等，2007a）

| 部位 | 处理 | 叶长/cm | 宽/cm | 单叶重/g | 含梗率/% | 厚度/μm | 叶质重/(mg·cm⁻²) | 平衡含水率/% |
| --- | --- | --- | --- | --- | --- | --- | --- | --- |
| 上 | 1 | 35.75bcB | 11.65bAB | 3.38aA | 25.23cB | 164.8aA | 2.67aA | 18.99abAB |
| | 2 | 41.25aA | 22.83aA | 3.64aA | 25.63cB | 144.1bB | 2.24bB | 18.37bcAB |
| | 3 | 37.5bcAB | 11.25bB | 2.95bB | 28.17bAB | 135.6bB | 2.25bB | 20.32aA |
| | 4 | 38.5abAB | 11.00bB | 2.75bBC | 28.33bAB | 116.5cC | 1.84cC | 20.00abA |
| | 5 | 34.25cB | 10.75bB | 2.45cC | 30.95aA | 106.1cC | 1.13dD | 16.67cB |

续表

| 部位 | 处理 | 叶长/cm | 宽/cm | 单叶重/g | 含梗率/% | 厚度/μm | 叶质重/(mg·cm⁻²) | 平衡含水率/% |
|---|---|---|---|---|---|---|---|---|
| 中 | 1 | 43.5bA | 17.13a | 5.57aA | 26.15a | 148.5aA | 1.66cC | 16.57bB |
| | 2 | 46.25abA | 17.63a | 5.46aAB | 26.23a | 141.9aAB | 1.78bcC | 16.04bB |
| | 3 | 46.25abA | 17.58a | 5.33aAB | 27.03a | 126.2bBC | 1.87bBC | 15.76bB |
| | 4 | 46.25abA | 17.83a | 4.82bBC | 27.89a | 122.7bC | 2.20aA | 20.11aA |
| | 5 | 48.50aA | 17.25a | 4.50bC | 28.77a | 118.7bC | 2.08aAB | 20.00aA |
| 下 | 1 | 44.5a | 21.5a | 6.75aA | 27.04bA | 98.13aA | 1.74aA | 18.71bB |
| | 2 | 45.1a | 21.95a | 5.80bB | 26.58bA | 77.87bB | 1.72aA | 22.48aA |
| | 3 | 45.2a | 21.9a | 5.50bcBC | 27.27bA | 75.47bB | 1.66aAB | 23.33aA |
| | 4 | 45.0a | 21.3a | 5.20cdBC | 28.57abA | 76.47bB | 1.48bBC | 21.74aA |
| | 5 | 43.0a | 22.0a | 4.86dC | 30.00aA | 71.07bB | 1.37bC | 22.12aA |

### 12.1.3.3　光照度对烤烟生理指标的影响

植物叶片中叶绿素含量是反映植物光合能力的一项重要指标，Chl-b 能有效吸收弱光，Chl a/b 的降低有利于吸收环境中的红光，维持光系统 I 和光系统 II 之间的能量平衡，是植物对弱光环境的生态适应。总体上，遮光可以提高烟苗 Chl-a、Chl-b 及叶绿素总量，降低 Chl a/b，但适度遮光(88% 自然光强)却显著提高了 Chl a/b，这有利于维持较大比例的反应中心色素含量(图 12-12)，从而提高强光下植株对光能的转化能力，提高烟苗光合同化潜力，而遮光降低了烟苗类胡萝卜素含量。

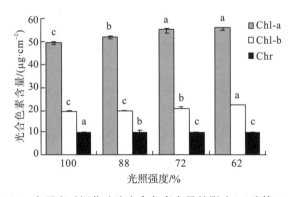

图 12-12　光照度对烟苗叶片光合色素含量的影响(王瑞等，2010a)

而随着成熟期处理光照度的降低，烤后烟叶的类胡萝卜素总量、叶黄素和胡萝卜素都明显增加(表 12-18)。

**表 12-18　成熟期不同光强处理对烤后烟叶质体色素含量的影响(杨兴有等，2007a)**

| 处理 | 类胡萝卜素总量/(μg·g⁻¹) | 叶黄素/(μg·g⁻¹) | 胡萝卜素/(μg·g⁻¹) |
|---|---|---|---|
| 1 | 84.06dD | 55.25dD | 28.81dD |
| 2 | 134.27cC | 89.93cC | 44.34cC |

| 处理 | 类胡萝卜素总量/(μg·g⁻¹) | 叶黄素/(μg·g⁻¹) | 胡萝卜素/(μg·g⁻¹) |
|---|---|---|---|
| 3 | 117.26cC | 76.47cC | 40.79cC |
| 4 | 180.33bB | 117.70bB | 62.63bB |
| 5 | 416.70aA | 277.98aA | 138.72aA |

以早花品种 K326 和抗早花品种 HY06 为材料，研究在 65%、44% 自然光强，遮光时间分别为 10d、20d、30d 的条件下光照度对两品种酶活性和丙二醛含量的影响。总体上过氧化物酶（POD）活性升高、丙二醛（MDA）含量升高、硝酸还原酶（NR）活性降低（图 12-13）。随遮光时间的增加，两品种烟叶的 POD 活性均呈现先升高后降低的趋势，NR 活性表现为持续下降，MDA 含量先升后降；而随遮光程度的增加，两品种烟叶的 POD、NR 活性降低，MDA 含量则增加。在不同弱光胁迫下，HY06 各处理的 POD 活性与 K326 相比保持了较高水平，虽然其 NR 活性降幅较大但仍高于 K326，这反映了 HY06 对弱光胁迫抗逆性能较强且弱光下对氮素的同化利用较好。同一遮光程度下 HY06 的 MDA 含量均显著低于 K326，这也反映了 HY06 烟株的组织膜系统抗弱光胁迫能力较强。研究还表明，与 K326 相比，HY06 对弱光胁迫具有更强的适应性。

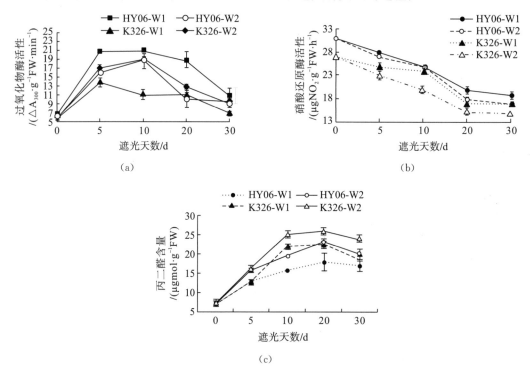

图 12-13　光照度对不同品种烤烟过氧化物酶、硝酸还原酶活性和丙二醛含量的影响（宋丹妮等，2016）

### 12.1.3.4　光照度对烤烟品质的影响

随着光照度的降低，各个部位的烤后烟总糖和还原糖含量呈降低趋势，总氮和烟碱含量呈增加趋势，钾和氯含量也呈增加趋势，对上部叶的影响最大，其次是下部叶，对中部叶的影响较小（表 12-19）。

表 12-19 成熟期不同光强对烤后烟叶常规化学成分含量的影响(杨兴有等,2007a)

| 部位 | 处理 | 总糖/% | 还原糖/% | 总氮/% | 烟碱/% | 钾/% | 氯/% |
|---|---|---|---|---|---|---|---|
| 上 | 1 | 30.608aA | 24.998aA | 1.194cB | 1.502dC | 1.063dD | 0.022dD |
| | 2 | 27.947bAB | 22.805bAB | 1.289bcB | 1.837cB | 1.148dCD | 0.04501cC |
| | 3 | 26.856bB | 21.495bcB | 1.368bB | 2.094bB | 1.332cC | 0.05326cC |
| | 4 | 22.39cC | 20.086cB | 1.916aA | 2.834aA | 1.61bB | 0.146bB |
| | 5 | 18.073dD | 15.777dD | 1.964aA | 2.633aA | 2.291aA | 0.329aA |
| 中 | 1 | 28.737bA | 16.183cC | 1.106a | 0.853aA | 0.972dC | 0.01603dD |
| | 2 | 29.912abA | 17.167bcBC | 1.118a | 0.78bAB | 1.128cC | 0.025cC |
| | 3 | 30.823abA | 18.725bAB | 1.123a | 0.692cBC | 1.345bB | 0.03794bB |
| | 4 | 30.811abA | 20.607aA | 1.131a | 0.673cBC | 1.571aA | 0.03926bB |
| | 5 | 32.073aA | 20.632aA | 1.141a | 0.684cC | 1.676aA | 0.0508aA |
| 下 | 1 | 34.425aA | 26.212aA | 1.01bC | 0.472dD | 1.563dC | 0.011dD |
| | 2 | 33.684abA | 25.282aA | 1.045bBC | 0.503dD | 1.754cBC | 0.018cC |
| | 3 | 32.789abAB | 27.111aA | 1.191aAB | 0.619cC | 1.906bcB | 0.02112cC |
| | 4 | 31.281bcAB | 25.194aA | 1.201aA | 0.713bB | 2.001bB | 0.0419bB |
| | 5 | 28.451cB | 21.845bB | 1.294aA | 1.0aA | 2.386aA | 0.09215aA |

不同的光照条件对烤烟品质产生了显著影响(表 12-20)。烟碱、淀粉、还原糖、水溶性总糖、总酚含量均随光照的减弱而极显著减少。与对照相比,各处理的总糖含量分别减少 17.7%、45.9%、56.2%,还原糖分别降低 27.3%、60.4%、76.8%,总酚含量分别降低 5.3%、38.8%、44.5%,且各处理之间差异达到极显著水平。总氮含量随光照度的减弱逐渐增加;钾素含量随光照度减弱呈现先升高后降低的趋势,并在 50% 的全光照下达到最大值。研究结果表明,在 50% 和 20% 的全光照下品质指标和总干重都急剧下降,虽然氮素和钾素的相对含量有所升高,但总积累量是降低的,所以小于或等于 50% 全光照条件下,不适宜优质烟叶的生产。综合分析,在大于或等于 80% 全光照条件下,烤烟的生长指标变化不大,其品质指标适宜于不同卷烟工业的需求,适合优质烟叶的生产。

表 12-20 光照度对烤烟品质的影响(刘国顺等,2007)

| 处理 | 总氮/% | 烟碱/% | 淀粉/% | 还原糖/% | 总糖/% | 钾/% | 总酚 |
|---|---|---|---|---|---|---|---|
| CK | 1.17D | 2.85A | 5.84A | 18.30A | 22.1A | 1.54C | 2.09A |
| L$_1$ | 1.28C | 2.66A | 4.74B | 13.30B | 18.19B | 1.60C | 1.98A |
| L$_2$ | 1.38B | 1.84B | 4.31C | 7.26C | 12.16C | 1.80A | 1.28B |
| L$_3$ | 1.61A | 1.49C | 3.78D | 4.261D | 9.70D | 1.69B | 1.16C |

### 12.1.4　光照时间对烤烟种植的影响

#### 12.1.4.1　光照时间对烤烟种植影响的气候学分析

李乃会等(2015)利用山东省沂南县 1995~2014 年烤烟生育期(5~9 月)逐旬日照时数资料,采用多项式曲线拟合、累积距平、滑动 t 检验等方法,对年际日照时数、生育期日照时数的变化特征进行分析。结果表明,烤烟全生育期的日照时数呈显著下降趋势,各生育期日照时数趋势系数表现为成熟期>伸根期>旺长期,伸根期日照时数显著下降,旺长期和成熟期下降不显著。沂南县 5~6 月的日照时数最多,7 月为雨季,8~9 月的日照充足,有利于烤烟内在化学成分的形成,沂南烤烟移栽期在 5 月初比较合适。戴冕(2000)对 10 个主产烟区(省)114 份 C1F 烟样的主要化学成分和烟样产地的温、光和水 3 大气候要素 18 个气象项目的大量数据进行了回归分析。由于存在气候差异,烟草生产季节不一,作为评价气候资源与最佳种植烟区的划分,在选用气候资料中,春烟地区取 3~7 月共 150d,夏烟地区取 5~9 月共 150d 为烟季,而在这 150d 中,特别着重后 70d 的成熟采烤期的气象条件。结合日照和温度条件将以上 10 个主产烟区划分为强光高温区、中光高温区、中光中温区和强光低温区四个生态种植区。对于气象因素与还原糖积累的关系,光照因素对还原糖积累起主导作用,日照总时数表现呈显著负相关($R=-0.732$),接近极显著水平,说明日照时数过多对还原糖积累不利;而阴天数与烟叶还原糖呈显著的正相关($R=0.666$),日照百分数亦表现一致。

对于日照时数的趋势分析和应用,以贵州毕节烟区近 40 年的日照和烤烟物候数据,就气候变暖特征对烤烟气候适生性指数和大田可用时数的影响进行研究,毕节烟区近 40 年年均日照时数为 1318.20h,大田期年均日照时数为 632.70h,图 12-14 表明毕节烟区的大田期年均日照时数随着气候变暖而逐渐减少,负相关性达到极显著水平,毕节烟区近 40 年年均日照时数为 1318.20h,大田期年均日照时数为 632.70h,能够满足烟草的生长需求(郑东方等,2015)。

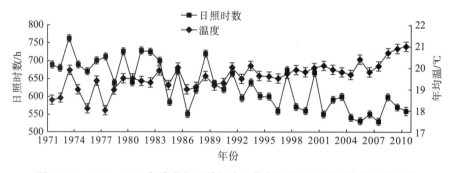

图 12-14　1971~2010 年毕节烟区烤烟大田期年均温及日照时数的变化趋势

而郭松等(2010)利用豫西烟区 10 个气象基准站 1971~2005 年烤烟生长期(5~9 月)逐旬日照时数资料,分析了该区域烤烟生育期日照时数的气候变化趋势,结果表明:35 年内豫西烟区日照时数变幅较大,并呈逐年下降的趋势,其趋势系数为 25.4h/10a。豫西烟区 5~6 月日照时数最多,光质好、光照强,由于该时段为雨季前期,云少晴天多,紫外线强,有利于抑制病害发生,为烤烟后期生长奠定基础;8 月份日照时数充足,阴雨天较多,有比较和煦的光照条件,有利于烤烟内在化学成分的形成。据此可适当将移栽期提前至 5 月初,一方面可充分利用光照条件,另一方面可避免 9 月中下旬降温或霜降对烤烟采收的影响。

为了明确影响烤烟不同香型风格形成的关键气象因子,李志宏等(2015)以云南、河南等气象站点 1980~2010 年的平均气温、降水总量和日照时数等气候资料,应用多元统计的逐步判别分析方法获知,平均气温是区分烤烟香型最重要的气候因子,其次为日照时数。而郭东锋等(2014)以我国主产区典型香型烤烟为研究对象,应用数理统计方法对气象因子观测样本进行分析。结果表明:不同香型和大田期气象因子的交互作用的差异达到显著水平的气象因子只有日照百分率和日照时数;根据不同烤烟香型间气象因子的多重比较,浓香型和清香型产区间的日照百分率和日照时数显著高于中间型。

选用来自云南 60 个县 565 个样本的点对点数据(烟叶品质主要成分、气象和土壤要素),并应用 2004~2007 年云南 125 个气象站点烤烟生长主要时段相关气象数据进行了系统分析研究。从云南与国内外烟区时段的区域平均气候差异,尤其以云南气象要素烟叶品质指标与光照的相关性出发,针对日照时数分布特点及其烤烟种植生产实际,探讨云烟品质风格特点的气候成因机制。夏季云南各地作物光合有效辐射量均与日照时数呈显著正相关(图 12-15),而散射辐射量与日照的多寡相关不显著。无论多日照还是寡照天气,太阳散射辐射量差别不大,较容易满足作物的需求,但在多日照天气下光合有效辐射量更能满足烤烟等喜光作物的需求。

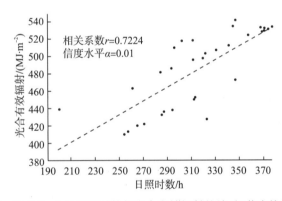

图 12-15　云南 7~8 月日照时数与光合有效辐射的关系(黄中艳等,2008)

(日照时效为实测,光合有效辐射量为理论计算值)

一般认为,云南烤烟烟叶总糖、还原量含量和糖碱比值较高,这与 4~5 月云南烤烟处于移栽、伸根、还苗和旺长期,因地膜覆盖栽培、抗旱移栽和烟田灌溉有保证,春旱对云南烤烟的总体危害较小有关。此时是烤烟根系发展和叶面积增长的重要时期,云南全省站点旬平均气温从 4 月上旬的 18.0℃提升至 5 月下旬的 21.1℃,各旬日照时数为 62~72h,良好的灌溉条件、适宜的温度和充足的光照条件有利于烤烟大田前期根系伸长、地上部分良好生长和烟叶糖分积累(图 12-16),而云南烟叶含糖量高、糖碱比值和施木克值自然也较高。另外,4~5 月少雨多光照、气温适中偏高的"干燥型"气候,对烤烟大田前期烟碱、总氮和蛋白质的积累起抑制作用，但多雨季节(6~8月)有利于提高烟叶总氮和烟碱含量(图12-17)。云南烤烟烟叶钾含量与6~8月日照时数呈极显著正相关关系，烤烟大田中后期日照少、气温偏低、湿度大，可降低烤烟蒸腾作用和其他生理代谢活动强度，显著减缓烟株从土壤中吸收钾素的速率，从而降低烟叶钾素积累量，是云南烟叶钾含量不高的气候原因(图12-18)。2004年云南植烟样点测试分析说明，云南烟叶石油醚提取物含量与7月日照时数呈显著正相关(图12-19)，对来自云南14个县53份烤烟样品化学品质13项指标进行的品质综合评价中，石油醚提取物中性总量及酸性总量分别表现为最大和次大正效应，而且烟叶化学品质综合评价等级越高，其石油醚提取物总量越大。

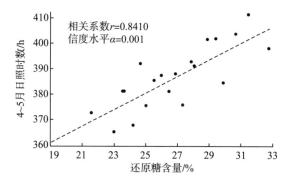

图12-16　云南烟叶还原糖含量与4~5月日照时数的关系(黄中艳等，2008)

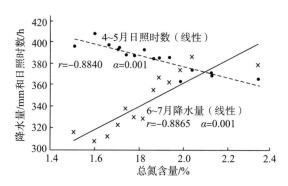

图12-17　云南烟叶总氮含量与雨量、日照的关系(黄中艳等，2008)

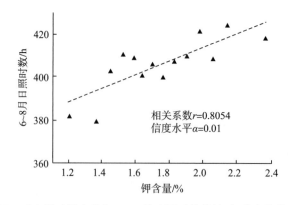

图12-18　云南烟叶钾含量与6~8月日照时数的关系(黄中艳等，2008)

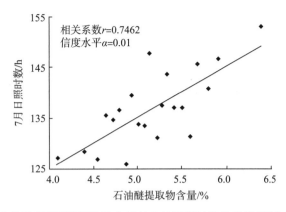

图 12-19　云南烟叶石油醚提取物含量与 7 月日照时数的关系(黄中艳等，2008)

黄中艳等(2007a，2007b)研究认为，云南烤烟生长季内光、温、水三因素在总量上无任何优势，但在大田生长前、中、后期的光、温、水时段分配和匹配上颇具独特性，是云南烟叶含糖量较高、烟碱和氮含量适中、石油醚提取物偏低、钾氯含量不高的主要气候成因。中高海拔区光照对温度的补偿效应和较高的温度有效性，以及地膜覆盖栽培的增温效应，是云南烤烟种植海拔上限高和适宜种烟面积大的重要原因。根据相关和响应分析，4~5 月日照时数是唯一与烟叶含糖量呈正相关，同时与烟叶总氮和烟碱含量呈负相关的气象要素。从气候而言，云南烤烟气候优势首先表现在大田前期和中期，即 4~5 月"多光少雨、气温较高"和 6 月光温水配置总体较好。并且，大田生长后期"少光多雨、气温偏低"也是云南烤烟气候的优势，是主导云烟清香型风格形成的气候因素。

### 12.1.4.2　增补光延长光照时间对烤烟种植的影响

选云烟 87 为试验材料，于移栽后 2 周开始补光处理。试验按补光时间长短设 4 个处理，分别为增加光照时间 0、1h、2h、3h，额外光照由位于烟株上方 40cm 的 25W 白炽灯管提供，根据烟株生长高度适时调节升降灯架高度，每天的补光处理从 20:00 时开始计算。结果表明，延长光照时间处理会对烤烟生长发育造成不同程度的影响。各延长光照时间处理下烟株的株高、茎围、叶长、叶宽、叶宽/叶长都不同程度高于对照[图 12-20(a)~图 12-20(e)]，而比叶面积都显著低于对照[图 12-20(f)]，并以补光 2h 处理的影响最大。其中，补光 2h 处理的株高(134.5cm)、叶长(64.9cm)、叶宽(26.0cm)及叶宽/叶长分别比对照显著提高 5.49%、7.2%、12.5% 和 10.6%，而其余补光处理与对照间均无显著差异，同时各补光处理及对照之间的茎围差异均不显著。各处理下烟叶比叶面积的表现与以上指标不同，其随补光时间的延长先降后升，但各补光处理均显著低于对照，并以补光处理 2h 最小，其比对照显著降低 23.1%。

综合来看，与对照相比，延长光照 2h 处理下，烟株的叶长、叶宽、株高均显著增加，补光 1h、3h 处理影响不显著；延长光照处理显著降低比叶面积，促进叶片生长发育和干物质积累，可见，适当的补光处理可使烟株叶片变得宽短，有利于其生长发育和干物质的积累，但补光时间过长会削弱这种效应。

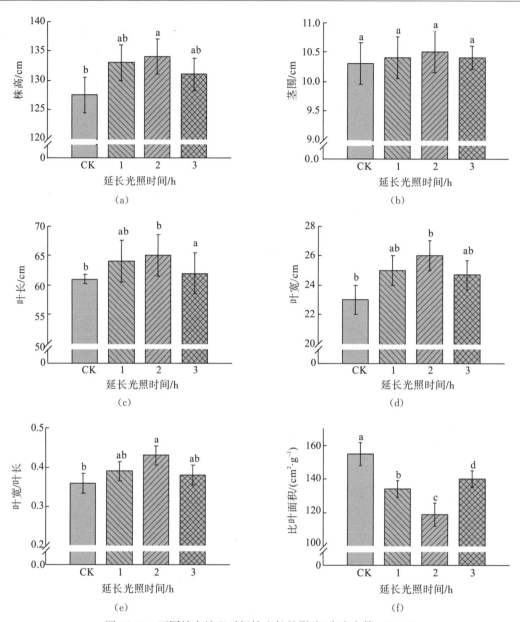

图 12-20　不同补光处理对烟株生长的影响(李志宏等，2015)

小写字母不同表示处理间差异达到 5％显著水平。

不同补光时间对烟株光合作用亦造成不同程度的影响，各光合参数均表现出先升高后降低的趋势，其叶片净光合速率($P_n$)、气孔导度($G_s$)、胞间 $CO_2$ 浓度($C_i$)、蒸腾速率($T_r$)都不同程度地高于对照(图 12-21)。并以补光处理 1h、2h 较为显著。补光处理 1h、2h 叶片的 $P_n$ 分别比对照显著提高 13.38％、20.0％，$G_s$、$C_i$、$T_r$ 都与 $P_n$ 表现出相似的规律，如 $G_s$ 分别比对照显著提高 24.24％、39.39％，$C_i$ 分别比对照提高 7.41％、8.51％，$T_r$ 分别比对照显著提高 28.70％、32.62％，补光处理 3h 与对照间均无显著差异($T_r$ 除外)。可见，适当补光处理有利于提高烟叶的光合作用，以补光处理 1h、2h 较为显著，但补光时间过长会削弱这种效应。

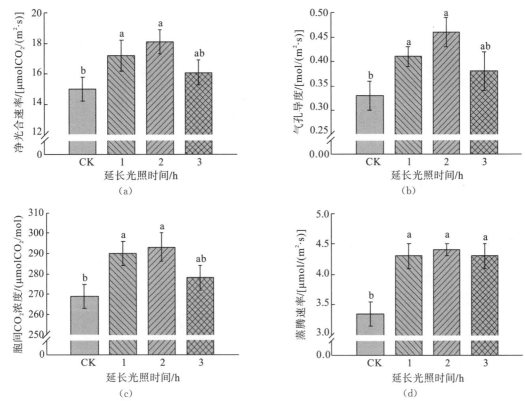

图 12-21　不同补光处理对烟叶光合作用的影响(李志宏等, 2015)

小写字母不同表示处理间差异达到 5% 显著水平。

选取打顶后一个月的中部成熟展开烟叶进行光响应曲线的测定, 并拟合得到不同补光处理下烟叶的光响应曲线(图 12-22)。在低光辐射强度下, 净光合速率逐渐升高, 当达到饱和点时, 净光合速率达到最大值, 当辐射强度超过饱和点且达到一定范围程度时, 净光合速率开始缓慢下降, 出现了光抑制现象, 其中对照受抑制较强, 补光 2h 相对较弱。各处理下的光补偿点相差不大, 但补光 1h、2h、3h 处理下的光饱和点较对照高, 分别比对照高出 6.53%、9.17%、5.29%。与之对应的最大净光合速率也高于对照(表 12-21)。综合来看, 延长光照时间 1h 和 2h 处理下叶片净光合速率($P_n$)、气孔导度($G_s$)、胞间 $CO_2$ 浓度($C_i$)显著升高, 3h 处理影响不大。延长光照处理下烟草叶片的最大净光合速率($P_{max}$)和光饱和点(LSP)均升高, 但光补偿点(LCP)没有明显的变化。研究结果表明, 适当延长光照时间有利于叶片生长发育和干物质积累, 提高叶绿素含量, 促进光合作用, 缓解光抑制现象, 充分利用光能, 提高叶片光合同化效率。

研究还表明, 延长光照时间处理下的烟叶叶绿素 a、叶绿素 b、类胡萝卜素、总叶绿素含量及叶绿素 a/叶绿素 b 值均不同程度高于对照(图 12-23), 并以补光 2h 处理表现最为突出, 各指标均达到差异显著水平($P<0.05$)。其中, 补光 2h 处理烟叶叶绿素 a、叶绿素 b、类胡萝卜素和叶绿素 a/叶绿素 b 分别为 0.95mg · $g^{-1}$、0.40mg · $g^{-1}$、0.19mg · $g^{-1}$ 和 2.38mg · $g^{-1}$, 分别比对照显著提高 17.2%、14.28%、18.75%、9.2%。其余补光处理间及他们与对照间均无显著差异(叶绿素 b 除外), 补光 2h 处理影响最显著。可见, 适当补光处理显著提高烟叶的光合色素含量, 从而有利于提高烟株光

合作用能力，并以补光 2h 受到的影响较大。

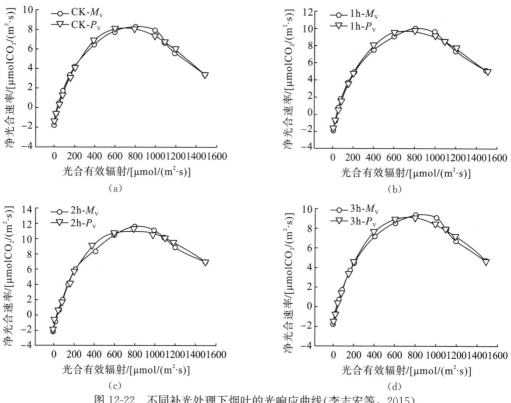

图 12-22 不同补光处理下烟叶的光响应曲线（李志宏等，2015）

A-D 实测及拟合曲线：$M_v$ 实验中的实际测定值；$P_v$ 根据拟合曲线得出的预测值。

**表 12-21 不同补光处理下烟叶的光响应参数（李志宏等，2015）**

| 延长光照时间 | 最大净光合速率（$P_{max}$）/[$\mu molCO_2(m^2 \cdot s)$] | 光饱和点（LSP） | 光补偿点（LCP） | 光补偿点与暗呼吸处连线的斜率 | 初始斜率 | 暗呼吸速率/[$\mu mol/(m^2 \cdot s)$] | 拟合曲线决定系数（$R^2$） |
|---|---|---|---|---|---|---|---|
| CK | 8.18c | 696.6c | 37.1a | 0.035c | 0.037c | 1.30c | 0.990 |
| 1h | 9.71b | 742.8ab | 38.8a | 0.040b | 0.042b | 1.54b | 0.988 |
| 2h | 11.02a | 760.5a | 37.2a | 0.047a | 0.050a | 1.75a | 0.993 |
| 3h | 9.06bc | 733.5b | 38.5a | 0.037c | 0.039c | 1.43b | 0.991 |

注：同列不同字母表示处理间差异达到 5% 显著水平。

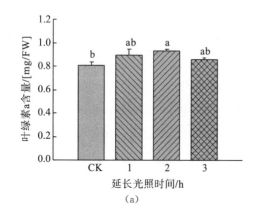

（a）

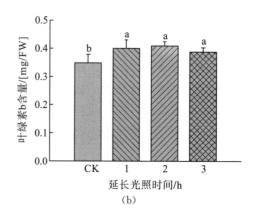

（b）

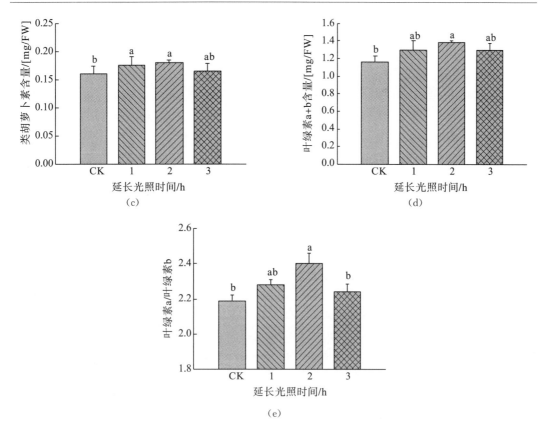

图 12-23　不同补光时间对烟叶内质体色素含量的影响（李志宏等，2015）

小写字母不同表示处理间差异达到 5% 显著水平。

以烤烟 K326 为材料，从第 6 片叶出现至成苗，每天在日落后采用光强约 70μmol·m$^{-2}$·s$^{-1}$ 的人工光源照射烟苗 4h，研究利用弱光延长光照时间对温室烟苗光合作用与生长的影响。如图 12-24 所示，对照和延长 4h 处理 $P_n$-PFD 响应曲线呈抛物线型，$P_n$ 均随着光照度的增加而增加，在达到光饱和点后表现出下降趋势。在低光强下，对照和延长 4h 处理的 $P_n$ 均随着光照度的增加而呈直线上升趋势，在较高光强下，对照和延长 4h 处理的 $P_n$ 没有明显差异，而在较低光强下，对照的 $P_n$ 明显低于延长 4h 处理的 $P_n$。

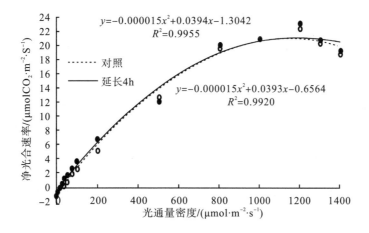

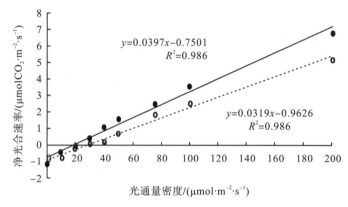

图 12-24　利用弱光延长光照时间对 $P_n$-PFD 响应曲线的影响（吴云平等，2011）

从表 12-22 可以看出，对照与延长 4h 处理烟苗光饱和点（LSP）两者之间没有显著差异。两者之间最大净光合速率也没有显著差异。延长 4h 处理光补偿点（LCP）显著低于对照。进一步表明利用弱光延长光照时间可以提高烟苗利用弱光的能力，对光照条件的适应性增强。同时延长 4h 处理的表观量子效率（AQY）要显著高于对照，表明其对光能的转化能力有所增加。从表 12-22 还可以看出，与对照相比，延长 4h 处理的烟苗叶绿素 a、叶绿素 b 以及叶绿素总量显著增加。由于叶绿素 b 增加的幅度更大，叶绿素 a/b 要显著低于对照，有利于烟苗在弱光下吸收更多的光能。

表 12-22　利用弱光延长光照时间对光合生理特性的影响（吴云平等，2011）

| 处理 | 光饱和点/<br>（$\mu mol \cdot m^{-2} \cdot s^{-1}$） | 最大净光合速率/<br>（$\mu molCO_2 \cdot m^{-2} \cdot s^{-1}$） | 光补偿点/<br>（$\mu mol \cdot m^{-2} \cdot s^{-1}$） | 表观量<br>子效率 | 叶绿素 a/<br>（$\mu g \cdot cm^{-2}$） | 叶绿素 b/<br>（$\mu g \cdot cm^{-2}$） | 叶绿素<br>a/b |
|---|---|---|---|---|---|---|---|
| 对照 | 1313.33a | 24.56a | 30.14a | 0.0319b | 52.93b | 19.70b | 2.69a |
| 延长 4h | 1273.33a | 23.66a | 18.90b | 0.0397a | 56.93a | 22.67a | 2.51b |

注：所标不同小写字母表示处理间差异达到 5% 显著水平。

从表 12-23 可以看出，与对照相比，延长 4h 处理的烟苗叶数显著增加，叶面积明显增大，茎高、茎围、根体积、各部位干物质重以及壮苗指数均显著增加，利用弱光延长光照时间可以促进烟苗全面生长，培育健壮的烟苗。同时延长 4h 处理有利于烟苗生物产量更多地向根部分配，根冠比也显著高于对照。

表 12-23　利用弱光延长光照时间对烟苗生长的影响（吴云平等，2011）

| 处理 | 叶数<br>/片 | 最大叶<br>面积/$cm^2$ | 苗高/<br>cm | 茎围/<br>cm | 根体积/<br>$cm^3$ | 叶干重/<br>g | 茎干重/<br>g | 根干重/<br>g | 根冠<br>比 | 壮苗<br>指数 |
|---|---|---|---|---|---|---|---|---|---|---|
| 延长 4h | 8.5a | 134.62a | 9.51a | 1.61a | 1.32a | 0.53a | 0.27a | 0.17a | 0.22a | 37.47a |
| 对照 | 7.8a | 100.71b | 8.70b | 1.38b | 1.10b | 0.43b | 0.20b | 0.11b | 0.18a | 24.68b |

注：所标不同小写字母表示处理间差异达到 5% 显著水平。

### 12.1.4.3　遮光减少光照时间对烤烟种植的影响

烤烟是一种喜光作物，适宜的光照能促进烟株生长发育，光照度、光照时间和光质都会对烤烟化学成分产生较大影响。成熟期是烟叶内在品质形成的重要时期，光照条件对此时期物质积累、转化和降解都有重要影响。为阐明光照时数与烟叶品质特色的关系，在典型浓香型产区（豫中产区）设置减少成熟期光照时数的大田试验。供试品种为中烟100，接近成熟期时，在田间建造遮阳棚，覆盖黑色帆布材料，在成熟期进行处理。设置3 个处理：$T_1$（−3h）为下午 4:00 开始遮光（遮光 3h）；$T_2$（−1.5h）为下午 5:30 开始遮光（遮光 1.5h），当日落时（当地平均日落时间为 19:00）揭开遮阳棚；$T_3$（0h）自然光照为对照。

由表 12-24 可知，$T_1$ 和 $T_2$ 处理上部和中部烟叶叶绿素 a、叶绿素 b 和类胡萝卜素含量均显著高于对照，且减少光照时数的处理烟叶类胡萝卜素含量均超过 $0.4\,mg \cdot g^{-1}$，高于烤后烟叶类胡萝卜素的适宜含量（$0.3\sim0.4\,mg \cdot g^{-1}$）。这是因为减少光照时数会影响烟叶正常成熟落黄，增加大田烟叶色素含量，进而提高了烤后烟叶色素含量。

表 12-24　成熟期减少光照时间对烟叶色素含量的影响（史宏志等，2016）

| 部位 | 处理 | 叶绿素 a | 叶绿素 b | 类胡萝卜素 |
|---|---|---|---|---|
| 上部叶 | $T_1$（−3h） | 0.034a | 0.033a | 0.420ab |
| | $T_2$（−1.5h） | 0.032ab | 0.030ab | 0.426a |
| | $T_3$（0h） | 0.022c | 0.021c | 0.363c |
| 中部叶 | $T_1$（−3h） | 0.030a | 0.034a | 0.418ab |
| | $T_2$（−1.5h） | 0.027ab | 0.026b | 0.421a |
| | $T_3$（0h） | 0.018c | 0.019c | 0.329c |

注：同列的小写字母有相同时表示差异不显著（$P>0.05$），否则为差异显著（$P<0.05$）。

减少光照时间对烤后烟叶主要常规化学成分含量的影响（表 12-25），$T_1$ 和 $T_2$ 处理上部和中部烟叶的还原糖和总糖含量均显著低于对照。钾、烟碱和总氮含量均为减少光照时数 3h 的处理最高，且显著高于对照。除了氯、蛋白质含量之外，减少光照时数的处理上部和中部烟叶化学成分含量与对照间差异显著。这是由于光照时间不足，烟草光合产物减少且大量用于含氮化合物的合成和积累，致使碳水化合物积累相对较少。因此，在减少光照时数条件下，烟叶化学成分含量和比值变化不利于烟叶品质的提高。

表 12-25　成熟期减少光照时间对烟叶化学成分含量的影响（史宏志等，2016）　（单位：%）

| 部位 | 处理 | 还原糖 | 钾 | 氯 | 烟碱 | 总氮 | 总糖 | 蛋白质 |
|---|---|---|---|---|---|---|---|---|
| 上部叶 | $T_1$（−3h） | 10.74bc | 1.36a | 0.76 | 2.96a | 2.94a | 13.21b | 12.80 |
| | $T_2$（−1.5h） | 11.82b | 1.35ab | 0.75 | 2.76ab | 2.78b | 12.85bc | 12.85 |
| | $T_3$（0h） | 13.51a | 1.13c | 0.79 | 2.17c | 2.51c | 16.33a | 12.60 |
| 中部叶 | $T_1$（−3h） | 13.10c | 1.57a | 0.82 | 2.41a | 2.77a | 14.15c | 11.55 |
| | $T_2$（−1.5h） | 14.23b | 1.40b | 0.81 | 1.97b | 2.10b | 16.27b | 11.47 |
| | $T_3$（0h） | 16.17a | 1.29c | 0.85 | 1.71bc | 2.03bc | 19.64a | 11.39 |

注：同列的小写字母有相同时表示差异不显著（$P>0.05$），否则为差异显著（$P<0.05$）。

从图 12-25 和图 12-26 可以看出，上部和中部烟叶风格特征的各项指标中除劲头之外，其余指标均以对照得分最高，上部与中部烟叶品质特征的各项指标规律基本一致。

减少光照时数处理的烟叶香气质变差，香气量减少，透发性、细腻程度、柔和程度和圆润感不足，余味减少，而青杂气和生青气增加，枯焦气、干燥感和刺激性无明显变化，即成熟期减少光照时数对评吸结果有不利影响。研究表明，烟叶充分成熟有利于烟叶致香物质的积累，通过类胡萝卜素降解形成醛酮类香气成分以及通过叶绿素降解生成新植二烯是烟叶香气物质的重要来源之一。在减少光照时数的条件下，烟叶不能正常成熟落黄，导致质体色素降解不充分，烟叶的中性香气物质含量降低。烟叶评吸结果显示，减少光照时数并不能改变烟叶的浓香型特征，但浓香型风格弱化，烟叶品质下降，主要表现在香气量减少，香气质变差，杂气加重。因此，成熟期光照时数减少不利于烟叶正常成熟落黄和香气品质的提高。

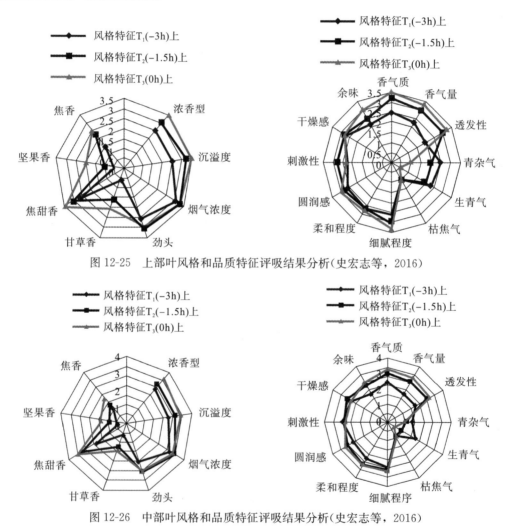

图 12-25　上部叶风格和品质特征评吸结果分析(史宏志等，2016)

图 12-26　中部叶风格和品质特征评吸结果分析(史宏志等，2016)

## 12.2　人工模拟不同气温对烤烟种植的影响

烟草是喜温作物，对温度条件要求较高。气温不仅影响烟草生长发育和叶片扩展，而且对产量、质量的形成和品质特色的彰显有重要影响。烤烟种植一般在 25.0～28.0℃

最适宜。优质烟叶生产各时期所需温度条件不同，一般来讲，还苗期到伸根期气温在18.0~28.0℃、旺长期在20.0~28.0℃、成熟期在20.0~25.0℃有利于优质烟叶的生产。气温稳定超过13.0℃作为烤烟可以移栽的起点，成熟期气温必须在20.0℃以上，在24.0~25.0℃持续30d左右对烟叶优良品质的形成较为有利。

### 12.2.1　不同气温对烤烟形态和生理特征的影响

烤烟生长的不同阶段对气温变化的响应程度不同，气温超出适宜烟草生长的范围后，其生长发育受到明显抑制。随着烤烟的生长进程，在人工气候室内设置不同的平均气温，进行不同气温下烟株生长的人工模拟试验。研究表明，移栽—团棵期16.0℃、18.0℃和20.0℃处理对烟株的高度，尤以16.0℃处理后期影响明显，而设置的三个气温梯度处理都对叶片大小影响不显著(图12-27)。而团棵—现蕾期20.1℃、23.0℃和25.0℃的气温处理不仅影响烟株高度，还显著影响叶片大小，其中尤以23.0℃处理10d后更为明显(图12-28)。

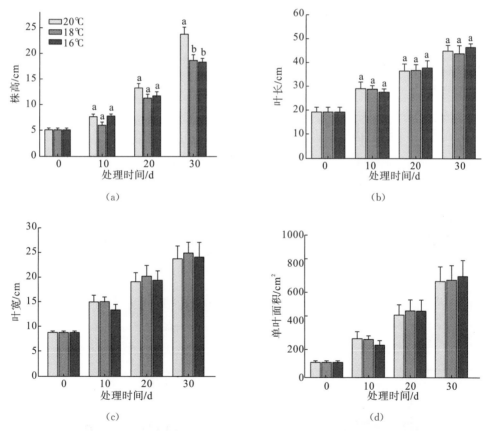

图 12-27　移栽—团棵期不同温度处理对株高、叶长、叶宽和单叶面积的影响(李志宏等，2015)

注：小写字母不同表示处理间差异达到5%显著水平。

烟叶质体色素含量受外界气温环境的影响较大，通常情况下，适宜温度下植物叶片中叶绿素含量较高，在高温或低温胁迫条件下叶绿素含量明显降低，低温会造成烤烟幼苗叶绿素总量下降。在适宜温度范围内，烟草中叶绿素含量随温度的升高呈增加趋势。

成熟期平均气温 25.0℃处理烟草的叶绿素含量分别比 23.0℃和 21.0℃处理的烟草高出 42.89%和 54.1%（图 12-29）。在烟草的整个生育过程中，烟叶类胡萝卜素含量呈抛物线变化趋势，通常在现蕾期前后达到最高值，之后逐渐降低。气温对烟叶类胡萝卜素含量的影响在不同发育阶段存在差异。研究表明，成熟期的气温对类胡萝卜素含量的影响最大，现蕾期以前的温度变化对其含量影响较小（图 12-30），成熟期温度高有利于类胡萝卜素的积累。

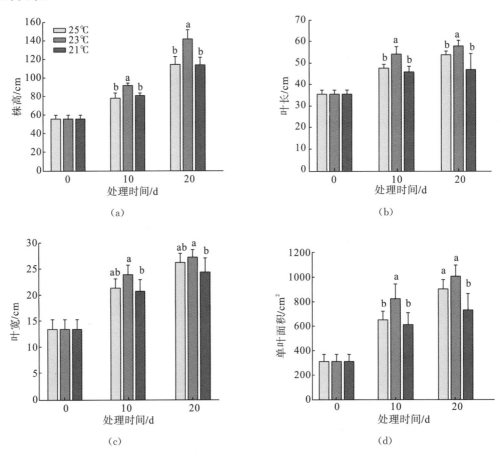

图 12-28　团棵—现蕾期不同温度处理对株高、叶长、叶宽和单叶面积的影响（李志宏等，2015）

注：小写字母不同表示处理间差异达到 5%显著水平。

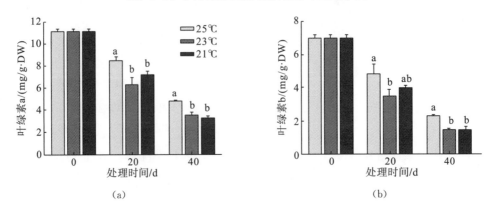

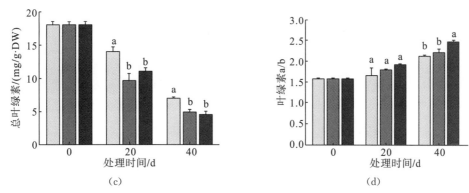

图 12-29 成熟期不同温度处理对烟叶叶绿素含量的影响(李志宏等,2015)

注:小写字母不同表示处理间差异达到 5% 显著水平。

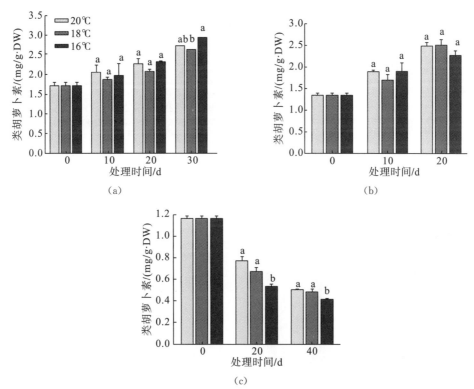

图 12-30 不同温度处理对烟叶移栽—团棵期(a)、团棵—现蕾期(b)、
成熟期(c)类胡萝卜素含量的影响(李志宏等,2015)

注:小写字母不同表示处理间差异达到 5% 显著水平。

适宜的温度能使烟叶光合和水分生理特性得到改善,可以有效地利用光能,提高光合作用效率,有利于烟株质体色素的积累和有效转化,增加烟叶质体色素降解产物含量和致香物质总量。而不适宜的温度条件不利于质体色素的积累和转换,对烟叶品质产生一定程度的影响(表 12-26)。在平均气温 30.5℃和 16.5℃时,烤后烟叶中质体色素降解产物含量明显低于适宜的 23.5℃温度条件,可溶性糖和还原性糖含量受低温的影响要大于高温的影响,气温在 16.5℃时,烟叶积累的可溶性糖量显著高于常温 23.5℃和高温30.5℃的处理(图 12-31)。

表 12-26　不同温度对质体色素降解产物的影响（李志宏等，2015）

| 项目 | 处理 | 不同处理时间下质体色素降解产物含量/（μg/g） | | | | | | | | |
|---|---|---|---|---|---|---|---|---|---|---|
| | | 0d | 10d | 20d | 30d | 40d | 50d | 60d | 70d | 80d |
| 新植二烯（A） | 均温 30.5℃ | | 5.27 | 27.66 | 66.22 | 202.87 | 285.64 | 538.06 | 769.41 | 920.14 |
| | 均温 23.5℃ | 2.31 | 10.01 | 35.91 | 75.04 | 235.67 | 532.98 | 698.09 | 826.31 | 992.43 |
| | 均温 16.5℃ | | 3.97 | 8.16 | 54.47 | 117.11 | 170.34 | 244.56 | 403.56 | 676.70 |
| β-大马酮 | 均温 30.5℃ | | 0.33 | 1.12 | 1.49 | 2.46 | 3.02 | 3.21 | 3.25 | 4.05 |
| | 均温 23.5℃ | 0.33 | 0.72 | 1.93 | 2.09 | 3.67 | 3.99 | 4.28 | 4.61 | 6.46 |
| | 均温 16.5℃ | | — | 0.73 | — | 1.02 | 1.16 | 1.24 | 1.34 | 1.35 |
| β-紫罗兰酮 | 均温 30.5℃ | | 3.82 | 4.28 | 12.98 | 13.40 | 15.78 | 16.10 | 16.20 | 16.57 |
| | 均温 23.5℃ | 3.10 | 6.0 | 7.85 | 15.19 | 17.13 | 17.69 | 17.70 | 18.63 | 19.01 |
| | 均温 16.5℃ | | 5.34 | 6.15 | 7.24 | 9.97 | 10.75 | 11.20 | 13.98 | 14.77 |
| 类胡萝卜素降解产物总量 | 均温 30.5℃ | | 8.27 | 15.35 | 26.59 | 30.56 | 37.56 | 39.77 | 41.41 | 46.04 |
| | 均温 23.5℃ | 5.47 | 12.33 | 24.1 | 33.29 | 43.19 | 48.39 | 51.76 | 57.32 | 65.15 |
| | 均温 16.5℃ | | 7.89 | 12.85 | 16.12 | 21.07 | 23.33 | 25.11 | 31.79 | 34.45 |
| 挥发性香气物质总量（B） | 均温 30.5℃ | | 352.73 | 600.35 | 678.09 | 876.29 | 968.47 | 1003.24 | 1044.26 | 1250.27 |
| | 均温 23.5℃ | 233.38 | 577.37 | 766.01 | 929.50 | 932.80 | 986.92 | 1185.71 | 1478.45 | 1573.2 |
| | 均温 16.5℃ | | 323.63 | 385.61 | 396.70 | 435.27 | 526.06 | 613.78 | 649.99 | 873.25 |

注：表中"—"表示相应物质未检出。

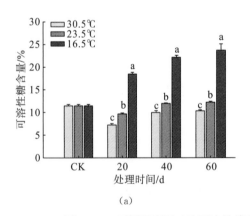
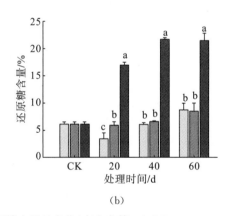

（a）　　　　　　　　　　　　　　　（b）

图 12-31　不同温度下叶片可溶性糖和还原糖含量的变化（李志宏等，2015）
注：小写字母不同表示处理间差异达到 5% 显著水平。

## 12.2.2　不同气温对烤烟香型和质量特色的影响

为了进一步验证成熟期温度对烟叶质量特色的影响，并阐明其作用机理，在人工气候室设置人工模拟控温试验，烟苗在盆栽 75d 后分别转移到已设置三个处理温度梯度的人工气候室中。三个温度处理分别为低温处理（平均气温 19.0℃）、中温处理（平均气温 23.0℃）、高温处理（平均气温 27.0℃）。由表 12-27 可知，随着温度的变化，绿原酸和芸香苷的含量受温度影响较大，随着成熟期温度的升高逐渐降低，表明低温条件有利于芸香苷和绿原酸的形成，二者含量较高是清香型烟叶化学组成的重要特点之一。莨菪亭的含量很低，其含量变化趋势与芸香苷和绿原酸相反，在高温条件下含量相对较高，这也是浓香型烟叶的化学成分含量特点之一。

表 12-27　温度对烤烟叶片多酚类物质的影响（史宏志等，2016）

| 成熟期温度 | 绿原酸 | 莨菪亭 | 芸香苷 |
| --- | --- | --- | --- |
| 低温 | 3.1473±0.0862 | 0.0018±0.0001 | 0.8636±0.0198 |
| 中温 | 1.5067±0.0178 | 0.0017±0.0002 | 0.3986±0.0181 |
| 高温 | 0.4715±0.0167 | 0.0020±0.0002 | 0.1990±0.0034 |

由成熟期温度对烤烟烟叶常规化学成分的影响（表 12-28）可知，烤后烟叶的总糖、还原糖、淀粉含量随着温度的升高呈下降趋势，氯和总氮含量随着温度的升高而增加，钾含量在中温条件下最高，烟碱含量在高温条件下相对较高。从化学成分比值变化来看，与烤烟烟叶品质有关的糖碱比、糖氮比、氮碱比都是随着温度的升高呈下降趋势，且在高温条件下烟叶糖碱比、糖氮比、氮碱比相对较低。

表 12-28　成熟期温度对烤烟常规化学成分的影响（河南许昌，中部叶）（史宏志等，2016）

| 处理 | 总糖/% | 还原糖/% | 烟碱/% | 氯/% | 钾/% | 总氮/% | 淀粉/% | 糖碱比 | 糖氮比 | 氮碱比 |
| --- | --- | --- | --- | --- | --- | --- | --- | --- | --- | --- |
| 低温 | 29.59±0.61 | 17.46±0.35 | 1.50±0.06 | 0.68±0.05 | 1.08±0.03 | 1.67±0.11 | 8.60±1.62 | 11.64 | 10.45 | 1.11 |
| 中温 | 22.76±0.28 | 14.68±0.35 | 1.47±0.03 | 1.12±0.08 | 1.55±0.03 | 1.72±0.02 | 8.31±0.34 | 10.02 | 8.53 | 1.17 |
| 高温 | 19.49±0.37 | 11.40±0.46 | 1.58±0.02 | 1.18±0.05 | 1.20±0.02 | 1.61±0.03 | 6.95±0.25 | 7.21 | 7.08 | 1.02 |

烟叶中性致香成分对烟叶的香味品质和风格特色具有重要的影响，是评价烟叶品质的一组重要指标（表 12-29）。随着成熟期温度升高，烟叶中性致香物质类胡萝卜素降解产物和叶绿素降解产物增加，西柏烷类降解产物茄酮减少，但中温条件下，烟叶苯丙氨酸类裂解产物和棕色化降解产物含量最为丰富，对增加烟叶香气浓度有积极作用。

表 12-29　成熟期温度对烤烟烟叶中性致香成分的影响（河南许昌，中部叶）（史宏志等，2016）

（单位：$\mu g \cdot g^{-1}$）

| 香气物质类型 | 致香成分 | 低温 | 中温 | 高温 |
| --- | --- | --- | --- | --- |
| 类胡萝卜素类降解产物 | β-大马酮 | 10.46 | 14.22 | 18.59 |
| | 二氢大马酮 | 7.02 | 9.23 | 14.34 |
| | 香叶基丙酮 | 1.26 | 2.48 | 5.31 |
| | 二氢猕猴桃内酯 | 1.39 | 1.62 | 1.62 |
| | 巨豆三烯酮 1 | 1.85 | 3.58 | 3.59 |
| | 巨豆三烯酮 2 | 1.13 | 2.11 | 2.64 |
| | 巨豆三烯酮 3 | 2.25 | 1.83 | 1.86 |
| | 3-羟基-β-二氢大马酮 | 0.57 | 0.85 | 1.04 |
| | 巨豆三烯酮 4 | 6.10 | 7.70 | 6.94 |
| | 法基尼丙酮 | 6.00 | 14.27 | 20.95 |

续表

| 香气物质类型 | 致香成分 | 低温 | 中温 | 高温 |
|---|---|---|---|---|
| 类胡萝卜素类<br>降解产物 | 异佛尔酮 | — | — | 0.14 |
| | β-环柠檬醛 | — | 0.27 | 0.43 |
| | 面包酮 | 0.21 | 0.14 | 0.15 |
| | 愈创木酚 | 3.31 | 4.39 | 4.90 |
| | 芳樟醇 | 0.97 | 1.03 | 1.26 |
| | 螺岩兰草酮 | 4.35 | 11.13 | 10.88 |
| | 总量 | 46.87 | 74.85 | 94.64 |
| 芳香族氨基酸<br>降解产物 | 苯甲醛 | 0.34 | 0.46 | 0.46 |
| | 苯甲醇 | 2.70 | 1.75 | 2.65 |
| | 苯乙醛 | 2.98 | 5.34 | 4.41 |
| | 苯乙醇 | 0.89 | 2.27 | 1.25 |
| | 总量 | 6.91 | 9.82 | 8.77 |
| 美拉德反应产物 | 糠醛 | 10.21 | 11.42 | 8.39 |
| | 糠醇 | 1.88 | 2.46 | 1.40 |
| | 2-乙酰基呋喃 | 0.63 | 0.52 | 0.39 |
| | 5-甲基糠醛 | 0.41 | 0.38 | 0.27 |
| | 6-甲基-5-庚稀-2-醛 | 0.89 | 1.09 | 1.54 |
| | 6-甲基-5-庚烯-2-醇 | 0.29 | 0.44 | 0.91 |
| | 2,6-壬二烯醛 | 0.37 | — | — |
| | 2-乙酰基吡咯 | 0.40 | 0.63 | 0.28 |
| | 总量 | 15.08 | 16.94 | 13.18 |
| 类西柏烷降解产物 | 茄酮 | 53.64 | 50.05 | 38.79 |
| | 新植二烯 | 632.86 | 830.64 | 1032.00 |
| | 总量 | 755.36 | 982.30 | 1187.38 |

　　对不同成熟期温度条件下形成的烟叶进行感官评价(表12-30),进一步验证成熟期温度对烟叶质量特色的影响。结果表明,在高温条件下形成的烟叶,具有典型的浓香型风格特征,焦香较为突出,烟气沉溢度较高,烟味较浓,香气量较大,但甜感较弱,香气质得分相对偏低,烟气劲头相对较大,刺激性相对较强。相比之下,成熟期低温条件下形成的烟叶具有明显的清甜香韵,清香型特征明显,烟气较为飘逸和柔和,劲头和刺激性相对较小,但香气量相对较低。成熟期中温条件下形成的烟叶多数指标介于高温和低温处理之间,烟气较为悬浮,具有正甜香韵,表现出中间香型的风格特征。

表 12-30　成熟期温度对烤烟感官评价的影响(河南许昌,中部叶)(史宏志等,2016)

| 处理 | 香型 | 烟气状态 | 主体香韵 | 烟气浓度(5) | 香气量(5) | 香气质(5) | 劲头(5) | 刺激性(5) |
|---|---|---|---|---|---|---|---|---|
| 高温 | 浓香型 | 较沉溢 | 干草香、焦香、焦甜香 | 3.4 | 3.5 | 3.0 | 3.3 | 2.6 |
| 中温 | 中偏浓 | 较悬浮 | 干草香、正甜香、焦甜香 | 3.3 | 3.3 | 3.2 | 3.0 | 2.5 |
| 低温 | 清香型 | 较飘逸 | 干草香、清甜香、正甜香 | 3.1 | 3.2 | 3.3 | 2.8 | 2.3 |

## 12.3　人工模拟不同降水量对烤烟种植的影响

降雨是影响烤烟生长的关键因素之一，水分与成熟期和产量关系甚密，成熟度是影响烤烟烟叶品质的重要因素之一。烤烟大田生长期降水量及其地域分布极不均匀，降水量成为影响烟叶品质的重要气候要素之一。本研究旨在模拟降雨对烤烟生理成熟期和工艺成熟期的烟叶品质的影响。为此，采用避雨栽培烤烟品种云烟 87，模拟赵桅、江川、普洱、东川四地烤烟大田生长期降水量，进行不同烟区降水量对烟叶 $\delta^{13}C$ 及生理指标关系及农艺性状及基因表达变化模拟试验（杨金汉，2015；李志宏等，2015）。材料与方法等见本书 11.1 节。

### 12.3.1　不同烟区降水量对烟叶 $\delta^{13}C$ 及生理指标的模拟研究

降水量是影响植物碳同位素组成的一个重要因素，水分亏缺可使植物对 $\delta^{13}C$ 的分馏能力减弱，降水量能改变土壤含水量和空气湿度，水分条件将影响烤烟 $\delta^{13}C$。试验得出赵桅（$T_4$）烟叶 $\delta^{13}C$ 最稳定，生理成熟期和工艺成熟期烟叶 $\delta^{13}C$ 平均值分别为 $-26.64‰$、$-26.62‰$。在生理成熟期，江川（$T_2$）$\delta^{13}C$ 最高，达到 $-25.84‰$，普洱（$T_3$）$-26.46‰$、赵桅（$T_4$）$-26.64‰$ 次之，东川（$T_1$）最小 $-26.98‰$。而在工艺成熟期，东川（$T_1$）烟叶 $\delta^{13}C$ 最大 $-25.34‰$，普洱（$T_3$）$-26.00‰$、江川（$T_2$）$-26.11‰$ 次之，赵桅对照（CK）$-26.99‰$ 最小。

根据叶片 $\delta^{13}C$ 与水分利用效率（WUE）存在正相关关系的结论，表明东川（$T_1$）的水分利用效率最高，江川和赵桅次之，普洱最低。有学者主张用比叶重（LMA）代替碳同位素组成来估计 WUE，经相关性分析，烤烟叶片 $\delta^{13}C$ 与比叶重呈弱正相关，各处理降水量不同，而烟叶比叶重无显著差异，可推断降水量不是植物生长唯一要素，与土壤养分、光照等复合影响植物生长。化学成分受气候要素的影响较大，本试验从降水量对烤烟烟叶化学成分含量的影响进行了对比研究，明确了 $\delta^{13}C$ 与可溶性蛋白、总碳等化学成分主要受烤烟大田期降水量的影响。

叶片中光合色素是叶片光合作用的物质基础。烟叶 CK（对照）叶绿素总量最高，$T_4$（赵桅）、$T_1$（东川）、$T_2$（江川）次之，$T_3$（普洱）最低。丙二醛（MDA）是膜脂过氧化作用的产物之一，通常作为膜脂过氧化指标，能够在一定程度上反映烤烟植株承受不利因素的程度或衰老程度。可看出烟叶丙二醛含量 $T_4$（赵桅）>$T_3$（普洱）>$T_2$（江川）>$T_1$（东川）>CK（对照）。叶片表面类黄酮化合物的积累是植物对 UV-B 辐射重要的适应和保护措施。除了作为主要的紫外吸收物质外，类黄酮还是抗氧化物质，在水分胁迫时，植物类黄酮的含量增加以对自身起保护作用。而烟叶类黄酮含量为 $T_4$（赵桅）>$T_2$（江川）>$T_3$（普洱）>$T_1$（东川）>CK（对照），烟叶可溶性蛋白含量为 $T_4$（赵桅）>$T_3$（普洱）>$T_2$（江川）>CK（对照）>$T_1$（东川）。

降水量对烟叶 $\delta^{13}C$ 及生理指标的模拟研究表明，5 个处理烤烟烟叶 $\delta^{13}C$ 范围为 $-26.99‰\sim-25.34‰$，表现为 $T_2$（江川）>$T_1$（东川）>$T_3$（普洱）>$T_4$（赵桅）>CK（赵桅）。可以认为，$T_2$（江川）的 $\delta^{13}C$ 偏重且动态变化规律明显，其 WUE、LMA 等生理指标也必定占有一定的优势。通过以烟叶稳定碳同位素（$\delta^{13}C$）为主线，辅以烟叶比叶重、光合色素、可溶性蛋白质、类黄酮和丙二醛等指标的综合评估，可推断 $T_2$ (江川)处理的烤烟产量和品质均应高于其他处理，与其他 4 个处理相比，在所选试验点种植适生环境的能力更强。研究表明，烟叶 $\delta^{13}C$ 在相同的生态环境中相同品种间表现出一定的差异，尽管烤烟 $\delta^{13}C$ 与降水量的关系较为复杂，但烟叶 $\delta^{13}C$ 与降水量密切相关。

## 12.3.2　不同烟区降水量对烤烟农艺性状及基因表达变化的模拟研究

### 12.3.2.1　模拟不同降水量对烤烟农艺性状的影响

当降雨模拟试验的云烟 87 烟株移栽 30d 后进入团棵期，东川(低降水量)、江川(中降水量)和宁洱(高降水量)3 个处理间的单叶面积有较大差异，且随降水量的增加而增加，植株相同叶位的叶面积呈现宁洱＞江川＞东川的趋势。江川与东川叶面积的差距较宁洱叶面积的差距小。就叶片数来看，江川与宁洱叶片数相同均为 10 片，而东川仅有 9 片，即不同降水量对移栽 30d 后的云烟 87 烟株叶面积和叶片的影响存在差异。

烟株生长到 40d(第 13～第 14 叶)，各处理烟株总叶面积的变化呈现出江川(土壤相对含水量 70%～75%)＞宁洱(土壤相对含水量 80%～85%)＞东川(60%～65%)的趋势。烟株叶片从下向上，江川(中)、东川(低)和宁洱(高)处理间随着叶位的升高，叶面积差距逐渐增加，且在第 6 叶达到最大值，然后逐渐降低，在第 13 叶降至最小值。东川(低)与江川(中)之间的叶面积差距随叶位的升高呈降低趋势，在第 13 叶达到最小值；东川与宁洱之间的叶面积差距随叶位的升高也呈降低趋势，在第 9 叶差值达到最小值；江川与宁洱的叶面积差距在第 8 叶时差值达最大，在第 13 叶差值最小。这些结果进一步说明，云烟 87 还苗期到团棵期生长的叶片(第 1～第 9 叶)和伸根期发育的叶片(第 9～第 13 叶)对降水量有不同的反应，前者在高降水量，后者在中等降水量的环境中生长最佳，而较低的降水量均抑制烟株的生长。

在移栽 60d 后的现蕾期，所有烟株均为 23～24 片叶。该时期中、高和低降水量各处理叶面积仍呈现出随叶位升高面积增大的趋势，在第 9 叶位达到最大值，随后逐渐降低，在第 23 叶达最小值。东川与江川之间的差距在第 1 叶达到最大值，在第 3 叶达到最小值；东川与宁洱之间的差距在第 13 叶达到最大值，在第 21 叶达到最小值；江川与宁洱之间的差距第 16 叶达到最大值，在第 20 叶达到最小值。第 1～第 12 叶位叶面积呈现出东川和江川＞宁洱的趋势；第 4～第 14 叶位叶面积呈现出东川＞江川＞宁洱的趋势；第 15～第 19 叶位叶面积呈现出宁洱＞江川＞东川的趋势。烟株对降雨最敏感时期是旺长期和现蕾期，40d 各处理间株高为东川＜江川＜宁洱，呈现株高与降水量呈正相关关系。各处理株高都在 60cm 以上，东川与宁洱之间相差较大，达到 28.22cm，江川与宁洱之间为 20.11cm；东川与江川之间为 8.11cm。茎围与株高规律一致，各处理间差距较小。60d 各处理株高间呈现宁洱＞江川＞东川的趋势，各处理株高都在 120cm 以上，江川与宁洱之间差距不大，为 3.00cm，东川与宁洱之间为 10.44cm。40～60d 东川的烟叶平均生长高度为 67.33cm，江川为 72.67cm，宁洱为 49.56cm，三个处理中，以江川的平均生长高度最大，宁洱最小。60d 各处理间的茎围东川＜宁洱＜江川的趋势，总体差异不大。该结果显示，烟草株高对降雨反应敏感，而中等水平处理有利于株高的增加，这与降水量较低和较高引发根系发育不良，营养元素转运受阻，合成生长抑制相关激素如 ABA 和乙烯等相关。

　　总体来讲,从烟叶面积看来,40d(旺长期)和 60d(现蕾期)叶面积通过比较发现,江川的综合状况总体表现良好,也就是说中等水平的降水量,土壤含水量 70％～75％对烟株的发育是适合的。在所模拟降水量的状态下,较低或较高的降水量导致烟株土壤含水量过低或过高,均不利于叶面积的增大。

### 12.3.2.2　模拟不同降水量对烤烟基因表达变化的影响

　　烤烟生长的旺长期是烟株对降雨最敏感的时期,其发育、产量及质量的形成,最终由烤烟的基因表达调控制约。不同降水量对植株的农艺性状、烟叶产量和质量的影响,是通过降雨诱发烟株的基因表达来实现。为阐明不同降水量处理后烟株基因的表达变化,选同一试验点、选云烟 87 种植,模拟东川、江川和宁洱三个不同地域不同降水量控制试验。云烟 87 种植 40d 和 60d 后,取 9 株中部第 10 片(从下向上),作为试验材料进行DGE 测序,将 DGE 测序的基因表达变化数据,进行主成分分析。通过基因的差异分析,比较在同一试验点不同降水量处理后旺长期和现蕾期基因表达变化。

　　选取栽后 40d(旺长期)的 DGE 数据进行趋势分析,结果说明,随着降水量的下降而总体上调表达的基因有 66 条,注释到 10 条。主要是与伴随降水量的降低与干旱胁迫下植物的信号传导过程,促进膜脂的固醇合成及抗氧化活性,维持细胞稳定伴随应激反应及部分核糖体蛋白合成增强有关的基因表达。随降水量下降而呈下降表达趋势的基因有103 条,注释到 46 条。这些基因是与降水量的变化正相关,推测与水分的吸收、转运、利用和散失的过程存在正调控的基因,即与转钙能力随降水量下降而减弱、响应逆境条件的钙信号调控下降和激素的变化等有关。表明降水量可通过诱导促生长激素对在不同的降水量和水分条件下控制烟株的长势和株高等。信号分子的合成与信号转导过程受降水量和土壤水分状态的影响。降水量减少的同时,吸收和运输氮硫等元素的能力随水分的缺乏程度而减弱。而细胞体内由于水分的缺失导致了矿质代谢的改变并与离子载体的蛋白质表达相一致。植株可通过光合关键酶的变化,减缓生长发育植株的生长,有利于对水分胁迫的适应。检测到 WRKY 转录因子,这类与抗病防御和调控衰老的转录因子有很重要的作用,其表达量随水量的减少而减少,预示着水分可以通过转录因子的变化调节植物的生长发育。移栽 40d 后植株发育进入以营养生长为主旺盛生长的关键期,所以在 40d 的水分亏缺,对植株有很大的影响,干旱和水涝都是影响基因表达的重要的影响因子。转录组分析结果显示,随着降水量的降低,与水分成负调控的基因多为与泛素化修饰、细胞发育相关的基因,相应的与水分正调控的基因多是与信号转运、物质转运、逆境反应相关的基因,说明水分亏缺对植株的影响较大,是影响烟叶产量和品质的重要生态因子。

　　60d 时随着降水量的下降而上调表达的基因有 219 条,注释到 63 条。其基因的表达与调控能力、细胞分化程度升高、植株抗高温物质运输和中心体装配的能力增强有关。上调表达的基因可以帮助内质网、溶酶体进行物质运输,以调节因干旱导致的细胞内的渗透平衡及适度土壤水分胁迫下,根系氧气充足,呼吸旺盛,促进离子吸收等。随水量下降而下降表达的基因有 649 条,注释到 169 条,预示着细胞分化的程度减弱,RNA结合蛋白是一类具有 RNA 剪接、RNA 转运、维持 RNA 的稳定和降解、细胞内定位和翻译控制等功能的蛋白质,在降水量降低的同时,RNA 的稳定性降低。60d 与 40d 的基因表达的不同点在于，核糖体蛋白随着水分的减少出现下降的趋势，而与逆境反应相关的蛋白质同源家族出现下调的趋势。作为生物氧化过程中的电子传递体，细胞色素参与还原力的氧化脱氢与氧化磷酸化过程。移栽后 60d，不同降水量处理后的烟叶中，随降水量减少细胞色素 c 的表达降低，出现酪氨酸转氨酶的下调表达。MYB 是一类多效调控植物苯丙烷类与植物色素合成相关的转录因子，它们在植物代谢和发育的各个方面起着重要的调控作用，其主要功能是调节次生代谢、控制细胞形态发生及调控分生组织形成和细胞周期等。MYB 相关转录因子则出现下降表达趋势，MYB 的下调表达预示着栽后 60d 水分的减少，说明植株色素合成及其相关次生代谢受降水量或水分状态的调节。

从基因表达变化上看到，不同降雨处理下 60d 的变化比 40d 的更为丰富。对应着旺长期(40d)低、中、高降水量处理样品的基因表达有差异，但差异变化幅度不大。而现蕾期样品(60d)所对应的基因变化幅度大，该时期是降水量对烟株基因表达变化的敏感时期。60d 处理样品，随着降水量的下降，部分逆境信号转导相关基因的表达增强，核糖体蛋白的合成下降，细胞的稳定性程度降低，同时一些抗逆性相关基因出现下调表达，这些现象预示 60d 左右烤烟的现蕾期是抗逆性弱、对水分敏感的关键期。

## 12.4　浓香型和清香型烟产区大田期气候特征

### 12.4.1　浓香型烟产区大田期气候特征

不同产区烟叶各生育阶段气候指标与烟叶感官评吸结果进行相关分析，得到一系列相关系数，见表 12-31，由表可知：①对烟叶浓香型显示度、烟气沉溢度和烟气浓度影响较大的气候指标为成熟期的日均气温和有效积温，相关系数分别达到 0.80 和 0.55 以上，两者均为正效应。即随着成熟期日均气温和有效积温的增加，浓香型的显示度、烟气沉溢度和浓度均增大，且日均气温的影响大于有效积温的影响，说明成熟期高温是浓香型形成的重要条件。②焦甜香和焦香是浓香型烟叶主要香韵，对焦甜香影响较大的气候指标为成熟期降水量，其次为旺长期降水量。焦香与旺长期和成熟期的日照时数及旺长期气温日较差呈显著正相关，而与降水量呈负相关。烟叶的正甜香与成熟期的日均温及有效积温呈极显著的负相关，成熟期温度和有效积温较低有利于正甜香的形成。③烟叶劲头与降水量呈负相关，与日照时数呈正相关。④烟叶其他质量和特色指标与气候条件相关关系，成熟期均温和有效积温与烟叶香气量呈显著正相关。成熟期较高的温度还可以改善余味。杂气大小与旺长期温度呈正相关，但与成熟期积温呈负相关。柔和度与气温日较差呈正相关关系。刺激性与旺长期降水量相关性较高，降水多时，烟叶刺激性较小。

表 12-31　浓香型不同产区气候因素与质量风格的相关性(史宏志等，2016)

| 相关系数 | 日均气温 | | 气温日较差 | | 有效积温 | | 降水量 | | 日照时数 | |
|---|---|---|---|---|---|---|---|---|---|---|
| 质量风格 | 旺长期 | 成熟期 | 旺长期 | 成熟期 | 旺长期 | 成熟期 | 旺长期 | 成熟期 | 旺长期 | 成熟期 |
| 浓香型显示度 | −0.2633 | 0.8801** | 0.0258 | −0.1370 | 0.0695 | 0.6755** | 0.0869 | 0.3025 | 0.3002 | 0.3471 |
| 烟气沉溢度 | −0.1225 | 0.9063** | −0.0301 | −0.2186 | 0.2004 | 0.5514** | 0.0970 | 0.2652 | 0.3456 | 0.3275 |
| 烟气浓度 | −0.1745 | 0.8436** | −0.0906 | −0.2342 | 0.0664 | 0.5735** | 0.0776 | 0.2832 | 0.2713 | 0.3236 |

续表

| 相关系数 | 日均气温 | | 气温日较差 | | 有效积温 | | 降水量 | | 日照时数 | |
|---|---|---|---|---|---|---|---|---|---|---|
| 质量风格 | 旺长期 | 成熟期 | 旺长期 | 成熟期 | 旺长期 | 成熟期 | 旺长期 | 成熟期 | 旺长期 | 成熟期 |
| 劲头 | 0.0225 | 0.2972 | 0.4564* | 0.3012 | −0.0374 | 0.2395 | −0.6561** | −0.3616* | 0.4690** | 0.5568** |
| 焦甜香 | −0.4406 | 0.1328 | −0.5523** | −0.5559** | −0.5583** | 0.4618** | 0.7008** | 0.8834** | −0.6400** | −0.6402** |
| 焦香 | 0.3984 | 0.4276* | 0.5229** | 0.3484 | 0.3911 | −0.0472 | −0.6483** | −0.5654** | 0.7309** | 0.7197** |
| 正甜香 | 0.2830 | −0.7420** | 0.0788 | 0.1903 | 0.0248 | −0.6442** | −0.1164 | −0.3651 | −0.2254 | −0.2863 |
| 香气质 | −0.6253** | 0.0509 | 0.0757 | −0.0734 | −0.3268 | 0.1540 | 0.1396 | 0.2240 | −0.2706 | −0.3402 |
| 香气量 | −0.3350 | 0.5109** | 0.3898* | 0.1940 | 0.0004 | 0.5144** | −0.1134 | −0.0101 | 0.1671 | 0.1465 |
| 杂气 | 0.5413** | −0.1504 | −0.0434 | −0.0032 | 0.2748 | −0.4179* | −0.2855 | −0.2835 | 0.3478 | 0.3396 |
| 细腻度 | −0.4772** | 0.1449 | 0.1541 | −0.0158 | −0.2502 | 0.0862 | 0.0268 | 0.1152 | −0.1206 | −0.1334 |
| 柔和度 | −0.2536 | −0.2083 | 0.5270* | 0.4131* | −0.0414 | −0.0869 | −0.2747 | −0.3006 | 0.0974 | 0.0154 |
| 刺激性 | 0.1935 | 0.2126 | 0.4217* | 0.2134 | 0.0916 | −0.0399 | −0.6381** | −0.4443 | 0.3742 | 0.3436 |
| 余味 | −0.3147 | 0.5545** | 0.2892 | 0.0461 | 0.1099 | 0.3183 | 0.0618 | 0.1090 | 0.2019 | 0.1308 |

注：相关系数>0.361 为显著水平，相关系数>0.463 为极显著水平。

成熟期日均温对烟叶浓香型的表现有较大影响。烟叶浓香型显示度、烟气沉溢度和烟气浓度三个指标与成熟期日均温的拟合曲线呈二次曲线相关关系(图 12-32)。但从散点图中点的分布走势来看，当成熟期平均温度高于 25.0℃时，浓香型典型性较强，分值均在 3.5 以上；成熟期平均温度低于 25.0℃，浓香型特征弱化。成熟期的平均温度在低于24.5℃时，浓香型风格下降明显，浓香型显示度、烟气沉溢度和烟气浓度在 3.0 以下；当成熟期的平均温高于 24.5℃，突显浓香型特征的三个指标均在 3.0 以上，表明成熟期日均温高于 24.5℃是浓香型烟叶特征形成的一个重要条件。

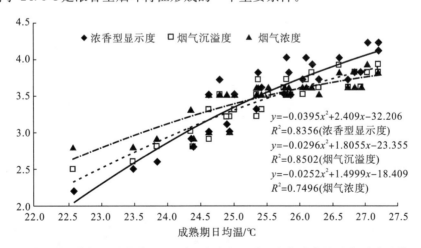

图 12-32　成熟期日均气温对浓香型显示度、烟气沉溢度和烟气浓度的影响(史宏志等，2016)

焦甜香分值与成熟期降水量的拟合曲线见图 12-33。由图可知，烟气中的焦甜香分值与成熟期降水量呈曲线相关关系，相对较大的降水量有利于烟叶焦甜香风格的形成，但降水量不宜过大。从各地区不同移栽期成熟期降水量的分布来看，降水量主要在 320mm

左右，成熟期降水量低于 320mm 的地区，焦甜香基本＜2.8，降水量高于 320mm 的地区，焦甜香分值＞3.20。由此可见，350mm 是成熟期降水量对焦甜香影响的一个临界值，且成熟期降水量在 320～480mm 时成熟期降水量与焦甜香表现为正相关，最有利于焦甜香的形成，即在移栽期可调控的降水范围内，焦甜香随着成熟期降水量的升高而增强。

　　焦香是浓香型烟叶的典型香韵特征之一，从表 12-31 和图 12-34 可知，旺长期和成熟期的日照时数对焦香的影响达到极显著正相关。除河南襄城县日照时数较长外，其他地区旺长期的日照时数集中于 50～200h，而成熟期的日照时数多集中于 250～350h，北方一些产区日照时数可达 500h 以上。旺长期和成熟期的日照时数与焦香表现为线性正相关。由图 12-35 可知，成熟期日均温与烟叶正甜香表现为线性负相关，即成熟期日均温越低，正甜香表现越突出。通过调整移栽期，成熟期的温度在 23.0～28.0℃分布较为均匀，每降低 1.0℃，正甜香的分值增大约 0.5。还可以看出，烟叶正甜香与昼夜温差呈正相关关系（图 12-36）。

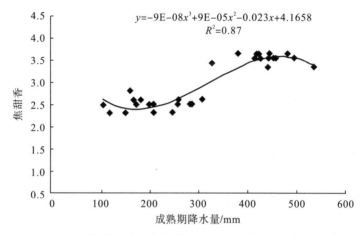

图 12-33　成熟期降水量与烟焦甜香的关系（史宏志等，2016）

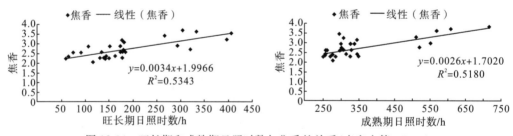

图 12-34　旺长期和成熟期日照时数与焦香的关系（史宏志等，2016）

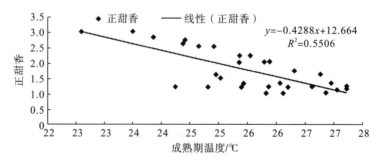

图 12-35　成熟期温度对正甜香的影响（史宏志等，2016）

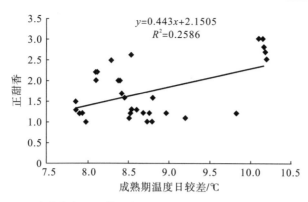

图 12-36　成熟期气温日较差与烟叶正甜香的关系（史宏志等，2016）

从气候条件与烟叶质量特色的关系来看，成熟期平均气温对烟叶浓香型显示度、烟气沉溢度和烟气浓度的影响较大，不论如何调整移栽期，只要成熟期平均温度＞24.5℃，浓香型风格凸显。对烟叶焦甜香和焦香影响达到显著水平的气候因素较多，但只有成熟期降水量的正效应达到 0.8 以上，且 320mm 是成熟期降水量的关键值，成熟期温度高，降水量大可能是形成烟叶焦甜香的重要条件。旺长期和成熟期的日照时数与焦香有极显著的正相关，这可能是日照时数长、烟叶干物质合成较多所致。

通过比较分析不同生态区气候指标，将浓香型产区分为豫西陕南鲁东中温长光低湿区、豫中豫南高温长光低湿区、湘南粤北赣南高温短光多湿区、皖南高温中光多湿区和湘中赣中桂北高温短光高湿区 5 个生态类型区（表 12-32）。

表 12-32　浓香型产区不同气候类型区气候指标均值（史宏志等，2016）

| 生态区 | 日均温/℃ | | | 光照时数/h | | | 降水量/mm | | | 昼夜温差/℃ | | | ＞20℃积温/℃ | 平均相对湿度/％ |
|---|---|---|---|---|---|---|---|---|---|---|---|---|---|---|
| | 伸根期 | 旺长期 | 成熟期 | 伸根期 | 旺长期 | 成熟期 | 伸根期 | 旺长期 | 成熟期 | 伸根期 | 旺长期 | 成熟期 | 成熟期 | 全生育期 |
| 豫西陕南鲁东中温长光低湿区 | 21.2 | 24.5 | 23.7 | 195.4 | 197.3 | 419.1 | 55.5 | 93.6 | 289.1 | 12.3 | 10.7 | 9.2 | 265.7 | 74.4 |
| 豫中豫南高温长光低湿区 | 20.6 | 25.1 | 26.4 | 178.5 | 188.8 | 359.1 | 64.3 | 88.5 | 328.4 | 11.8 | 11.4 | 8.7 | 397.2 | 74.9 |
| 湘南粤北赣南高温短光多湿区 | 16.4 | 21.0 | 25.6 | 68.0 | 80.4 | 303.3 | 184.4 | 132.8 | 424.6 | 7.3 | 8.1 | 7.9 | 347.5 | 80.9 |
| 皖南高温中光多湿区 | 15.2 | 20.0 | 25.7 | 98.6 | 163.0 | 374.8 | 95.6 | 138.9 | 482.7 | 9.7 | 10.0 | 8.5 | 362.1 | 78.1 |
| 湘中赣中桂北高温短光高湿区 | 17.8 | 22.0 | 26.3 | 69.7 | 69.6 | 387.2 | 229.0 | 151.0 | 583.6 | 7.3 | 8.2 | 8.1 | 421.5 | 80.5 |

从图 12-37 平均气温分布值可以看出，热量条件最好的是襄城，其次是诸城，最差的是洛南。从最高、最低气温的分布值看，最高、最低气温的高低顺序与平均气温的顺序不一致，这是不同地区的气温日较差不同所致，气温日较差大小影响到热量资源在日间和夜间的分配。洛南的平均气温虽然较低，但由于日较差大，其平均最高气温仍然可达到27.8℃，高于南雄和信丰，这种特点在一定程度可弥补洛南烤烟生育期平均气温较低的劣势，从而使洛南在成熟期平均气温的条件下，气温仍然能够达到优质烟叶生产的需求。

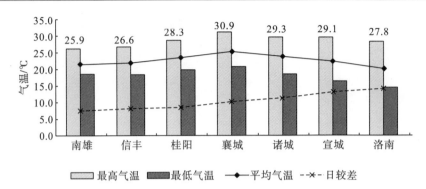

图 12-37　浓香型烟叶典型产区大田期的平均气温、最高气温、最低气温和平均日较差(史宏志等，2016)

从表 12-33 中可见，烤烟大田全生育期总降水量自北向南有逐渐增多的趋势，降水在各地不同生育阶段的分布差异较大。地处北方的襄城和诸城地区降水量较少，与南方地区相比，主要是伸根期降水量较少，大部分降水都集中在烤烟成熟期。宣城地区伸根期降水较北方地区略多，但旺长期降水较少，主要降水也集中在成熟期。桂阳和信丰的总水量相近，分布也相对均匀。南雄地区全生育期的降水最多且各个阶段的降水量都较多。烤烟伸根期、旺长期、成熟前期和成熟后期降水在各地之间的变异系数均较高，全生育期变异系数也达到 47.44%。

表 12-33　不同生育阶段降水量(史宏志等，2016)　　　　　　(单位：mm)

| 地点 | 伸根期 | 旺长期 | 成熟前期 | 成熟后期 | 全生育期 |
|---|---|---|---|---|---|
| 河南许昌襄城 | 11.8 | 96.2 | 10.4 | 144.2 | 262.6 |
| 山东潍坊诸城 | 9.7 | 73.9 | 249.9 | 85.9 | 419.4 |
| 安徽宣州宣城 | 71.9 | 54.4 | 158.2 | 254.8 | 539.2 |
| 湖南郴州桂阳 | 159 | 176.3 | 173.5 | 57.7 | 566.42 |
| 江西赣州信丰 | 186.7 | 163.6 | 111 | 125 | 586.2 |
| 广东韶关南雄 | 305.6 | 295.7 | 210.1 | 261.9 | 1073.2 |
| 变异系数 | 92.93% | 62.13% | 55.13% | 55.28% | 47.44% |

## 12.4.2　清香型烟产区大田期气候特征

清香型烟产区全年气候特征见表 12-34。全年平均温度 11.7～20.9℃，日均温度 17.1℃，昼夜温差 6.9～14.9℃，平均昼夜温差 10.7℃。年积温 3627～7516℃，平均为 5854℃。年降水量为 558.4～1909.5mm，平均为 1190.2mm，变异系数达到 29.56%。相对湿度平均为 74.8%，变异系数仅为 7.52%。年日照时数 1069.9～2639.7h，平均为 1964.2h。

表 12-34　清香型烟叶产区全年气象条件(李志宏等，2015)

| | N | 极小值 | 极大值 | 均值 | 标准差 | 方差 | 变异系数/% |
|---|---|---|---|---|---|---|---|
| 气压/hPa | 80 | 762.8 | 998.2 | 879.9 | 67.7 | 4 583.4 | 7.69 |
| 风速/(m/s) | 80 | 0.7 | 3.9 | 1.7 | 0.7 | 0.5 | 38.54 |

续表

|  | N | 极小值 | 极大值 | 均值 | 标准差 | 方差 | 变异系数/% |
|---|---|---|---|---|---|---|---|
| 日均气温/℃ | 80 | 11.7 | 20.9 | 17.1 | 2.00 | 3.99 | 11.70 |
| 昼夜温差/℃ | 80 | 6.90 | 14.90 | 10.65 | 1.62 | 2.62 | 15.20 |
| 积温/℃ | 80 | 3 627.0 | 7 516.3 | 5 854.2 | 894.4 | 799 931 | 15.28 |
| 降水量/mm | 80 | 558.4 | 1 909.5 | 1 190.2 | 351.8 | 123 779 | 29.56 |
| 相对湿度/% | 80 | 59.2 | 84.1 | 74.8 | 5.6 | 31.69 | 7.52 |
| 日照时数/h | 80 | 1 069.9 | 2 639.7 | 1964.2 | 347.32 | 120 627.80 | 17.68 |

注：N 表示数量。

　　烤烟对温度的反应比较敏感，温度是决定烤烟品质的一个重要因素。有效积温、日平均温度、昼夜温差对烟叶品质均有影响。清香型特色烟区温度适宜，大田期日均温度 16.1~25.6℃，平均 20.3℃。从频率分布来看[图 12-38(a)]，18.0~22.0℃分布频率最高，比烟草最适宜生长温度（22.0~24.0℃）低。从不同区域温度来看[图 12-38(b)]，福建清香型烟区温度较低，日均温度为 16.1~19.9℃，平均为 17.9℃。贵州黔西南烟区温度分布在 20.7~22.3℃，平均为 21.4℃。四川平均温度较高，日均温度变化幅度为 19.2~24.7℃，平均为 22.2℃。云南温度变化幅度最大，主要分布在 17.4~25.6℃，平均为 21.9℃，其中巧家县日均温度偏高，平均达到了 25.6℃。

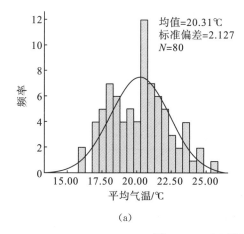
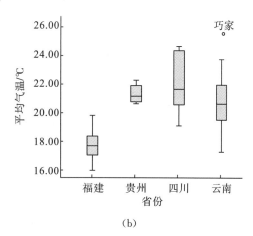

（a）　　　　　　　　　　　　　　（b）

图 12-38　大田期日均温度（李志宏等，2015）

　　清香型烟区昼夜温差为 7.0~11.7℃，变异系数为 10.0%，变化幅度较小，平均为 (9.1±0.85)℃。从昼夜温差的频率分布[图 12-39(a)]来看，清香型烟区昼夜温差主要分布在 8~10℃。昼夜温差小于 8℃的清香型烟区主要分布在贵州[图 12-39(b)]，其平均昼夜温差为 7.6℃。昼夜温差大于 10℃的主要分布在四川，其昼夜平均温差为 10.2℃。云南和福建昼夜温差主要分布在 8~10℃，云南昼夜温差平均为 9.2℃，福建昼夜温差平均为 8.8℃。

　　烤烟大田期有效积温为 2367~3214℃，平均为 3079℃。从频率分布[图 12-40(a)]来看，积温虽然呈正态分布，但分布较为分散，峰度系数为 -0.45，烤烟大田期积温集中在 2500~3500℃。不同区域烤烟大田期积温如图 12-40(b)所示，福建积温 2367~2945℃，平均为 2619.7℃；贵州积温 3165~3416℃，平均为 3269℃；四川清香型烟区大田期积温 2940~3785℃，平均为 3399℃；云南烤烟大田期积温变幅较大，分布在 2659~3918℃，平均为 3193℃。

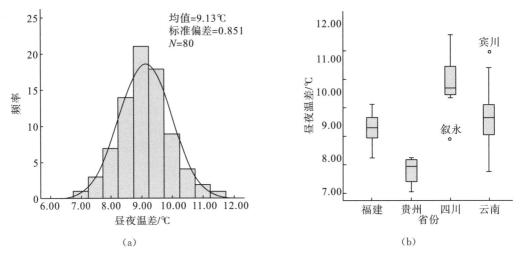

图 12-39　清香型烤烟大田期昼夜温差（李志宏等，2015）

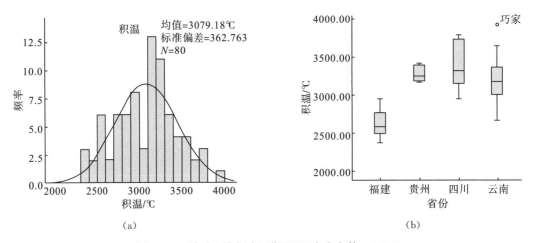

图 12-40　清香型烤烟大田期积温（李志宏等，2015）

清香型产区大田期总降水量为 468.7~1249.5mm［图 12-41（a）］，平均为 857.9mm。不同区域降水量差异较大［图 12-41（b）］，变异系数达到 21.6%。其中福建和贵州清香型烟区降水量较大，福建清香型烟叶产区降水量为 959.6~1249.5mm，平均为 1114.1mm；贵州黔西南大田期降水量为 887.6~1106.4mm，平均为 994.6mm；四川清香型烟叶产区降水量为 730.2~937.6mm，平均 857.5mm；云南清香型烟区降水量变化幅度较大，为 468.7~1216.7mm，平均为 749.6mm。福建、贵州清香型烟产区总降水量高于云南、四川烟叶产区。

清香型烟区相对湿度为 67.7%~86.0%，平均为 77.9%。如图 12-42 所示，清香型烟区相对湿度主要分布在 70%~85%，其占总样点数的 88.8%，表明清香型烟叶产区空气较湿润。其中福建和贵州清香型烟区空气相对湿度最高，平均分别为 81.8% 和

80.8%，云南和四川清香型烟区相对湿度较低，平均分别为 77.1% 和 71.9%，其中巧家、宾川、南涧、盐边、米易、会东、永仁、楚雄 8 个点的空气相对湿度小于 70%。

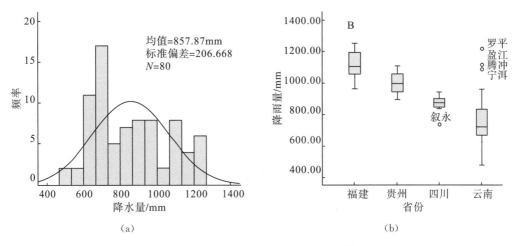

图 12-41　清香型烤烟大田期降水量(李志宏等，2015)

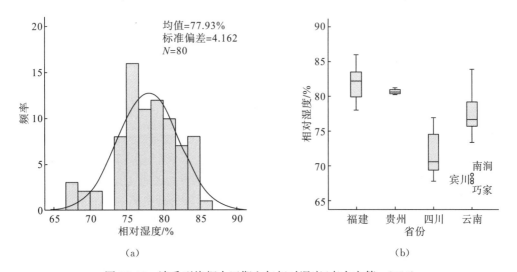

图 12-42　清香型烤烟大田期空气相对湿度(李志宏等，2015)

烟草大多数品种为"中性"或"弱短日性"反应，在一定范围内光照时间长，可以增加有机物的合成，但当日照时数低于 8h，烟株生长缓慢，叶色减淡，并引起花芽分化。烟草在大田期的日照时数要达到 500~700h。清香型烟叶产区大田期年日照时数为471.9~942.1h，平均为 722.6h，不同日照时数的频率分布如图 12-43(a)所示。不同区域日照时数的差异较大[图 12-43(b)]，福建大田期日照时数为 471.9~594.0h，平均为526.9h；贵州烤烟大田期日照时数 700.6~795.1h，平均为 747.7h；四川烤烟大田期日照时数为 717.4~928.8h，平均为 841.9h；云南烤烟大田期日照时数为 595.1~942.1h，平均为 778.2h。

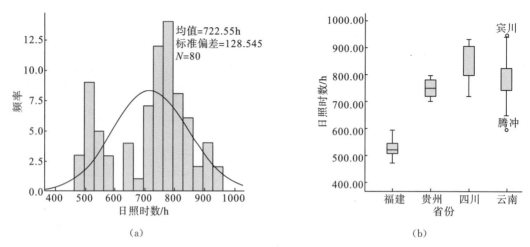

图 12-43　清香型烤烟大田期日照时数(李志宏等，2015)

## 12.5　三类香型烟产区大田期气候特征比较

### 12.5.1　气温

烟草是喜温作物，丰富的热量条件是优质烟叶形成的基础条件之一。烟草大田生长最适宜的温度是 25～28℃，最低温度 10～13℃，最高温度 35℃。高于 35℃时生长受到抑制，低于 17℃时生长也显著受阻并降低抗病力，在温度降到-2～-3℃时，会使正常植株死亡。在温室条件下昼间和夜间烟草生长的最适昼间/夜间温度，第 0～10 天为 18℃/14℃，第 10～21 天为 22℃/18℃，第 21～63 天为 26℃/22℃，第 63～126 天为 30℃/26℃。烟草大田生长期所需总积温，贵州提出苗床期大于 10℃的活动积温为 950～1100℃，大田期为 2200～2600℃，河南提出烟草大田≥8℃的活动积温在 2000℃以上，烤烟成熟期间的有效积温应达到 1000～1300℃，可保持烟叶品质优良，吃味醇和，香气浓郁。烤烟成熟时期的温度对烟叶质量极为重要，据国内外统计资料显示，在 20～28℃时，烟叶的内在质量有随着成熟期平均温度升高而提高的趋势(表 12-35)。据研究，烤烟在温度低于 20℃时干物质合成量减少，对品质不利，若低于 18℃时，叶绿素的分解和类胡萝卜素的降解则明显受阻；但当高于 35℃时叶片易出现早衰，而且烟碱含量会不成比例地增高。我国一般把采烤期气温稳定在 20℃以上，持续天数不少于 70d，作为充分成熟的必要条件，也有的学者把成熟期温度大于 24℃持续 30d 作为生产优质烟的必要条件。烤烟生长对温度的理想要求是前期略低于最适生长温度，使烟株稳健生长，而后期有较高的温度，以利于叶内同化物的积累和转化。

图 12-44 是不同香型产区成熟期日均温和全生育期积温的比较，由图可以看出，在不同香型间有显著差异是决定烟叶香型表现和分属的重要指标。

**表 12-35　烟叶成熟期平均气温与烤烟质量（史宏志等，2011）**

| 成熟期平均<br>气温/℃ | 烟叶物理性状分值 | | | 烟叶化学成分 | | | | 烟叶内在质量分值 | | |
| --- | --- | --- | --- | --- | --- | --- | --- | --- | --- | --- |
| | 颜色<br>(10) | 光泽<br>(10) | 油润<br>(10) | 总糖<br>/% | 总氮<br>/% | 烟碱<br>/% | 总糖/<br>烟碱 | 香气<br>(20) | 吃味<br>(10) | 杂气<br>(10) |
| 16.6 | 8.0 | 6.0 | 4.0 | 36.3 | 1.15 | 0.61 | 59.4 | 12.0 | 8.0 | 7.0 |
| 20.5 | 4.0 | 8.0 | 4.0 | 41.3 | 1.48 | 1.29 | 32.0 | 14.0 | 8.0 | 7.0 |
| 22.6 | 7.0 | 7.4 | 4.0 | 25.3 | 1.23 | 1.34 | 18.9 | 14.0 | 9.4 | 7.0 |
| 24.9 | 9.0 | 8.0 | 4.0 | 20.5 | 2.10 | 1.54 | 15.9 | 15.0 | 9.0 | 8.0 |
| 27.2 | 8.0 | 8.0 | 4.0 | 18.7 | 2.18 | 2.91 | 6.4 | 17.0 | 10.0 | 8.0 |

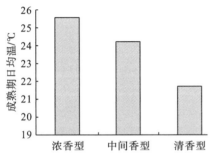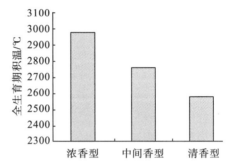

图 12-44　我国不同香型烤烟产区烟叶成熟期日均温和全生育期积温（李志宏等，2015）

　　典型浓香型、中间香型、清香型烟叶产区全生育期日平均气温分别为 23.0℃、21.8℃、20.2℃，在浓香型、中间香型、清香型转变过程中，日平均气温逐渐降低。从不同生育阶段温度的变化趋势看（图 12-45），典型浓香型烟区烤烟生长前期温度低，成熟期温度高，全生育期温度差异较大。移栽期日均温度平均为 14.2℃，之后温度上升快，团棵期日均温度达到了 20.1℃，旺长期日均温度为 24.4℃，成熟前期日平均温度为 27.1℃，成熟中期气温最高，平均为 27.6℃，成熟后期温度略有下降，平均为 24.7℃。典型中间香型烟区，烤烟生育期内的温度变化趋势与浓香型一致，但与浓香型烟区相比，其移栽期温度略高 1.2℃，团棵期、旺长期、成熟前期、成熟中期、成熟后期分别下降

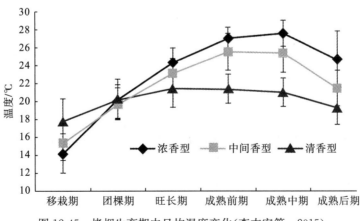

图 12-45　烤烟生育期内日均温度变化（李志宏等，2015）

0.3℃、1.2℃、1.6℃、2.2℃、3.2℃，全生育期日均温度下降了1.2℃。典型清香型烟叶产区移栽期温度高，成熟期温度低，整个生育期温度变化平稳；与浓香型典型产区相比，移栽期温度提高3.6℃，团棵期提高0.15℃，旺长期、成熟前期、成熟中期、成熟后期分别下降2.9℃、5.6℃、6.6℃、5.4℃。

### 12.5.2　水分

#### 12.5.2.1　降水量

不同风格烟叶产区烤烟全生育期降水量差异不大，浓香型、中间香型、清香型典型烟区三者大田期总降水量分别为858.1mm、846.9mm、848.7mm，且三个香型产区降雨时期分布趋势相同(图12-46)，烟叶生长前期降水量逐渐增加，成熟前期降水量最大，之后降水量逐渐减小。如浓香型烟叶产区移栽期降水量109.8mm，团棵期降水量139.7mm，旺长期降水量177.5mm，成熟前期降水量最大，达到了189.8mm，成熟中期降水量下降至13 6.5mm，成熟后期降水量下降至104.8mm。三类香型烟叶产区不同生育阶段降水量差异较大，浓香型烟区降雨分布平衡，烤烟生长前期、成熟期降水量分别占全生育期降水总量的49.8%和50.2%；中间香型烟区降雨分布偏向成熟期，烤烟生长前期、成熟期降水量分别占全生育期降水量的43.6%和56.4%；清香型烟区烤烟生长前期、成熟期降水量分别占全生育期降水量的38.0%和62.0%。

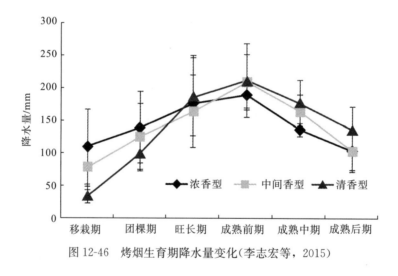

图12-46　烤烟生育期降水量变化(李志宏等，2015)

#### 12.5.2.2　空气湿度

浓香型、中间香型、清香型典型烟区三者相对湿度分别为77.1%、76.7%、74.2%，不同风格烟叶产区烤烟全生育期相对湿度没有显著差异(图12-47)。三类香型产区相对湿度分布趋势相同，烤烟生长前期相对湿度较低，随着生育期推迟相对湿度逐渐增大，成熟期相对湿度最大。浓香型和中间香型烟叶产区移栽期相对湿度高于清香型，清香型移栽期湿度仅60.1%。

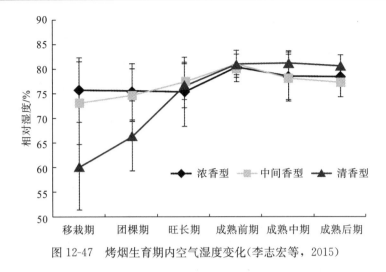

图 12-47　烤烟生育期内空气湿度变化(李志宏等，2015)

### 12.5.3　日照时数

　　清香型产区的日照时数前期较高、后期较低。移栽期日照最充足，日照时数达到了222.2h，团棵期的日照时数较高，累积达到424.7h，占整个生育期的42.5%，进入旺长期日照时数大幅降低，旺长期至成熟期日照时数累积达到575.4h。中间香型烟叶产区日照前期少后期充足，移栽期、团棵期日照时数分别为142.1h和160.3h，为清香型烟区日照时数的63.9%和79.1%，进入旺长期后日照时数多于清香型烟区，旺长期至成熟期日照时数累积达到713.1h，为清香型烟区日照时数的123.9%。浓香型烟叶产区日照前期少后期充足，团棵期日照时数291.2h，为生育期总日照时数的28.0%，旺长期至成熟期日照时数累积达到750.6h，为生育期总日照时数的72.0%。清香型、中间香型和浓香型烟叶产区生育期日照时数累积分别为1000.1h、1015.4h、1041.8h，烟叶香型风格由清香型向浓香型转变，日照时数逐渐增加(图12-48)。

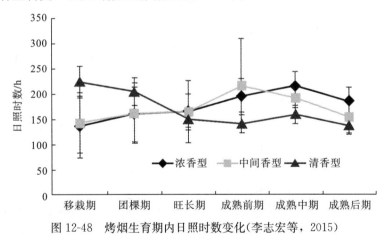

图 12-48　烤烟生育期内日照时数变化(李志宏等，2015)

### 12.5.4　清香型、浓香型、中间香型区域气象因子比较

　　表12-36为不同烤烟香型典型产区引入评价模型气象因子的统计值。从平均气温来看，三类烤烟香型典型产区移栽伸根期差异不大，但自旺长期到成熟中后期，清香型、

中间香型、浓香型烤烟典型产区的平均气温依次增高。从降水量来看，旺长期以后，清香型产区降水量高于浓香型和中间香型产区，清香型产区烟叶生育中后期，尤其是成熟后期降水量显著高于其他两个香型。从日照时数来看，中间香型产区全生育期日照时数变化较小，在 190h 左右波动；浓香型产区日照时数变化剧烈，移栽伸根期 150h 左右，逐渐升高到成熟后期 200h 附近；而清香型产区移栽伸根期相对较高，平均 180h 左右，之后降低，自旺长期开始维持在 140h 左右。综合三类香型产区的气候条件，并考虑烤烟生长前期主要以物质积累为主，而后期则以香气物质转化为主。成熟后期多雨和适宜气温的合理配置可能是烟叶清香风格形成的关键因素之一，相对来说，成熟期高温则可能导致浓香型烟叶风格的形成。

**表 12-36　清香型、中间香型、浓香型典型产区气候条件(李志宏等，2015)**

| 变量 | 项目 | 清香型 | 中间香型 | 浓香型 |
|---|---|---|---|---|
| $X_1$ | 成熟前期温度/℃ | 21.7±1.4 | 25.2±1.5 | 27.2±1.1 |
| $X_2$ | 成熟中后期日照时数/h | 157.0±18.5 | 186.0±16.9 | 222.5±24.0 |
| $X_3$ | 成熟后期温度/℃ | 21.0±3.7 | 20.4±2.0 | 24.4±3.0 |
| $X_4$ | 旺长期温度/℃ | 21.0±1.8 | 22.5±1.5 | 24.7±1.9 |
| $X_5$ | 移栽伸根期日照时数/h | 188.3±51.9 | 143.8±67.2 | 155.1±58.5 |
| $X_6$ | 成熟后期日照时数/h | 164.8±42.7 | 137.6±43.6 | 191.3±23.6 |
| $X_7$ | 旺长期降水/mm | 189.3±50.3 | 169.2±46.0 | 174.0±84.6 |
| $X_8$ | 成熟前期日照时数/h | 144.5±22.8 | 172.3±18.4 | 199.9±27.5 |
| $X_9$ | 成熟中后期降水/mm | 214.0±55.1 | 163_2±56.6 | 122.3±29.1 |
| $X_{10}$ | 移栽伸根期湿度/% | 68.2±9.8 | 76.7±7.0 | 76.3±7.8 |

# 12.6　纬度、海拔与烤烟种植

## 12.6.1　纬度和海拔对气候要素变化的影响

地理环境可以影响辐射因素的作用和大气环流的形势，并制约着气候要素的变化，在控制气候的地理因素(纬度与水陆分布、洋流、地形、海拔等)中以纬度和海拔最为重要。太阳辐射量的分布完全取决于纬度，而大气的能量来自太阳辐射，因此地球上大气环流主要就是太阳热能因纬度的差异而引起的，地球上的气候分布自然也就和纬度具有密切的联系。譬如，气候带大体都和纬度平行而包围地球表面，纬度对于气候的影响虽然还不如海拔那样显著，不过从地球上的纬度分布来看，我们知道纬度越高，其面积就越为减少。因此，纬度实际上仍然是控制气候分布的重要因素。由于经度对气温影响的最大差异平均为 9.0℃，而纬度的最大差异可达 40.0℃，所以可知纬度对气温的影响约为经度的 5 倍。由于纬度低则中午太阳高度大，气温日较差一般随纬度的增高而减小。纬度也是控制年温变化的因素，因为纬度可以确定日射和热量向外辐射期间的长短，故纬度越高，年温变化也越大，低纬度因太阳高度终年变化很小，所以年温变化也较小。在赤道地区是 1℃ 上下，中纬度地区就达 20℃ 上下，高纬度在 30℃ 以上，而气温直减率则随纬度的增加而递减(幺枕生，1959)。

类似地，气候也受海拔的巨大影响。山地气温的变化除受地表热平衡状况制约外，还要受到与周围自由大气水平热交换的影响。因此，讨论山地气温随海拔分布时，需同时考虑上述两方面因素的作用，并应区分其在自由大气中和在山区变化的异同。在热量条件的变化上，自由大气中的热量主要由地面通过湍流交换以感热和潜热方式输入，所以随离地面高度的增加，平均气温一般总是递减的。山地的温度状况，虽与山地地面的辐射加热直接有关，但在很大程度上仍受自由大气的制约，同样呈现出随海拔递减的规律性。例如，在中纬度地区，自由大气中的平均气温每上升 100m 约降低 0.60℃，可是，在水平方向上，纬度的增高所引起的气温递减，最大也在 1.0℃ 以下，故海拔可以认为是对各种气候因素影响最重要的地理要素。各气候要素与海拔的关系表现彼此各异，例如，气温直至对流层的上限附近都大体随高度而直线地减低，此外，气温日较差与年较差都随高度而减少，山地降水量的垂直分布特点则与地形对气流的动力抬升作用关系最大。在凝结层高度以下，由于地形高度对气流的动力和热力作用，上升运动加强，使降水量在海拔 1000～2000m 时，大体随高度而增加，这一过程持续到某一高度(可能就是平均的凝结层高度，或与其密切相关的某一统计高度)。由此再向上由于大量降水出现在凝结层高度以下，空气柱中水汽大为减少，因而上升运动不能形成更多的降水，降水量随高度变化转为递减，但这种增长趋势并不一直保持不变。而与许多因素(如空气柱的水汽含量、温度、稳定度条件以及坡地与气流来向的相对位置等)有关，其增减的比率因地域并不相同，特别与地形具有复杂的关系。

风速在近地面也随高度增加而增大，两者的关系一般可用对数曲线表示。气压与水汽等却随高度呈指数曲线变化。自由大气中的水汽压分布特点，也同样决定了山地地面的水汽压分布，各气候要素的日变化与年变化的形式也随高度而各异，其中最显著的就是风速与湿度的日变化。因此，随高度可以形成各种气候带，并且随纬度的增高，气候带分布变得逐步单一化，由赤道向极地的植物带、森林带与耕作带等也随高度而分别出现。特别在热带地区的山地，可以具有气候随高度的规律变化，于是耕作带也多受其支配。高度既可影响气候的垂直分布，同一高山也可因方位的影响，各坡的气候情形迥然不同。譬如，一山脉的向阳面与向阴面，坡地方位、坡度的差异则可直接影响到达坡地上的太阳辐射量。坡地对风状况的影响十分明显，迎风坡的风向风速明显地有别于背风坡。在迎风坡上，气流被迫作动力上升，加之坡地的热对流作用，往往产生强烈的上升运动，导致迎风坡降水剧增，并使之成为"雨坡"。反过来在背风坡，由于气流越山之后下沉，产生焚风效应，并使之成为"干坡"，这种水、热条件的差异可在干燥区和半干燥区山坡植被分布上表现出来。坡地对风状况的影响十分明显，迎风坡的风向风速明显地有别于背风坡。迎风坡的降水量一般多于背风坡，阳坡往往成为干坡，而阴坡则成为湿坡，这种水、热条件的差异可在干燥区和半干燥区山坡植被分布上表现出来，可见不同坡地上的气候条件差异是相当明显的。此外，积温的垂直递减率在不同山地和同一山地的不同坡向还有一定差别，多数山地以南坡和东坡的递减率较大，这种状况与各坡向间平均气温直减率间的差异是一致的。还表明，界限温度较高积温的垂直递减率要比界限温度较低的大，如大部分山地 ≥20.0℃ 的积温递减率每上升 100m 减少 200.0～300.0℃(平均 236.5℃)，而 ≥10.0℃ 积温的递减率为 150.0～200.0℃(平均 187.4℃)。

通过以上纬度和海拔对气候要素变化的影响分析可以看出，由于纬度和海拔差异造成对植物分布和种植的影响，最终仍反映在不同气候要素的变化和差异上。对某一种植地而言，以纬度和经度在水平方向上确定其位置后，还必须确认其位置所处的海拔。前已谈及，纬度的变化不仅与光、温分布有关，还是不同气候带形成的主要制约因素，对局地范围内而言，还必须考虑海拔对气候要素变化的影响。两个地理因素制约和影响效应的叠加势必会掩盖其对内含的生理生态效应正确评估。从较大尺度范围内，沿纬圈分布，按不同气候要素组合划分的不同气候带有其共同的特征或差异。而在中、低纬度地区的山地，在较小尺度内，纯粹由于海拔的不同，形成不同的气候带类型。作为选纬度或海拔为研究对象，探讨两个地理因素分布对植物种植的影响，试图将纬度或海拔作为植物适宜种植的判别指标，寻找其阈值范围，有一定的实践意义和应用价值。在各自的研究中，由于存在所处的地域环境差异，尤其是气候大区或气候带的不同，若仅以作为地理要素的纬度或海拔作比较，其结论的代表性和可比性势必会存在偏差。即如果研究海拔对种植的影响，若要选多点进行比较，其水平距离不宜太大，要尽可能选纬度相近且属同一气候大区范围。因为评价海拔变化与烤烟生理生态效应的关系，本质上是对不同气候带同一气候要素或气候要素组合的评估，而评价由于纬度不同产生的生理生态效应亦如此。但若研究山地环境，考虑到地形差异对气候要素影响的复杂性，还必须将种植地所处的坡向纳入考察范围。

### 12.6.2 纬度分布对烤烟种植的影响

纬度是地理学研究中的主要因素，是影响作物布局和生长发育的重要自然因子之一。纬度通过改变光、热、水、肥等气候条件间接影响作物的生理生态过程，改变作物体内有机物质的合成过程，影响其生长发育及生产力。纬度的变化对作物的生育期、生长发育及品质都有着明显影响。不同纬度间土壤空气、水分、温度、养分含量和气候条件是不同的，进而影响到烤烟的生长发育。杨虹琦等（2005）以国内 9 个不同纬度烟区的 C3F 烤烟为材料，将纬度≤30°N 的烟区划为低纬度种植区，≥40°N 的烟区划为高纬度种植区，30°～40°N 的烟区划为中纬度种植区。依据烤烟分级国家标准，分别从黑龙江省、福建省等 9 个海拔低于 600m 的烟区，抽取同年的相同等级 C3F 烤烟样品作为研究材料，探讨中国主要烟区烤烟中多元有机酸和高级脂肪酸含量的差异。经多重比较分析，低纬度烟区烤烟中的苹果酸、柠檬酸和总有机酸均显著低于中纬度产区和高纬度产区，而还原糖和糖酸比则高于中纬度产区和高纬度产区。低纬度烟区具有低苹果酸和柠檬酸、高糖酸比；中纬度烟区具有高苹果酸、低柠檬酸和糖酸比；而高纬度烟区具有高苹果酸和柠檬酸、低糖酸比的特征。低纬度烟区和高纬度烟区烤烟中饱和脂肪酸、不饱和脂肪酸和总脂肪酸含量均显著高于中纬度烟区；高级脂肪酸含量低是中纬度烟区烤烟的一个显著特征。不同纬度烟区烟叶中主要非挥发性有机酸含量差异达到显著水平，是不同纬度烟区间烤烟的香气风格、香气质和香气量存在差异的主要原因之一。

刘毅等（2014）认为，由于江西不同纬度烟区冬、春季气温回升快慢不同，对烤烟生长影响较大，以江西烟区主栽烤烟品种 K326 为对照品种，选瑞金市等四个不同纬度烟区进行了品种适应性试验，并对各品种主要农艺性状、经济性状及烟叶品质特性进行了分析评价，与其他品种相比，NC297 在所选定研究的四个不同纬度烟区其适应性更广。

对于较大规模烟区烟叶化学成分与纬度关系的比较研究,李佳颖等(2012)采用偏最小二乘回归和灰色关联度分析方法,研究了四川烟区烟叶化学成分与纬度的关系。结果表明:四川烟区的纬度跨度为近 5 个纬距,烟叶化学成分总体上表现为总糖和还原糖偏高,淀粉含量略微偏高,氯含量偏低,烟碱、总氮和钾含量处于较适宜范围内,且烟碱、氯和淀粉的变异系数较大。烟叶化学成分与纬度的相关性强弱分析表明:同一部位,烟叶中钾含量呈高度正相关,总糖、还原糖和氯含量与纬度呈高度负相关,即随着纬度的升高,烟叶中钾含量呈增加趋势,而总糖、还原糖和氯含量呈现减少趋势;不同部位间,烟碱、总氮和淀粉与纬度的相关性强弱表现不一致。而纬度与烟叶化学成分的关联程度按大小顺序进行排列,各项指标与纬度的关联顺序为还原糖>总糖>总氮>钾>淀粉>烟碱>氯。马继良等(2011a)以云南曲靖烟区主栽烤烟品种 K326 为材料,采用相关分析、通径分析和逐步回归分析的方法,探讨烟叶的单叶重、长度、宽度、合梗率、平衡含水率与海拔、经度、纬度之间的相互关系。结果表明:在达到显著或极显著水平的相关性中,叶长与经度呈正相关,与纬度呈负相关;叶宽与经度呈正相关,与海拔呈负相关;单叶重与纬度呈负相关;含梗率与纬度呈正相关;平衡含水率与经度呈负相关;叶长受地理指标的影响最大,而纬度对烟叶物理性状的影响最大。地理指标对物理性状的影响以直接效应为主,间接效应为辅,海拔、经度、纬度之间有弱的交互作用。叶长、单叶重与海拔及经纬度的多元逐步回归方程达极显著水平且拟合度较好。而曲靖烟区不同部位烟叶化学成分与海拔及经纬度的典型相关分析表明,3 对典型变量的相关系数均达到了极显著水平。不同部位烟叶化学成分与海拔及经纬度的相关性基本一致,总体来看,曲靖地区海拔 1300~2000m、北纬 24°~26°、东经 103°~104°的烟叶总糖含量适宜,钾含量和氯含量较协调,整体化学品质较好(马继良等,2011b)。

王毅等(2013a)选择具有近 4 个纬度差异,地处 2 个不同气候带的玉溪市通海县和昭通市鲁甸县 2 个生态烟区,研究 K326、红花大金元和 KRK26 烤烟品种在旺长期和成熟期的稳定碳同位素($\delta^{13}$C)分布值对气候环境的响应。结果表明,3 个品种烟叶 $\delta^{13}$C 为 -26.56‰~-24.36‰,旺长期烟叶 $\delta^{13}$C 表现为通海大于鲁甸,成熟期除 KRK26 外,$\delta^{13}$C 表现为鲁甸大于通海。对比旺长期和成熟期,两地各品种的 $\delta^{13}$C 都表现为成熟期大于旺长期,即随着烟叶成熟度增加,分布在 2 个气候带烤烟的水分利用效率都在逐渐提高。品种间比较表明,无论是旺长期还是成熟期,通海都表现为 KRK26 的 $\delta^{13}$C 最大,鲁甸则表现为红花大金元的 $\delta^{13}$C 最大。而 3 个品种下部叶和中部叶 $\delta^{13}$C 的平均值都表现为通海大于鲁甸,且均与旺长期表现出一致的规律,支持温度较高,日照时数较长,降水量较少,$\delta^{13}$C 越大的结论。此外,烤烟叶片的 $\delta^{13}$C 并未简单地表现为 $\delta^{13}$C 随海拔和纬度增加而逐渐变重的趋势,而表现为不同的品种,在不同的生长时期存在一定的差异。这些差异表明烤烟 $\delta^{13}$C 的变化,不仅由烤烟本身的生物学特性决定,也是不同环境因子综合作用的结果。即在低纬度高原地区受纬度和海拔影响导致的气候带分布差异,对不同品种烤烟的 $\delta^{13}$C 和主要生理特征有明显影响。而对云南烟区不同部位的烟叶香吃味与海拔和经纬度的分析表明,海拔是影响下部烟叶灰色,中部烟叶香气量和刺激性的主要因素。纬度是影响中部烟叶香韵、口感和综合得分的主要因素。在云南烟区范围内,中部烟叶的香吃味整体上是从南到北有下降的趋势,而下部和上部烟叶香吃味则与纬度无明显的相关性。典型相关分析表明,影响下部烟叶和中部烟叶香吃味的主要因素分别为经度和海拔，受海拔及经纬度影响较大的香吃味指标主要为综合得分和香气量(李天福等，2005)。

### 12.6.3 海拔对烤烟种植的影响

在云南不同海拔(706~2356m)11个植烟区采集182个烤烟中部烟叶样品，品种涉及云烟87、云烟85、K326和红大，检测了样品中的34种化学成分。探讨品种间烤烟化学成分与海拔的相关性，通过相关分析和聚类分析，比较了化学成分及其与海拔相关性的品种差异。结果表明：4个品种中红大的可溶性糖类和有机酸类含量最低，总氮、烟碱、质体色素和多酚类物质含量最高，明显区别于其他3个品种。相关分析表明，K326中总糖、总氮、烟碱、石油醚提取物等指标与海拔的相关性明显不同于其他3个品种，类似的结果也体现在丙二酸、丁二酸和亚油酸、β-胡萝卜素、单双糖含量等指标。烟叶的化学成分及其随海拔的变化情况存在着较大的品种差异，研究认为烟叶的化学成分随海拔的变化情况受品种因素的影响很大，不同品种对海拔的敏感程度不同(李军营等，2012)。而江厚龙等(2013a)以3个不同烤烟品种为材料，在小范围区域内研究不同海拔(500m、900m、1300m)地区烤烟叶片的光合气体交换的日变化特征。研究表明，海拔因素是影响和制约烤烟叶片光合特性及光合生产能力的关键因素，在品种布局时必须考虑其在不同海拔地区的光合特性。但研究结果仅针对不同海拔光合特性的基本日变化规律，没有明确该区域内最适种植高度。王瑞等(2010b)以烤烟云烟87为材料，研究了(1000m、1300m)两类海拔下，全程覆膜和团棵期揭膜培土2种措施对烤烟光合功能和产量、质量的影响。研究结果表明，无论在中海拔区域还是高海拔区域，在团棵期后的一段时间，继续覆膜均使烤烟各部位叶片维持较高的净光合速率、叶绿素含量和光合同化物含量，但随着生育进程的继续推进，覆膜引起净光合速率和叶绿素含量下降很快，会加速了光合功能的衰退，从而导致光合同化物分解加速。在海拔1000m处，团棵期揭膜培土措施提高了烤烟总体光合功能，增加光合同化产物，明显提高产量和品质。在海拔1300m处，虽然全程覆膜有早衰现象发生，但总体光合功能及其同化产物含量仍处于较高水平。在海拔1000m处提倡采用团棵期揭膜培土的措施，在海拔1300m处提倡采用全程覆膜的生产措施。对烟叶超微结构与不同海拔的关系，赵志鹏等(2010)采用田间试验研究了不同海拔条件下烟草成熟期上、中、下3个叶位叶片的表皮结构特征和超微结构的变化。结果表明：随着海拔的增加，叶片叶绿体内淀粉粒积累和气孔密度有减少的趋势，表皮腺毛数量，细胞壁厚度，胞内嗜锇物质，囊泡的体积和数量呈现出增加的趋势，叶片内叶绿体完整程度和基粒片层数表现一致。试验中高中低海拔条件下种植的烟草适熟期叶片细胞中淀粉和嗜锇物质形成情况表明，同一烟区适度提高种植海拔有利于烟草芳香类物质(嗜锇物质)的合成，这可能是烟草对高海拔环境的一种适应方式。即低海拔烟区日温差相对较小，光合产物夜间消耗较多而不利于嗜锇物质的形成。高海拔地区虽然日温差较大，但由于紫外线较强，影响到烟草的光合特性，导致光合产物直接转化成其他物质，不利于淀粉的积累。中海拔地区光照适合，日温差较为适宜，有利于烟株光合产物的积累和转化。

连培康等(2016)选低海拔(1600.6m)、中海拔(1943.9m)和高海拔(2188.5m)三地，以云烟97为供试材料，通过比较不同海拔烤烟烟叶品质和碳氮代谢关键酶活性、细胞超微结构的差异，探讨海拔对烟叶碳氮代谢的影响。海拔影响着乌蒙烟区烤烟碳氮代谢的水平，海拔不同使得烟叶各种酶活性大小、酶活性最大值出现时期不同，进而导致烟株碳氮代谢能力差异，并最终影响烟叶的吃味和香气，只有碳水化合物和含氮化合物之间平衡协调才能生产出优质烟叶。中海拔地区在移栽后 30~50d，蔗糖转化酶（Inv）活性大于高海拔，蔗糖合成酶（SS）、淀粉酶（AM）活性小于高海拔，使得中海拔地区碳代谢旺盛，蔗糖积累较多；在移栽后 70d 左右蔗糖磷酸合成酶（SPS）活性以中海拔为最高，表明此阶段淀粉积累较多，而 SS 活性的适中也是蔗糖分解平稳向淀粉积累过渡的原因之一，并最终使得中海拔地区糖含量高于高、低海拔地区。氮代谢方面硝酸还原酶（NR）、谷氨酰胺合成酶（GS）活性变化较单一，均为先升高后降低，前期氮代谢旺盛，后期碳代谢旺盛，中海拔地区 GS 酶活性最高，不仅促进了烟叶的成熟落黄也使得中海拔地区总氮和烟碱含量低于高、低海拔地区。中海拔地区烤烟生长过程中酶活性的相互协调使得该地区糖碱比、氮碱比都优于高、低海拔地区，化学成分更加协调。通过对比同一时期不同海拔烤烟叶肉细胞淀粉粒的情况可以看出，从移栽后 60d 开始，中海拔地区烤烟淀粉粒数量和大小发生明显变化，淀粉粒体积的增大和数量的增多均明显优于同时期高、低海拔地区，这可能是乌蒙烟区中海拔地区烟叶糖含量较高的主要原因之一。与乌蒙烟区高海拔、低海拔地区相比较，中海拔地区烟叶细胞发育更为合理（表 12-37 和图 12-49）。

表 12-37　不同海拔烤烟化学成分比较（连培康等，2016）

| 海拔 | 烟碱/% | 总糖/% | 还原糖/% | 总氮/% | 还原糖/烟碱 | 总氮/烟碱 |
|---|---|---|---|---|---|---|
| 低 | 2.52±0.25a | 27.12±0.60b | 22.57±0.06b | 1.80±0.19a | 9.15±0.98b | 0.72±0.06a |
| 中 | 1.87±0.09a | 31.82±0.42a | 24.02±0.37a | 1.63±0.15a | 12.90±0.67a | 0.88±0.11a |
| 高 | 2.40±0.23a | 30.63±0.44a | 21.49±0.32c | 1.90±0.20a | 9.08±0.67b | 0.79±0.03a |

注：数值后不同小写字母表示处理间差异在 5% 水平显著。

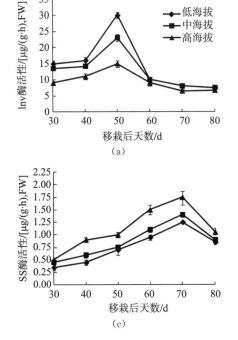

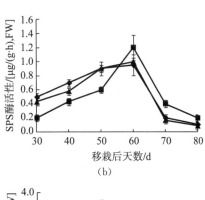

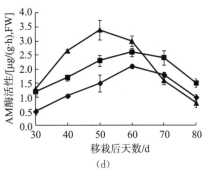

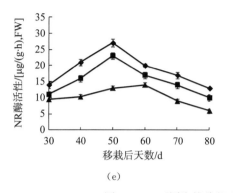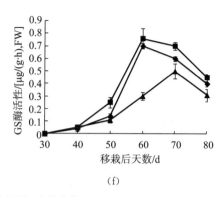

（e）　　　　　　　　　　　　（f）

图 12-49　不同海拔烤烟酶活性差异（连培康等，2016）

　　为探讨贵州乌蒙烟区不同海拔烤烟特色形成的分子机理，刘炳清等（2015）利用实时荧光定量技术（PCR）对的烤烟碳氮代谢相关酶基因的表达进行检测。结果表明，液泡转化酶（VIN）基因在烤烟移栽后 50d 的中海拔表达较强，移栽后 60d 高海拔表达比较活跃，烤烟成熟期低海拔表达略强。蔗糖合成酶（SS）和蔗糖磷酸合成酶（SPS）基因在烤烟旺长期高海拔表达较强，烤烟成熟期低海拔表达较强，中海拔表达较弱。在 4 个取样时期，海拔越高，蔗糖磷酸化酶（SPP）基因表达越强，高海拔地区烟叶的颗粒结合型淀粉合成酶（GBSSI）基因表达均最强。淀粉分支酶（SBE）基因在烤烟移栽后 50d、60d 和 70d 高海拔下表达较强，在移栽后 80d 低海拔下表达相对较强。从同一时期不同海拔的结果分析，烤烟硝酸还原酶（NR）基因表达强度随海拔降低而逐渐增强。谷氨酰胺合成酶 GS1-3 和 GS1-5 基因表达在 4 个取样时期均表现为低海拔强于中、高海拔。并认为在不同海拔地区各类相关酶基因的表达差异与海拔不同形成的光照度、紫外辐射及气温的差异有关（图 12-50）。从不同海拔烤烟的糖代谢相关酶等基因表达量的差异对比可以看出，在烤烟发育中期，与糖类物质合成相关的 SS、SPS、SPP 基因均在高、中海拔区表达较强，说明在烤烟发育中期高海拔地区烤烟的糖代谢强度大于低海拔地区。这可能与当地的气候因素有关。烤烟发育中期高海拔地区烟叶的 GBSSI 和 SBE 基因表达较强，说明控制淀粉合成的酶活性强，高海拔有利于淀粉的合成。这可能与高海拔地区的光照度有关。随着海拔降低，NR 基因表达强度逐渐增强，高海拔 NR 基因表达强度最弱，这可能跟高海拔紫外线强度有关，过强的紫外线影响了 NR 的活性。而催化根吸收的 $NH_4^+$ 产生谷氨酰胺的谷氨酰胺合成酶 GS1-3 和 GS1-5 基因表达均表现为低海拔的基本高于高海拔。总的来看，高海拔地区烤烟在旺长期碳代谢强度相对较大，有利于糖类物质的合成，烟叶糖分积累较多，同时，低海拔地区氮代谢强度大，高海拔地区氮代谢强度相对较小，可能导致高海拔地区烤烟蛋白质和烟碱等含氮化合物含量相对较低，进而使高海拔地区烟叶清甜香特色更突出（图 12-50）。

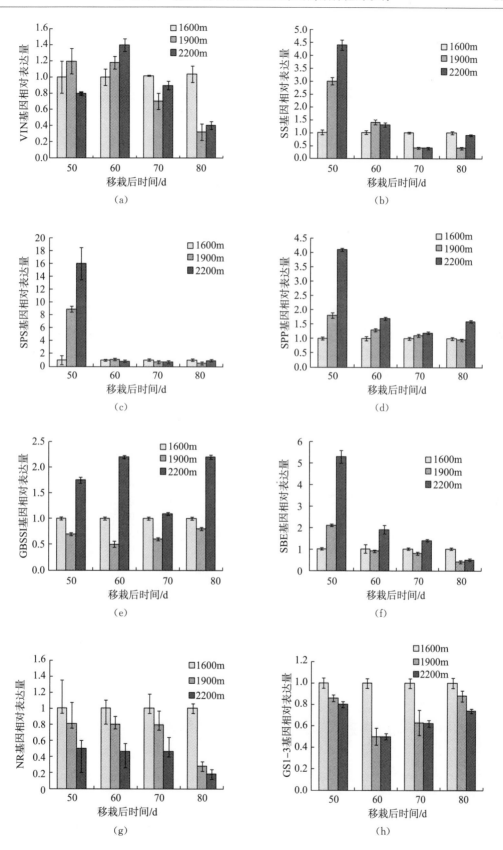

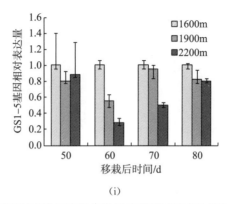

(i)

图 12-50　不同海拔下烤烟碳氮代谢相关酶基因的表达(刘炳清等，2015)

采用盆栽试验，以烤烟品种 K326 为供试材料，选择空间范围不大的云南玉溪大营街和通海 2 个不同海拔的植烟区为试验点，探讨了烤烟生长过程中 PPO 活性和总多酚含量与 UV-B 辐射强度的时空动态变化之间的关系(图 12-51 和图 12-52)。结果表明：由于受两地不同降雨日数及云层覆盖的影响，UV-B 辐射强度并不随海拔的升高而升高；PPO 活性对 UV-B 辐射强度变化非常敏感，过高或过低的 UV-B 辐射强度将降低 PPO 活性，其中过高的 UV-B 辐射强度影响更大；在一定的 UV-B 辐射强度范围内，降低强度可提高 PPO 活性；与 PPO 活性相反，高的 UV-B 辐射强度可提高烟叶总多酚含量，但在一定辐射强度范围内，对其变化趋势影响不大；过低的 UV-B 辐射强度不仅降低总多酚含量，而且影响整个生长过程中总多酚含量的变化。烟叶发育过程中总多酚含量的变

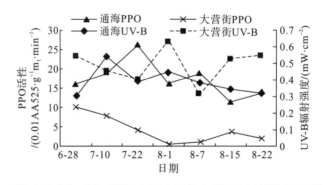

图 12-51　通海和大营街不同时期烟叶 PPO 活性和 UV-B 辐射强度(王毅等，2010)

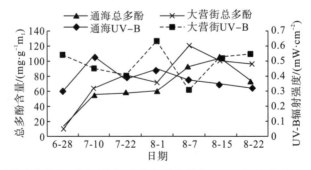

图 12-52　通海和大营街不同时期烟叶总多酚含量和 UV-B 辐射强度(王毅等，2010)

化与 PPO 活性之间存在较密切的关系，总多酚含量的上升或下降可能是 UV-B 辐射对 PPO 活性的不同程度的抑制所引起的。试验中，大营街的烟叶具有最低的 PPO 活性和最高总多酚含量，通过对比烘烤后各处理的烟叶发现，大营街的烟叶不仅色泽最好，而且烟叶厚，香气浓，说明在该试验条件下，大营街 UV-B 辐射条件下种植的烤烟质量好。

　　为了构建不同产区烟叶的指纹图谱，快速区分烟叶产地，以浓香型主产烟区的 8 个省区 68 份烤烟 C3F 为材料，采用描述统计和相关分析方法，研究浓香型烤烟主产区海拔对烟叶多酚类物质组成的影响。为分析海拔和每一种多酚含量占多酚总量比例间的相关性，将烟叶样品分为三个类群再与海拔进行相关分析。第一类群为全部检测的 8 省区 57 个县的 68 份样品即所有样品（海拔在 17～1298m），第二类群为剔除离群值后 8 省区 54 个县的 63 份样品，第三类群为剔除离群值后华中地区（海拔在 64～1044m）的样品，包括河南省 26 个县 29 份和陕西洛南 2 份共计 31 份样品。结果表明：①不同产区烟叶中多酚含量集中度较高，略呈正向偏态分布；②8 省区范围内绿原酸和莨菪亭占多酚含量的比例与海拔呈负相关和极显著负相关，芸香苷占多酚含量的比例与海拔呈极显著正相关；③华中地区烤烟绿原酸和莨菪亭占多酚含量的比例与海拔成极显著和显著负相关，芸香苷占多酚含量的比例与海拔成呈显著正相关（表 12-38）。

表 12-38　海拔与烟叶各种多酚占多酚总量比例的相关系数（刘鹏飞等，2014）

| 项目 | 第一类群 | | | 第二类群 | | | 第三类群 | | |
|---|---|---|---|---|---|---|---|---|---|
| | 绿原酸 | 莨菪亭 | 芸香苷 | 绿原酸 | 莨菪亭 | 芸香苷 | 绿原酸 | 莨菪亭 | 芸香苷 |
| 海拔 | −0.153 | −0.373** | 0.29P | −0.238 | −0.364** | 0.339** | −0.669** | −0.389* | 0.787** |

　　对 3 种多酚紫外全扫描（图 12-53），从 3 种多酚对紫外线的吸收能力来看，绿原酸和莨菪亭在相同浓度下对波长为 200～500nm 的吸收峰面积分别为 93.17 和 70.89，而芸香苷的吸收峰面积为 146.67，分别较绿原酸和莨菪亭高 57.42% 和 106.90%，其吸收能力远远强于绿原酸和莨菪亭。综合研究结果表明绿原酸和莨菪亭占多酚含量的比例与海拔呈负相关，芸香苷占多酚含量的比例与海拔呈正相关。海拔越高多酚类物质总量越高，但多酚类物质的构成却有所不同。通过对 3 种多酚的紫外扫描发现，无论是紫外线吸收

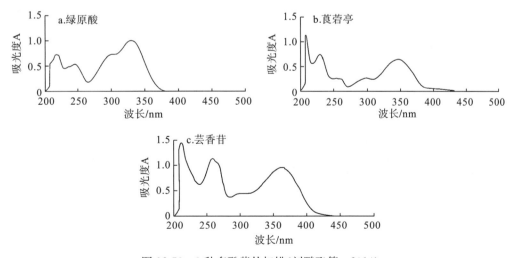

图 12-53　3 种多酚紫外扫描（刘鹏飞等，2014）

范围还是吸收能力均是芸香苷优于绿原酸和莨菪亭。从分子结构方面分析原因芸香苷较绿原酸和莨菪亭有更宽的紫外吸收波长和更强的吸收能力，可能是海拔越高烟叶中芸香苷占多酚含量的比例越高的原因。

在湖北省恩施州选择同一山脉的 3 个不同海拔（500m、900m、1300m）进行盆栽试验，研究 3 个不同基因型烤烟品种 K326、云烟 87、中烟 103 在不同海拔下烤烟叶片全展后的光合特性。结果表明，同一海拔下，各品种烤烟的净光合速率（$P_n$）在叶片全展时达到最高，随后逐渐下降，随着海拔升高，烤烟叶片光合功能衰退减慢，光合功能期延长，光合生产能力增加。RuBPCase 初始活性下降是烤烟叶片全展后 $P_n$ 下降的主要因素。烤烟叶片全展后叶绿体结构逐步解体，且海拔越高开始解体的时间越晚。供试三个品种，以中烟 103 在试验各海拔均表现出较高的光合生产能力，为高光效品种。从图 12-54 可见，不同海拔下各品种叶片 $P_n$ 均在全展时最高，随着测定时间推迟而下降，测定时期间差异均达到极显著水平（$P<0.01$）。表明叶片全展后，烤烟叶片光合功能不断衰退。$G_s$ 均随着测定时间的推迟表现为先增加后降低的趋势。各品种烤烟叶片胞间 $CO_2$ 浓度（$C_i$）均随着测定时间的推迟呈上升的趋势，与净光合速率 $P_n$ 的变化相反。据图 12-55，各品种不同海拔处理叶片叶绿素含量均随着测定时间的推移而下降，测定时期间差异均达到极显著水平（$P<0.01$）。而图 12-56 则表明，不同海拔下各品种烤烟叶片 RuBP 羧化酶初始活性均随着测定时间的推迟而下降，各时期间差异达到极显著水平（$P<0.01$）。

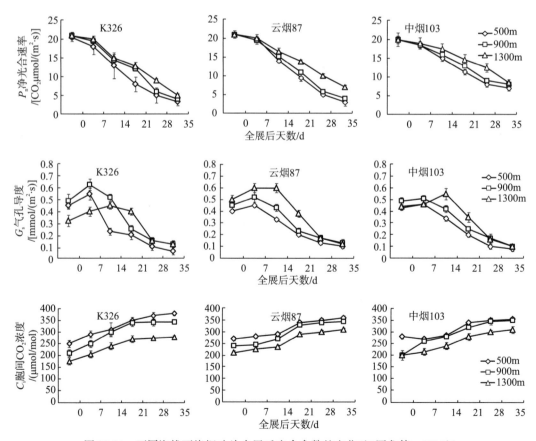

图 12-54　不同海拔下烤烟叶片全展后光合参数的变化（江厚龙等，2013b）

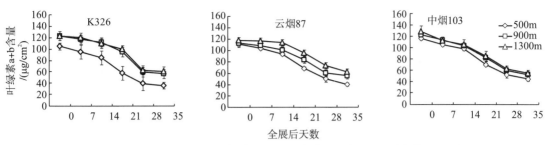

图 12-55　不同海拔下烤烟叶片全展后叶绿素含量的变化（江厚龙等，2013b）

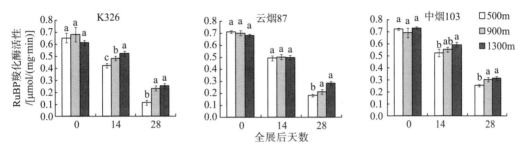

图 12-56　不同海拔下烤烟叶片全展后 RuBP 羧化酶的初始活性变化（江厚龙等，2013b）

表 12-39　不同海拔下烤烟叶片的 $P_n$ 均值、APD、RSP 和 LSC（江厚龙等，2013b）

| 品种 | 海拔 | 净光合速率均值 Average $P_n$ | 净光合速率高值持续期 APD/d | 叶绿素含量缓降期 RSP/d | 叶源量 LSC /mmol/m² |
|---|---|---|---|---|---|
| K326 | 500m | 11.34cB | 18.5cC | 13.5bB | 117.0cC |
| | 900m | 12.74bB | 22.0bB | 16.0aA | 130.8bB |
| | 1300m | 13.89aB | 26.5aC | 16.5aB | 138.7aC |
| 云烟 87 | 500m | 11.91cB | 19.5cB | 15.0cA | 124.4cB |
| | 900m | 12.73bB | 22.0bB | 16.5bA | 132.0bB |
| | 1300m | 14.47aAB | 28.0aB | 20.0aa | 150.0aB |
| 中烟 103 | 500m | 13.00cA | 23.5cA | 16.0aA | 141.0cA |
| | 900m | 13.75bA | 25.0bA | 16.0aA | 144.6bA |
| | 1300m | 15.07aA | 30.0aA | 16.5aB | 156.7aA |

注：APD-Active photosynthetic duration；RSP-Relative steady phase of chlorophyll content；LSC-Leaf source capacity. 同列数据后不同小写子母表示同一品种不同海拔间在 0.05 水平差异显著；同列数据后不同大写字母表示同一海拔下不同品种间在 0.05 水平差异显著。

从环境角度分析可知，处于不同环境条件下植株光合功能衰退的程度有较大差异。研究表明，海拔越高烤烟叶片光合功能衰退越慢。这与气温随海拔的增加导致气温降低有关，从而表现出随着叶片生育进程推进，海拔对烤烟叶片光合能力影响逐渐增大。研究还将叶源量（LSC）、光合速率高值持续期（APD）、叶绿素含量相对稳定期（RSP）等应用到烟草中，更加全面系统地评价不同海拔下 3 个品种烤烟光合生产能力的差异。总体看来，生长在不同海拔下的烤烟叶片光合生产能力存在着显著差异，随着海拔的升高，光合功能期逐渐延长，光合生产能力逐渐增加。不同品种烤烟的光合生产能力也存在着显著差异，在参试的 3 个品种中，中烟 103 在各个海拔点均表现出较高的光合生产能力，从这个角度来说，中烟 103 是一个高光效品种。研究还发现，同一处理 RSP 和 APD 并不相近，RSP 明显要低于 APD（表 12-39）。

# 第 13 章　不同生态条件对烤烟种植的影响

## 13.1　烤烟自然环境种植的生理生态适应

### 13.1.1　UV-B 辐射对烤烟 PPO 活性、总多酚含量和抗氧化酶活性的影响

采用盆栽试验,以烤烟品种 K326 为供试材料,选择空间范围不大的云南玉溪大营街和通海 2 个不同海拔的植烟区为试验点,探讨烤烟生长过程中 PPO 活性和总多酚含量,以及 SOD、POD 和 CAT 等 3 种抗氧化酶活性与 UV-B 辐射变化的关系(王毅等,2010;陈宗瑜等,2010a)。

#### 13.1.1.1　PPO 活性和总多酚含量

通海和大营街两地的烟叶 PPO 活性存在明显的差异,在烟叶发育的整个过程中,通海烟叶的 PPO 活性呈先上升后下降的变化,而大营街则出现先下降后上升的变化,但后阶段其活性已明显低于前阶段。通海处理各时段 PPO 活性都明显高于大营街处理,而 UV-B 辐射强度则是整个时段大营街高于通海,高强度的 UV-B 辐射极大地降低了 PPO 活性。结果说明,PPO 活性对 UV-B 辐射变化较为敏感。大营街处理各时段内总多酚含量与 UV-B 辐射具有相反的变化,而通海处理总多酚含量先随 UV-B 辐射强度增加而升高,但之后 UV-B 辐射强度下降和上升时,总多酚含量不变,后期 UV-B 辐射下降,总多酚含量才又开始上升。总体上,在烤烟的生长季节内,大营街 UV-B 辐射高于通海,整个过程中,大营街烟叶总多酚含量高于通海,与它们的 UV-B 辐射强度是一致的。

#### 13.1.1.2　抗氧化酶活性

由两地自然条件下烟叶 3 类抗氧化酶活性的测定可知,随着生长期的延长,SOD 活性上升,但在时段上表现出较大的不同,两地在前期活性差异不大,但之后通海烟叶 SOD 活性明显低于大营街。整个生育期内通海烟叶 SOD 活性上升变化较平滑,大营街则出现"上升—下降—上升"的变化趋势。相关性分析表明,通海和大营街 SOD 活性与 UV-B 辐射变化的相关系数分别为 $-0.618(P<0.05)$ 和 $-0.206(P>0.05)$,影响大致相同,但通海 UV-B 强度变化与 SOD 活性关系更密切。在整个大田生长期中,烟叶 POD 活性总体呈上升趋势,两地烟叶 POD 活性出现相同的变化趋势,与大营街烟叶 SOD 活性变化相似。通海烟叶 POD 活性与 UV-B 辐射相关系数为 $-0.5883(P>0.05)$,而大营街两者相关不显著(相关系数为 $-0.1016$)。两地烟叶 CAT 活性在烟叶发育的整个生长期表现出相同的"上升—下降—上升—下降"的变化。相关分析表明,通海和大营街烟叶 CAT 活性与 UV-B 辐射相关不显著。

### 13.1.1.3　结论

PPO 活性对 UV-B 辐射强度变化非常敏感，过高或过低的 UV-B 辐射强度将降低 PPO 活性，其中过高的 UV-B 辐射强度影响更大，在一定的 UV-B 辐射强度范围内，降低强度可提高 PPO 活性。与 PPO 活性相反，高的 UV-B 辐射强度可提高烟叶总多酚含量，但在一定辐射强度范围内，对其变化趋势影响不大。过低的 UV-B 辐射强度不仅降低总多酚含量，而且影响整个生长过程中总多酚含量的变化。

大营街烟叶 SOD 和 POD 活性高于通海，即 SOD 和 POD 活性随 UV-B 辐射强度增强而增大，但 CAT 活性变化几乎一致。从时间动态变化看，3 种酶都与 UV-B 辐射变化呈负相关，SOD 和 POD 活性与 UV-B 辐射变化相关性较高，表现出较强的累积效应，CAT 活性变化几乎不受 UV-B 辐射变化的影响。结果说明，烟叶 SOD、POD 和 CAT 活性对 UV-B 辐射变化响应的敏感性存在较大差异，SOD 和 POD 对 UV-B 辐射变化较敏感，成熟期是 K326 叶片 SOD 和 POD 活性对 UV-B 辐射变化响应的敏感时期。自然环境中的试验与 UV-B 辐射减弱试验的结果十分相似，说明自然环境中的烤烟在抗逆性方面也对 UV-B 辐射存在适应性特征。

## 13.1.2　玉溪烟区不同生态条件与烤烟种植

选在云南玉溪主产烟区红塔区大营街镇、通海县四街镇和峨山县小街镇 3 个不同的生态环境种植烤烟 K326，探讨包括土壤成分在内的综合环境因素对烤烟形态、光合和生理指标的影响（颜侃和陈宗瑜，2012；颜侃，2012）。

### 13.1.2.1　形态特征

在大营街的生态环境条件下，烤烟的生长状况最好，四街的形态性状最差。各试验点烤烟的茎高及上部叶叶面积组间差异都达到了极显著的水平。灰色关联分析表明，光照度、日平均气温和紫外辐射对烤烟茎高和中部叶叶面积的影响较大。除光照度外，日平均气温和紫外辐射也是影响烤烟茎高和叶面积的主要因素。从烤烟形态指标测定的结果来看，大营街的生态环境条件对烤烟形态特征形成的优势较为有利。

### 13.1.2.2　生理指标

类黄酮含量在各试验点间没有显著差异，小街丙二醛含量最高，并且与其余两地差异显著。与类黄酮、丙二醛含量关联度最大的生态因子分别是降水量和紫外辐射。灰色关联度排序表明，降水量与类黄酮的关联度远大于紫外辐射。本研究中，紫外辐射与丙二醛含量的关联度最大，这表明在大田期前中期，紫外辐射对烤烟可能存在一定的胁迫作用。在三个试验点，烤烟丙二醛的含量随类黄酮含量增加而减少，与紫外辐射强度呈正相关关系，而四街丙二醛含量最少，表明四街烟叶细胞膜受到的损伤低于大营街和小街。

而在三个试验点，叶绿素 a/b 比值并没有显著差异，这表明叶绿素对各地光强的适应性没有差异。四街叶绿素/类胡萝卜素比值最小，并与其余两试验点有显著差异，由此可知，四街烤烟具有较好的光合色素保护能力。灰色关联分析表明，日照时数和降水量与叶绿素含量的关联度较大。

### 13.1.2.3　光合特性

比较三个试验点烤烟光补偿点到光饱和点的光强范围可知，四街烟叶对光强的适应范围最广，大营街烟叶次之，小街烟叶最小。四街烟叶表观量子效率最低，表明它对弱光的利用能力不强，较为适应高光照度。小街烟叶暗呼吸速率最小，暗呼吸速率小更有利于光合产物的积累。在 $PAR>800\mu mol \cdot m^{-2} \cdot s^{-1}$ 后，各试验点烟叶的水分利用效率随光强增加开始缓慢下降。WUE 同时受净光合速率和蒸腾速率的影响，净光合速率和蒸腾速率都随光强的增大不断增加。可以认为，水分利用效率降低是蒸腾速率的增加大于光合速率的增加所造成的。对影响光合速率的生态因子进行关联度排序得知，土壤碱解氮、速效磷的含量以及降水量是与光合速率关联度较大的生态因子。

### 13.1.2.4　光合和生理特征比较

在玉溪烟区四街和小街种植的烤烟，其光合作用特征及相关生理特性对环境条件也有明显适应性。四街地形平坦，日照时数多，现蕾之前降水多(305.4mm)而打顶后降水较少(100.9mm)。小街属于山地，日照时数少，现蕾之前降水少(182.7mm)而打顶之后降水多(179.4mm)。两地烟叶光合速率及相关生理特征对环境条件的适应特征不同(表13-1)。

**表 13-1　四街和小街 K326 光合和生理特征差异**

| | 试验点 | 最大净光合速率 /($\mu molCO_2 \cdot m^{-2} \cdot s^{-1}$) | 总叶绿素 /($mg \cdot dm^{-2}$) | 可溶性蛋白 /($mg \cdot cm^{-2}$) | 丙二醛 /($nmol \cdot cm^{-2}$) |
|---|---|---|---|---|---|
| 现蕾期 | 四街 | 19.48 | 3.06 | 0.62 | 9.51 |
| | 小街 | 16.63 | 2.94 | 0.40 | 12.89 |
| 生理成熟期 | 四街 | 11.17 | 1.79 | 0.66 | 6.03 |
| | 小街 | 11.65 | 1.82 | 0.92 | 4.69 |
| 变化幅度 /% | 四街 | −42.7 | −41.5 | +6.5 | −36.6 |
| | 小街 | −29.9 | −38.1 | +130.0 | −63.6 |

注：变化幅度=(现蕾期−生理成熟期)×100/现蕾期，"+"表示增加，"−"表示降低。

研究表明，干旱胁迫下叶绿素的含量会降低，因此两地叶绿素的含量能够反映出烤烟对水分的适应性。四街现蕾期的最大净光合速率高于小街，原因是其叶绿素含量较多。四街现蕾期光合能力较强应当与该地区现蕾之前降水量较多有关。生理成熟期四街的最大净光合速率下降明显，这与其叶绿素含量的降低关系密切。分析两地烟叶丙二醛的含量变化可知，由于现蕾之前小街降水偏少，该地烟叶受到了一定程度的干旱胁迫，水分条件是影响光合作用及相关生理指标的重要因素。

### 13.1.2.5　结论

研究认为，大营街的烤烟形态性状最好，四街烤烟形态性状最差。3 个试验点烤烟叶绿素含量、叶绿素 a/b 比值及类黄酮含量均没有显著差异。四街烤烟类胡萝卜素含量、可溶性蛋白含量最高，而其叶绿素/类胡萝卜素比值最低，均与其余地点有显著差异。$P_{nmax}$、LCP 和 LSP 的大小顺序为四街>大营街>小街。光强在 $800 \sim 1000 \mu mol \cdot m^{-2} \cdot s^{-1}$ 时，$C_i$、$G_s$ 和 $T_r$ 的大小顺序为大营街>小街>四街，WUE 为四街>小街>大营街。用灰色关联法对影响烤烟形态及相关生理指标的主要生态因子进行分析，对 K326 茎高、中部叶叶面积、类黄酮含量、丙二醛含量和叶绿素含量影响最大的生态因子分别是光照度、日平均气温、降水量、UV-B 辐射和日照时数。而土壤碱解氮含量可能是影响类胡萝卜素含量、可溶性蛋白含量和最大净光合速率的主要因子。

### 13.1.3　不同烤烟品种光合作用比较

通过大田试验，比较云南玉溪烟区两个主栽烟草品种 NC297 和 K326 旺长初期叶片光合作用的光响应和 $CO_2$ 响应曲线特征（钟楚等，2010e）。对两个烟草品种光响应曲线的参数模拟和计算表明，NC297 气孔导度大，气孔限制值低，因而有利于水分和气体扩散，虽然其蒸腾速率略高于 K326，但光合速率远大于 K326，即 NC297 较高的净光合速率决定了它的 WUE 高于 K326，结果说明了在试验条件下 NC297 比 K326 能更有效地利用水分。光响应曲线模拟结果也表明，NC297 最大净光合速率远大于 K326。通过结合分析两个品种光响应和 $CO_2$ 响应曲线可以看出，NC297 光响应曲线的最大净光合速率和表观量子效率高于 K326，且表观羧化效率也略高于 K326，说明在形成非气孔限制的因素中，是导致 K326 净光合速率较 NC297 低的重要原因。除 K326 可溶性蛋白质含量较 NC297 低外，还包括 K326 的 RuBP 羧化酶再生速率和羧化效率均低于 NC297。NC297 光合色素各组分（叶绿素 a、叶绿素 b 和类胡萝卜素）含量均较 K326 高，说明该品种具有较强的捕光能力和在较高光强下的热耗散能力，使得该品种的光合能力较强。NC297 的光补偿点和光饱和点以及表观量子效率均比 K326 高，表明 NC297 比 K326 对高光强环境有更强的适应能力，这也是其光合能力高于 K326 的一个重要原因。

在土壤体积含水量相对一致的情况下，两个品种的光合特性存在一定的差异，NC297 最大净光合速率（Amax）、光补偿点（LCP）、光饱和点（LSP）、表观量子效率（AQY）、表观羧化效率（ACE）均较高，气孔限制值（$L_s$）低而气孔导度（$C_s$）大，由于 NC297 的净光合速率远大于 K326，其水分利用效率（WUE）也较高。此外，NC297 叶片的光合色素（叶绿素 a、叶绿素 b 和类胡萝卜素）和可溶性蛋白质含量也较 K326 高。试验说明，处于所选研究地的海拔和生态环境条件下，NC297 比 K326 具有更高的羧化速率、光能利用效率以及对强光的适应能力，光合能力强，NC297 水分利用效率高，其潜在的生产能力也比较大。

### 13.1.4　昭通烟区不同生态条件与烤烟种植

为了研究烤烟对不同水热条件的适应性，在云南省昭通市选取了两个差异明显的亚生态区进行自然环境种植试验（颜侃等，2012b）。大关试验点为低海拔山区，植烟期日均气温较高，降水量多，日照时数较少，空气相对湿度大。昭阳试验点海拔较高，属于高原坝子，植烟期日均气温较低，降水量前期和后期少中期多，日照时数较为充足，空气相对湿度较低。烤烟的形态特征（表 13-2）表明，大关湿热的生态条件对烤烟种植相关性状有利。

表 13-2 昭阳和大关 K326 形态特征

| 地点 | 株高 /cm | 中部叶面积 /cm$^2$ | 现蕾期至成熟期比叶重/(mg/cm$^2$) | 茎围 /cm | 节间距 /cm | 有效叶片数/片 |
|---|---|---|---|---|---|---|
| 昭阳 | 88.4 | 757.8 | 4.3~8.4 | 9.2 | 4.2 | 19.1 |
| 大关 | 89.7 | 768.2 | 3.3~4.7 | 9.1 | 4.6 | 19.7 |

昭阳烤烟株高、节间距、叶面积、有效叶片数均低于大关。株高和节间距降低，使得植株株型显得紧凑，这无疑是对高海拔下强光照和较多日照时数的适应。大关烤烟与此相比，节间距较大，使叶片间距拉大，更有利于减少重叠，充分接受阳光。同时，大关烤烟叶面积较大，促进了蒸腾和光合作用的进行，这也是对大关充足水分条件的适应。比叶重较大通常表明叶片较厚，植物叶片越厚，储水能力越强，也有利于防止水分的过分蒸腾。在现蕾期和成熟期，昭阳烤烟叶片比叶重都显著高于大关，这也表明昭阳和大关的烤烟对水分利用存在不同的适应策略。昭阳和大关的试验表明，昭阳烤烟光合色素含量、可溶性蛋白含量更高，但从旺长期至成熟期，昭阳烤烟色素分解速度快。光合色素是光合作用的重要影响因素。随着叶片逐渐进入成熟期，叶绿素含量分解加快或合成量逐渐减少，叶片将表现出衰老特征。在旺长期至成熟期内，昭阳烟叶叶绿素含量的下降量高于大关，而成熟期大关烟叶仍维持较高的光合色素含量，这说明昭阳烤烟较快地进入了衰老期，并在较短的时间内完成了营养生长，也表明昭阳烤烟叶片寿命更短。可以认为，昭阳少雨、低温、多日照及空气相对湿度低的气候条件导致缩短了烤烟的营养生长期，而大关烟叶由于环境条件较为适宜，则可维持相对较长的叶片功能期。

## 13.1.5 不同利用方式土壤与烤烟生长及光合生理

以取自云南玉溪烟区不同地域稻田(峨山，E)、麦田(玉溪北城 1，B$_1$；玉溪北城 2，B$_2$)、山坡旱地(新平，X)和菜地(通海四街，T$_1$；通海桑园，T$_2$)的 6 种不同利用方式土壤盆栽种植 K326(强继业等，2010)，研究在相同气候背景和水肥管理条件下，不同土壤对 K326 生长和光合生理的影响。

### 13.1.5.1 形态特征

即使在相同的气候环境和水肥管理水平下，K326 对不同利用方式土壤的响应仍表现出很大的差异性。峨山(E)的稻田土和新平(X)的山坡旱地土种植的 K326 长势最好，山坡旱地土、稻田和麦田土上生长的 K326 各农艺性状和通过 LMA 反映的叶片厚度普遍较菜地土(T$_1$ 和 T$_2$)上生长的植株好，综合分析各土壤 pH 和速效氮、磷、钾含量，发现北城 2(B$_2$)、峨山(E)和新平(X)土壤 pH 较其他 3 类土壤高，接近中性，而速效氮、磷、钾含量均低于其他土壤，这可能是不同土壤上 K326 长势差异的原因之一。此外，土壤含水量的差异也表明，北城 2(B$_2$)、峨山(E)和新平(X)土壤具有较强的保水能力。

### 13.1.5.2 净光合速率和色素变化

试验结果表明，新平(X)土壤上种植 K326 的 $P_n$ 最大，北城(B$_1$ 和 B$_2$)和通海(T$_1$ 和 T$_2$)的 $P_n$ 和 $C_i$ 均较新平(X)的有不同程度下降，而 $L_s$ 却有不同程度的上升，表明在这 4 类土壤上种植 K326 的 $P_n$ 都受到不同程度的气孔限制因子影响。相反，峨山(E)土壤种植的 K326 虽然 $L_s$ 较新平(X)小，但 $P_n$ 下降，$C_i$ 反而升高，因此其 $P_n$ 较低的一个原因主要是叶肉细胞羧化能力较低。对比不同利用方式土壤上 K326 光合色素和可溶性蛋白质含量可以发现，峨山(E)土壤上 K326 叶绿素 a、类胡萝卜素以及可溶性蛋白质含量均较低，这与前面分析认为的非气孔限制因子是其 $P_n$ 较低的主要原因是一致的。此外还发现光合色素含量的影响与农艺性状相反，北城 1(B₁)和通海(T₁ 和 T₂)3 个土壤处理的烟叶光合色素含量较高，而峨山(E)虽然叶绿素 a 和类胡萝卜素含量最低，但其叶绿素 b 含量较高，可能与其较好的长势有关。

### 13.1.5.3  水分状况

自然水分饱和亏越大说明水分亏缺越严重，各土壤处理烟叶自然水分饱和亏没有显著差别，说明在差异较大的土壤水分条件下，烤烟具有很强的保水能力。不同利用方式土壤下烟叶 LMA 的差异可能是叶片面积含水量差异的原因之一。试验结果表明，K326叶片的 $T_r$ 和 $G_s$ 差异一致。本研究中，不同利用方式土壤上 K326 的 WUE 几乎与 $T_r$ 呈相反的趋势，尤以峨山(E)和新平(X)最为明显。此外，峨山(E)和新平(X)土壤体积含水量较高，顺次为北城(B₁ 和 B₂)和通海(T₁ 和 T₂)，各方式土壤 K326 的 $T_r$ 也与土壤体积含水量呈一致的变化。峨山(E)和新平(X)K326 的 WUE 极显著地低于其他处理。各方式土壤 K326 的 IWUE 亦存在一定差异，表明 $G_s$ 在调节叶片同外界环境进行气体和水分的交换中起着重要作用。

### 13.1.5.4  结论

K326 在山坡旱地、稻田和麦田土上种植较菜地土生长更佳(北城 1 除外)，且新平烟叶净光合速率($P_n$)较高，新平和峨山烟叶气孔导度($G_s$)、胞间 $CO_2$ 浓度($C_i$)和蒸腾速率($T_r$)较大，而气孔限制值($L_s$)、水分利用效率(WUE)和内在水分利用效率(IWUE)较小。分析表明，麦田和菜地土壤上生长的 K326 的 $P_n$ 主要受气孔因素的影响，而稻田土壤上 K326 的 $P_n$ 主要受羧化能力低、光合色素和可溶性蛋白含量低等非气孔因素的影响。峨山和新平 K326 的气孔调节能力较差，其较高的土壤含水量使 $G_s$ 增大、$T_r$ 上升，从而导致 WUE 下降。各土壤处理烟叶的鲜重含水量和自然水分饱和亏没有显著差异，菜地土烟叶单位面积含水量显著低于稻田土，与其比叶重(LMA)有一定联系。在相同气候环境下种植，采用了相同的水肥管理措施，在一定程度上降低了土壤养分不同对烤烟生长带来的影响，但烤烟的形态特征和生理状况仍然表现出了显著差异，说明不同土壤利用方式对烤烟生长和光合生理的影响较为复杂，这种复杂性既与土壤的利用方式有关，也与不同气候背景下土壤的形成过程有关。表明土壤本身的化学组成和物理性质是决定K326 生长的重要因素，而针对不同的土壤需要制定不同的耕作或管理措施。从侧面也证实了对植物生长生理生态效应的评价不应低估种植土壤的贡献。

## 13.2  滤减 UV-B 辐射烤烟种植生理生态适应(Ⅰ)

2008 年设置钢架大棚，处理 T₁ 和 T₂ 分别覆盖不同厚度的聚乙烯薄膜，T₃ 覆盖麦拉膜(Mylar, SDI, USA)，可以不同程度地减弱 UV-B 辐射，另设一不做任何盖膜的对照(CK)，烟草品种 K326 盆栽种植。经测定，各大棚内烟株顶部的平均 UV-B 辐射强度分别为外界环境的 75％($T_1$)、50％($T_2$)和 30％($T_3$)(陈宗瑜等，2010c；董陈文华等，2009；纪鹏等，2009a，2009b；刘彦中等，2011；田先娇等，2011；钟楚等，2010a，2010b，2010d，2011)。烤烟大田生长期逐日 UV-B 辐射观测平均值(2008 年 0.50mW · cm$^{-2}$、2009 年 0.45mW · cm$^{-2}$、2010 年 0.43mW · cm$^{-2}$三年平均 0.46mW · cm$^{-2}$)。

### 13.2.1　形态性状

　　试验研究了 UV-B 辐射对烤烟 K326 团棵中后期—现蕾期部分形态特征的影响。研究表明，所有减弱 UV-B 处理均未显著改变烤烟植株的形态特征。与对照相比，减弱 UV-B 处理后烤烟株高有增加的趋势。株高的伸长是节间伸长的结果，虽然减弱 UV-B 辐射处理降低了烤烟节数，但节间距的增加使得最终株高有增加的趋势。研究结果也说明，目前通海太阳 UV-B 辐射强度，还不足以严重影响烤烟的生长，说明烤烟对该水平的 UV-B 辐射已具有一定的防御和适应能力。虽然减弱 UV-B 辐射后对烤烟叶片的影响不显著，但最大叶长和叶面积均有增大的趋势，并表现出一致的变化，虽然这种抑制作用是非常有限的，但处理后解除了 UV-B 辐射对叶片生长的抑制作用。对照处理的烤烟在处理 32d 时叶片数有增加的趋势，烤烟在外界强 UV-B 环境下叶数的增加对维持一定的物质同化和产量可能具有重要意义。烤烟茎受叶片的保护基本不受 UV-B 辐射的直接影响，另一方面，茎的生长主要依靠叶片的物质同化，烤烟叶片未受 UV-B 显著影响，能为茎提供足够的营养物质。结果表明：自然环境下的 UV-B 辐射对 K326 株高、最大叶长、叶宽及叶面积、茎围、节间距和叶数等没有显著影响。在不同减弱 UV-B 处理下，株高、最大叶长、最大叶面积和节间距等呈现增加的趋势，而叶数则有减少的趋势。说明通海的 UV-B 辐射水平已对 K326 的形态建成产生了一定的抑制效应。

### 13.2.2　烟叶腺毛发育和密度动态变化

　　在 K326 开花期至工艺成熟后期的 4 个生育期，观察了各处理烟叶腺毛形态和密度动态变化特征，并首次报道了 K326 中存在分枝腺毛。结果表明：上表皮腺毛在开花期、生理成熟期和工艺成熟前期对 UV-B 辐射敏感，下表皮则在开花期和工艺成熟后期对 UV-B 辐射敏感，烤烟腺毛与品质密切相关，尤其是下表皮腺毛密度。腺毛密度下降，将可能造成烤烟香气物质含量降低，影响烟叶品质。试验中 CK、$T_1$、$T_2$ 均是下表皮腺毛密度明显高于上表皮，而 $T_3$ 上、下表皮腺毛密度相当。烟叶接受 UV-B 辐射的主要是上表皮，试验中 $T_3$ 下表皮腺毛密度受到显著影响，表明 UV-B 辐射可能作为一种信号因子，在调节烟叶腺毛发育中起到了重要作用。$T_3$ 的 UV-B 辐射强度仅为外界环境的 35％，烟叶上、下表皮总腺毛密度均在前期较低，而在工艺成熟前期达最大值，表明 $T_3$ 的 UV-B 辐射强度使腺毛发育滞后，同时衰老也较快，通过对开花期长柄腺毛腺头形态的比较也表明，$T_3$ 处理延缓了腺毛的泌溢过程。结果说明了过低的 UV-B 辐射不利于烟叶腺毛的正常发育。$T_1$ 和 $T_2$ 处理腺毛密度较高，在工艺成熟期出现二次发育现象，各处理烟叶腺毛以长柄腺毛为主，滤减 UV-B 辐射有利于烟叶下表皮长柄腺毛发育，而引起腺毛二次发育的腺毛类型依处理和时期而异。认为适当较高强度的 UV-B 辐射对烟叶腺毛发育有促进作用，在研究地透过 50％～75％的 UV-B 辐射强度对烟叶腺毛发育较为合适。其结果表明在后续研究中，在自然环境 UV-B 辐射水平以下存在一个对烟草生长最适应的 UV-B 辐射强度范围，其试验设置的 70.08%～75.74%UV-B 辐射强度，可能是 K326 对 UV-B 辐射适应性发生变化的临界范围。

### 13.2.3　光合特性差异

研究表明，烤烟 K326 的光合作用、水分利用效率及光能利用效率与 UV-B 辐射透过率和光照度密切相关，而且有较为明显的阈值范围。从有利于烤烟 K326 进行高光合生产力、高效光能利用及较高水分利用效率的角度来考虑，确定 Amax、WUE 及 LUE 的适宜 UV-B 辐射透过率和光照条件时，UV-B 辐射透过率大于 75% 时，烟叶处于强 UV-B 辐射胁迫，$P_n$ 值较小；当 UV-B 辐射强度减弱到一定程度（透过率小于 50%）时，$P_n$ 不再随着紫外辐射条件的改善而上升，反而表现出下降趋势。结合维持高 Amax 和 LUE 的 UV-B 辐射透过率和光照范围，发现 UV-B 辐射透过率在 35%～75% 时，$P_n$、WUE 及 LUE 均维持在较高值，在此范围内对于提高 $P_n$、WUE 及 LUE 都是有利的。而当 UV-B 辐射透过率高于 75% 时，严重的紫外胁迫和高光强容易导致光合机构发生破坏，使 $P_n$ 及 LUE 明显下降，影响烤烟 K326 的生长发育。植物光合作用的光饱和点（LSP）与光补偿点（LCP），显示了植物叶片对强光和弱光的利用能力，分别代表光照度与光合作用关系的上限和下限临界指标。光补偿点较低、光饱和点较高的植物对光环境的适应性较强，反之适应性较弱。$T_1$、$T_2$、$T_3$ 处理的 LSP 接近，在 $1000\mu mol/(m^2 \cdot s)$ 左右，而 CK 的 LSP 在 $800\mu mol/(m^2 \cdot s)$ 左右，可见 CK 的 LSP 小于 $T_1$、$T_2$、$T_3$ 处理。LCP 的大小顺序为 $CK > T_1 > T_2 > T_3$。而 CK 条件下的 UV-B 辐射属自然环境未衰减的强度，即较高强度的 UV-B 辐射不利于烟草生长的光合作用过程。

从 K326 成熟初期的光响应曲线参数与不同 UV-B 辐射强度的关系可以看出，K326 的净光合速率（$P_n$）、水分利用效率（WUE）及光能利用效率（LUE）与 UV-B 辐射透过率密切相关。当 UV-B 辐射透过率处于 75% 左右时，$P_n$、WUE 及 LUE 均维持在较高水平。认为在通海县海拔下，此透过率范围是 K326 处于成熟初期对 UV-B 辐射强度变化较为理想的响应区间，此时较适宜的 PPFD 维持在 $800～1600\mu mol/(m^2 \cdot s)$。

### 13.2.4　光合色素

烤烟三类光合色素对 UV-B 辐射有不同响应，不仅表现在含量上，还表现在烤烟各个生长阶段的动态变化上。光合色素含量也随叶龄的增加而下降。但与对照相比，几乎所有的减弱 UV-B 处理均提高了光合色素含量。与对照相比，$T_1$ 处理在生长期叶绿素 a、叶绿素 b 含量增加的百分率高于 $T_2$ 和 $T_3$ 处理，但其他两个时期却比后二者低。在所有减弱 UV-B 辐射处理中，$T_3$ 处理叶绿素 a、叶绿素 b 增加最多。与对照相差最大的工艺成熟期，随减弱 UV-B 辐射程度的增加，叶绿素 a、叶绿素 b 含量呈上升趋势。总叶绿素含量（叶绿素 a+b）与叶绿素 a 表现出一致的变化。与对照相比，$T_2$ 和 $T_3$ 处理降低了生长期烟叶的类胡萝卜素含量，而 $T_1$ 处理反而使其有所增加。生理成熟期和工艺成熟期，所有减弱 UV-B 处理均提高了类胡萝卜素含量，且随减弱的 UV-B 辐射程度增加，类胡萝卜素提高的幅度增快。叶绿素 a/b 相对较稳定，各时期减弱 UV-B 处理与对照的差异不显著。$T_2$ 和 $T_3$ 处理的类胡萝卜素/叶绿素 a 的比值相对较稳定，而对照在生长期和工艺成熟期该比值最高。

各减弱处理与 CK 在各时期差异均不显著，在整个生育期内，从变化趋势上比较，Chl-a 的变化频率、幅度远远大于其他两类光合色素。虽然类胡萝卜素的变化频率、幅度小于其他两类光合色素，但在生长初期，其含量随 UV-B 辐射强度的变化而变化，类胡萝卜素对 UV-B 辐射响应较敏感。成熟初期，类胡萝卜素含量与 UV-B 辐射强度变化具有较好的正相关性，而 Chl-a 和 Chl-b 含量基本与 UV-B 辐射强度呈反向变化关系。成熟后期，由于 UV-B 辐射累积效应，光合色素含量变化没有明显规律。现蕾期至成熟初期，叶绿素 a/b 比值与 UV-B 辐射的反向变化关系较明显，后期则无明显规律，其含量的下降与 UV-B 辐射的累积效应有关。

### 13.2.5  可溶性蛋白和类黄酮

减弱 UV-B 辐射会降低烟叶可溶性蛋白含量，说明强 UV-B 辐射（试验中晴天中午最大 UV-B 辐射在 $0.7mW \cdot cm^{-2}$ 以上）对烟叶可溶性蛋白的合成和积累也是有益的。可溶性蛋白对 UV-B 辐射的敏感性与植物的生长发育时期密切相关，蛋白质含量在烟叶的整个生长过程中的降低可能与 UV-B 辐射强度的降低有关。在 $T_3$ 处理中，所有时期的可溶性蛋白含量与对照相比均下降，与此不同，$T_1$ 和 $T_2$ 可溶性蛋白含量在生理成熟期和工艺成熟期与对照相比均有所下降，但在生理成熟前期却有所上升。烟叶蛋白质在烤烟生长的生理成熟期对 UV-B 辐射相对较敏感，该时期可能是 UV-B 辐射影响蛋白质代谢的关键时期。类黄酮的积累可很好地反映植物对 UV-B 辐射的响应程度。UV-B 辐射诱导类黄酮和其他酚类化合物在叶片表皮细胞积累，能有效地过滤 UV-B 辐射，保护深层组织。对照和 $T_1$ 处理烟叶类黄酮随叶龄增加而逐渐积累，而 $T_2$ 和 $T_3$ 处理在生理成熟期类黄酮含量相对生长期有所下降。$T_1$ 和 $T_2$ 在生理成熟前期类黄酮含量相对对照有少量上升，而 $T_3$ 却有所下降。在生理成熟期和工艺成熟期，随减弱 UV-B 程度的增加，类黄酮下降的百分比增加。减弱 UV-B 处理的类黄酮含量均在工艺成熟期降低最多。烟叶中类黄酮含量的降低程度随 UV-B 辐射减弱而增加，暗示了在试验地通海当前的太阳 UV-B 辐射水平可能已经对烤烟构成了一定的胁迫，但长期以来该地区是云南重要的烟叶供应地，说明烤烟对该地强 UV-B 辐射具有较强的适应性，随叶龄增加，可溶性蛋白含量下降，类黄酮在老叶中积累，与对照相比，减弱 UV-B 辐射处理降低了烟叶类黄酮和可溶性蛋白含量。结果从侧面说明 UV-B 辐射对烟叶蛋白质的合成是有益的，类黄酮与蛋白质之间可能存在一定的偶联关系。

### 13.2.6  抗氧化酶活性变化

减弱 UV-B 辐射后 SOD 活性发生不同变化，而 POD 活性随 UV-B 辐射减弱而降低，但各处理 CAT 活性变化几乎一致。从时间动态变化看，3 种酶都与 UV-B 辐射变化呈负相关，SOD 和 POD 活性与 UV-B 辐射变化相关性较高，表现出较强的累积效应，CAT 活性变化几乎不受 UV-B 辐射变化的影响，7 月下旬~8 月上旬是各处理烟叶 3 种抗氧化酶活性差异的主要时期。结果表明，烟叶 SOD、POD 和 CAT 活性对 UV-B 辐射变化响应的敏感性存在较大差异，SOD 和 POD 对 UV-B 辐射变化较敏感，成熟期是 K326 叶片 SOD 和 POD 活性对 UV-B 辐射变化响应的敏感时期。各处理 SOD 活性与 UV-B 辐射均呈负相关，表现为随着烟草生育进程 SOD 活性逐渐增加，这可能是伤害效应累积的结果，这种累积效应在自然环境条件下表现得更加明显。POD 也可在逆境或衰老后期表达，参与活性氧的生成及叶绿素的降解，并能引发膜脂过氧化作用，表现为伤害效应。各处理 POD 活性随着烟草生育进程而逐渐上升且与 UV-B 辐射变化呈负相关，但变化的形式都相似。一方面可能与烟草本身的生理代谢发生变化有关，同时也说明 POD 活性受短期的 UV-B 辐射变化影响较小，主要表现为对 UV-B 辐射的累积效应。POD 活性的另一个与 SOD 活性相似之处即各处理 POD 活性的差异主要在第 76～90 天（或第 66～80天），再次表明该时期可能是烟草对 UV-B 辐射响应的敏感时期，烤烟大田生长期烟叶CAT 活性与 UV-B 辐射强度的变化相关性低，处理间变化趋势也相似而且彼此间差异不大，表明在自然条件及减弱 UV-B 辐射下，CAT 活性主要与其自身的生理代谢特征有关，而与 UV-B 辐射关系不密切，即基本不受 UV-B 辐射的影响。

试验中发现 3 类抗氧化酶活性均在处理第 82 天（或 72 天）达到峰值，此时正值烤烟生长的成熟期，结果暗示该生长期可能是烤烟对 UV-B 辐射响应最敏感的时期。3 类酶都在该时期活性激增，反映出所研究的酶类在保护烟叶免受 UV-B 辐射伤害中具有较好的协同作用。烟草中 SOD、POD 和 CAT 3 种酶活性对 UV-B 辐射的响应存在较大的敏感差异性，其中 SOD 和 POD 相对较敏感。结果也说明，在 75%～80% 的光照条件下，烤烟有较宽的低 UV-B 辐射耐受范围。

### 13.2.7　总多酚含量与 PPO 活性

过低的 UV-B 辐射强度不仅降低总多酚含量，而且影响整个生长过程中总多酚含量的变化。$T_3$ 烟叶总多酚含量出现与其他处理明显不同的变化，达到最大值后迅速降低，进入工艺成熟期以后基本保持不变，并为所有处理中最低值，说明过低的 UV-B 辐射强度降低烟叶总多酚含量。后期 3 个处理总多酚含量变化较一致，其含量大小为 CK>$T_1$>$T_2$>$T_3$，说明进入工艺成熟中期以后，UV-B 辐射强度对烟叶总多酚含量具有较大的影响。烤烟 PPO 活性对 UV-B 辐射强度变化非常敏感，过高或过低的 UV-B 辐射强度将降低 PPO 活性，其中过高的 UV-B 辐射强度影响更大，在一定的 UV-B 辐射强度范围内，降低强度可提高 PPO 活性，过高的 UV-B 辐射强度使 PPO 活性迅速降低，减弱 UV-B 辐射对烟叶 PPO 活性没有大的影响，所有处理的 PPO 活性生理成熟期达到峰值，之后其活性呈下降趋势。整个过程中 $T_1$ 与对照变化一致，只是 $T_1$ 的 PPO 活性略大于对照。生理成熟期以前，$T_1$ 和 $T_2$ 提高了 PPO 活性，$T_3$ 却降低了 PPO 活性，之后则没有一定的规律性。各处理之间的差异主要由 UV-B 辐射强度引起，且 PPO 活性在生理成熟期以前对 UV-B 辐射强度较为敏感。烟叶发育过程中总多酚含量的变化与 PPO 活性之间存在较密切的关系，总多酚含量的上升或下降可能是 UV-B 辐射对 PPO 活性的不同程度的抑制所引起的，减弱 UV-B 辐射强度，各处理在成熟中期以后总多酚含量变化只表现为UV-B 辐射效应，与 PPO 活性的关系不明显。在整个试验过程中发现，各处理的生育期，以及 $T_1$、$T_2$ 和对照处理叶片成熟时间和成熟度均相似，但 $T_3$ 处理则相差较大，因此，各处理之间的差异主要由 UV-B 辐射强度引起。

### 13.2.8 植烟小气候环境效应比较

UV-B$_{50}$（50cm 高度）、UV-B$_{150}$（150cm 高度）条件下 CK、T$_1$、T$_2$、T$_3$ 处理下的净光合速率，不同高度的 UV-B 辐射对 T$_1$、T$_2$、T$_3$ 处理的抑制强度都是 T$_1$>T$_3$>T$_2$，3 个处理的瞬时水分利用效率（IWUE）受 UV-B 辐射的抑制强度为 T$_2$>T$_3$>T$_1$。在 T$_1$、T$_3$ 处理条件下，影响烟叶净光合速率变化的主要是气孔因素，而 T$_2$ 处理条件下却主要是非气孔因素。即烤烟叶片的光合气体交换参数对不同的 UV-B 辐射强度响应区间的敏感性存在一定的差异。通过光照度$_{50}$（50cm 高度）、光照度$_{150}$（150cm 高度）对 CK、T$_1$、T$_2$、T$_3$ 处理下平均水分利用效率的比较，发现可能存在一个 UV-B 辐射对水分利用效率影响的阈值范围；150cm 高度光照度除了对蒸腾和 T$_2$ 处理的气孔导度起促进作用外，对其他光合参数都有一定的抑制作用；而不同处理的烟叶光合参数对 50cm 和 150cm 高度上的光照度的响应都较为一致，在敏感程度上则不尽相同。UV-B$_{50}$（50cm 高度）、UV-B$_{150}$（150cm 高度）对 CK、T$_1$、T$_2$、T$_3$ 处理下叶片周围空气温度（Ta）、光合有效辐射（PAR）和饱和水汽压亏缺（VPD）的日变化曲线总体呈上升趋势，而二氧化碳浓度（$C_a$）、相对湿度（RH）则呈下降趋势。岭回归分析表明，滤减 UV-B 辐射对植烟环境小气候要素作用显著，具体表现在 T$_1$、T$_2$、T$_3$ 处理对 Ca 和 RH 总体上均具有抑制作用，T$_2$ 处理的 UV-B 辐射对叶片周围 Ca 的抑制作用最大，对 Ta 促进作用最强；T$_1$ 处理对 VPD 具有明显的促进作用，T$_2$ 处理在不同高度上对 VPD 作用方向不一致，T$_3$ 处理的抑制效应则表现不明显，即在不同处理的 UV-B 辐射强度水平下，植烟环境小气候要素对 UV-B 辐射的响应亦存在一定的差异。

## 13.3 滤减 UV-B 辐射烤烟种植生理生态适应（Ⅱ）

### 13.3.1 烤烟对减弱 UV-B 辐射的响应

2009 年设置钢架大棚，处理 T$_1$ 和 T$_2$ 分别覆盖不同厚度的聚乙烯薄膜，T$_3$ 覆盖麦拉膜（Mylar，SDI，USA），可以不同程度地减弱 UV-B 辐射，另设一不做任何盖膜的对照（CK），烟草品种 K326 按自然环境大田方式种植。经测定，各大棚内烟株顶部的平均 UV-B 辐射强度分别为外界环境的 75.74%（T$_1$）、70.08%（T$_2$）和 30.39%（T$_3$）（陈宗瑜等，2010b，2012；钟楚，2010；钟楚等，2010c），烤烟大田生长期逐日 UV-B 辐射观测平均值 2008 年 0.50mW·cm$^{-2}$、2009 年 0.45mW·cm$^{-2}$、2010 年 0.43mW·cm$^{-2}$（三年的平均值为 0.46mW·cm$^{-2}$）。

#### 13.3.1.1 UV-B 辐射在烤烟生长发育中的作用

UV-B 辐射影响植物的发育进程，棉花、玉米等作物受 UV-B 照射后发育滞后，且随 UV-B 辐射增强而滞后天数增加，UV-B 辐射增强对荞麦则有促进作用。试验结果表明，减弱 UV-B 辐射会延迟烟草的发育进程，使现蕾和开花时间滞后，且 UV-B 辐射强度越弱，滞后效应越明显，结果说明烟草是对 UV-B 辐射敏感性较强的作物，自然环境中太阳 UV-B 辐射在烟草生长发育中具有重要的调控作用。在大田条件下，UV-B 辐射更应被看作是光形态建成的信号因子，而不是胁迫因子，可能通过特殊的紫外信号感受机制调节植物的生长发育过程，对紫外光环境产生适应性。前期对烟叶腺毛和差异蛋白质组学的研究也表明，适当高强度的太阳 UV-B 辐射可促进腺毛的发育，提高腺毛密度，而 35％的太阳 UV-B 辐射强度下不仅腺毛较小，而且密度也较低，分析认为 UV-B 辐射可能参与了腺毛发育的信号传导过程。试验则证明，提供相当于研究地自然环境 70％以上的 UV-B 辐射强度有利于烟草的正常发育。

形态特征是植物对环境变化响应的最直观表现。外界环境中烟草植株矮小，节间距短，叶面积小而叶片较厚，具有较大的 LMA，但生长发育却未受到影响，表现出对强 UV-B 辐射的有效适应。试验表明，在 $T_1$ 和 $T_2$ 条件下 K326 茎高、节间距以及第 7 位叶面积较大，继续减小 UV-B 辐射则长势变弱，LMA 变小。结果说明，在自然环境 UV-B 辐射水平以下，存在一个对烟草生长最适应的 UV-B 辐射强度范围，其下限为试验地自然环境中 UV-B 辐射强度的 30.39％～70.08％。

### 13.3.1.2　烤烟对 UV-B 辐射的伤害－保护平衡

UV-B 辐射对植物体造成伤害的同时，也会诱导防御或保护的增强，维持伤害与保护之间的平衡是植物得以生存的根本。类胡萝卜素和类黄酮是植物体内两类重要的非酶类保护物质。许多研究已表明，增强 UV-B 辐射能使植物类胡萝卜素和类黄酮含量普遍增加，减弱 UV-B 辐射则相反。在强 UV-B 辐射下，植物叶片中较高含量的类黄酮和类胡萝卜素可以过滤 UV-B 辐射或耗散过多的能量，能清除体内诱导产生的过量活性氧，对保护植物叶片内部组织结构和功能有很大作用。细胞膜系统是 UV-B 辐射伤害的主要目标之一，膜系统受到 UV-B 辐射诱导的过氧化伤害主要导致丙二醛（MDA）含量的增加。类黄酮和类胡萝卜素与 MDA 之间存在伤害－保护的平衡，当平衡被打破后，植物膜系统受到 UV-B 辐射伤害加重，MDA 含量增加。试验中，两个不同叶位在自然环境下类黄酮和类胡萝卜素含量均显著高于减弱 UV-B 辐射处理，而 MDA 含量却较低，表明自然环境下烟叶具有完善的保护机制，细胞膜系统伤害较小。对比 3 个减弱 UV-B 辐射处理可以发现，在 $T_2$ 和 $T_3$ 条件下，尽管叶片类黄酮和类胡萝卜素含量都较低，但 MDA 含量也不高。相反，在 $T_1$ 条件下，叶片类黄酮和类胡萝卜素含量较低，而 MDA 含量却显著高于其他处理，表现为膜伤害的加重。推测其原因，可能是在 $T_2$ 和 $T_3$ 条件下，烟叶受到的 UV-B 辐射胁迫较小，即使类黄酮和类胡萝卜素含量都较低，膜受到的伤害也较轻或未受伤害；而 $T_1$ 条件则不同，可能在此条件下，烟叶已受到 UV-B 辐射胁迫的影响，但由于类黄酮和类胡萝卜素的保护作用有限，或其防护机制尚不完善，因此对细胞膜系统不能起到很好的保护作用。试验结果一方面说明了 K326 对 UV-B 辐射强度的变化非常敏感，另一方面也暗示了，试验设置的 70.08％～75.74％UV-B 辐射强度，可能是 K326 对 UV-B 辐射适应性发生变化的临界范围，该范围较烟草生长最适的 UV-B 辐射强度范围下限高。

### 13.3.1.3　烤烟叶片形态和结构对 UV-B 辐射的适应

#### 1. 叶片形态和比叶重

叶片是植物的主要功能器官，不同叶位叶片对 UV-B 辐射的敏感性不同。前期在 K326 打顶前对下部最大叶片的长、宽和面积的测定结果表明，减弱 UV-B 辐射后叶长和叶面积有增大的趋势。本试验中结果显示，下部第 7 叶位在减弱 UV-B 辐射后叶长和叶面积增大，与前期试验结果一致，说明 K326 下部叶对 UV-B 辐射变化较为敏感。然而中部第 12 叶位对 UV-B 辐射的敏感性降低，可能生理上或其他形态方面的变化在增强叶片对 UV-B 辐射的适应中起到了重要作用。

LMA 反映了叶片捕获和利用光照资源的能力以及适应环境的能力，低 LMA（或高 LMA）的植物叶片投资较低，而高 LMA（或低 LMA）植物叶片投资较高，能够适应干旱、高光强、强 UV-B 辐射等环境。减弱 UV-B 辐射使烟叶 LMA 减小，且在大幅减弱 UV-B 辐射下（$T_3$）LMA 下降更加明显，表明大幅减弱 UV-B 辐射使 K326 对光照的利用和环境的适应能力降低。

而 $T_1$ 和 $T_2$ 第 12 叶位 LAM 显著高于 $T_3$，表现出对 UV-B 辐射敏感性的差异。可能下部叶受中上部叶片遮蔽程度较大，本身所处的环境光照度和 UV-B 辐射强度较弱且处理间差别不大，因此处理间表现出的差异较小，而中部叶暴露于太阳光下，UV-B 辐射差异较大，从而导致了 LMA 的显著变化。

## 2. 叶片解剖结构

植物叶片具有较大的厚度、表皮厚度、栅栏组织以及海绵组织厚度等，对提高植物对环境的适应能力有重要作用。在减弱 UV-B 辐射时，随着 UV-B 辐射强度的降低，烟叶厚度及叶肉组织和表皮的厚度明显下降，即使 $T_1$ 和 $T_2$ 的 UV-B 辐射强度相差只有 5% 左右，也表现出了较大的差异。可以看出，在自然条件下 K326 解剖结构对太阳 UV-B 辐射的变化非常敏感，另外也说明，适当较高的 UV-B 辐射能改善叶片结构，提高烟草对环境的适应能力。

叶肉是叶片进行光合作用的主要部位，栅栏组织和海绵组织的厚度、细胞层数及形状的变化必然影响到植物对光的利用和适应，最终将影响植物的光合效率。试验结果显示，UV-B 辐射处理并未对栅栏细胞层数产生影响，因此栅栏组织的厚度主要由细胞形态（主要是细胞长度）变化引起。栅栏细胞形态直接影响叶绿体的分布，方形细胞可以提高近轴面（即上表皮）叶绿体分布的密度，有利于对低光环境的适应，被认为是对阴生环境的适应，相反，长形细胞则有利于适应强光环境。减弱 UV-B 辐射后，随 UV-B 辐射强度的降低，K326 叶肉组织厚度逐渐减小，说明 UV-B 辐射使 K326 对光的利用或适应方式发生变化，K326 对 UV-B 辐射的适应能力为 $T_1 > T_2 > T_3$。不同处理下叶肉组织占叶片总厚度的比例相对稳定，可能叶肉组织的分化主要受遗传因素的控制。

叶表皮是植物过滤 UV-B 辐射以减少对叶肉组织伤害的一道重要屏障，表皮细胞厚度增加可有效减小 UV-B 辐射对植物叶肉组织的伤害。试验发现，烟叶上、下表皮对 UV-B 辐射的敏感性存在较大差异，处理间上表皮差异更大，这主要与上表皮直接接受 UV-B 辐射有关。表皮厚度对 UV-B 辐射的响应程度有限，当高于外界环境 75.74% 的 UV-B 辐射（$T_1$）强度后，上表皮厚度几乎没有变化，此时烟草要适应强 UV-B 辐射可能主要通过其他途径，如提高抗氧化酶活性或非酶类抗氧化剂含量、增加表皮细胞中紫外吸收物质、增加表皮附属物如腺毛的密度及其分泌物等。

3. 气孔特征

增强 UV-B 辐射促进植物气孔分化而提高气孔密度。本试验结果显示，K326 气孔密度与气孔指数变化一致，说明太阳 UV-B 辐射通过影响气孔的分化而调节气孔密度。一般而言，植物具有较大的气孔密度和指数以及较小的气孔，则对环境(胁迫)的适应能力(抗性)较强。根据小孔扩散规律，在强 UV-B 辐射下，气孔密度增加，气孔变小，可增强植物与外界环境的气体和水分交换，有利用于提高植株的光合速率和水分利用率。试验中 CK 处理气孔密度大，气孔较小，表现出对环境的强适应能力，而 $T_1$ 和 $T_2$ 处理气孔密度小，气孔较大，对环境的适应能力相对较弱。但 $T_1$ 的气孔密度和指数较 $T_2$ 略高，表明适当增强 UV-B 辐射可能对调节气孔和增加对环境的适应能力有利。由前面对 $T_3$ 处理 K326 生长发育、LMA 和叶片解剖结构的分析可以认为，$T_3$ 下虽然烟叶具有较高的气孔密度，但可能是 UV-B 辐射胁迫解除后的反应，主要是由于表皮细胞和气孔较小，而气孔的分化较高，最终导致了较高的气孔密度。

变异系数的大小可以用来比较各参数的变异幅度。变异系数大，说明变异幅度大，整齐性较差，平均数的稳定性小。稳定的(变异系数小的)气孔参数常被用来作为品种鉴定的指标，或用来指示大气 $CO_2$ 浓度变化。试验中烟叶气孔长和宽的变异系数较小，处理间差异不大，而气孔长、宽在处理间差异显著，表明太阳 UV-B 辐射对烟叶气孔形状可能有特化作用，因此可以把气孔长、宽作为烟叶对 UV-B 辐射响应的形态指标。从气孔形状变化可以看出，UV-B 辐射对烟叶气孔形状的影响呈抛物线形式，即存在一个使气孔变大的 UV-B 辐射强度范围。

4. 烤烟光合作用对 UV-B 辐射的适应

1)净光合速率

在强 UV-B 辐射下降低净光合速率也是对 UV-B 辐射的一种适应。试验中对第 7 叶位的研究表明，$T_2$ 处理下 K326 净光合速率最大，CK 最小，$T_1$ 和 $T_3$ 介于中间水平，表明烟草下部第 7 叶位以降低净光合速率为代价来减少过高能量的光对植物光合机构的损伤，表现出对 UV-B 辐射的消极适应。LCP、LSP 和二者之差反映了植物对弱光、强光的适应能力及可利用的光强范围。试验结果表明，减弱 UV-B 辐射使 K326 对强光环境的适应能力和对光强的利用范围降低，$T_1$～$T_3$ 随 UV-B 辐射减弱，K326 对强光的适应能力降低。表观量子效率的大小反映了植物对光能的利用效率，表观量子效率越大，表明对光能的利用效率越高。$T_1$ 和 $T_2$ 具有较高的表观量子效率，而 $T_3$ 表观量子效率较低，表明较高强度的太阳 UV-B 可提高 K326 对光能的利用效率。在 UV-B 辐射对植物不至于造成太大损伤的情况下，较高的暗呼吸速率对植物的修复和保护有利。因为呼吸作用不仅可以增加对植物有保护作用的次生物质的合成，还可以直接为膜损伤的修复提供底物和能量。$T_1$ 和 $T_2$ 暗呼吸速率较高，但 $T_3$ 暗呼吸速率较低，表明较高强度的太阳 UV-B 辐射可提高 K326 的代谢强度，增强对环境的适应能力。综合不同处理下烟叶光响应曲线特征参数，UV-B 辐射达试验地 5～8 月正午前后太阳 UV-B 辐射平均强度的 75.74% 及以上时，K326 光合作用对 UV-B 辐射的适应性增强。

植物光合作用与叶位有很大关系，试验中减弱 UV-B 辐射第 12 叶位净光合速率降低，与第 7 叶位相反，表明维持较高的净光合速率是中部第 12 叶位片增强对环境适应能力的重要机制。受植物本身生理特性的影响，影响植物 $P_n$ 的因素可以分为气孔因素和非气孔因素两大类，只有当 $P_n$ 和 $C_i$ 变化方向相同，二者同时减小，且 $L_s$ 增大时，才可以认为 $P_n$ 的下降主要是由 $G_s$ 引起，否则 $P_n$ 的下降要归因于叶肉细胞羧化能力的降低。分析不同处理第 12 叶位 $P_n$ 的主要影响因素可知，$T_1$ 处理 $P_n$ 的下降主要是气孔因素所致，而 $T_2$ 则是非气孔因素影响较大，$T_3$ 则受气孔和非气孔因素的影响较小。AC 可部分地反映叶片的羧化速率，AC 和 $P_n$ 变化趋势基本一致，表明 $T_1$ 和 $T_2$ 羧化速率受到限制是它们净光合速率低的一个重要原因，但 $T_1$ 受羧化限制的影响较 $T_2$ 小。

UV-B 辐射引起的光合色素含量变化对光合作用有重要影响。对比在不同 UV-B 辐射下两个叶位叶绿素含量和 $P_n$ 可以发现，各处理光合色素的差异与 $P_n$ 相似，表明减弱 UV-B 辐射对烟叶光能吸收、传递和转换的影响也可能是引起处理间 $P_n$ 差异的一个重要因素。但两个叶位叶绿素对 UV-B 辐射的适应机制不同，下部第 7 叶位则属于消极适应，即在较强 UV-B 辐射下靠降低叶绿素含量的方式，并以减少对光的吸收为代价达到减轻高能量光对光合机构的伤害。相比之下，中部第 12 叶位则属于积极适应，同样地，$T_2$ 净光合速率受叶绿素的影响较 $T_1$ 大。

类黄酮和类胡萝卜素都参与了 UV-B 辐射对植物伤害的光保护作用，而只有类胡萝卜素直接参与了光合作用的光保护过程，类黄酮在保护植物光合作用中的作用有限。试验中，外界环境下烟叶较高的类黄酮和类胡萝卜素含量可能对保护 K326 光合作用起到了重要作用，但在减弱 UV-B 辐射条件下，净光合速率可能不完全与类黄酮和类胡萝卜素含量有关。$T_1$ 和 $T_2$ 处理第 12 叶位净光合速率与类黄酮和类胡萝卜素含量的变化一致，而 $T_3$ 较高的净光合速率显然与类黄酮和类胡萝卜素含量无关。结果说明，在试验条件下，当 UV-B 辐射高于 $T_2$ 处理时，类黄酮和类胡萝卜素可能对保护烟叶净光合速率有一定作用。

2）水分利用效率

提高水分利用率（WUE）是植物适应不利环境的一个重要策略。试验中对两个叶位 WUE 的分析都表明，CK 的 WUE 最高，明显高于各减弱 UV-B 辐射处理。前期研究也表明，外界较强的 UV-B 辐射对 WUE 的抑制强度较弱，二者结果一致，反映了 K326 对外界强辐射环境较强的适应能力。$T_2$ 处理的第 12 叶位 WUE 较低，而相对于 $T_2$，$T_1$ 的 WUE 有所上升，说明在一定范围内减弱 UV-B 辐射后烟叶对水分的管理、利用能力下降，而当 UV-B 辐射增加时，提高 WUE 是烟叶适应环境的一种重要对策。

WUE 的大小决定于碳固定与水分消耗的相对比例，即 $P_n$ 与 $T_r$ 的相对大小。气孔调控着植物 $CO_2$ 的摄取和水分散失之间的平衡，$P_n$ 不仅与碳同化有关，还和气孔导度有关，而 $T_r$ 主要与气孔导度有关，因此 UV-B 辐射对碳同化过程和气孔导度的影响程度是解释 WUE 差异的关键。分析各处理影响 WUE 的主要因素可以发现，CK 较高的 WUE 主要与其较高的 $P_n$ 或较低的 $T_r$ 有关，$T_3$ 则主要与其较高的 $P_n$ 有关。$T_1$ 和 $T_2$ 相比，$T_1$ 较高的 WUE 主要是因为其气孔导度小，降低了蒸腾速率。一般气孔密度大时，植物的蒸腾速率较高，但还取决于气孔对水、气平衡的调节能力。各处理第 12 叶位蒸腾速率与气孔密度差异基本一致，但 $T_1$ 和 $T_2$ 相反。IWUE 可用来评价植物气孔的水、气平衡调节能力。IWUE 的分析结果表明，$T_1$ 处理的 IWUE 较高，表现出比其他处理较强的气孔水、气调节能力，其次为 CK，而 $T_2$ 和 $T_3$ 处理下气孔的水、气调节能力较差。

5. 烟叶主要化学成分

　　UV-B 辐射对与烟叶化学品质有关的总糖和还原糖、烟碱等有显著影响。试验分析结果表明，减弱 UV-B 辐射对烟叶总糖、还原糖、总氮和氯含量影响最大，使烟叶化学成分之间的协调性大幅下降。西南烟区烟叶本身具有较高含量的总糖和还原糖，减弱 UV-B 辐射后增加了烟叶中糖的积累，而总氮含量却都大幅下降，表明减弱 UV-B 辐射使烟叶的碳－氮代谢平衡发生变化。一般优质烟叶氯含量需控制在 1% 以内，减弱 UV-B 辐射后，烟叶中氯含量大量积累，甚至超过了 1%。由于 UV-B 辐射引起糖、氮和氯的代谢失衡，影响了糖/碱、氮/碱和钾/氯比值，使烟叶化学成分之间的协调性降低，最终影响了烟叶总体的化学品质。通过集对分析法计算的结果也表明，对烟叶总体化学品质影响最大的因素是糖/碱、氮/碱和钾/氯比值，其次为糖和总氮。

6. 蛋白质组变化

　　为研究不同 UV-B 辐射强度对烤烟生理代谢及调控途径的影响，应用蛋白质双向电泳联用质谱技术，以覆盖不同透明薄膜滤减 UV-B 辐射的方式，在 75.8%（聚乙烯膜，处理 1）和 37.5%（麦拉膜，处理 2）UV-B 辐射透过率处理下对烤烟 K326 的蛋白质组和相关生理性状进行了比较，在蛋白质组水平对不同 UV-B 辐射强度与烤烟生长发育的关系进行了初步研究。研究表明，在蛋白质组中有 10 个蛋白在这两类处理下蛋白差异表达显著，与处理 1 相比，在处理 2 的 K326 叶片中有 5 个蛋白上调表达，5 个蛋白下调表达。通过质谱分析共鉴定出 8 种功能明确的蛋白质，其中差异表达的 10 个蛋白中有 3 个与氧化还原相关，3 个与光合作用相关，1 个是参与能量代谢的激酶蛋白，1 个是 RNA 结合蛋白，另外还有 2 个未知功能的蛋白待探明。在麦拉膜覆盖的低 UV-B 透过率处理中，两种抗氧化酶的上调表达从侧面也证明了植物体细胞通过产生活性氧来探测 UV-B 辐射，从而促进基因转录增加的假说。低剂量的 UV-B 作为一种信号因子，诱使产生大量活性氧来促进基因转录的增加。但大量的活性氧不利于植物的生长，因此为维持植物体内的平衡，植物体需表达大量抗氧化酶来消除这些活性氧，减少活性氧给植物带来的伤害。富含甘氨酸的 RNA 结合蛋白在聚乙烯膜处理下表达量，其结合蛋白是含有 RNA 识别结构域的一类蛋白，在转录后起调控基因表达的作用，即增加富含甘氨酸的 RNA 结合蛋白的表达，诱使植物对 UV-B 反应的信号网络建立，从而达到加速信号传导，促使植物启动应对 UV-B 辐射的反应机制，降低 UV-B 对植物伤害的目的。

　　而在 K326 的生理成熟期、过渡期及工艺成熟期，即在低 UV-B 透过率的处理中，处理 2 的 K326 净光合速率从生理成熟到工艺成熟期均高于处理 1。处理 2 的净光合速率 ($P_n$) 均高于处理 1，这与所鉴定出的 3 个与光合作用有关的蛋白在处理 2 中上调表达趋势一致。与能量代谢有关的磷酸核酮糖激酶在处理 1 中表达量较高，磷酸核酮糖激酶在磷酸戊糖途径中也有参与，将该蛋白的主要功能与 K326 农艺性状进行分析，发现由于处理 1 的磷酸核酮糖激酶上调表达，促进了 RuBP 的大量合成，使烟草植株的有机物积累大于麦拉膜处理的烟株。其结果使处理 1 的 K326 发育进程加快，表现在茎高、节间距、茎围、叶长和叶宽及比叶重均高于处理 2 的低 UV-B 辐射环境。其结果符合在自然环境 UV-B 辐射水平以下存在一个对烟草生长最适应的 UV-B 辐射强度范围，其试验设置的 70.08％～75.74％UV-B 辐射强度，可能是 K326 对 UV-B 辐射适应性发生变化的临界范围结论。

## 7. 结论

自然环境中太阳 UV-B 辐射在烟草生长发育中具有重要的调控作用。在自然环境 UV-B 辐射水平以下存在一个对烟草生长最适的 UV-B 辐射强度范围，其下限为试验地自然环境中 UV-B 辐射强度的 30.39％～70.08％。K326 生长发育、形态、生理生化和化学品质等易受 UV-B 辐射的影响，而且在 UV-B 辐射变化不大的情况下（$T_1$ 和 $T_2$ 的 UV-B 辐射强度仅相差 5％时），叶片解剖结构、光合特性、伤害－保护平衡等表现出较大的差异，表明 K326 对太阳 UV-B 辐射变化的响应非常敏感。不同叶位 LMA 和光合生理对 UV-B 辐射的敏感性及适应机理存在差别，但对 UV-B 辐射的适应范围基本一致。下部第 7 叶位对 UV-B 辐射更加敏感，而中部第 12 叶位对 UV-B 辐射的抗性较强。下部第 7 叶位采用消极的适应 UV-B 辐射的方式，如降低净光合速率和减少光合色素含量；而中部第 12 叶位采用的是积极的适应方式，如增加 LMA，提高净光合速率和光合色素含量及提高 WUE 等。但类黄酮、类胡萝卜素和丙二醛在两个叶位表现一致，且在 UV-B 辐射强度高于环境 75.74％水平时，K326 的适应能力提高。K326 拥有从形态、光合生理、生化等方面对环境的适应策略，对 UV-B 辐射强度变化的适应能力较强。K326 主要通过改变株型、增加叶片、表皮、增大栅栏组织和海绵组织厚度、LMA、增加气孔密度及减小气孔大小、增加保护物质(酶类和非酶类)、提高水分利用率、降低或提高光合能力和光合色素含量等多种途径增强对 UV-B 辐射的适应能力。在试验地减弱 25％以上 UV-B 辐射不利于烟叶化学品质的提高。减弱 UV-B 辐射主要提高了烟叶的总糖、还原糖和氯含量，而减少了总氮含量，使烟叶化学成分的协调性降低。

综合以上讨论可以看出，在试验地云南省玉溪市通海县(海拔 1806m) 自然环境下，烟草大田生长期(5～8 月)在正午前后太阳 UV-B 辐射平均强度 75％以上的一定范围内，最有利于烟草的正常生长发育和品质的形成，这一范围也有利于提高烟草对 UV-B 辐射的适应能力。通过多年从不同侧面进行的试验研究及获得的积极成果，可以认为 UV-B 辐射在低纬高原地区烟草的生长及品质形成中起到了重要的调控作用，但最终建立 UV-B 辐射对烟草影响的生态适应性评价指标体系尚有一定距离，至少还需要从以下几方面进行更细致的研究：①在其他作物上的研究表明，品种间对 UV-B 辐射的响应存在较大的差异。不同烟草品种对 UV-B 辐射的响应程度、UV-B 辐射对不同品种烟草品质的影响及其作用等是否具有一致性，都是需要验证的问题，因此有必要进行多个品种的比较试验。这对烟草种植规划及品种搭配具有重要意义。②本研究主要对 UV-B 辐射在烟草生长发育和品质形成中的作用以及烟草对 UV-B 辐射的适应机理作了探讨，并简要分析了对烟草有利的 UV-B 辐射临界范围。很显然，受试验条件的限制，要精确确定对烟草最适应的 UV-B 辐射强度范围尚不现实。设定的 UV-B 辐射梯度较宽，在以后的研究中还需将梯度细化，如设置的 UV-B 辐射透过率分别为 30％、50％、70％、90％等梯度。还可以采取设置一定的控制条件，模拟 UV-B 辐射增强的形式，结合减弱 UV-B 辐射处理，扩大 UV-B 辐射强度的研究方式，更好地确定烟草最适应的 UV-B 辐射强度阈值范围。③碳氮代谢是作物最基本的代谢过程，氮代谢需要依赖碳代谢提供碳源和能量，而碳代谢又需要氮代谢提供酶蛋白和光合色素,二者需要共同的还原力、ATP 和碳骨架。因此,碳氮代谢在植物体中相互依存,紧密相连,又相互竞争。试验中 UV-B 辐射对烟草 K326 生长、光合作用、品质等的影响也就是对其碳氮代谢过程的影响,使二者的代谢发生失衡。进一步揭示 UV-B 辐射对烟草碳、氮代谢的影响机理,将对正确认识UV-B 辐射在烟草生长、产量和品质形成中的作用有重要意义。

### 13.3.2　烤烟不同生育期生理指标与减弱 UV-B 辐射的关系

试验地设置在云南省玉溪市通海县(海拔 1806m),待烟草进入旺长期(移栽后 57d)时开始处理。大棚覆盖厚度为 0.06mm 的透明聚乙烯薄膜,可获得接近自然环境的UV-B 辐射强度。在烟草大田生育期不同阶段加盖 Mylar 膜,以滤除大部分的 UV-B 辐射,作为减弱 UV-B 辐射处理。将试验地不等份分为 4 个处理小区,分别作为处理 1($T_1$)、处理 2($T_2$)、处理 3($T_3$)和对照(CK)。$T_1$ 在旺长期加盖 Mylar 膜,至进入生理成熟期(打顶后 1 周)结束($S_1$);随后揭去 $T_1$ 的 Mylar 膜,同时对 $T_2$ 小区加盖 Mylar 膜,至工艺成熟初期(下部烟叶落黄)结束($S_2$);然后揭去 $T_2$ 的 Mylar 膜,同时对 $T_3$ 小区加盖 Mylar 膜,直至工艺成熟中期(中部烟叶落黄)结束($S_3$)。以全生育时期不加盖 Mylar膜作为 CK,减弱 UV-B 辐射处理为 $S_1T_1$、$S_2T_2$ 和 $S_3T_3$,$S_2T_1$、$S_3T_1$ 和 $S_3T_2$ 则可视为减弱 UV-B 辐射后的恢复处理(简少芬等,2011;简少芬,2012)。

#### 13.3.2.1　水分的表现

分别在生理成熟期($S_2$)和工艺成熟期($S_3$)减弱 UV-B 辐射处理下部叶和中部叶的含水量变化较大,说明下部叶和中部叶含水量在这两个时期对弱 UV-B 辐射反应相对较灵敏。恢复 UV-B 辐射后,$T_1$ 下部和中部叶含水量都较 CK 有所提高($S_2T_1$ 和 $S_3T_1$),而$T_2$ 中部和上部叶含水量较 CK 低($S_3$),表明旺长期($S_1$)减弱 UV-B 辐射对烟叶含水量的影响较小,后期可以很快恢复,而 $T_2$ 生理成熟期($S_2$)后可能需要一定强度的 UV-B 辐射以提高烟叶水分含量。上部叶含水量表现出与中部叶明显相反的对 UV-B 辐射的响应,上部叶需要较强的 UV-B 辐射以提高叶片含水量,可能与 UV-B 辐射的防御适应有关。

#### 13.3.2.2　比叶重的差异

试验中仅发现下部叶两个时期和中部叶旺长期($S_1$)减弱 UV-B 辐射时烟叶 LMA 下降,上部叶 LMA 反而增加。旺长期($S_1$)减弱 UV-B 辐射后,即使恢复了 UV-B 辐射,下部和中部叶 LMA 仍较 CK 低,表明旺长期($S_1$)提供适当较强的 UV-B 辐射对中、下部叶片有机物质的积累有重要作用。相反,生理成熟($S_2$)和工艺成熟期($S_3$)对 UV-B 辐射的需求相对较少,可能这两个时期,尤其是工艺成熟期,烟叶以物质积累和转换为主,较高的 UV-B 辐射反而会促使烟叶消耗过多的有机物质,对提高 LMA 不利。

#### 13.3.2.3　光合色素的影响

试验结果表明,减弱 UV-B 辐射之后,下部叶在生理成熟期($S_2$)叶绿素 a、叶绿素 b含量增加,而中部叶在旺长期($S_1$)和生理成熟期($S_2$)叶绿素 a、叶绿素 b 含量下降,中部和上部叶均在工艺成熟期($S_3$)减弱 UV-B 辐射后叶绿素 a、叶绿素 b 含量上升,且随处理时间的推后，二者都有逐渐上升的趋势。此外，中部叶在旺长期($S_1$)处理之后，即使在生理成熟期($S_2$)恢复 UV-B 辐射，叶绿素 a、叶绿素 b 含量仍较 CK 低，结果说明，工艺成熟期($S_3$)之前适量较强的 UV-B 辐射对中部叶叶绿素 a、叶绿素 b 的合成有重要作用，但工艺成熟期($S_3$)较少的 UV-B 辐射可降低叶绿素的降解，对延长光合作用时间、积累更多的有机物质有重要意义。

### 13.3.2.4  丙二醛、类黄酮和类胡萝卜素的变化

试验中，除工艺成熟期($S_3$)外，减弱 UV-B 辐射处理后，烟叶 MDA 含量均下降，即使恢复了 UV-B 辐射，MDA 含量仍较 CK 低。结果表明，工艺成熟期($S_3$)之前减弱 UV-B 辐射可缓解各部位烟叶的细胞膜脂过氧化伤害，且具有短期的影响滞后性。中部和下部叶类黄酮和类胡萝卜素含量与 MDA 含量基本呈相反的变化，可能类黄酮和类胡萝卜素对 MDA 的变化起到了一定作用。但中部叶在工艺成熟期($S_3$)减弱 UV-B 辐射后 MDA 含量增加，可能主要与叶片的衰老有关。类胡萝卜素含量在减弱 UV-B 辐射后基本都较 CK 有所增加，仅中部叶在生理成熟期($S_2$)处理后类胡萝卜素含量下降，而且旺长期($S_1$)处理之后恢复了 UV-B 辐射，类胡萝卜素含量仍低于 CK，表明旺长期($S_1$)和生理成熟期($S_2$)较强的 UV-B 辐射对中部叶类胡萝卜素的合成有利，工艺成熟期($S_3$)较弱的 UV-B 辐射则延缓中、上部叶片类胡萝卜素的降解。下部叶处于较弱的光照条件下，可能对弱 UV-B 辐射条件更为适应。

### 13.3.2.5  结论

总体上，旺长期和生理成熟期，较强的 UV-B 辐射对提高 K326 的物质合成水平和增强其对 UV-B 辐射的适应能力较为有利。生理成熟期和工艺成熟期减弱 UV-B 辐射对烟叶含水量影响相对较大，旺长期较强的 UV-B 辐射促进中、下部叶片有机物质的积累，生理成熟期和工艺成熟期较弱的 UV-B 辐射反而会提高烟叶比叶重。旺长期和生理成熟期较强的 UV-B 辐射同样促进各部位烟叶叶绿素的合成，工艺成熟期较低的 UV-B 辐射则延缓叶绿素的降解作用。旺长期和生理成熟期减弱 UV-B 辐射可缓解各部位烟叶的细胞膜脂过氧化伤害，MDA 的变化与类黄酮和类胡萝卜素有一定的联系，但旺长期和生理成熟期减弱 UV-B 辐射不利于中部叶类胡萝卜素的合成，工艺成熟期较弱的 UV-B 辐射则能延缓中、上部类胡萝卜素的降解。综上所述，旺长期和生理成熟期较高的 UV-B 辐射，不仅对烟叶化学品质的影响相对较小，还可提高烟草的适应性，促进烟草光合色素合成，从而促进其光合作用并积累更多的干物质，对增加烤烟产量有利。相反，工艺成熟期较低的 UV-B 辐射不仅对烟叶干物质积累没有影响，还延缓光合色素的降解，对烟叶化学成分及品质的改善作用也较明显。UV-B 辐射在烟草大田生长期中"前高后低"的分布对提高烟叶产质量有重要作用。

# 13.4 模拟增强 UV-B 辐射强度与烤烟种植生理生态适应

## 13.4.1 模拟增强 UV-B 辐射强度与烤烟光合生理和化学品质

2009 年采用大田模拟增强紫外辐射强度对烤烟种植影响试验，研究（$T_0$ 为 $0.252mW \cdot cm^{-2}$，$T_1$ 为 $0.526mW \cdot cm^{-2}$，$T_2$ 为 $0.571mW \cdot cm^{-2}$，$T_3$ 为 $0.616mW \cdot cm^{-2}$）四个不同处理 UV-B 辐射强度与对照对烤烟品种 K326 光合水平、生理特征和化学品质的影响（王娟等，2014；王娟，2014）。

### 13.4.1.1 适量的 UV-B 辐射可提高烟叶光合作用水平

UV-B 辐射通常降低植物的光合作用，而本试验中，$T_3$ 在处理第 23 天和第 33 天时烟叶 $P_n$ 值明显高于其他处理，说明适量的 UV-B 辐射强度可提高 K326 的光合作用能力并可延缓光合作用的衰退。分析结果表明，3 次观测的 UV-B 辐射增强处理中叶片 $P_n$ 值均高于 $T_0$ 处理，说明 UV-B 辐射增强可提高叶片的净光合速率，且辐射强度最高的处理 $T_3$ 叶片 $P_n$ 值均最高，但其增强速率并不与强度增加成正比，即强度增加而影响 $P_n$ 值的变化还与其他生理过程的表现密切相关。可以认为，光合作用的强弱一方面取决于植物可获取原料（$CO_2$）的多少，另一方面取决于自身的羧化能力强弱。较大的 $G_s$ 可增加进入叶片内部的 $CO_2$ 量，为光合作用提供更多的原料，光合羧化能力强，消耗的 $CO_2$ 多，则 $C_i$ 越小。结合 $P_n$、$G_s$ 和 $C_i$ 三者分析可以看出，$T_0$ 条件下尽管在第 15 天和第 23 天时 $G_s$ 均较高，但 $C_i$ 也高，且在第 33 天时 $C_i$ 积累明显增多。$T_3$ 则不同，其 $G_s$ 始终均较高，但 $C_i$ 却一直处于最低水平，表明 $T_0$ 和 $T_3$ 的羧化能力存在较大差异，$T_1$ 和 $T_2$ 羧化能力则处于 $T_0$ 和 $T_3$ 之间，说明适当较高的 UV-B 辐射可促进并维持烟叶的羧化能力，从而提高烟叶光合作用水平。

UV-B 辐射引起的叶绿素变化也是影响光合作用的一个重要原因。$T_0 \sim T_3$ 随 UV-B 辐射增强，叶绿素 a、叶绿素 b 含量增加，且 $T_3$ 条件下叶绿素 a、叶绿素 b 的降解速率明显低于其他处理。各处理在第 15 天时叶绿素含量差异相对较小，而第 23 天和第 33 天时差异较大，与 $P_n$ 一致。说明较高 UV-B 辐射强度可提高并维持叶绿素含量，从而增加对光能的吸收并提高 $P_n$。类胡萝卜素含量通常随 UV-B 辐射增强而增加，不仅具有耗散过剩能量、保护叶绿素不被降解的作用，还可清除由 UV-B 辐射诱导产生的过量活性氧。试验中也观察到随着 UV-B 辐射增强其类胡萝卜素含量增加，是对强烈紫外线的一种适应，且这种反应在处理时间较长时更明显。类胡萝卜素不仅对光合机构具有保护作用，也是多种香气物质的前体，较高的类胡萝卜素含量对提高烟叶品质有利，这也是低纬高原地区烟叶品质较好的一个重要原因。

### 13.4.1.2 烟叶类黄酮、丙二醛含量和 LMA

类黄酮含量在 CK 和 $T_1$ 条件下较高，而 $T_2$ 和 $T_3$ 类黄酮含量下降，与关于大多数植物上报道的随 UV-B 辐射增强类黄酮含量增加的规律相反，其间差异有待深入研究。总体上除第 23 天时各处理 MDA 含量较大外，其他处理其含量较低且变化规律不明显，表明不同 UV-B 辐射强度对烟叶细胞膜系统伤害不明显。LMA 较高的烤烟，其物质积累的能力更强，即同化能力更强。增强 UV-B 辐射后，通常叶片厚度增加，表现为 LMA 增大，较大的 LMA 可改善单位面积的光合速率。试验中，处理第 15 天和第 23 天时并未对 K326 的 LMA 造成显著影响。结果表明，在 UV-B 辐射单一因子影响下，当 UV-B 辐射较高时，不利于物质的积累。但从光合作用、光合色素及最终化学品质来看，LMA 的降低对烟叶光合和品质造成的影响不大。

### 13.4.1.3　UV-B 辐射增强对提高 WUE 有利

提高水分利用和管理能力可提高植物对环境的适应。试验结果表明，随 UV-B 辐射增强，烟叶 WUE 有逐渐增大的趋势（第 15 天时 $T_3$ 除外），说明较高的 WUE 是烟草提高对 UV-B 辐射适应能力的一个重要途径。UV-B 辐射对碳同化过程和气孔导度的影响是 WUE 变化的主要原因，即 WUE 取决于 $P_n$ 和 $T_r$ 的变化。分析不同时期各处理 $P_n$ 和 $T_r$ 的差异可以发现，第 15 天时低 UV-B 辐射下 WUE 较低主要是 $G_s$ 较大，使 $T_r$ 增大所致。第 23 天时 CK、$T_1$ 和 $T_2$ 的 WUE 主要受 $T_r$ 控制，但 $T_0$ 处理 WUE 低则主要是因为其 $P_n$ 较低，而 $T_3$ 维持较高的 WUE 主要依靠其较高的 $P_n$。第 33 天时，CK 较高的 $P_n$ 和较低的 $T_r$ 是其 WUE 较高的原因，而 $T_0$、$T_1$ 和 $T_2$ 则恰好与 CK 相反，但 $T_3$ 较高的 WUE 仍是因为其具有显著高于其他处理的 $P_n$ 值。

### 13.4.1.4　适量的 UV-B 辐射对提高烟叶化学品质有利

地处低纬高原的云南烟区，在大田种植烤烟的主要生长期内，气候资源除具有气温和降雨等气候要素的良好配置外，UV-B 辐射与其他环境因子的交互作用可增强植物对各种因子的抗性，适应能力也更强。试验结果表明，烟碱含量与总氮变化一致，随 UV-B 辐射增强而逐渐增加，总糖和还原糖则有逐渐下降的趋势。从以上 4 种化学成分变化可以看出，UV-B 辐射对烟叶中氮（烟碱、总氮）、碳（总糖、还原糖）代谢的作用方向相反，高强度的 UV-B 辐射促进碳化合物的降解。在相同的栽培管理措施下，烟叶钾和氯含量主要取决于土壤特性和植株的吸收积累。$T_1$、$T_2$、$T_3$ 烟叶钾含量没有发生变化，但氯含量在 $T_3$ 条件下降低明显，说明 UV-B 辐射增强对烟草钾的吸收和积累没有影响，但可减少对氯的吸收和积累。UV-B 辐射对烟叶化学成分的影响最终体现在品质的差异上。本试验中，除 $T_0$ 外，随着不同处理 UV-B 辐射强度的增强，烟碱和总氮呈逐渐增加的趋势，尤以 $T_3$ 的值最大。综合分析各处理烟叶化学成分的分布范围可以看出，$T_3$ 处理总体上化学成分较其他处理协调。

### 13.4.1.5　结论

适当增强的 UV-B 辐射可提高叶片的光合作用水平。UV-B 辐射强度对 K326 的 $P_n$ 均有较大影响，UV-B 辐射增强可提高叶片的蒸腾速率，$G_s$ 与 $T_r$ 值的变化趋势非常相似，随着各处理的 UV-B 辐射强度增加，UV-B 辐射的作用效应加强，可以认为，在设置的 4 个 UV-B 辐射模拟强度范围内，较高的 UV-B 辐射强度可提高并维持叶绿素和类胡萝卜素含量以及 WUE 水平，从而增加对光能的吸收并提高 $P_n$。适量的 UV-B 辐射可促进烟叶化学成分的协调性，最终提高烟叶化学品质。从光合作用过程、光合色素含量变化及最终化学品质来看，在试验设置的 4 个 UV-B 辐射模拟强度范围内，除 $T_0$ 外，随着不同处理 UV-B 辐射强度的增强，烟碱和总氮有逐渐增加的趋势。

UV-B 辐射强度对烤烟 K326 的 $P_n$、$T_r$ 及 $G_s$ 值均有较大影响，尤以 $T_3$ 数值最高。而 $T_3$ 条件下叶绿素 a(Chl-a)、叶绿素 b(Chl-b)的降解速率明显低于其他处理，亦存在随 UV-B 辐射强度增强类胡萝卜素含量、烟碱和总氮有增加的趋势。相比之下，类黄酮、MDA、LMA 和 WUE 等生理特征之间的变化存在一定的差异，表现不太明显。试验设置的最高 UV-B 辐射强度($T_3$)不仅没有对 K326 产生抑制作用，反而提高了其光合作用。表明随着各处理的 UV-B 辐射强度增加，UV-B 辐射的作用效应越明显，可认为适当增强的 UV-B 辐射可提高叶片的光合作用水平。$T_3$ 条件下叶绿素 a、叶绿素 b 的降解速率明显低于其他处理，说明较高的 UV-B 辐射强度可提高并维持叶绿素含量，从而增加对光能的吸收并提高 $P_n$。作为烤烟对强烈紫外线的适应，除 CK 外，随着不同处理 UV-B 辐射强度的增强，烟碱和总氮有逐渐增加的趋势，尤以 $T_3$ 的值最大。试验中也观察到随 UV-B 辐射增强而类胡萝卜素含量增加的趋势，较高的类胡萝卜素含量对提高烟叶品质有利，这也是低纬高原地区烟叶品质较好的一个重要原因。可以认为，烤烟对太阳 UV-B 辐射强度变化非常敏感，过低的 UV-B 辐射强度不利于烟草的生长发育，适中的 UV-B 辐射强度有利于烟叶品质的形成。在低纬高原烟区种植的烤烟拥有从形态、光合生理、生化等多方面对 UV-B 辐射的适应策略。与省外同类烟区相比，云南最适烟区具有较高的 UV-B 辐射强度，是导致云南清香型烤烟优于国内其他烟区的主要生态气候原因。

### 13.4.2　模拟增强 UV-B 辐射强度与烤烟生理特征及 $\delta^{13}C$ 分布

2012 年以自然环境下种植的烤烟品种 K326 为试验材料，在云南省玉溪市红塔区赵桅试验基地($24°18'N$，$102°29'E$，海拔 1645m)进行大田试验。试验设 4 个处理。于烤烟打顶后增强照射，照射强度 $T_1$ 为 0.69mW·cm$^{-2}$；$T_2$ 为 0.79mW·cm$^{-2}$；$T_3$ 为 0.89mW·cm$^{-2}$；并设置对照(CK)即自然环境下种植(杨湉等，2015，2014)。

#### 13.4.2.1　烤烟生理特征

UV-B 辐射在分子水平上直接或间接地损害植物的 DNA 分子和蛋白质结构，从而影响植物的各种生理生化过程。可溶性蛋白质对 UV-B 辐射的敏感性与植物的生长发育时期密切相关，试验中表现出可溶性蛋白质对 UV-B 辐射较敏感。与蛋白质在生理成熟期对 UV-B 辐射最敏感的结论一致。第 13 叶位可溶性蛋白质含量表现为随 UV-B 辐射处理的增强而逐渐升高的趋势，其中 $T_3$ 处理含量变化较大，CK 和 $T_1$、$T_2$ 差异不显著，CK 和 $T_3$ 差异显著。第 16 叶位可溶性蛋白质含量表现为随 UV-B 辐射处理的增强而逐渐减小的趋势，CK 和 $T_1$、$T_2$、$T_3$ 差异均不显著。说明烤烟在不同的生理时期可溶性蛋白质对 UV-B 辐射敏感程度不同；短期的 UV-B 辐射可增加蛋白质的合成，提高可溶性蛋白含量，而长期的 UV-B 辐射则增强蛋白质的降解。

第 13、第 16 叶位类胡萝卜素的含量变化趋势相反，可能是因为第 13 叶位烤烟代谢水平高，主要进行营养生长类的胡萝卜素合成代谢旺盛，UV-B 处理对其影响不大。而第 16 叶位类胡萝卜素含量随 UV-B 处理加强而减少，特别是在 $T_3$ 处理下类胡萝卜素含量明显减少，这是由于 $T_3$ 处理的 UV-B 辐射强度使第 16 叶位烟叶受到伤害，导致烟叶类胡萝卜素合成减少或者分解、转化为其他物质。试验发现，烟叶对 UV-B 辐射响应敏感，第 13 叶位类黄酮 $T_2$ 和 $T_3$ 差异显著，$T_3$ 条件下对 UV-B 辐射响应敏感。第 16 叶位类黄酮含量比第 13 叶位高，且第 16 叶位不同处理之间差异不显著。产生这种现象是由于第 16 叶位的烤烟叶片比第 13 叶位接受 UV-B 辐射的时间长，因此第 16 叶位对 UV-B 辐射响应程度比第 13 叶位高，更需要有效增加类黄酮含量来保护烟叶免受 UV-B 辐射的伤害。研究结果表明，第 16 叶位的丙二醛含量比第 13 叶位的含量高。第 13、第 16 叶位不同处理间差异均不显著。说明增强 UV-B 辐射处理会对烤烟带来伤害，且对烤烟第 16 叶位的伤害程度比第 13 叶位的强。

研究发现，第 13 叶位不同处理 $\delta^{13}C$ 表现为 $T_1(-26.77‰) < T_2(-25.48‰) < CK(-25.17‰) < T_3(-25.16‰)$。16 叶位 $\delta^{13}C$ 表现为 $T_1(-26.00‰) < T_3(-25.61‰) < CK(-25.53‰) < T_2(-24.99‰)$。2 个叶位都是 $T_1$ 处理 $\delta^{13}C$ 最小，即 UV-B 辐射强度变化与烟叶 $\delta^{13}C$ 呈正比，经相关性分析，$\delta^{13}C$ 与 UV-B 呈微弱正相关。而 CK 条件下 UV-B 辐射观测值和 $\delta^{13}C$ 表明：第 1 次取样的 7 月 18～29 日 UV-B 辐射平均值为 $0.522 mW \cdot cm^{-2}$，$\delta^{13}C$ 为 $-25.17‰$；第 2 次 7 月 30 日～8 月 10 日 UV-B 辐射平均值为 $0.605 mW \cdot cm^{-2}$，$\delta^{13}C$ 为 $-25.53‰$，则表现为随 UV-B 增强 $\delta^{13}C$ 值减小的态势。说明烟叶 $\delta^{13}C$ 对不同 UV-B 辐射强度的处理敏感性不同，即烟叶 $\delta^{13}C$ 对 $T_1$ 处理(UV-B 照射 $0.69 mW \cdot cm^{-2}$)相对其他 3 个处理较敏感。第 13 叶位和第 16 叶位的不同处理中，CK、$T_2$、$T_3$ 处理总碳含量变化不大，$T_1$ 处理的总碳含量相比其他 3 个处理明显较小。表明适当增强 UV-B 辐射对烟叶的总碳含量积累有利。

第 13 叶位和第 16 叶位的 4 个处理都表现出随 UV-B 辐射处理的增强，全氮含量呈增加的趋势，特别是 $T_2$ 处理全氮含量增加的更明显。可能是因为试验中 UV-B 辐射的强度还没有达到抑制氮代谢的强度，而这一强度或许还能促进氮的代谢，其间的关系有待进一步研究。碳氮比(C/N)在一定程度上能反映出植物的光合氮利用率。第 13 叶位碳氮比表现为 $CK > T_3 > T_1 > T_2$，第 16 叶位为 $CK > T_3 > T_2 > T_1$。均为 CK 的碳氮比最大，且 CK 的碳氮比值第 13 叶位>第 16 叶位，可以说明第 13 叶位的光合氮利用率比第 16 叶位的高。综上所述，第 13 和第 16 叶位都以 $T_1$ 处理的 $\delta^{13}C$ 最小，说明烟叶 $\delta^{13}C$ 对不同 UV-B 辐射强度的处理敏感性不同，即烟叶 $\delta^{13}C$ 对 $T_1$ 处理(UV-B 照射 $0.69 mW \cdot cm^{-2}$)相对其他 3 个处理较敏感；2 个叶位 $T_1$ 处理的总碳含量比其他处理明显减小，表明适当增强 UV-B 辐射对烟叶的总碳含量积累有利；而全氮含量也表现为随紫外辐射的增强，其含量增加的趋势；碳氮比(C/N)2 个叶位均为 CK 处理最大，且第 13 叶位大于第 16 叶位，可以说明第 13 叶位的光合氮利用率比第 16 叶位的高。

### 13.4.2.2　烟叶 $\delta^{13}C$ 及与生理指标的相关性

试验中，第 13 叶位不同处理中 CK、$T_2$、$T_3$ 处理 $\delta^{13}C$ 变化不大，$T_1$ 处理 $\delta^{13}C$ 变化明显。第 16 叶位不同处理中 CK、$T_2$ 处理 $\delta^{13}C$ 变化较小，而 $T_1$、$T_3$ 处理 $\delta^{13}C$ 变化幅度增大。即第 13、第 16 叶位 $\delta^{13}C$ 对 $T_1$ 处理的辐射强度都较敏感，在此强度下导致 $\delta^{13}C$ 呈现减小的趋势，这与 $T_1$ 处理下第 13 叶位叶绿素 a、叶绿素 b 明显升高，第 16 叶位叶绿素 a 含量呈升高趋势表现一致，且 UV-B 增强处理能影响烟叶的光合效率等光合和生理特征。由于可溶性蛋白质亦对 UV-B 辐射较敏感，且 UV-B 辐射对不同生长时期烟叶中类黄酮、丙二醛含量有着重要影响。相关分析表明，第 13、第 16 叶位 $\delta^{13}C$ 与蛋白质、类黄酮、丙二醛、叶绿素、类胡萝卜素均呈正相关，表明在一定程度上 $\delta^{13}C$ 的大小可以反映烤烟叶片光合效率的强弱。$\delta^{13}C$ 与类胡萝卜素、总碳、全氮、碳氮比、比叶重均呈正相关，其中 $\delta^{13}C$ 与总碳相关性比全氮、碳氮比、比叶重的高，$\delta^{13}C$ 与全氮的相关性最小；UV-B 与全氮呈显著性正相关（$P<0.05$），与碳氮比呈显著负相关（$P<0.05$）。

### 13.4.2.3　结论

增强 UV-B 辐射对不同生长时期烟叶中 $\delta^{13}C$、可溶性蛋白、叶绿素、类黄酮、丙二醛含量有重要影响。UV-B 辐射对烤烟生理特征的影响程度及对烤烟的伤害程度，第 16 叶位比第 13 叶位高；烟叶的干物质积累量方面，第 16 叶位比第 13 叶位高；烟叶对 UV-B 辐射具有敏感性，第 13、第 16 叶位 $\delta^{13}C$ 对 $T_1$ 处理都较敏感，其中 $T_1$ 总碳含量明显减小，其余处理总碳含量变化不大，说明适当增强的 UV-B 辐射对烟叶的总碳含量积累有利。而全氮含量表现为随紫外辐射的增强，其含量增加的趋势，尤以 $T_2$ 处理全氮含量增加最明显，且 $\delta^{13}C$ 减小趋势明显。三个处理与对照相比，增强 UV-B 辐射 $\delta^{13}C$ 均呈减小趋势。相关分析表明，第 13、第 16 叶位 $\delta^{13}C$ 与蛋白质、类黄酮、丙二醛、叶绿素、类胡萝卜素均呈正相关，与全氮呈显著正相关（$P<0.05$），与碳氮比呈显著负相关（$P<0.05$）。表明 $\delta^{13}C$ 在一定程度上与烤烟生理及品质特征相关。

## 13.5　亚生态烟区烤烟 $\delta^{13}C$ 分布的生理生态适应（Ⅰ）

### 13.5.1　同一亚生态烟区适生品种筛选

2010 年以烤烟 K326、红花大金元、云烟 87 和 NC71 品种为试验材料大田种植，试验点位于玉溪市红塔区大营街（102°29′E，24°18′N，海拔 1642m）。试验地种植面积为一亩，在整个烤烟生长期中根据当地烟草公司制定的田间管理措施进行统一管理（田先娇等，2014；田先娇，2012；谭淑文等，2013；谭淑文，2013）。

#### 13.5.1.1　生理特征

试验发现，四个烤烟品种间的 LMA 有差异，但差异均不显著，大小为 K326＞红大＞云烟 87＞NC71，K326 的 LMA 最高，由此可知，品种 K326 的叶片厚度更大，叶脉更密集，或是组织密度更大。同时说明 K326 的叶片储水能力更强。根据比叶重与叶片的光合能力呈正相关的结论，可以推测 K326 的同化能力强于其他三个品种。NC71 的丙二醛含量最高，K326 其次，红大最低，说明 NC71 的膜脂过氧化程度最大，叶片的衰老程度或受胁迫程度也最大，红大衰老进程最慢，受不利因素影响最小。红大的类黄酮含量最高，NC71 其次，而云烟 87 最低。红大和 NC71 的类黄酮含量积累较多，可通过合成较多的抗逆物质来应对环境条件的威胁，增强不利环境的抗逆能力。

试验结果表明，K326 的叶绿素 a、叶绿素 b 和叶绿素总量最高，云烟 87 其次，红大最低。说明 K326 的叶绿素合成速率最快，光合作用功能最强，云烟 87 其次；红大的叶绿素合成速率最慢或分解速率最快，营养生长最慢，光合作用最弱，衰老进程最快。K326、云烟 87 和 NC71 的类胡萝卜素含量差异较小，红大的类胡萝卜素含量最低。NC71 的叶绿素 a/b 的值最大，云烟 87 其次，K326 最小，相比于其他三个品种，NC71 的叶绿素 a 降解速率小于叶绿素 b。叶绿素与类胡萝卜素的比值表现为 K326 最大，红大其次，NC71 最小，说明 K326 合成更多的叶绿素用于光合作用，NC71 合成更多的类胡萝卜素用于抵抗不良环境的影响。

### 13.5.1.2　品种分异与超微结构

叶绿体中的代表物嗜锇颗粒和淀粉粒对烤烟生长和发育有明显的影响，嗜锇颗粒为分析脂类物质合成、转运和分泌的依据，淀粉粒则为光合作用后的最终产物。试验结果表明，K326 的总嗜锇颗粒数最多，NC71 其次，红大较少，云烟 87 最少，由于 K326 比其他 3 个品种亲脂类物质的合成和积累偏多。而淀粉粒数则无论是多细胞还是单细胞，NC71 的数量都最高，多细胞淀粉粒均值 K326 次之，单细胞淀粉粒云烟 87 位居第二，而红大则最低。即 NC71 由糖类物质向脂类物质的转变有待增强，红大可能由于糖类物质合成缓慢，致使脂类物质的形成受阻。NC71 的多细胞叶绿体长度均值最高，云烟 87 其次，红大最低，说明此时期 NC71 叶绿体合成碳水化合物的能力变得较强，而红大该功能正在较缓慢合成或已经衰退。同样 NC71 的多细胞淀粉粒长度均值也最高，红大次之，K326 最低，表明 NC71 与上述叶绿体的合成旺盛是一致的，K326 则以嗜锇颗粒数最多占优势。

通常腺毛密度大、发育状况好的烟叶相应的分泌物也较多，香气浓郁、醇厚、饱满。试验表明，烤烟烟叶腺毛密度因品种不同而存在差异；上下表皮的腺毛密度表现为差异大，下表皮含量腺毛密度大于上表皮。下表皮腺毛密度红大最大，云烟 87 其次，NC71 最小，各品种间差异不显著。总表皮腺毛密度表现为红大最大，云烟 87 其次，K326 最小。研究结果表明，腺毛密度总体特征是红大最高，NC71 其次，K326 最低，说明此时红大品种腺毛生长可能旺盛，K326 或生长缓慢或已经开始溢裂解体。但从扫描电镜观察来看，K326 具较强分泌功能的长柄腺毛最多且最饱满，红大则较差，由此在一定程度上说明 K326 香气型物质分泌偏多，而各品种间腺毛上、下表皮密度差异均不显著。

气孔是植物体与外部环境进行气体交换的开关，同时介导水分的蒸腾，调节植物体内的水分含量。试验表明，烤烟烟叶品种间气孔密度差异较大，下表皮气孔密度大于上表皮。上表皮气孔密度大小为 K326 最大，云烟 87 其次，红大最小，K326 与云烟 87 差异显著，与 NC71 和红大的差异极显著；而红大与云烟 87 差异极显著，与 NC71 差异显著；云烟 87 与 NC71 间差异不显著。下表皮气孔密度大小为 K326 最大，红大最小，K326 与红大差异极显著，与云烟 87 差异显著；红大与云烟 87 差异不显著，与 NC71 差异显著；云烟 87 与 NC71 间差异不显著。总表皮气孔密度表现为 K326 最大，NC71 其次，红大最小。

### 13.5.1.3　烟叶化学成分

试验结果表明，各品种总糖含量、还原糖和烟碱含量总体偏高，总氮含量都处于适值范围内，钾含量总体偏小，氯含量略偏高，红大和云烟 87 的糖碱比偏高，K326 和

NC71 的比值处于适值范围内，氮碱比普遍偏低，钾氯比严重偏低。相比而言，K326 的总糖、还原糖、氯含量更接近适值范围，钾含量居中，总氮含量、糖碱比处于适值范围内。所以，从化学成分的协调性来看，K326 的协调性最好。

### 13.5.1.4　$\delta^{13}C$ 与生理指标的关系

$\delta^{13}C$ 在相同的生态环境中不同品种间表现出一定的差异，$\delta^{13}C$ 表现为 K326 最高，NC71 其次，根据叶片 $\delta^{13}C$ 与水分利用效率(WUE)存在正相关关系，表明 K326 的水分利用效率最高，NC71 其次，云烟 87 最低。在 K326、红大和云烟 87 三个品种之间表现出，LMA 越大，$\delta^{13}C$ 也越高。但 NC71 的 LMA 大于红大和云烟 87，$\delta^{13}C$ 却低于红大和云烟 87。经相关性分析，烤烟叶片 $\delta^{13}C$ 与比叶重呈弱正相关，可见能否用 LMA 代替 $\delta^{13}C$ 来估计 WUE 需要进一步研究，$\delta^{13}C$ 与 LMA 的关系在不同物种中可能存在差异。$\delta^{13}C$ 与光合色素呈正相关，说明在一定程度上，$\delta^{13}C$ 的大小可以反映烤烟叶片光合能力的强弱。$\delta^{13}C$ 与总糖和还原糖，与总氮和烟碱含量呈正相关，且与烟碱呈极显著正相关。

### 13.5.1.5　结论

烤烟叶片的 $\delta^{13}C$ 与比叶重、丙二醛呈弱正相关，与光合色素、气孔密度、总氮和烟碱含量呈正相关，且与烟碱呈极显著正相关；与腺毛密度、总糖、还原糖、钾和氯呈负相关，$\delta^{13}C$ 与比叶重相关性不显著，即 $\delta^{13}C$ 主要由植物本身的生物学特性决定，表明由于影响 $\delta^{13}C$ 的分馏机制比较复杂，品种差异对烤烟 $\delta^{13}C$ 和生理特征有明显影响。适生品种筛选试验表明，K326 的比叶重、叶绿素 a 和叶绿素 b 含量最高，总嗜锇颗粒数最多、具较强分泌功能的长柄腺毛最多且最饱满、气孔密度最大，同化能力最强。在化学成分方面，相比于其他品种，K326 的总糖、还原糖、氯含量更接近适值范围，钾含量居中，总氮含量、糖碱比处于适值范围内，说明 K326 的化学成分协调性更好。四个烤烟品种烟叶的 $\delta^{13}C$ 表现为 K326＞NC71＞红大＞云烟 87。表明 K326 的水分利用效率最高，NC71 其次，云烟 87 最低。类似 13.6.1 节中红大品种在大理烟区适栽生理生态适应判定，玉溪烟区种植的四个当家品种中，K326 在 $\delta^{13}C$、光合色素、丙二醛、超微结构及化学成分等方面均优于其他三个品种，通过上述多项指标的分析，可以认为玉溪的生态环境最有利于 K326 的种植。

## 13.5.2　同一亚生态烟区不同品种施氮水平效应评估

2013 年选烤烟品种 K326、云烟 87、云烟 97、红花大金元。在昭通市鲁甸县桃源乡铁家湾村($27°13'N$，$103°45'E$，海拔 1890m)，根据不同品种对氮肥的耐受程度和常规施用量，每个品种设置 3 个不同施氮水平，分别代表低、中、高水平。在打顶前对代表中部烟叶的第 11 叶位进行标记分时段取样(杨金汉等，2015a；杨金汉，2015)。

### 13.5.2.1　$\delta^{13}C$ 的变化特征

$\delta^{13}C$ 可以间接反映烤烟对不同生态环境条件变化的适应特征，主要决定于植物的生理学遗传特性，同时也与大气和辐射环境、地理要素和土壤环境密切相关。$\delta^{13}C$ 在不同施氮处理的 4 个品种间表现出一定的差异，说明 $\delta^{13}C$ 与自身生理特征密切相关。可以看出，在 3 类处理中，尤以云烟 97、K326 两品种在中氮水平下 $\delta^{13}$C 最大，红大、云烟 87 两品种则在高氮水平下 $\delta^{13}$C 最大，但其值仍不如云烟 97 和 K326。表明云烟 97 的水分利用效率最高，K326 其次，云烟 87 最低。试验表明，在其他条件完全相同的情况下，施氮量水平低时云烟 87 的 $\delta^{13}$C 逐渐变重，红大则呈逐渐变轻的趋势，变化趋势明显，说明在整个成熟期内低施肥水平下两品种对施氮水平响应敏感。而在适施氮时云烟 87 的 $\delta^{13}$C 4 次取样均为最轻；K326、云烟 97 和红大均为第一次和第四次最轻，其余两次均偏重，说明云烟 87 在整个成熟期内对适施氮水平都响应敏感；而其他 3 个品种仅在成熟中期响应敏感，其中尤以云烟 97 表现明显。在高氮肥水平时，云烟 87 的 $\delta^{13}$C 除第二次外，其余取样均为最轻；K326 除第四次偏重外，其余差异不大；云烟 97 呈阶梯状递减，K326 表现最不敏感。从 3 个不同施氮水平对 4 个不同品种 $\delta^{13}$C 动态变化的分析可以看出，总体上讲云烟 87 对不同施氮水平响应最敏感，尤其在低施肥水平下，叶片中的 $\delta^{13}$C 随生育期进程表现出逐渐变重的动态变化特点，而在适施肥和过施肥水平下则不符合此结论。

### 13.5.2.2　生理特征和化学成分

试验结果表明，在低氮和中氮水平下云烟 97 的叶绿素 a 含量最高，叶绿素 b 则分别分列第一和第二，而类胡萝卜素各处理均为云烟 97>红大>云烟 87>K326，其含量比较一致，说明云烟 97 光合作用功能最强。$\delta^{13}$C 与光合色素呈正相关，说明在一定程度上，$\delta^{13}$C 的大小亦可反映烤烟叶片光合能力的强弱。试验表明：分别以各处理 4 个品种 4 次取样比叶重的平均值比较，均为云烟 97 位列第一，云烟 87 位列第二。即云烟 97 品种在各施氮水平下胡萝卜素含量均偏高，比叶重数值大且均表现一致，而比叶重较高的烤烟，其物质积累的能力更强，即同化能力更强。说明在 4 个品种中，以云烟 97 光合和物质积累能力最强。

施肥量对烤烟烟叶内的全氮、烟碱、总糖、还原糖、钾等化学物质的含量有显著影响，在不同研究中，施肥量对烟叶化学成分的影响结果并不完全一致。众多研究表明，一定范围内，随着施肥量的增加，烤烟叶片的 N、P、K、Mn 和烟碱含量增加，Mg、Fe 和还原糖含量下降。但也有研究者指出，施肥水平对烟碱和还原糖浓度无影响。可见，在不同生态条件和施肥水平下，总氮、烟碱、还原糖随施氮水平的变化不一定表现出相同的变化趋势，施肥水平对化学成分的影响还与其他因素的变化有关。本试验可以排除因气候环境差异对烤烟叶片 $\delta^{13}$C 和各项生理指标的影响。由于施氮水平上的差异，使得 4 个品种光合色素的形成和积累亦不尽相同，叶绿素 a、叶绿素 b，尤其类胡萝卜素以云烟 97 含量居多，具体表现在云烟 97 的烟碱含量与参考值相比，含量适宜且偏高，总糖、还原糖含量、糖碱比及氮碱比均位于适宜值范围内。若以云南烟草化学成分的各项指标综合判定，4 个品种中以云烟 97 化学成分的总体协调性最好。

### 13.5.2.3　结论

K326、云烟 97 品种的 $\delta^{13}$C 都比云烟 87、红大品种偏重，尤其是云烟 97 品种三类处理类胡萝卜素含量均偏高，比叶重数值大且都表现一致，叶绿素 a 则在低氮及中氮水平中也以云烟 97 品种含量最高。可以认为，云烟 97 和 K326 两品种的 $\delta^{13}$C 偏重且动态变化规律明显，其 WUE、LMA 等生理指标也必定占有一定的优势。中部烤后烟叶化学成分分析亦表明，云烟 97 烟叶的烟碱含量与参考值相比，含量适宜且偏高，总糖、还原糖含量、糖碱比及氮碱比均位于适宜值范围内，协调性总体较好。通过以烟叶稳定碳同位素($\delta^{13}C$)为主线，辅以烟叶比叶重、光合色素和中部叶位化学成分等指标的综合评估，可推断云烟 97 其产量和品质均应高于其他三个品种（系），与其他三个品种相比适生环境的能力更强，最适宜在中氮水平的肥力条件下种植。若仅以 $\delta^{13}C$ 粗略判定，在管理水平和土壤类型差异不大、同一气候环境条件下，云烟 97、K326 两品种适宜在处理 2 的肥力环境下种植，红大、云烟 87 两品种适宜在处理 3 的肥力环境下种植，可相对提高其产量和品质。从三个不同施氮水平对四个不同品种 $\delta^{13}C$ 动态变化的分析可以看出，云烟 87 对不同施氮水平响应最敏感，尤其在低施肥水平下，其动态变化特点符合烤烟叶片 $\delta^{13}C$ 随生育期进程表现出逐渐变重的趋势。

### 13.5.3　同一亚生态烟区同一品种施氮水平效应评估

2014 年以烤烟品种云烟 87 为试验材料，试验点选昭通市鲁甸县桃源乡白泥沟村（27°13′N，103°45′E，海拔 1890m），设置 3 个不同供氮水平处理，分别为每公顷施纯氮 60kg、82kg、105kg，记为处理 1、处理 2、处理 3。分别对烤烟的第 7、第 10、第 13 和第 15 叶位进行标记取样（吴潇潇等，2015）。

#### 13.5.3.1　色素含量和比叶重

试验结果表明，除叶绿素 b 外，叶绿素 a、类胡萝卜素和总叶绿素含量均随叶位的上升呈现出下降的趋势，其中处理 1 与处理 3 在第 7 叶位的光合色素含量均较高，而处理 2 的光合色素含量较低。随着叶位的上升，处理 1 的光合色素含量下降较为明显，到第 15 叶位时各项数据均处于一个较低水平，处理 2 和处理 3 的光合色素含量下降的较为平缓。就烤烟整体而言，处理 3 的光合物质积累能力最强，处理 1 和处理 2 较为接近。3 个处理的类胡萝卜素含量与光合色素的变化趋势一致，但类胡萝卜素含量差异不大。

比叶重与水分利用率之间也存在一定的正相关关系。烤烟叶片比叶重随叶位的上升呈上升趋势。处理 1 的比叶重在第 7 叶位时为 3 个处理最大值，但随着叶位的上升，比叶重增势较缓；处理 2 比叶重在第 7 叶位时为最低值，但随着叶位的上升，比叶重增势较大，到第 15 叶位时为 3 个处理间的最大值；处理 3 的比叶重一直处于 3 个处理的中间水平。从烤烟整体而言，处理 2 的施氮量对烤烟的比叶重最为有利，可以认为处理 2 的水分利用率最高，这与 $\delta^{13}C$ 分析结果一致。

#### 13.5.3.2　碳氮代谢

氮素是烤烟体内蛋白质的重要组成成分，因而总蛋白质含量可以在一定程度上反映不同施氮水平对烤烟的影响。试验结果显示，总蛋白质含量不与烤烟叶位呈规律性变化，除第 13 叶位总蛋白质含量较低外，其余 3 个叶位总蛋白质含量均差异不大。就烤烟整体而言，处理 3 的总蛋白质含量 4 个叶位平均值最高，说明处理 3 的施氮水平更有利于烤烟蛋白质的生成。不同的施氮水平下，烤烟的全氮含量也有所差异，随施氮量的增加，全氮含量也逐渐增加。增施氮素使碳水化合物积累代谢减弱，光合产物大量用于含氮化合物的合成，淀粉积累晚，积累量小，碳氮比快速增长期推迟且不明显。试验结果表明，处理 2 的总碳含量 4 个叶位平均值最高，处理 3 最低。说明处理 3 的施氮量已经影响了烤烟碳水化合物的积累，对烤烟生长带来一定的负面影响。C/N 值可以作为反映烟叶碳氮代谢协调程度的重要指标。结果表明，施氮量最多的处理 3 的 C/N 值最低，而处理 1 的 C/N 值最高，处理 2 与其他两种处理 C/N 值差异较明显。处理 3 的施氮水平使烤烟的光合产物积累减弱，对烤烟的生长发育产生了一定程度的影响。

### 13.5.3.3　$\delta^{13}C$ 与生理指标的关系

在 3 个处理中，处理 2 各叶位的 $\delta^{13}C$ 均为较高值，根据 $\delta^{13}C$ 与水分利用效率呈正相关关系的结论，可说明处理 2 的水分利用效率最高，处理 1 最低。$\delta^{13}C$ 主要决定于植物的生理学遗传特性，同时也与大气和辐射环境、地理要素和土壤环境密切相关，即 $\delta^{13}C$ 可以间接反映烤烟对不同生态环境条件变化的适应特征。$\delta^{13}C$ 在不同施氮处理下，各处理间表现出一定的差异，说明 $\delta^{13}C$ 与施氮水平密切相关。通过 $\delta^{13}C$ 与各项生理指标的相关性分析可以发现，在一定程度上，$\delta^{13}C$ 的大小亦可反映烤烟叶片光合能力、碳氮代谢能力的强弱。

### 13.5.3.4　结论

在不同施氮水平下，云烟 87 在色素含量、比叶重、$\delta^{13}C$ 以及碳氮代谢等方面均表现出一定的差异。在 3 个处理中，处理 3 的色素含量及全氮含量最高，C/N 比值及比叶重最低，可以认为 $105kg/hm^2$ 的施氮量对烤烟碳水化合物的积累产生了一定的负面影响；处理 2 比叶重、$\delta^{13}C$ 以及总碳含量最高，而全氮含量以及 C/N 比值则次于处理 3，且与处理 3 的各项数据差异较小，虽色素含量最低，但与处理 3 的色素含量差异较小；处理 1 除色素含量和比叶重处于中间外，$\delta^{13}C$ 以及碳氮代谢等方面均表现较差。以烟叶稳定碳同位素（$\delta^{13}C$）为主线，辅以烟叶比叶重、光合色素和碳氮代谢等指标的综合评估，可推断云烟 87 在 $82kg/hm^2$ 的施氮水平下，烟株的各方面表现较佳，$105kg/hm^2$ 的施氮水平下的烟株表现略差，而 $60kg/hm^2$ 的施氮水平下的烟株则表现最差。研究认为，在昭通市鲁甸烟区气候环境下，$82kg/hm^2$ 的施氮量更适宜云烟 87 的生长。

## 13.6　亚生态烟区烤烟 $\delta^{13}C$ 分布的生理生态适应（Ⅱ）

### 13.6.1　不同亚生态烟区同一品种比较（Ⅰ）

供试品种为大理白族自治州主栽品种红花大金元（*Nicotiana tabacum* L. cv. Honghuadajinyuan），简称"红大"。2011 年选取云南境内红大品种最适宜烟区之一的大理州弥渡县（100°27′07″E，25°22′45″N，1686m）为主要试验点，选择与弥渡经纬度近似的大理州祥云县（100°42′43″E，25°23′49″N，1955m）作为同一烟区海拔差异的对比试验点（对比 1）。并根据弥渡的海拔与经纬度，选择与弥渡海拔近似的玉溪市红塔区大营街（102°29′E，24°18′N，1642m），作为不同烟区差异对比的试验地点（对比 2）（吴潇潇等，2014；吴潇潇，2013）。

### 13.6.1.1　不同气候因子与烤烟 $\delta^{13}C$

由于 $\delta^{13}C$ 同烤烟自身的生理特征密切相关,从 $\delta^{13}C$ 可以间接获得烤烟对不同环境条件的适应特征,稳定碳同位素与水分利用率呈正相关关系。试验所得 $\delta^{13}C$ 显示,弥渡县 $\delta^{13}C$ 高于祥云县 0.84‰,通过相关性分析发现, $\delta^{13}C$ 与气温呈正相关关系,与相对湿度呈现弱正相关关系,与降雨几乎没有相关性。弥渡与祥云均属于大理烟区,相隔距离仅 40 多公里,在小范围内气温对烟叶 $\delta^{13}C$ 的影响强于海拔变化带来的生态效应。而对于弥渡与大营街两地,大营街降水量较多,且大营街相对湿度较高,虽气温比弥渡县略低,但结合两地的气温及相对湿度,从相关性上综合分析,得出两地烤烟 $\delta^{13}C$ 的差异较小,故两地水分利用效率差异较小。

### 13.6.1.2　不同气候因子与烤烟生理指标

试验结果表明,在对比 1 中,弥渡及祥云两地红大烟叶中的丙二醛及类黄酮含量差异不显著,但弥渡烟叶中类黄酮含量较大。相对而言,在对比 2 中虽然红大烟叶的丙二醛及类黄酮差异不显著,但两地丙二醛含量相差接近一倍,且弥渡烟叶的类黄酮含量也较大,说明弥渡的红大可通过合成较多的类黄酮来应对环境造成的胁迫且调节能力较强。由于弥渡烟叶具有较大比叶重,与祥云县烤烟比叶重差异显著( $P<0.05$ ),而比叶重与 $\delta^{13}C$ 呈正相关且相关性达到显著水平,可以认为弥渡烤烟红大的水分利用率要高于祥云,且弥渡烟叶 $\delta^{13}C$ 比祥云大 0.84‰。

### 13.6.1.3　红大品种的生理生态适应

试验结果表明,弥渡红大烟叶烟碱含量偏高;总糖、还原糖及总氮含量适宜;钾含量、糖碱比、氮碱比及钾氯比偏低,氯含量偏高。祥云及大营街烤烟化学成分较为接近,均是烟碱、总氮含量适宜;总糖、还原糖、氯含量及糖碱比偏高;钾含量、氮碱比及钾氯比偏低。但相比而言,弥渡烟叶的总糖、还原糖及总氮含量属于适值范围,氯含量居中,钾含量、糖碱比及钾氯比更接近适值范围。从三地红大烟叶化学成分的协调性总体评价,以弥渡的协调性最好,而祥云及大营街两地的较为接近。在不同亚生态烟区不同气候因子的作用下,弥渡的红大在 $\delta^{13}C$ 、光合色素、丙二醛、类黄酮及化学成分等方面均优于祥云和大营街种植的红大品种。通过对红大烤烟品种在大理州广泛种植的生态原因进行探讨,对上述多项指标的分析,可以认为弥渡的生态环境最有利于烤烟品种红大的种植,祥云与大营街次之。

## 13.6.2　不同亚生态烟区同一品种比较(Ⅱ)

以烤烟 K326 品种为试验材料进行大田种植,试验点位于两个纬度和经度差距不大、海拔差异明显的昭通市昭阳区(27°21′N,103°43′E,海拔 1949.5m)和大关县(27°46′N,103°53′E,海拔 1065.5m)。采用相同的大田优质烟叶生产管理措施进行田间种植(颜侃等,2012;颜侃,2012b)。

### 13.6.2.1 形态和生理特征

大关 K326 可以通过增加节间距拉开叶片之间的距离，利于充分利用光能资源，而叶面积的加大促进了蒸腾和光合作用的进行，这也是对大关水分较充足气候条件的适应。相对而言，昭阳 K326 在形态上则可能反映出一定的节水和回避强光的特征，它以缩小节间距减少叶面积和叶片数量，以减少能量消耗使植株更紧凑，避免强光伤害。在旺长期和成熟期，昭阳烤烟叶片比叶重都显著高于大关，这也表明昭阳和大关的烤烟对水分利用可能存在不同的适应策略。而昭阳烟叶蛋白质含量较高，与其所处的高海拔相适应。两地烟叶成熟期叶绿素 a/b 均比旺长期稍高，这反映出叶绿素 a 的降解速率比叶绿素 b 的降解速率慢。大关烟叶叶绿素 a/b 在不同时期均高于昭阳，大关烟叶叶绿素与类胡萝卜素比值在成熟期时显著低于昭阳，这是由于昭阳烟叶叶绿素含量降低更快所致。这也表明成熟期大关烟叶的类胡萝卜素对叶绿素仍然具有较强的保护作用，即大关烟叶可能保持着较强的光合能力。在旺长期至成熟期内，昭阳烟叶叶绿素含量的下降量及下降速率均高于大关，而成熟期大关烟叶仍维持较高的光合色素含量，这说明昭阳 K326 较快地进入了衰老期，并在较短的时间内完成了营养生长，也即表明昭阳烤烟叶片寿命更短。可以认为，昭阳少雨、低温、多日照及空气相对湿度低的气候条件导致烤烟的营养生长期的缩短，而大关烟叶由于环境条件较为适宜，则可维持相对较长的叶片功能期。烤烟叶片总多酚含量能够反映植株的抗逆能力，旺长期两地烟叶的总多酚含量接近，而成熟期昭阳烟叶总多酚含量上升较快，其含量比大关烟叶高 20.6%，这可能与该时期昭阳相对干旱的气候条件有关。在成熟期昭阳烟叶丙二醛的含量稍高于大关，表明昭阳烟叶的衰老速率较快，这与光合色素的分析结果一致。由于昭阳烟叶总多酚的累积速率更快，可能说明在其进入成熟期的过程中受不利条件的影响程度更大。

### 13.6.2.2 $\delta^{13}C$ 与烤烟的生态适应

烤烟在进行光合作用时，从 $CO_2$ 吸收、固定到有机物的合成都伴随着碳同位素的分馏。旺长期至成熟期烟叶 $\delta^{13}C$ 的变化可以代表碳同位素分馏值的变化，即成熟期昭阳烟叶碳同位素分馏值降低了 0.19(‰)，大关烟叶增加了 0.16(‰)。由此看来，昭阳烤烟碳同位素的分馏作用随着烟叶成熟而减小，大关烟叶则相反，表明两地烤烟在光合作用过程和能力上存在差异。昭阳烟叶成熟期 $\delta^{13}C$ 有所增加，这间接反映出水分利用效率也可能增加，表明昭阳烤烟对水分条件的适应性在逐渐增强，这与昭阳烟区烟叶成熟期相对干凉的气候条件相适应。大关烟叶的 $\delta^{13}C$ 在成熟期降低，其水分利用效率亦可能降低，这与大关烟区烟叶成熟期的湿热气候相符。分析比叶重的测定结果可以看出，昭阳烟叶前后时期的干物质积累量明显高于大关，即昭阳烟叶的合成速率较快。$\delta^{13}C$ 和比叶重都表明昭阳烤烟 K326 同化能力可能较强。因此，仅就光合同化能力而言，$\delta^{13}C$ 与烟叶比叶重所反映出的生理特征是一致的。从两地烤烟抗逆性差异来看，这可能由于昭阳烤烟过多的光合产物和能量被用于抵御不利的生态环境条件，使次生代谢和能量分配发生了改变，从而导致株高、叶面积等形态特征较差。然而值得注意的是，在昭阳所处的生态环境条件下，叶片的多酚含量比大关烟叶积累较快。是否可以从另一个侧面说明，在适宜烤烟生长的生态环境构建过程中，适当不利环境条件的胁迫，反而能够提升烟叶的香吃味，烤烟 K326 在同化能力和抗性生理等方面对不同生态环境条件的适应性存在差异。

### 13.6.3　不同亚生态烟区同一品种比较(Ⅲ)

以烤烟品种 K326 为试验材料，通过测定云南省昭通市昭阳区($T_1$，$27°13'N$，$103°44'E$，海拔 1967m)、玉溪市通海县($T_2$，$24°10'N$，$102°42'E$，海拔 1806m)、玉溪市红塔区($T_3$，$24°18'N$，$102°29'E$，海拔 1642m)和昭通市大关县($T_4$，$27°46'N$，$103°53'E$，海拔 1065m)两个不同生态烟区、不同海拔下生长的 K326 烟叶 $\delta^{13}C$、叶绿素含量、类胡萝卜素含量、可溶性蛋白含量及比叶重等，探讨烟叶 $\delta^{13}C$ 与生理指标的联系，以及 $\delta^{13}C$ 随叶位及海拔的分布状况(王毅等，2013a)。

结果表明：各试验点烟叶 $\delta^{13}C$ 在 $-27.4‰\sim-23.4‰$。$T_1$、$T_2$ 和 $T_3$ 烟叶 $\delta^{13}C$ 随叶位升高而增加，其上部叶和中部叶 $\delta^{13}C$ 均随海拔升高而增加，$T_4$ 烟叶 $\delta^{13}C$ 偏低，并随叶位升高而降低。昭通烟区($T_1$ 和 $T_4$)和玉溪烟区($T_2$ 和 $T_3$)相同部位烟叶的 $\delta^{13}C$ 相比，玉溪烟区烟叶 $\delta^{13}C$ 更为偏正，这可能是不同烟区水热条件差异所致。烟叶 $\delta^{13}C$ 与叶绿素含量、叶绿素与类胡萝卜素比值呈显著负相关($P<0.05$)。烟叶 $\delta^{13}C$ 与类胡萝卜素含量、叶绿素 a/b 无明显相关关系。可溶性蛋白含量、比叶重与烟叶 $\delta^{13}C$ 均存在极显著正相关关系($P<0.01$)。以上结果反映出叶绿素含量、叶绿素与类胡萝卜素比值、烟叶比叶重、可溶性蛋白含量与 $\delta^{13}C$ 相关性较好。对 $T_1$、$T_2$ 和 $T_3$ 烟叶来说，光照条件的差异可能是导致 $T_4$ 烟叶 $\delta^{13}C$ 偏低，并随叶位升高而降低，$\delta^{13}C$ 随叶位升高而增加的重要影响因素之一。而 $T_4$ 烟叶表现出与其余 3 处试验完全相反的规律，这或许与海拔有关。$T_1\sim T_3$ 的海拔为 $1600\sim2000m$，而 $T_4$ 的海拔相对低得多，这可能表明在较高海拔下烟叶 $\delta^{13}C$ 随叶位升高而增加，而低海拔下则是随叶位升高而降低。由此看出，烤烟叶片 $T_4$ 烟叶 $\delta^{13}C$ 偏低，并随叶位升高而降低，$\delta^{13}C$ 的变化与叶位的关系较为复杂。

### 13.6.4　不同亚生态烟区不同品种比较

2010 年以烤烟品种 K326、红花大金元和 KRK26 为试验材料，选择云南省境内中高海拔的主产烟区进行大田种植，试验点位于通海县四街镇和昭通市鲁甸县。通海试验点在玉溪市通海县城旁的四街镇($102°45'E$，$24°07'N$，海拔 1806m)，属中亚热带湿润凉冬高原季风气候。昭通市鲁甸县($27°11'N$，$103°33'E$，海拔 1950m)，属南温带气候(王毅等，2013b；田先娇，2012)。

#### 13.6.4.1　气候要素与烤烟 $\delta^{13}C$

总体上旺长期通海的光强大于鲁甸，与之对应的通海三个品种的 $\delta^{13}C$ 都大于鲁甸。虽然日照时数通海大于鲁甸，但鲁甸的光照度大于通海，与之对应的烤烟 K326 和红大的 $\delta^{13}C$ 也是鲁甸大于通海。鲁甸的 UV-B 辐射强度旬平均值的最小值和最大值，以及 7 月上旬至 8 月中旬的旬平均值，鲁甸都大于通海。烤烟成熟期鲁甸 K326 和红大的 $\delta^{13}C$ 都大于通海，但 KRK26 的 $\delta^{13}C$ 却小于通海相同品种的 $\delta^{13}C$，是否可认为烤烟品种 KRK26 比 K326 和红大对 UV-B 辐射更敏感。旺长期通海的日平均气温明显高于鲁甸，而旺长期通海三个品种烤烟的 $\delta^{13}C$ 都大于鲁甸，说明在烤烟旺长期气温是影响烤烟 $\delta^{13}C$

的主要因素之一，且表现出温度较高地区烤烟的 $\delta^{13}C$ 较大。而 7 月中旬至 8 月下旬两地的平均气温较接近，因此，温度不是两地成熟期烤烟 $\delta^{13}C$ 差异的主要原因。鲁甸的降水量总体上多于通海，通海的降水量集中在 5~7 月，鲁甸的降水量集中在 6~8 月。鲁甸的降水量显然大于通海，同时旺长期三个烤烟品种的 $\delta^{13}C$ 都表现为通海大于鲁甸，即降水量多的鲁甸烤烟的 $\delta^{13}C$ 却较小。由于 $\delta^{13}C$ 与水分利用效率(WUE)存在正相关关系，可以得出旺长期通海烤烟的水分利用效率高于鲁甸的结论，而成熟期 K326 和红大两个品种的 $\delta^{13}C$ 却表现为鲁甸大于通海，KRK26 表现为通海大于鲁甸，即支持 $\delta^{13}C$ 与降水量呈正相关的结论。说明对不同烤烟品种而言，降水量和 $\delta^{13}C$ 不是简单的正负相关关系。5~6 月通海的月平均相对湿度小于鲁甸，通海三个品种旺长期的 $\delta^{13}C$ 都大于鲁甸，7~8月通海的月平均相对湿度大于鲁甸，且通海 K326 和红大成熟期的 $\delta^{13}C$ 小于鲁甸。5~6月通海烤烟叶片的水分利用效率大于鲁甸，7~8 月鲁甸大于通海。该结果支持空气相对湿度与烤烟 $\delta^{13}C$ 呈负相关的研究结论。

### 13.6.4.2　不同品种 $\delta^{13}C$ 在不同生态环境下的比较

在旺长期通海三个品种 $\delta^{13}C$ 的比较，大小为 KRK26>红大>K326，鲁甸三个品种 $\delta^{13}C$ 的比较，大小为红大>K326>KRK26。对通海和鲁甸对应品种的比较，通海 K326、红大和 KRK26 的 $\delta^{13}C$ 大于鲁甸对应的三个品种，说明通海烤烟的水分利用效率大于鲁甸。在成熟期通海三个品种 $\delta^{13}C$ 的比较，顺序为 KRK26>K326>红大，鲁甸三个品种 $\delta^{13}C$ 的大小顺序不变，和旺长期相同。在成熟期通海和鲁甸之间对应品种的比较，通海 K326 和红大的 $\delta^{13}C$ 小于鲁甸，KRK26 的 $\delta^{13}C$ 大于鲁甸，K326 和红大的碳同位素的分馏能力是通海大于鲁甸，KRK26 的碳同位素的分馏能力是通海小于鲁甸。由此可知，烤烟叶片碳同位素的分馏能力不仅与环境条件有关，还与其自身的遗传特性有关。

无论是在旺长期还是在成熟期，通海的 $\delta^{13}C$ 是 KRK26 最大，鲁甸是红大最大，说明在通海 KRK26 的水分利用效率最高，在鲁甸红大的水分利用效率最高。对比旺长期和成熟期，除通海红大的 $\delta^{13}C$ 变化很小外(仅为 0.02‰的变化)，通海和鲁甸两个生态区的不同烤烟品种叶片的 $\delta^{13}C$ 都表现为成熟期大于旺长期，说明随着烟叶的成熟，烤烟叶片碳同位素分馏能力逐渐减弱，水分利用效率逐渐增强，分布在两个气候带的烤烟在光合能力上随着烤烟的成熟，表现出相同的趋势。而对烟叶下部叶和中部叶 $\delta^{13}C$ 的平均值比较，三个品种都表现为通海大于鲁甸。品种间 K326 和红大的差异较小，KRK26 的差异较大，通海的 KRK26 比鲁甸高 1.01‰，说明相比于 K326 和红大，环境变化对 KRK26 的影响更大。

### 13.6.4.3　结论

旺长期各烤烟品种的 $\delta^{13}C$ 都表现为通海大于鲁甸，即较强的光照、较高的温度、较少的降水和较低的空气湿度具有较大的 $\delta^{13}C$。成熟期除 KRK26 外，烟叶的 $\delta^{13}C$ 表现为鲁甸大于通海。对比旺长期和成熟期，两地各品种的 $\delta^{13}C$ 都表现为成熟期大于旺长期，即随着烟叶的成熟，分布在两个气候带烤烟的水分利用效率都在逐步提高。

气候带分布差异对不同品种烤烟的 $\delta^{13}C$ 有明显影响。无论是旺长期和成熟期，通海烤烟都表现为 KRK26 的 $\delta^{13}C$ 最大，鲁甸烤烟表现为红大的 $\delta^{13}C$ 最大。通过对烟叶下部

叶和中部叶 $\delta^{13}$C 的平均值比较表明,三个品种都表现为通海大于鲁甸,5~8 月通海的日照时数总数大于鲁甸,日平均气温高于鲁甸,总降水量少于鲁甸。此结果支持温度较高,日照时数较长,降水量较少,$\delta^{13}$C 越大的结论。烤烟叶片的 $\delta^{13}$C 并未简单地表现为 $\delta^{13}$C 随海拔和纬度增加而逐渐变重的趋势,而表现为不同的品种,在不同的生长时期存在一定的差异,这些差异表明在低纬高原地区受纬度和海拔影响导致的气候带分布差异,对不同品种烤烟的 $\delta^{13}$C 和主要生理特征有明显影响。

## 13.7　不同香型生态烟区烤烟 $\delta^{13}$C 分布与生理生态适应

### 13.7.1　典型浓香型和清香型烟区

2012 年选烤烟品种 K326 为试验材料,在河南省许昌市襄城县郝庄后大路李村(33°56′N,113°34′E,海拔 88m)(以下简称河南)、福建省龙岩市上杭县白砂镇塘丰村(25°05′N,116°35′E,海拔 428m)(以下简称福建)、和云南省玉溪市红塔区赵桅试验基地(24°18′N,102°29′E,海拔 1645m)(以下简称云南)进行大田种植试验。待进入生理成熟期(移栽后 70d)时,分别标记烟株第 7、第 10、第 11、第 13 和第 16 共 5 个叶位,并开始第一次取样。以第 11 叶位代表相同叶位,第 7、第 10、第 13 和第 16 四个叶位代表不同叶位,并自第一次取样起的每隔 12d 取样一次,即第 11 叶位共取样 4 次,第 7、第 10、第 13 和第 16 叶位则每次选取一个叶位(杨湉等,2016;杨湉,2015;杨金汉等,2014;颜侃等,2015)。

#### 13.7.1.1　气候环境对烟叶 $\delta^{13}$C 组成的影响

试验结果表明,三个生态烟区相同叶位和不同叶位烟叶均表现为河南 $\delta^{13}$C 平均值最小,云南和福建的相差不大,云南和福建两地与河南的差异达到显著水平,针对不同叶位烟叶,福建和云南的 $\delta^{13}$C 均表现为随叶位上升而增加的趋势,而河南烟叶 $\delta^{13}$C 最低,并无随叶位升高而增加的趋势。从气候特点来看,云南气候兼具低纬高原季风气候的特点;福建属亚热带湿润季风气候,水热条件和垂直分带较明显,趋于海洋性气候特点;河南则属于北亚热带与暖温带过渡型气候,趋于大陆性气候特点。河南烤烟大田生长期气温高降水少,而福建和云南烤烟大田生长期气候条件有一定相似性,两地雨水充足气温较低。可以初步认为气候条件中降水和气温的差异或二者耦合关系是影响烟叶 $\delta^{13}$C 的重要因素。

作为同一品种在不同亚生态烟区烟叶对 $\delta^{13}$C 的响应研究。吴潇潇等(2014)以烤烟品种红大为试验材料,在云南烟区大理州弥渡县、祥云县(纬度相近)进行比较研究。烤烟大田生长期,祥云的平均气温为 19.8℃,弥渡 21.7℃,而 $\delta^{13}$C 分别为 −26.76‰、−25.92‰,以弥渡的偏重,亦表明 $\delta^{13}$C 与气温存在正相关。本试验 2012 年烤烟大田生长期云南、福建和河南的平均气温分别为 20.8℃、22.8℃、25.7℃,而相同叶位 $\delta^{13}$C 平均值则分别为 −26.31‰、−27.22‰、−29.54‰,不同叶位 $\delta^{13}$C 平均值分别为 −25.6‰、−26.3‰、−29.7‰,均表现为气温和烟叶 $\delta^{13}$C 之间存在负相关关系。此类同种植物 $\delta^{13}$C 与气温的相关性完全相反,估计与研究区域所处气候带尺度有关,即弥渡和祥云更多地受同一气候带局部地形差异的影响,而不同的大生态烟区则更多地受不同气候带的制约。

降水量对不同植物 $\delta^{13}C$ 的作用效应有不同的结论,大多数研究认为 $\delta^{13}C$ 及水分利用效率随降水量增加而显著变轻,随降水量的减少而变重。本试验 2012 年烤烟大田生长期云南、福建和河南的降水总量分别为 364.9mm、821.6mm、250.1mm,而相同叶位 $\delta^{13}C$ 平均值则分别为 $-26.31‰$、$-27.22‰$、$-29.54‰$,不同叶位 $\delta^{13}C$ 平均值分别为 $-25.6‰$、$-26.3‰$、$-29.7‰$,均表现为降水充足的云南和福建生态区,烤烟 $\delta^{13}C$ 反而更高。

可以看出,福建和云南生态区烟叶 $\delta^{13}C$ 的相似性,以及它们同河南生态区烟叶 $\delta^{13}C$ 的差异性,并不是受降水或气温单个因子的影响,降水和气温的合理配比可能是引起福建和云南烟叶碳同位素组成特征相似的主要因素,同时也是导致这两个生态区烟叶不同于河南烟叶碳同位素组成特征的原因。即三个地域不同生态烟区气候条件的差异或趋同,及与烤烟自身的生理特征耦合的关系,是影响烟叶 $\delta^{13}C$ 分布的重要因素。

### 13.7.1.2　烟叶 $\delta^{13}C$ 与碳氮代谢、比叶重

总体来看,三个不同生态区相同叶位烟叶的 $\delta^{13}C$、总碳、碳氮比、比叶重的平均值均表现为云南最大,福建次之,河南最小。烟叶全氮平均值表现为河南最大,云南次之,福建最小。不同叶位烟叶 $\delta^{13}C$、总碳、碳氮比平均值云南和福建接近,河南最小;全氮平均值河南高于云南和福建;比叶重平均值表现为福建最大,云南次之,河南最小。

比叶重是影响 $\delta^{13}C$ 的重要因素,相同叶位河南烟叶比叶重平均值均低于云南、福建,且每次取样都以云南的最高。相关性表明烟叶 $\delta^{13}C$ 与云南、福建比叶重呈正相关,与河南呈负相关。不同叶位河南烟叶比叶重平均值同样小于云南、福建,但相关性表明 $\delta^{13}C$ 与三地均呈正相关关系。由此看出,含氮量对同化能力的表征不及比叶重,比叶重与 $\delta^{13}C$ 的关系更为稳定。在一些研究中比叶重较大表明叶片厚度更大,或是叶脉密集,或是组织密度更大,且 $\delta^{13}C$ 和水分利用效率呈正比。据此可推之,云南烟叶的叶片厚度、组织密度、WUE 等优于福建,明显好于河南。

植物叶片的氮含量在一定程度上反映了叶片吸收和固定大气 $CO_2$ 的能力,进而影响 $\delta^{13}C$。大量的研究表明植物叶片中的氮含量与 $\delta^{13}C$ 呈正相关,这是由于在高氮浓度下光合能力较强,造成 $C_i/C_a$ 下降进而使 $\delta^{13}C$ 减小,相同叶位的河南烟叶 $\delta^{13}C$ 与全氮的关系符合此规律。而相同叶位云南、福建,不同叶位三个地点的烤烟叶片 $\delta^{13}C$ 与全氮含量均呈负相关。碳氮比(C/N)在一定程度上也能反映出光合氮利用效率。相同叶位不同叶位河南烟叶碳氮比平均值均最小,福建和云南烟叶碳氮比平均值比较接近,并且碳氮比小的地区烟叶 $\delta^{13}C$ 较小。

相同叶位相关性分析表明,河南烟叶 $\delta^{13}C$ 与全氮呈较显著正相关,云南、福建 $\delta^{13}C$ 与全氮呈弱负相关。河南烟叶 $\delta^{13}C$ 与碳氮比、比叶重呈负相关,云南、福建则呈正相关。这种差异由于烤烟大田生长期气候条件的相似性,导致烟叶 $\delta^{13}C$、总碳、碳氮比、比叶重较大,全氮含量较小;而河南烤烟大田生长期气温高且降水少,造成烟叶 $\delta^{13}C$、总碳、碳氮比、比叶重较小,全氮含量则相对较高。不同叶位相关性分析表明成熟期烟叶的 $\delta^{13}C$ 与比叶重、碳氮比均呈正相关,与总氮含量呈负相关。总的说明 $\delta^{13}C$ 既能够反映环境条件对烤烟光合生理的综合影响,也能反映出烤烟碳氮代谢的特征,即 $\delta^{13}C$ 在一定程度上能够与烤烟品质特征相联系。

综上所述，云南和福建烟叶的 $\delta^{13}$C 高于河南，云南和福建烤烟的生理特征较为相似，且与河南烟叶差别显著。河南是国内典型的浓香型烤烟产区，福建和云南，尤其云南是典型的清香型烤烟产区，能否通过烤烟叶片 $\delta^{13}$C 与众多生理特征以及气候、地理因子之间的耦合联系，以烟叶 $\delta^{13}$C 作为判定烤烟香气风格形成的阈值指标，还有待深入研究。

### 13.7.1.3　烟叶 $\delta^{13}$C 与光合色素

试验结果表明三个生态烟区同叶位叶绿素 a、叶绿素 b、类胡萝卜素、总叶绿素平均值及各种光合色素的最大值与最小值均为河南最大、云南和福建差异不大。不同叶位叶绿素 a、叶绿素 b，云南福建两地都表现为随叶位升高而下降的趋势；河南的叶绿素 a 含量表现不太规律。类胡萝卜素含量云南表现大致稳定，河南、福建表现不规律。

在光合作用过程中植物叶片会对大气 $^{13}$CO$_2$ 进行分馏，C$_3$ 植物吸收大气 $^{12}$CO$_2$ 的数量相对较多，说明对 $^{13}$C 分馏能力较强，但其 $\delta^{13}$C 含量较低。相同叶位云南、河南 $\delta^{13}$C 与光合色素均呈正相关，云南的相关性比河南高。福建 $\delta^{13}$C 与光合色素（除叶绿素 a/b）均呈现弱负相关。不同叶位三个生态烟区烟叶 $\delta^{13}$C 与叶绿素 a、叶绿素 b、叶绿素总量及类胡萝卜素含量均呈负相关，福建和云南的 $\delta^{13}$C 与烟叶光合色素负相关更强；河南的 $\delta^{13}$C 与烟叶光合色素负相关性稍弱。本试验中相同叶位和不同叶位光合色素与 $\delta^{13}$C 相关性不一致，说明植物的 $\delta^{13}$C 的含量并不完全取决于光合色素的含量。因此，$\delta^{13}$C 与光合色素存在紧密的联系，且关系较为复杂，有待于深入研究。

### 13.7.1.4　烟叶 $\delta^{13}$C 与化学成分及品质

不同生态类型下烟叶中的各种化学成分含量存在差异，含量的高低及配伍直接影响到卷烟的香气与吃味，在很大程度上决定了烟叶及其制品的烟气特征，并直接影响烟叶品质的优劣。

本试验中相同叶位，云南总糖和还原糖含量均高于福建和河南烟叶，云南比适宜值范围高，福建和河南在适宜值范围内。不同叶位，云南、福建总糖和还原糖含量平均值接近，显著高于河南（$P<0.05$），云南、福建大于适宜值范围，河南在适宜值范围内。本试验中相同叶位，云南烟叶烟碱含量处于适宜值范围，河南和福建烟碱含量均偏高。不同叶位，烟碱平均值福建＞河南＞云南，云南含量处于适宜值范围，河南和福建烟碱含量则均偏高。钾对烟叶燃烧性影响较大，相同叶位烟叶，钾含量表现为云南＜福建＜河南，均在适宜范围，说明三地烟叶持火力强，燃烧效率高；氯含量表现为福建＜云南＜河南，均大于适宜范围；钾/氯比表现为云南＜河南＜福建，均小于适宜值范围，说明三地烟叶的燃烧性较差。不同叶位，钾含量表现为云南＜福建＜河南，说明三地烟叶持火力强，燃烧效率河南优于云南和福建；氯含量福建＜云南＜河南，福建在适宜范围，云南和河南均大于适宜范围；钾/氯比表现为云南＜河南＜福建，均小于适宜值范围，说明三地烟叶的燃烧性较差。从化学成分的总体表现看，云南烟叶的香韵好，刺激性中等，劲头适中，化学成分协调性高；河南烟叶香气量较高，刺激性较大，化学成分协调性次之；而福建烟叶在香气量和刺激性方面略差，化学成分协调性较低。

### 13.7.1.5　相同叶位与不同叶位 $\delta^{13}C$ 的差异性分析

表 13-3 为相同叶位(第 11 叶位)和不同叶位(第 7、第 10、第 13、第 16 叶位)$\delta^{13}C$ 差异性分析。三个生态烟区都依据 K326 的生育期及叶龄进行推算以确定取样时间,保证了采集到的烟叶都达到生理成熟。云南 8 月 10 日采集的第 11 叶位与第 16 叶位差异显著($P<0.05$),与 7 月 29 日的第 13 叶位差异也显著($P<0.05$)。福建 6 月 8 日采集的第 11 叶位与第 16 叶位差异显著($P<0.05$),5 月 3 日、15 日的第 11 叶位与 6 月 8 日采集的第 16 叶位差异显著($P<0.05$)。河南 8 月 3 日的第 11 叶位与 7 月 10 日的第 7 叶位差异显著($P<0.05$)。总的来看,云南、福建两个生态烟区最后一次取样的第 11 叶位和第 16 叶位差异均显著($P<0.05$),河南四次取样的第 11 叶位与其余叶位差异均不明显($P>0.05$)。且对三个生态烟区第 7、第 10、第 13、第 16 叶位 $\delta^{13}C$ 平均值差异性分析得云南,河南第 7、第 10、第 13、第 16 叶位之间 $\delta^{13}C$ 差异不显著($P>0.05$),福建第 7 叶位与第 10、第 13、第 16 叶位之间差异显著($P<0.05$)。因此,在以后的研究中可以考虑只取第 11 叶位烤烟样品进行分析研究。

**表 13-3　相同叶位与不同叶位 $\delta^{13}C$ 的差异分析**

| 地点 | 叶位 | 第 11 叶位 | 第 11 叶位 | 第 11 叶位 | 第 11 叶位 |
|---|---|---|---|---|---|
| 云南 | 第 7 叶位 | 0.137 | −0.056 | 0.240 | −0.713 |
| | 第 10 叶位 | −0.380 | −0.573 | −0.276 | −1.230 |
| | 第 13 叶位 | −0.900 | −1.093 | −0.796 | −1.750* |
| | 第 16 叶位 | −0.737 | −0.930 | −0.633 | −1.586* |
| 福建 | 第 7 叶位 | 0.180 | 0.593 | 0.600 | 0.3033 |
| | 第 10 叶位 | −1.050 | −0.636 | −0.630 | −0.927 |
| | 第 13 叶位 | −1.543 | −1.130 | −1.123 | −1.42 |
| | 第 16 叶位 | −2.157* | −1.743* | −1.736 | −2.033* |
| 河南 | 第 7 叶位 | −0.726 | −0.360 | −1.493* | 0.040 |
| | 第 10 叶位 | 0.163 | 0.530 | −0.603 | 0.930 |
| | 第 13 叶位 | 1.283 | 1.650 | 0.517 | 2.050 |
| | 第 16 叶位 | −0.57 | −0.206 | −1.340 | 0.193 |

注:*表示均差在 0.05 水平上差异显著。

## 13.7.2　清香型和中间香型代表烟区

2013 年以烤烟品种 K326 为试验材料,在云南省昭通市鲁甸县桃源乡铁家湾村($27°13'N$,$103°45'E$,海拔 1950m)(以下简称云南)和贵州省遵义市湄潭县抄乐乡观音塘村($27°37'N$,$107°31'E$,海拔 847m)(以下简称贵州)进行大田种植试验。取样方式同 13.7.1 节(杨湉,2015)。

### 13.7.2.1　气候环境对烟叶 $\delta^{13}C$ 组成的影响

烤烟在进行光合作用时，从 $CO_2$ 吸收、固定到有机物的合成都伴随着碳同位素的分馏。本试验中，云南、贵州的平均气温为 20.4℃、20.6℃，$\delta^{13}C$ 为 $-25.61‰$、$-25.54‰$，表明温度与 $\delta^{13}C$ 存在负相关关系。与 13.7.1 节中云南、福建、河南结论相反，可能是因为云南和贵州温度差异不大，$\delta^{13}C$ 变化不明显。云南、贵州的降水量为767mm、301mm，$\delta^{13}C$ 为 $-25.61‰$、$-25.54‰$。云南、贵州两个试验地的海拔分别为1950m 和 847m，海拔相差 1103m。总的来看，两地温度、经纬度相近，而 $\delta^{13}C$ 也相近，尽管两地降水量和海拔差异较大，但纬度仅相差 $24'$，可以说明本试验中 $\delta^{13}C$ 与温度、经纬度的关系更为密切。

### 13.7.2.2　烟叶 $\delta^{13}C$ 与碳氮代谢、比叶重与光合色素

试验结果表明，第 11 叶位 $\delta^{13}C$、全氮含量为四次取样平均值表现为云南<贵州。总碳、碳氮比含量四次取样平均值表现为云南>贵州。云南 $\delta^{13}C$ 与全氮呈负相关，与总碳、碳氮比呈正相关。贵州 $\delta^{13}C$ 与全氮、总碳、全钾呈负相关，与碳氮比呈正相关。其余叶位，$\delta^{13}C$、总碳、碳氮比第 7 叶位，云南<贵州；第 10、第 13、第 16 均为云南>贵州。四个叶位平均值表现为云南>贵州。全氮第 7 叶位，云南>贵州；第 10、第 13、第 16 叶位，云南<贵州。四个叶位平均值表现为云南<贵州。

碳代谢是烤烟成熟过程中最基本的生理代谢过程，与烟叶化学成分、香气品质的形成密切相关，它包括无机碳的光合固定过程、碳水化合物的转化运输过程及碳水化合物的积累和分解过程，这些过程都是在酶促反应下进行的。本试验结果云南和贵州 $\delta^{13}C$ 与全氮均成负相关，碳氮比(C/N)在一定程度上也能反映出光合氮利用效率。云南、贵州两地碳氮比均与 $\delta^{13}C$ 呈正相关关系，贵州相关性大于云南。比叶重反映植物对生长光环境的适应能力，试验表明第 11 叶位比叶重云南>贵州；其余叶位，第 7、第 16 叶位，云南>贵州；第 10、第 13 叶位，云南<贵州，四个叶位平均值云南>贵州。说明云南烟叶的叶片厚度、组织密度、WUE 等优于贵州。

试验结果表明，云南烟区叶绿素 a、总叶绿素、类胡萝卜素平均含量均为第 13 叶位最高，第 16 叶位最低。贵州烟区叶绿素 a、类胡萝卜素含量均为第 10 叶位最高，第 16叶位最低；叶绿素 b、总叶绿素第 7 叶位最高。这说明不同生态区，不同叶位间的光合色素含量不一样，即不同叶位烟叶的品质有所差异。相关性分析表明，云南 $\delta^{13}C$ 与光合色素均呈正相关，贵州 $\delta^{13}C$ 与光合色素除叶绿素 a 和叶绿素 b 外均呈负相关，因此，$\delta^{13}C$ 与光合色素存在紧密的联系且关系较为复杂。

## 13.7.3　结论

### 13.7.3.1　烟叶 $\delta^{13}C$ 分布与气候环境

从气候环境对 $\delta^{13}C$ 分布的贡献看，降雨和气温的合理配置是引起烟叶碳同位素组成特征不同的主要因素，河南的高温和降雨少是福建和云南不同于河南烟叶碳同位素组成特征的原因。即三个地域不同生态烟区气候条件的差异或趋同，及与烤烟自身的生理特

征耦合的关系，是影响烟叶 $\delta^{13}$C 分布的重要因素。而在云南鲁甸和贵州湄潭的中尺度生态烟区试验中，由于云南和贵州温度差异不大，而降水量差异明显，但 $\delta^{13}$C 差异不明显。总的来看，两地气温、经纬度相近，而 $\delta^{13}$C 也相近，两地同属低纬高原季风气候类型，只是在降水量上表现突出。从另一侧面说明 $\delta^{13}$C 与气温、地域环境的关系更为密切。

### 13.7.3.2　烟叶 $\delta^{13}$C 分布与生理特征和品质评价

在大尺度生态烟区试验中，福建、云南烤烟大田生长期气候条件的相似性，导致烟叶 $\delta^{13}$C、总碳、碳氮比，比叶重较高，全氮含量较低；而河南烤烟大田生长期气温高且降水少，造成烟叶全氮含量相对较高且 $\delta^{13}$C 等生理指标较小。在云南和贵州的中尺度生态烟区试验中，第 11 叶位全氮含量为 4 次取样平均值，表现为贵州大于云南，总碳、碳氮比含量四次取样平均值则表现为云南大于贵州。这与河南等三个大尺度生态烟区的结论相同，即贵州降水量偏少造成全氮含量偏高，可能是贵州烤烟呈现中间香型的主要生理生态原因之一。而第 11 叶位比叶重云南大于贵州；其余四个叶位平均值亦云南大于贵州。说明云南烟叶的叶片厚度、组织密度、WUE 等优于贵州。作为对植物生态环境和生理特征综合判定指标的应用，烤烟 $\delta^{13}$C 既能反映环境条件对烤烟光合生理的综合影响，也能反映出烤烟碳氮代谢的特征。

从三个大尺度生态烟区烟叶化学成分的总体表现看，云南烟叶的香韵好，刺激性中等，劲头适中，化学成分协调性最高；河南烟叶香气量较高，刺激性较大，化学成分协调性次之；而福建烟叶在香气量和刺激性方面略差，化学成分协调性较低。其特征基本符合三地 $\delta^{13}$C 与烟叶化学成分之间的关系和分布趋势，进一步证明 $\delta^{13}$C 与烤烟品质特征间存在着紧密联系。

### 13.7.3.3　相同叶位与不同叶位取样的代表性

为了研究烟叶进入成熟期 $\delta^{13}$C 和生理指标的动态变化特征，更好地揭示烤烟在生长过程中对 $\delta^{13}$C 和生理指标的响应规律，作为研究方法的探讨，采用了纵向和横向取样的方式进行。事实证明，两类取样方式获得的研究结果在评价烤烟的香型和品质上相当一致，相互得到了印证。相比之下，横向取样的方式规律更明显，结论更明晰。即在今后的类似研究中可考虑只采集第 11 叶位或中部叶位烟叶进行动态分析研究，其代表性更强。

# 参 考 文 献

白建辉，王庚辰，胡非. 2003. 近 20 年北京晴天紫外辐射的变化趋势. 大气科学，27(2)：273－280.

白文波，李品芳，李保国. 2008. NaCl 和 NaHCO₃ 胁迫下马蔺生长与光合特性的反应. 土壤学报，45(2)：328－334.

毕家顺. 2006. 低纬高原城市紫外辐射变化特征分析. 气候与环境研究，11(5)：637－641.

蔡剑，姜东，戴廷波，等. 2009. 施氮水平对啤酒大麦植株氮素吸收与利用及籽粒蛋白质积累和产量的影响. 作物学报，35(11)：2116－2121.

蔡锡安，夏汉平，彭少麟. 2007. 增强 UV-B 辐射对植物的影响. 生态环境，16(3)：1044－1052.

曹建新，苏文华，张磊，等. 2009a. 不同土壤条件下苦楝生长特征比较. 西南林学院学报，29(2)：83－85.

曹建新，姜远标，张劲峰，等. 2009b. 不同土壤条件下滇青冈和元江栲幼苗生长特征的比较. 南京林业大学学报(自然科学版)，33(1)：79－82.

曹志洪，李仲林，凌云霄，等. 1991. 氮肥用量与形态对烤烟产量及烟叶化学成分的影响//曹志洪. 优质烤烟生产的土壤与施肥. 南京：江苏科学技术出版社：10－16.

常寿荣，罗华元，王玉，等. 2009. 云南烤烟种植海拔与致香成分的相关性分析. 中国烟草科学，30(3)：37－40.

陈海燕，陈建军，何永美，等. 2006. 连续两年 UV-B 辐射增强对割手密叶绿素含量的影响. 武汉植物学研究，24(3)：277－280.

陈建军，祖艳群，陈海燕，等. 2001. 20 个小麦品种对 UV-B 辐射增强响应的形态学差异. 农村生态环境，17(2)：26－29.

陈建军，祖艳群，陈海燕，等. 2004. UV-B 辐射增强对 20 个大豆品种生长与生物量分配的影响. 农村生态环境，23(1)：29－33.

陈建军，何永美，祖艳群，等. 2007. 野外连续两年增强 UV-B 辐射对 8 个割手密无性系叶片 MDA 含量的影响. 云南农业大学学报，22(4)：510－513，524.

陈建勋，王晓峰. 2002. 植物生理学实验指导. 广州：华南理工大学出版社.

陈锦强，李明启. 1984. 高等植物绿叶中的氮素代谢与光合作用的关系. 植物生理学报，1：1－8.

陈锦石，陈文正. 1983. 碳同位素地质学概论. 北京：地质出版社.

陈菊艳，杨远庆. 2010. 遮光对野扇花生长特性和生理指标的影响. 西北植物学报，30(8)：1646－1652.

陈兰，张守仁. 2006. 增强 UV-B 辐射对暖温带落叶阔叶林土庄绣线菊水分利用效率、气孔导度、叶氮素含量及形态特性的影响. 植物生态学报，30(1)：47－56.

陈平，张劲松，孟平，等. 2014. 稳定碳同位素测定水分利用效率—以决明子为例. 生态学报，34(19)：5453－5458.

陈拓，杨梅学，冯虎元，等. 2003. 青藏高原北部植物叶片碳同位素组成的空间特征. 冰川冻土，25(1)：83－87.

陈宗瑜. 2001. 云南气候总论. 北京：气象出版社.

陈宗瑜，王毅，钟楚. 2010a. 自然和人为条件下 UV-B 辐射减弱对烤烟抗氧化酶活性影响初探. 中国农业气象，31(3)：395－401.

陈宗瑜，钟楚，王毅，等．2010b．减弱 UV-B 辐射对烟草形态、光合及生理生化特征的影响．生态学报，30(21)：5799－5809．

陈宗瑜，简少芬，浦卫琼，等．2010c．滤减 UV-B 辐射对烟叶腺毛发育和密度动态变化的影响．生态学杂志，29(11)：2122－2130．

陈宗瑜，毕婷，吴潇潇．2012．滤减 UV-B 辐射对烤烟蛋白质组变化的影响．生态学杂志，31(5)：1129－1135．

程春龙，李俊清．2006．植物多酚的定量分析方法和生态作用研究进展．应用生态学报，17(12)：2457－2460．

程娜娜，韩榕．2013．He-Ne 激光和增强 UV-B 辐射对拟南芥叶片微管蛋白的影响．激光生物学报，22(4)：312－316．

崔红，翼浩，张华，等．2008．不同生态区烟草叶片蛋白质组学的比较．生态学报，28(10)：4874－4880．

崔键也，周静，王国强，等．2006．红壤旱地不同施氮量对冬萝卜莲座期光合色素的影响．中国农学通报，22(7)：380－384．

崔喜艳，陈展宇，张美善，等．2005a．土壤 pH 对烤烟叶片生理生化特性的影响．植物生理学通讯，41(6)：737－740．

崔喜艳，史岩玲，赵艳，等．2005b．土壤 pH 对烤烟叶片光合特性和烟碱含量的影响．吉林农业大学学报，27(6)：591－593，602．

戴冕．2000．我国主产烟区若干气象因素与烟叶化学成分关系的研究．中国烟草学报，6(1)：27－34．

邓雪娇，吴兑，游积平．2003．广州市地面太阳紫外线辐射观测和初步分析．热带气象学报，19(增)：118－125．

邓云龙，孔光辉，武锦坤．2001．云南烤烟中上部叶片含氮化合物代谢规律研究．云南大学学报，23(1)：65－70．

刁丽军，顾松山，王普才，等，2003．北京地面紫外辐射(光谱)的观测与分析．气象科学，23(1)：22－30．

丁明明，苏晓华，黄秦军．2005．碳稳定同位素技术在林木遗传改良中的应用．世界林业研究，18(5)：21－26．

丁钰，李得禄，尉秋实，等．2008．不同土壤水分胁迫下沙漠葳的水分生理生态特征．西北林学院学报，23(3)：5－11．

董陈文华，陈宗瑜，纪鹏，等．2009．自然条件下滤减 UV-B 辐射对烤烟光合色素的影响．武汉植物学研究，27(6)：637－642．

董铭，李海涛，廖迎春，等．2006．大田条件下模拟 UV-B 辐射滤减对水稻生长及内源激素含量的影响．中国生态农业学报，14(3)：122－125．

董星彩，王颜红，李国琛，等．2010．五味子稳定碳同位素分布特征及其与环境因子的关系．生态学杂志，29(12)：2353－2357．

杜天庆，杨锦忠，郝建平．2009．Cd、Pb、Cr 三元胁迫对小麦幼苗生理生化特征的影响．生态学报，29(8)：4475－4482．

杜咏梅，张建平，王树声，等．2010．主导烤烟香型风格及感官质量差异的主要化学指标分析．中国烟草科学，10(5)：7－12．

段宾宾，赵铭钦，王东，等．2011．南阳烟区烤烟品种 NC89、云烟 87 和豫烟 6 号的适应性研究．西南农业学报，24(3)：863－867．

段若溪，姜会飞．2002．农业气象学．北京：气象出版社．

范晶，赵惠勋，李敏．2003．比叶重及其与光合能力的关系．东北林业大学学报，31(5)：37－39．

方明．2004．氮素对晒红烟生长发育及品质形成的影响．郑州：河南农业大学硕士学位论文．

房江育，张仁陟. 2001. 无机营养和水分胁迫对春小麦叶绿素、丙二醛含量等的影响及其相关性. 甘肃农业大学报，(36)：89－94.

冯国宁，安黎哲，冯虎元，等. 1999. 增强 UV-B 辐射对菜豆蛋白质代谢的影响. 植物学报，41(8)：833－836.

冯虎元，安黎哲，王勋陵. 2000. 环境条件对植物稳定碳同位素组成的影响. 植物学通报，17(4)：312－318.

冯虎元，安黎哲，陈拓，等. 2002. 大豆作物响应增强 UV-B 辐射的品种差异. 西北植物学报，22(4)：845－850.

冯虎元，安黎哲，陈拓. 2003. 马先蒿属(Pedicula ris L.)植物稳定碳同位素组成与环境因子之间的关系. 冰川冻土，25(1)：88－93.

冯秋红，程瑞梅，史作民，等. 2011a. 巴郎山刺叶高山栎叶片 δ¹³C 对海拔高度的响应. 生态学报，31(13)：3629－3637.

冯秋红，程瑞梅，史作民，等. 2011b. 海拔梯度对巴郎山奇花柳叶片 δ¹³C 的影响. 应用生态学报，22(11)：2841－2848.

冯源，朱媛，祖艳群，等. 2009. 模拟 UV-B 辐射增强条件下灯盏花居群的生理差异及其遗传背景. 应用生态学报，20(12)：2935－2942.

逢涛，宋春满，方敦煌. 2009. 云南烤烟主要栽培品种化学成分比较分析. 西南农业学报，22(6)：1652－1656.

付亚丽，卢红，尹建雄，等. 2007. 云南烤烟烟碱、总氮和粗蛋白含量与种植海拔的相关性分析. 云南农业大学学报，22(5)：676－680.

傅玮东. 2000. 新疆红外与紫外辐射的时空分布规律. 干旱区地理，23(2)：116－121.

高丽，杨劼，刘瑞香. 2009. 不同土壤水分条件下中国沙棘雌雄株光合作用、蒸腾作用及水分利用效率特征. 生态学报，29(11)：6025－6034.

高阳，段爱旺. 2006. 冬小麦-春玉米间作模式下光合有效辐射特性研究. 中国生态农业学报，14(4)：115－118.

古今，常有礼，周平，等. 2006. 云南报春花 SOD、POD 酶量月际性变化与 UV-B 辐射关系的研究. 西北植物学报，26(4)：766－771.

古志钦，张利权，袁琳. 2009. 互花米草与芦苇光和色素含量对淹水措施的响应. 应用生态学报，20(10)：2365－2369.

顾本文，胡雪琼，吉文娟，等. 2007. 云南植烟区生态气候类型区划. 西南农业学报，20(4)：772－776.

郭爱华，高丽美，李永锋，等. 2010. 增强 UV-B 和 He-Ne 激光对小麦原生质体微管骨架的影响. 广西植物，30(2)：250－255.

郭东锋，祖朝龙，李田，等. 2012. 烤烟烟叶稳定同位素与化学成分关系研究. 中国烟草科学，33(4)：42－45.

郭东锋，邹鹏，文杰典，等. 2014. 典型香型烤烟大田期气象因子分析. 烟草科技，9：73－79.

郭世昌，常有礼，胡非，等. 2004. 纬度和海拔高度对云南地面紫外线强度影响的数值试验. 云南地理环境研究，16(1)：9－13.

郭世昌，常有礼，李豪杰. 2005. 昆明下半年紫外辐射变化及与云的关系分析. 云南地理环境研究，17(1)：1－4，23.

郭松，许自成，苏永士，等. 2010. 豫西烟区烤烟生育期 35 年日照时数的变化特征. 中国农业气象，31(4)：558－562.

郭智成，李玉中，董威，等. 2013. 不同氮肥处理对土壤和番茄中稳定性氮同位素丰度的影响. 中国农业气象，34(5)：545－550.

过伟民，张艳玲，蔡宪杰，等．2011．光质对烤烟品质及光合色素含量的影响．烟草科技，9：65－70．

韩锦峰，郭培国．1990．氮素用量、形态、种类对烤烟生长发育及产量品质影响的研究．河南农业大学学报，24(3)：275－285．

韩锦锋，王广山，远彤，等．1995．烤烟叶面分泌物的初步研究期．中国烟草，2：10－13．

韩瑞宏，卢欣石，高桂娟，等．2007．紫花苜蓿(*Medicago sativa*)对干旱胁迫的光合生理响应．生态学报，27(12)：5229－5237．

郝建军，康宗利，于洋．2007．植物生理学实验技术．北京：化学工业出版社．

郝兴宇，李萍，林而达，等．2010．大气$CO_2$浓度升高对谷子生长发育与光合生理的影响．核农学报，24(3)：589－593．

何春霞，李吉跃，孟平，等．2010a．树木叶片稳定碳同位素分馏对环境梯度的响应．生态学报，30(14)：3828－3838．

何春霞，李吉跃，张燕香，等．2010b．5种绿化树种叶片比叶重、光合色素含量和$\delta^{13}C$的开度与方位差异．植物生态学报，34(2)：134－143．

何都良，王传海，何雨红，等．2003．降低UV-B辐射强度对小麦类黄酮含量及分布的影响．中国农业气象，24(4)：32－34，40．

何茜，李吉跃，沈应柏，等．2010．毛白杨杂种无性系叶片$\delta^{13}C$差异与气体交换参数．植物生态学报，34(2)：144－150．

何清，金莉莉，杨兴华，等．2011．塔中紫外辐射与气象要素的关系．干旱区研究，28(6)：901－912．

何秀丽．2005．多元线性模型与岭回归分析．武汉：华中科技大学硕士学位论文．

何秀玲．2008．蛋白质组学：一种新兴的杂草学研究技术．世界农药，30(6)：7－13．

何永美，李元，祖艳群．2004．作物对增强UV-B辐射的响应及调控对策．云南环境科学，23(增刊1)：19－22．

贺军民，余小平，刘成，等．2004．增强UV-B辐射和NaCl复合胁迫下绿豆光合作用的气孔和非气孔限制．植物生理与分子生物学学报，30(1)：53－58．

贺升华，任炜．2001．烤烟气象．昆明：云南科技出版社．

贺源辉．1982．甘蓝型油菜M1辐射效应研究．中国油料，4：15－20．

洪森荣，何乔，何欣，等．2013．紫外线-B辐射对黄独微型块茎萌发与试管苗生长发育的影响．贵州农业科学，41(10)：44－46．

侯扶江，贾桂英，颜景义，等．1998．田间增加紫外线(UV)辐射对大豆幼苗生长和光合作用的影响．植物生态学报，22(3)：256－261．

侯扶江，李广，贾桂英．2001．增强的UV-B辐射对黄瓜(*Cucumis sativus*)不同叶位叶片生长、光合作用和呼吸作用的影响．应用与环境生物学报，7(4)：321－326．

侯丽丽，霍志金，李炜蔷，等．2015．UV-B辐射对番茄幼苗品质的影响．生态学杂志，34(7)：1905－1909．

胡启武，吴琴，郑林，等．2010．青海云杉叶片稳定性碳同位素组成对水分温度变化的响应．山地学报，28(6)：712－717．

胡溶容，周冀衡，张一扬，等．2007．烤烟糖含量的空间变异特征．生态学杂志，26(11)：1804－1810．

胡营，楚海家，李建强．2011．4个花苜蓿居群叶片解剖结构特征及其可塑性对不同水分处理的响应．植物科学学报，29(2)：218－225．

化党领，张诗卉，王瑞，等．2013．土壤氮和$^{15}N$肥料氮在不同生长期烤烟各器官的积累．中国烟草学报，19(1)：32－36．

黄成江，张晓海，李天福，等．2007．植烟土壤理化性状的适宜性研究进展．中国农业科技导报，9(1)：2－46．

黄娟，夏汉平，蔡锡安. 2006. 遮光处理对三种钝叶草的生长习性与光合特性的影响. 生态学杂志，25(7)：759－764.

黄梅玲，江洪，金清，等. 2010. UV-B辐射胁迫下不同起源时期的3种木本植物幼苗的生长及光合特性. 生态学报，30(8)：1998－2009.

黄少白，刘晓忠，戴秋杰，等. 1998. 紫外光B辐射对菠菜叶片脂质过氧化作用的影响. 植物学报，40(6)：542－547.

黄树永，陈良存. 2005. 烟草碳氮代谢研究进展. 河南农业科学，4：8－11.

黄小燕，郁家成. 2008. 设施果蔬栽培的小气候及其调控. 农产品加工学刊，9：80－82.

黄勇，周冀衡，郑明，等. 2009. UV-B对烟草生长发育及次生代谢的影响. 中国生态农业学报，17(1)：140－144.

黄中艳，邵岩，王树会，等. 2007a. 云南烤烟5项化学成分含量与其环境生态要素的关系. 中国农业气象，28(3)：312－317.

黄中艳，朱勇，王树会，等. 2007b. 云南烤烟内在品质与气候的关系. 资源科学，29(2)：83－90.

黄中艳，朱勇，邓云龙，等. 2008. 云南烤烟大田期气候对烟叶品质的影响. 中国农业气象，29(4)：440－449.

霍常富，孙海龙，王政权，等. 2008. 光照和氮营养对水曲柳苗木光合特性的影响. 生态学杂志，27(8)：1255－1261.

吉廷艳，王红丽，胡跃文，等. 2011. 贵阳地区太阳紫外辐射变化特征及主要影响因子分析. 高原气象，30(4)：1005－1010.

纪鹏，王毅，陈宗瑜，等. 2009a. UV-B滤减处理下烟草光合作用参数对光照度的响应. 生态学杂志，28(7)：1218－1223.

纪鹏，张德国，陈宗瑜，等. 2009b. 烤烟叶片光合气体交换参数对滤减UV-B辐射强度的响应. 西北植物学报，29(7)：1437－1444.

贾黎明，韦艳葵，李延安，等. 2004. 地下滴灌条件下杨树速生丰产林生长与光合特性. 林业科学，40(2)：61－68.

简少芳. 2012. 不同生育时期减弱UV-B辐射对烟草的影响. 昆明：云南农业大学硕士学位论文.

简少芬，董卓娅，陈宗瑜，等. 2011. 不同时期减弱UV-B辐射对烤烟部分生理生化特征的影响. 中国农业气象，32(4)：558－564.

简永兴，杨磊，谢龙杰. 2005. 湘西北海拔高度对烤烟常规化学成分含量的影响. 生命科学研究，9(1)：63－67.

简永兴，董道竹，李连利，等. 2009. 种植海拔对烤烟中性挥发性香气物质及燃吸品质的影响. 烟草科技，9：43－46.

江灏，季国良，师生波，等. 1998. 藏北高原紫外辐射的变化特征. 太阳能学报，19(1)：7－12.

江厚龙，王瑞，贾峰，等. 2013a. 不同海拔下烤烟叶片全展后光合特性研究. 植物营养与肥料学报，19(6)：1483－1493.

江厚龙，张均，王瑞. 2013b. 不同海拔地区烤烟叶片光合特性的日变化特征. 西北植物学报，33(2)：378－386.

姜启源. 谢金星，叶俊. 2003. 数学模型(第三版). 北京：高等教育出版社.

蒋高明. 1996. 植物生理生态学研究中的稳定碳同位素技术及其应用. 生态学杂志，15(2)：49－54.

蒋高明，黄银晓，万国江，等. 1997. 树木年轮$\delta^{13}C$及其对我国北方大气$CO_2$浓度变化的指示意义. 植物生态学报，21(2)：155－160.

蒋明义，杨文英. 徐江，等. 1994. 渗透胁迫下水稻幼苗中叶绿体降解的括性氧损伤作用. 植物学报，36(4)：289－295.

景延秋, 宫长荣, 张月华, 等. 2005. 刘晓萍, 李炎强. 烟草香味物质分析研究进展. 中国烟草科学, 26(2): 44-48.

鞠喜林. 1999. 晴空条件下光照度和辐射照度的关系. 太阳能学报, 20(2): 190-195.

孔德政, 于红芳, 李永华, 等. 2010. 干旱胁迫对不同品种菊花叶片光合生理特性的影响. 西北农林科技大学学报(自然科学版), 38(11): 103-108.

孔光辉, 徐照丽, 王伟, 等. 2007. 不同肥料对红花大金元中部叶片腺毛及分泌物积累的影响. 中国烟草学报, 13(4): 41-44.

兰春剑, 江洪, 黄梅玲, 等. 2011. UV-B辐射胁迫对杨桐幼苗生长及光合生理的影响. 生态学报, 31(24): 7516-7525.

黎妍妍, 许自成, 王金平, 等. 2007. 湖南烟区气候因素分析及对烟叶化学成分的影响. 中国农业气象, 28(3): 308-311.

黎妍妍, 林国平, 李锡宏, 等. 2009. 湖北烤烟非挥发性有机酸含量及其与海拔高度的关系分析. 中国烟草科学, 30(6): 53-56.

李潮海, 刘奎, 连艳鲜. 2000. 玉米碳氮代谢研究进展. 河南农业大学学报, 34(4): 318-323.

李方民, 陈怡平, 王勋陵, 等. 2006. UV-B辐射增强和$CO_2$浓度倍增的复合作用对番茄生长和果实品质的影响. 应用生态学报, 17(1): 71-74.

李涵茂, 胡正华, 杨燕萍, 等. 2009. UV-B辐射增强对大豆叶绿素荧光特性的影响. 环境科学, 30(12): 3669-3675.

李洪勋. 2008. 海拔高度对贵州烤烟化学成分的影响. 生态环境, 17(3): 1170-1172.

李佳颖, 于建军, 叶协锋. 2012. 四川烟区烟叶化学成分与纬度相关性研究. 中国生态农业学报, 20(11): 1494-1499.

李嘉竹, 王国安, 刘贤赵. 2009. 贡嘎山东坡C3植物碳同位素组成及C4植物沿海拔高度的变化. 中国科学D辑: 地球科学, 39(10): 1387-1396.

李军, 高新昊, 郭世荣, 等. 2007. 外源亚精胺对盐胁迫下黄瓜幼苗光合作用的影响. 生态学杂志, 26(10): 1595-1599.

李军营, 方敦煌, 宋春满, 等. 2012. 烤烟品种间烟叶化学成分含量对海拔高度的响应. 中国烟草科学, 33(2): 17-23.

李林芝, 张德罡, 辛晓平, 等. 2009. 呼伦贝尔草甸草原不同土壤水分梯度下羊草的光合特性. 生态学报, 29(10): 5271-5279.

李美善, 严一字, 朴锦, 等. 2009. 不同土壤条件下桔梗种质资源的比较试验. 安徽农业科学, 37(17): 7988-7990.

李明财, 易现峰, 李来兴, 等. 2005. 青藏高原东部典型高山植物叶片 $\delta^{13}$C 的季节变化. 西北植物学报, 25(1): 77-81.

李乃会, 陈晓红, 陈秀斋, 等. 2015. 山东沂南县烤烟生育期20年日照时数的变化分析. 江西农业学报, 27(12): 99-102.

李倩, 梁宗锁, 董娟娥, 等. 2010. 丹参品质与主导气候因子的灰色关联度分析. 生态学报, 30(10): 2569-2575.

李韧, 季国良, 杨文等. 2007. 利用温度及水汽压距平计算五道梁地区的紫外辐射. 太阳能学报, 28(2): 113-118.

李善家, 张有福, 陈拓. 2010. 西北地区油松叶片稳定碳同位素特征与生理指标的关系. 应用与环境生物学报, 16(5): 603-608.

李善家, 张有福, 陈拓. 2011. 西北油松叶片 $\delta^{13}$C 特征与环境因子和叶片矿质元素的关系. 植物生态学报, 35(6): 596-604.

李天福, 王树会, 壬彪, 等. 2005. 云南烟叶香吃味与海拔和经纬度的关系. 中国烟草科学, 26(3): 22-24.

李卫民, 周凌云, 徐梦雄. 2002. 土壤水分胁迫下氮素营养对冬小麦光合生理和环境的关系的影响. 土壤学报, 39(3): 397-403.

李文卿, 陈顺辉, 李春俭, 等. 2010. 不同施氮水平对翠碧1号烤烟产质量的影响. 中国农学通报, 26(4): 142-146.

李相搏, 陈践发, 张平中, 等. 1999. 青藏高原(东北部)现代植物碳同位素组成特征及气候信息. 沉积学报, 17(2): 325-329.

李向阳, 邓建华, 张晓海, 等. 2011. 云南烟区不同海拔高度区间烤烟气象因子分析. 西南农业学报, 24(3): 877-881.

李秧秧. 2000. 碳同位素技术在C3作物水分利用效率研究中的应用. 核农学报, 14(2): 115-121.

李英年, 杜明远, 唐艳鸿, 等. 2006. 祁连山海北高寒草甸地区UV-B的气候变化特征. 干旱区资源与环境, 20(3): 79-84.

李元, 祖艳群, 高召华, 等. 2006. UV-B辐射对报春花的生理生化效应. 西北植物学报, 26(1): 179-182.

李正华, 刘荣谟, 安芷生, 等. 1994. 工业革命以来大气$CO_2$浓度不断增加的树轮稳定碳同位素证据. 科学通报, 39(23): 2172-2174.

李正华, 刘荣谟, 安芷生, 等. 1995. 树木年轮$^{13}$C季节性变化及其气候意义. 科学通报, 40(22): 2064-2067.

李志宏, 张云贵, 李军营, 等. 2015. 烤烟清香型风格形成的生态基础. 北京: 科学出版社.

李祖良, 刘国顺, 张庆明, 等. 2012. 成熟期淹水对烤烟石油醚提取物、主要化学成分及致香物质含量的影响. 核农学报, 26(2): 369-372.

连培康, 许自成, 孟黎明, 等. 2016. 贵州乌蒙烟区不同海拔烤烟碳氮代谢的差异. 植物营养与肥料学报, 22(1): 143-150.

梁滨, 周青. 2007. UV-B辐射对植物类黄酮影响的研究进展. 中国生态农业学报, 15(3): 191-194.

梁婵娟, 李娟, 黄晓华, 等. 2006. Ce对UV-B辐射胁迫下大豆幼苗光合作用的影响: I对光合色素及希尔反应活性的影响. 农业环境科学学报, 25(3): 576-579.

梁丽娟, 谢俊大, 赵奎君. 2008. 蛋白组学在中医药研究中的应用. 北京中医药, 27(12): 974-977.

梁银丽, 康绍忠, 山仑. 2000. 水分和氮磷水平对小麦碳同位素分辨率和水分利用效率的影响. 植物生态学报, 24(3): 289-292.

林波, 刘庆. 2008. 四种亚高山针叶林树种的表型可塑性对不同光照度的响应. 生态学报, 28(10): 4665-4675.

林光辉. 2010. 稳定同位素生态学: 先进技术推动的生态学新分支. 植物生态学报, 34(2): 119-122.

林玲, 陈立同, 郑伟烈, 等. 2008. 西藏急尖长苞冷杉与川滇高山栎叶片$\delta^{13}$C沿海拔梯度的变化. 冰川冻土, 30(6): 1048-1053.

林清. 2008. 温度和无机碳浓度对龙须眼子菜(*Potamogeton pectinatus*)碳同位素分馏的影响. 生态学报, 28(2): 570-576.

林文雄, 吴杏春, 梁康迳, 等. 2002. UV-B辐射增强对水稻多胺代谢及内源激素含量的影响. 应用生态学报, 13(7): 807-813.

林植芳, 林桂珠, 孔国辉, 等. 1995. 生长光强对亚热带自然林两种木本植物$\delta^{13}$C、$C_i$和WUE的影响. 热带亚热带植物学报, 3(2): 77-82.

刘兵, 王程, 金剑, 等. 2009. UV-B辐射增强对大豆等植物生理生态特性的影响. 大豆科学, 28(6): 1097-1100.

刘炳清, 许嘉阳, 黄化刚, 等. 2015. 不同海拔下烤烟碳氮代谢相关酶基因的表达差异分析. 植物生理学报, 51(2): 183-188.

刘丛强. 2009. 生物地球化学过程与地表物质循环——西南喀斯特土壤-植被系统生源要素循环. 北京: 科学出版社.

刘刚, 张光灿, 刘霞. 2010. 土壤干旱胁迫对黄栌叶片光合作用的影响. 应用生态学报, 21(7): 1697-1701.

刘高峰. 2006. 有机营养对烤烟生理代谢与品质影响的研究. 福州: 福建农林大学硕士学位论文.

刘国顺. 2006. 烟草栽培学. 北京: 中国农业出版社

刘国顺, 乔新荣, 王芳, 等. 2007. 光照度对烤烟光合特性及其生长和品质的影响. 西北植物学报, 27(9): 1833-1837.

刘国顺, 彭智良, 黄元炯, 等. 2009. N、P 互作对烤烟碳氮代谢关键酶活性的影响. 中国烟草学报, 15(5), 33-37.

刘国顺, 云菲, 史宏志, 等. 2010. 光、氮及其互作对烤烟含氮化合物含量、抗氧化系统及品质的影响. 中国农业科学, 43(18): 3732-3741.

刘海燕, 李吉跃. 2008. 稳定碳同位素在植物水分利用效率研究中的应用. 西北林学院学报, 23(1): 54-58.

刘慧霞, 郭正刚, 郭兴华, 等. 2009. 不同土壤水分条件下硅堆紫花苜蓿水分利用效率及产量构成要素的影响. 生态学报, 29(6): 3075-3080.

刘晶淼, 丁裕国, 黄永德, 等. 2003. 太阳紫外辐射强度与气象要素的相关分析. 高原气象, 22(1): 45-50.

刘丽丽, 张文会, 范颖伦, 等. 2010. 不同剂量 UV-B 辐射对冬小麦幼苗形态及生理指标的影响. 生态学杂志, 29(2): 314-418.

刘敏, 李荣贵, 范海, 等. 2007. UV-B 辐射对烟草光合色素和几种酶的影响. 西北植物学报, 27(2): 291-296.

刘鹏飞, 位辉琴, 张骏, 等. 2014. 海拔对浓香型烤烟多酚类物质组成的影响. 烟草科技, 7: 85-88.

刘秋员, 刘峰峰, 甄焕菊, 等. 2009. 蛋白质组学研究技术及其在烟草科学研究中的应用前景. 中国农学通报, 25(2): 93-99.

刘滔, 李云苍, 刘群生, 等. 2001. 云南省太阳紫外辐射研究. 云南师范大学学报, 21(6): 37-42.

刘微, 吕豪豪, 陈英旭, 等. 2008. 稳定碳同位素技术在土壤-植物系统碳循环中的应用. 应用生态学报, 19(3): 674-680.

刘贤赵, 唐绍忠. 2002. 不同生长阶段遮阴对番茄光合作用、干物质分配与叶 N、P、K 的影响. 生态学报, 22(12): 2264-2271.

刘贤赵, 王国安, 李嘉竹, 等. 2011. 中国北方农牧交错带 C3 草本植物 $\delta^{13}C$ 与温度的关系及其对水分利用效率的指示. 生态学报, 31(1): 123-136.

刘贤赵, 宿庆, 李嘉竹, 等. 2015. 控温条件下 C3、C4 草本植物碳同位素组成对温度的响应. 生态学报, 35(10): 3278-3287.

刘小宁, 马剑英, 孙伟, 等. 2010. 高山植物稳定碳同位素沿海拔梯度响应机制的研究进展. 山地学报, 28(1): 37-46.

刘晓宏, 赵良菊, Gasaw M. 2007. 东非大裂谷埃塞俄比亚段内 C3 植物叶片 $\delta^{13}C$ 和 $\delta^{15}N$ 及其环境指示意义. 科学通报, 52(2): 199-206.

刘彦中, 纪鹏, 陈宗瑜. 2011. UV-B 辐射滤减处理对烤烟光合特性的影响. 中国烟草科学, 32(3): 41-45.

刘艳杰, 许宁, 牛海山. 2016. 内蒙古草原常见植物叶片 $\delta^{13}C$ 值和 $\delta^{15}N$ 对环境因子的响应. 生态学报，36(1)：235−243.

刘洋，龙应霞，文治瑞. 2008. 稳定碳同位素技术在植物水分利用效率研究中的应用. 黔南民族师范学院学报，3：59−64.

刘毅，陈仁霄，黄林海. 2014. 云烟 105 和 NC297 在江西不同纬度烟区的生态适应性. 中国烟草科学，35(4)：34−40.

刘禹，刘荣谟，孙福庆. 1989. 树轮稳定碳同位素与全球变化研究. 地球科学进展，6：47−52.

刘贞琦，伍贤进，刘振业. 1995. 土壤水分对烟草光合生理特性影响的研究. 中国烟草学报，1：44−49.

卢娟，卜涛，郭宝华，等. 2013. UV-B 辐射对香樟凋落叶化学组成和分解的影响. 浙江林业科技，33(4)：68−73.

卢秀萍，陈学军，刘勇，等. 2010. 烟草富含甘氨酸 RNA 结合蛋白在大肠杆菌中的表达. 中国生物工程杂志，30(8)：27−30.

陆永恒. 2007. 生态条件对烟叶品质影响的研究进展. 中国烟草科学，28(3)：43−46.

逯芳芳，李昌澎，胡银岗. 2010. 小麦碳同位素分辨率与叶片气孔相关指标的关系. 麦类作物学报，30(4)：660−664.

罗丽琼，陈宗瑜，周平，等. 2008. 低纬高原地区 UV-B 辐射对报春花丙二醛、蛋白质含量的影响. 广西植物，28(1)：130−135.

罗南书，刘芸，钟章成，等. 2003. 田间增加 UV-B 辐射对丝瓜光合作用日变化及水分利用效率的影响. 西南师范大学学报：自然科学版，28(3)：436−439.

马继良，肖雅，刘彦中，等. 2011a. 曲靖烟叶物理性状与海拔及经纬度的关系分析. 烟草科技，8：79−83.

马继良，刘彦中，肖雅，等. 2011b. 曲靖烟叶主要化学成分与海拔及经纬度的典型相关性. 烟草科技，6：70−73.

马剑英，陈发虎，夏敦胜，等. 2008. 荒漠植物红砂叶片 $\delta^{13}C$ 值与生理指标的关系. 应用生态学报，19(5)：1166−1171.

马晔，刘锦春. 2013. $\delta^{13}C$ 在植物生态学研究中的应用. 西北植物学报，33(7)：1492−1500.

么枕生. 1959. 气候学原理. 北京：科学出版社.

穆彪，杨键松，李明海. 2003. 黔北大娄山区海拔高度与烤烟烟叶香吃味的关系研究. 中国生态农业学报，11(4)：148−151.

宁有丰，刘卫国，曹蕴宁. 2002. 植物生长过程中碳同位素分馏对气候的响应. 海洋地质与第四纪地质，22(3)：105−108.

潘妍，王玉成，张大伟，等. 2010. 二色补血草 *LbGRP* 基因的克隆及抗逆能力分析. 遗传，32(3)：278−286.

彭祺，周青. 2009. 植物次生代谢响应 UV-B 辐射胁迫的生态学意义. 中国生态农业学报，17(3)：610−615.

彭世彰，丁加丽，徐俊增，等. 2006. 不同灌溉模式下光合有效辐射与水稻叶片水分利用效率关系研究. 灌溉排水学报，25(5)：1−5.

彭新辉，易建华，周清明. 2009. 气候对烤烟内在质量的影响研究进展. 中国烟草科学，30(1)：68−72.

普匡. 2010. 新平县旱地植烟土壤养分状况分析及施肥水平建议. 西南农业学报，23(4)：1160−1165.

钱莲文，张新时，杨智杰，等. 2009. 几种光合作用光响应典型模型的比较研究. 武汉植物学研究，27(2)：197−203.

钱时祥，学平，家明. 1994. 聚类分析在烟草种植区划上的应用. 安徽农业大学学报，21(1)：21−25.

强继业, 钟楚, 陈宗瑜, 等. 2010. 低纬高原不同利用方式土壤对烟草生长及光合生理的影响. 生态学杂志, 29(7): 1319−1325.

乔新荣, 郭桥燕, 刘国顺, 等. 2007. 光强对烤烟生长发育及光合特性的影响. 华北农学报, 22(3): 76−79.

乔新荣, 刘国顺, 郭桥燕, 等. 2007. 光照度对烤烟化学成分及物理特性的影响. 河南农业科学, 5: 40−43.

秦艳青, 李春, 赵正雄, 等. 2007. 不同供氮方式和施氮量对烤烟生长和氮素吸收的影响. 植物营养与肥料学报, 13(3): 436−442.

邱标仁, 周冀衡, 郑开强, 等. 2003. 施氮量对烤烟产质量和烟碱含量的影响. 烟草科技, 11: 41−43.

任红玉, 张兴文, 李东洺, 等. 2010. 不同时期增加 UV-B 辐射对大豆产量的影响. 大豆科学, 29(3): 543−545, 548.

任书杰, 于贵瑞. 2011. 中国区域 478 种 C3 植物叶片碳稳定性同位素组成与水分利用效率. 植物生态学报, 35(2): 119−124.

任玉忠, 董新光, 王志国. 2010. 基于灰色关联分析的参考作物腾发量影响因素分析. 中国农学通报, 26(12): 376−379.

商志远, 王建, 崔明星, 等. 2012. 樟子松树轮 $\delta^{13}C$ 的年内变化特征及其对气候要素的响应. 植物生态学报, 36(12): 1256−1267.

商志远, 王建, 张文, 等. 2013. 大兴安岭北部樟子松树轮啄$^{13}C$ 的高向变化及其与树轮宽度的关系. 应用生态学报, 24(1): 1−9.

上官周平, 郑淑霞. 2008. 黄土高原植物水分生理生态与气候环境变化. 北京: 科学出版社.

邵建平, 徐洁, 綦世飞, 等. 2011. 增强 UV-B 辐射对烟草水溶性糖和蛋白质含量以及施木克值的影响. 云南农业大学学报, 26(1): 64−69.

沈广材, 史宏志, 杨兴有, 等. 2009. 海拔高度对白肋烟中熟早熟品种经济性状和品质的影响. 西南农业学报, 22(5): 1262−1266.

沈艳, 谢应忠. 2004. 干旱对紫花苜蓿叶绿素含量与水分饱和亏缺的影响. 宁夏农学院学报, 25(2): 25−28.

沈铮, 李元实, 韩龙洋, 等. 2009. 施氮量对烤烟经济性状、化学成分及香气质量的影响. 中国烟草学报, 15(5): 38−42.

师生波, 贲桂英, 赵新全, 等. 2001. 增强 UV-B 辐射对高山植物麻花艽净光合速率的影响. 植物生态学报, 25(5): 520−524.

师生波, 尚艳霞, 朱鹏锦, 等. 2011. 滤除自然光中 UV-B 辐射成分对高山植物美丽风毛菊光合生理的影响. 植物生态学报, 35(2): 176−186.

施征, 白登忠, 雷静品, 等. 2011. 高山植物对其环境的生理生态适应性研究进展. 西北植物学报, 31(8): 1711−1718.

时向东, 杨会丽, 高致明, 等. 2005. 烤烟叶片腺毛发育过程的扫描电镜观察. 河南农业大学学报, 39(2): 155−157.

史宏志, 刘国顺. 2016. 浓香型特色优质烟叶形成的生态基础. 北京: 科学出版社.

史宏志, 韩锦峰, 官春云. 1996. 烟叶香气前体物在成熟和调制过程中的变化. 作物研究, 10(2): 22−25.

史宏志, 刘国顺, 杨惠娟, 等. 2011. 烟草香味学. 北京: 中国农业出版社.

史宏志, 顾少龙, 段卫东, 等. 2012. 不同基因型烤烟质体色素降解及与烤后烟叶挥发性降解物含量关系. 中国农业科学, 45(16): 3346−3356.

史作民，程瑞梅，刘世荣. 2004. 高山植物叶片 $\delta^{13}C$ 的海拔响应及其机理. 生态学报，24(12)：2901−2906.

舒俊生，姚忠达，郭东锋. 2013. 烤烟叶片稳定同位素与致香物质关系的研究. 安徽农业大学学报，40(2)：308−315.

舒中兵，艾复清，樊宁，等. 2009. 不同成熟度对红花大金元上部烟等级质量的影响. 湖北农业科学，48(10)：2481−2483.

宋丹妮，林勇，邓世媛. 2016. 光照度对不同品种烤烟生长发育与生理特性的影响. 西南农业学报，29(1)：174−179.

宋璐璐，樊江文，吴绍洪. 2011. 植物叶片性状沿海拔梯度变化研究进展. 地理科学进展，30(11)：1431−1439.

苏波，韩兴国，李凌浩，等. 2000. 中国东北样带草原区植物 $\delta^{13}C$ 值及水分利用效率对环境梯度的响应. 植物生态学报，24(6)：648−655.

苏培玺，陈怀顺，李启森. 2003. 河西走廊中部沙漠植物 $\delta^{13}C$ 值的特点及其对水分利用效率的指示. 冰川冻土，25(5)：597−602.

孙柏年，闫德飞，解三平，等. 2009. 化石植物气孔与碳同位素的分析及应用. 北京：科学出版社.

孙谷畴，赵平，曾小平，等. 2000. 补增 UV-B 辐射对香蕉叶片光合作用叶氮在光合碳循环组分中分配的影响. 植物学通报，17(5)：450−456.

孙谷畴，赵平，曾小平，等. 2002. 增补 UV-B 辐射对焕镛木(*Woonyoungia septentrionalis*)叶片光合参数的影响. 应用环境生物学报，8(4)：335−340.

孙虎，王月福，王铭伦，等. 2010. 施氮量对不同类型花生品种衰老特性和产量的影响. 生态学报，30(10)：2671−2677.

孙华. 2005. 土壤质量对植物光合生理生态功能的影响研究进展. 中国生态农业学报，13(1)：116−118.

孙旭生，林琪，赵长星，等. 2009. 施氮量对超高产冬小麦灌浆期旗叶光响应曲线的影响. 生态学报，29(3)：1429−1437.

孙艳荣，穆治国，崔海亭. 2002. 埋藏古木树轮碳、氢、氧同位素研究与古气候重建. 北京大学学报，38(2)：294−301.

谭淑文. 2013. 烤烟叶片 $\delta^{13}C$ 与超微结构关系的比较研究. 昆明：云南农业大学硕士学位论文.

谭淑文，王毅，王崇德，等. 2013. 烤烟叶片稳定碳同位素组成的品种分异与超微结构的关系. 中国农学通报，29(31)：83−90.

谭巍，陈洪松，王克林，等. 2010. 桂西北喀斯特坡地典型生境不同植物叶片的碳同位素差异. 生态学杂志，29(9)：1709−1714.

田大伦. 2008. 高级生态学. 北京：科学出版社.

田先娇. 2012. 烟叶 $\delta^{13}C$ 与生化指标的关系及其对生态环境的响应. 昆明：云南农业大学硕士学位论文.

田先娇，陈宗瑜，张德国，等. 2011. 滤减 UV-B 辐射强度对植烟环境小气候要素的影响. 中国农业气象，32(2)：220−226.

田先娇，宋鹏飞，陈宗瑜，等. 2014. 不同烤烟品种生化特征及与 $\delta^{13}C$ 的关系. 核农学报，28(5)：897−904.

汪耀富，张福锁. 2003. 干旱和氮用量对烤烟干物质和矿质养分积累的影响. 中国烟草学报，9(1)：19−23.

王彪，李天福，王树会. 2006. 海拔高度与烟叶化学成分的相关分析. 广西农业科学，37(5)：537−539.

王成雨, 石玉华, 井跃博. 2013. 持续减量施氮对冬小麦土壤硝态氮含量和氮肥利用效率的影响. 中国农业气象, 34(6): 642—647.

王传海, 郑有飞, 万长建, 等. 2001. 紫外辐射增加对小麦产量及产量形成的影响. 中国农业气象, 22(4): 19—21, 32.

王传海, 郑有飞, 何都良, 等. 2003. 小麦不同指标对紫外辐射 UV-B 增加反应敏感性差异的比较. 中国农学通报, 19(6): 43—45.

王传海, 郑有飞, 陈敏东, 等. 2004. 小麦不同生育时期对 UV-B 敏感差异性比较. 生态环境, 13(4): 483—486.

王东, 于振文, 李延奇, 等. 2007. 施氮量对济麦 20 旗叶光合特性和蔗糖合成及籽粒产量的影响. 作物学报, 33(6): 903—908.

王国安. 2002. 中国北方 C3 植物碳同位素组成与年均温的关系. 中国地质, 29(1): 55—57.

王国安. 2003. 稳定碳同位素在第四纪古环境研究中的应用. 第四纪研究, 23(5): 471—484.

王国安, 韩家懋. 2001. 中国西北 C3 植物的碳同位素组成与年降水量关系初探. 地质科学, 36(4): 494—499.

王红星, 杨同文, 李景原. 2010. 增强 UV-B 辐射对芦荟蒽醌类物质含量和超微结构的影响. 应用生态学报, 21(1): 260—264.

王建伟, 周凌云. 2007. 土壤水分变化对金银花叶片生理生态特征的影响. 土壤, 39(3): 479—482.

王锦旗, 郑有飞, 薛艳, 等. 2015a. 紫外辐射对水生生物的影响研究进展. 生态学杂志, 34(1): 263—273.

王锦旗, 刘燕, 薛艳, 等. 2015b. 紫外辐射对菹草成株表型可塑性及石芽的影响. 生态学报, 35(18): 5984—5991.

王锦旗, 郑有飞, 薛艳. 2015c. 紫外辐射对菹草成株生理特性的影响. 生态学报, 35(18): 5975—5983.

王锦旗, 郑有飞, 薛艳, 等. 2015d. UV-B 辐射对菹草成株叶绿素荧光参数的影响. 生态学杂志, 34(7): 1895—1904.

王娟. 2014. UV-B 辐射强度变化对烤烟光合生理和化学品质的影响. 昆明: 云南农业大学硕士学位论文.

王娟, 王毅, 陈宗瑜, 等. 2014. UV-B 辐射强度变化对烤烟光合生理和化学品质的影响. 中国农业气象, 35(3): 250—257.

王森, 代力民, 姬兰柱, 等. 2002. 土壤水分状况对长白山阔叶红松林主要树种叶片生理生态特性的影响. 生态学杂志, 21(1): 1—5.

王普才, 吴北婴, 章文星. 1999. 影响地面紫外辐射的因素分析. 大气科学, 23(1): 1—8.

王庆材, 孙学振, 宋宪亮, 等. 2006. 不同棉铃发育时期遮阴对棉纤维品质性状的影响. 作物学报, 32(5): 671—675.

王庆伟, 齐麟, 田杰, 等. 2011. 海拔梯度对长白山北坡岳桦水分利用效率的影响. 应用生态学报, 22(9): 2227—2232.

王佺珍, 韩建国, 周禾, 等. 2005. 6 种禾本科牧草种子产量因子与产量的岭回归模型研究. 西北农林科技大学学报·自然科学版, 33(6): 18—22.

王瑞, 刘国顺, 陈国华, 等. 2010a. 光强对苗期烤烟光合作用及干物质生产的影响. 应用生态学报, 21(8): 2072—2077.

王瑞, 刘国顺, 毕庆文, 等. 2010b. 不同海拔下全程覆膜对烤烟光合功能和产量、质量的影响. 生态学杂志, 29(1): 43—49.

王瑞新. 2003. 烟草化学. 北京: 中国农业出版社.

王瑞新，马常力，韩锦峰. 1990. 烤烟香气物质及不同施肥类型对其主要成分的影响. 河南农业大学学报，2：160－164.

王少先，李再军，王雪云，等. 2005. 不同烟草品种光合特性比较研究初报. 中国农学通报，21(5)：245－248.

王世英，卢红，杨骥. 2007. 不同种植海拔高度对曲靖地区烤烟主要化学成分的影响. 西南农业学报，1：45－48.

王思远，崔喜艳，陈展宇，等. 2005. 土壤 pH 对烤烟叶片光合特性及体内保护酶活性的影响. 华北农学报，20(6)：11－14.

王伟，孔光辉，李佛琳，等. 2007. 烤烟烟叶腺毛及其分泌物研究进展. 中国农学通报，23(2)：251－254.

王文超，贺帆，徐成龙，等. 2012. 光质对烤烟成熟过程中碳水化合物和部分酶活性及其生长的影响. 西北植物学报，32(10)：2089－2094.

王欣，许自成，闫铁军，等. 2008. 烤烟品种红花大金元化学成分的变异分析. 河南科技大学学报，29(3)：81－83.

王旭东，于振文，石玉，等. 2006. 磷对小麦旗叶氮代谢有关酶活性和籽粒蛋白质含量的影响. 作物学报，32(3)：339－344.

王弋博，冯虎元，曲颖，等. 2007. 活性氧在 UV-B 诱导的玉米幼苗叶片乙烯产生中的作用. 植物生态学报，31(5)：946－951.

王毅，钟楚，陈宗瑜，等. 2010. UV-B 辐射对烟草（*Nicotiana tobacum*）叶片总多酚含量和 PPO 活性的影响. 中国烟草学报，16(1)：49－52，57.

王毅，田先娇，宋鹏飞，等. 2013a. 低纬高原气候带分布差异对不同烤烟品种 $\delta^{13}C$ 值的影响. 中国烟草科学，34(6)：24－29.

王毅，颜侃，谭淑文，等. 2013b. 烤烟叶片 $\delta^{13}C$ 与生理指标的相关性. 核农学报，27(11)：1729－1734.

王永生. 1987. 大气物理学. 北京：气象出版社.

王玉涛，李吉跃，程炜，等. 2008. 北京城市绿化树种叶片碳同位素组成的季节变化及与土壤温湿度和气象因子的关系. 生态学报，28(7)：3143－3151.

魏永胜，梁宗锁，田亚梅. 2002. 土壤干旱条件下不同施钾水平对烟草光合速率和蒸腾效率的影响. 西北植物学报，22(6)：1330－1335.

吴兑. 2001. 到达地面的太阳紫外辐射强度的观测. 气象，27(3)：26－29.

吴绍洪，潘韬，戴尔阜. 2006. 植物稳定同位素研究进展与展望. 地理科学进展，25(3)：1－10.

吴潇潇. 2013. 低纬高原烤烟种植生态适应性研究. 昆明：云南农业大学硕士学位论文.

吴潇潇，王娟，王毅，等. 2014. 不同亚生态烟区烤烟对 $\delta^{13}C$ 值变化的响应. 中国农学通报，30(4)：72－79.

吴潇潇，杨湉，陈宗瑜，等. 2015. 烤烟 $\delta^{13}C$ 值及生理特征对不同施氮水平的响应. 中国农学通报，31(31)：41－48.

吴杏春，林文雄，黄忠良. 2007. UV-B 辐射增强对两种不同抗性水稻叶片光合生理及超显微结构的影响. 生态学报，27(2)：554－564.

吴云平，朱信，王瑞，等. 2011. 利用弱光延长光照时间对温室烟苗光合作用与生长的影响. 中国烟草学报，17(5)：59－63.

徐国前，张振文，郭安鹊，等. 2011. 植物多酚抗逆生态作用研究进展. 西北植物学报，31(2)：423－430.

徐兴阳，罗华元，欧阳进，等. 2007. 红花大金元品种的烟叶质量特性及配套栽培技术探讨. 中国烟草科学，28(5)：26－30.

徐雪芹，陈志燕，工维刚，等．2010．广西主烟区土壤和初烤烟中微量元素含量分析．广东农业科学，
　　　4：106—108．

许大全．2002．光合作用效率．上海：上海科学技术出版社．

许健，李忠任，倪朝敏，等．2009．海拔和相对湿度对卷烟感官质量的影响．烟草科技，6：8—14．

许育彬，宋亚珍，李世清．2009．土壤水分和施肥水平对甘薯叶片气体交换的影响．中国生态农业学
　　　报，17(1)：79—84．

许振柱，于振文，董庆裕，等．1997．水分胁迫对冬小麦旗叶细胞质膜及叶内细胞超微结构的影响．作
　　　物学报，23(3)：370—375．

许自成，黎妍妍，肖汉干，等．2006．湘南烟区生态因素与烤烟质量的综合评价．植物生态学报，32
　　　(1)：226—234．

许自成，张婷，卢秀萍，等．2007．打顶后施用生长素(IAA)和钾肥对烤烟碳氮代谢的影响．生态学杂
　　　志，26(4)：461—465．

闫海龙，张希明，许浩，等．2010．塔里木沙漠公路防护林 3 种植物光合特性对干旱胁迫的响应．生态
　　　学报，30(10)：2519—2528．

严昌荣，韩兴国．1998．暖温带落叶阔叶林主要植物叶片中 $\delta^{13}C$ 值的种间差异及时空变化．植物学报，
　　　40(9)：853—859．

严昌荣，韩兴国，陈灵芝．2001．六种木本植物水分利用效率和其小生境关系研究．生态学报，21
　　　(11)：1952—1956．

严巧娣，苏培玺．2005．不同土壤水分条件下葡萄叶片光合特性的比较．西北植物学报，25(8)：
　　　1601—1606．

颜侃．2012．不同生态条件下烤烟生理生态适应性研究．昆明：云南农业大学硕士学位论文．

颜侃，陈宗瑜．2012．不同生态条件对烤烟形态及相关生理指标的影响．生态学报，32(10)：3087—3097．

颜侃，陈宗瑜，王娟，等．2015．不同生态区烤烟叶片稳定碳同位素组成特征．生态学报，35(11)：
　　　3846—3853．

颜侃，胡雪琼，陈宗瑜．2012a．玉溪烟区烤烟主要大田生长期紫外辐射分析与模拟．中国农业气象，
　　　33(3)：368—373．

颜侃，宋鹏飞，陈宗瑜，等．2012b．低纬高原两个亚生态区烤烟种植生态适应性．生态学杂志，31
　　　(4)：870—876．

杨虹琦，周冀衡，杨述元，等．2005．不同纬度烟区烤烟叶中主要非挥发性有机酸的研究．湖南农业大
　　　学学报(自然科学版)，31(3)：281—284．

杨晖，焦光联，冯虎元．2004．紫外－B 辐射对番茄幼苗生长、POD 和 IAA 氧化酶活性的影响．西北
　　　植物学报，24(5)：826—830．

杨金汉．2015．环境和种植条件对烤烟 $\delta^{13}C$ 值及生理特征的影响研究．昆明：云南农业大学硕士学位
　　　论文．

杨金汉，张连根，陈宗瑜，等．2014．不同生态区烤烟 $\delta^{13}C$ 值与光合色素及化学成分的关系．中国农
　　　学通报，30(31)：100—107．

杨金汉，倪霞，易克，等．2015a．不同施氮水平对烤烟叶片 $\delta^{13}C$ 值、生理特征及化学成分的影响．中
　　　国农业气象，36(3)：296—305．

杨金汉，龚舒静，宋鹏飞，等．2015b．棚内模拟不同烟区降水量对烟叶 $\delta^{13}C$ 值及生理指标的影响．中
　　　国农学通报，31(13)：49—55．

杨景宏，陈拓，王勋陵．2000．增强紫外线 B 辐射对小麦叶绿体膜组分和膜流动性的影响．植物生态学
　　　报，24(1)：102—105．

杨坤，杨焕文，李佛琳，等．2011．丽江烟区生态条件及烤烟化学成分分析．中国农业气象，32(1)：

94—99.

杨湉. 2015. 不同生态烟区烤烟香型特征与稳定碳同位素($\delta^{13}$C)的关系. 昆明：云南农业大学硕士学位论文.

杨湉，杨金汉，陈宗瑜，等. 2014. 烤烟 $\delta^{13}$C 值及碳氮代谢对增强 UV-B 辐射的响应. 中国农学通报，30(31)：64—70.

杨湉，杨金汉，陈宗瑜，等. 2015. 增强 UV-B 辐射对烟叶 $\delta^{13}$C 值及生理特征的影响. 核农学报，29(11)：2123—2129.

杨湉，王毅，陈宗瑜，等. 2016. 不同生态烟区烤烟 $\delta^{13}$C 值与生理及品质特征的比较研究. 西北植物学报，36(9)：1846—1854.

杨兴有，刘国顺. 2007. 成熟期光强对烤烟理化特性和致香成分含量的影响. 生态学报，27(8)：3450—3456.

杨兴有，刘国顺，伍仁军，等. 2007. 不同生育期降低光强对烟草生长发育和品质的影响. 生态学杂志，26(7)：1014—1020.

样志晓，王轶，王志红，等. 2012. 烤烟氮素营养研究进展. 江西农业学报，24(1)：72—76.

姚益群，谢金伦，郭其菲. 1988. 云南烟草香气研究. 烟草科技，4：24—27.

姚银安，杨爱华，徐刚. 2008. 两种栽培荞麦对日光 UV-B 辐射的响应. 作物杂志，6：69—73.

易克，徐向丽，卢秀萍，等. 2007. 烤烟烟叶腺毛的发育细胞学研究. 湖南农业大学学报（自然科学版），33(6)：678—680.

殷树鹏，张成君，郭方琴，等. 2008. 植物碳同位素组成的环境影响因素及在水分利用效率中的应用. 同位素，21(1)：48—53.

尹聪，周青. 2009. UV-B 辐射对大豆幼苗叶片含水量的影响. 安全与环境学报，9(1)：1—3.

尹建雄，卢红. 2005. 烟草中多酚化合物及多酚氧化酶研究进展. 广西农业科学，36(3)：284—286.

俞涛，宋锋惠，史彦江，等. 2009. 枣麦间作系统小气候效应研究初报. 新疆农业科学，46(2)：338—345.

岳向国，韩发，师生波，等. 2005. 不同强度的 UV-B 辐射对高山植物麻花艽光合作用及暗呼吸的影响. 西北植物学报，25(2)：231—235.

曾小平，赵平，蔡锡安，等. 2004. 不同土壤水分条件下焕镛木幼苗的生理生态特性. 生态学杂志，23(2)：26—31.

曾艳，吴幼乔. 2003. 紫外线辐射强度预报模型研究. 南京气象学院学报，26(5)：685—693.

詹军，刘冲，贺凡，等. 2011. 不同香型烤烟类胡萝卜素降解香气物质与评吸质量分析. 西南农业学报，24(6)：2167—2142.

占镇，李军营，马二登，等. 2014. 不同光质对烤烟质体色素含量及相关酶活性的影响. 中国烟草科学，35：(2)：49—54.

张丛志，张佳宝，赵炳梓，等. 2009. 玉米水分利用效率、碳稳定同位素判别值和比叶面积之间的关系. 作物学报，35(6)：1115—1121.

张海静，姚晓芹，黄亚群. 等. 2013. 玉米不同自交系幼苗光合对 UV-B 辐射增强的响应. 华北农学报，28(4)：105—109.

张家智. 2000. 云烟优质适产的气候条件分析. 中国农业气象，21(2)：17—21.

张晋豫，丘忠波，王勋陵，等. 2008. 增强 UV-B 辐射对矮牵牛花瓣中生理生化物质变化的影响. 西北植物学报，28(8)：1637—1642.

张君玮，周青. 2009a. Ce(Ⅲ)对 UV-B 辐射下大豆幼苗水分代谢影响的机理. 中国生态农业学报，17(3)：570—573.

张君玮，周青. 2009b. UV-B 辐射对植物水分代谢的影响. 中国生态农业学报，17(4)：829—833.

张美萍，江玉珍，于光辉，等. 2009. 稀土元素对增强 UV-B 辐照下小麦抗氧化酶的影响. 核农学报，
　　23(2)：316—319.

张美萍，陕永杰，王小花，等. 2009. He-Ne 激光对增强紫外线－B 辐射小麦叶片胞质 ATP 酶活性的
　　影响. 中国激光，36(9)：2455—2459.

张鹏，王刚，张涛，陈年来. 2010. 祁连山两种优势乔木叶片 $\delta^{13}C$ 的海拔响应及其机理. 植物生态学
　　报，34(2)：125—133.

张琴，韩榕. 2008. 增强 UV-B 辐射和 He-Ne 激光辐照对小麦离体叶绿体光化学活性的影响. 光子学
　　报，37(3)：537—542.

张庆乐，刘卫国，刘禹，等. 2005. 贺兰山地区树轮碳氧同位素与夏季风降水的相关性讨论. 地球化
　　学，34(1)：51—56.

张瑞波，袁玉江，魏文寿，等. 2012. 西伯利亚落叶松树轮稳定碳同位素对气候的响应. 干旱区研究，
　　29(2)：328—334.

张瑞桓，刘晓，田向军，等. 2008. UV-B 辐射增强对反枝苋形态、生理及化学成分的影响. 生态学杂
　　志，27(11)：1869—1875.

张树军，狄建军，张国文，等. 2008. 蛋白质组学的研究方法. 内蒙古民族大学学报(自然科学版)，23
　　(6)：647—649.

张武，张蕾，张婕，等. 2004. 兰州城区太阳紫外辐射及其与空气污染的关系. 兰州大学学报(自然科
　　学版)，40(5)：100—105.

张晓煜，刘静，袁海燕. 2004. 土壤和气象条件对宁夏枸杞灰分含量的影响. 生态学杂志，23(3)：
　　39—43.

张延春，陈治锋，龙怀玉，等. 2005. 不同氮素形态及比例对烤烟长势、产量及部分品质因素的影响.
　　植物营养与肥料学报，11(6)：787—792.

张艳玲. 2008. 遮阳网及温室小气候研究综述. 温室园艺，11：20—21.

张艳艳，梁晓芳，张本强，等. 2013. 光质对烤烟苗期幼苗色素含量和光合特性的影响. 中国烟草学
　　报，19(2)：42—46.

张燕，李天飞，宗会，等. 2003. 不同产地香料烟内在化学成分及致香物质分析. 中国烟草科学，4：
　　13—16.

张友胜，张苏峻，李镇魁. 2008. 植物叶绿素特征及其在森林生态学研究中的应用. 安徽农业科学，36
　　(3)：1014—1017.

张志良. 2003. 植物生理学实验指导. 北京：高等教育出版社.

赵风君，高荣孚，沈应柏，等. 2005. 水分胁迫下美洲黑杨不同无性系间叶片 $\delta^{13}C$ 和水分利用效率的
　　研究. 林业科学，41(1)：36—41.

赵慧霞，吴绍洪，姜鲁光. 2007. 生态阈值研究进展. 生态学报，27(1)：338—345.

赵铭钦，王付锋，张志逢，等. 2009. 增施不同有机物质对烤烟叶片质体色素及其降解产物的影响. 华
　　北农学报，6：149—152.

赵平，刘惠，孙谷畴. 2007.4 种植物气孔对水汽压亏缺敏感度的种间差异. 中山大学学报，46(4)：
　　63—68.

赵平，孙谷畴，曾小平，等. 2000. 榕树的叶绿素含量、荧光特性和叶片气体交换日变化的比较研究.
　　应用生态学报，11(3)：327—332.

赵天宏，刘波，王岩，等. 2015. UV-B 辐射增强和 $O_3$ 浓度升高对大豆叶片内源激素和抗氧化能力的
　　影响. 生态学报，35(8)：2695—2702.

赵晓莉，郑有飞，王传海，等. 2004. UV-B 增加对菠菜生长发育和品质的影响. 生态环境，13(1)：
　　14—16.

赵晓莉，胡正华，徐建强，等. 2006. UV-B 辐射与酸雨胁迫对生菜生理特性及品质的影响. 生态环境，15(6)：1170−1175.

赵晓艳，闫海涛，甄志强，等. 2011. 云影响太阳紫外辐射光谱的研究. 光谱学与光谱分析，31(1)：55−57.

赵业思，王建，商志远. 2014. 树轮不同组分稳定碳同位素对气候变化响应敏感性：研究进展与评述. 生态学杂志，33(9)：2538−2547.

赵志鹏，高致明，陈益银，等. 2010. 海拔对烤烟叶片亚显微结构的影响. 烟草科技，4：54−58.

郑成华，沈承德，于津生. 1994. 两个树轮样品的$^{13}$C 同位素研究及其古气候意义. 地球化学，23：210−216.

郑东方，许嘉阳，黄化刚，等. 2015. 气候变暖对烤烟气候适生性和大田可用日数的影响. 中国生态农业学报，23(2)：167−173.

郑明，周冀衡，黄勇. 2009. 光照度对烤烟烟苗生长和代谢产物含量的影响. 作物研究，23(3)：181−183.

郑淑霞，上官周平. 2006. 陆生植物稳定碳同位素组成与全球变化. 应用生态学报，17(4)：733−739.

郑淑霞，上官周平. 2007. 不同功能型植物光合特性及其与叶氮含量、比叶重的关系. 生态学报，27(1)：171−181.

郑有飞，吴荣军. 2009. 紫外辐射变化与作物响应. 北京：气象出版社.

郑有飞，刘建军，王艳娜，等. 2007. 增强 UV-B 辐射与其他因子复合作用对植物生长的影响研究. 西北植物学报，27(8)：1702−1712.

中国烟草总公司郑州烟草研究院，中国农业科学院农业资源与农业区划研究所. 2009. 中国烟草种植区划. （单行本）.

钟楚. 2010. 低纬高原高海拔烟区烟草对减弱 UV-B 辐射的生理生态适应. 昆明：云南农业大学硕士学位论文.

钟楚，陈宗瑜，王毅，等. 2009. UV-B 辐射对植物影响的分子水平研究进展. 生态学杂志，28(1)：129−137.

钟楚，陈宗瑜，王毅，等. 2010a. 低纬高原滤减 UV-B 辐射对烤烟营养生长期形态性状的影响. 中国农业气象，31(1)：83−87.

钟楚，陈宗瑜，毛自朝，等. 2010b. 滤减 UV-B 辐射对烟叶可溶性蛋白、光合色素和类黄酮的影响. 广西植物，30(4)：501−506.

钟楚，王毅，陈宗瑜，等. 2010c. 烟草形态和光合生理对减弱 UV-B 辐射的响应. 应用生态学报，21(9)：2358−2366.

钟楚，王毅，陈宗瑜，等. 2010d. 减弱 UV-B 辐射对烟草(*Nicotiana tabacum* L.)叶片 SOD、POD 和 CAT 活性动态变化影响初探. 中国烟草学报，16(3)：49−52.

钟楚，王毅，简少芬，等. 2010e. 云南玉溪烟区两烟草品种叶片光合作用对光和 $CO_2$ 的响应. 中国农业气象，31(3)：436−441.

钟楚，王毅，陈宗瑜，等. 2011. 减弱 UV-B 辐射对烤烟生长发育过程中类黄酮和抗氧化酶系统的影响. 云南农业大学学报，26(2)：229−235.

周党卫，韩发，滕中华，等. 2002. UV-B 辐射增强对植物光合作用的影响及植物的相关适应性研究. 西北植物学报，22(4)：1004−1008.

周冀衡，朱小平，王彦亭，等. 1996. 烟草生理与生物化学. 合肥：中国科学技术大学出版社.

周冀衡，杨虹琦，林桂华，等. 2004. 不同烤烟产区烟叶中主要挥发性香气物质的研究. 湖南农业大学学报：自然科学版，30(1)：20−23.

周金仙，卢江平，白永富，等. 2003. 不同生态烟草品种产量、品质变化研究初报. 云南农业大学学报，18(1)：97－102.

周金仙，白永富，张恒，等. 2004. 云南烟草品种区域实验研究. 云南农业大学学报，19(1)：78－85.

周丽莉，祁建军，李先恩. 2008. 增强 UV-B 辐射对丹参产量和品质的影响. 生态环境，17(3)：966－970.

周柳强，黄美福，周兴华，等. 2010. 不同氮肥用量对田烤烟生长、养分吸收及产质量的影响. 西南农业学报，23(4)：1166－1172.

周平，陈宗瑜. 2008. 云南高原紫外辐射强度变化时空特征分析. 自然资源学报，23(3)：487－493.

周青，黄晓华，赵姬，等. 2002. 紫外辐射(UV-B)对 47 种植物叶片的表观伤害效应. 环境科学，23(3)：23－28.

周群，林国平，程君奇，等. 2009. 不同白肋烟品种叶面腺毛密度的动态变化. 湖北农业科学，48(2)：373－375.

周顺亮，叶清，戴兴临，等. 2008. 农田生态系统的热通量变化和农田小气候分析. 江西农业学报，20(7)：10－14.

周新明，惠竹梅，焦旭亮，等. 2007. UV-B 辐射增强下葡萄叶片光合特性与叶龄关系的研究. 干旱地区农业研究，25(4)：216－220.

朱军涛，李向义，张希明，等. 2011. 昆仑山北坡 4 种优势灌木的气体交换特征. 生态学报，31(12)：3522－3530.

朱列书，赵松义，李伟. 2006. 烟草不同基因型的光合特性研究. 中国烟草科学，1：5－7.

朱林，梁宗锁，许兴，等. 2008. 土壤水分对春小麦碳同位素分馏与矿质元素 K、Ca 和 Mg 含量的影响. 核农学报，22(6)：839－845.

朱媛，冯源，祖艳群，等. 2010. 不同时期 UV-B 辐射增强对灯盏花生物量和药用有效成分含量的影响. 农业环境科学学报，29(增刊)：53－58.

祝青林，于贵瑞，蔡福，等. 2005. 中国紫外辐射的空间分布特征. 资源科学，27(1)：108－113.

訾先能，陈宗瑜，郭世昌，等. 2006. UV-B 辐射的增强对作物形态及生理功能的影响. 中国农业气象，27(2)：102－118.

訾先能，强继业，陈宗瑜，等. 2006. UV-B 辐射对云南报春花叶绿素含量变化的影响. 农业环境科学学报，25(3)：587－591.

邹琦. 1995. 植物生理生化指导. 北京：中国农业出版社.

祖艳群，林克惠. 2002. 氮、钾营养对烤烟品质的影响. 土壤通报，33(6)：417－420.

左天觉，朱尊权. 1993. 烟草的生产、生理和生物化学. 上海：上海远东出版社.

左园园，刘庆，林波，等. 2005. 短期增强 UV-B 辐射对青榨槭幼苗生理特性的影响. 应用生态学报，16(9)：1682－1688.

Albert K R, Mikkelsen T N, Ro-Poulsen H. 2005. Effects of ambient versus reduced UV-B radiation on higharctic *Salix arctica* assessed by measurements and calculations of chlorophyll a fluorescence parameters fromfluorescence transients. Physiologia Plantarum，124：208－226.

Albert K R, Mikkelsen T N, Ro-Poulsen H. 2008. Ambient UV-B radiation decreases photosynthesis in high arctic *Vaccinium uliginosum*. Physiologia Plantarum，133：199－210.

Alejandro R, Eckard W, Manuel P. 2007. Effects of ultraviolet-B radiation on common bean(Phaseolus vulgaris L.)plants grown under nitrogen deficiency. Environmental and Experimental Botany，60：360－367.

Allen D J, Nogués S, Baker N R. 1998. Ozone depletion and increased UV-B radiation：is there a real threat to photosynthesis? Journal of Experimental Botany，49(328)：1775－1788.

Ambasht N K, Agrawal M. 1995. Physiological responses of fild grown *Zeamays* L. plants to enhanced

UV-B radiation. Biotronics, 24: 15—23.

Amme S, Rutten T, Melzer M, et al. 2005. A proteome approach defines protective functions of tobacco leaf trichomes. Proteomics-Clinical Applications, 5(10): 2508—2518.

Araya Takao, Noguchi Ko, Terashima Ichiro. 2010. Effect of nitrogen nutrition on the carbohydrate repression of photosynthesis in leaves of Phaseolus vulgaris L. Journal of Plant Research, 123: 371—379.

Arunyanark A, Jogloy S, Akkasaeng C, et al. 2008. Chlorophyll stability is an indicator of drought tolerance in peanut. J Agronomy & Crop Science, 194: 113—125.

Awad M A, Wagenmakers P S, Jager A. 2001. Effects of light on flavonoid and chlorogenic acid levels in the skin of 'Jonagold' apples. Scientia Horticulturae, 88: 289—298.

Bai E, Boutton T W, Liu F, et al. 2008. Variation in woody plant $\delta^{13}C$ along a topoedaphic gradient in a subtropical savanna parkland. Oecologia, 156(3): 479—489.

Ballaré C L. 2003. Stress under the sun: spotlight on ultraviolet-B responses. Plant Physiology, 132: 1725—1727.

Barbour M M, Walcroft A S, Farquhar G D. 2002. Seasonal variation in $\delta^{13}C$ and $\delta^{18}O$ of cellulose from growth rings of Pinus radiate. Plant Cell and Environment, 25: 1483—1499.

Bardford M N. 1976. A rapid and sensitive method for the quantitation of microgram quantities of protein utilizing the principle of protein-dye binding. Annals of Biochemistry, 72: 248—254.

Barra H D, Weatherlry P E. 1962. A re-examination of the relation turgidity technique for estimation water deficit in leaves. Australian Journal of Botany Science, 15: 413—428.

Basiouny F M. 1986. Sensitivity of corn, oats, peanuts, rice, rye, sorghum, soybean and tobacco to UV-B radiation under growth chamber conditions. Journal of Agronomy and Crop Science, 157: 31—35.

Basiouny F M, Van T K, Biggs R H. 1978. Some morphological and biochemical characteristics of C3 and C4 plants irradiated with UV-B. Physiol Plant, 42: 29—32.

Bassman J H, Edwards G E, Robberecht R. 2003. Photosynthesis and growth in seedlings of five forest tree species with contrasting leaf anatomy subjected to supplemental UV-B radiation. Forest Science, 49(2): 176—187.

Beerling D J, Mattey D P, Chaloner W G. 1993. Shifts in the $\delta^{13}C$ corn position of Salix herbacea L. leaves in response to spatial and temporal gradients of atmospheric $CO_2$ concentration. Proc R Soc Lond, 253: 53—60.

Bender M M. 1971. Variation in the $^{13}C/^{12}C$ ratios of plants in relation to the pathway of photosynthetic carbon dioxide fixation. Photochemistry, 10(6): 1239—1244.

Boeger M R T, Poulson M. 2006. Effects of ultraviolet-B radiation on leaf morphology of Arabidopsis thaliana (L.) Heynh. (Brassicaceae). Acta Botanica Brasilica, 20(2): 329—338.

Bragazza L, Iacumin P. 2009. Seasonal variation in carbon isotopic composition of bog plant litter during 3 years of field decomposition. Biology and Fertility of Soils, 46(1): 73—77.

Broadley M R, Escobar-Gutiérrez A J, Burns A, et al. 2001. Nitrogen-limited growth of lettuce is associated with lower stomatal conductance. New Phytologist, 152: 97—106.

Broin M, Rey P. 2003. Potato plants lacking the CDSP32 plastidic thioredoxin exhibit over oxidation of the BAS1 2—cysteine peroxiredoxin and increased lipid peroxidation in thylakoids under photooxidative stress. Plant Physiology, 132: 1335—1343.

Bubu T S, Jansen M. 1999. Amplified degradation of photosystem Ⅱ D1 and D2 proteins under a mixture of photosynthetically active radiation and UV-B radiation: dependence on redox status of photosystem Ⅱ. Photochemistry and Photobiology, 69: 553−559.

Cabrera S, Bozzo S, Fuenzalida H. 1995. Variations in UV radiation in Chile. Journal of Photochemistry and Photobiology B: Biology, 28: 137−142.

Cai X A, Peng S L, Xia H P, et al. 2008. Responses of four succession tree species in low subtropics to enhanced UV-B radiation in the field. Photosynthetica, 46(4): 490−500.

Cai Z Q, Poorter L, Cao K F, et al. 2007. Seedling growth strategies in *Bauhinia* species: comparing lianas and trees. Annals of Botany, 100(4): 831−838.

Cai Z Q, Schnitzer S A, Bongers F. 2009. Seasonal differences in leaf level physiology gives lianas a competitive advantage over trees in a tropical seasonal forest. Oecologia, 161(1): 25−33.

Calderini D F, Lizana X C, Hess S, et al. 2008. Grain yield and quality of wheat under increased ultraviolet radiation(UV-B)at later stages of the crop cycle. The Journal of Agricultural Science, 146: 57−64.

Caldwell M M. 1968. Solar ultraviolet radiation as an ecological fator for alpine plants. Ecol Monogr, 38: 243−268.

Caldwell M M. 1971. Solar UV irradiation and the growth and development of higher plants//Giese A C. Photosynthesis. New York: Academic Press, 131−177.

Carletti P, Masi A, Wonisch A, et al. 2003. Changes in antioxidant and pigment pool dimensions in UV-B irradiated maize seedlings. Environmental and Experimental Botany, 50: 149−157.

Catherine D C, Rowan F S. 2006. Interactions between the effects of atmospheric $CO_2$ content and P nutrition on photosynthesis in white lupin(*Lupinus albus* L. ). Plant Cell and Environment, 29: 844−853.

Cechin I, Corniani, Fumis Tde F, et al. 2008. Ultraviolet-B and water stress effects on growth, gas exchange and oxidative stress in sunflower plants. Radiation and Environmental Biophysics, 47: 405−413.

Chapin F S, Autumn K, Pugnaire F. 1993. Evolution of suites of traits in response to environmental stress. The American Naturalist, 142: 78−92.

Chaturvedi R, Shyam R, Sane P V. 1998. Steady state levels of D1 protein and *psbA* transcript during UV-B inactivation of photosystem Ⅱ in wheat. Iubmb Life, 44(5): 925−932.

Chouhan S, Chouhan K, Kataria S, et al. 2008. Enhancement in leghemoglobin content of root nodules by exclusion of solar UV-A and UV-B in soybean. Journal of Plant Biology, 51(2): 132−138.

Correia I, Almeida M H, Aguiar A, et al. 2008. Variations in growth, survival and carbon isotope composition ($\delta^{13}$ C) among *Pinus pinaster* populations of different geographic origins. Tree Physiology, 28(10): 1545−1552.

Dai H, Zhou Q. 2008. Effect of UV-B stress on photorespiration in soybean seedling. Soybean Science, 27(3): 447−450.

Dalton D A, Baird L M, Langeberg L, et al. 1993. Subcellular localization of oxygen defense enzymes in soybean(*Glycine max*[L. ]Merr. )root nodules. Plant Physiology, 102: 481−489.

Davis D L, Mark T N. 2003. 烟草—生产，化学和技术. 北京：化学工业出版社.

Dawson T E, Mambelli S, Plamboeck A H. 2002. Stable isotopes in plant ecology. Annual Review of Ecology and Systematics, 33: 507−559.

Deng Z, Zhang X, Tang W, et al. 2007. A proteomics study of brassinosteroid response in arabidopsis. Mol Cell Proteomics, 6: 2058−2071.

Devitt D A, Smith S D, Neuman D S. 1997. Leaf carbon isotope ratios in three landscape species growing in an arid environment. Journal of Arid Environments, 2: 249−257.

Ding L, Wang K J, Jiang J M, et al. 2005. Effects of nitrogen deficiency on photosynthetic traits of maize hybrids released in different years. Annals of Botany, 96: 925−930.

Dong X J, Zhang X S. 2001. Some observations of the adaptations of sandy shrubs to the arid environment in the Mu Us sandy land: leaf water relations and anatomic features. Journal of Arid Environments, 48: 41−48.

Duan B, Xuan Z, Zhang X. 2008. Interactions between drought, ABA application and supplemental UV-B in Populus yunnanensis. Physiologia Plantarum, 134: 257−269.

Díaz J P, Expósito F J, Torres C J, et al. 2001. Radiative properties of aerosols in Saharan dust outbreaks using ground-based and satellite data: applications to radiative forcing. Journal of Geophysical Research, 106(D16), 18403−18416.

Ehleringer J R, Comstock, Cooper T A. 1987. Leaf-twig carbon isotope ratio differences in photosynthetic-twig desert shrub. Oecologia, 71: 318−320.

Ehleringer J R, Monson R K. 1993. Evolutionary and ecological aspects of photosynthetic pathway variation. Annual Review of Ecology and Systematics, 24: 411−439.

Ennahli S, Earl H J. 2005. Physiological limitations to photosynthetic carbon assimilation in cotton under water stress. Crop Science, 45: 2374−2382.

Epstein S, Yapp C J. 1976. Climatic implication of the D/H ratio of hydrogen in C-H groups in tree cellulose. Earth Planet Science Lett, 30: 252−261.

Evans J. Photosynthesis and nitrogen relationship in leaves of C3 plants. Oecologia, 1989, 8: 1−19.

Farmer J Q. 1979. Problems in interpreting tree-ring $\delta^{13}C$ records. Nature, 279: 229−231.

Farmer J G, Baxter M S. 1974. Atmosphere carbon dioxide levels as indicated by the stable isotope record in wood. Nature, 247, 273−275.

Farquhar G D. 1983. On the nature of carbon isotope discrimination in C4 species. Australian Journal of Plant physiology, 10: 205−260.

Farquhar G D, Richards I L A. 1984. Isotopic composition of plant carbon correlates with water-use efficiency of wheat genotypes. Australian Journal of Plant Physiology, 11: 539−552.

Farquhar G D, Leary M H, Berry J A. 1982. On the relationship between carbon isotope discrimination and intercellular carbon dioxide concentration in leaves. Australian Journal of Plant Physiology, 9: 121−137.

Farquhar G D, Ehleringer J R, Hubick K T. 1989. Carbon isotope discrimination and photosynthesis. Annual Review of Plant Physiology, 40: 503−537.

Feng Q H, Mauro C, Cheng R M, et al. 2013. Leaf functional trait responses of *Quercus aquifolioides* to high elevations. International Journal of Agriculture and Biology, 15(1): 69−75.

Foster T E, Brooks J R. 2005. Functional groups based on leaf physiology: are they spatially and temporally robust. Oecologia, 144(3): 337−352.

Foyo-Moreno I, Vida J, Alados-Arboledas L. 1999. A simple all weather model to estimate ultraviolet solar radiation(290−385nm). Journal of Applied Meteorology, 38(7): 1020−1026.

Foyo-Moreno I, Alados I, Olmo F J, et al. 2003. The influence of cloudiness on UV global intensity (295−385nm). Agricultural and Forest Meteorology, 120(1): 101−111.

Francey R J, Farquhar G D. 1982. Am explanation of $^{13}C/^{12}C$ variation in tree rings. Nature, 297: 28−31.

Franccy R J, Allison C E, Etheridge D M. 1999. A 100 − year high precision record of $\delta^{13}$ C in atmospheric $CO_2$. Tellus, 51B: 170−193.

Freyer H D, Belacy N. 1983. $^{13}$C/$^{12}$C records in northern hemispheric trees during the past 500years-anthropogenic impact and climate superpositions. Journal of Geophysical Research, 88: 6844−6852.

Frohnmeyer H, Staiger D. 2003. Ultraviolet-B Radiation-mediated responses in plants. Balancing damage and protection. Plant Physiology, 133: 1420−1428.

Fujibe T, Watanabe K, Nakajima N, et al. 2000. Accumulation of pathogenesis-related proteins in tobacco leaves irradiated with UV-B. Journal of Plant Research, 113: 387−394.

Furness N H, Joliffe P A, Upadhyaya M K. 2005. Competitive interactions in mixtures of broccoli and *Chenopodium album* grown at two UV-B radiation levels under glasshouse conditions. Weed Research, 45: 449−459.

Furness N H, Upadhyaya M K, Ormrod D P. 1999. Seedling growth and leaf surface morphological responses of three rangeland weeds to ultraviolet-B radiation. Weed Science, 47(4): 427−434.

Gaberščik A, Novak M, Trošt T, et al. 2001. The influence of enhanced UV-B radiation on the spring geophyte *Pulmonaria officinalis*. Plant Ecology, 154: 51−56.

Gao K S, Yu H Y, Brown M T. 2007. Solar PAR and UV radiation affects the physiology and morphology of the *Cyanobacterium anabaena* sp. PCC 7120. Journal of Photochemistry and Photobiology B: Biology, 89(12): 117−124.

Gao L, Li P, Watanabe T, et al. 2008. Combined effects of ultraviolet radiation and temperature on morphology, photosynthesis, and DNA of *Arthrospira* (*Spirulina*) *platensis* (Cyaophyta). Journal of Phycology, 44: 777−786.

Gebrekirstos A, Noordwijk M, Neufeldt H, et al. 2011. Relationships of stable carbon isotopes, plant water potential and growth: an approach to asses water use efficiency and growth strategies of dry land agroforestry species. Trees, 25(1): 95−102.

Gitz III D C, Liu G L, Britz S J, et al. 2005. Ultraviolet-B effects on stomatal density, water-use efficiency, and stable carbon isotope discrimination in four glasshouse-grown soybean(*Glycine max*) cultivars. Environmental and Experimental Botany, 53: 343−355.

González J A, Rosa M, Parrado M F, et al. 2009. Morphological and physiological responses of two varieties of a highland species(*Chenopodium quinoa* Willd.)growing under near-ambient and strongly reduced solar UV-B in a lowland location. Journal of Photochemistry and Photobiology B: Biology, 96: 144−151.

Gray J, Thompson. 1980. Natural variations in the $^{18}$O content of cellulose. In Carbon Dioxide Effects: Research and Assessment Program, Proceedings of the International Meeting on Stable Isotopes in Tree-ring Research. New York.

Gray J, Song S J. 1984. Climatic implications of the natural variations of D/H ratios in tree ring cellulose. Earth Planet Sci Lett, 70: 129−138.

Guo R Q, Ruan H, Yang W J, et al. 2011. Differential responses of leaf water-use efficiency and photosynthetic nitrogen-use efficiency to fertilization in Bt-introduced and conventional rice lines. Photosynthetica, 49(4): 507−514.

Gustavo G P, Beatriz M T. 2004. Effects of meteorology and tropospheric aerosols on UV-B radiation: a 4−year study. Atmospheric Environment, 38: 2749−2757.

Hanba Y T, Shigeta M, Thomas T, et al. 1997. Variations in leaf $\delta^{13}$ C along a vertical profile of irradiance in a temperate Japanese forest. Oecologia, 110: 253−261.

Haque M E, Yoshida Y, Hasunuma K. 2010. ROS resistance in *Pisum sativum*cv. Alaska: the involvement of nucleoside diphosphate kinase in oxidative stress responses via the regulation of antioxidants. Planta, 232: 367—382.

Hemming D L, Switsur V R, Waterhouse J S. 1998. Climate variation and the stable carbon isotope composition of tree-ring cellulose: an intercomparison of Quercusrobur, *Fagus sylvatica* and *Pinus silvestris*. Tellus, 50B: 25—33.

Hidema J, Kumagai T, Sutherland J C, et al. 1997. Ultraviolet B-sensitive rice cultivar deficient in cyclobutyl pyrimidine dimer repair. Plant Physiology, 113: 39—42.

Hikosaka K, Nagamatsu D, Ishii H S, et al. 2002. Photosynthesis-nitrogen relationships in species at different altitudes on Mount Kinabalu, Malaysia. Ecological Research, 17(3): 305—313.

Hilal M, Parrado M F, Rosa M, et al. 2004. Epidermal lignin deposition in quinoa cotyledons in response to UV-B radiation. Photochemistry and Photobiology, 79(2): 205—210.

Hilal M, Rodríguez-Montelongo L, Rosa M, et al. 2008. Solar and supplemental UV-B radiation effects in lemon peel UV-B-absorbing compound content-seasonal variation. Photochemistry and Photobiology, 84(6): 1480—1486.

Hodoki Y. 2005. Direct and indirect effects of solar ultraviolet radiation on attached bacteria and algae in lotic systems. Hydrobiologia, 549(1): 259—266.

Hong J H, Lee J W, Park J H, et al. 2007. Antioxidative and cytoprotective effects of *Artemisia capillaris* fractions. BioFactors, 31: 43—53.

Hultine K R, Marshall J D. 2000. Altitude trends in conifer leaf morphology and stable carbon isotope composition. Oecologia, 123: 32—40.

Jansen M A K. 2002. Ultraviolet-B radiation effects on plants: induction of morphogenic responses. Physiologia Plantarum, 116: 423—429.

Jansen M A K, Gaba V, Greenberg B M, et al. 1996. Low threshold levels of ultraviolet-B in a back ground of photosynthetically active radiation trigger rapid degradation of the D2 protein of photosystem-II. The Plant Journal, 9(5): 693—699.

Johanson U, Gehrke F K C, Bjorn L O, et al. 1995. The effects of enhanced UV-B radiation on a subactic heath ecosystem. Ambio, 24(2): 106—111.

Johnson A W. 1985. Tobacco leaf trichomes and their exudates. Tobacco Science, 29: 67—72.

Johnson R C, Li Y. 1999. Water relations, forage production, and photosynthesis in tall fescue divergently selected for carbon isotope discrimination. Crop Science, 39: 1663—1670.

Junk J, Feister U, Helbig A. 2007. Reconstruction of daily solar UV irradiation from 1893 to 2002 in Potsdam, Germany. International Journal of Biometeorology, 51(6): 505—512.

Kadur G, Swapan B, Sunita K, et al. 2007. Growth enhancement of soybean (*Glycine max*) upon exclusion of UV-B and UV-B/A components of solar radiation: characterization of photosynthetic parameters in leaves. Photosynth Res, 94: 299—306.

Kakani V G, Reddy K R, Zhao D, et al. 2003a. Field crop respon-ses to ultraviolet • B radiation: a review. Agricultural and Forest Meteorology, 120: 191—218.

Kakani V G, Reddy K R, Zhao D, et al. 2003b. Effects of ultraviolet-B radiation on cotton(*Gossypium hirsutum* L.)morphology and anatomy. Annals of Botany, 91(7): 817—826.

Karabourniotis G, Bornman J F. 1999. Penetration of UV-A, UV-B and blue light through the leaf trichome layers of two xeromorphic plants, olive and oak, measured by opticalfibre microprobes. Physiologia plantarum, 101: 655—661.

Kerr J, Mcclroy C. 1993. Evidence for large upward trends of ultraviolet-B radiation linked to ozone depletion. Science, 262: 1032−1034.

Koch G W, Sillett N S C, Jennings G M, et al. 2004. The limits to tree height. Nature, 428: 851−854.

Kogami H, Hanba Y T, Kibe T, et al. 2001. $CO_2$ transfer conductance, leaf structure and carbon isotope composition of *Polygonum cuspidatum* leaves from low and high altitudes. Plant, Cell and Environmen, 24: 529−538.

Kostina E, Wulff A, Julkunen-Tiitto R. 2001. Growth, structure, stomatal responses and secondary metabolites of birch seedlings(*Betula pendula*)under elevated UV-B radiation in the field. Trees, 15: 483−491.

Koti S, Reddy K R, Kakani V G, et al. 2007. Effects of carbon dioxide, temperature and ultr-aviolet-B radiation and their interactions on soybean(Glycine max L.)growth and dev-elopment. Environmental and Experimental Botany, 60: 1−10.

Krizek D T, Mirecki R M, Britz S J. 1997. Inhibitory effects of ambient levels of solar UV-A and UV-B radiation on growth of cucumber. Physiologia Plantarum, 100: 886−893.

Kräbs G, Wiencke C. 2005. Photosynthesis, photosynthetic pigments and mycosporine-like amino acids after exposure of the marine red alga Chondrus crispus(*Gigartinales*, *Rhodophyta*)to different light qualities. Phycologia, 44(1): 95−102.

Kubo A, Saji H, Tanaka K, et al. 1993. Genomic DNA structure of a gene encoding cytosolic ascorbate peroxidase from arabidopsis thaliana. FEBS Letters, 315: 313−317.

Kumari R, Singh S, Agrawal S B. 2009. Effects of supplement adlul traviolet-B radiation on growth and physiology of *Acorus calamus* L. (sweetflag). Acta Biologica Cracoviensia Series Botanica, 51(2): 19−27.

Körner C, Farquhar G D, Roksandic Z. 1988. A global survey of carbon isotope discrimination in plants from high altitude. Oecologia, 74: 623−632.

Körner C, Farquhar G D, Wong S C. 1991. Carbon isotope discrimination by plants follows latitudinal and altitudinal trends. Oecologia, 88: 30−40.

Lajtha K, Michener R H. 1994. Stable isotopes in ecology and environmental science. Blackwell Scientific Publications, London. 1−5.

Leavitt S W, Long A. 1982. Evidence for $^{13}C/^{12}C$ fractionation between tree leaves and wood. Nature, 298: 742−743.

Leavitt S W, Long A. 1986. Trends of $^{13}C/^{12}C$ ratios in pinyon tree rings of the American southwest and the global carbon cycle. Radiocarbon, 28: 376−382.

Lecain D R, Morgan J A, Mosier A R, et al. 2003. Soil and plant water relations determine photosynthetic responses of C3and C4grasses in a semi-arid ecosystem under elevated $CO_2$. Annals of Botany, 92: 41−52.

Lee Y, Lim H S, Yoon H. 2009. Carbon and nitrogen isotope composition of vegetation on King George Island, maritime Antarctic. Polar Biology, 32(11): 1607−1615.

Li C, Zhang X, Liu X, et al. 2006. Leaf morphological and physiological responses of *Quercus aquifolioides* along an altitudinal gradient. Silva Fennica. 40(I): 5−13.

Li C Y, Wu C C, Duan B L, et al. 2009. Age-related nutrient content and carbon isotope composition in the leaves and branches of *Quercus aquifolioides* along an altitudinal gradient. Trees-Structure and Function, 23(5): 1109−1121.

Li S, Paulsson M, Björn L O. 2002. Temperature-dependent formation and photorepair of DNA damage-induced by UV-B radiation in suspension-cultured tobacco cells. Journal of Photochemistry and Photobiology B: Biology, 66: 67—72.

Liakopoulos G, Stavrianakou S, Karabourniotis G. 2006. Trichome layers versus dehaired lamina of *Olea europaea* leaves: differences in flavonoid distribution, UV-absorbing capacity, and wax yield. Environmental and Experimental Botany, 55(3): 294—304.

Liang Y, Beardall J, Heraud P. 2006. Effect of UV radiation on growth, chlorophyll fluoresce-nce and fattyacid compostion of Phaeodactylum tricornutum and Chaetocerosmueller (Bacillariophyceae). Phycologia, 45: 605—615.

Libby L M, Pandolfi L J. 1974. Temperature dependence of, isotope ratios in tree rings. Proceedings of National Academy of Science, 71: 2482—2486.

Lin G H. 2001. Greenhouse Ecosystems: a book review on World Ecosystem Series 20 (invited). Ecological Engineering, 17: 463—465.

Lin G H, Siegwolf. 2002. What can we learn from oxygen and hydrogen isotope compositions of tree-ring cellulose in higher plants(invited review paper for a special forum). Acta Phytoecologia Sinica, 26: 381—384.

Lindfors A, HeikkiläA, Kaurola J, et al. 2009. Reconstruction of solar spectral surface UV intensitys using radiative transfer simulations. Photochemistry and Photobiology, 85(5): 1233—1239.

Lindroth R L, Hofmann R W. 2000. Population differences in *Trifolium repens* L. response to ultraviolet-B radiation: Foliar chemistry and consequences for two *lepidopteran herbivores*. Oecologia, 122: 20—28.

Livingston N J, Guy D, Sun Z J, et al. 1999. The effects of nitrogen stress on the stable carbon isotope composition, productivity and water use efficiency of white spruce[*Picea glauca* (Moench) Voss] seedlings. Plant, Cell and Environment, 22(3): 281—289.

Long R C, Wohz W G. 1972. Depletion of nitrate reductase activity in response to soil leaching. Agron J, 64: 789—792.

Lopes M S, Araus J L. 2006. Nitrogen source and water regime effects on durum wheat photosynthesis and stable carbon and nitrogen isotope composition. Physiologia Plantarum, 126(3): 435—445.

Luccini E, Cede A, Piacentini R D. 2003. Effect of clouds on UV and total intensity at Paradise Bay, Antarctic Peninsula, from a summer 2000 campaign. Theoretical and Applied Climatology, 75 (1—2): 105—116.

Lud D, Schlensog M, Schroeter B, et al. 2003. The influence of UV-B radiation on light-dependent photosynthetic performance in *Sanionia uncinata* (Hedw.) Loeske in Antarctica. Polar Biol, 26: 225—232.

Ma J Y, Chen T, Qiang W Y, et al. 2005. Correlation between foliar stable carbon isotope composition and environment factors in desert plant Reaumuria soongorica(Pall.)Maxim. Journal of Integrative Plant Biology, 47(9): 1065—1073.

Madronich S, Mckenzie R L, Cellwell M M, et al. 1995. Changes in ultraviolet radiation reaching the Earth's surface. Ambio, 24: 143—152.

Madronich S, Mckenzie R L, Bjorn L O, et al. 1998. Changes in biologically active ultraviolet radiation reaching the earth's surface. Journal Photochemistry and Photobiology B: Biology, 46: 5—17.

Martz F, Sutinen M-L, Derome K, et al. 2007. Effects of ultraviolet(UV) exclusion on the seasonal concentration of photosynthetic and UV-screening pigments in *Scots pine* needles. Global Change

Biology, 13(1): 252—265.

Mccarroll D, Loader N J. 2004. Stable isotopes in tree rings. Quaternary Science Reviews, 23(7): 771—801.

Mckenzie R, Connor B, Bodeker G. 1999. Increased summertime UV radiation in New Zealand in response to ozone loss. Science, 285: 1709—1710.

Mckenzie R L, Aucampb P J, Bais A F. et al. 2006. Changes in biologically active ultraviolet radiation reaching the Earth's surface. //Environmental effects of ozone depletion and its interactions with climate change: 2006 assessment. Nairobi, Kenya: Secretariat for The Vienna Convention for the Protection of the Ozone Layer and The Montreal Protocol on Substances that Deplete the Ozone Layer United Nations Environment Programme(UNEP), 1—23.

Medrano H, Escalona J M, Bota J, et al. 2002. Regulation of photosynthesis of C3plants in response to progressive drought: Stomatal conductance as a reference parameter. Annals of Botany, 89: 895—905.

Meng Z N, Liu C, He J M, et al. 2005. The effects of increased UV-B radiation, NaCl stress and their combine treatment on the photosynthesis and flavones metabolism in wheat seedlings. Scope on Acta Ppotonica Sinica, 34(12): 1868—1871.

Miller J M, Williams R J, Farquhar G D. 2001. Carbon isotope discrimination by a sequence of Eucalyptus species along a subcontinental rainfall gradient in Australia. Functional Ecology, 15: 222—232.

Minden J. 2007. Comparative proteomics and difference gel1electrophoresis. Biotechniques, 43(6): 739, 741, 743, 745.

Miriam M I, Carlos A N, Ales S, et al. 2007. Solar Ultraviolet-B Radiation and Insect Herbivory Trigger Partially Overlapping Phenolic Responses in *Nicotiana attenuata* and *Nicotiana longiflora*. Annals of Botany, 99: 103—109.

Mittler R, Zilinskas B A. 1991a. Molecular cloning and nucleotide sequence analysis of a cDNA encoding pea cytosolic ascorbate peroxidase. FEBS Letters, 289: 257—259.

Mittler R, Zilinskas B A. 1991b. Purification and characterization of pea cytosolic ascorbate peroxidase. Plant Physiology, 97: 962—968.

Mittler R, Zilinskas B A. 1994. Regulation of pea cytosolic ascorbate peroxidase and other ntioxidant enzymes during the progression of drought stress and following recovery from drought. Plant Physiology Journal, 5(03): 397—405.

Mohammed A R, Rounds E W, Tarpley L. 2007. Response of rice(*Oryza sativa* L.) tillering to sub-ambient levels of ultraviolet-B radiation. Journal of Agronomy & Crop Science, 193: 324—335.

Moon H, Lee B, Choi G, et al. 2003. NDP kinase 2 interacts with two oxidative stress-activated MAPKs to regulate cellular redox state and enhances multiple stress tolerance in transgenic plants. PNAS, 100: 358—363.

Morecroft M D, Woodward F I. 1990. Experimental investigations on the environmental determination of $\delta^{13}C$ at different altitudes. Journal of Experimental Botany, 41: 1303—1308.

Morecroft M D, Woodward F I, Marrs R H. 1992. Altitudinal trends in leaf nutrient contents, leaf size and $^{13}C$ of Alchemilla alpina. Functional Ecology, 6: 730—740.

Mumba P P, Banda H L. 1990. Nicotine content of flue tobacco(Nicotiana tabacum L.) at different stages of growth. Tropical Science, 30(2): 179—183.

Ménot C, Burns S J. 2001. Carbon isotopes in ombrogenic peat bog plants as climatic indicators:

calibration from an altitudinal transect in Switzerland. Organic Geochemistry, 32: 233—245.

Naeem M, Khan M, Masroor A, et al. 2010. Phosphorus ameliorates crop productivity, photosynthetic efficiency, nitrogen-fixation, activities of the enzymes and content of nutraceuticals of *Lablab purpureus* L. Scientia Horticulturae, 126: 205—214.

Nara A, Takeuchi Y. 2002. Ethylene evolution from tobacco leaves irradiated with UV-B. Journal of Plant Research, 115: 247—253

Niemi R, Martikainen P J, Silvola J, et al. 2002. Responses of two *Sphagnum moss* species and *Eriophorum vaginatum* to enhanced UV-B in a summer of low UV intensity. New Phytologist, 156: 509—515.

Nikolaeva M K, Maevskaya S N, Shugaev A G, et al. 2010. Effect of drought on chlorophyll content and antioxidant enzyme activities in leaves of three wheat cultivars varying in productivity. Russian Journal of Plant Physiology, 57(1): 87—95.

Nogués S, Allen D J, Morison J I L, et al. 1998. Ultraviolet-B radiation effects on water relations, leaf development, and photosynthesis in droughted pea plants. Plant Physiology, 117: 173—181.

Oguchi R, Hikosaka K, Hirose T. 2003. Does the photosynthetic light-acclimation need change in leaf anatomy. Plant Cell and Environment, 26(4): 505—512.

O'Leary M H. 1981. Carbon isotope fractionation in plants. Phytochemistry, 20: 553—567.

O'Leary M H. 1988. Carbon isotope in Photosynthesis. Bioscience, 38(5): 328—336.

Pakulski J D, Kase J P, Meador J A, et al. 2008. Effect of Stratospheric Ozone Depletion and Enhanced Ultraviolet Radiation on marine bacteria at Palmer Station, Antarctica in the early austral spring. Photochemistry and Photobiology, 84(1): 215—221.

Pal M, Sharma A, Abrol Y P, et al. 1997. Exclusion of UV-B radiation from normal solar spectrum on the growth of mung bean and maize. Agriculture, Ecosystems & Environment, 61(1): 29—34.

Pal M, Zaidi P H, Voleti S R, et al. 2006. Solar UV-B exclusion effects on growth and photosynthetic characteristics of wheat and pea. Journal of New Seeds, 8(1): 19—34.

Pancotto V A, Sala O E, Cabello M, et al. 2003. Solar UV-B decreases decomposition in herbaceous plantlitter in Tierra del Fuego, Argentina: potential role of an altered decomposer community. Global Change Biology, 9: 1465—1474.

Pancotto V A, Sala O E, Robson T M, et al. 2005. Direct and indirect effects of solar ultraviolet-B radiationon long-term decomposition. Global Change Biology, 11: 1982—1989.

Pandelova I, Heewitt S R, Rollins-Smith L A, et al. 2006. UV-B dose-toxicity thresholds and steady-state DNA-photoproduct levels during chronic irradiation of inbred *Xenopus laevis* tadpoles. Photochemistry and Photobiology, 82: 1080—1087.

Pandey S P, Baldwin I T. 2008. Silencing RNA-directed RNA polymerase 2 increases the susceptibility of *Nicotiana attenuata* to UV in the field and in the glasshouse. The Plant Journal, 54: 845—862.

Parisi A V, Turnbull D J, Turner J. 2007. Calculation of cloud modification factors for the horizontal plane eye damaging ultraviolet radiation. Atmospheric Research, 86(3—4): 278—285.

Pearman G I, Francey R J, Franser P B. 1976. Climatic implications of stable isotopes in tree rings. Nature, 206: 771—773.

Pinto M E, Casati P, Hsu T P, et al. 1999. Effects of UV-B radiation on growth, photosynthesis, UV-B-absorbing compounds and NADP-malic enzyme in bean(*Phaseolus vulgaris* L.) grown under different nitrogen conditions. Journal of Photochemistry and Photobiology B: Biology, 48(2): 200—209.

Prathapan A, Lukhman M, Arumughan C, et al. 2009. Effect of heat treatment on curcuminoid, colour value and total polyphenols of fresh turmeric rhizome. International Journal of Food Science and Technology, 44: 1438－1444.

Premkumar A, Kulandaivelu G. 1998. Photosynthetic characteristics of five rice cultivar grown under increased solar UV-B radiation. Biologic Plantarum, 41(4): 533－538.

Qaderi M M, Anisul I M, Reid D M, et al. 2007. Do low-ethylene-producing transgenic canola(Brassica napus)plants expressing the ACC deaminase gene differ from wild-type plants in response to UV-B radiation? Canadian Journal of Botany, 85(2): 148－159.

Raeini-Sarjanz M, Chalavi V. 2011. Effects of water stress and constitutive expression of a drought induced chitinase gene on water-use efficiency and carbon isotope composition of strawberry. Journal of Applied Botany and Food Quality, 84(1): 90－94.

Rakitin V Y, Prudnikova O N, Karyagin V V, et al. 2008. Ethylene evolution and ABA and polyamine contents in Arabidopsis thaliana during UV-B stress. Russian Journal of Plant Physiology, 55(3): 321－327.

Reddy K R, Kakani V G, Zhao D, et al. 2004. Interactive effects of ultraviolet-B radiation and temperature on cotton physiology, growth, development and hyperspectral reflectance. Photochemistry and Photobiology, 79(5): 416－427.

Rey P, Cuine S, Eymery F, et al. 2005. Analysis of the proteins targeted by CDSP32, a plastidic thioredoxin participating in oxidative stress responses. The Plant Journal, 41: 31－42.

Ries G, Heller W, Puchta H, et al. 2000. Elevated UV-B radiation reduces genome stability in plants. Nature, 406: 98－101.

Rijstenbil J W. 2005. UV-and salinity-induced oxidative effects in the marine diatom Cylindrotheca closterium during simulated emersion. Marine Biology, 147(5): 1063－1073.

Riquelme A, Wellmann E, Pinto M. 2007. Effects of ultraviolet-B radiation on common bean(Phaseolus vulgaris L.)plants grown under nitrogen deficiency. Environmental and Experimental Botany, 60: 360－367.

Rosati A, Esparza G, Dejong T M, et al. 1999. Influence of canopy light environment and nitrogen availability on leaf photosynthetics and photosynthetic nitrogen-use efficiency of field-grown nectarine trees. Tree Physiology, 19: 173－180.

Ross J, Salawitch. 1998. Ozone depletion: a greenhouse warming connection. Nature, 392: 551－552.

Rousseaux M C, Julkunen-Tiitto R, Searles P S, et al. 2004a. Solar UV-B radiation affects leaf quality and insect herbivoryin the southern beech tree Nothofagus Antarctica. Oecologia, 138: 505－512.

Rousseaux M C, Flint S D, Searles P S. 2004b. Plant responses to current solar ultraviolet-B radiation and to supplemented solar ultraviolet-B radiation simulating ozone depletion: an experimental comparison. Photochemistry and Photobiology, 80(2): 224－230.

Rudmann S G, Milham P J, Conroy J P. 2001. Influence of high $CO_2$ partial pressure on nitrogen use efficiency of the C4grasses Panicum coloratumand Cenchrus ciliaris. Annals of Botany, 88: 571－577.

Ruhland C T, Day T A. 2000. Effects of ultraviolet-B radiation on leaf elongation, production and phenylpropanoid concentrations of Deschampsia antarctica and Colobanthus quitensis in Antarctica. Physiologia Plantarum, 109: 244－251.

Ruhland C T, Xiong F S, Clark W D, et al. 2005. The influence of ultraviolet-B radiation on growth, hydroxycinnamic acids and flavonoids of Deschampsia antarctica during springtime ozone depletion in

Antarctica. Photochemistry and Photobiology，81(5)：1086—1093.

Ryter S W，Tyrrell. 1998. Single molecular oxygen($^1O_2$)：a possible effector of eukaryotic gene expression. Free Radical Biology Medicine，24(9)：1520—1534.

Sailaja Koti，Reddy K R，Kakani V G，et al. 2007. Effects of carbon dioxide，temperature and ultraviolet-B radiation and their interactions on soybean(Glycine max L.)growth and development. Environmental and Experimental Botany，60：1—10.

Saurer M，Siegenthaler V. 1989. $^{13}C/^{12}C$ isotope ratios in trees are senstive to relative humidity. Dendrochronologia，7：9—13.

Scheidt H A，Pampel A，Nissler L，et al. 2004. Investigation of the membrane localization and distribution of flavonoids by high-resolution magic angle spinning NMP spectroscopy. Biochimica et Biophysica Acta，1663(1/2)：97—107.

Schulze E D，Mooney H A，Sala O E，et al. 1996. Rooting depth，water availability，and vegetation cover along an aridity gradient in Paragorna. Oecologia，108：503—511.

Schulze E D，Willia G D，Farqugar C D，et al. 1998. Carbon and nitrogen isotope discrimination and nitrogen nutrition of trees along a rainfall gradient in Northern Australia. Australian Journal of Plant Physiology，25：413—425.

Searles P S，Flint S D，Díaz S B，et al. 1999. Solar ultraviolet-B radiation influence on *Sphagnum* bog and *Carex* fen ecosystems：first field season findings in Tierra del Fuego，Argentina. Global Change Biology，5：225—234.

Semerdjieva S L，Phoenix G K，Hares G，et al. 2003. Surface morphology，leaf and cuticle thickness of four dwarf shrubs from a sub-Arctic health following long-term exposure to enhanced levels of UV-B. Physiologia plantarum，117：289—293.

Senbayram M，Trankner M，Dittert K，et al. 2015. Daytime leaf water use efficiency does not explain the relationship between plant N status and biomass water-use efficiency of tobacco under non-limiting water supply. Journal of Plant Nutrition and Soil Science，178(4)：682—692.

Shinkle J R，Derickson D L，Barnes P W. 2005. Comparative photobiology of growth responses to two UV-B wavebands and UV-C in dim-red-light and white-light-grown cucumber(*Cucumis sativus*) seedlings：physiological evidence for photoreactivation. Photochemistry and Photobiology，81(5)：1069—1074.

Smedley M P，Dawson T E，Comstock G P. 1991. Seasonal carbon isotope discrimination in a grassland community. Oecologia，85：314—320.

Smith J L，Burritt D，Bannister P. 2001. Shoot dry，chlorophyll and UV-B-absorbing compounds as indicators of a plant's sensitivity to UV-B radiation. Annal of Botany，86：1057—1063.

Solomon S. 1999. Stratospheric ozone depletion：a review of concepts and history. Reviews in Geophysics，37：275—316.

Spitaler R，Winkler A，Lins I，et al. 2008. Altitudinal variation of phenolic contents in flowering heads of *Arnica montana* cv. ARBO：a 3—year comparison. Journal of Chemical Ecology，34：369—375.

Sternberg L，De Niro M，Savidge R. 1986. Oxygen isotope exchange between metabolites and water during biochemical reactions leading to cellulose synthesis. Plant Physiology，82：423—427.

Sternberg L S L. 1989. Oxygen and Hydrogen Isotopes in Plant Cellulose：Mechanisms and Application，in Stable Isotopes in Ecological Research. Springer：New York.

Stewart G R，Turnbull M H，Schmidt，et al. 1995. $^{13}C$ natural abundance in plant communities along a rainfall gradient：a biological integrator of water availability. Australian Journal of Plant Physiology，

22(1)：51—55.

Strid A，Chow W S. 1990. Effects of supplementary ultraviolet-B radiation on photosynthesis in *Pisum sativum*. Biochem Biophys Acta，1020：260—333.

Sullivan J H，Teramura A H. 1990. Field study of interation between solar ultraviolet-B radiation and drought on photosynthesis and growth in soybean. Plant Physiology，92：141—146.

Sun B，David L D，David J B，et al. 2003. Variation in *Ginkgo biloba* L. leaf characters across a climatic gradient in China. PNAS，100：7141—7146.

Suzanne R，Bruna M，Sônia M F G，et al. 2006. Effects of enhanced UV-B on pigment-based phytoplankton biomass and composition of mesocosm-enclosed natural marine communities from three latitudes. Photochemistry and Photobiology，82：909—922.

Szilár A，Sass L，Deák Z，et al. 2007. The sensitivity of photosystem II to damage by UV-B radiation depends on the oxidation state of the water-splitting complex. Biochemica et Biophysica Acta，1767：876—882.

Sävenstrand H，Brosché M，Strid Å. 2004. Ultraviolet-B radiation signaling：Arabidopsis brassinosteroid mutants are defective in UV-B regulated defence gene expression. Plant Physiology and Biochemistry，42：687—694.

Takahashi K，Miyajima Y. 2008. Relationships between leaf life span，leaf mass per area，and leaf nitrogen cause different altitudinal changes in leaf $\delta^{13}$C between deciduous and evergreen species. Botany，86(11)：1233—1241.

Tang Y Z，Jiang H S，Xu K F. 1994. The effects of various agricultural measures on the yield and quality of flue-cured tobacco II：agricultural measures and leaf quality. J of Nanjing Agricultural University，17(1)：15—21.

Tans P P，Mook W G. 1980. Past atmospheric $CO_2$ levels and $^{13}C/^{12}C$ ratios in tree rings. Tellus，32：268—283.

Teramura A H，Ziska L H，Sztein A E. 1991. Changes in growth and photosynthetic capacity of rice with increased UV-B radiation. Physiol Plant，83：373—380.

Turunen M，Latola K. 2005. UV-B radiation and acclimation in timberline plants. Environmental Pollution，137：390—403.

Vass I，Sass L，Spetea C，et al. 1996. UV-B induced inhibition of photosystem II electron transport studied by EPR and Chloro2phyll fluo rescence Impairment of donor and acceptor side component. Biochem，35：8964—8973.

Virginia W. 1999. UV-B damage amplified by transposons in maize. Nature，397：398—399.

Vu C V，Allen L H. 1984. Effects of enhanced UV-B radiation（280—320nm）on ribulose 1，5—bisphosphate carboxylase in pea and soybean. Environmental and Experimental Botany，24：131—143.

Wei G，Daniel L S，James R S，2009. UV radiation in global climate change：measurements，modeling and effects on ecosystems. Beijing：Tsinghua University Press.

Wenny B N，Saxena V K，Frederick J E. 2001. Aerosol optical depth measurements and their impact on surface levels of ultraviolet-B radiation. Journal of Geophysical Research，106(D15)：17311—17319.

Westoby M，Falster D S，Moles A T，et al. 2002. Plant ecological strategies：some leading dimensions of variation between species. Annual Review of Ecology and Systematics，33(1)：125—159.

White A L，Jahnke L S. 2002. Contrasting effects of UV-A and UV-B on photosynthesis and photoprotection of β-carotene in two *Dunaliella* spp. Plant Cell Physiology，43(8)：877—884.

William E M, Carmozinade A M, Renato C, et al. 1999. Contributions of C3 and C4 plants to higher trophic levels in an Amazonian savanna. Oecologia, 119(1): 91−96.

Wilson M I, Greenberg B M. 1993. Protection of the D1 photosystem II reaction center protein from degradation in ultraviolet radiation following adaptation of *Brassica napus* L. to growth in ultraviolet-B. Photochemistry and Photobiology, 57: 556−563.

Wu C C, Peng G Q, Zhang Y B, et al. 2011. Physiological responses of *Abies faxoniana* seedlings to different non-growing-season temperatures as revealed by reciprocal transplantations at two contrasting altitudes. Canadian Journal of Forest Research, 41(3): 599−607.

Xiong F S, Ruhland C T, Day T A. 2002. Effect of springtime solar ultraviolet-B radiation on growth of *Colobanthus quitensis* at Palmer Station, Antarctica. Global Change Biology, 8: 1146−1155.

Yamasaki S, Noguchi N, Mimaki K. 2007. Continuous UV-B irradiation induces morphological changes and the accumulation of polyphenolic compounds on the surface of cucumber cotyledons. Journal of Radiation Research, 48(6): 443−454.

Yang Y, Yao Y, He H. 2008. Influence of ambient and enhanced ultraviolet-B radiation on the plant growth and physiological properties in two contrasting populations of *Hippophae rhamnoides*. Journal of Plant Research, 121: 377−385.

Yao Y, Xuan Z, Li Y, et al. 2006. Effects of ultraviolet-B radiation on crop growth, development, yield and leaf pigment concentration of tartary buckwheat (*Fagopyrum tataricum*) under field conditions. European Journal of Agronomy, 25(3): 215−222.

Ying L, John B, Philip H. 2006. Effect of UV radiation on growth, chlorophyll fluorescence and fatty acid composition of *Phaeodactylum tricornutum* and *Chaetoceros muelleri* (Bacillariophyceae). Phycologia, 45(6): 605−615.

Zhang C J, Chen F H, Jin M. 2003. Study on modern plant C3 in Western China and its significance. Chinese Journal of Geochemistry, 2: 97−106.

Zhao D, Reddy K R, Kakani V G. et al. 2004. Leaf and canopy photosynthetic characteristics of cotton (*Gossypium hirsutum*) under elevated $CO_2$ concentration and UV-B radiation. Journal of Plant Physiology, 161: 581−590.

Zhou Y H, Huang L F, Zhang Y L, et al. 2007. Chill-induced decrease in capacity of RuBP carboxylation and associated $H_2O_2$ accumulation in cucumber leaves are alleviated by grafting onto figleaf gourd. Annals of Botany, 100: 839−848.

Zhu L, Li S H, Liang Z S, et al. 2010. Relationship between carbon isotope discrimination, mineral content and gas exchange parameters in vegetative organs of wheat grown under three different water regimes. Journal of Agronomy and Crop Science, 196(3): 175−184.

Zhu X, Yee J H, Elsayed R T. 2003. Effect of short-term solar ultraviolet flux variability in a coupled model of photochemistry and dynamics. Journal of the Atmospheric Sciences, 60(3): 491−509.

Zimmerman J K, Ehleringer J R. 1990. Carbon isotope ratios are correlated with irradiance level in the Panamanian orchid *Catasetum viridiflavum*. Oecologia, 83: 247−249.

Zuk-Golaszewska K, Upadhyaya M K, Golaszewski J. 2003. The effect of UV-B radiation on plant growth and development. Plant Soil Environment, 49(3): 135−140.

ŠprtováM, Marek M V, Urban O, et al. 2008. Differences in the photosynthetic UV-B response between European beech(*Fagus sylvatica* L.) and Norway spruce(*Picea abies* L. Karst) saplings. Ekológia(Bratislava), 27(2): 130−142.